- **实例名称** 课堂案例——下载按钮
- **视频位置** 多媒体教学\2.2 课堂案例——下载按钮.avi

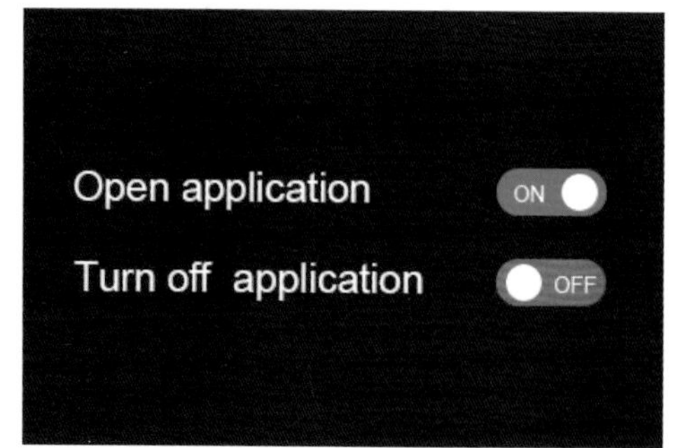

- **实例名称** 课堂案例——简洁按键开关
- **视频位置** 多媒体教学\2.3 课堂案例——简洁按键开关.avi

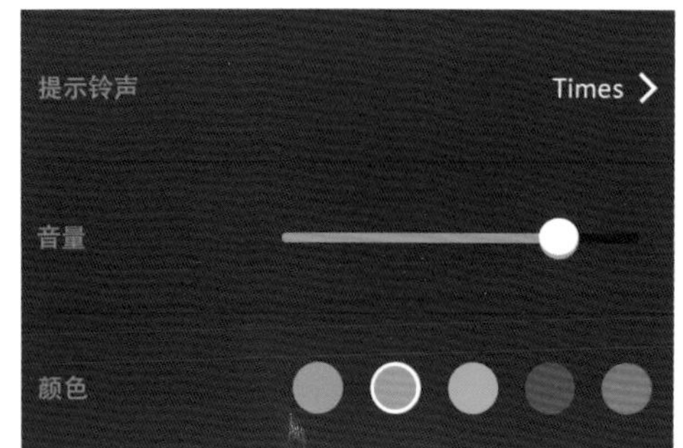

- **实例名称** 课堂案例——音量滑动条
- **视频位置** 多媒体教学\2.4 课堂案例——音量滑动条.avi

- **实例名称** 课堂案例——立体多边形按钮
- **视频位置** 多媒体教学\2.5 课堂案例——立体多边形按钮.avi

- **实例名称** 课堂案例——滑动按钮
- **视频位置** 多媒体教学\2.6 课堂案例——滑动按钮.avi

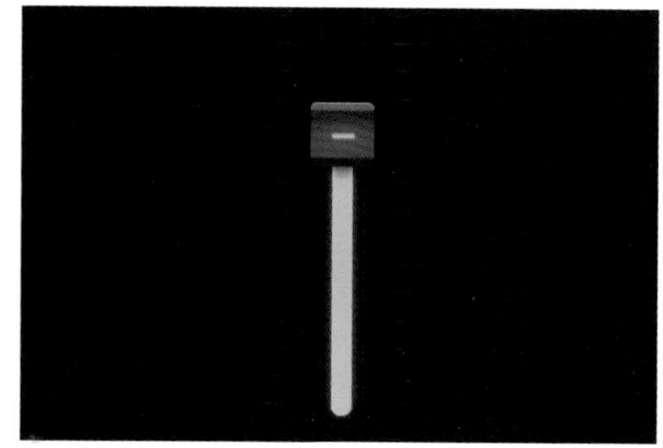

- **实例名称** 课堂案例——滑动调节按钮
- **视频位置** 多媒体教学\2.7 课堂案例——滑动调节按钮.avi

- **实例名称** 课堂案例——功能旋钮
- **视频位置** 多媒体教学\2.8 课堂案例——功能旋钮.avi

- **实例名称** 课堂案例——品质音量控件
- **视频位置** 多媒体教学\2.9 课堂案例——品质音量控件.avi

本书实例展示

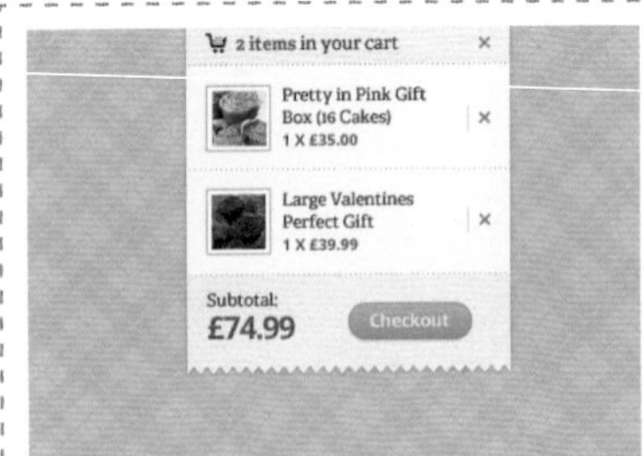

● **实例名称**　课后习题1——下单按钮
● **视频位置**　多媒体教学\2.11.1　课后习题1——下单按钮.avi

● **实例名称**　课后习题2——圆形开关按钮
● **视频位置**　多媒体教学\2.11.2　课后习题2——圆形开关按钮.avi

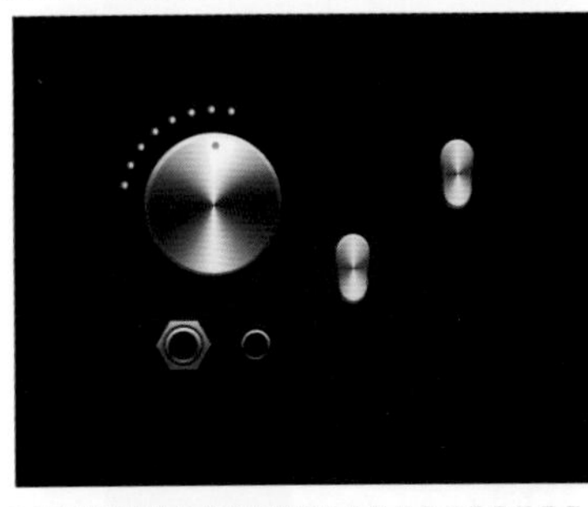

● **实例名称**　课后习题3——金属旋钮
● **视频位置**　多媒体教学\2.11.3　课后习题3——金属旋钮.avi

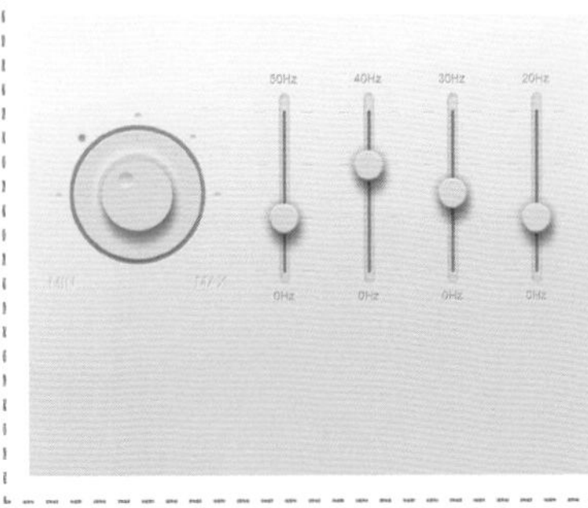

● **实例名称**　课后习题4——音频调节控件
● **视频位置**　多媒体教学\2.11.4　课后习题4——音频调节控件.avi

● **实例名称**　课堂案例——盾牌图标
● **视频位置**　多媒体教学\3.2　课堂案例——盾牌图标.avi

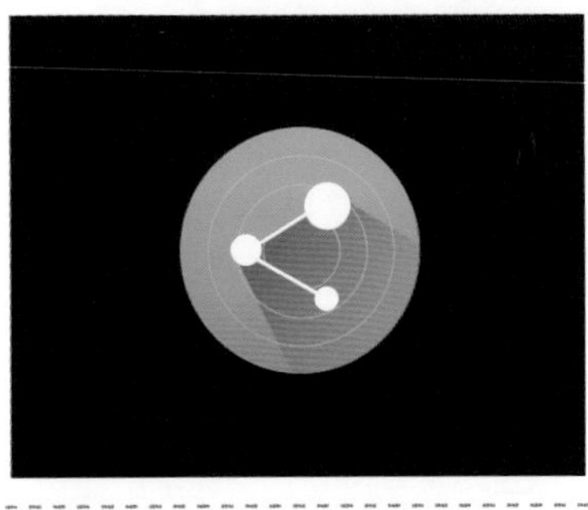

● **实例名称**　课堂案例——扁平分享图标
● **视频位置**　多媒体教学\3.3　课堂案例——扁平分享图标.avi

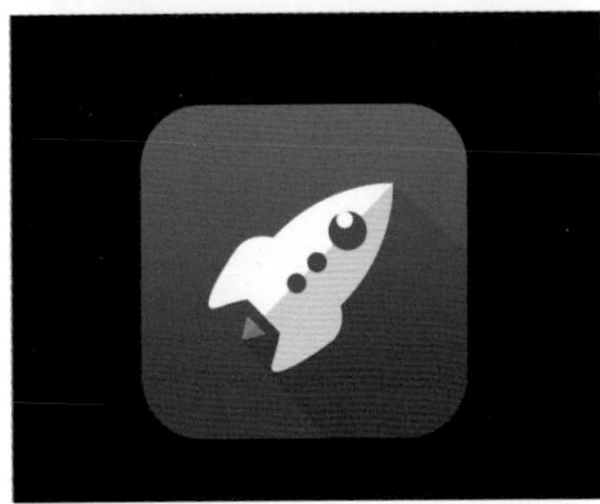

● **实例名称**　课堂案例——加速图标
● **视频位置**　多媒体教学\3.4　课堂案例——加速图标.avi

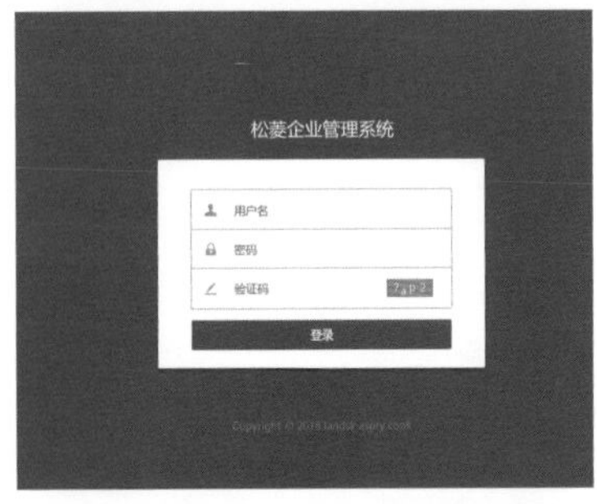

● **实例名称**　课堂案例——企业管理登录界面
● **视频位置**　多媒体教学\3.5　课堂案例——企业管理登录界面.avi

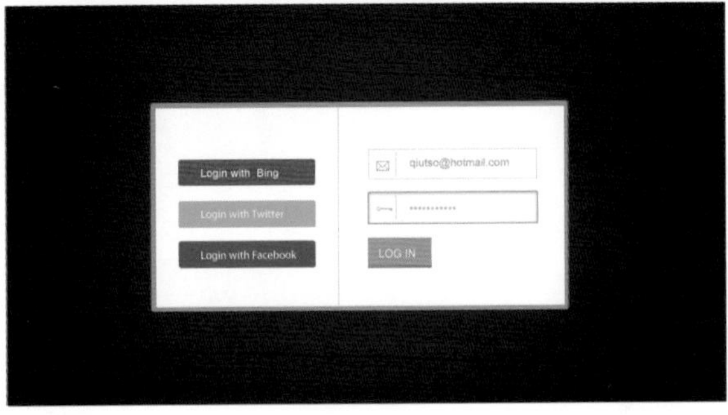

● **实例名称**　课堂案例——社交应用登录框
● **视频位置**　多媒体教学\3.6　课堂案例——社交应用登录框.avi

● **实例名称**　课堂案例——美食APP界面
● **视频位置**　多媒体教学\3.7　课堂案例——美食APP界面.avi

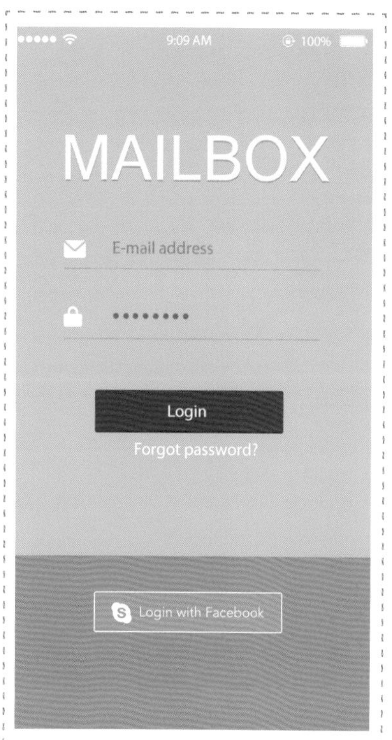

● **实例名称** 课堂案例——扁平化邮箱界面
● **视频位置** 多媒体教学\3.8 课堂案例——扁平化邮箱界面.avi

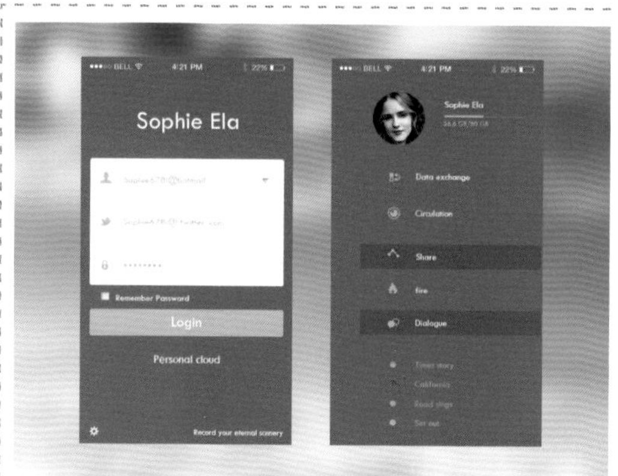

● **实例名称** 课堂案例——个人应用APP界面
● **视频位置** 多媒体教学\3.9 课堂案例——个人应用APP界面.avi

● **实例名称** 课后习题1——扁平铅笔图标
● **视频位置** 多媒体教学\3.11.1 课后习题1——扁平铅笔图标.avi

● **实例名称** 课后习题2——扁平相机图标
● **视频位置** 多媒体教学\3.11.2 课后习题2——扁平相机图标.avi

● **实例名称** 课后习题3——简约风天气APP
● **视频位置** 多媒体教学\3.11.3 课后习题3——简约风天气APP.avi

● **实例名称** 课堂案例——写实SIM卡
● **视频位置** 多媒体教学\4.2 课堂案例——写实SIM卡.avi

● **实例名称** 课堂案例——写实专辑包装
● **视频位置** 多媒体教学\4.3 课堂案例——写实专辑包装.avi

● **实例名称** 课堂案例——写实闹钟图标
● **视频位置** 多媒体教学\4.4 课堂案例——写实闹钟图标.avi

● **实例名称** 课堂案例——写实电视机图标
● **视频位置** 多媒体教学\4.5 课堂案例——写实电视机图标.avi

本书实例展示

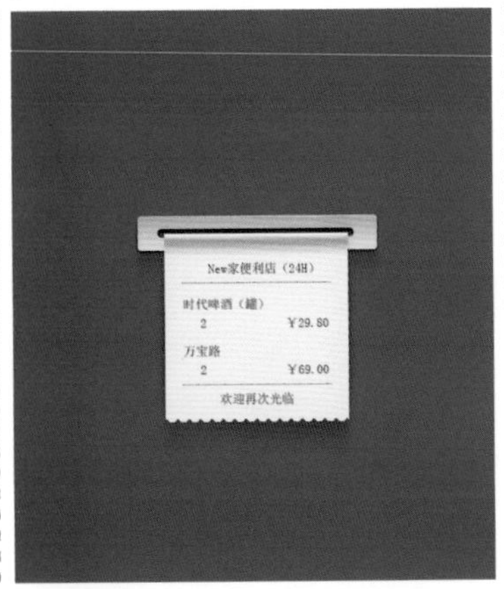

● **实例名称** 课堂案例——写实小票图标
● **视频位置** 多媒体教学\4.6 课堂案例——写实小票图标.avi

● **实例名称** 课后习题1——写实计算器图标
● **视频位置** 多媒体教学\4.8.1 课后习题1——写实计算器图标.avi

● **实例名称** 课后习题2——写实钢琴图标
● **视频位置** 多媒体教学\4.8.2 课后习题2——写实钢琴图标.avi

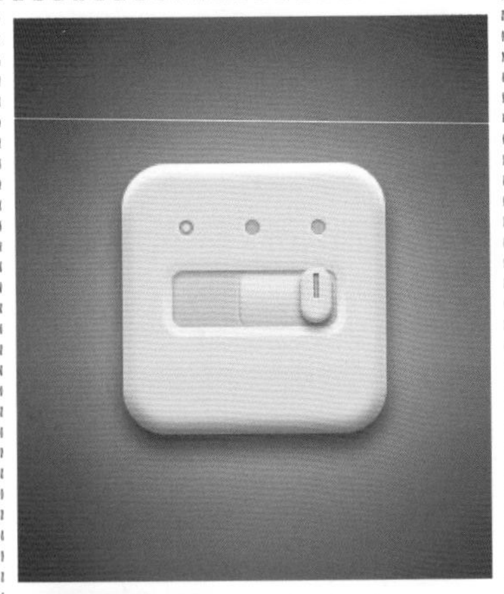

● **实例名称** 课后习题3——写实开关图标
● **视频位置** 多媒体教学\4.8.3 课后习题3——写实开关图标.avi

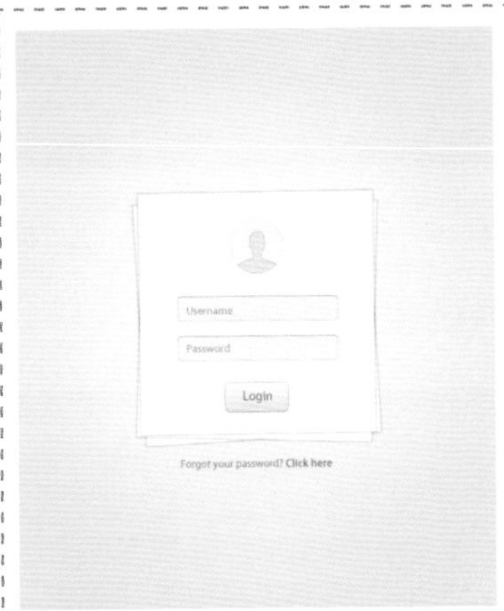

● **实例名称** 课堂案例——苹果风格登录界面
● **视频位置** 多媒体教学\5.2 课堂案例——苹果风格登录界面.avi

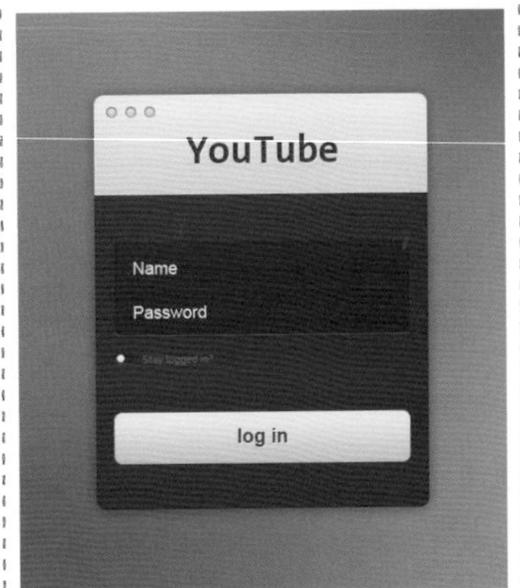

● **实例名称** 课堂案例——会员登录页
● **视频位置** 多媒体教学\5.3 课堂案例——会员登录页.avi

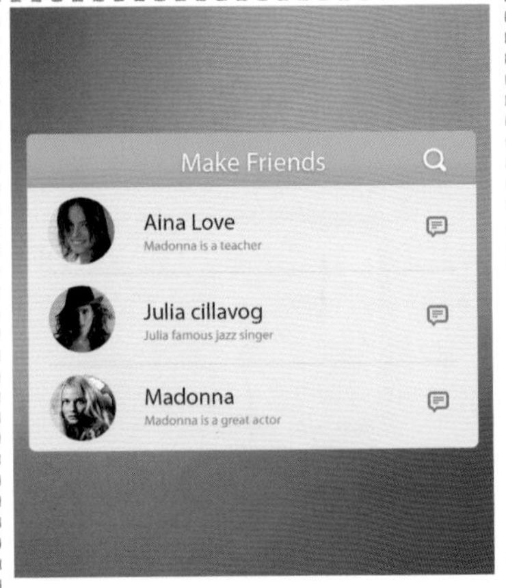

● **实例名称** 课堂案例——通信应用界面
● **视频位置** 多媒体教学\5.4 课堂案例——通信应用界面.avi

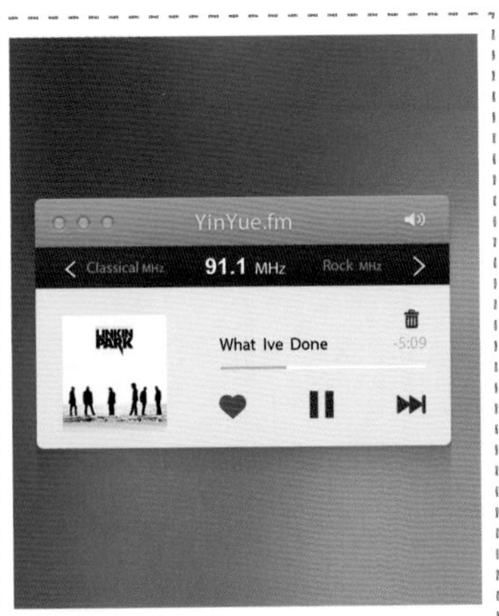

● **实例名称** 课堂案例——音乐电台界面设计
● **视频位置** 多媒体教学\5.5 课堂案例——音乐电台界面设计.avi

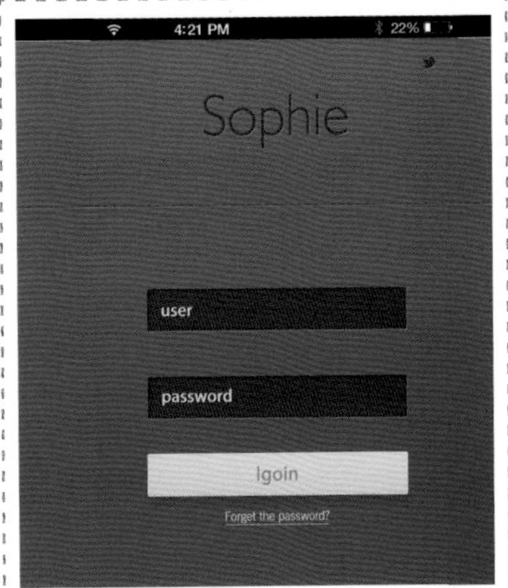

● **实例名称** 课堂案例——iPod应用登录界面
● **视频位置** 多媒体教学\5.6 课堂案例——iPod应用登录界面.avi

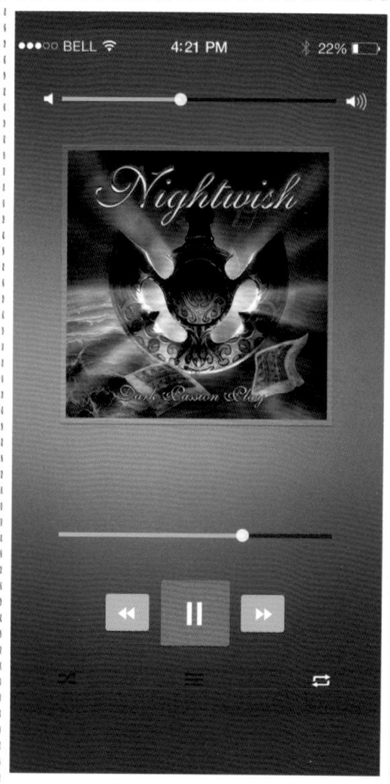

● **实例名称**　课堂案例——iOS风格音乐播放器界面
● **视频位置**　多媒体教学\5.7 课堂案例——iOS风格音乐播放器界面.avi

● **实例名称**　课堂案例——简洁进程图标
● **视频位置**　多媒体教学\6.3 课堂案例——简洁进程图标.avi

● **实例名称**　课堂案例——美丽拍图标
● **视频位置**　多媒体教学\6.4 课堂案例——美丽拍图标.avi

User Login
User
Password
Auto
Forgot your password?
Sign In

● **实例名称**　课后习题1——会员登录框界面
● **视频位置**　多媒体教学\5.9.1 课后习题1——会员登录框界面.avi

● **实例名称**　课后习题3——翻页登录界面
● **视频位置**　多媒体教学\5.9.3 课后习题3——翻页登录界面.avi

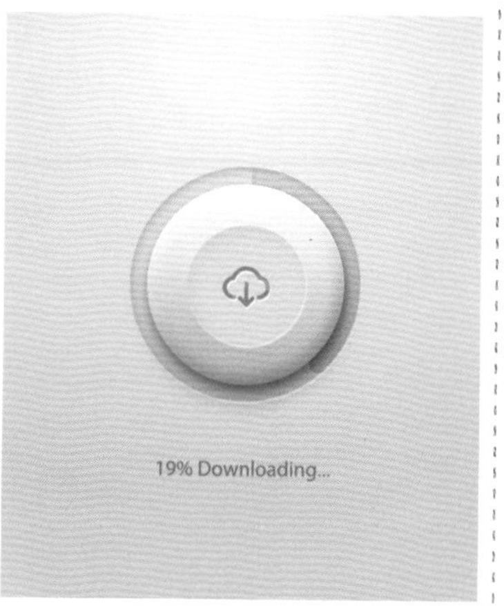

● **实例名称**　课堂案例——下载图标
● **视频位置**　多媒体教学\6.5 课堂案例——下载图标.avi

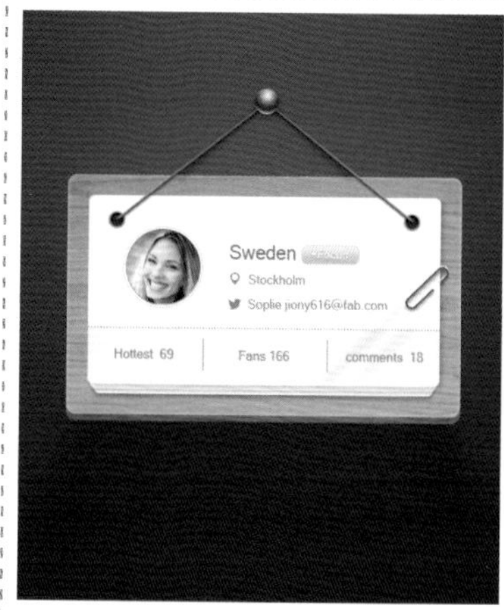

● **实例名称**　课后习题2——用户界面
● **视频位置**　多媒体教学\5.9.2 课后习题2——用户界面.avi

● **实例名称**　课堂案例——简洁罗盘图标
● **视频位置**　多媒体教学\6.2 课堂案例——简洁罗盘图标.avi

● **实例名称**　课堂案例——相机和计算器图标
● **视频位置**　多媒体教学\6.6 课堂案例——相机和计算器图标.avi

本书实例展示

- **实例名称** 课堂案例——日历和天气图标
- **视频位置** 多媒体教学\6.7 课堂案例——日历和天气图标.avi

- **实例名称** 课后习题1——唱片机图标
- **视频位置** 多媒体教学\6.9.1 课后习题1——唱片机图标.avi

- **实例名称** 课后习题2——进度图标
- **视频位置** 多媒体教学\6.9.2 课后习题2——进度图标.avi

- **实例名称** 课后习题3——湿度计图标
- **视频位置** 多媒体教学\6.9.3 课后习题3——湿度计图标.avi

- **实例名称** 课后习题4——小黄人图标
- **视频位置** 多媒体教学\6.9.4 课后习题4——小黄人图标.avi

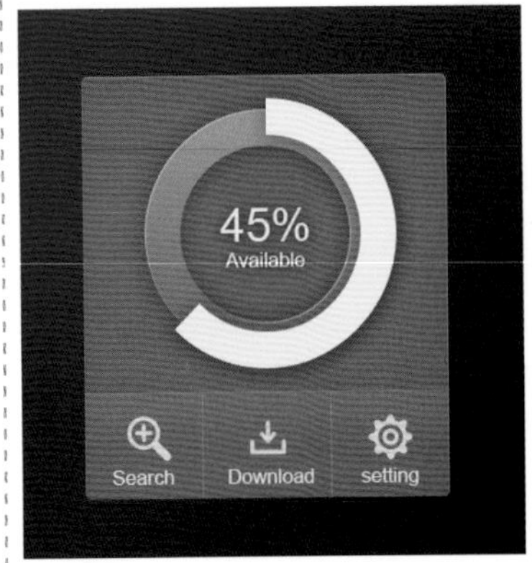

- **实例名称** 课堂案例——存储数据界面
- **视频位置** 多媒体教学\7.2 课堂案例——存储数据界面.avi

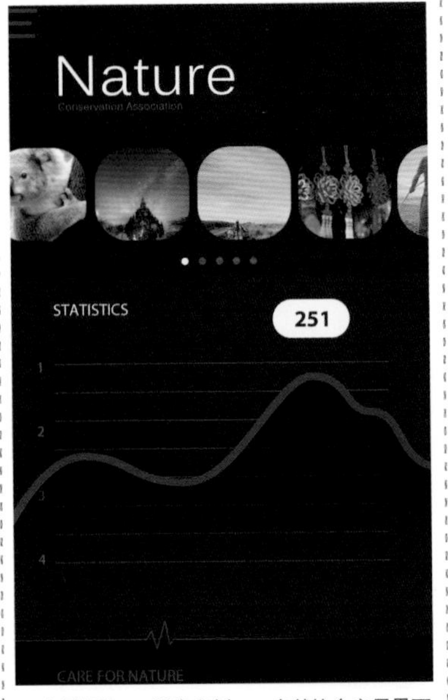

- **实例名称** 课堂案例——自然协会应用界面
- **视频位置** 多媒体教学\7.3 课堂案例——自然协会应用界面.avi

- **实例名称** 课堂案例——点餐APP界面
- **视频位置** 多媒体教学\7.4 课堂案例——点餐APP界面.avi

● **实例名称**　课堂案例——锁屏界面
● **视频位置**　多媒体教学\7.5　课堂案例——锁屏界面.avi

● **实例名称**　课堂案例——票券APP界面
● **视频位置**　多媒体教学\7.6　课堂案例——票券APP界面.avi

● **实例名称**　课后习题1——经典音乐播放器界面
● **视频位置**　多媒体教学\7.8.1　课后习题1——经典音乐播放器界面.avi

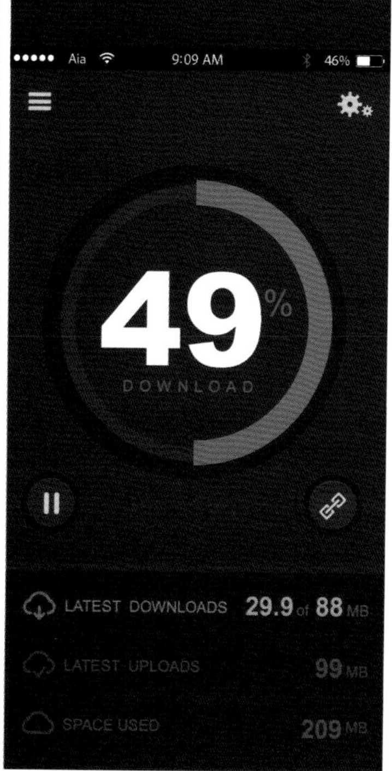

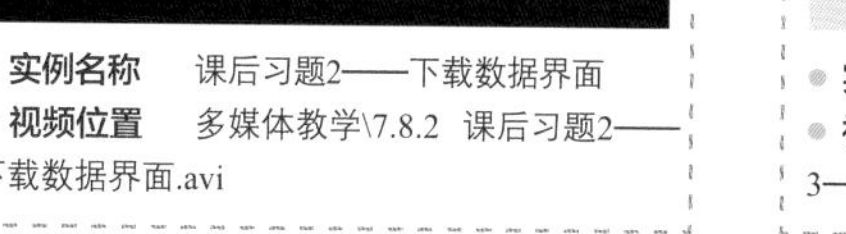

● **实例名称**　课后习题2——下载数据界面
● **视频位置**　多媒体教学\7.8.2　课后习题2——下载数据界面.avi

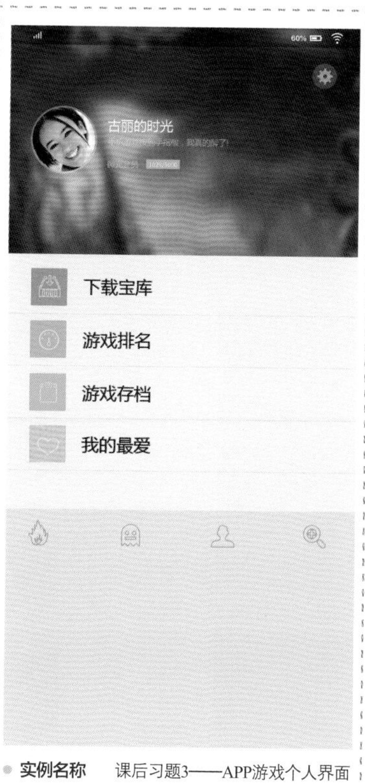

● **实例名称**　课后习题3——APP游戏个人界面
● **视频位置**　多媒体教学\7.8.3　课后习题3——APP游戏个人界面.avi

● **实例名称**　课堂案例——信息接收控件
● **视频位置**　多媒体教学\8.1　课堂案例——信息接收控件.avi

本书实例展示

- **实例名称**　课堂案例——Sense Widget
- **视频位置**　多媒体教学\8.2 课堂案例——Sense Widget.avi

- **实例名称**　课堂案例——简洁视频播放界面
- **视频位置**　多媒体教学\8.3 课堂案例——简洁视频播放界面.avi

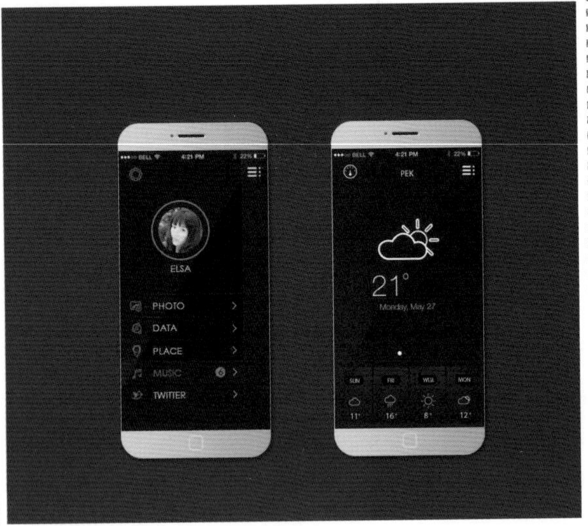

- **实例名称**　课堂案例——概念手机界面
- **视频位置**　多媒体教学\8.5 课堂案例——概念手机界面.avi

- **实例名称**　课堂案例——怡人秋景主题天气界面
- **视频位置**　多媒体教学\8.4 课堂案例——怡人秋景主题天气界面.avi

- **实例名称**　课后习题1——精致CD控件
- **视频位置**　多媒体教学\8.7.1 课后习题1——精致CD控件.avi

- **实例名称**　课后习题2——APP游戏安装页
- **视频位置**　多媒体教学\8.7.2 课后习题2——APP游戏安装页.avi

Photoshop CC
移动UI设计
实用教程

水木居士　编著

人 民 邮 电 出 版 社
北 京

图书在版编目（CIP）数据

Photoshop CC移动UI设计实用教程 / 水木居士编著
. -- 北京 : 人民邮电出版社, 2018.1
ISBN 978-7-115-46933-5

Ⅰ. ①P… Ⅱ. ①水… Ⅲ. ①移动电话机－人机界面
－程序设计－教材 Ⅳ. ①TN929.53

中国版本图书馆CIP数据核字(2017)第272233号

内 容 提 要

本书是一本全面介绍如何使用 Photoshop 进行 UI 设计的实用教程，针对零基础读者开发，是入门级读者快速全面掌握使用 Photoshop 进行 UI 设计的必备参考书。

本书由具有多年丰富 UI 设计经验的一线设计师精心编写，通过全实例、图文并茂的详细阐述，将 UI 设计过程再现，从 UI 设计基础到精致按钮及旋钮设计，从扁平风格到写实风格等，全面展示 UI 设计精髓。本书对 UI 设计中的各种流行设计风格做了全面剖析，每个案例都有详细的制作流程详解，并且为读者安排了相关的课后练习题，读者在学完案例后可通过习题进行深入练习，拓展自己的创意思维，提高 UI 设计水平。

本书附赠教学资源，包括书中所有实例的素材文件及效果源文件，还有所有实例及课后习题的多媒体高清有声教学视频，帮助读者提高学习效率。另外，为方便老师教学，本书还提供了 PPT 教学课件，以供参考。

本书适合作为 UI 设计初学者、平面设计师和手机 App 开发人员的参考用书，也可作为培训机构、大中专院校相关专业的教学参考书或上机实践指导用书。

◆ 编　　著　水木居士
责任编辑　张丹阳
责任印制　陈　犇
◆ 人民邮电出版社出版发行　　北京市丰台区成寿寺路 11 号
邮编　100164　　电子邮件　315@ptpress.com.cn
网址　http://www.ptpress.com.cn
三河市中晟雅豪印务有限公司印刷
◆ 开本：787×1092　1/16
印张：20　　彩插：4
字数：563 千字　　2018 年 1 月第 1 版
印数：1－2 800 册　　2018 年 1 月河北第 1 次印刷

定价：49.00 元

读者服务热线：(010) 81055410　印装质量热线：(010) 81055316
反盗版热线：(010) 81055315
广告经营许可证：京东工商广登字 20170147 号

前　言

移动智能设备不断普及，从安卓智能手机到苹果公司的iPad平板电脑，以及快速发展的Windows Phone智能手机，它们正快速地走进人们的生活，改变着人们的生活方式。无论在公交车还是在地铁上，你都可以看到大部分乘客都沉浸于一块小小的手机屏幕，这就是智能手机的魅力所在。

UI设计也伴随着智能设备的发展渐渐地被越来越多的人所悉知，手机屏幕更大了，功能更多了，人们对视觉效果越来越重视，大部分用户更加青睐易用的操作、华丽的视觉效果，他们希望界面的图标更加漂亮，手机主题更加个性、时尚，而极佳的可识别性更是可以令他们在更大的屏幕中快速找到自己想要的应用。

本书的出现就是为了让读者快速地了解并掌握UI设计，本书通过案例的方式介绍了如何使用Photoshop进行移动UI设计，全书共分为8章，从初识UI设计讲起，然后通过丰富的移动UI设计知识和详细的设计制作讲解，以逐渐深化的方式为用户呈现设计中的重点门类和制作方法，使读者全面且深入地掌握各种类别移动界面的设计方法，读者不再觉得UI设计是一门神秘设计学问。在这里可以帮助读者轻松打开UI设计这扇窗，自由自在地翱翔在UI设计的蓝天上。

本书的主要特色包括以下4点。

- 全面的基础知识：覆盖UI设计快速入门的相关基础知识。
- 丰富实用的案例：43个常见的UI设计课堂案例+22个UI设计延伸课后习题。
- 超值的附赠资源：所有案例素材+所有案例源文件+PPT教学课件。
- 高清的教学视频：所有案例的高清语音教学视频，体会大师面对面、手把手的教学。

本书附赠教学资源，内容包括“案例文件”“素材文件”“多媒体教学”和“PPT课件”4个文件夹，其中“案例文件”中包含本书所有案例的原始分层PSD格式文件，“素材文件”中包含本书所有案例用到的素材文件，“多媒体教学”中包含本书所有课堂案例和课后习题的高清多媒体有声视频教学录像文件，“PPT课件”中包含本书方便任课老师教学使用的PPT课件。扫描“资源下载”二维码即可获得下载方法。

资源下载

本书的参考学时为66学时，其中讲授环节为44学时，实训环节为22学时，各章的参考学时参见下面的学时分配表。

章节	课程内容	学时分配	
		讲授学时	实训学时
第1章	初识UI设计	7	
第2章	精致按钮及旋钮设计	6	4
第3章	趋势流行扁平风	5	3
第4章	超强表现写实风	5	3
第5章	iOS风格界面设计	6	3
第6章	精品极致图标制作	5	4
第7章	流行界面设计荟萃	6	3
第8章	综合设计实战	4	2
学时总计	66	44	22

为了达到使读者轻松自学并深入了解UI设计，本书在版面结构设计上尽量做到清晰明了，如下图所示。

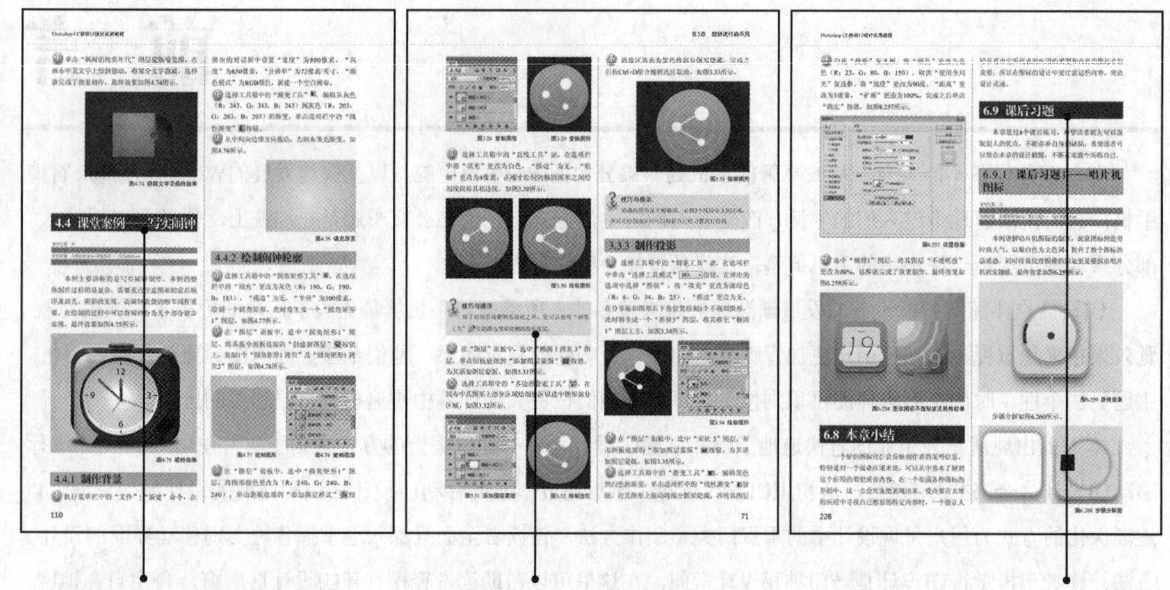

课堂案例：包含大量的UI设计案例详解，让大家深入掌握各种UI设计的制作流程，以快速提升UI设计能力。

技巧与提示：针对软件的实用技巧以及UI设计制作过程中的难点进行重点提示。

课后习题：安排重要的UI设计习题，让大家在学完相应内容以后继续强化所学技能。

本书作者

本书由水木居士主编，在此感谢所有创作人员对本书付出的艰辛。在创作的过程中，由于时间仓促，不妥之处在所难免，希望广大读者批评指正。如果在学习过程中发现问题，或有更好的建议，欢迎发邮件到bookshelp@163.com与我们联系。

编 者

2017年9月

目录 CONTENTS

目 录 CONTENTS

目 录 CONTENTS

目录 CONTENTS

第1章

初识UI设计

内容摘要

本章主要详解UI设计相关知识。在进入专业的UI设计领域之前需要掌握相关的基础知识，通过对不同的名词剖析，在短时间内理解专业名词的含义，为以后的设计之路打下坚实基础。

课堂学习目标

- 认识UI设计
- 了解常用的UI设计单位
- 了解UI设计常用的图像格式
- 学习色彩的相关知识
- 掌握UI设计配色技巧

1.1 认识UI设计

UI（User Interface）即用户界面，UI设计是指对软件的人机交互、操作逻辑、界面美观的整体设计。它是系统和用户之间进行交互和信息交换的媒介，它实现信息的内部形式与人类可以接受形式之间的转换，好的UI设计不仅让软件变得有个性有品位，还要让软件的操作变得舒适、简单、自由、充分体现软件的定位和特点，如今人们所提起的UI设计大体由以下3个部分组成。

1. 图形界面设计

图形界面（Graphical User Interface）是指采用图形方式显示的用户操作界面，图形界面对于用户来说在完美视觉效果上感觉十分明显。它通过图形界面向用户展示了功能、模块、媒体等信息。

在国内通常人们提起的视觉设计师就是指设置图形界面的设计师，一般从事此类行业的设计师大多经过专业的美术培训，有一定的专业背景。视觉设计师也指相关的其他从事设计行业的人员。

2. 交互设计

交互设计（Interaction Design）在于定义人造物的行为方式（人工制品在特定场景下的反应方式）相关的界面。

交互设计的出发点在于研究在人和物交流的过程中，人的心理模式和行为模式，并在此研究基础上，设计出可提供的交互方式以满足人对使用人工制品的需求，交互设计是设计方法，而界面设计是交互设计的自然结果。同时界面设计不一定由显意识交互设计驱动，然而界面设计必然包含交互设计（人和物是如何进行交流的）。

交互设计师首先进入用户研究相关领域，以及潜在用户，设计人造物的行为，并从有用、可用及易用性等方面来评估设计质量。

3. 用户测试

同软件开发测试一样，UI设计中也会有用户测试（user test），测试工作的主要内容是测试交互设计的合理性以及图形设计的美观性，一款应用经过交互设计、图形界面设计等工作之后需要最终的用户测试才可上线，此项工作尤为重要，通过测试可以发现应用中的不足，或者不合理性。

1.2 常用UI设计单位解析

在UI设计中，单位的运用非常关键，下面介绍常用单位的使用。

1. 英寸

长度单位，用来表示计算机、电视机及各类多媒体设备的屏幕大小，通常指屏幕对角的长度。手持移动设备、手机等屏幕也沿用了这个单位。

2. 分辨率

屏幕物理像素的总和，用屏幕宽乘以屏幕高的像素数来表示，如笔记本电脑上的1366px×768px，液晶电视上的1200px×1080px，手机上的480px×800px、640px×960px等。

3. 网点密度

屏幕物理面积内所包含的像素数，以DPI（每英寸像素点数或像素/英寸）为单位来计量，DPI越高，显示的画面质量就越精细。在手机UI设计时，DPI要与手机相匹配，因为低分辨率的手机无法满足高DPI图片对手机硬件的要求，显示效果十分糟糕，所以在设计过程中就涉及一个全新的名词——屏幕密度。

4. 屏幕密度

以搭载Android操作系统的手机为例分叙如下。

iDPI（低密度）：120 像素/英寸

mDPI（中密度）：160 像素/英寸

hDPI（高密度）：240 像素/英寸

xhDPI（超高密度）：320 像素/英寸

与Android相比，iPhone手机对密度版本的数量要求没有那么多，因为目前iPhone界面仅两种设计尺寸——960px×640px和640px×1136px，而网点密度（DPI）采用mDPI，即160像素/英寸就可以满足设计要求。

1.3 UI设计常用图像格式

界面设计常用的图像格式主要有以下几种。

- JPEG：JPEG格式是一种位图文件格式，JPEG的缩写是JPG，JPEG几乎不同于当前使用的任何一种数字压缩方法，它无法重建原始图像。由于JPEG优异的品质和杰出的表现，因此应用非常广泛，特别是在网络和光盘读物上。目前各类浏览器均支持JPEG这种图像格式，因为JPEG格式的文件尺寸较小，下载速度快，使Web页有可能以较短的下载时间提供大量美观的图像，JPEG同时也就顺理成章地成为网络上最受欢迎的图像格式，但是不支持透明背景。
- GIF：GIF(Graphics Interchange Format)的原义是“图像互换格式”，是CompuServe公司在 1987年开发的图像文件格式。GIF文件数据是一种基于LZW算法的连续色调的无损压缩格式。其压缩率一般在50%左右，它不属于任何应用程序。目前几乎所有相关软件都支持GIF格式，公共领域有大量的软件在使用GIF图像文件。GIF图像文件的一个特点是数据是经过压缩的，而且是采用了可变长度等压缩算法。GIF格式的另一个特点是其在一个GIF文件中可以存多幅彩色图像，如果把存于一个文件中的多幅图像数据逐幅读出并显示到屏幕上，就可构成一种最简单的动画，GIF格式自1987年由CompuServe公司引入后，因其体积小且成像相对清晰，特别适合初期慢速的互联网，从此大受欢迎。支持透明背景显示，可以以动态形式存在，制作动态图像时会用到这种格式。
- PNG：PNG为图像文件存储格式，其目的是试图替代GIF和TIFF文件格式，同时增加一些GIF文件格式所不具备的特性。可移植网络图形格式（Portable Network Graphic Format，PNG）名称来源于非官方的“PNG’s Not GIF”，是一种位图文件（bitmap file）存储格式，读成“ping”。PNG用来存储灰度图像时，灰度图像的深度可多到16位，存储彩色图像时，彩色图像的深度可多到48位，并且还可存储多到16位的α通道数据。PNG使用从LZ77派生的无损数据压缩算法，一般应用于JAVA程序，或网页或S60程序中，这是因为它压缩比高，生成文件容量小。它是一种在网页设计中常用的格式并且支持透明样式显示，相同图像相比上述两种格式体积稍大，图1.1所示为3种不同格式的显示效果。

JFEG格式

GIF格式

PNG格式

图1.1 不同格式的显示效果

1.4 UI设计准则

UI设计是一个系统化整套的设计工程，看似简单，其实不然，在这套“设计工程”中一定要按照设计原则进行设计，UI的设计原则主要有以下几点。

1. 简易性

在整个UI设计的过程中一定要注意设计的简易性，界面的设计一定要简洁、易用且好用，让用户便于使用、便于了解，并能最大限度地减少选择性的错误。

2. 一致性

一款成功的应用应该具有一个优秀的界面，同时这也是所有优秀应用所共同具备的特点，而且应用界面的风格必须清晰一致，与实际应用内容相符，所以在整个设计过程中应保持界面风格的一致性。

3. 提升用户的熟知度

在设计界面时，可以通过用户已掌握的知识来设计，尽量不要超出一般常识用以提升用户的熟知度，如无论是拟物化的写实图标设计还是扁平化的界面都要以用户所掌握的知识为基准。

4. 可控性

可控性在设计过程中是先决性的一点，在设计之初就要考虑到用户想要做什么、需要做什么，而此时在设计中就要加入相应的操控提示。

5. 记性负担最小化

一定要科学地分配应用中的功能说明，力求操作最简化，从人脑的思维模式出发，不要打破传统的思维方式，不要给用户增加思维负担。

6. 从用户的角度考虑

想用户所想，思用户所思，研究用户的行为。因为大多数用户是不具备专业知识的，他们往往只习惯于从自身的行为习惯出发进行思考和操作，在设计的过程中把自己列为用户，以切身体会去设计。

7. 顺序性

一款软件在应用上应该将功能按一定规律进行排列，一方面可以让用户在极短的时间内找到自己需要的功能，另一方面可以拥有直观的、简洁易用的感受。

8. 安全性

无论任何应用在用户进行切身体会、进行自由选择操作时，他所做出的这些动作都应该是可逆的，如在用户做出一个不恰当或者错误操作的时候应当有危险信息提升。

9. 灵活性

快速高效率及整体满意度在用户看来都是人性化的体验，在设计过程中需要尽可能地考虑到特殊用户群体的操作体验，如残疾人、色盲、语言障碍者等，在这一点可以在iOS操作系统上得到最直观的感受。

1.5 UI设计与团队合作关系

团队成员如下。

1. 产品经理

产品经理对用户需求进行分析调研，针对不同的需求进行产品卖点规划，然后将规划的结果陈述给公司上级，以此来取得项目所要用到的各类资源（人力、物力和财力等）。

2. 产品设计师

产品设计师侧重功能设计，考虑技术可行性，如在设计一款多动端播放器的时候，是否需要在播放过程中添加动画提示，或者设计一些更复杂的功能，而这些功能的添加都是经过深思熟虑的。

3. 用户体验工程师

用户体验工程师需要了解更多商业层面的内容，其工作通常与产品设计师相辅相成，从产品的商业价值的角度出发，从用户的切身体验实际感觉出发，对产品与用户交互方面的环节进行设计方面的改良。

4. 图形界面设计师

图形界面设计师成功地为应用设计一款能适应用户需求的界面与图形界面有着分不开的关系。图形界面设计师常用软件有Photoshop、Illustrator及Fireworks等。

UI设计与项目流程步骤如下。

产品定位→产品风格→产品控件→方案制订→方案提交→方案选定。

1.6 智能手机操作系统简介

当今主流的智能手机操作系统主要有Android、iOS和Windows Phone 3类，这3类系统都有各自的特点。

Android（安卓）是一个基于开放源代码的Linux平台衍生而来的操作系统，Android最初是由一家小型的公司创建的，后来被谷歌收购，它也是当下最为流行的一款智能手机操作系统。其显著特点在于它是一款基于开放源代码的操作系统，这句话可以理解为它相比其他操作系统具有更强的可扩展性，图1.2所示为装载Android操作系统的手机。

图1.2 装载Android操作系统的手机

iOS：源自苹果公司MAC机器装载的OSX系统发展而来的一款智能操作系统，此款操作系统是苹果公司独家开发并且只使用于iPhone、iPod Touch、iPad等设备上。相比其他智能手机操作系统，iOS智能手机操作系统的流畅性、完美的优化及安全等特性是其他操作系统无法比拟的，同时配合苹果公司出色的工业设计，一直以来都是高端、上档次的代名词，不过由于它是采用封闭源代码开发，所以在拓展性上略显逊色，图1.3所示为苹果公司生产装载iOS智能操作系统的设备。

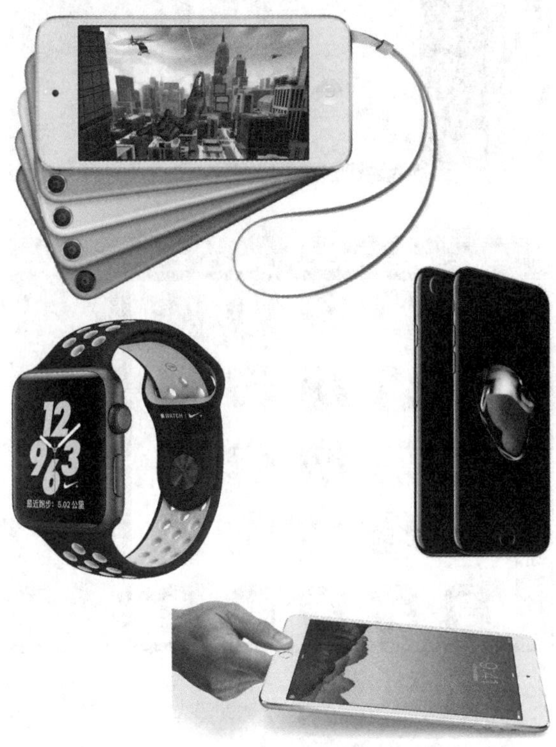

图1.3 装载iOS智能操作系统的设备

Windows Phone（WP）：是微软发布的一款移动操作系统，由于它是一款十分年轻的操作系统，所以Windows Phone相比其他操作系统而言，具有桌面定制、图标拖曳、滑动控制等一系列前卫的操作体验，由于是初入智能手机市场，所以在所占市场份额上暂时无法与安卓及iOS相比，但是因为年轻，所以此款操作系统有很多新奇的功能及操作，同时也是因为源自微软，所以在与PC端的Windows操作系统互通性上占有很大的优势，图1.4所示为装载Windows Phone的几款智能手机。

图1.4 装载Windows Phone的几款智能手机

1.7 UI设计常用的软件

如今UI设计中常用的主要软件有Adobe公司的Photoshop和Illustrator、Corel公司的CorelDRAW等，在这些软件中以Photoshop和Illustrator最为常用。

1. Photoshop

Photoshop是Adobe公司旗下最出名的图像处理软件之一，是集图像扫描、编辑修改、图像制作、广告创意、图像输入与输出于一体的图形图像处理软件，深受广大平面设计人员和计算机美术爱好者的喜爱。Photoshop一直是图像处理领域的“王者”，在出版印刷、广告设计、美术创意、图像编辑等领域均得到了极为广泛的应用。

Photoshop的专长在于图像处理，而不是图形创作。有必要区分一下这两个概念。图像处理是对已有的位图图像进行编辑加工处理以及运用一些特殊效果，其重点在于对图像的处理加工；图形创作是按照自己的构思创意，使用矢量图形来设计图形，这类软件主要有Adobe公司的另一个著名软件Illustrator和Macromedia公司的Freehand，不过，近年来，Freehand已经快要淡出历史舞台了。

平面设计是Photoshop应用最为广泛的领域，无论是我们正在阅读的图书封面，还是大街上看到的招贴、海报等，这些具有丰富图像的平面印刷品，基本上都可以用Photoshop软件对图像进行处理。

2. Illustrator

Illustrator是由美国Adobe公司出品的专业矢量绘图工具，是出版、多媒体和在线图像的工业标准矢量插画软件。Adobe公司英文全称是Adobe Systems Inc，始创于1982年，是广告、印刷、出版和Web领域首屈一指的图形设计、出版和成像软件设计公司，同时也是世界上第二大桌面软件公司。公司为图形设计人员、专业出版人员、文档处理机构和Web设计人员，以及商业用户和消费者提供了首屈一指的软件。

无论是生产印刷出版线稿的设计者、专业插画家、生产多媒体图像的艺术家，还是互联网网页、在线内容的制作者，都会发现Illustrator 不仅是一个艺术产品工具，还能适合大部分小型及大型的复杂设计项目。

3. CorelDRAW

CorelDRAW Graphics Suite是一款由世界顶尖软件公司之一的加拿大Corel公司开发的图形图像软件，它集矢量图形设计、矢量动画、页面设计、网站制作、位图编辑、印刷排版、文字编辑处理和图形高品质输出于一体，深受广大平面设计人员的喜爱。目前主要在广告制作、图书出版等方面得到广泛的应用，功能与其类似的软件有Illustrator、Freehand。

CorelDRAW图像软件是一套屡获殊荣的图形、图像编辑软件，它包含两个绘图应用程序：一个用于矢量图及页面设计；另一个用于图像编辑。这套绘图软件组合带给用户强大的交互式工具，使用户可创作出多种富于动感的特殊效果及点阵图像即时效果，在简单的操作中就可得到实现，而不会丢失当前的工作。通过CorelDRAW的全方位的设计及网页功能可以融入用户现有的设计方案中，灵活性十足。

CorelDRAW软件非凡的设计能力广泛地应用于商标设计、标志制作、模型绘制、插图描画、排版及分色输出等诸多领域。其被喜爱的程度可用事实说明，用于商业设计和美术设计的计算机上几乎都安装了CorelDRAW。CorelDRAW以其强大的功能及友好界面一直以来在标志制作、模型绘制、排版及分色输出等诸多领域都能看到它的身影。同时它的排版功能也十分强大，但是由于它与Photoshop、Illustrator不是同一家公司软件，所以在软件操作上的互通性稍差。

对于目前刚流行的UI设计，由于没有具有针对性的专业设计软件，所以大部分设计师会选择使用这3款软件来进行UI设计，如图1.5所示。

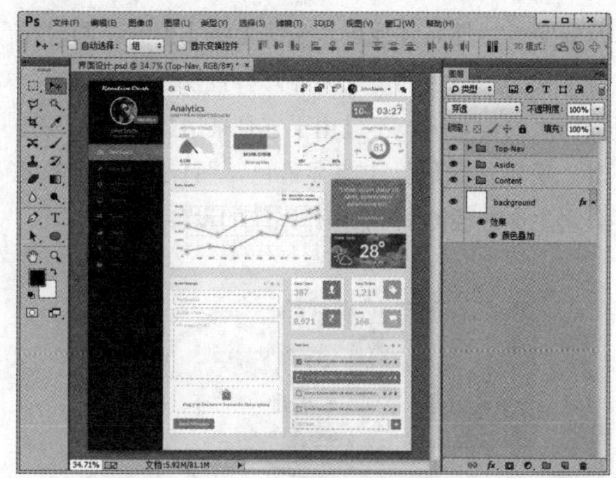

图1.5 3款软件的界面效果

1.8 UI色彩学知识

与很多设计相同，UI设计也十分注重色彩的搭配。想要为界面搭配出专业的色彩，给人一种高端、上档次的感受，就需要对色彩学基础知识有所了解。下面就为大家讲解关于色彩学的基础知识，通过这些知识的了解与学习可以为UI设计之路添砖加瓦。

1. 颜色的概念

树叶为什么是绿色的？因为树叶中的叶绿素大量吸收红光和蓝光，而对绿光吸收最少，所以大部分绿光被反射出来，进入人眼，我们就看到了绿色。

“绿色物体”反射绿光，吸收其他色光，因此看上去是绿色。“白色物体”反射所有色光，因此看上去是白色。

颜色其实是一个非常主观的概念，不同动物的视觉系统不同，看到的颜色也会不一样。例如，蛇眼不但能察觉可见光，而且还能感应红外线，因此蛇眼看到的颜色就跟人眼看到的不同。界面颜色效果如图1.6所示。

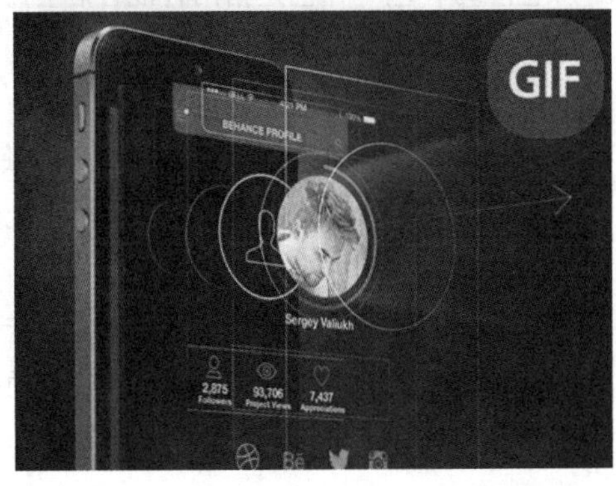

图1.6 界面颜色效果

2. 色彩三要素

色彩三要素分为色相、饱和度和明度。

● 色相

色相又称色调，是指各类色彩的相貌称谓，色相是一种颜色区别于另外一种颜色的特征，日常生活中所接触到的“红”“绿”“蓝”就是指色彩的色相。色相两端分别是暖色、冷色，中间为中间色或中型色。在0到360°的标准色环上，按位置度量色相，如图1.7所示。色相体现着色彩外向的性格，是色彩的灵魂。

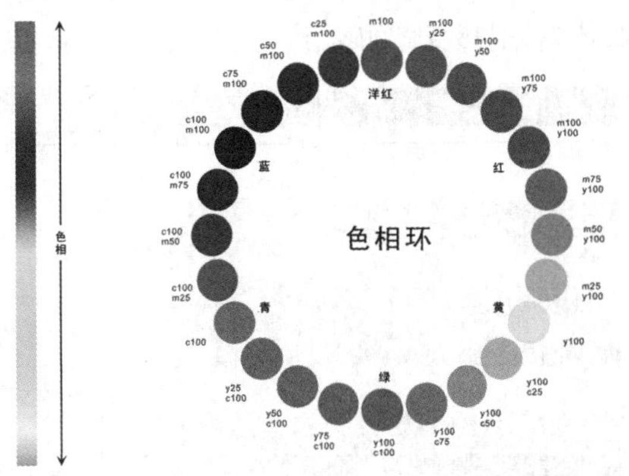

图1.7 色相及色相环

● 饱和度

饱和度是指色彩的强度或纯净程度，饱和度也称彩度、纯度、艳度或色度。对色彩的饱和度进行调整也就是调整图像的彩度。饱和度表示色相中灰色分量所占的比例，它使用从 0%（灰色）至100% 的百分比来度量，当饱和度降低为0%时，则会变成一个灰色图像，增加饱和度会增加其彩度。在标准色轮上，饱和度从中心到边缘递增。饱和度受到屏幕亮度和对比度的双重影响，一般亮度好、对比度高的屏幕可以得到很好的色彩饱和度，如图1.8所示。

图1.8 不同饱和度效果

- **明度**

明度指的是色彩的明暗程度，有时也可称为亮度或深浅度。在无彩色中，最高明度为白色，最低明度为黑色。在有彩色中，任何一种色相中都有一个明度特征。不同色相的明度也不同，黄色为明度最高的颜色，紫色为明度最低的颜色。任何一种色相如加入白色，都会提高明度，白色成分越多，明度也就越高；任何一种色相如加入黑色，明度就会相对降低，黑色越多，明度越低，如图1.9所示。

明度是全部色彩都具有的属性，了解明度关系是色彩搭配的基础，在设计中，可以利用明度表现物体的立体感与空间感。

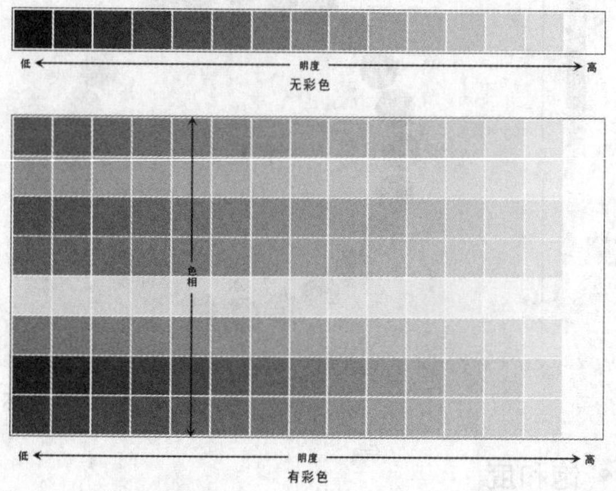

图1.9 明度效果

3. 加法混色

原色，又称为基色，三基色（三原色）是指红（R）、绿（G）、蓝（B）三色，三基色是调配其他色彩的基本色。原色的色纯度最高、最纯净、最鲜艳，可以调配出绝大多数色彩，而其他颜色不能调配出三原色，如图1.10所示。

加色三原色基于加色法原理。人的眼睛是根据所看见光的波长来识别颜色的。可见光谱中的大部分颜色可以由3种基本色光按不同的比例混合而成，这3种基本色光的颜色就是红、绿、蓝三原色光。这三种光以相同的比例混合且达到一定的强度，就呈现为白色；若3种光的强度均为零，就是黑色。这就是加色法原理。加色法原理被广泛应用于电视机、监视器等主动发光的产品中。

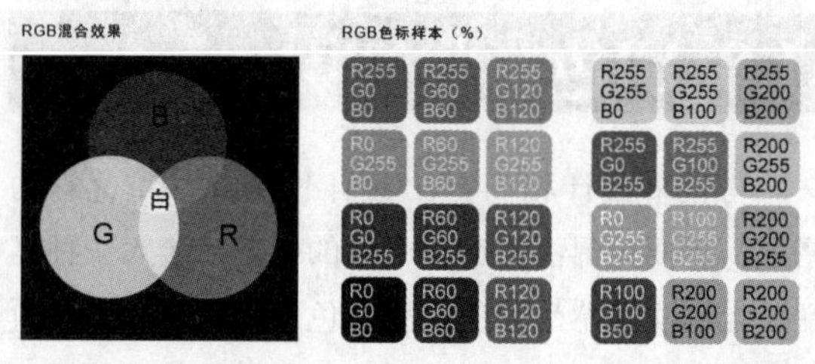

图1.10 三原色及色标样本

4. 减法混色

减色原色是指一些颜料，当按照不同的组合将这些颜料添加在一起时，可以创建一个色谱。减色原色基于减色法原理。与显示器不同，在打印、印刷、油漆、绘画等依靠介质表面的反射被动发光的场合，物体所呈现的颜色是光源中被颜料吸收后所剩余的部分，所以其成色的原理叫作减色法原理。打印机使用减色原色（青色、洋红色、黄色和黑色颜料）并通过减色混合来生成颜色。减色法原理被广泛应用于各种被动发光的场合。减色法原理中的三原色颜料分别是青（Cyan）、品红（Magenta）和黄（Yellow），如图1.11所示。通常所说的CMYK模式就是基于这种原理。

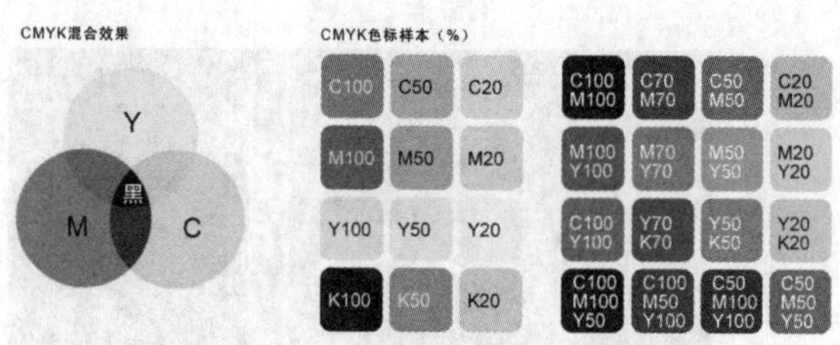

图1.11 CMYK混合效果及色标样本

5. 补色

两种颜色混合在一起产生中性色，则称这两种颜色互为补色。补色是指两种混合后会产生白色的颜色，例如，红+绿+蓝=白，红+绿=黄，黄+蓝=白，因此，黄色是蓝色的补色。

对于颜料，补色是混合后产生黑色的颜色，例如，红+蓝＋黄=黑，黄+蓝=绿，因此，红色是绿色的补色。

在色环上相对的两种颜色互为补色，一种颜色与其补色所产生的对比是强烈的，所以补色搭配会产生强烈的视觉效果。

6. 芒塞尔色彩系统（Munsell color system）

人们通常对颜色描述的是模糊的，例如，草绿色、嫩绿等，事实上不同的人对于“草绿色”的理解有细微的差异，因此就需要一种精确描述颜色的系统。

芒塞尔色彩系统由美国教授A.H. Munsell在20世纪初提出，芒塞尔色彩系统提供了一种数值化的精确描述颜色的方法，该系统使用色相（Hue）、纯度（Chroma）、明度（Value）3个维度来表示色彩。如图1.12所示。

- 色相分为红(R)、红黄(YR)、黄(Y)、黄绿(GY)、绿(G)、绿蓝(BG)、蓝(B)、蓝紫(PB)、紫(P)、紫红(RP)这5种主色调与5种中间色调，其中每种色调又分为10级（1~10），其中第5级是该色调的中间色。
- 明度分为11级，数值越大表示明度越高，最小值是0（黑色），最大值是10（白色）。
- 纯度最小值是0，理论上没有最大值。数值越大表示纯度越高。

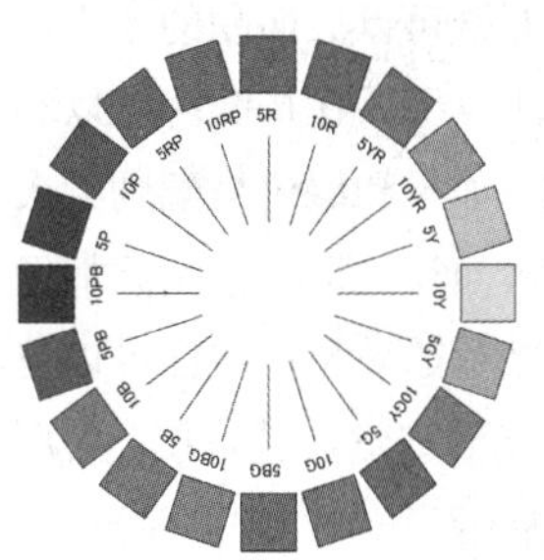

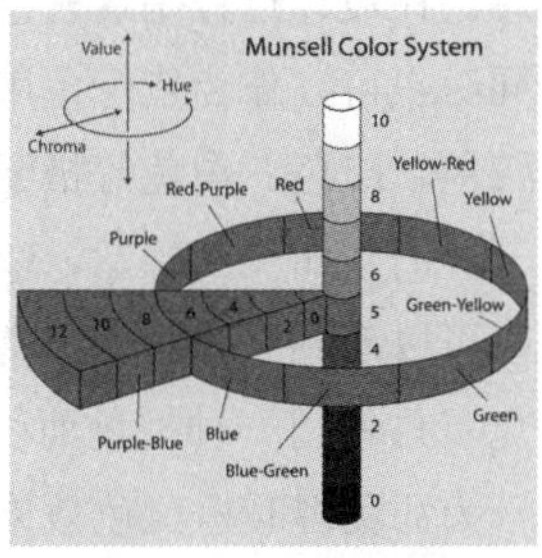

图1.12 芒塞尔色彩系统

1.9 UI设计常见配色方案

自己设计的作品充满生气、稳健、冷清或者温暖等感觉都是由整体色调决定的，那么怎么才能控制好整体色调呢？只有控制好构成整体色调的色相、明度、纯度关系和面积关系等，才可以控制好我们设计的整体色调。通常这是一整套的色彩结构并且是有规律可循的，通过下面几种常见的配色方案简单介绍一下这种规律。

单色搭配：指由一种色相的不同明度组成的搭配，这种搭配很好地体现了明暗的层次感。单色搭配如图1.13所示。

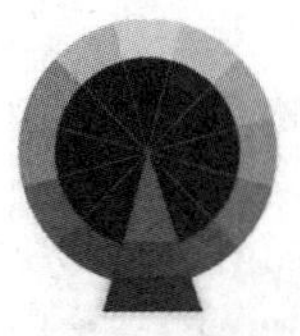

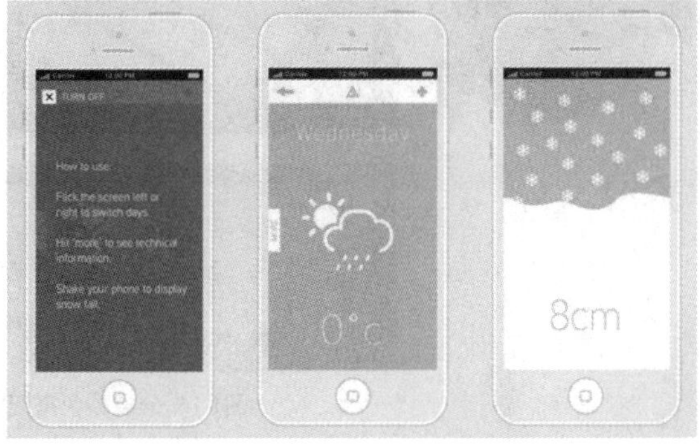

图1.13 单色搭配效果

近似色搭配：指由相邻的两到三个颜色组成的搭配。如图1.14左图所示（橙色/褐色/黄色），这种搭配对比度低，较和谐，给人赏心悦目的感觉。近似色搭配如图1.14中图和右图所示。

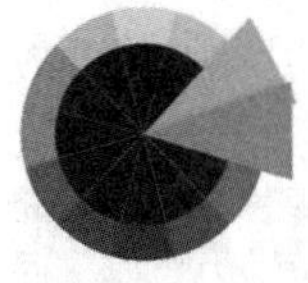

图1.14 近似色搭配

补色搭配：指色环中相对的两个色相搭配。采用补色搭配的设计颜色对比强烈，传达出能量、活力、兴奋等意思，注意，补色搭配中最好让一个颜色多，一个颜色少。如下图（紫色和黄色）。补色搭配如图1.15所示。

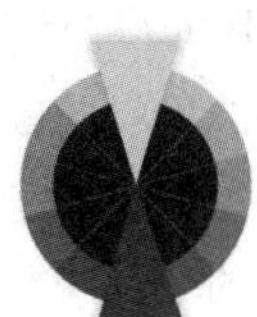

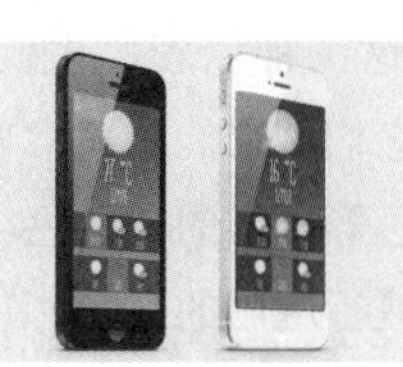

图1.15 补色搭配

分裂补色搭配：同时用补色及类比色的方法确定颜色关系，就称为分裂补色。这种搭配，既有类比色的低对比度，又有补色的力量感，形成一种既和谐又有重点的颜色关系。分裂补色搭配如图1.16所示。

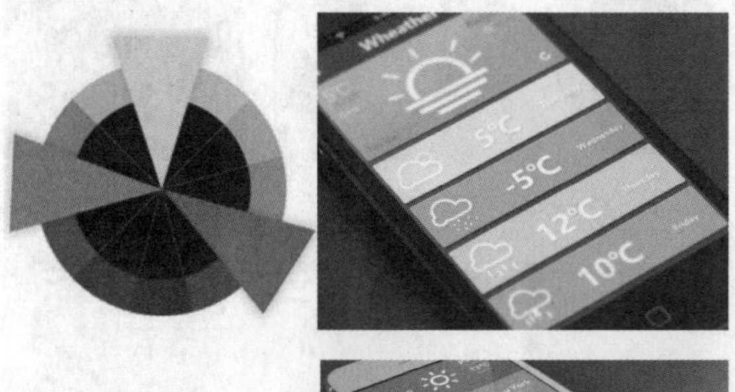

图1.16 分裂补色搭配

原色搭配：这样的搭配色彩明快，在欧美也非常流行，如蓝红搭配，麦当劳的Logo色与主色调红黄色搭配等。原色的搭配如图1.17所示。

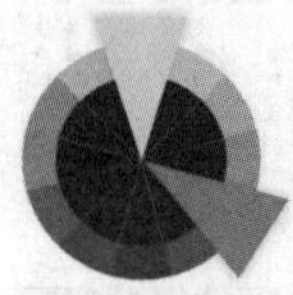

图1.17 原色的搭配

1.10 UI设计配色技巧

无论在任何设计领域，颜色的搭配永远都是至关重要的，优秀的配色不仅可以带给用户完美的体验，更能让使用者的心情舒畅，提升整个应用的价值，下面是几种常见的配色。

- **百搭黑白灰**

提起黑白灰这三种色彩，人们总是觉得在任何地方都离不开它们，它们是最常见到的色彩，它们既能作为任何色彩百搭的辅助色，也能作为主色调。通过对一些流行应用的观察，它们的主色调大多离不开这3种颜色，白色给人洁白、纯真、清洁的感受；黑色给人一种深沉、神秘、压抑的感受；灰色给人中庸、平凡、中立和高雅的感觉。在搭配方面这3种颜色几乎是万能的百搭色，同时最强的可识别性也是黑白灰配色里的一大特点，图1.18所示为黑白灰配色效果展示。

图1.18 黑白灰配色效果展示

- **甜美温暖橙**

橙色是一种界于红色和黄色之间的色彩，它不同于大红色过于刺眼，又比黄色更加富有视觉冲击感。在设计过程中这种色彩既可以大面积的使用，同时也可以作为搭配色用来点缀，在搭配时可以和黄色、红色、白色等搭配。如果和绿色搭配则给人一种清新甜美的感觉，在大面积的橙色中稍添加绿色可以起到一种画龙点睛之笔的效果，这样可以避免了只使用一种橙色而引起的视觉疲劳，图1.19所示为甜美温暖橙配色效果展示。

图1.19 甜美温暖橙配色效果展示

- **气质冷艳蓝**

蓝色给人的第一感觉是舒适，没有过多的刺激感，给人一种非常直观的清新、静谧、专业、冷静的感觉，同时蓝色也很容易和别的色彩搭配。在界面设计过程中可以把蓝色做得相对大牌，也可以用得趋于小清新，假如在搭配的过程中找不出别的颜色搭配，此时选用蓝色总是相对安全的色彩，在搭配时常和黄色、红色、白色、黑色等搭配。蓝色是冷色系里最典型的代表色，而红色、黄色、橙色则是暖色系里最典型的代表色，这两种冷暖色系的对会使设计更加具有跳跃感，这时会产生一种强烈的兴奋感，很容易感染用户的情绪；蓝色和白色的搭配会显得更清新、素雅、极具品质感；蓝色和黑色的搭配类似于红色和黑色搭配，能产生一种极强的时尚感，瞬间让人眼前一亮，通常在做一些质感类图形图标设计时用到较多，图1.20所示为气质冷艳蓝配色效果展示。

图1.20 气质冷艳蓝配色效果展示

- **清新自然绿**

和蓝色一样，绿色是一个和大自然相关的灵活色彩，它与不同的颜色进行搭配会带给人不同的心理感受。柠檬绿代表了一种潮流，橄榄绿则显得十分平和贴近，而淡绿色可以给人一种清爽的春天的感觉。图1.21所示为清新自然绿配色效果展示。

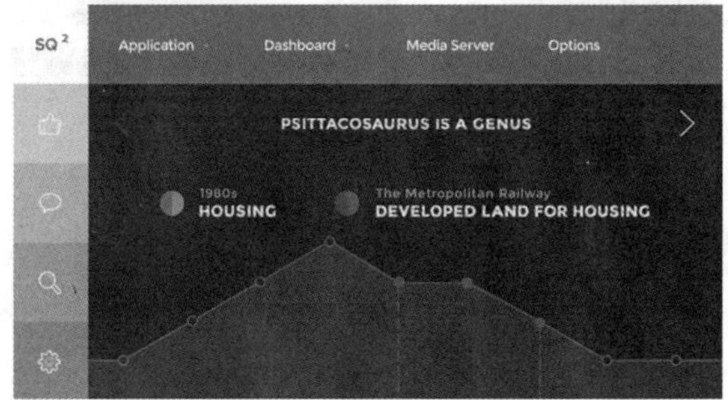

图1.21 清新自然绿配色效果展示

- **热情狂热红**

大红色在界面设计中是一种不常见的颜色，一般作为点缀色使用，常用于警告、强调、警示，使用过度的话容易造成视觉疲劳。白色和黄色搭配是中国比较传统的喜庆搭配，这种艳丽浓重的色彩会让我们想到节日庆典，因此喜庆感会更强；而红色和白色搭配相对会让人感觉更干净整洁，也容易体现出应用的品质感；红色和黑色的搭配比较常见，会带给人一种强烈的时尚气质感，如大红和纯黑搭配能带给人一种炫酷的感觉；红色和橙色的搭配则给人一种甜美的感觉，图1.22所示为热情狂热红配色效果展示。

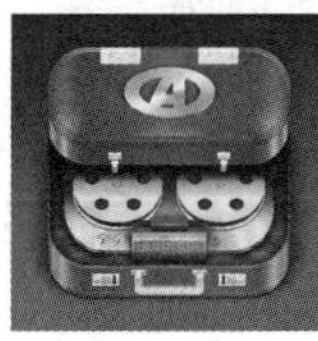

图1.22 热情狂热红配色效果展示

图1.22 热情狂热红配色效果展示（续）

- **靓丽醒目黄**

黄色亮度最高，多用于大面积配色中的点睛色，它没有红色那么抢眼和俗气，却可以更加柔和地让人产生刺激感。在进行配色的过程中，应该和白色、黑色、紫色、蓝色进行搭配。黄色和黑色、白色的对比较强，容易形成较高层次的对比，突出主题；而与黄色、蓝色、紫色搭配，除强烈的对比刺激眼球外，还能够有较强的轻快时尚感，在日常店铺装修中最多的用于各种促销活动的页面；和红色进行搭配，这样能起到欢快，明亮的感觉，并且活跃度较高。图1.23所示为靓丽醒目黄配色效果展示。

  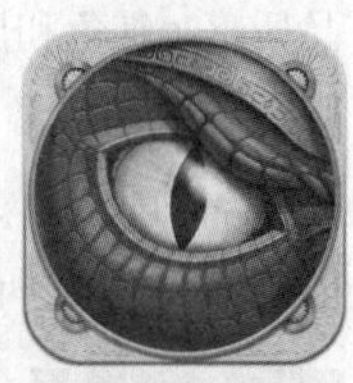

图1.23 靓丽醒目黄配色效果展示

1.11 UI设计色彩学

我们生活在一个充满着色彩的世界，色彩一直刺激我们的视觉感官，而色彩也往往是作品给人的第一印象。

1. 色彩与生活

在认识色彩前要先建立一种观念，就是如果要了解色彩、认识色彩，便要用心去感受生活，留意生活中的色彩，否则容易变成一个视而不见的“色盲”。就如人体的其他感官一样，色彩就活像是我们的“味觉”，一样的材料但因用了不同的调味料而有了不同的味道，成功的好吃，失败的往往叫人难以下咽 ，而色彩对生理与心理都有重大的影响，如图1.24所示。

图1.24 色彩与生活

2. 色彩意象

当我们看到色彩时，除了能感觉其物理方面的影响，心里也会立即产生相应的感觉，这种感觉我们一般难以用言语形容，我们把这种感觉称为印象，也就是色彩意象，下面就具体说明色彩意象。

- **红色的色彩意象**

由于红色容易引起注意，所以在各种媒体中也被广泛地应用，它除了具有较佳的明视效果外，还被用来传达活力、积极、热诚、温暖、前进等含义的企业形象与精神。另外红色也是警告，危险，禁止，防火等的标示用色，人们在一些场合或物品上，看到红色标志时，常不必仔细看内容，即能了解警告危险之意。在工业安全用色中，红色是警告、危险、禁止、防火的指定色。常见的红色有大红、桃红、砖红、玫瑰红。常见的红色APP如图1.25所示。

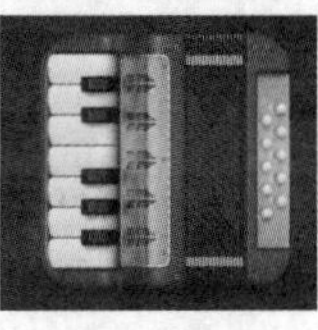 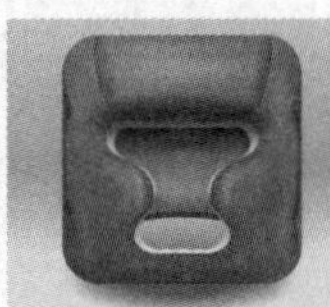 

图1.25 常见红色APP

- **橙色的色彩意象**

橙色明视度高，在工业安全用色中，橙色是警戒色，如火车头、登山服装、背包、救生衣等上面的橙色，由于橙色非常明亮刺眼，有时会使人产生负面的意象，这种状况尤其容易发生在服饰的运用上，所以在运用橙色时，要注意选择搭配的色彩和表现方式，把橙色明亮活泼的特性发挥出来。常见的橙色有鲜橙、橘橙、朱橙。常见的橙色APP如图1.26所示。

图1.26　常见橙色APP

- **黄色的色彩意象**

黄色明视度高，在工业安全用色中，黄色是警告危险色，常用来警告危险或提醒注意，如马路上的黄灯，工程上用的大型机器，学生用的雨衣、雨鞋等，都使用黄色。常见的黄色有大黄、柠檬黄、柳丁黄、米黄。常见的黄色APP如图1.27所示。

图1.27　常见黄色APP

- **绿色的色彩意象**

商业设计中，绿色所传达的是清爽、理想、希望、生长的意象，符合服务业，卫生保健业的诉求。工厂中，为了避免操作时眼睛疲劳，许多工作的机械也采用绿色，一般的医疗机构场所，也常采用绿色作空间色彩规划即标示医疗用品。常见的绿色有大绿、翠绿、橄榄绿、墨绿。常见的绿色APP如图1.28所示。

图1.28　常见绿色APP

- **蓝色的色彩意象**

由于蓝色沉稳的特性，它具有理智、准确的意象。商业设计中，强调科技、效率的商品或企业形象，大多选用蓝色作为标准色、企业色、如计算机、汽车、影印机、摄影器材等的用色。另外蓝色也代表忧郁，这是受西方文化的影响，这个意象也运用在文学作品或感性诉求的商业设计中。常见的蓝色有大蓝、天蓝、水蓝、深蓝。常见的蓝色APP如图1.29所示。

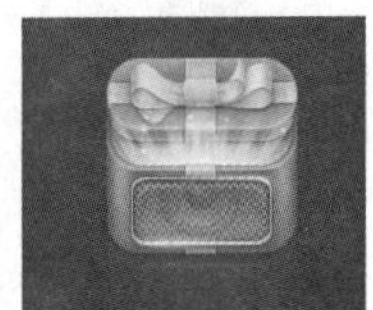

图1.29　常见蓝色APP

- **紫色的色彩意象**

由于紫色具有强烈的女性化性格，在商业设计用色中，紫色受到相当多的限制，除了和女性有关的商品或企业形象外，其他类的设计不常采用其作为主色。常见的紫色有大紫、贵族紫、葡萄酒紫、深紫。常见的紫色APP如图1.30所示。

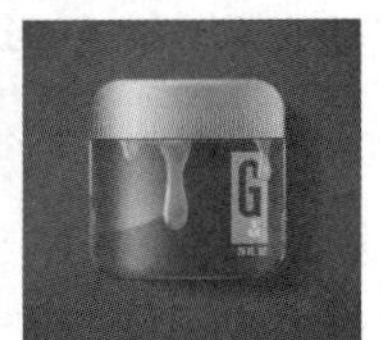

图1.30　常见紫色APP

- **褐色的色彩意象**

商业设计上，褐色通常用来表现原始材料的质感，如麻、木材、竹片、软木等；或用来传达某些饮品原料的色泽及味感，如咖啡、茶、麦类等；或强调格调古典、优雅的企业或商品形象。常见的褐色有茶色、可可色、麦芽色、原木色。常见的褐色APP如图1.31所示。

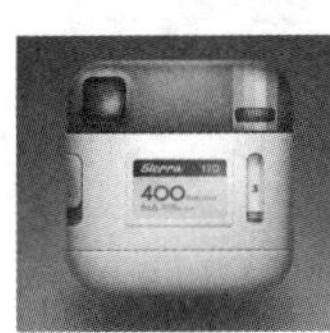

图1.31　常见褐色APP

- **白色的色彩意象**

商业设计中，白色具有高级、科技的意象，通常需和其他色彩搭配使用。纯白色会带给人寒冷、严峻的感觉，所以在使用白色时，都会掺入一些其他的色彩，使其变成象牙白、米白、乳白、苹果白。在生活用品，服饰用色上，白色是流行的主要色，可以和任何颜色搭配。常见的白色APP如图1.32所示。

图1.32 常见白色APP

- **黑色的色彩意象**

商业设计中，黑色具有高贵、稳重、科技的意象，为许多科技产品的用色，如电视、跑车、摄影机、音响、仪器等大多采用黑色。在其他方面，黑色庄严的意象也常用于一些特殊场合的空间设计。生活用品和服饰设计也大多利用黑色来塑造高贵的形象。黑色是一种流行的主要颜色，适合和许多色彩搭配。常见的黑色APP如图1.33所示。

图1.33 常见黑色APP

- **灰色的色彩意象**

商业设计中，灰色具有柔和、高雅的意象，而且它属于中间性格，男女都能接受，所以灰色也是流行的主要颜色。许多的高科技产品，尤其是和金属材料有关的，几乎都采用灰色来传达高级、科技的形象，使用灰色时，大多利用不同纯度颜色的层次变化组合或搭配其他色彩，这样不会过于素、沉闷，而有呆板、僵硬的感觉。常见的灰色有大灰、老鼠灰、蓝灰、深灰。灰色的UI设计，如图1.34所示。

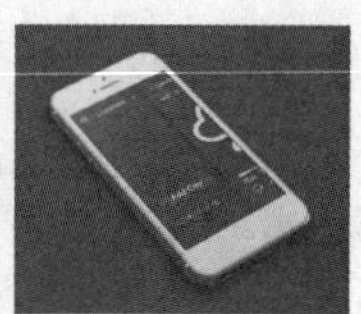

图1.34 灰色UI界面

1.12 精彩UI设计赏析

在设计过程中出现阻碍时，苦于无解决之道，这时就需要欣赏一些具有一定“概念化”的设计，以此获取灵感，打开全新的设计之窗。通过下面几个精选界面的赏析一定让你在短时间内灵感迸发，优秀界面欣赏如图1.35所示。

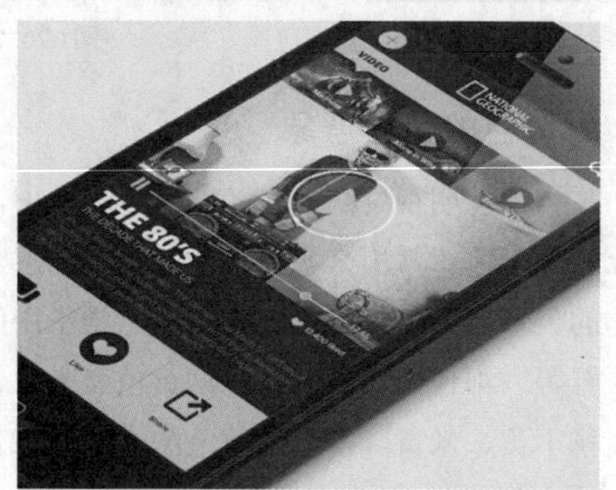

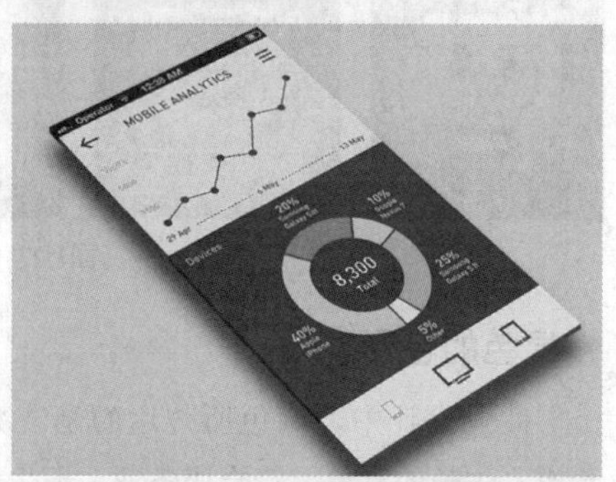

图1.35 优秀界面欣赏

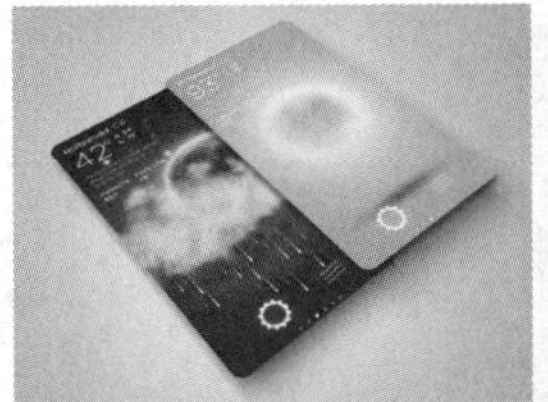

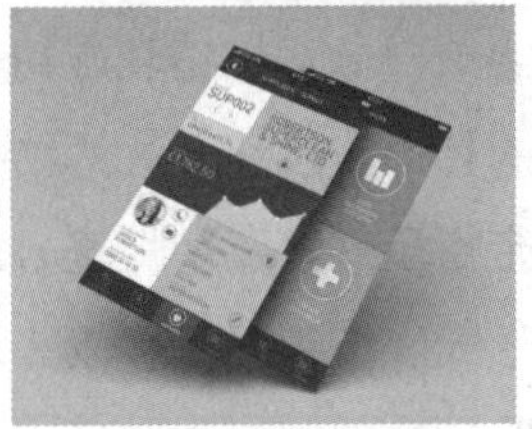

图1.35 优秀界面欣赏

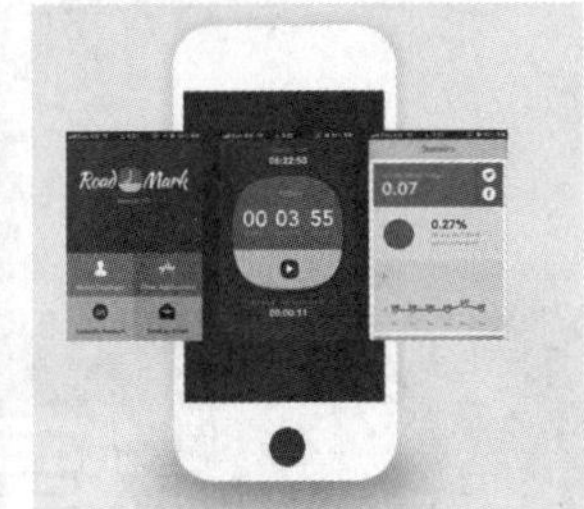

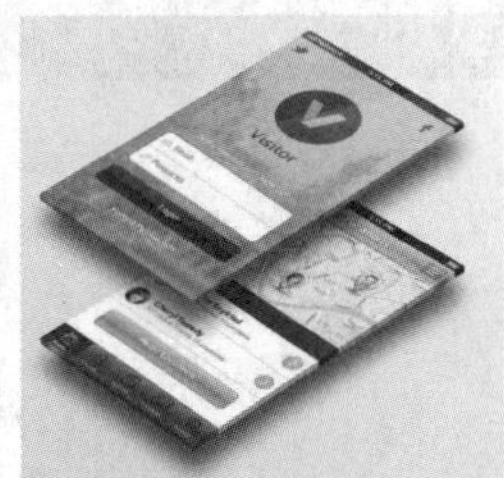

图1.35 优秀界面欣赏（续）

1.13 本章小结

本章通过对UI基础知识的讲解，让读者对用户界面有个基本的了解，同时讲解了智能操作系统及UI设计中颜色的配色技巧，通过本章学习对用户界面有大致的认识，并对设计配色有详细的了解。

第2章

精致按钮及旋钮设计

内容摘要

本章主要详解精致按钮及旋钮设计制作，按钮类设计在UI设计中占有相当一部分比重，无论是在PC端还是在移动端，作为一整套UI都是必不可少的组成部分，按钮及旋钮类控件是一种结构简单，应用十分广泛的控件。按钮开关的结构类别很多，如普通揿钮式、旋柄式、带指示灯式及带灯符号式等，有单钮、双钮、三钮及不同组合形式。按钮开关可以完成启动、停止、正反转、变速以及互锁等基本控制。本章通过多个实战案例，详细讲解了UI中常见按钮类控件的设计方法。

课堂学习目标

- 了解按钮及旋钮的分类和作用
- 学习不同按钮及旋钮的制作方法
- 掌握不同质感按钮及旋钮的设计技巧

2.1 理论知识——移动APP按钮尺寸分析

操作过程中，大按钮比小按钮更容易操作，当设计移动界面时，最好把可点击的按钮目标尺寸做得大些，这样更有利于用户点击，但这个“大”到底需要多“大”呢？移动APP的界面有限，加上美观和整体效果，按钮需要设计多“大”才能方便用户的使用呢？

1. 一般规范标准

《iPhone人机界面设计规范》建议最小点击目标尺寸是44px×44px，《Windows手机用户界面设计和交互指南》建议使用34像素×34像素，最小也要264px×26px，《诺基亚开发指南》中建议，目标尺寸应该不小于1cm×1cm或者28px×28px，《Android的界面设计规范》建议使用48dp×48dp（物理尺寸为9mm左右），尽管这些规范给我们列举了各平台下可点击目标的尺寸标准，但是彼此的标准并不一致，更无法和人类手指的实际尺寸相一致，一般来说，规范标准建议的尺寸比手指的平均尺寸要小，这样不会影响触摸屏幕时的精准度。

2. 手指与尺寸大小

MIT触摸实验室做了一项研究，以手指指尖作为调查对象，分析其感觉机能，研究发现，成年人的食指宽度一般是1.6~2cm，转换成像素是45~57px；拇指要比食指宽，平均宽度大概为2.5cm，转换成像素为72px×72px。

人们在使用中最常用的手势是“点击”和“滑动”，拇指的使用非常频繁，有时候用户用一只手握住手机，只用拇指和食指操作，在这种情景下，用户的操作精度有限，就需要提高目标尺寸来避免操作错误，这就是所谓的友好的触控体验。

而智能手机受尺寸的限制，如何在第一时间让用户得到有效信息，显得尤为重要。若按钮的尺寸太大，会导致页面拥挤，屏幕空间会不够用，增加用户的翻页操作，操作成本高，体验较差；若按钮的尺寸太小，对于用户体验来说也是非常糟糕的，因为在用户体验过程中，需要调整手指的操作方式，如将指心调整为指尖的操作，这种操作就变得很吃力，会增加用户操作的挫败感。不仅如此，目标的尺寸过小，很多的目标拥挤在一起，用户操作时很容易造成因目标尺寸过小，一个手指的宽度过大而出现误操作。

3. 理想状态和特殊情况

从拇指大小来看，72像素的实际使用效果是理想状态，更容易定位，操作的舒适感也更好。所以将目标尺寸的大小，设置为跟手指大小相近，是最理想的状态。当然，这并不适合所有的设计场景，如手机上由于空间有限，目标尺寸如果设置得过大，那么屏幕空间就不够用了；如果设置成翻页效果，则用户在使用时需要不停地翻页，这在体验上会很糟糕。在这种情况下，就需要使用指导的规范尺寸了，尽管有些过小，但还是最优状态。

对于平板电脑设置来说，情况就简单多了，因为平板电脑整个屏幕较大，所以空间更多，这样对于设计师来说，就可以通过增大尺寸来提高操作适用性。

虽然无法知道每个用户手指的使用习惯，如是食指操作更多，还是拇指操作更多，但有一种情况比较特殊，那就是游戏。对于游戏来说，大多数的用户使用拇指操作，所以一些控件的尺寸一般可以按照拇指的尺寸来设置，这样用户双手稳定操作时更加精准。

2.2 课堂案例——下载按钮

素材位置	素材文件\第2章\下载按钮
案例位置	案例文件\第2章\下载按钮.psd
视频位置	多媒体教学\2.2课堂案例——下载按钮.avi
难易指数	★☆☆☆☆

本例讲解的是下载按钮制作，下载按钮的形式有多种，本例讲解的是一款简洁风格的按钮，在绘制过程中采用与背景相对应的颜色，整体的色彩及外观十分协调，最终效果如图2.1所示。

扫码看视频

图2.1 最终效果

2.2.1 打开素材

01 执行菜单栏中的“文件”|“打开”命令，打开“背景.jpg”文件，如图2.2所示。

图2.2 打开素材

02 选择工具箱中的“圆角矩形工具”，在选项栏中将“填充”更改为黄色（R：234，G：203，B：157），“描边”为无，“半径”为5像素，在画布中绘制一个圆角矩形，此时将生成一个“圆角矩形 1”图层，如图2.3所示。

图2.3 绘制图形

2.2.2 添加质感

01 在“图层”面板中，选中“圆角矩形1”图层，单击面板底部的“添加图层样式”fx按钮，在菜单中选择“渐变叠加”命令，在弹出的对话框中将“混合模式”更改为柔光，“不透明度”更改为50%，如图2.4所示。

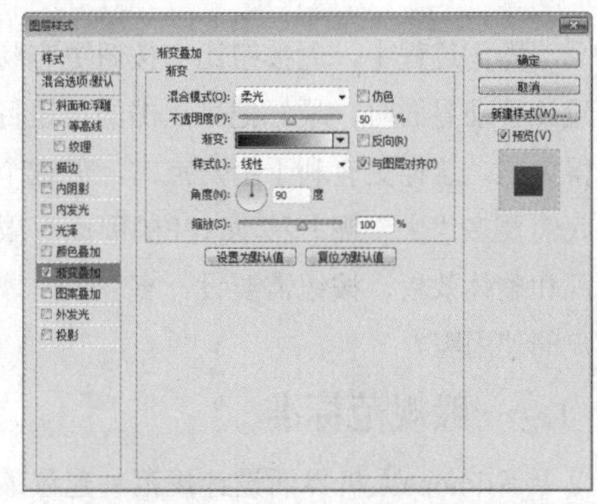

图2.4 设置渐变叠加

02 勾选“投影”复选框，将“混合模式”更改为正常，“颜色”更改为黄色（R：147，G：84，B：35），取消“使用全局光”复选框，“角度”更改为90度，“距离”更改为2像素，完成之后单击“确定”按钮，如图2.5所示。

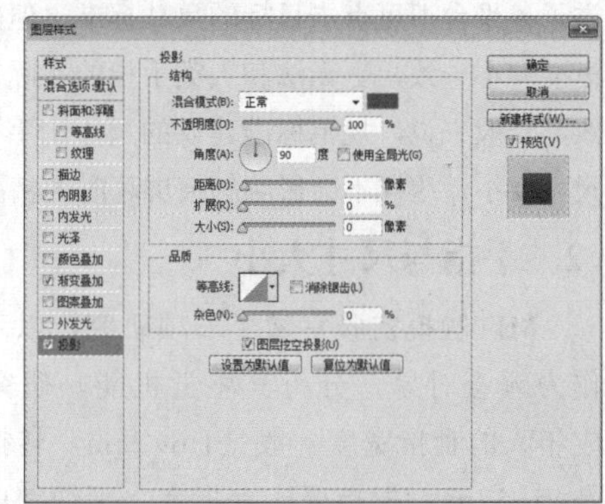

图2.5 设置投影

03 选择工具箱中的“横排文字工具”T，在画布适当位置添加文字，这样就完成了效果制作，最终效果如图2.6所示。

图2.6 添加文字及最终效果

2.3 课堂案例——简洁按键开关

素材位置　无
案例位置　案例文件\第2章\简洁按键开关.psd
视频位置　多媒体教学\2.3课堂案例——简洁按键开关.avi
难易指数　★☆☆☆☆

本例讲解简洁按键开关绘制，本例的制作十分简单，以简洁、明了的图形与文字信息组合制作出一款实用按键开关，最终效果如图2.7所示。

扫码看视频

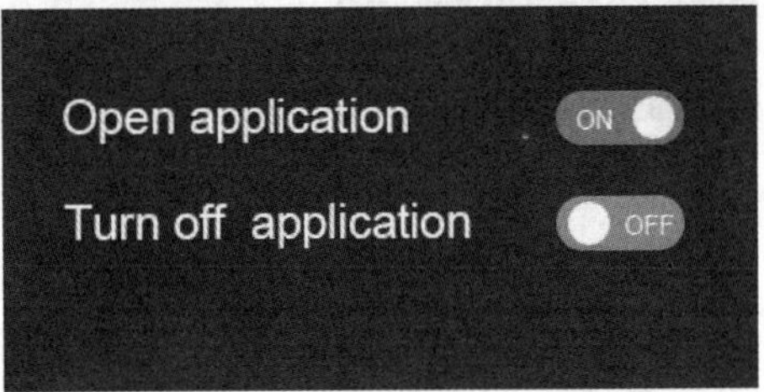

图2.7 最终效果

2.3.1 制作背景并添加文字

01 执行菜单栏中的“文件”|“新建”命令，在弹出的对话框中设置“宽度”为400像素，“高度”为230像素，“分辨率”为72像素/英寸，新建一个空白画布，将画布填充为深灰色（R：34，G：34，B：34）。

02 选择工具箱中的“横排文字工具”T，在画布适当位置添加文字，如图2.8所示。

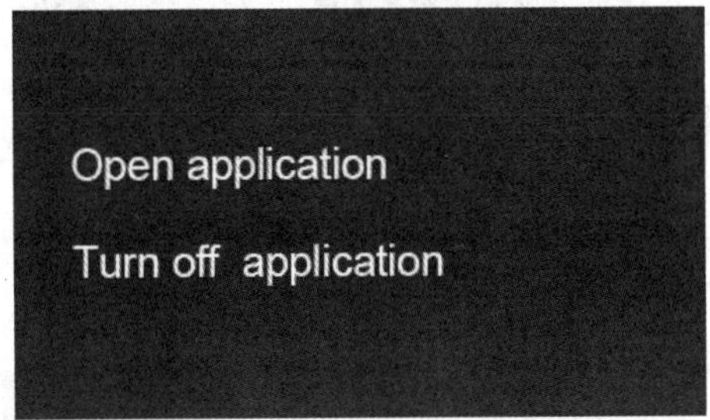

图2.8 添加文字

03 选择工具箱中的“圆角矩形工具”，在选项栏中将“填充”更改为蓝色（R：0，G：136，B：255），“描边”为无，“半径”为30像素，在文字右侧位置绘制一个圆角矩形，此时将生成一个“圆角矩形 1”图层，如图2.9所示。

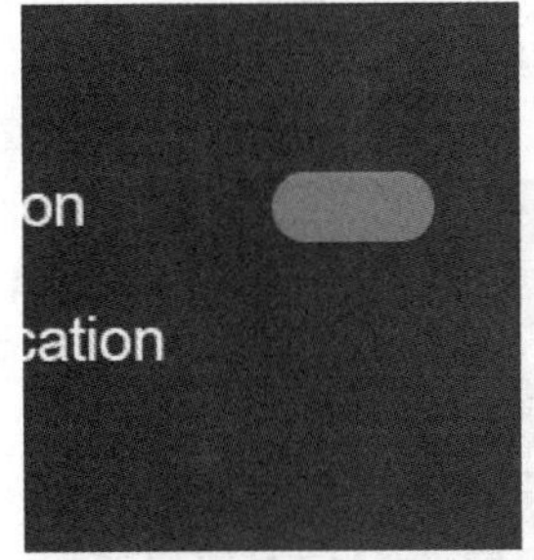

图2.9 绘制图形

04 选中“圆角矩形 1”图层，按住Alt+Shift组合键向下拖动将图形复制，此时将生成一个“圆角矩形 1拷贝”图层，将图形颜色更改为红色（R：242，G：108，B：80），如图2.10所示。

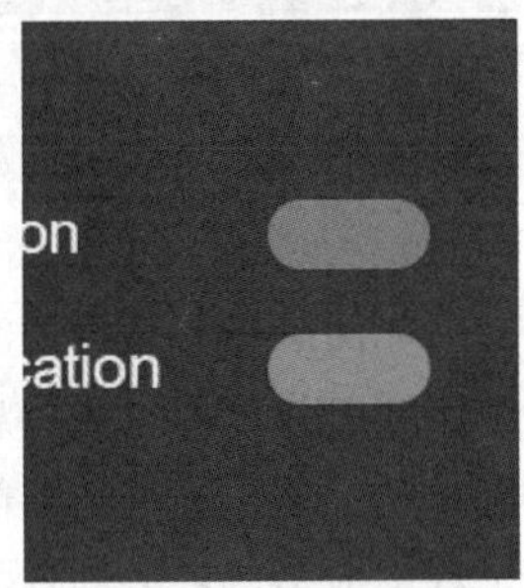

图2.10 复制并移动图形

2.3.2 绘制按键

01 选择工具箱中的“椭圆工具”，在选项栏中将“填充”更改为白色，“描边”为无，在上方圆角矩形右侧位置按住Shift键绘制一个圆形，此时将生成一个“椭圆 1”图层，如图2.11所示。

02 选中“椭圆 1”图层，在画布中按住Alt+Shift组合键向下拖动，再按住Shift键向左侧移动，如图2.12所示。

图2.11 绘制图形

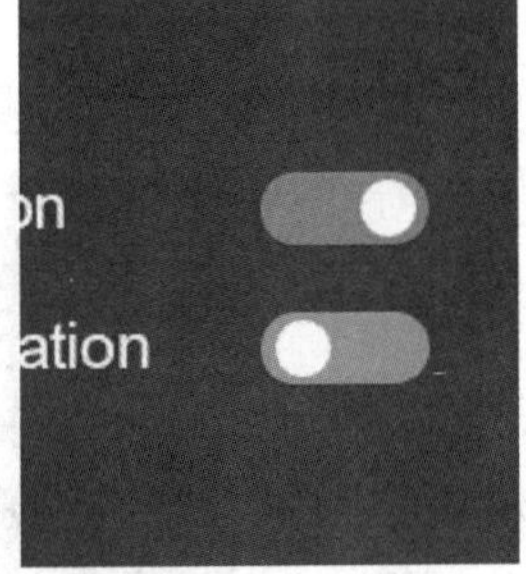

图2.12 复制图形

03 选择工具箱中的“横排文字工具”T，在适当位置添加文字，这样就完成了效果制作，最终效果如图2.13所示。

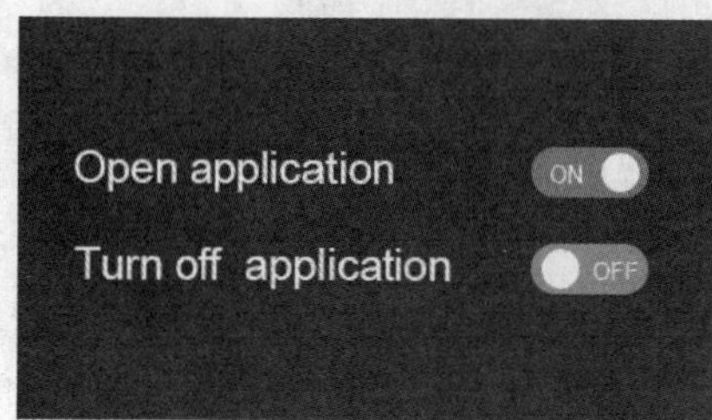

图2.13 最终效果

2.4 课堂案例——音量滑动条

素材位置 素材文件\第2章\音量滑动条
案例位置 案例文件\第2章\音量滑动条.psd
视频位置 多媒体教学\2.4课堂案例——音量滑动条.avi
难易指数 ★☆☆☆☆

本例讲解的是音量滑动条制作，本例在制作过程中采用扁平化手法绘制，整个制作过程十分简单，在制作过程中应当留意滑动条的颜色，最终效果如图2.14所示。

扫码看视频

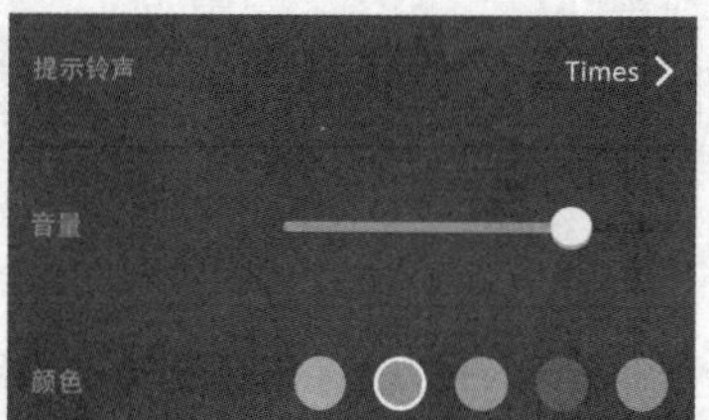

图2.14 最终效果

2.4.1 打开素材

01 执行菜单栏中的“文件”|“打开”命令，打开“背景.jpg”文件，如图2.15所示。

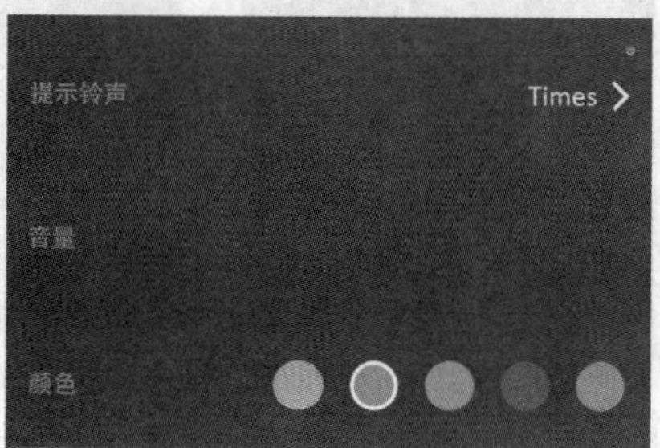

图2.15 打开素材

02 选择工具箱中的“圆角矩形工具”，在选项栏中，将“填充”更改为灰色（R：42，G：45，B：50），“描边”为无，“半径”为10像素，在适当位置绘制一个圆角矩形，此时将生成一个“圆角矩形1”图层，如图2.16所示。

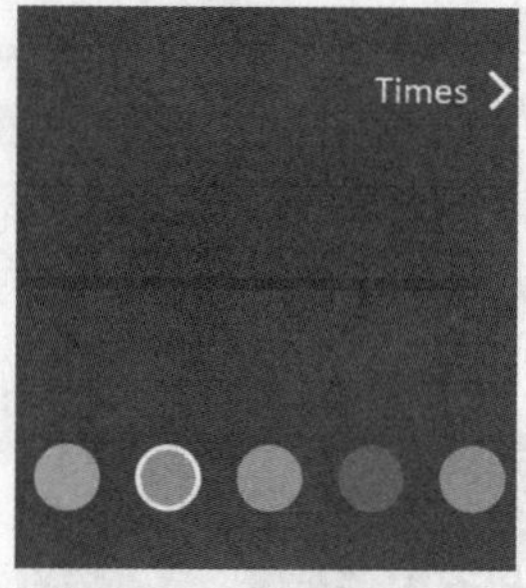

图2.16 绘制图形

03 在“图层”面板中，选中“圆角矩形1”图层，将其拖至面板底部的“创建新图层”按钮上，复制1个“圆角矩形1 拷贝”图层，如图2.17所示。

04 选中“圆角矩形1 拷贝”图层，将其图形颜色更改为青色（R：50，G：172，B：195），再缩短图形宽度，如图2.18所示。

图2.17 复制图层

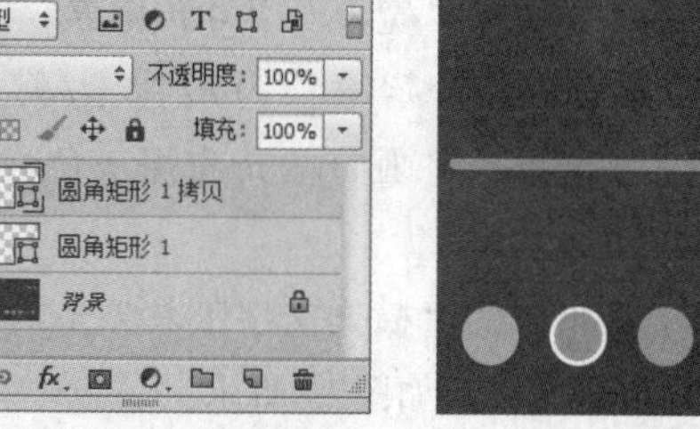

图2.18 变换图形

2.4.2 绘制图形

01 选择工具箱中的“椭圆工具”，在选项栏中将“填充”更改为灰色（R：177，G：177，B：177），“描边”为无，在青色图形右侧顶端位置按住Shift键绘制一个圆形，此时将生成一个“椭圆1”图层，如图2.19所示。

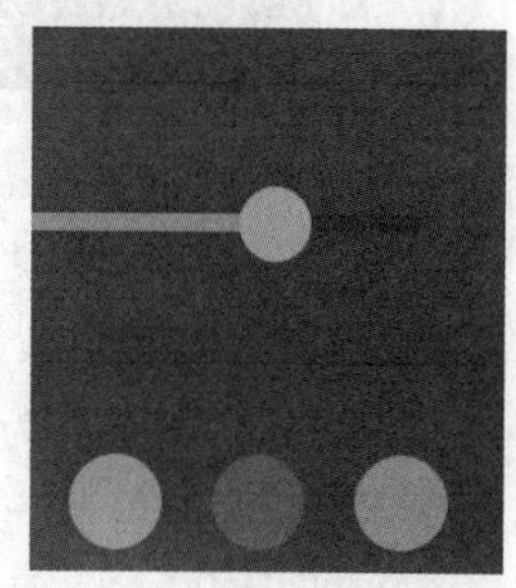

图2.19 绘制图形

02 在“图层”面板中，选中“椭圆1”图层，将其拖至面板底部的“创建新图层”按钮上，复制1个“椭圆1 拷贝”图层，如图2.20所示。

图2.20 复制图层

03 选中“椭圆1 拷贝”图层，将图形颜色更改为白色，再按Ctrl+T组合键对其执行“自由变换”命令，将图形高度稍微缩小，完成之后按Enter键确认，这样就完成了效果制作，最终效果如图2.21所示。

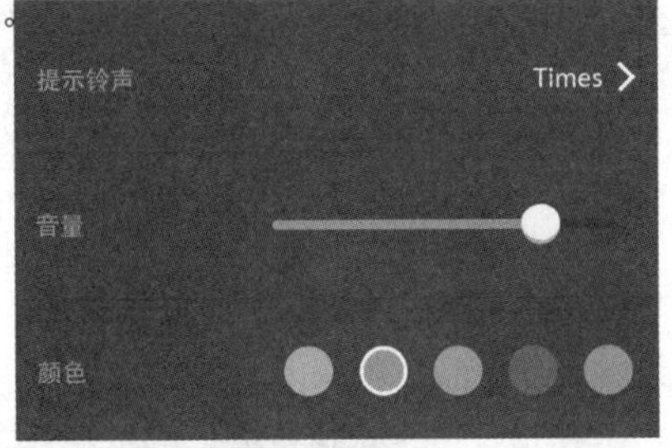

图2.21 变换图形及最终效果

2.5 课堂案例——立体多边形按钮

素材位置　无

案例位置　案例文件\第2章\立体多边形按钮.psd

视频位置　多媒体教学\2.5课堂案例——立体多边形按钮.avi

难易指数　★★☆☆☆

本例讲解立体多边形按钮制作，本例的制作比较简单，最大特点在于多边形的图形效果，以区别于传统的圆角按钮，在制作之初将图形变形，整个最终效果十分富有新意，最终效果如图2.22所示。

扫码看视频

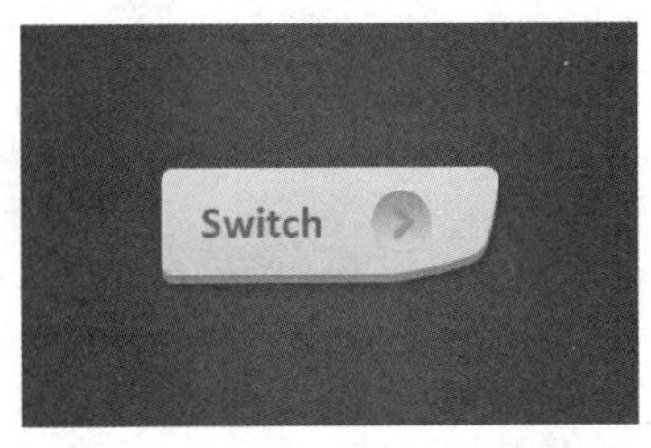

图2.22 最终效果

2.5.1 制作渐变背景

01 执行菜单栏中的“文件”|“新建”命令，在弹出的对话框中设置“宽度”为400像素，“高度”为300像素，“分辨率”为72像素/英寸，新建一个空白画布。

02 选择工具箱中的“渐变工具”，编辑青色（R：45，G：87，B：92）到深灰色（R：40，G：43，B：45），单击选项栏中的“径向渐变”按钮，在画布中从中间向右下角方向拖曳填充渐变，如图2.23所示。

图2.23 填充渐变

03 单击面板底部的“创建新图层”按钮，新建一个“图层1”图层，将“图层 1”填充为白色，如图2.24所示。

图2.24 新建图层并填充颜色

04 执行菜单栏中的“滤镜”|“杂色”|“添加杂色”命令，在弹出的对话框中分别勾选“平均分布”单选按钮及“单色”复选框，“数量”更改为3%，完成之后单击“确定”按钮，如图2.25所示。

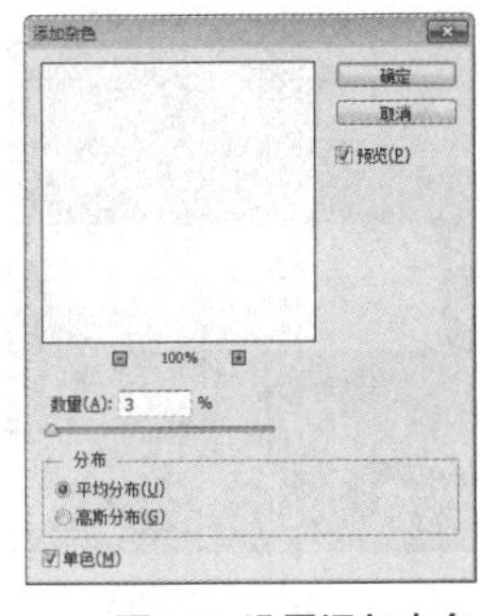

图2.25 设置添加杂色

05 选中“图层1”图层，将其图层混合模式设置为“正片叠底”，如图2.26所示。

图2.26 设置图层混合模式

2.5.2 绘制图形

01 选择工具箱中的“圆角矩形工具”，在选项栏中将“填充”更改为白色，“描边”为无，“半径”为5像素，在画布中绘制一个圆角矩形，此时将生成一个“圆角矩形 1”图层，如图2.27所示。

图2.27 绘制图形

02 分别选择工具箱中的“直接选择工具”及“转换点工具”，拖动圆角矩形右下角锚点将图形变形，如图2.28所示。

03 在“图层”面板中，选中“圆角矩形 1”图层，将其拖至面板底部的“创建新图层”按钮上，复制1个“圆角矩形 1 拷贝”图层，如图2.29所示。

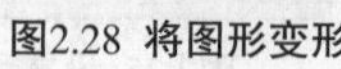

图2.28 将图形变形

图2.29 复制图层

04 在“图层”面板中，选中“圆角矩形 1”图层，将其图形颜色更改为深青色（R：40，G：163，B：178），单击面板底部的“添加图层样式”按钮，在菜单中选择“投影”命令，在弹出的对话框中将“不透明度”更改为50%，“距离”更改为4像素，“大小”更改为8像素，完成之后单击“确定”按钮，如图2.30所示。

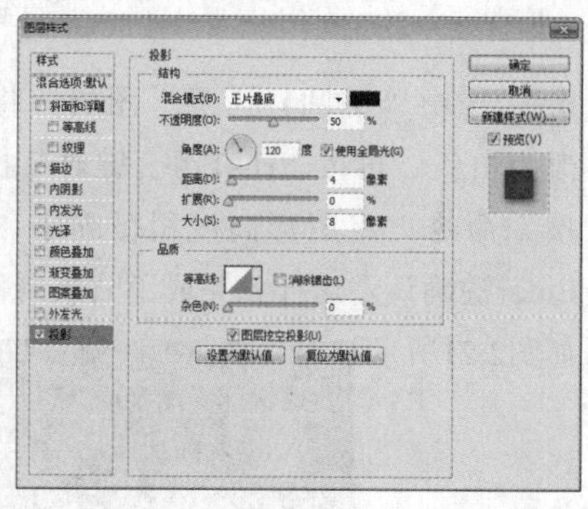

图2.30 设置投影

05 选中“圆角矩形 1 拷贝”图层，在画布中将图形向上稍微移动，如图2.31所示。

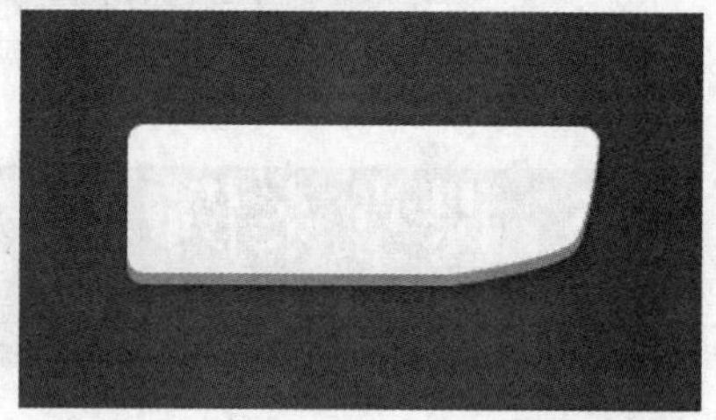

图2.31 移动图形

06 在“图层”面板中，选中“圆角矩形 1 拷贝”图层，单击面板底部的“添加图层样式”按钮，在菜单中选择“渐变叠加”命令，在弹出的对话框中将“渐变”更改为青色（R：80，G：235，B：253）到青色（R：175，G：245，B：255），如图2.32所示。

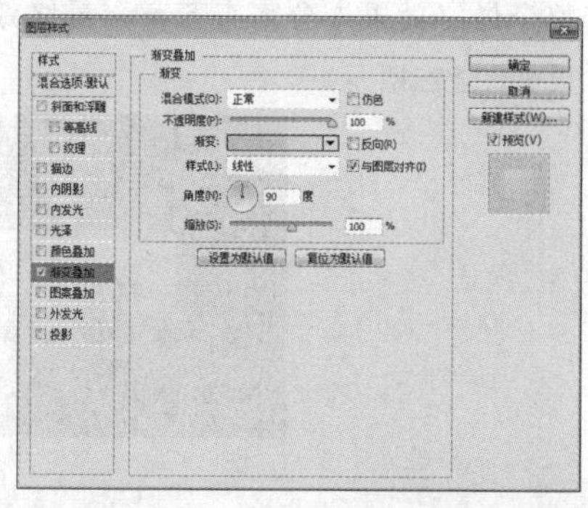

图2.32 设置渐变叠加

07 勾选“内阴影”复选框，将“混合模式”更改为叠加，“颜色”更改为浅青色（R：226，G：250，B：255），“不透明度”更改为50%，“距离”更改为2像素，“大小”更改为5像素，如图2.33所示。

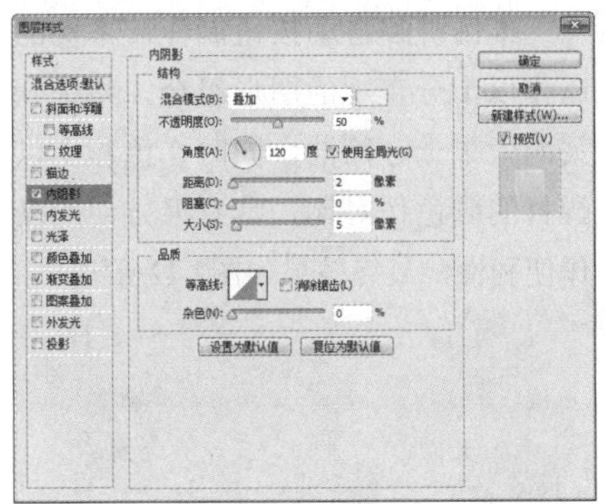

图2.33 设置内阴影

08 勾选“投影”复选框，将“不透明度”更改为13%，“距离”更改为4像素，“大小”更改为4像素，完成之后单击“确定”按钮，如图2.34所示。

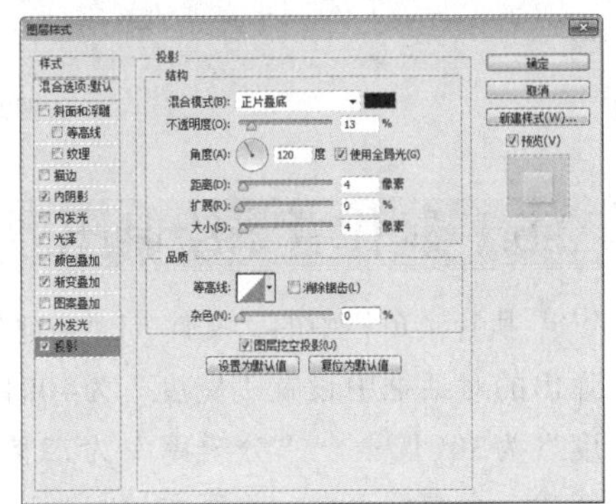

图2.34 设置投影

09 选择工具箱中的“椭圆工具”，在选项栏中将“填充”更改为白色，“描边”为无，在按钮靠右侧位置按住Shift键绘制一个圆形，此时将生成一个“椭圆 1”图层，如图2.35所示。

图2.35 绘制图形

10 在“图层”面板中，选中“椭圆 1”图层，单击面板底部的“添加图层样式”fx按钮，在菜单中选择“描边”命令，在弹出的对话框中将“大小”更改为1像素，“混合模式”更改为叠加，“填充类型”更改为渐变，“渐变”更改为黑色到白色，如图2.36所示。

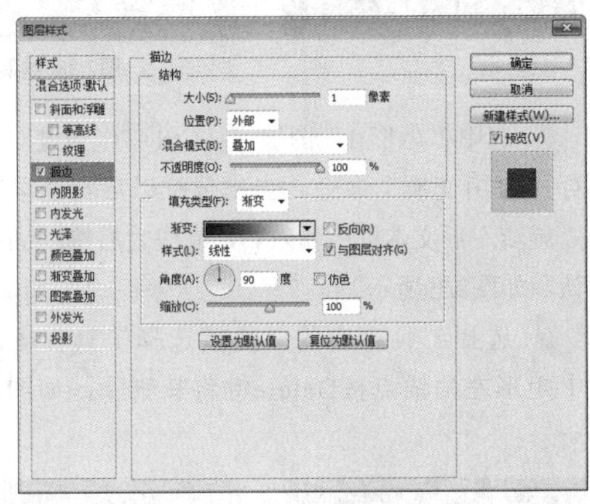

图2.36 设置描边

11 勾选“渐变叠加”复选框，将“渐变”更改为青色（R：162，G：240，B：248）到青色（R：54，G：168，B：180），完成之后单击“确定”按钮，如图2.37所示。

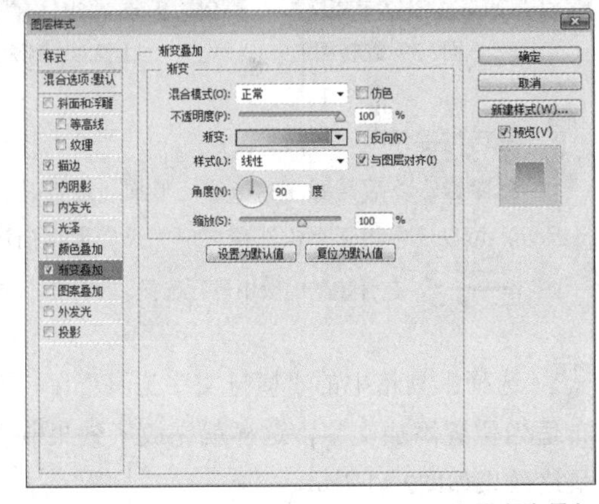

图2.37 设置渐变叠加

12 选择工具箱中的“矩形工具”，在选项栏中将“填充”更改为无，“描边”为青色（R：54，G：168，B：180），“大小”更改为5点，在刚才绘制的椭圆图形中间位置按住Shift键绘制一个矩形，此时将生成一个“矩形 1”图层，如图2.38所示。

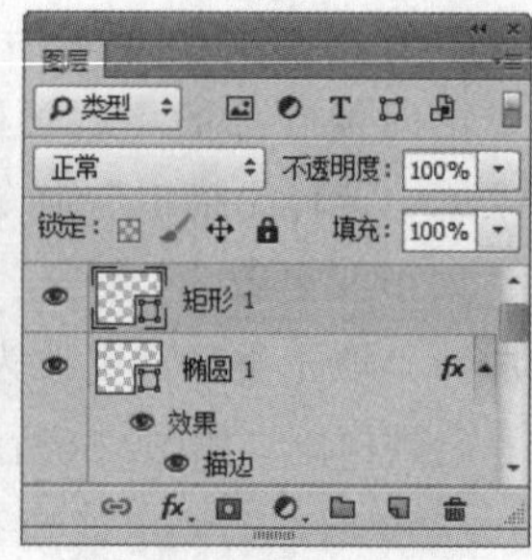

图2.38 绘制图形

13 选中“矩形 1”图层，按Ctrl+T组合键对其执行“自由变换”命令，当出现框以后在选项栏中“旋转”后文本框中输入45，完成之后按Enter键确认，如图2.39所示。

14 选择工具箱中的“直接选择工具”，选中矩形左侧锚点按Delete键将其删除，如图2.40所示。

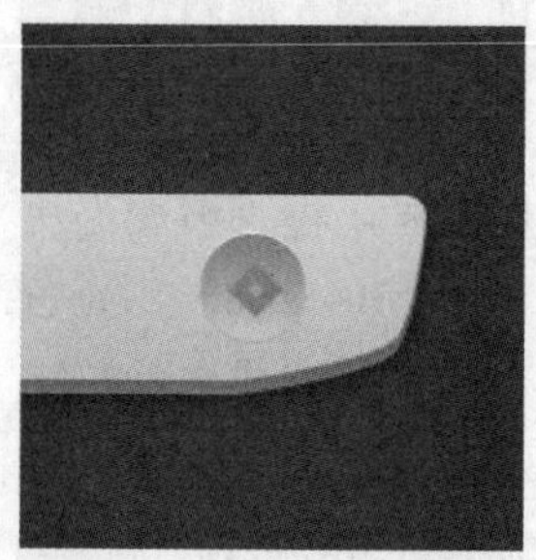

图2.39 旋转图形

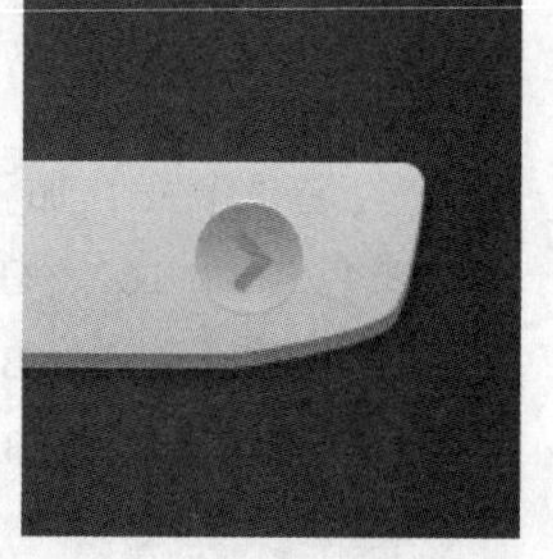

图2.40 删除锚点

技巧与提示

删除锚点以后需要注意当前矩形描边端点是否为圆角，可以选中矩形单击选项栏中“设置形状描边类型”，在弹出的面板中进行选择。

15 选择工具箱中的“横排文字工具”T，在画布适当位置添加文字，这样就完成了效果制作，最终效果如图2.41所示。

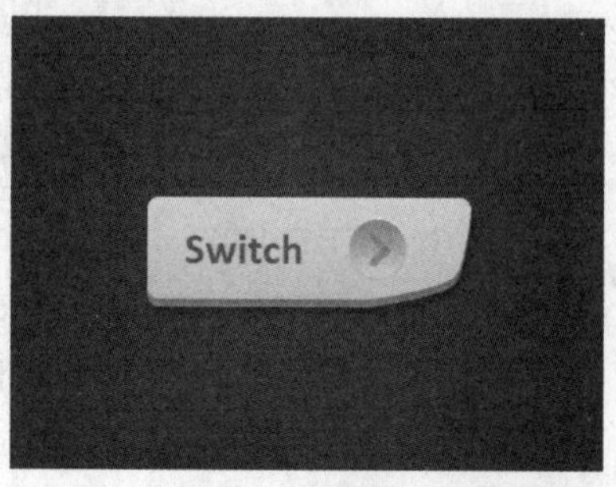

图2.41 添加文字及最终效果

2.6 课堂案例——滑动按钮

素材位置 无

案例位置 案例文件\第2章\滑动按钮.psd

视频位置 多媒体教学\2.6课堂案例——滑动按钮.avi

难易指数 ★★★☆☆

本例讲解滑动按钮制作，本例的制作以十分直观的图形组合，整个开关的效果十分简洁，同时在色彩上以醒目的颜色作对比，具有很方便的操作便利性，最终效果如图2.42所示。

扫码看视频

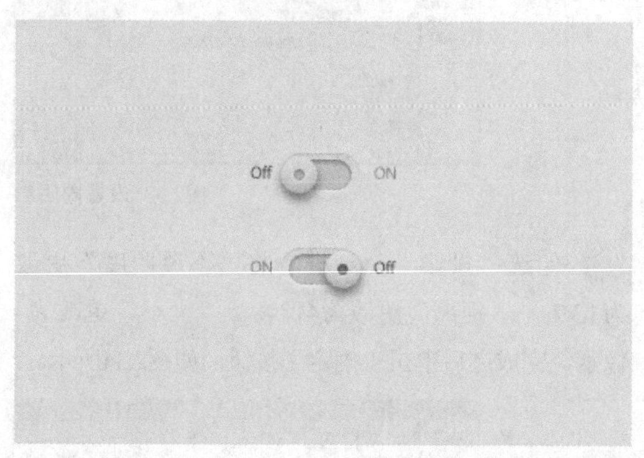

图2.42 最终效果

2.6.1 制作背景绘制图形

01 执行菜单栏中的“文件”|“新建”命令，在弹出的对话框中设置“宽度”为400像素，“高度”为300像素，“分辨率”为72像素/英寸，新建一个空白画布，将画布填充为浅灰色（R：236，G：240，B：244）。

02 选择工具箱中的“圆角矩形工具”，在选项栏中将“填充”更改为白色，“描边”为无，“半径”为50像素，在画布中绘制一个圆角矩形，此时将生成一个“圆角矩形1”图层如图2.43所示。

图2.43 绘制图形

03 在“图层”面板中，选中“圆角矩形 1”图层，将其拖至面板底部的“创建新图层”按钮上，复制1个“圆角矩形 1 拷贝”图层，如图2.44所示。

图2.44 复制图层

04 在“图层”面板中，选中“圆角矩形 1”图层，单击面板底部的“添加图层样式”按钮，在菜单中选择“斜面和浮雕”命令，在弹出的对话框中将“大小”更改为5像素，“软化”更改为12像素，取消“使用全局光”复选框，“角度”更改为90，“高光模式”中的“不透明度”更改为60%，“阴影模式”中的“不透明度”更改为5%，如图2.45所示。

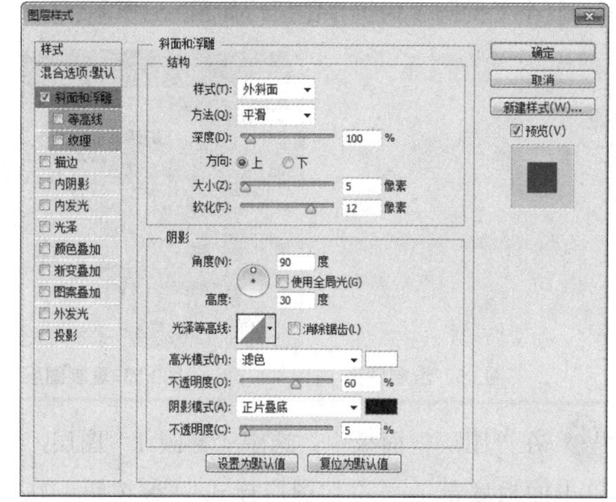

图2.45 设置斜面和浮雕

05 勾选“内阴影”复选框，将“混合模式”更改为正常，“颜色”更改为灰色（R：115，G：122，B：135），“不透明度”更改为20%，取消“使用全局光”复选框，“角度”更改为90度，“距离”更改为1像素，“大小”更改为1像素，如图2.46所示。

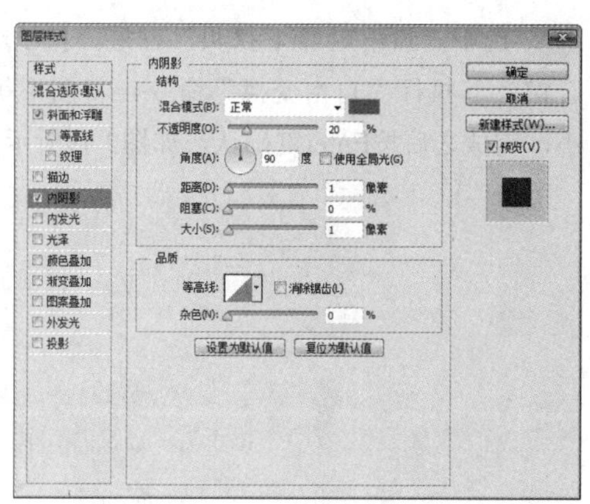

图2.46 设置内阴影

06 勾选“渐变叠加”复选框，将“渐变”更改为灰色（R：237，G：240，B：244）到灰色（R：230，G：234，B：240），如图2.47所示。

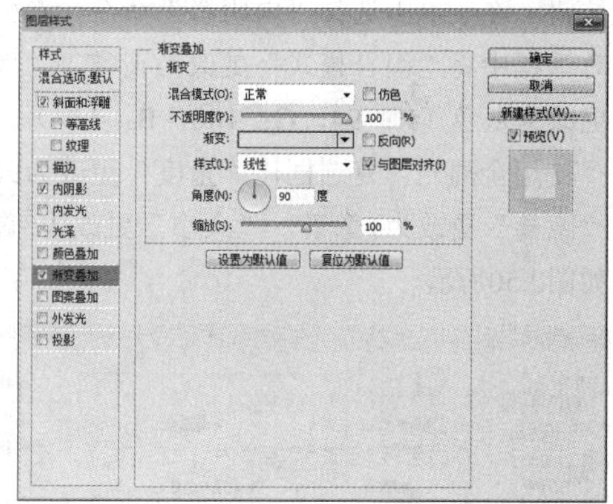

图2.47 设置渐变叠加

07 勾选“投影”复选框，将“混合模式”更改为正常，“颜色”更改为白色，取消“使用全局光”复选框，将“角度”更改为90度，“距离”更改为1像素，“大小”更改为1像素，完成之后单击“确定”按钮，如图2.48所示。

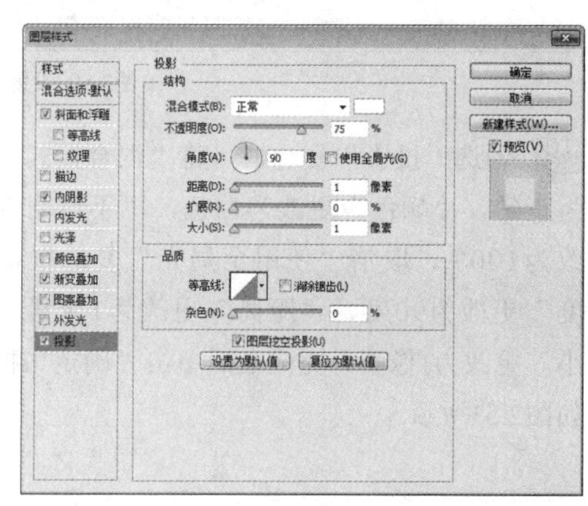

图2.48 设置投影

08 选中“圆角矩形 1 拷贝”图层，按Ctrl+T组合键对其执行“自由变换”命令，将图形等比缩小，完成之后按Enter键确认，如图2.49所示。

图2.49 缩小图形

09 在“图层”面板中，选中“圆角矩形 1 拷贝”图层，单击面板底部的“添加图层样式”fx按钮，在菜单中选择“内阴影”命令，在弹出的对话框中将“混合模式”更改为正常，“颜色”更改为灰色（R：94，G：100，B：114），取消“使用全局光”复选框，“角度”更改为90度，“距离”更改为1像素，“大小”更改为3像素，如图2.50所示。

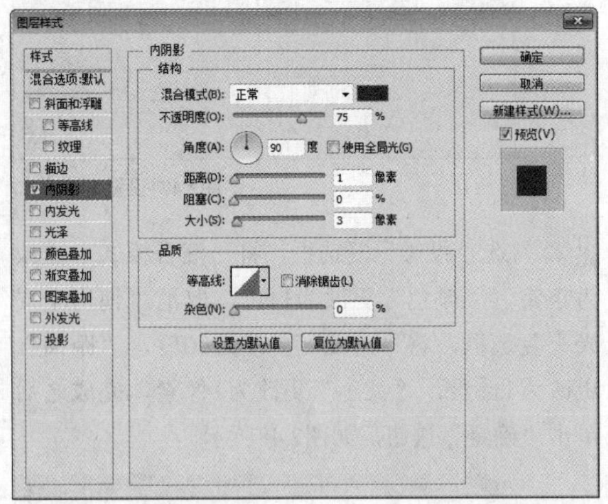

图2.50 设置内阴影

10 勾选“投影”复选框，将“混合模式”更改为正常，“颜色”更改为白色，“不透明度”更改为100%，取消“使用全局光”复选框，“角度”更改为90度，“距离”更改为1像素，“大小”更改为1像素，完成之后单击“确定”按钮，如图2.51所示。

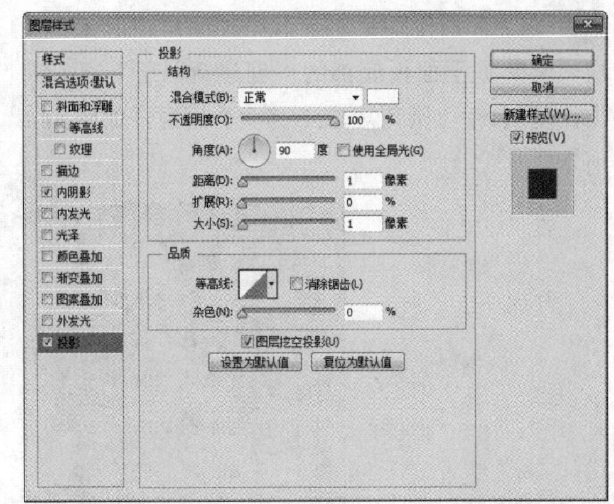

图2.51 设置投影

2.6.2 绘制控件

01 选择工具箱中的“椭圆工具”，在选项栏中将“填充”更改为白色，“描边”为无，在刚才绘制的圆角矩形靠左侧位置按住Shift键绘制一个圆形，此时将生成一个“椭圆 1”图层，如图2.52所示。

02 在“图层”面板中，选中“椭圆 1”图层，将其拖至面板底部的“创建新图层”按钮上，复制1个“椭圆 1 拷贝”图层，如图2.53所示。

图2.52 绘制图形

图2.53 复制图层

03 在“图层”面板中，选中“椭圆 1”图层，单击面板底部的“添加图层样式”fx按钮，在菜单中选择“斜面和浮雕”命令，在弹出的对话框中将“大小”更改为2像素，“软化”更改为5像素，取消“使用全局光”复选框，“角度”更改为90度，“高光模式”中的“不透明度”更改为40%，“阴影模式”中的“不透明度”更改为12%，如图2.54所示。

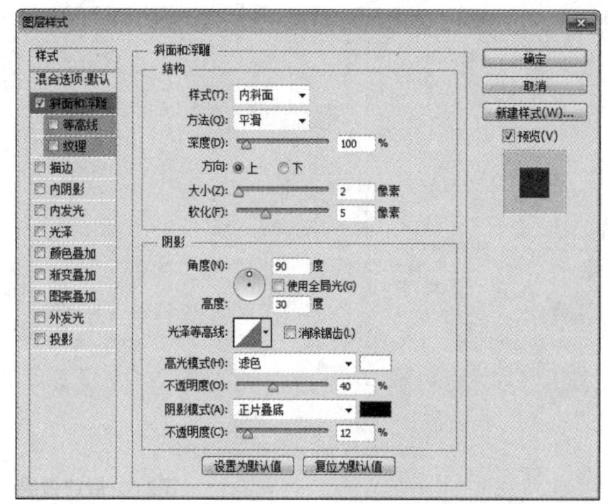

图2.54 设置斜面和浮雕

04 勾选“渐变叠加”复选框，将“渐变”更改为灰色（R：214，G：220，B：230）到灰色（R：240，G：243，B：248），如图2.55所示。

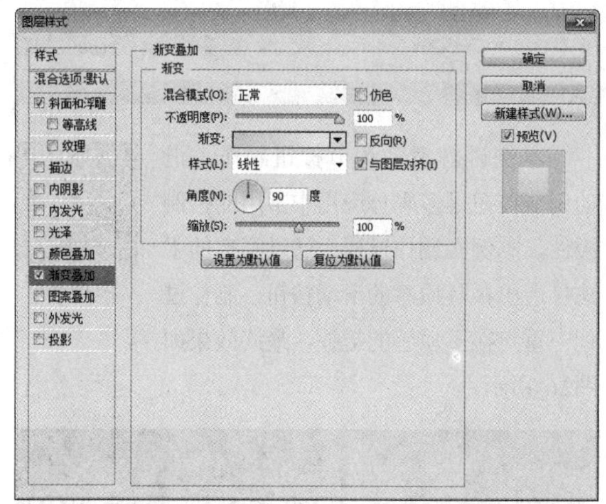

图2.55 设置渐变叠加

05 勾选“投影”复选框，将“混合模式”更改为正常，“颜色”更改为灰色（R：94，G：100，B：114），取消“使用全局光”复选框，将“角度”更改为90度，“距离”更改为4像素，“大小”更改为7像素，完成之后单击“确定”按钮，如图2.56所示。

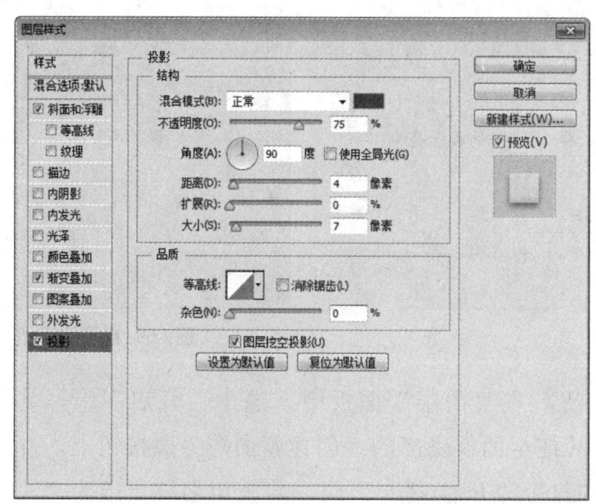

图2.56 设置投影

06 选中“椭圆1 拷贝”图层，将其图形颜色更改为绿色（R：186，G：218，B：75），按Ctrl+T组合键对其执行“自由变换”命令，将图形等比缩小，完成之后按Enter键确认，如图2.57所示。

图2.57 缩小图形

07 在“圆角矩形 1 拷贝”图层名称上单击鼠标右键，从弹出的快捷菜单中选择“拷贝图层样式”命令，在“椭圆 1 拷贝”图层名称上单击鼠标右键，从弹出的快捷菜单中选择“粘贴图层样式”命令，如图2.58所示。

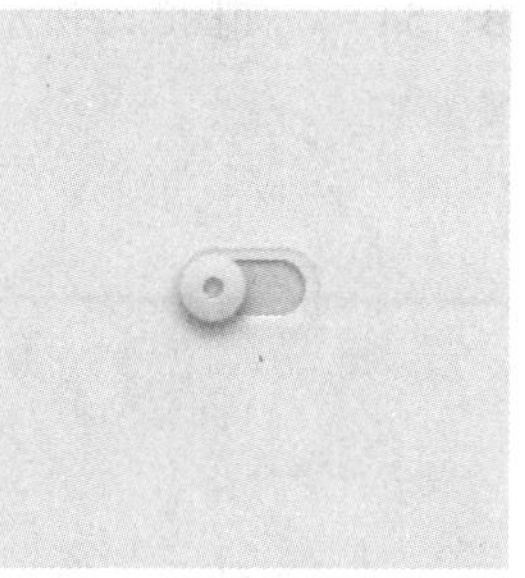

图2.58 拷贝并粘贴图层样式

08 同时选中除“背景”之外所有图层，按Ctrl+G组合键将其编组，将生成的组名称更改为“开启”，如图2.59所示。

图2.59 将图层编组

09 在“图层”面板中，选中“开启”组，将其拖至面板底部的“创建新图层”按钮上，复制1个“开启 拷贝”组，将其组名称更改为“关闭”，如图2.60所示。

10 选中“关闭”组，在画布中按住Shift键将其向下垂直移动，如图2.61所示。

图2.60 复制组

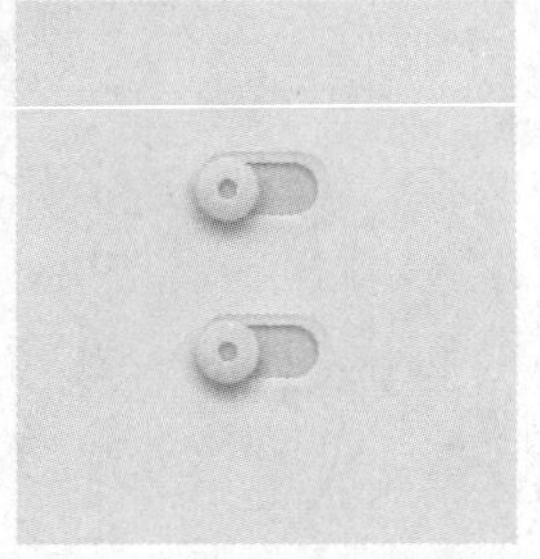

图2.61 移动组

11 选中“关闭”组将其展开，同时选中“椭圆 1”及“椭圆 1 拷贝”图层，在画布中按住Shift键将其向右侧平移，再选中“椭圆 1 拷贝”图层，将其图形颜色更改为红色（R：223，G：102，B：54），如图2.62所示。

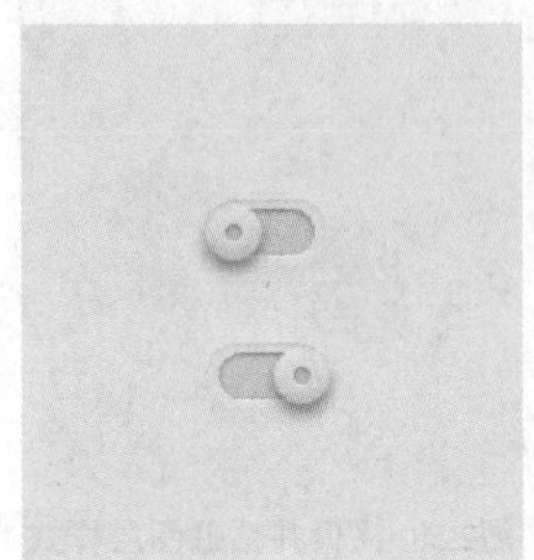
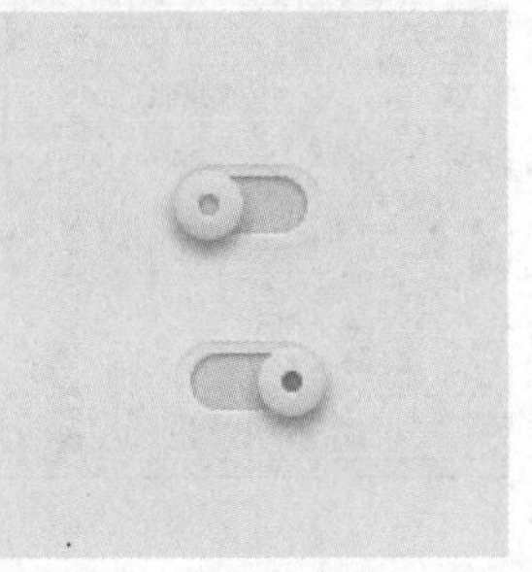

图2.62 移动图形并更改颜色

12 选择工具箱中的“横排文字工具”T，在画布适当位置添加文字，这样就完成了效果制作，最终效果如图2.63所示。

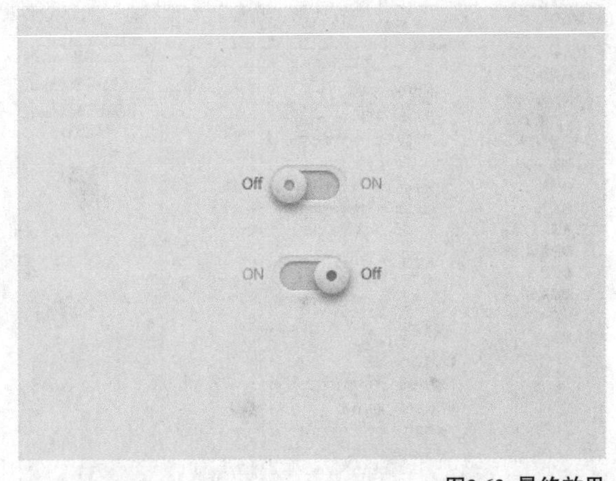

图2.63 最终效果

2.7 课堂案例——滑动调节按钮

素材位置 无
案例位置 案例文件\第2章\滑动调节按钮.psd
视频位置 多媒体教学\2.7课堂案例——滑动调节按钮.avi
难易指数 ★★☆☆☆

本例讲解滑动调节按钮制作，滑动调节按钮是多媒体应用中常用的控制控件，本例在制作过程中通过写实的手法打造出极具质感的滑动按钮，制作过程中重点在于质感的把握，最终效果如图2.64所示。

扫码看视频

图2.64 最终效果

2.7.1 制作背景绘制图形

01 执行菜单栏中的“文件”|“新建”命令，在弹出的对话框中设置“宽度”为400像素，“高度”为500像素，“分辨率”为72像素/英寸，新建一个空白画布，将画布填充为深灰色（R：20，G：20，B：25），如图2.65所示。

02 选择工具箱中的“圆角矩形工具”，在选项栏中将“填充”更改为深灰色（R：10，G：12，B：14），“描边”为无，“半径”为30像素，在画布中绘制一个圆角矩形，此时将生成一个“圆角矩形 1”图层，如图2.66所示。

图2.65 新建画布

图2.66 绘制图形

03 在“图层”面板中，选中“圆角矩形 1”图层，将其拖至面板底部的“创建新图层”按钮上，复制1个“圆角矩形 1 拷贝”图层，如图2.67所示。

04 选中“圆角矩形 1 拷贝”图层，将其图形颜色更改为青色（R：22，G：203，B：255），再按Ctrl+T组合键对其执行“自由变换”命令，将图形等比缩小，再将其高度缩小，完成之后按Enter键确认，如图2.68所示。

图2.67 复制图层

图2.68 缩小图形

05 在“图层”面板中，选中“圆角矩形 1”图层，单击面板底部的“添加图层样式”fx按钮，在菜单中选择“描边”命令，在弹出的对话框中将“大小”更改为1像素，“混合模式”更改为叠加，“颜色”更改为灰色（R：195，G：195，B：200），如图2.69所示。

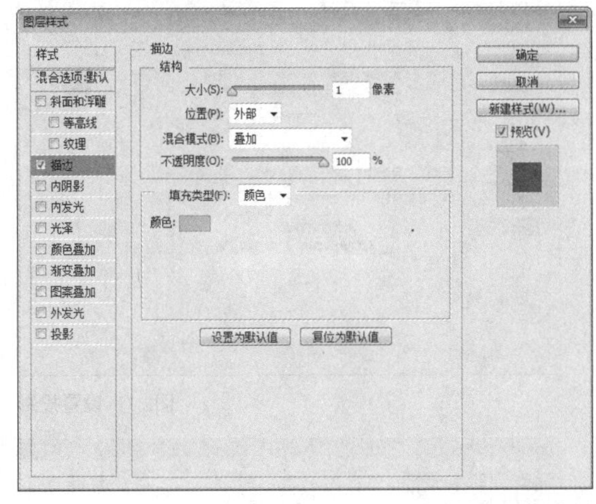

图2.69 设置描边

06 勾选“内发光”复选框，将“混合模式”更改为正常，“颜色”更改为黑色，“大小”更改为15像素，如图2.70所示。

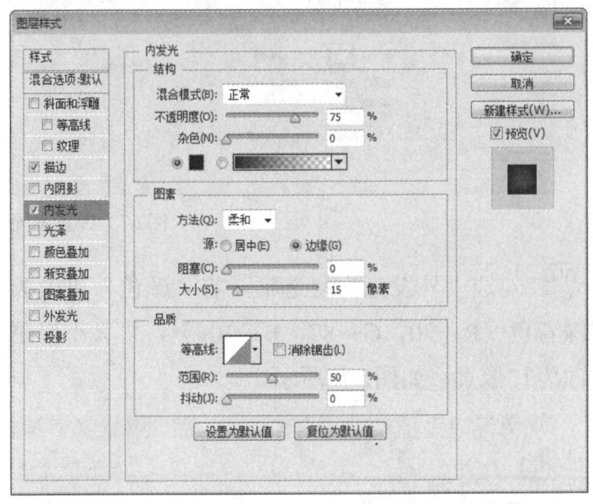

图2.70 设置内发光

07 勾选“投影”复选框，将“混合模式”更改为叠加，“颜色”更改为白色，“距离”更改为1像素，“大小”更改为1像素，如图2.71所示。

08 在“图层”面板中，选中“圆角矩形 1 拷贝”图层，单击面板底部的“添加图层样式”fx按钮，在菜单中选择“内发光”命令，在弹出的对话框中将“混合模式”更改为叠加，“不透明度”更改为100%，“颜色”更改为白色，“大小”更改为6像素，完成之后单击“确定”按钮，如图2.72所示。

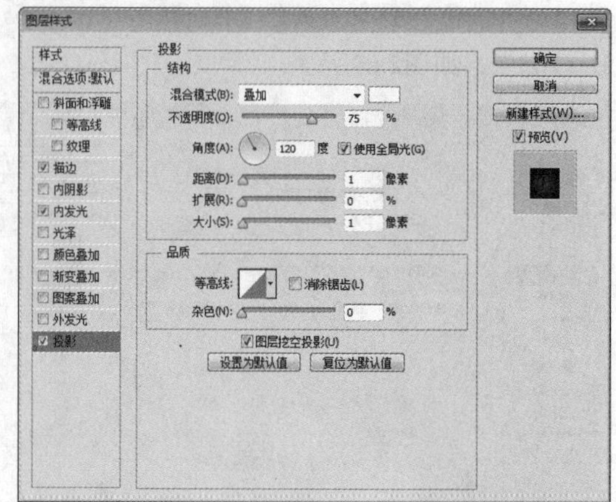

图2.71 设置投影

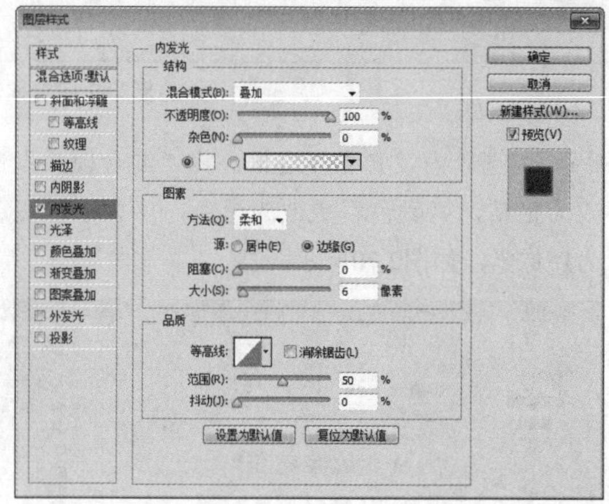

图2.72 设置发光

09 勾选“外发光”复选框，将“颜色”更改为深青色（R：20，G：87，B：106），“大小”更改为13像素，如图2.73所示。

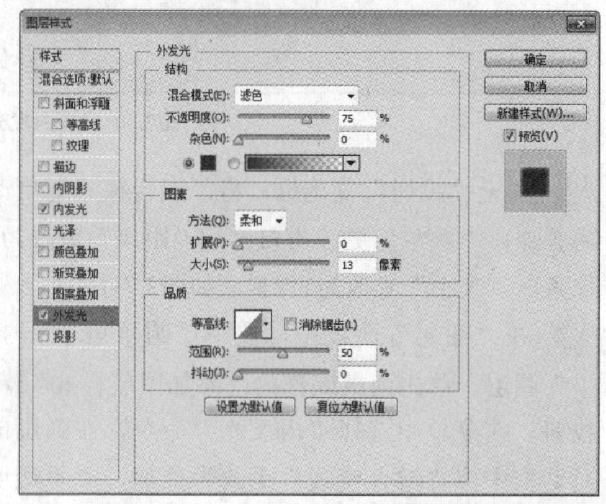

图2.73 设置外发光

2.7.2 绘制控件

01 选择工具箱中的“圆角矩形工具”，在选项栏中将“填充”更改为白色，“描边”为无，“半径”为20像素，在青色图形顶部位置绘制一个圆角矩形，此时将生成一个“圆角矩形 2”图层，如图2.74所示。

图2.74 绘制图形

02 在“图层”面板中，选中“圆角矩形 2”图层，单击面板底部的“添加图层样式”fx按钮，在菜单中选择“渐变叠加”命令，在弹出的对话框中将“渐变”更改为灰色系渐变，如图2.75所示。

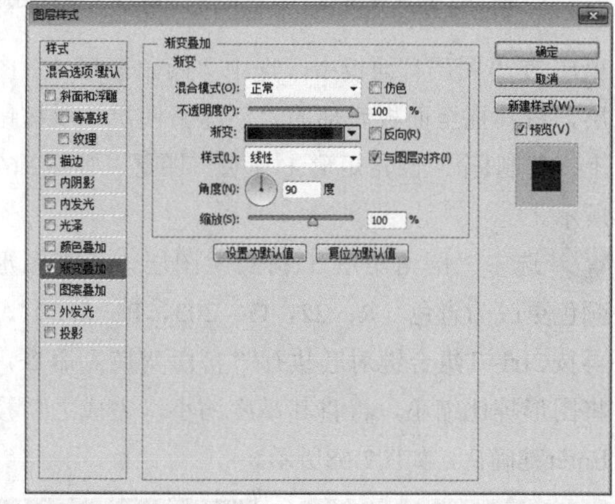

图2.75 设置渐变叠加

技巧与提示

在设置渐变的时候需要注意边观察实际的图形渐变效果边调整色标的数量及位置。

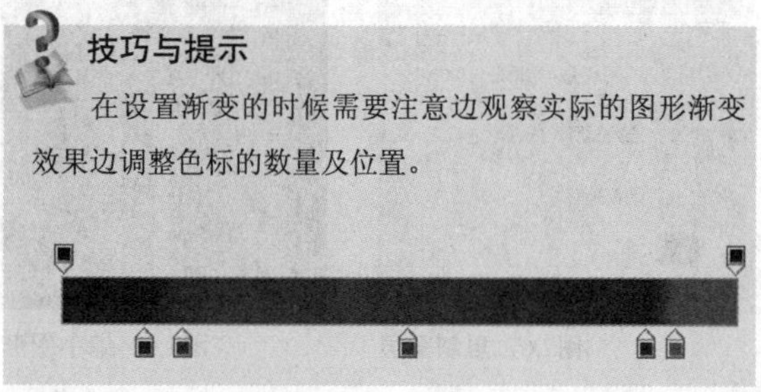

03 勾选“内阴影”复选框，将“混合模式”更改为叠加，“颜色”更改为白色，取消“使用全

局光”复选框，“角度”更改为90度，“距离”更改为1像素，如图2.76所示。

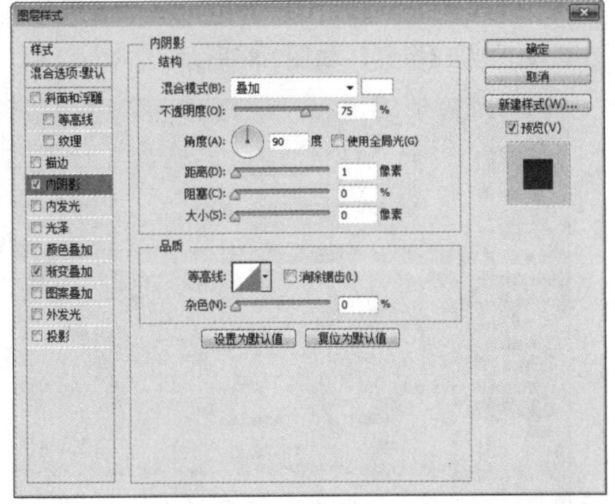

图2.76 设置内阴影

04 勾选“投影”复选框，将“距离”更改为4像素，“大小”更改为10像素，如图2.77所示。

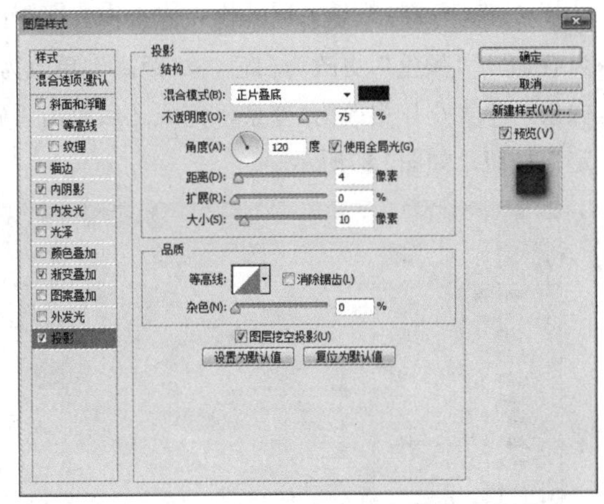

图2.77 设置投影

2.7.3 添加质感

01 选择工具箱中的“矩形选框工具”，在按钮位置绘制一个矩形选区，如图2.78所示。

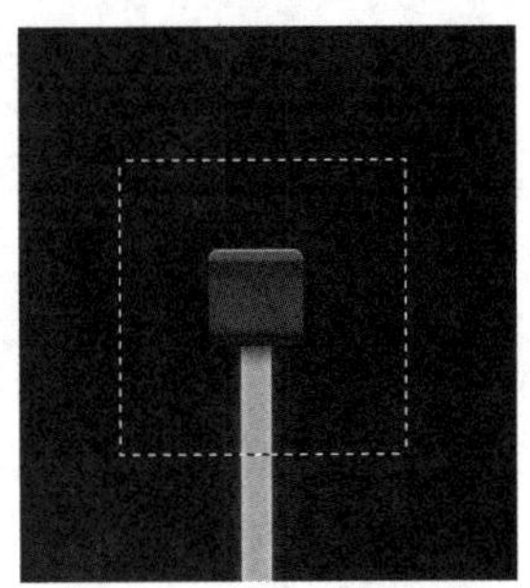

图2.78 绘制选区

02 单击面板底部的“创建新图层”按钮，新建一个“图层1”图层，如图2.79所示。

图2.79 新建图层

03 将“图层 1”填充为白色，执行菜单栏中的“滤镜”|“杂色”|“添加杂色”命令，在弹出的对话框中分别勾选“平均分布”单选按钮及“单色”复选框，“数量”更改为3%，完成之后单击“确定”按钮，如图2.80所示。

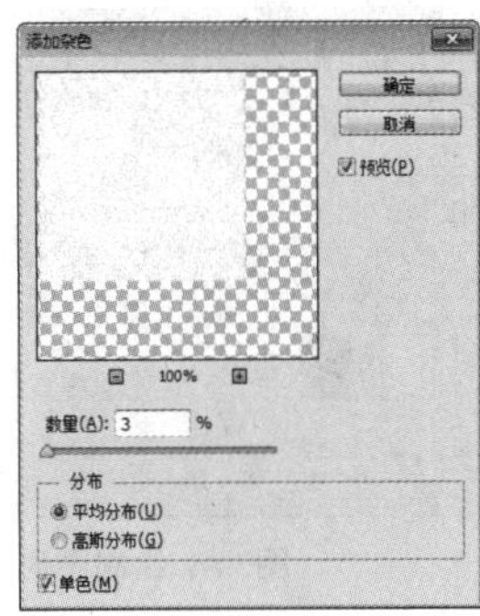

图2.80 设置添加杂色

04 在“图层”面板中，选中“图层 1”图层，单击面板底部的“添加图层蒙版”按钮，为其添加图层蒙版，如图2.81所示。

05 按住Ctrl键单击“圆角矩形 2”图层缩览图，将其载入选区，执行菜单栏中的“选择”|“反向”命令将选区反向，将选区填充为黑色，将部分图像隐藏，完成之后按Ctrl+D组合键取消选区，如图2.82所示。

图2.81 添加图层蒙版

图2.82 隐藏图像

06 将“图层 1”图层混合模式设置为“正片叠底”，如图2.83所示。

图2.83 设置图层混合模式

07 选择工具箱中的“矩形工具”，在选项栏中将“填充”更改为青色（R：22，G：203，B：255），“描边”为无，在按钮位置绘制一个矩形，此时将生成一个“矩形 1”图层，如图2.84所示。

图2.84 绘制图形

08 在“图层”面板中，选中“矩形 1”图层，单击面板底部的“添加图层样式” fx 按钮，在菜单中选择“内阴影”命令，在弹出的对话框中将“不透明度”更改为40%，“距离”更改为1像素，“大小”更改为1像素，如图2.85所示。

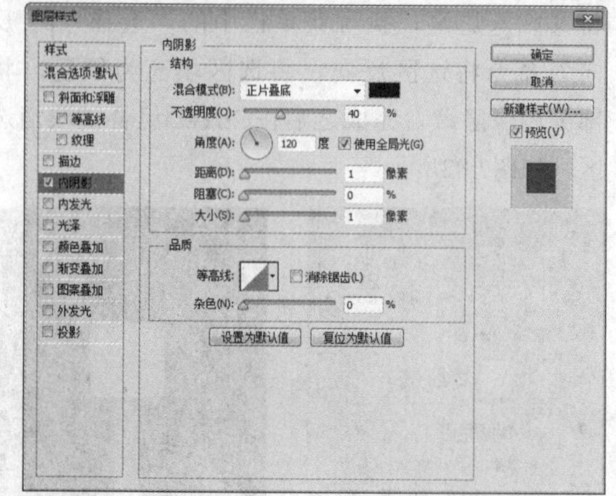

图2.85 设置内阴影

09 勾选“外发光”复选框，将“混合模式”更改为柔光，“不透明度”更改为100%，“颜色”更改为青色（R：22，G：203，B：255），“大小”更改为18像素，如图2.86所示。

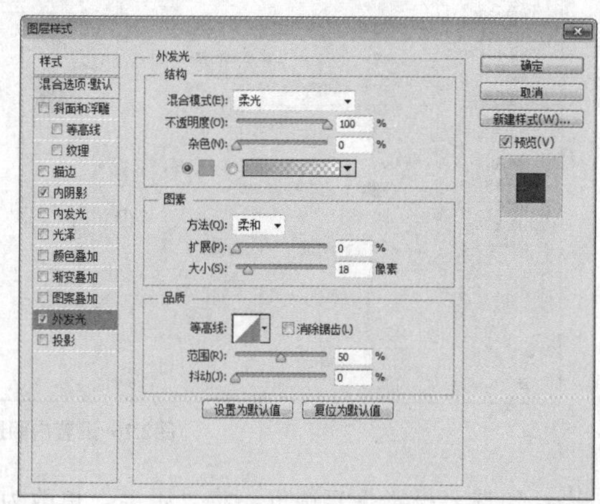

图2.86 设置外发光

10 勾选“投影”复选框，将“混合模式”更改为叠加，“颜色”更改为白色，“距离”更改为1像素，“大小”更改为1像素，完成之后单击“确定”按钮，如图2.87所示。

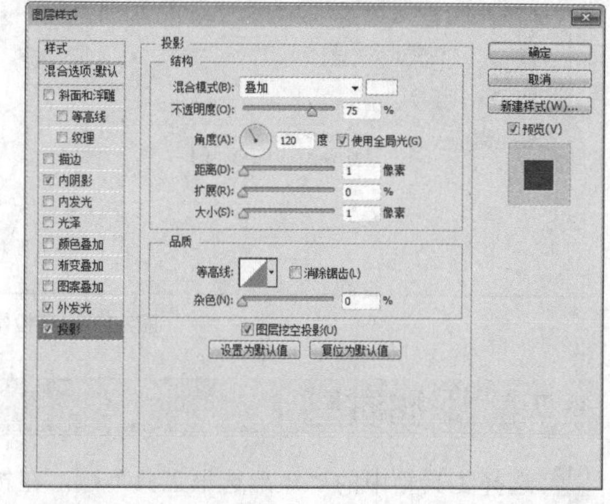

图2.87 设置投影

2.7.4 绘制刻度

01 选择工具箱中的“直线工具”，在选项栏中将“填充”更改为深灰色（R：12，G：12，B：14），“描边”为无，“粗细”更改为1像素，在按钮左上角位置绘制一条线段，此时将生成一个“形状1”图层，如图2.88所示。

图2.88 绘制图形

02 在“图层”面板中，选中“形状 1”图层，单击面板底部的“添加图层样式”fx按钮，在菜单中选择“投影”命令，在弹出的对话框中将“混合模式”更改为柔光，“颜色”更改为白色，“距离”更改为1像素，“大小”更改为1像素，完成之后单击“确定”按钮，如图2.89所示。

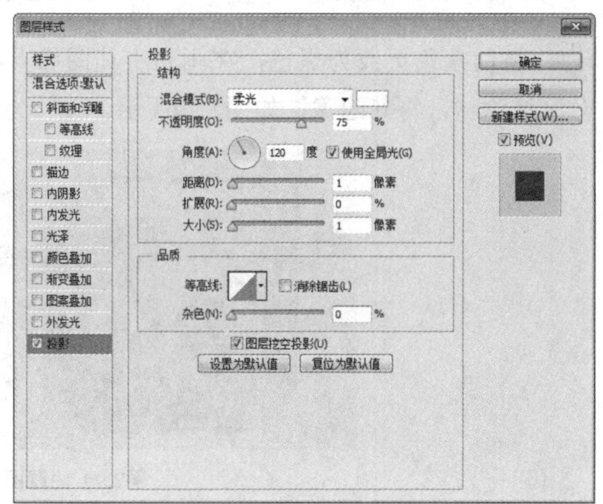

图2.89 设置投影

03 选中“形状 1”图层，将其复制多份并缩小部分线段的宽度以制作刻度图像，如图2.90所示。

图2.90 复制图形

04 同时选中所有和“形状 1”相关的图层，在画布中按住Alt+Shift组合键向右侧拖动将其复制，再按Ctrl+T组合键对其执行“自由变换”命令，单击鼠标右键，从弹出的快捷菜单中选择“水平翻转”命令，完成之后按Enter键确认，这样就完成了效果制作，最终效果如图2.91所示。

图2.91 最终效果

2.8 课堂案例——功能旋钮

素材位置　无
案例位置　案例文件\第2章\功能旋钮.psd
视频位置　多媒体教学\2.课堂案例——功能旋钮.avi
难易指数　★★★☆☆

本例讲解的是功能旋钮制作，功能旋钮的制作重点在于对功能选择上的明确性，通过合理的区域功能图像的绘制及易读的指示信息，打造出本例中这样一款出色的功能旋钮。最终效果如图2.92所示。

扫码看视频

图2.92 最终效果

2.8.1 制作背景绘制图形

01 执行菜单栏中的“文件”|“新建”命令，在弹出的对话框中设置“宽度”为600，“高度”为500，“分辨率”为72像素/英寸，将画布填充为蓝色（R：177，G：184，B：192），选择工具箱中的“圆角矩形工具”，在选项栏中将“填充”更改为蓝色（R：36，G：43，B：50），

“描边”为无，“半径”为60像素，在画布中按住Shift键绘制一个圆角矩形，此时将生成一个“圆角矩形1”图层，如图2.93所示。

02 在“图层”面板中，选中“圆角矩形1”图层，将其拖至面板底部的“创建新图层”按钮上，复制2个图层，并将这3个图层名称分别更改为“高光”“底座”“阴影”，如图2.94所示。

图2.93 绘制图形

图2.94 复制图层

03 选中“高光”图层，将其图形颜色更改为灰色（R：220，G：220，B：223），按Ctrl+T组合键对其执行“自由变换”命令，将图像等比缩小，完成之后按Enter键确认，如图2.95所示。

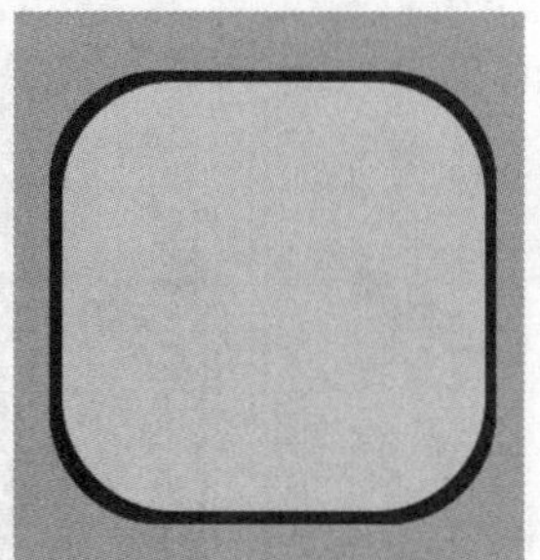

图2.95 变换图形

04 选中“高光”图层，执行菜单栏中的“滤镜”|“模糊”|“高斯模糊”命令，在弹出的对话框中将“半径”更改为6像素，完成之后单击“确定”按钮，如图2.96所示。

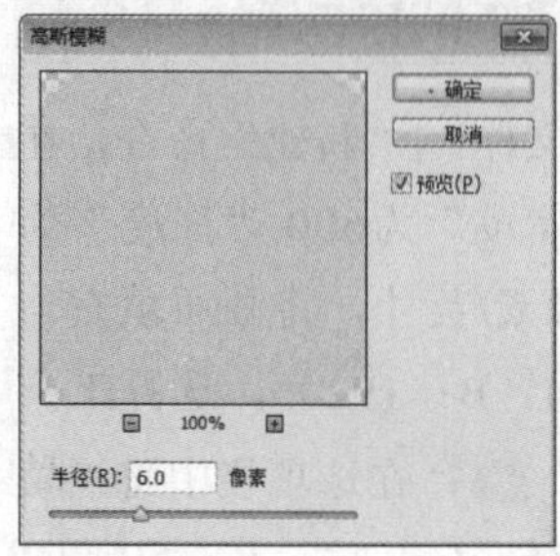

图2.96 设置高斯模糊

05 在“图层”面板中，选中“高光”图层，单击面板底部的“添加图层蒙版”按钮，为其图层添加图层蒙版，如图2.97所示。

06 选择工具箱中的“画笔工具”，在画布中单击鼠标右键，在弹出的面板中选择一种圆角笔触，将“大小”更改为250像素，“硬度”更改为0%，如图2.98所示。

图2.97 添加图层蒙版

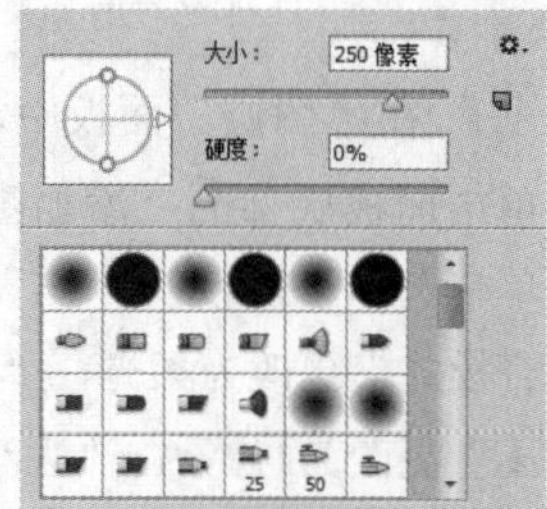

图2.98 设置笔触

07 将前景色更改为黑色，在画布中其图像上部分区域涂抹，将其隐藏，如图2.99所示。

图2.99 隐藏图像

08 在“图层”面板中，选中“高光”图层，将其图层混合模式设置为“浅色”，“不透明度”更改为80%，如图2.100所示。

图2.100 设置图层混合模式

09 在“图层”面板中，选中“底座”图层，单击面板底部的“添加图层样式”按钮，在菜单中选择“内发光”命令，在弹出的对话框中将

"混合模式"更改为柔光，"颜色"更改为黑色，"大小"更改为50像素，如图2.101所示。

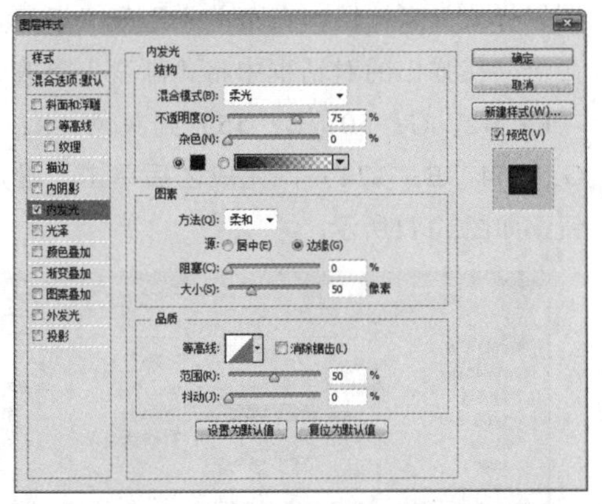

图2.101 设置内发光

10 在"图层"面板中的"底座"图层样式名称上单击鼠标右键，从弹出的快捷菜单中选择"创建图层"命令，此时将生成新图层"'底座'的内发光"图层，如图2.102所示。

图2.102 创建图层

11 在"图层"面板中，选中"'底座'的内发光"图层，单击面板底部的"添加图层蒙版"按钮，为其图层添加图层蒙版，如图2.103所示。

12 选择工具箱中的"画笔工具"，在画布中单击鼠标右键，在弹出的面板中选择一种圆角笔触，将"大小"更改为150像素，"硬度"更改为0%，如图2.104所示。

图2.103 添加图层蒙版

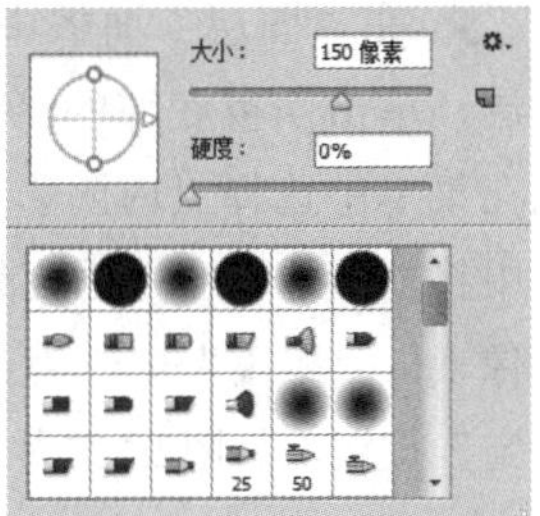

图2.104 设置笔触

13 将前景色更改为黑色，在画布中其图像上部分区域涂抹，将其隐藏，如图2.105所示。

图2.105 隐藏图像

14 选中"阴影"图层，执行菜单栏中的"滤镜"|"模糊"|"高斯模糊"命令，在弹出的对话框中将"半径"更改为6像素，完成之后单击"确定"按钮，如图2.106所示。

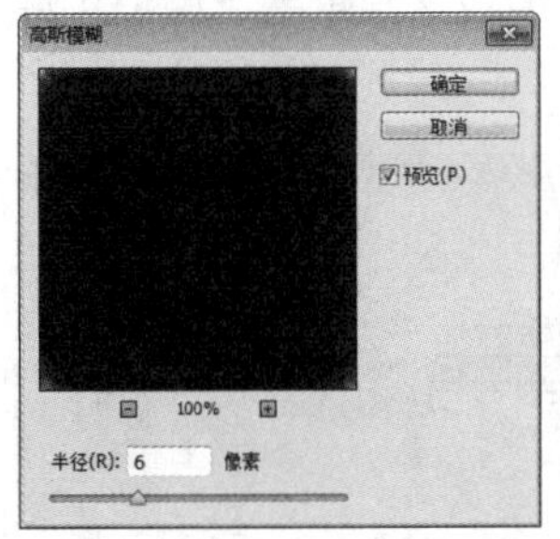

图2.106 设置高斯模糊

2.8.2 绘制功能图像

01 选择工具箱中的"椭圆工具"，在选项栏中将"填充"更改为蓝色（R：0，G：80，B：98），"描边"为深蓝色（R：0，G：17，B：20），"大小"更改为0.5像素，在图标位置按住Shift键绘制一个圆形，此时将生成一个"椭圆1"图层，如图2.107所示。

图2.107 绘制图形

02 在“图层”面板中，选中“椭圆1”图层，将其拖至面板底部的“创建新图层”按钮上，复制1个“椭圆1 拷贝”及“椭圆1 拷贝2”图层，如图2.108所示。

图2.108 复制图层

03 在“图层”面板中，选中“椭圆1 拷贝”图层，单击面板底部的“添加图层样式”fx按钮，在菜单中选择“渐变叠加”命令，在弹出的对话框中将“渐变”更改为青色（R：110，G：243，B：252）到蓝色（R：11，G：122，B：142），“样式”更改为角度，完成之后单击“确定”按钮，如图2.109所示。

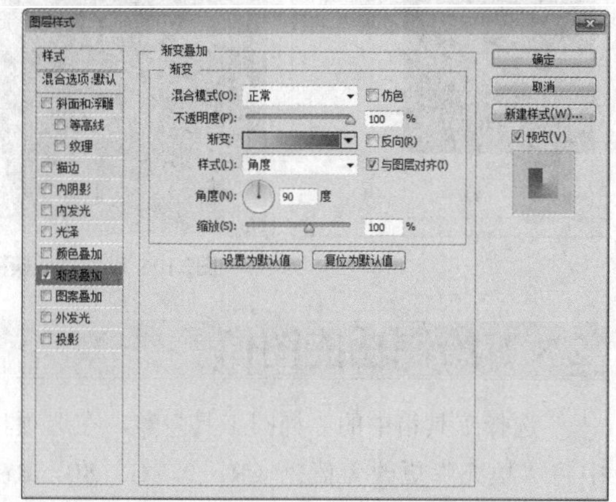

图2.109 设置渐变叠加

04 选中“椭圆 1 拷贝”图层，按Ctrl+T组合键对其执行“自由变换”命令，将图像等比缩小，完成之后按Enter键确认，如图2.110所示。

图2.110 变换图形

05 在“图层”面板中，选中“椭圆1 拷贝2”图层，将其适当等比缩小，单击面板底部的“添加图层样式”fx按钮，在菜单中选择“渐变叠加”命令，在弹出的对话框中将“渐变”更改为灰色（R：42，G：50，B：55）到灰色（R：157，G：164，B：174），完成之后单击“确定”按钮，如图2.111所示。

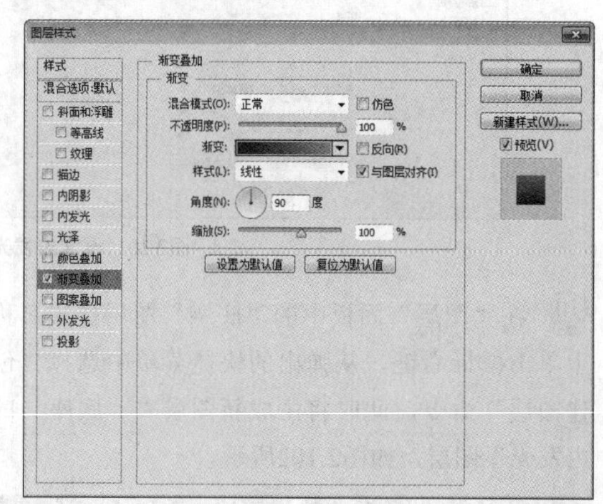

图2.111 设置渐变叠加

06 选择工具箱中的“圆角矩形工具”，在选项栏中将“填充”更改为蓝色（R：90，G：218，B：230），“描边”为无，“半径”为5像素，在圆形靠上方位置绘制一个圆角矩形，此时将生成一个“圆角矩形1”图层，如图2.112所示。

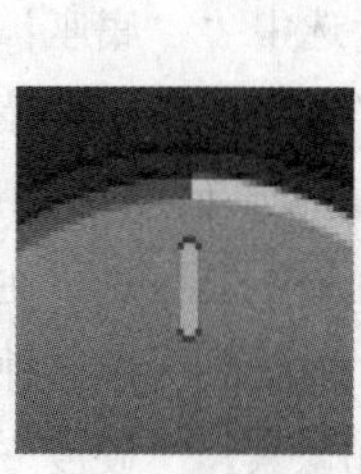

图2.112 绘制图形

07 在“图层”面板中，选中“圆角矩形1”图层，单击面板底部的“添加图层样式”fx按钮，在菜单中选择“内阴影”命令，在弹出的对话框中将“不透明度”更改为45%，“大小”更改为1像素，“距离”更改为1像素，完成之后单击“确定”按钮，如图2.113所示。

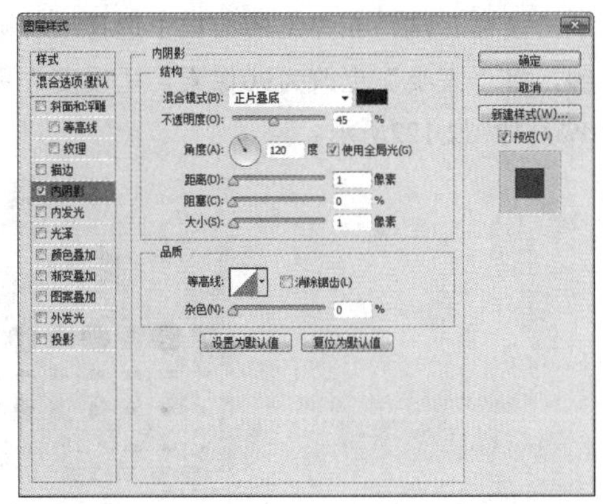

图2.113 设置内阴影

08 选择工具箱中的“椭圆工具”，在选项栏中将“填充”更改为白色，“描边”为无，按住Shift键绘制一个圆形，此时将生成一个“椭圆2”图层，如图2.114所示。

图2.114 绘制图形

09 在“图层”面板中，选中“椭圆 2”图层，单击面板底部的“添加图层样式”fx按钮，在菜单中选择“外发光”命令，在弹出的对话框中将“颜色”更改为蓝色（R：106，G：238，B：248），“扩展”更改为18%，“大小”更改为10像素，完成之后单击“确定”按钮，如图2.115所示。

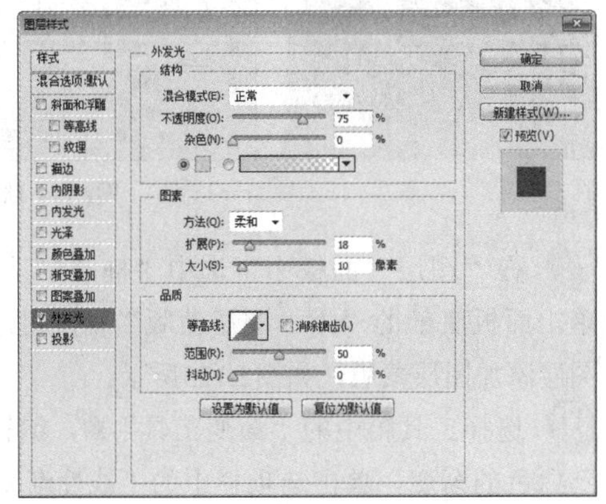

图2.115 设置外发光

2.8.3 制作立体质感

01 选择工具箱中的“椭圆工具”，在选项栏中将“填充”更改为黑色，“描边”为无，在圆形靠下方位置再次绘制一个椭圆图形，此时将生成一个“椭圆3”图层，将“椭圆3”移至“椭圆1”图层下方，如图2.116所示。

图2.116 绘制图形

02 选中“椭圆 3”图层，执行菜单栏中的“滤镜”|“模糊”|“高斯模糊”命令，在弹出的对话框中将“半径”更改为13像素，完成之后单击“确定”按钮，如图2.117所示。

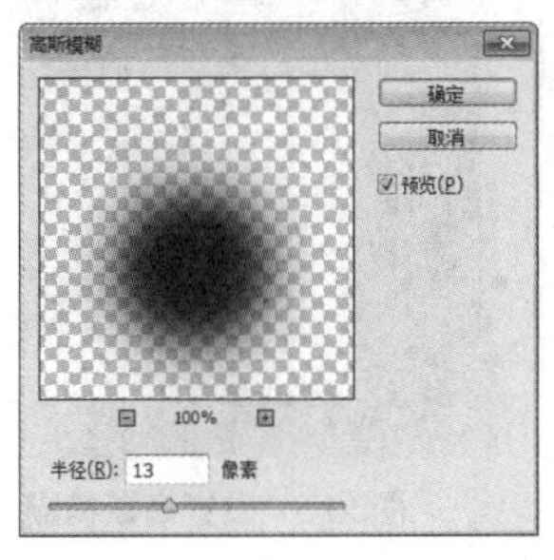

图2.117 设置高斯模糊

03 选中“椭圆3”图层，执行菜单栏中的“滤镜”|“模糊”|“动感模糊”命令，在弹出的对话框中将“角度”更改为90度，“距离”更改为30像素，设置完成之后单击“确定”按钮，如图2.118所示。

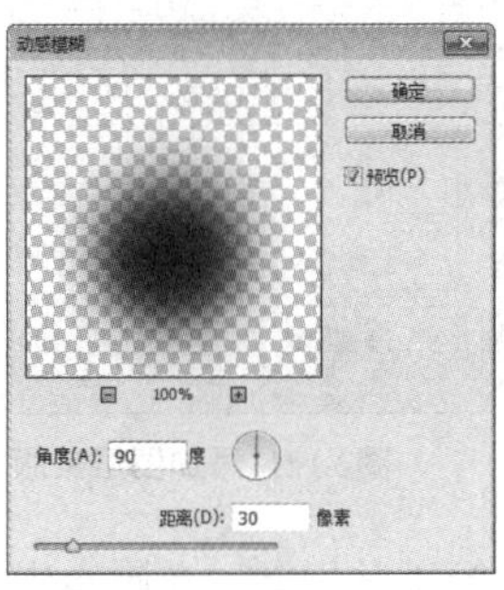

图2.118 设置动感模糊

04 选择工具箱中的“椭圆工具”，在选项栏中将“填充”更改为白色，“描边”为无，在刚才绘制的圆形上方位置再次绘制一个椭圆图形，此时将生成一个“椭圆4”图层，将其移至“椭圆1”图层下方，如图2.119所示。

图2.119 绘制图形

05 选中“椭圆4”图层，执行菜单栏中的“滤镜”|“模糊”|“高斯模糊”命令，在弹出的对话框中将“半径”更改为6像素，完成之后单击“确定”按钮，再将其图层“不透明度”更改为70%，如图2.120所示。

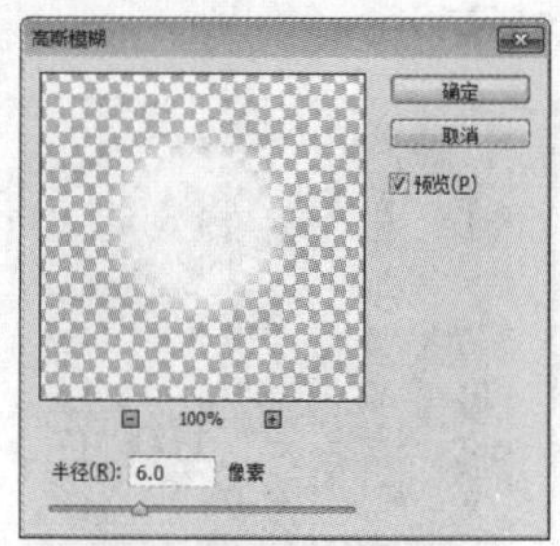

图2.120 设置高斯模糊

06 在“图层”面板中，选中“椭圆4”图层，单击面板底部的“添加图层蒙版”按钮，为其图层添加图层蒙版，如图2.121所示。

图2.121 添加图层蒙版

07 选择工具箱中的“画笔工具”，在画布中单击鼠标右键，在弹出的面板中选择一种圆角笔触，将“大小”更改为90像素，“硬度”更改为0%，如图2.122所示。

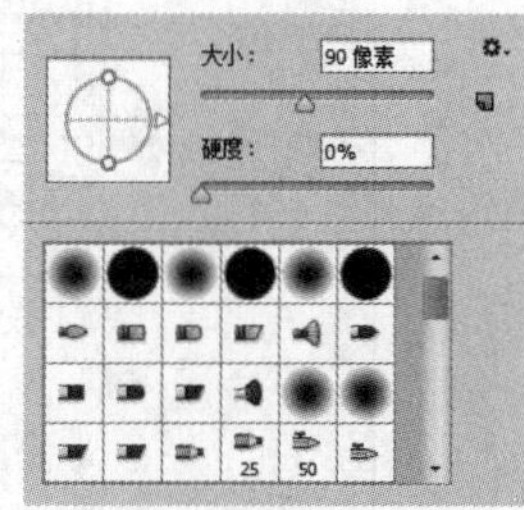

图2.122 设置笔触

08 将前景色更改为黑色，在画布中其图像下部分区域涂抹，将其隐藏，如图2.123所示。

图2.123 隐藏图像

09 选择工具箱中的“椭圆工具”，在选项栏中将“填充”更改为无，“描边”为蓝色（R：130，G：144，B：157），“大小”更改为3像素，在圆形图形位置按住Shift键绘制一个圆形，此时将生成一个“椭圆5”图层，如图2.124所示。

图2.124 绘制图形

10 在“图层”面板中，选中“椭圆5”图层，单击面板底部的“添加图层蒙版”按钮，为其图层添加图层蒙版，如图2.125所示。

11 选择工具箱中的“渐变工具”，编辑黑色到白色的渐变，单击选项栏中的“线性渐变”

按钮，在画布中从下至上拖动将部分图形隐藏，如图2.126所示。

图2.125 添加图层蒙版

图2.126 隐藏图形

12 在“图层”面板中，选中“椭圆5”图层，单击面板底部的“添加图层样式”fx按钮，在菜单中选择“内阴影”命令，在弹出的对话框中取消“使用全局光”复选框，“角度”更改为90度，“距离”更改为1像素，“大小”更改为1像素，完成之后单击“确定”按钮，如图2.127所示。

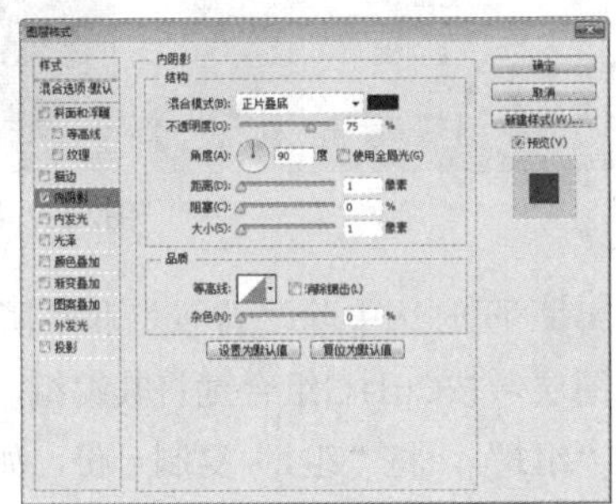

图2.127 设置内阴影

2.8.4 绘制指示图形

01 选择工具箱中的“椭圆工具”，在选项栏中将“填充”更改为蓝色（R：44，G：128，B：152），“描边”为无，在左侧位置按住Shift键绘制一个圆形，此时将生成一个“椭圆 6”图层，如图2.128所示。

图2.128 绘制图形

02 在“图层”面板中，选中“椭圆 6”图层，将其拖至面板底部的“创建新图层”按钮上，复制1个“椭圆6 拷贝”图层，选中“椭圆6 拷贝”图层，将其向右上角方向稍微移动，如图2.129所示。

图2.129 复制图层并移动图形

03 按住Ctrl键单击“椭圆6 拷贝”图层缩览图，将其载入选区，如图2.130所示。

04 执行菜单栏中的“选择”|“修改”|“扩展”命令，在弹出的对话框中将“扩展量”更改为1像素，完成之后单击“确定”按钮，如图2.131所示。

图2.130 载入选区

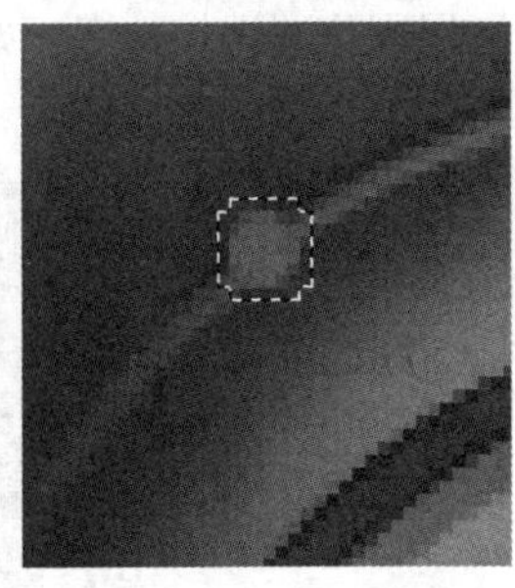

图2.131 扩展选区

05 单击“椭圆 5”图层蒙版缩览图，在画布中将选区填充为黑色，将部分图像隐藏，完成之后按Ctrl+D组合键将选区取消，如图2.132所示。

06 以同样的方法将“椭圆 6”图层中的图形复制数份并移动，将部分图形隐藏，如图2.133所示。

图2.132 隐藏图形

图2.133 复制图形

07 在“椭圆2”图层上单击鼠标右键，从弹出的快捷菜单中选择“拷贝图层样式”命令，在“椭圆6 拷贝3”图层上单击鼠标右键，从弹出的快捷菜单中选择“粘贴图层样式”命令，双击“椭圆6 拷贝3”图层样式名称，在弹出的对话框中将“扩展”更改为5%，“大小”更改为10像素，如图2.134所示。

图2.134 拷贝并粘贴图层样式

2.8.5 添加文字

01 选择工具箱中的“横排文字工具”T，在图标周围位置添加文字，如图2.135所示。

图2.135 添加文字

02 在“图层”面板中，选中“I”图层，单击面板底部的“添加图层样式”fx按钮，在菜单中选择“投影”命令，在弹出的对话框中取消“使用全局光”复选框，将“角度”更改为90度，“距离”更改为2像素，“大小”更改为1像素，完成之后单击“确定”按钮，如图2.136所示。

03 在“I”图层上单击鼠标右键，从弹出的快捷菜单中选择“拷贝图层样式”命令，同时选中“II”“III”“IV”及“V”图层在其图层名称上单击鼠标右键，从弹出的快捷菜单中选择“粘贴图层样式”命令，如图2.137所示。

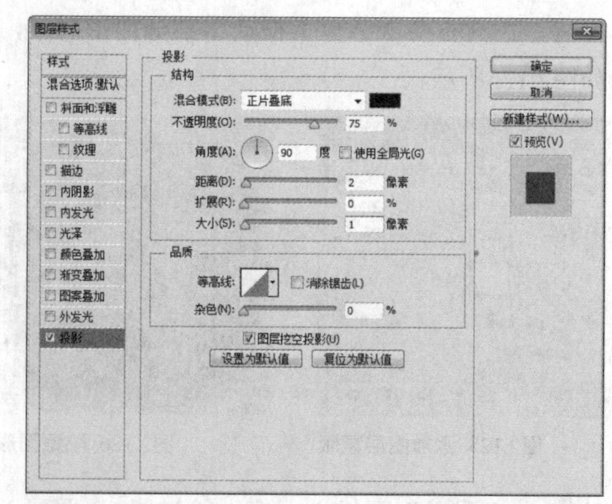

图2.136 设置投影

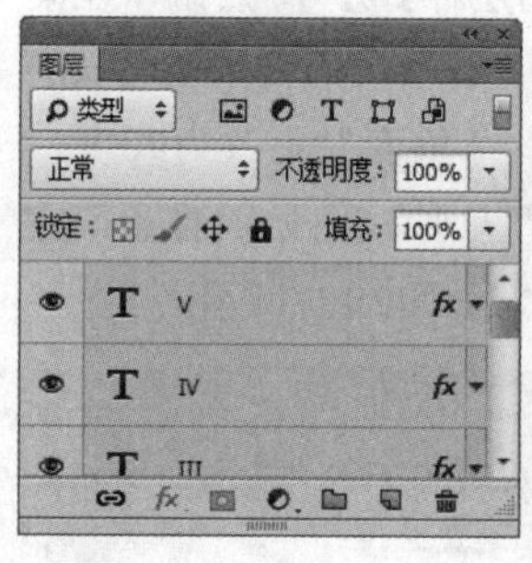

图2.137 拷贝并粘贴图层样式

04 同时选中除“背景”和“阴影”之外的所有图层，按Ctrl+G组合键将其编组，此时将生成一个“组1”，将“组1”复制一份，如图2.138所示。

图2.138 将图层编组并复制组

05 在“图层”面板中，选中“组1 拷贝”组，将其图层混合模式设置为“叠加”，“不透明度”更改为20%，这样就完成了效果制作，最终效果如图2.139所示。

图2.139 最终效果

2.9 课堂案例——品质音量控件

素材位置 无
案例位置 案例文件\第2章\品质音量控件.psd
视频位置 多媒体教学\2.9课堂案例——品质音量控件.avi
难易指数 ★★☆☆☆

本例主要讲解品质音量控件的制作，本例在设计中遵循了传统的控件制作方法，以质感、实用以及贴近用户实际操作体验为基本出发点，控件看似简单，但是需要重点注意质感的表现力以及各类真实效果的实现。最终效果如图2.140所示。

扫码看视频

图2.140 最终效果

2.9.1 制作背景

01 执行菜单栏中的“文件”|“新建”命令，在弹出的对话框中设置“宽度”为800像素，“高度”为600像素，“分辨率”为72像素/英寸，“颜色模式”为RGB颜色，新建一个空白画布，并将画布填充为深蓝色（R：48，G：50，B：56）。

02 执行菜单栏中的“滤镜”|“杂色”|“添加杂色”命令，在弹出的对话框中将“数量”更改为1%，勾选“平均分布”单选按钮，完成之后单击“确定”按钮，如图2.141所示。

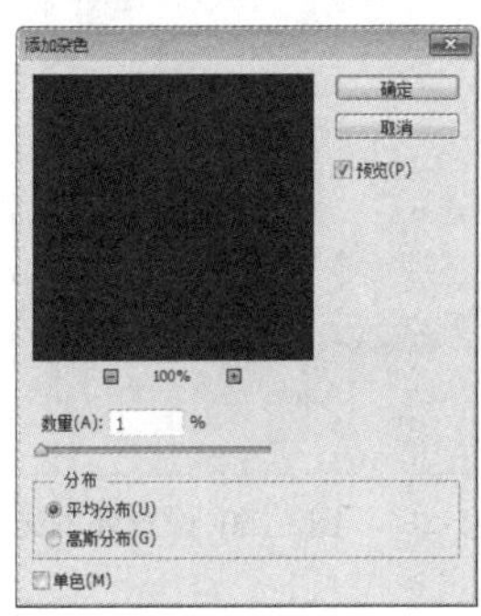

图2.141 设置添加杂色

03 单击面板底部的“创建新图层”按钮，新建一个“图层1”图层，选中“图层1”图层，将其图层填充为深蓝色（R：33，G：33，B：40），如图2.142所示。

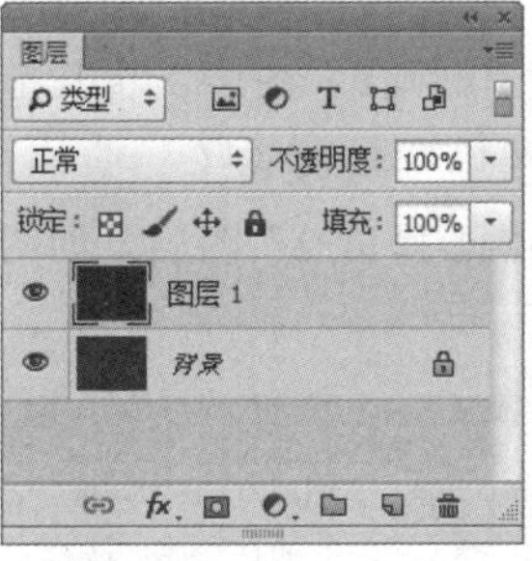

图2.142 新建图层并填充颜色

04 在“图层”面板中，选中“图层1”图层，单击面板底部的“添加图层蒙版”按钮，为其图层添加图层蒙版，如图2.143所示。

05 选择工具箱中的“渐变工具”，在选项栏中单击“点按可编辑渐变”按钮，在弹出的对话框中选择“黑白渐变”，单击选项栏中的“径向渐变”按钮，从中间向边缘方向拖动，将部分颜色隐藏，如图2.144所示。

图2.143 添加图层蒙版

图2.144 隐藏颜色

06 在“图层”面板中，选中“图层 1”图层，将其图层混合模式设置为“叠加”，“不透明度”为80%，如图2.145所示。

图2.145 设置图层混合模式及不透明度

2.9.2 制作控件

01 选择工具箱中的“椭圆工具”，在选项栏中将“填充”更改为白色，“描边”为无，靠左侧位置按住Shift键绘制一个圆形，此时将生成一个“椭圆1”图层，选中“椭圆1”图层，将其拖至面板底部的“创建新图层”按钮上，复制1个“椭圆1 拷贝”及“椭圆1 拷贝 2”图层，如图2.146所示。

图2.146 绘制图形并复制图层

02 在“图层”面板中，选中“椭圆1”图层，单击面板底部的“添加图层样式”按钮，在菜单中选择“描边”命令，在弹出的对话框中将“大小”更改为1像素，“位置”更改为居中，“不透明度”更改为5%，“颜色”更改为白色，如图2.147所示。

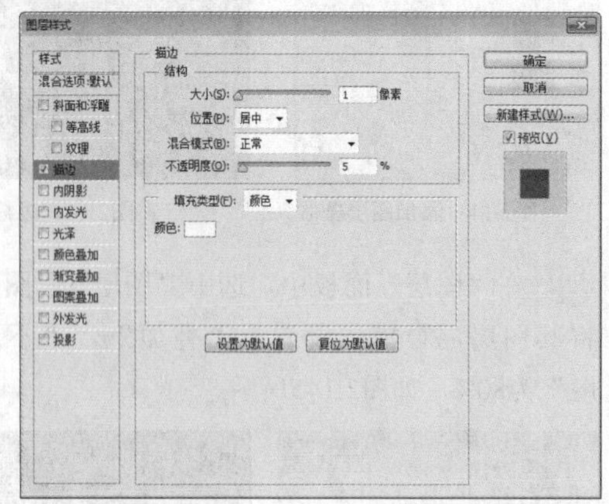

图2.147 设置描边

03 勾选“内阴影”复选框，将“距离”更改为5像素，“大小”更改为5像素，如图2.148所示。

04 勾选“渐变叠加”复选框，将“渐变”更改为深灰色（R：56，G：56，B：56）到深灰色（R：18，G：10，B：20），如图2.149所示。

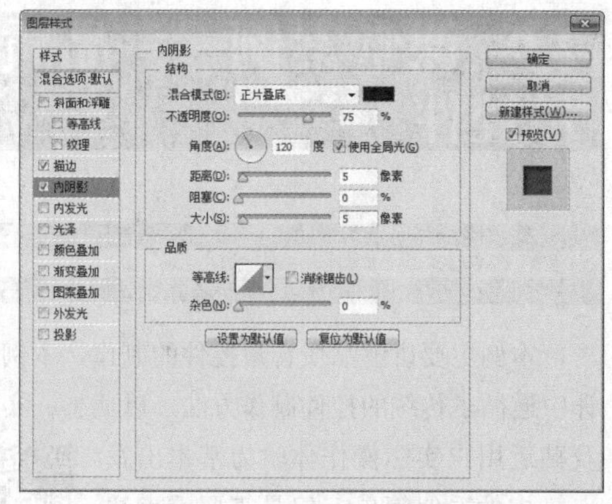

图2.148 设置内阴影

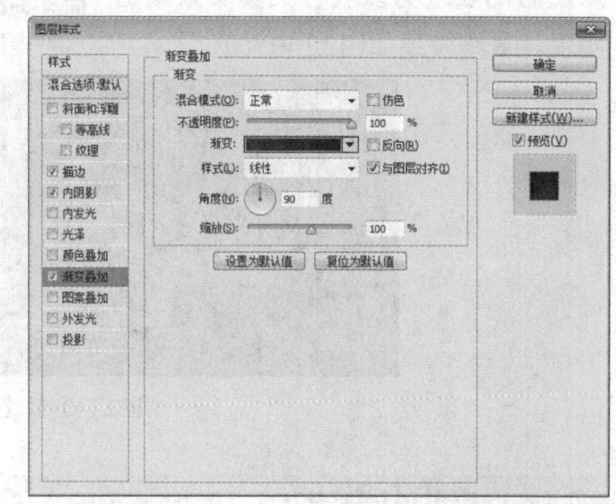

图2.149 设置渐变叠加

05 勾选“外发光”复选框，将“不透明度”更改为10%，“颜色”更改为绿色（R：190，G：228，B：163），“扩展”更改为2%，“大小”更改为2像素，完成之后单击“确定”按钮，如图2.150所示。

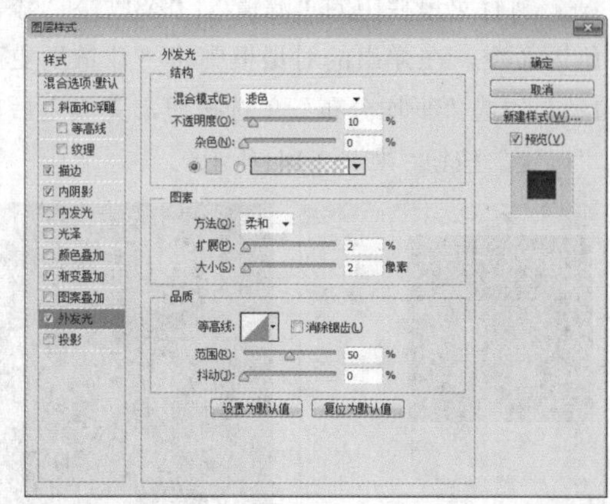

图2.150 设置外发光

06 在“图层”面板中，选中“椭圆 1 拷贝”图层，单击面板底部的“添加图层样式”fx按钮，在菜单中选择“描边”命令，在弹出的对话框中将“大小”更改为2像素，“位置”更改为居中，如图2.151所示。

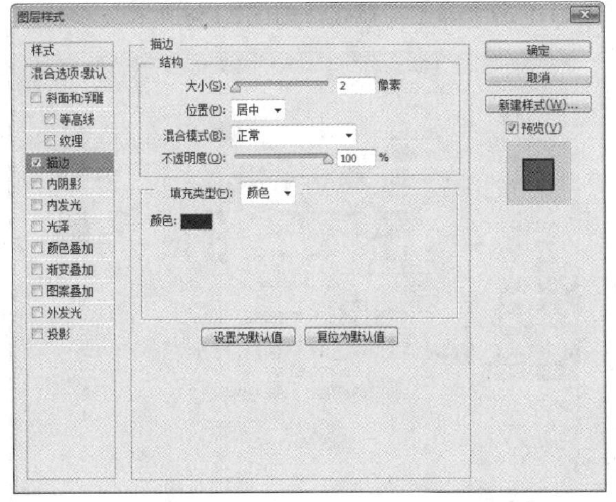

图2.151　设置描边

07 勾选“内阴影”复选框，将“混合模式”更改为正常，“颜色”更改为灰色（R：248，G：248，B：248），“不透明度”更改为100%，取消“使用全局光”复选框，“角度”更改为90度，“距离”更改为1像素，“大小”更改为2像素，如图2.152所示。

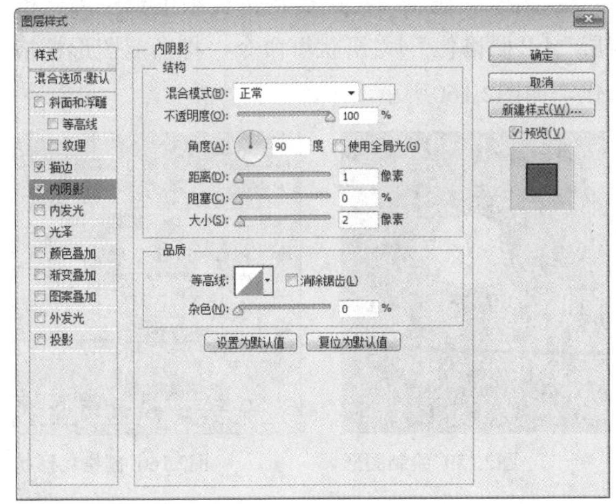

图2.152　设置内阴影

08 勾选“渐变叠加”复选框，将“渐变”更改为深灰色（R：35，G：34，B：40）到深灰色（R：47，G：46，B：52），完成之后单击“确定”按钮，如图2.153所示。

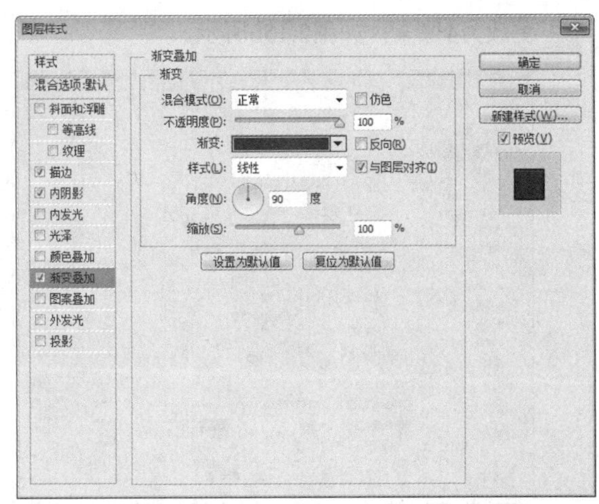

图2.153　设置渐变叠加

09 选中“椭圆 1 拷贝 2”图层，在画布中将其图形颜色更改为深灰色（R：53，G：53，B：55），将图形等比缩小，如图2.154所示。

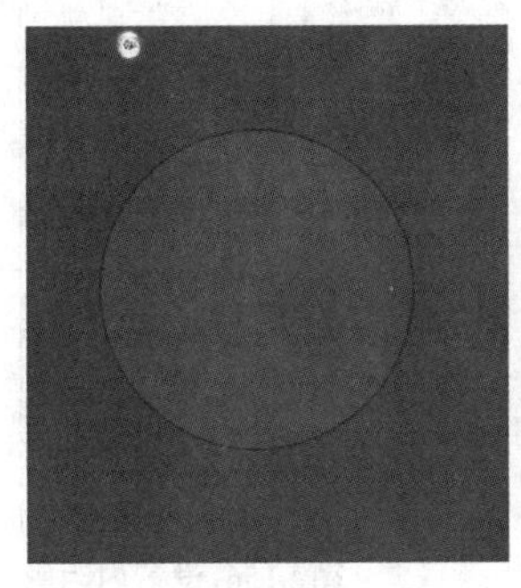

图2.154　变换图形

10 在“图层”面板中，选中“椭圆 1 拷贝 2”图层，单击面板底部的“添加图层样式”fx按钮，在菜单中选择“斜面和浮雕”命令，在弹出的对话框中将“样式”更改为内斜面，“方法”更改为雕刻清晰，“深度”更改为10%，“大小”更改为1像素，取消“使用全局光”复选框，“角度”更改为90度，“高光模式”更改为正常，“颜色”更改为浅绿色（R：210，G：235，B：196），“阴影模式”中的“不透明度”更改为100%，如图2.155所示。

11 勾选“内阴影”复选框，将“混合模式”更改为线性减淡（添加），“颜色”更改为灰色（R：157，G：158，B：156），“不透明度”更改为20%，取消“使用全局光”复选框，将“角度”更改为90度，“距离”更改为1像素，“大小”更改为4像素，如图2.156所示。

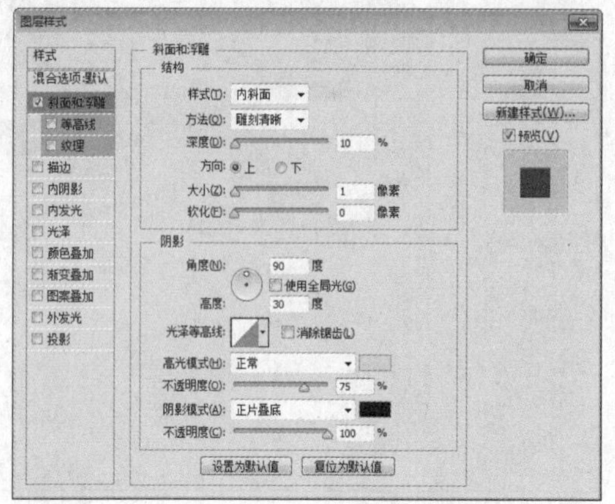

图2.155 设置斜面和浮雕

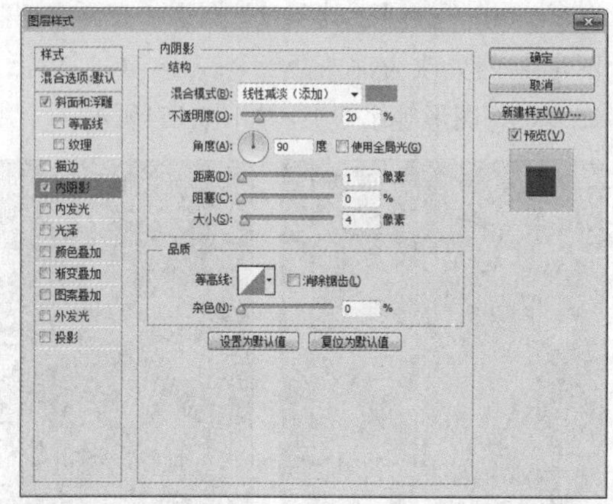

图2.156 设置内阴影

12 勾选“渐变叠加”复选框，将“不透明度”更改为60%，“渐变”更改为深灰色（R：26，G：26，B：26）到深灰色（R：67，G：65，B：70），“角度”更改为60度，如图2.157所示。

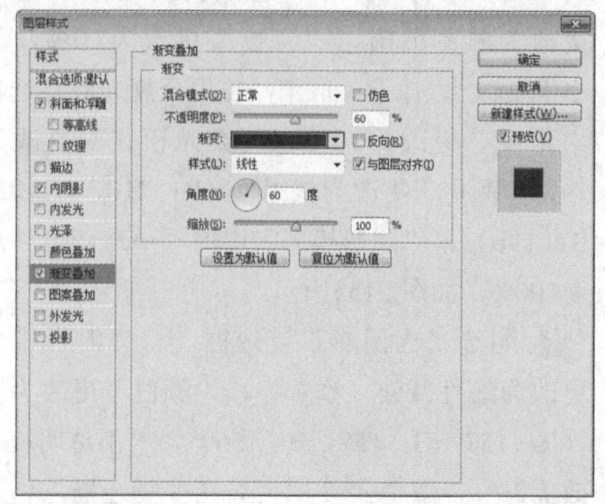

图2.157 设置渐变叠加

13 勾选“投影”复选框，将“不透明度”更改为89%，取消“使用全局光”复选框，将“角度”更改为90度，“距离”更改为20像素，“扩展”更改为16%，“大小”更改为24像素，完成之后单击“确定”按钮，如图2.158所示。

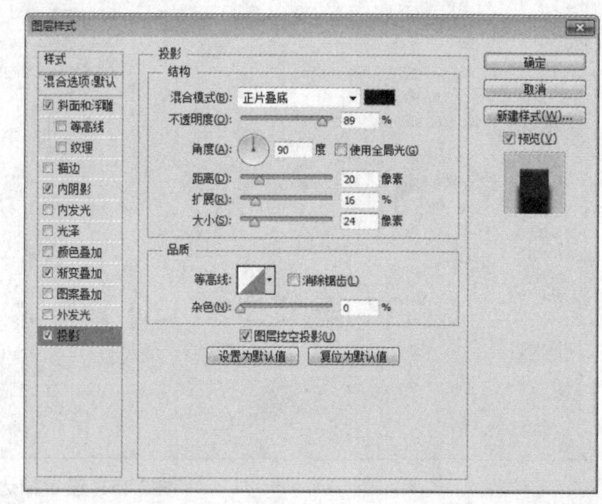

图2.158 设置投影

14 选择工具箱中的“椭圆工具”，在选项栏中将“填充”更改为浅蓝色（R：200，G：238，B：238），“描边”为无，在旋钮图形偏上方位置按住Shift键绘制一个圆形，此时将生成一个“椭圆 2”图层，如图2.159所示。

15 选中“椭圆 2”图层，执行菜单栏中的“图层”|“栅格化”|“形状”命令，将当前图形栅格化，如图2.160所示。

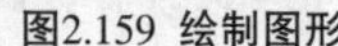

图2.159 绘制图形

图2.160 栅格化形状

16 选中“椭圆 2”图层，执行菜单栏中的“滤镜”|“模糊”|“高斯模糊”命令，在弹出的对话框中将“半径”更改为12像素，设置完成之后单击“确定”按钮，如图2.161所示。

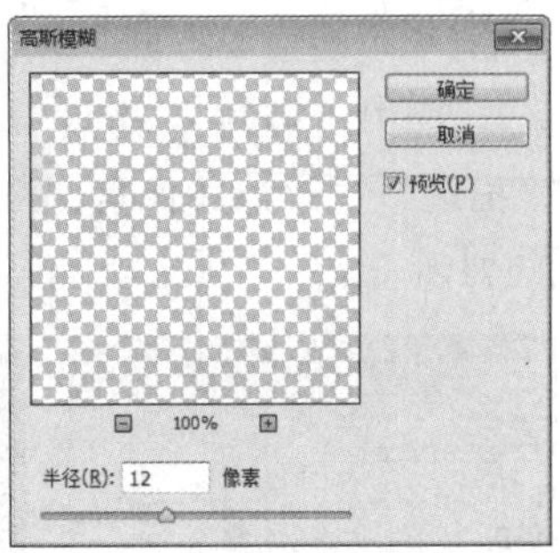

图2.161 设置高斯模糊

17 选中“椭圆 2”图层，将其图层“不透明度”更改为50%，并将其向下移至“椭圆1 拷贝2”图层下方，如图2.162所示。

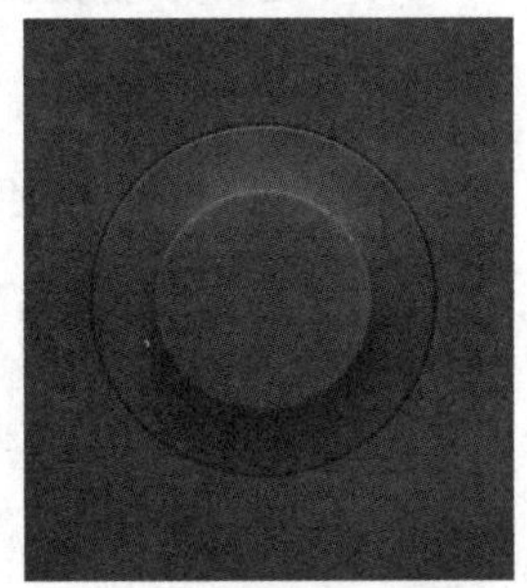

图2.162 更改图层不透明度

18 选择工具箱中的“椭圆工具”，在选项栏中将“填充”更改为白色，“描边”为无，在旋钮靠右上方位置按住Shift键绘制一个圆形，此时将生成一个“椭圆3”图层，选中“椭圆3”图层，将其拖至面板底部的“创建新图层”按钮上，复制1个“椭圆3 拷贝”图层，如图2.163所示。

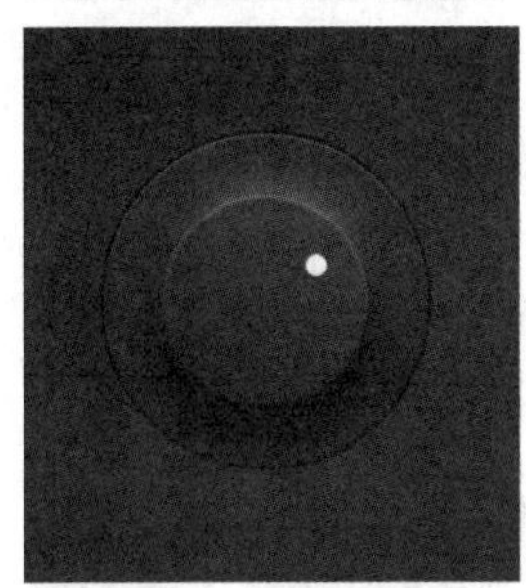

图2.163 绘制图形并复制图层

19 在“图层”面板中，选中“椭圆3”图层，单击面板底部的“添加图层样式”fx按钮，在菜单中选择“渐变叠加”命令，在弹出的对话框中将“渐变”更改为深灰色（R：46，G：43，B：50）到深灰色（R：7，G：8，B：12），如图2.164所示。

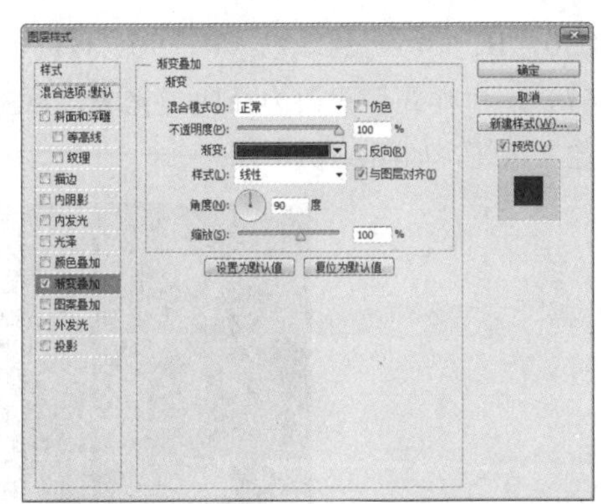

图2.164 设置渐变叠加

20 勾选“外发光”复选框，将“不透明度”更改为10%，“颜色”更改为黄色（R：255，G：255，B：190），“大小”更改为1像素，完成之后单击“确定”按钮，如图2.165所示。

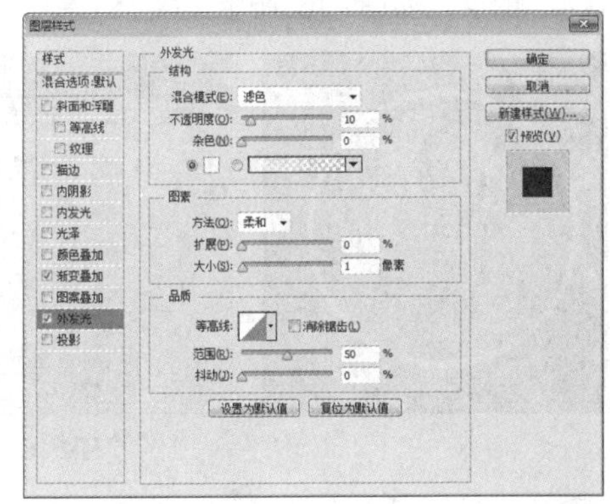

图2.165 设置外发光

21 选中“椭圆 3 拷贝”图层，将图形等比缩小，如图2.166所示。

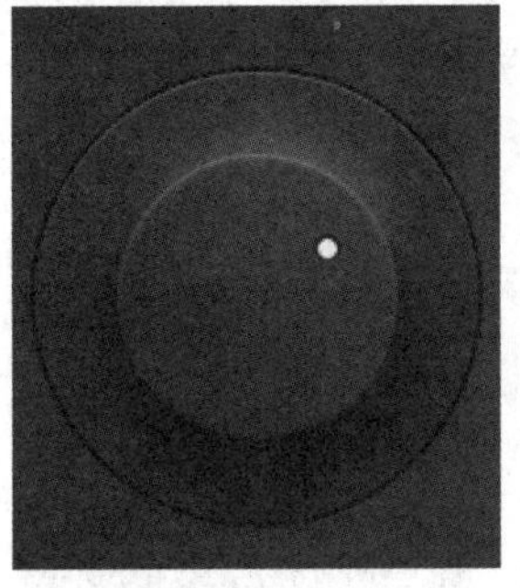
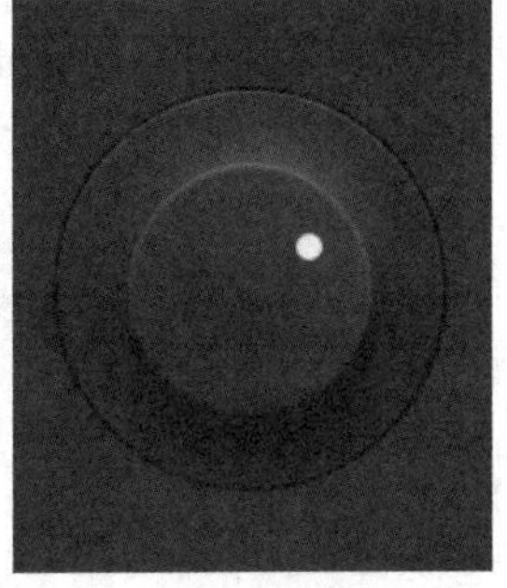

图2.166 变换图形

22 在“图层”面板中，选中“椭圆3 拷贝”图层，单击面板底部的“添加图层样式”fx按钮，在菜单中选择“渐变叠加”命令，在弹出的对话框中将“渐变”更改为浅绿色（R：185，G：

230，B：145）到绿色（R：90，G：118，B：67），“样式”更改为径向，完成之后单击“确定”按钮，如图2.167所示。

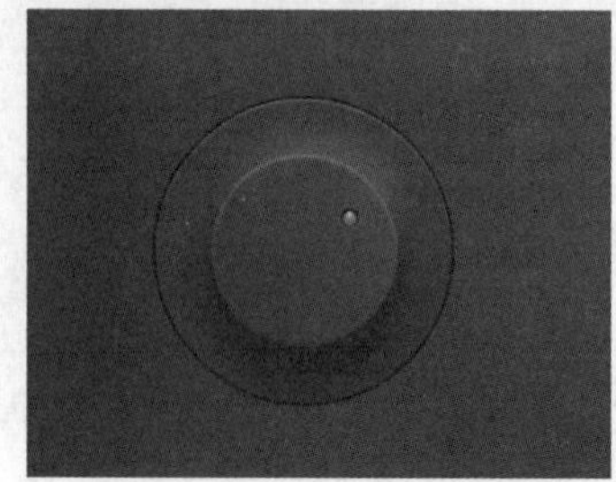

图2.167 设置渐变叠加

23 选择工具箱中的“椭圆工具”，在选项栏中将“填充”更改为无，“描边”为白色，“大小”为6点，绘制一个圆形，此时将生成一个“椭圆4”图层，如图2.168所示。

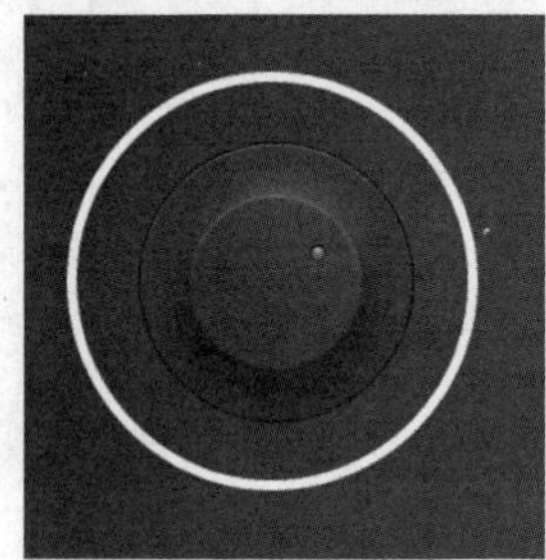

图2.168 绘制图形

24 在“图层”面板中，同时选中“椭圆4”及“椭圆 1 拷贝 2”图层，单击面板底部的“链接图层”图标，再选中“椭圆 1 拷贝2”图层，分别单击选项栏中的“垂直居中对齐”按钮及“水平居中对齐”按钮图标将图形对齐，完成之后再次单击链接图层图标，将链接取消，如图2.169所示。

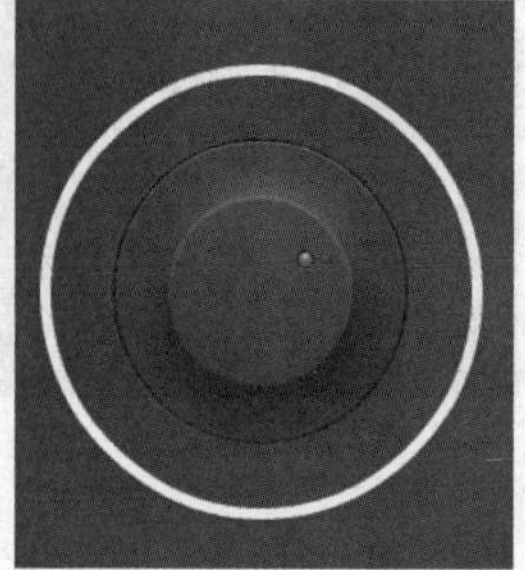

图2.169 对齐图形

25 在“图层”面板中，选中“椭圆 4”图层，将其拖至面板底部的“创建新图层”按钮上，复制1个“椭圆 4 拷贝”图层，如图2.170所示。

26 选中“椭圆 4 拷贝”图层，在选项栏中将“描边”更改为10像素，将图形等比缩小，如图2.171所示。

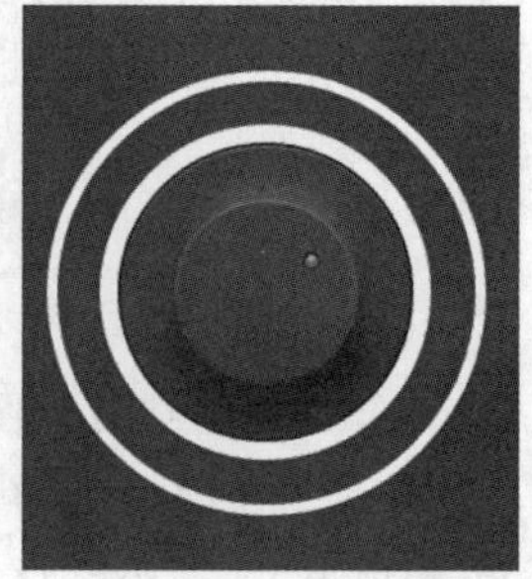

图2.170 复制图层 图2.171 变换图形

27 在“图层”面板中，选中“椭圆 4 拷贝”图层，将其拖至面板底部的“创建新图层”按钮上，复制1个“椭圆 4 拷贝2”图层，如图2.172所示。

28 选中“椭圆 4 拷贝2”图层，在选项栏中将“描边”更改为6像素，描边颜色设置为青色（R：6，G：240，B：251），将图形等比缩小，如图2.173所示。

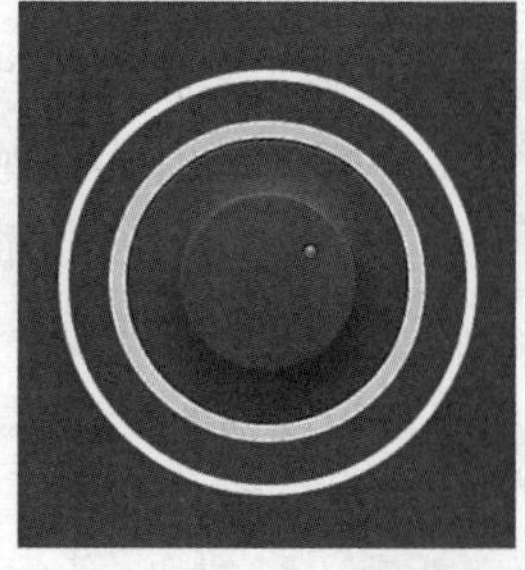

图2.172 复制图层 图2.173 变换图形

29 选择工具箱中的“添加锚点工具”，在“椭圆4”图层中的图形底部靠左侧位置单击为其添加锚点，以同样的方法在底部靠右侧位置再次单击添加锚点，如图2.174所示。

图2.174 添加锚点

30 选择工具箱中的“直接选择工具”，选中图形底部锚点，按Delete键将其删除，如图2.175所示。

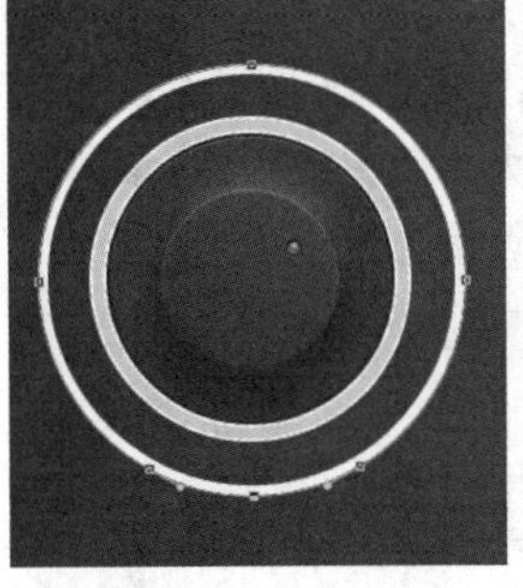
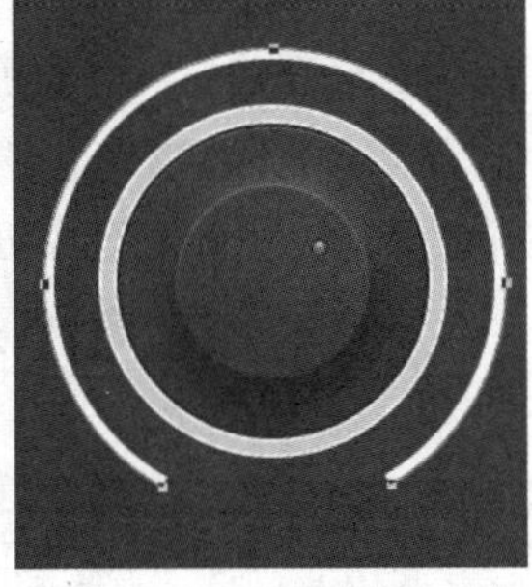

图2.175 删除锚点

31 选中“椭圆4”图层，在选项栏中单击“设置形状描边类型”按钮，在弹出的面板中单击“端点”下方的按钮，在弹出的3种类型中选中第2种端点类型，再将其描边“颜色”更改为深灰色（R：28，G：27，B：33），如图2.176所示。

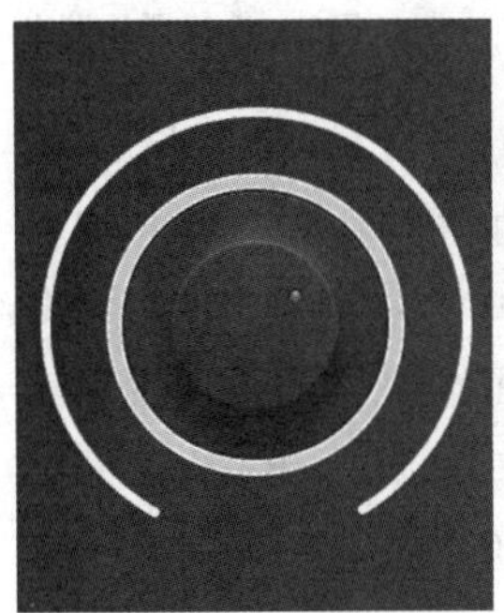

图2.176 设置形状描边类型

32 在“图层”面板中，选中“椭圆 4”图层，单击面板底部的“添加图层样式”按钮，在菜单中选择“内阴影”命令，在弹出的对话框中将“距离”更改为1像素，“大小”更改为1像素，如图2.177所示。

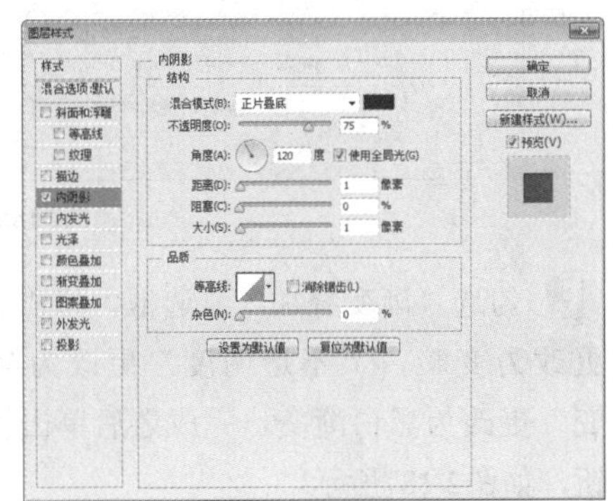

图2.177 设置内阴影

33 勾选“投影”复选框，将“颜色”更改为白色，“距离”更改为1像素，“大小”更改为1像素，完成之后单击“确定”按钮，如图2.178所示。

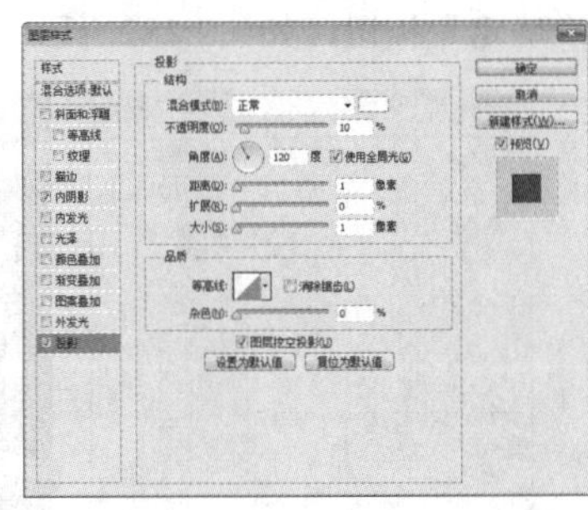

图2.178 设置投影

34 选择工具箱中的“椭圆工具”，在选项栏中将“填充”更改为蓝色（R：16，G：208，B：237），“描边”为无，在“椭圆4”图层中的图形右侧位置绘制一个椭圆图形，此时将生成一个“椭圆5”图层，如图2.179所示。

35 选中“椭圆5”图层，执行菜单栏中的“图层”|“栅格化”|“形状”命令，将当前图形栅格化，如图2.180所示。

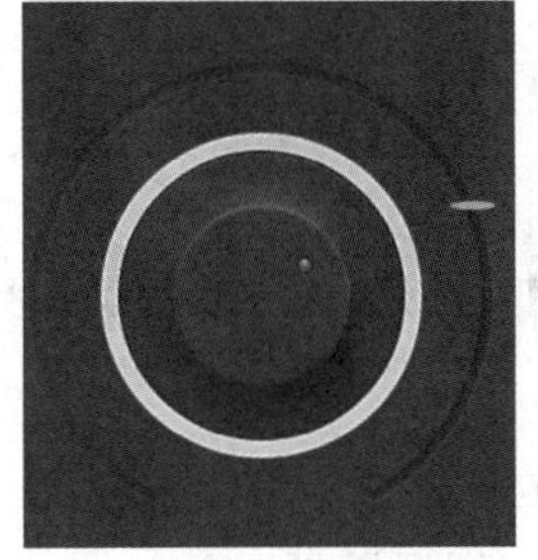

图2.179 绘制图形

图2.180 栅格化形状

36 选中“椭圆 5”图层，执行菜单栏中的“滤镜”|“模糊”|“动感模糊”命令，在弹出的对话框中将“角度”更改为0度，“距离”更改为30像素，设置完成之后单击“确定”按钮，如图2.181所示。

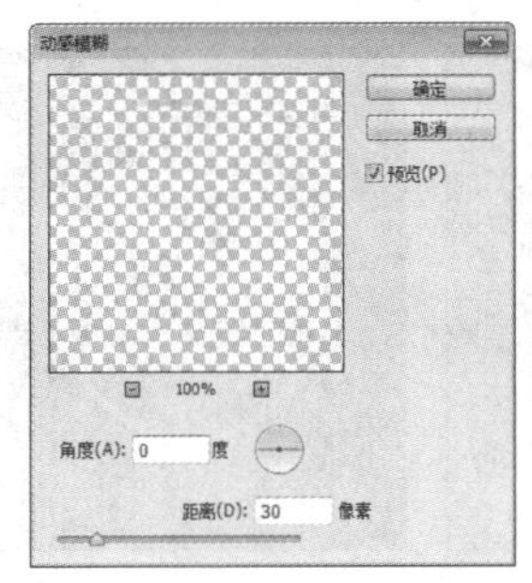

图2.181 设置动感模糊

37 选中“椭圆5”图层，执行菜单栏中的“滤镜”|“模糊”|“高斯模糊”命令，在弹出的对话框中将“半径”更改为2像素，设置完成之后单击“确定”按钮，如图2.182所示。

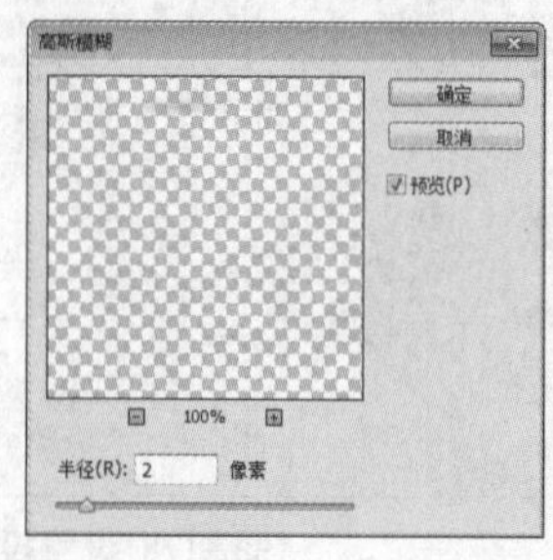

图2.182 设置高斯模糊

38 在“图层”面板中，选中“椭圆5”图层，将其图层混合模式设置为“颜色减淡”，按Ctrl+T组合键对其执行“自由变换”命令，当出现变形框以后将图形适当旋转，完成之后按Enter键确认，如图2.183所示。

图2.183 设置图层混合模式

39 在“椭圆 4”图层上单击鼠标右键，从弹出的快捷菜单中选择“拷贝图层样式”命令，在“椭圆 4 拷贝”图层上单击鼠标右键，从弹出的快捷菜单中选择“粘贴图层样式”命令，再选中“椭圆 4 拷贝”图层，在选项栏中将其“描边”颜色更改为深灰色（R：28，G：27，B：33），如图2.184所示。

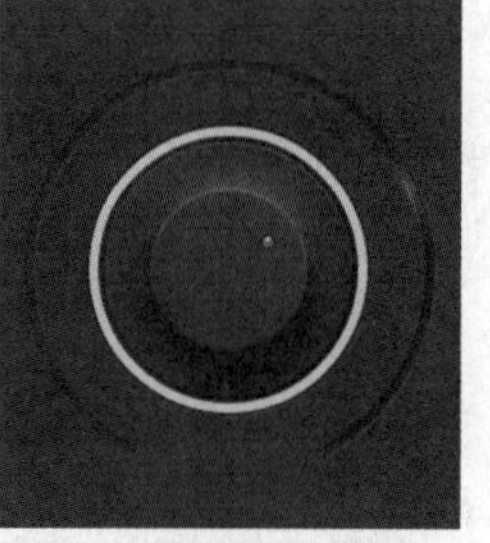

图2.184 拷贝并粘贴图层样式

40 在“图层”面板中，双击“椭圆4 拷贝”图层样式名称，在弹出的对话框中勾选“外发光”复选框，将“混合模式”更改为正常，“不透明度”更改为30%，“颜色”更改为青色（R：0，G：255，B：252），“大小”更改为5像素，完成之后单击“确定”按钮，如图2.185所示。

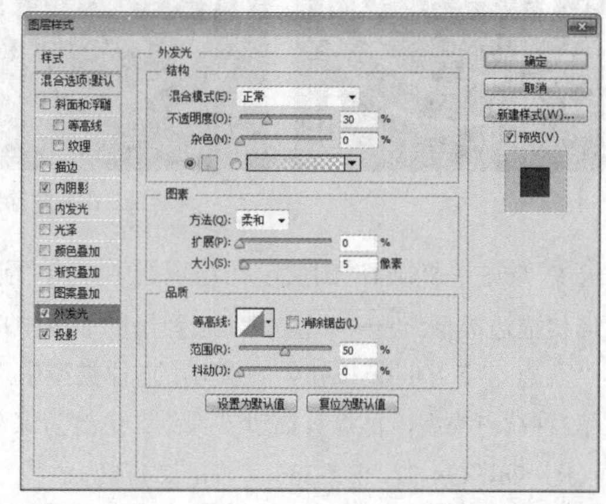

图2.185 设置外发光

41 在“图层”面板中，选中“椭圆4 拷贝2”图层，单击面板底部的“添加图层样式”fx按钮，在菜单中选择“内发光”命令，在弹出的对话框中将“混合模式”更改为正常，“不透明度”更改为100%，“颜色”更改为蓝色（R：16，G：150，B：170），如图2.186所示。

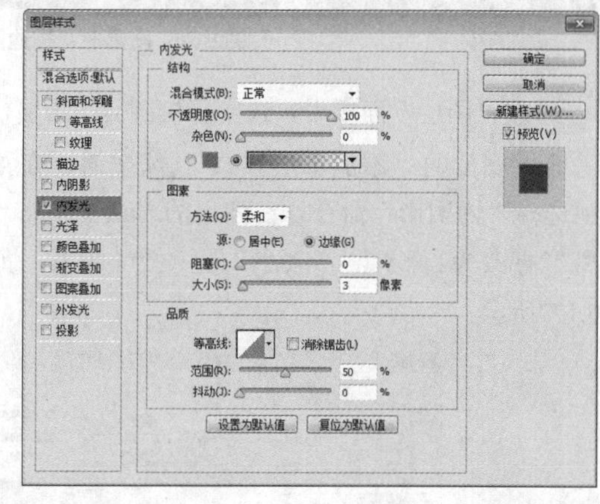

图2.186 设置内发光

42 勾选“渐变叠加”复选框，将“混合模式”更改为变暗，“不透明度”更改为40%，“渐变”更改为黑白渐变，完成之后单击“确定”按钮，如图2.187所示。

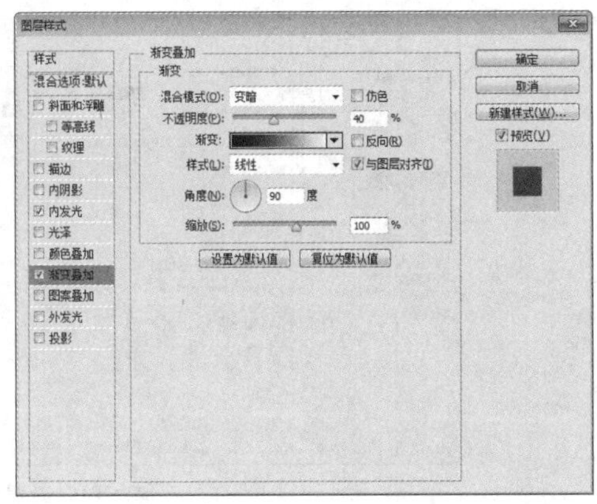

图2.187 设置渐变叠加

43 选择工具箱中的“椭圆工具”，在选项栏中将“填充”更改为无，“描边”为深灰色（R：33，G：32，B：38），“大小”更改为6像素，在旋钮图形下方位置按住Shift键绘制一个圆形，此时将生成一个“椭圆6”图层，选中“椭圆6”图层，将其拖至面板底部的“创建新图层”按钮上，复制1个“椭圆6 拷贝”图层，如图2.188所示。

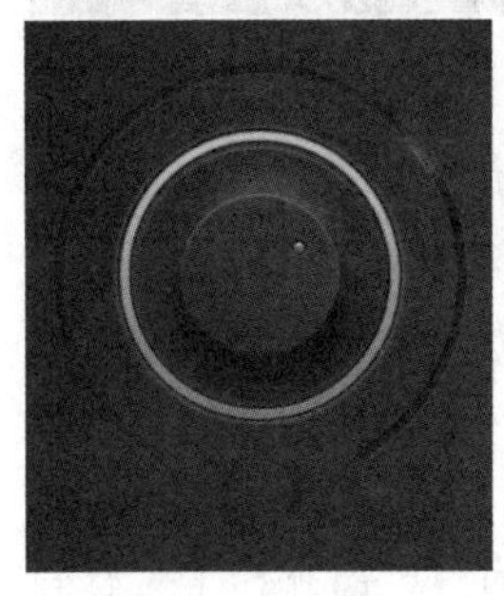

图2.188 绘制图形并复制图层

44 在“椭圆4”图层上单击鼠标右键，从弹出的快捷菜单中选择“拷贝图层样式”命令，在“椭圆6”图层上单击鼠标右键，从弹出的快捷菜单中选择“粘贴图层样式”命令，如图2.189所示。

图2.189 拷贝并粘贴图层样式

技巧与提示

为了方便观察拷贝图层样式后的图层效果，可以先将“椭圆6 拷贝”图层暂时隐藏。

45 选中“椭圆 6 拷贝”图层，在选项栏中将其“描边”更改为青色（R：16，G：208，B：237），“大小”更改为3像素，按Ctrl+T组合键对其执行“自由变换”命令，当出现变形框以后按住Alt+Shift组合键将图形等比缩小，完成之后按Enter键确认，如图2.190所示。

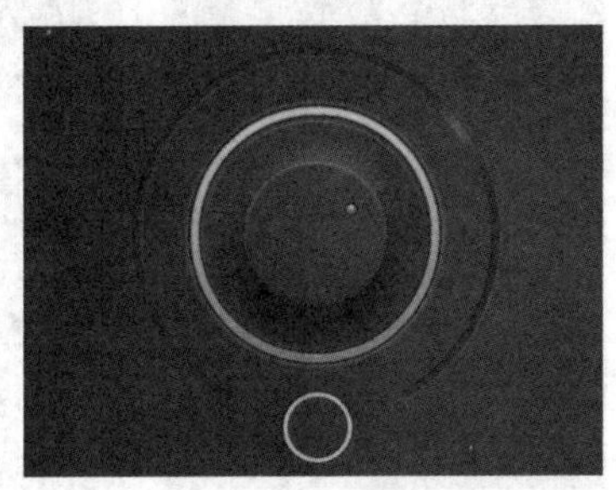

图2.190 变换图形

46 在“椭圆4 拷贝2”图层上单击鼠标右键，从弹出的快捷菜单中选择“拷贝图层样式”命令，在“椭圆6 拷贝”图层上单击鼠标右键，从弹出的快捷菜单中选择“粘贴图层样式”命令，如图2.191所示。

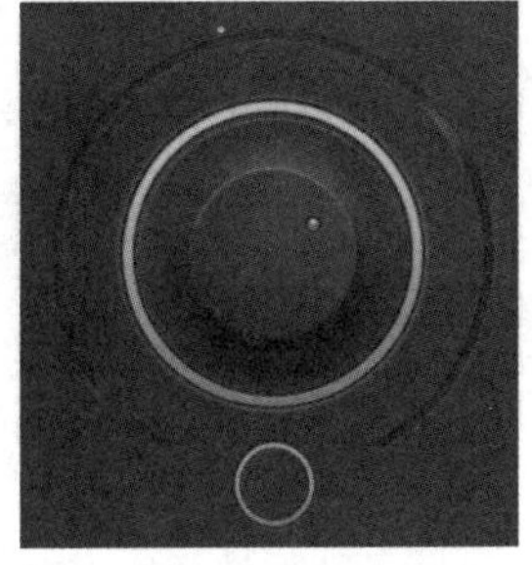

图2.191 拷贝并粘贴图层样式

47 选择工具箱中的“矩形工具”，在选项栏中将“填充”更改为青色（R：16，G：208，B：237），“描边”为无，按住Alt+Shift组合键绘制一个矩形，此时将生成一个“矩形1”图层，如图2.192所示。

48 选中“矩形 1”图层，按Ctrl+T组合键对其执行“自由变换”命令，当出现变形框以后在选项栏中“旋转”后方的文本框中输入45度，完成之后按Enter键确认，如图2.193所示。

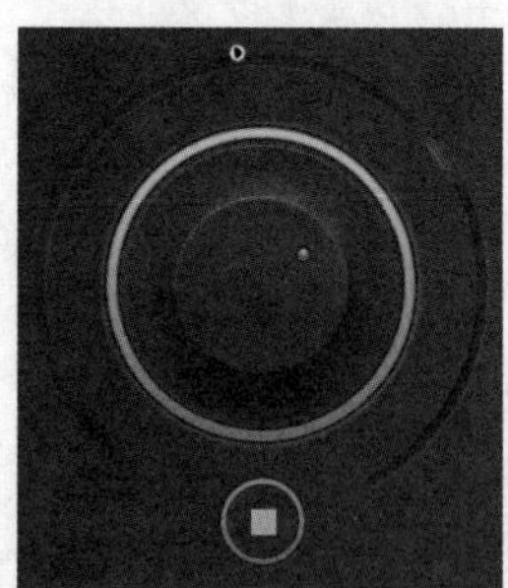

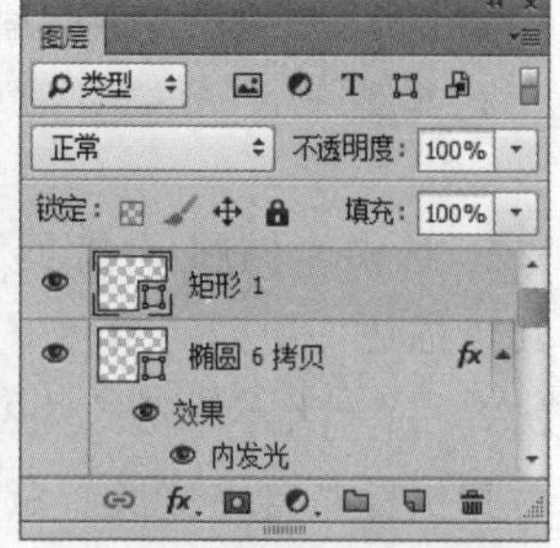

图2.192 绘制图形

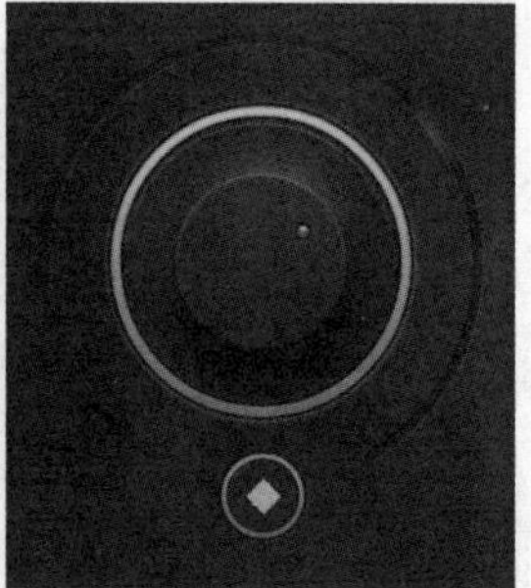

图2.193 变换图形

49 选择工具箱中的“直接选择工具”，选中图形左侧锚点，按Delete键将其删除，再将图形适当移动，如图2.194所示。

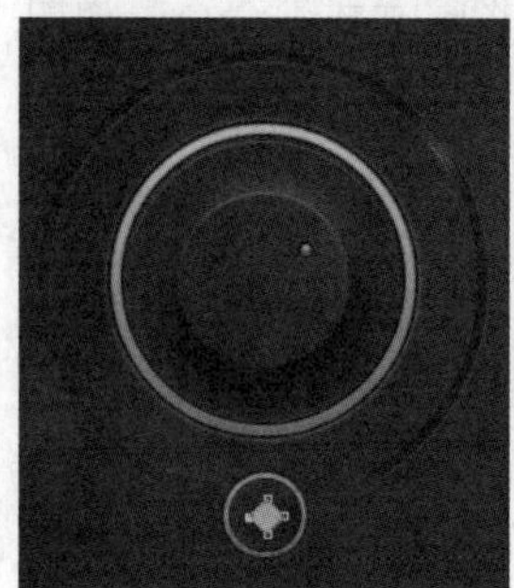

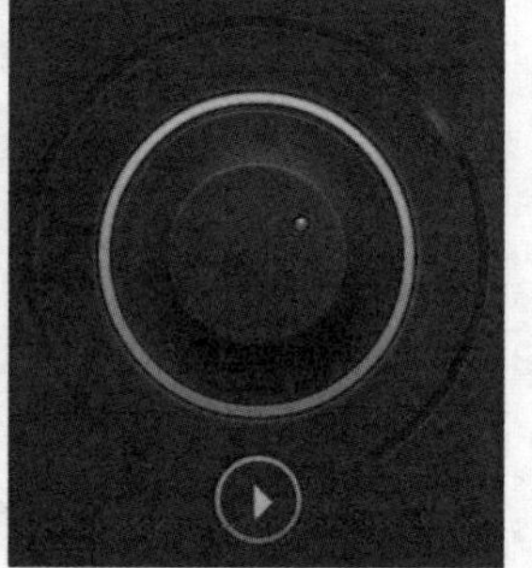

图2.194 删除锚点并移动图形

50 在“图层”面板中，选中“矩形 1”图层，单击面板底部的“添加图层样式”按钮，在菜单中选择“内阴影”命令，在弹出的对话框中将“距离”更改为1像素，“大小”更改为1像素，完成之后单击“确定”按钮，如图2.195所示。

51 选择工具箱中的“横排文字工具”，在旋钮图形下方位置添加文字，如图2.196所示。

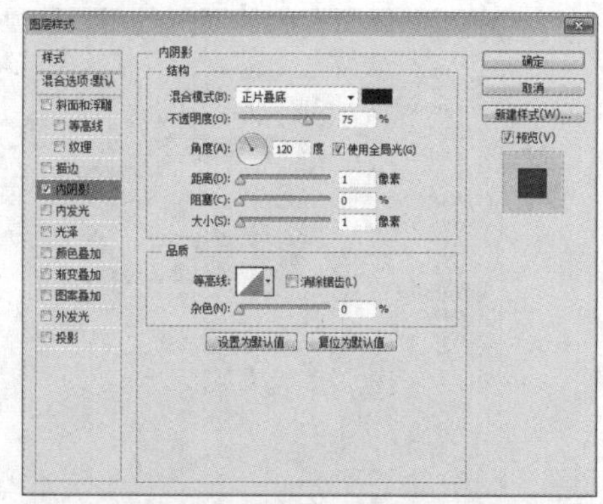

图2.195 设置内阴影

图2.196 添加文字

52 选择工具箱中的“圆角矩形工具”，在选项栏中将“填充”更改为深灰色（R：12，G：12，B：12），“描边”为无，在添加的文字下方位置绘制一个圆角矩形，此时将生成一个“圆角矩形 1”图层，选中“圆角矩形 1”图层，将其拖至面板底部的“创建新图层”按钮上，复制1个“圆角矩形 1 拷贝”图层，如图2.197所示。

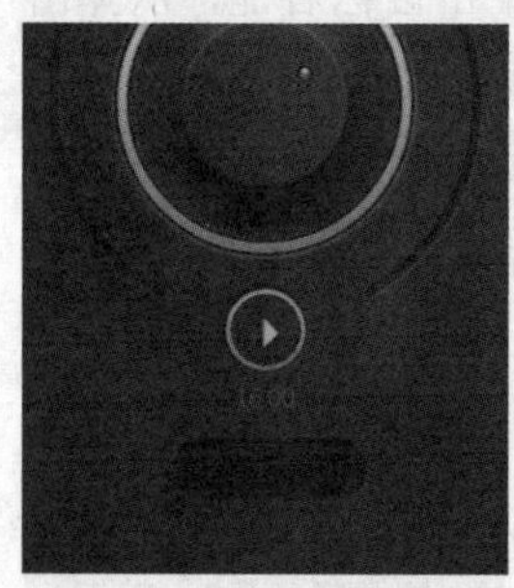

图2.197 绘制图形并复制图层

53 在“椭圆4”图层上单击鼠标右键，从弹出的快捷菜单中选择“拷贝图层样式”命令，在“圆角矩形 1”图层上单击鼠标右键，从弹出的快捷菜单中选择“粘贴图层样式”命令，如图

2.198所示。

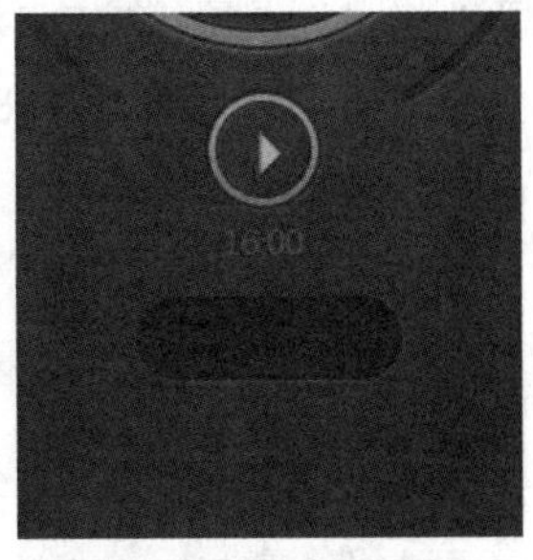

图2.198 拷贝并粘贴图层样式

技巧与提示

为了方便观察拷贝图层样式后的图层效果，可以先将“圆角矩形 1 拷贝”图层暂时隐藏。

54 选中“圆角矩形 1 拷贝”图层，按Ctrl+T组合键对其执行“自由变换”命令，将光标移至出现的变形框右侧按住Alt键向左侧拖动，将图形宽度缩小，以同样的方法将光标移至变形框顶部控制点按住Alt键向下拖动，将图形高度缩小，完成之后按Enter键确认，如图2.199所示。

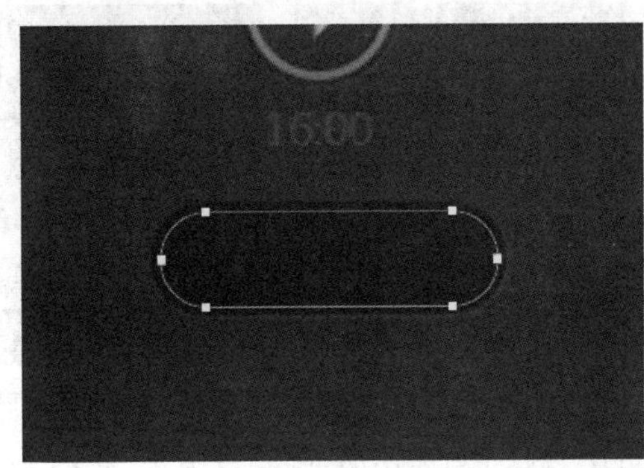

图2.199 变换图形

55 在“图层”面板中，选中“圆角矩形1 拷贝”图层，单击面板底部的“添加图层样式”fx按钮，在菜单中选择“渐变叠加”命令，在弹出的对话框中将“渐变”更改为深灰色（R：45，G：50，B：57）到深灰色（R：23，G：26，B：30），“角度”更改为0度，如图2.200所示。

56 勾选“投影”复选框，将“颜色”更改为白色，“不透明度”更改为20%，“距离”更改为1像素，完成之后单击“确定”按钮，如图2.201所示。

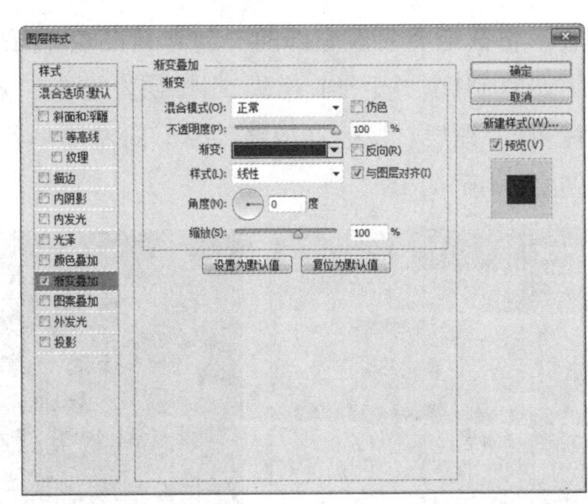

图2.200 设置渐变叠加

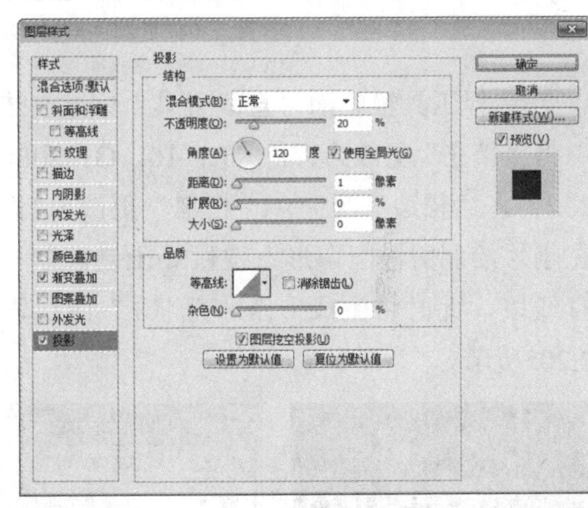

图2.201 设置投影

2.9.3 制作细节

01 在“图层”面板中，选中“矩形1”图层，将其拖至面板底部的“创建新图层”按钮上，复制1个“矩形1 拷贝”图层，如图2.202所示。

02 选中“矩形1 拷贝”图层，将图形等比缩小，再将其移至刚才绘制的圆角矩形右侧位置，如图2.203所示。

图2.202 复制图层

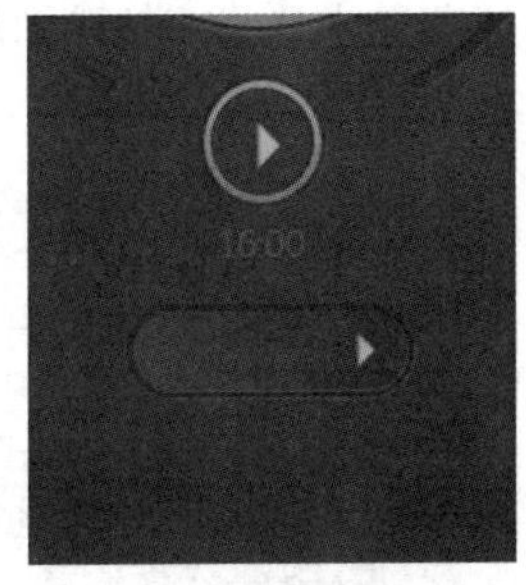

图2.203 变换图形

03 在“图层”面板中，选中“矩形1 拷贝”图层，将其拖至面板底部的“创建新图层”按钮上，复制1个“矩形1 拷贝2”图层，选中“矩形1 拷贝2”图层，按住Shift键将图形向左侧平移，如图2.204所示。

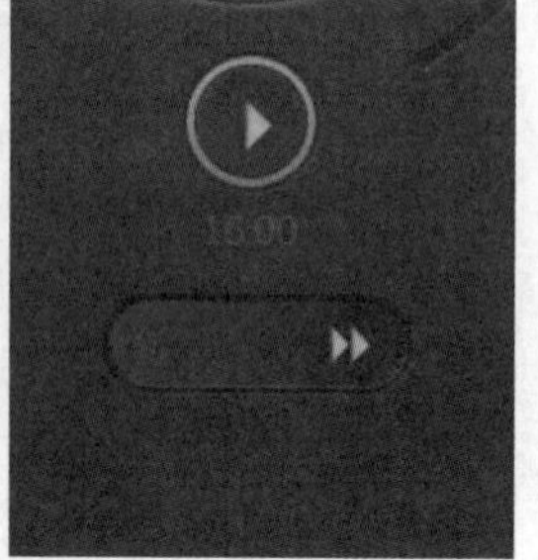

图2.204 复制图层并移动图形

04 选择工具箱中的“直线工具”，在选项栏中将“填充”更改为青色（R：16，G：208，B：237），“描边”为无，“粗细”更改为2像素，在刚才绘制的椭圆图形上按住Shift键绘制一条垂直线段，此时将生成一个“形状1”图层，如图2.205所示。

图2.205 绘制图形

05 在“矩形1 拷贝2”图层上单击鼠标右键，从弹出的快捷菜单中选择“拷贝图层样式”命令，在“形状 1”图层上单击鼠标右键，从弹出的快捷菜单中选择“粘贴图层样式”命令，如图2.206所示。

图2.206 拷贝并粘贴图层样式

06 同时选中“形状1”、“矩形1 拷贝2”及“矩形1 拷贝”图层，按Ctrl+G组合键将图层编组，将生成的组名称更改为“快进”，如图2.207所示。

图2.207 将图层编组

07 在“图层”面板中，选中“快进”组，将其拖至面板底部的“创建新图层”按钮上，复制1个“快进 拷贝”组，如图2.208所示。

08 选中“快进 拷贝”组，按Ctrl+T组合键对其执行“自由变换”命令，将光标移至出现的变形框上单击鼠标右键，从弹出的快捷菜单中选择“水平翻转”命令，完成之后按Enter键确认，再将图形移至圆角图形左侧位置，如图2.209所示。

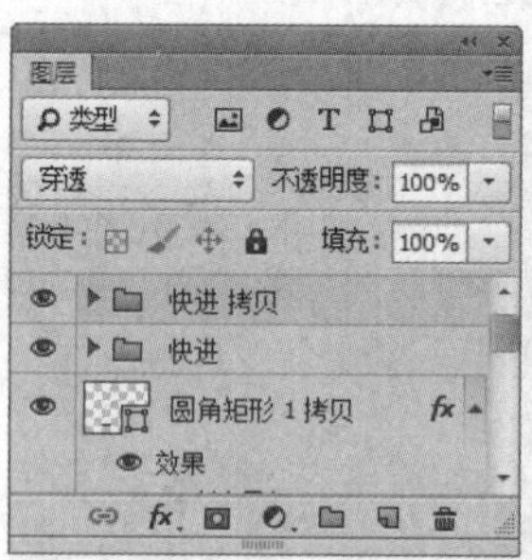

图2.208 复制组

图2.209 变换图形

09 选择工具箱中的“直线工具”，在选项栏中将“填充”更改为深灰色（R：45，G：50，B：57），“描边”为无，“粗细”更改为1像素，在中间位置按住Shift键绘制一条垂直线段，此时将生成一个“形状2”图层，如图2.210所示。

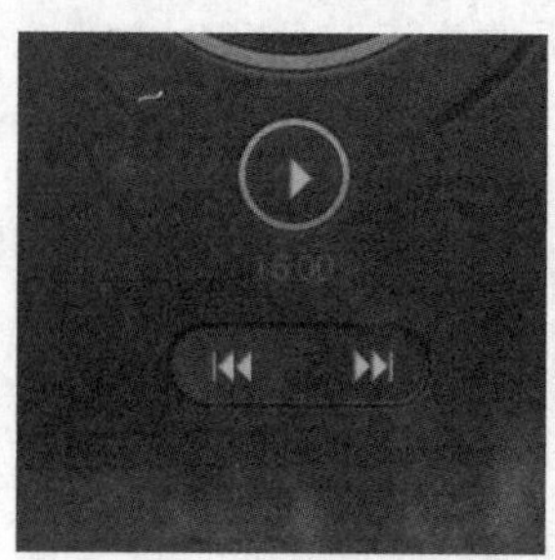

图2.210 绘制图形

10 选择工具箱中的“横排文字工具” T，在画布靠右侧位置添加文字（字体：Futura Bk BT，样式：Book，字号：47），如图2.211所示。

图2.211 添加文字

11 在“图层”面板中，选中“Touch quality”图层，单击面板底部的“添加图层样式” fx 按钮，在菜单中选择“内阴影”命令，在弹出的对话框中将“不透明度”更改为50%，“距离”更改为1像素，“大小”更改为1像素，如图2.212所示。

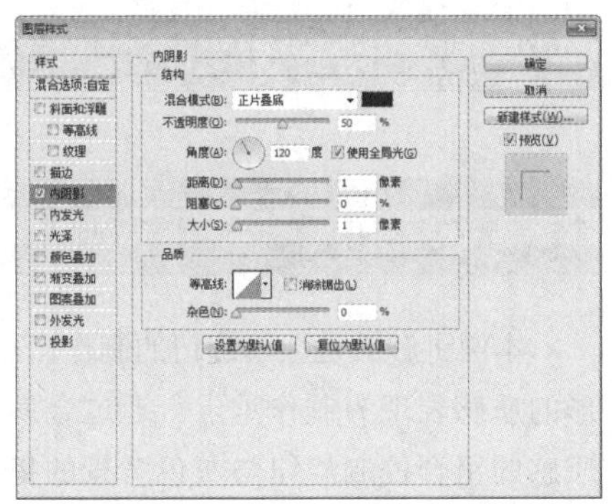

图2.212 设置内阴影

12 勾选“投影”复选框，将“混合模式”更改为正常，“颜色”更改为白色，“不透明度”更改为60%，“距离”更改为1像素，“大小”更改为1像素，完成之后单击“确定”按钮，如图2.213所示。

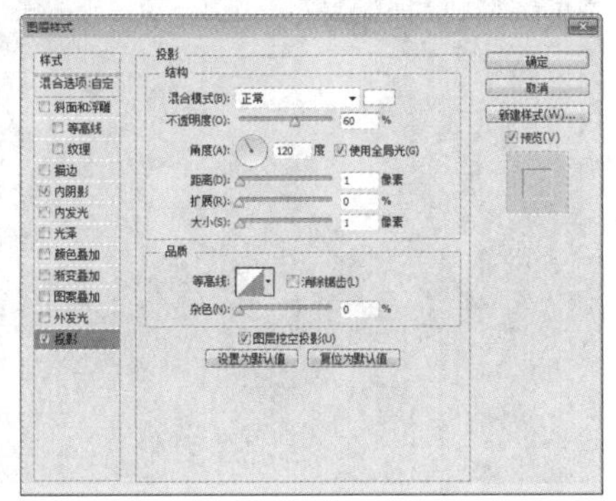

图2.213 设置投影

13 在“图层”面板中，选中“Touch quality”图层，将其图层“填充”更改为0%，这样就完成了效果制作，最终效果如图2.214所示。

图2.214 更改填充及最终效果

2.10 本章小结

本章通过8个不同类型的按钮及旋钮效果的设计制作，详细讲解了不同类型、不同质感按钮及旋钮的制作方法和技巧，让读者能够通过这些案例的学习，掌握UI设计按钮及旋钮类控件的设计方法，通过课后习题对本章内容加以巩固，掌握这类控件的制作技巧。

2.11 课后习题

按钮及旋钮类控件应用非常广泛，鉴于它的重要性，本章有针对性的安排了4个不同外观的按钮设计案例，作为课后习题以供练习，用于强化前面所学的知识，不断提升设计能力。

2.11.1 课后习题1——下单按钮

素材位置	素材文件\第2章\下单按钮
案例位置	案例文件\第2章\下单按钮.psd
视频位置	多媒体教学\2.11.1 课后习题1——下单按钮.avi
难易指数	★☆☆☆☆

本例讲解的是下单按钮制作，此款按钮在制作中采用黄色调，与账单主题相对应，同时具有圆角效果的按钮外观圆滑，视觉效果十分出色，最终效果如图2.215所示。

扫码看视频

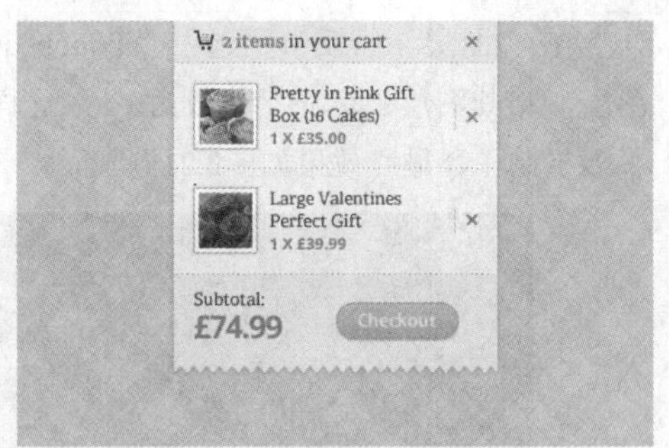

图2.215 最终效果

步骤分解如图2.216所示。

图2.216 步骤分解图

2.11.2 课后习题2——圆形开关按钮

素材位置 无
案例位置 案例文件\第2章\圆形开关按钮.psd
视频位置 多媒体教学\2.11.2 课后习题2——圆形开关按钮.avi
难易指数 ★★☆☆☆

本例讲解的是圆形开关按钮制作，此款按钮外观风格十分简洁，从醒目的标识到真实的触感表现，处处能体现出这是一款高品质的按钮。最终效果如图2.217所示。

扫码看视频

图2.217 最终效果

步骤分解如图2.218所示。

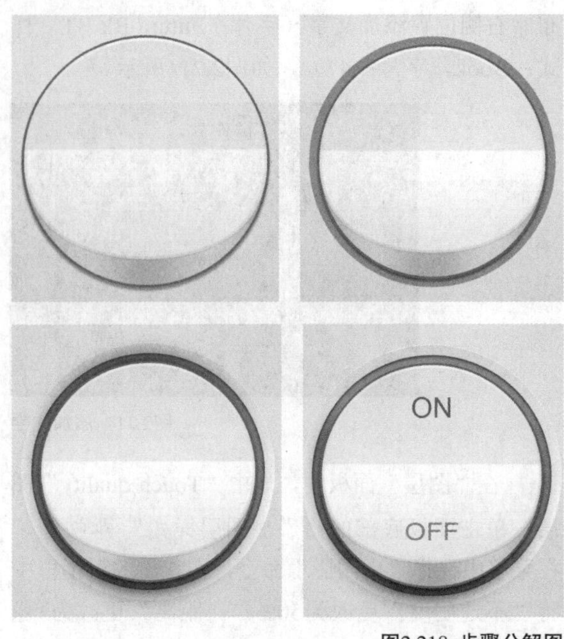

图2.218 步骤分解图

2.11.3 课后习题3——金属旋钮

素材位置 无
案例位置 案例文件\第2章\金属旋钮.psd
视频位置 多媒体教学\2.11.3 课后习题3——金属旋钮.avi
难易指数 ★★☆☆☆

本例讲解的是金属旋钮的制作，在本例中，图形的质感表现为制作重点。通过金属质感的组合控制旋钮与灰色背景的搭配，令整个界面档次显著。最终效果如图2.219所示。

扫码看视频

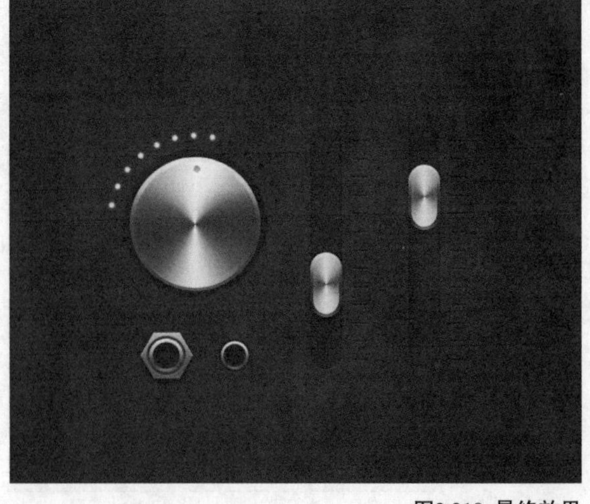

图2.219 最终效果

步骤分解如图2.220所示。

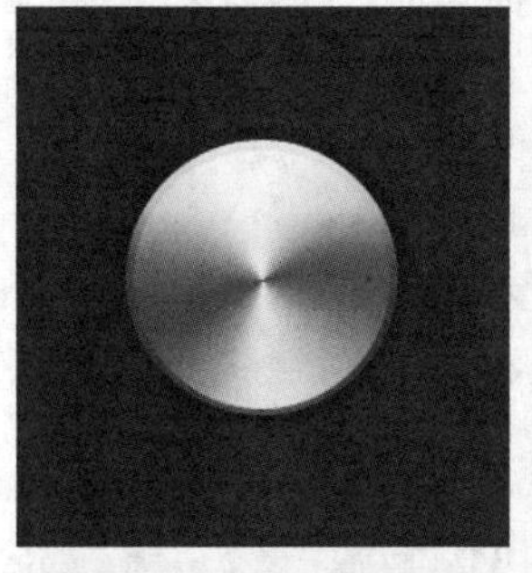

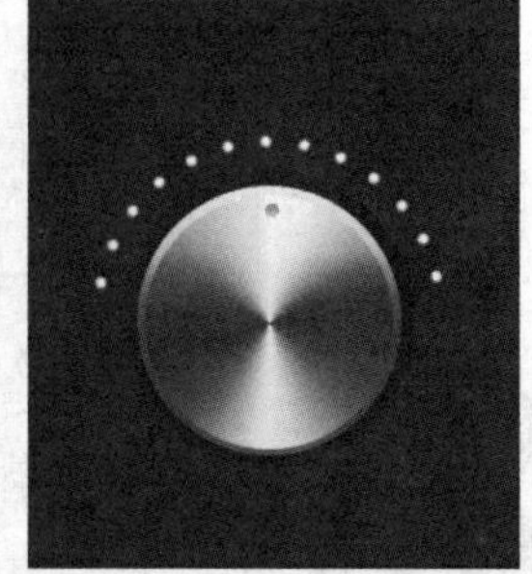

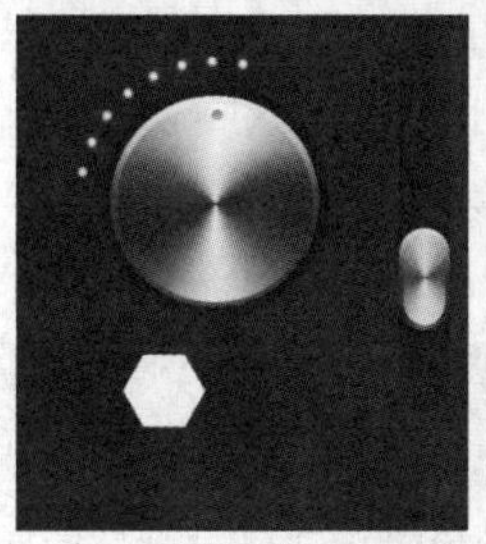

图2.220　步骤分解图

2.11.4　课后习题4——音频调节控件

素材位置	无
案例位置	案例文件\第2章\音频调节控件.psd
视频位置	多媒体教学\2.11.4 课后习题4——音频调节控件.avi
难易指数	★★★★☆

本例主要讲解音频调节控件的制作，本例的制作类似于常见的界面控件，同样是以表达真实的质感为目的，它的操控区域明确，整个布局合理，十分符合用户的传统操作习惯。最终效果如图2.221所示。

扫码看视频

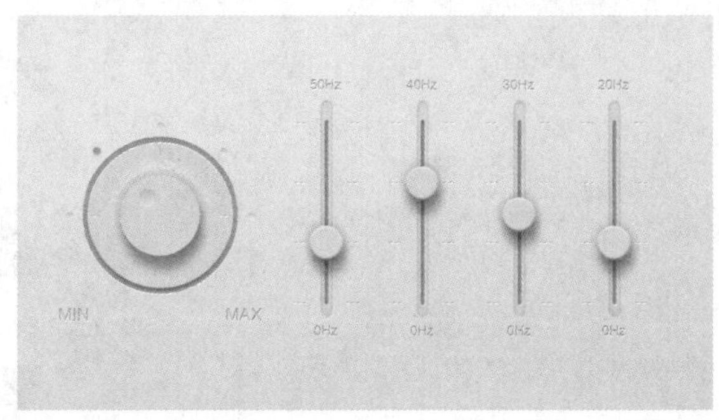

图2.221　最终效果

步骤分解如图2.222所示。

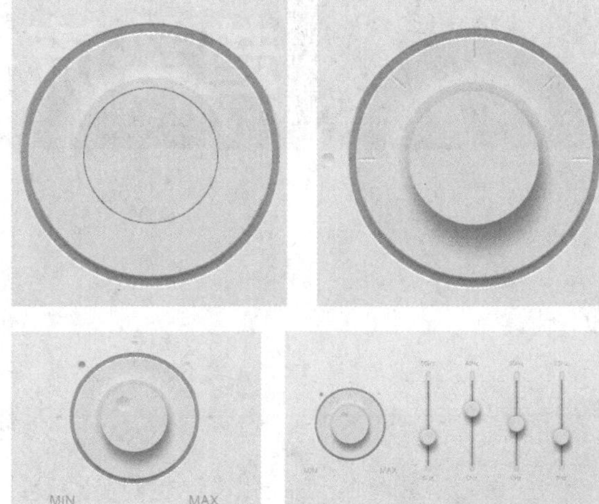

图2.222　步骤分解图

第3章

趋势流行扁平风

内容摘要

扁平化设计也叫简约设计、极简设计，它的核心就是去掉冗余的装饰效果，在设计中去掉多余的透视、纹理、渐变等能做出3D效果的元素，并且在设计元素上强调抽象、极简、符号化。扁平化设计与拟物化设计形成鲜明对比，扁平化在移动系统上不仅界面美观、简洁，而且达到降低功耗，延长待机时间和提高运算速度的目的。作为手机领域的风向标的苹果手机最新推出的iOS使用了扁平化设计。本章就以扁平化为设计理念，将不同UI设计控件的扁平化设计案例进行解析，让读者对扁平化设计有充分的了解，进而掌握设计技巧。

课堂学习目标

- 了解扁平化设计原理
- 学习扁平化设计概念
- 掌握扁平化UI设计方法

3.1 理论知识——扁平化设计

3.1.1 什么是扁平化设计

扁平化设计也叫简约设计、极简设计，它的核心是去掉冗余的装饰效果，摒弃高光、阴影等能造成透视感的效果，通过抽象、简化、符号化的设计元素来表现。界面上极简抽象、矩形色块、大字体、光滑、现代感十足，让你去意会这是个什么东西。其交互核心在于功能本身的使用，所以去掉了冗余的界面和交互。

古希腊时，人们的绘画都是平面的，在二维的线条中讲述我们立体的世界。文艺复兴之后，写实风格日渐风行，艺术家们都追求用笔触还原生活的真实。如今，扁平化的返璞归真让绘画又汲取到了新鲜的养分。

作为手机领域的风向标的苹果手机最新推出的iOS使用了扁平化设计，随着 iOS8 的更新，以及更多 APPLE 产品的出现，扁平化设计已经成为 UI 类设计的大方向。这段时间以来，扁平化设计一直是设计师之间的热门话题，现在已经形成一种风气。其他的智能系统也开始扁平化，例如Windows、Mac OS、Android系统的设计已经向扁平化设计发展。扁平化尤其在如今的移动智能设备上应用广泛，如手机、平板，更少的按钮和选项让界面更加干净整齐，使用起来格外简洁、明了。扁平化可以更加简单直接地将信息和事物的工作方式展示出来，减少认知障碍的产生。

在扁平化设计领域，目前最有力的典范是微软的Windows以及Windows Phone和Windows RT的Metro界面，Microsoft为扁平化用户体验开拓者。与扁平化设计相比，在目前也可以说之前最为流行的是skeuomorphic设计，最为典型的就是苹果iOS系统中拟物化的设计，让我们感觉到虚拟物与实物的接近程度，iOS、安卓也已向扁平化改变。

3.1.2 扁平化设计的优点和缺点

扁平化设计与拟物化设计形成鲜明对比，扁平化在移动系统上不仅界面美观、简洁，而且达到降低功耗，延长待机时间和提高运算速度的目的。当然，扁平化设计也有缺点。

1. 扁平化设计的优点

扁平化的流行不是偶然，它有自己的优点。

- 降低移动设备的硬件需求，提高运行速度，延长电池使用寿命和待机时间，使用更加高效。
- 简约而不简单，搭配一流的网格、色彩，让看久了拟物化的用户感觉焕然一新。
- 突出内容主题，减弱各种渐变、阴影、高光等拟真实视觉效果对用户视线的干扰，信息传达更加简单、直观，缓解审美疲劳。
- 设计更容易，开发更简单，扁平化设计更简约，条理清晰，在适应不同屏幕尺寸方面更加容易设计修改，有更好的适当性。

2. 扁平化设计的缺点

扁平化虽然有很多优点，但对于不适应的人来说，缺点也是有的。

- 因为在色彩和立体感上的缺失，用户化验度降低，特别是在一些非移动设备上，过于简单。
- 由于设计简单，造成直观感缺乏，有时候需要学习才可以了解，造成一定的学习成本。
- 简单的线条和色彩，造成传达的感情不丰富，甚至过于冷淡。

3.1.3 扁平化设计的四大原则

扁平化设计虽然简单，但也需要特别的技巧，否则整个设计会由于过于简单而缺少吸引力，甚至没有个性，不能给用户留下深刻的印象。扁平化设计可以遵循以下四大原则。

1. 拒绝使用特效

从扁平化的定义可以看出，扁平化设计属于极简设计，力求去除冗余的装饰效果，在设计上追求二维效果。所以在设计时要去掉修饰，如阴影、斜面、浮雕、渐变、羽化，远离写实主义，通过抽象、简化或符号化的设计手法将其表现出来。因为扁平化设计属于二维平面设计，所以各个图片、按钮、导航等不要有交叉、重叠，以免产生三维感觉。如图3.1所示。

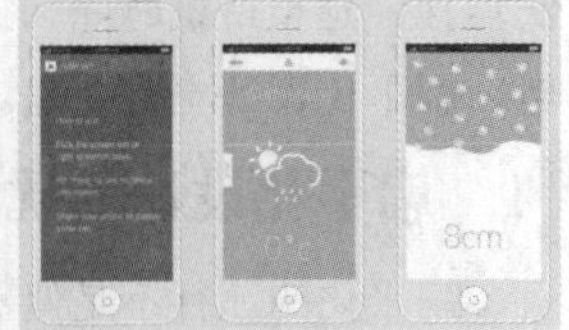

图3.1 扁平化效果

2. 极简的几何元素

扁平化设计中，在按钮、图标、导航、菜单等设计中多使用简单的几何元素，如矩形、圆形、多边形等，使设计整体上趋近极简主义设计理念。通过简单的图形达到设计目的，对于相似的几何元素，可以以不同的颜色填充来进行区别，而且简化按钮和选项，做到极简效果。极简几何元素如图3.2所示。

图3.2 极简几何元素

3. 注重版式设计

扁平化设计时因为其简洁性，在排版时极易形成信息堆积，造成过度负荷的感觉，使用户在过量的信息规程中应接不暇。所以在版式上就有特别的要求，尽量减少用户界面中的元素，而且在字体和图形的设计上，注意文字大小和图片大小，文字要多采用无衬线字体，而且要精练文字内容，还要注意选择一些特殊的字体，以起到醒目的作用，通过字体和图片大小和比重来区分元素，以带来视觉上的宁静。版式设计效果如图3.3所示。

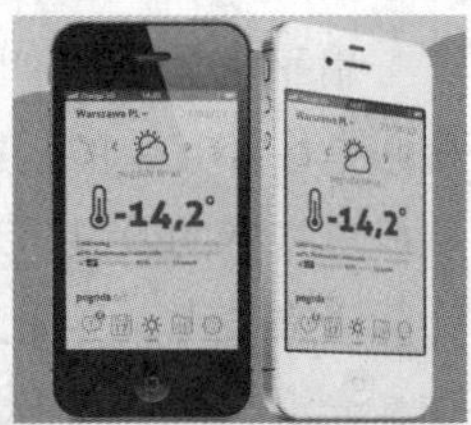

图3.3 版式设计

4. 颜色具有多样性

扁平化设计中，颜色的使用是非常重要的。力求色彩鲜艳、明亮，在选色上要注意颜色的多样性，以更多、更炫丽的颜色，来划分界面不同范围，以免造成平淡的视觉感受。在颜色的选择上，有一些颜色特别受欢迎，设计者要特别注意，如复古浅橙色、紫色、绿色、蓝色、青色等。颜色多样性效果如图3.4所示。

图3.4 颜色多样性

3.2 课堂案例——盾牌图标

素材位置 无
案例位置 案例文件\第3章\盾牌图标.psd
视频位置 多媒体教学\3.2课堂案例——盾牌图标.avi
难易指数 ★★☆☆☆

本例讲解盾牌图标制作，本例的制作虽然简单，但外观效果十分出色，以经典的红白蓝相间的图形组合完美地展示了盾牌图像的特点，最终效果如图3.5所示。

扫码看视频

图3.5 最终效果

3.2.1 制作渐变背景

01 执行菜单栏中的“文件”|“新建”命令，在弹出的对话框中设置“宽度”为600像素，“高度”为450像素，“分辨率”为72像素/英寸，新建一个空白画布。

02 选择工具箱中的“渐变工具”，编辑白色到黄色（R：226，G：224，B：205）的渐变，单击选项栏中的“径向渐变”按钮，在画布中从中间向右下角方向拖动填充渐变，如图3.6所示。

图3.6 填充渐变

03 选择工具箱中的“椭圆工具”，在选项栏中将“填充”更改为白色，“描边”为无，在画布中间位置按住Shift键绘制一个圆形，此时将生成一个“椭圆 1”图层，如图3.7所示。

04 在“图层”面板中，选中“椭圆 1”图层，将其拖至面板底部的“创建新图层”按钮上，复制3个“拷贝”图层，分别将其图层名称更改为“内圆 2”“内圆”“高光”及“圆”，如图3.8所示。

图3.7 绘制图形

图3.8 复制图层

05 在“图层”面板中，选中“圆”图层，单击面板底部的“添加图层样式”按钮，在菜单中选择“渐变叠加”命令，在弹出的对话框中将“渐变”更改为红色（R：246，G：62，B：40）到红色（R：255，G：107，B：83），“角度”更改为125度，完成之后单击“确定”按钮，如图3.9所示。

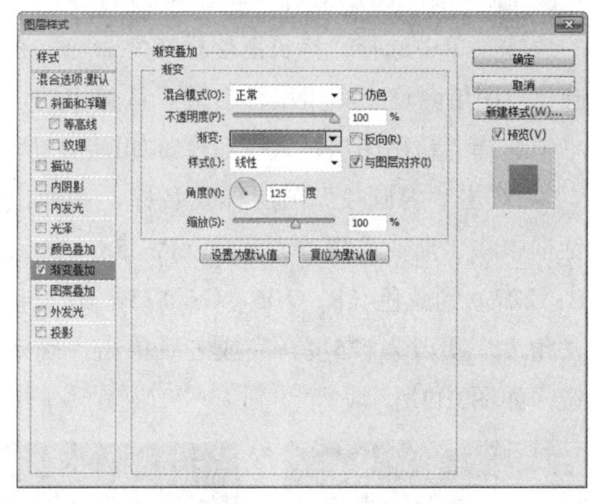

图3.9 设置渐变叠加

06 选中“椭圆 1 拷贝”图层，将其图层“不透明度”更改为30%，颜色更改为红色（R：230，G：48，B：26），按Ctrl+T组合键对其执行“自由变换”命令，将图形高度适当缩小并旋转，完成之后按Enter键确认，如图3.10所示。

图3.10 复制变换图形

07 选中“内圆”图层，将其“填充”更改为无，“描边”更改为白色，“大小”更改为20像素，按Ctrl+T组合键对其执行“自由变换”命令，将图形等比缩小，完成之后按Enter键确认，以同样的方法选中“内圆 2”图层，将其图形等比缩小，如图3.11所示。

图3.11 缩小图形

08 在“圆”图层名称上单击鼠标右键，从弹出的快捷菜单中选择“拷贝图层样式”命令，在“内圆 2”图层名称上单击鼠标右键，从弹出的快捷菜单中选择“粘贴图层样式”命令，如图3.12所示。

09 双击“内圆 2”图层样式名称，在弹出的对话框中将“渐变”更改为蓝色（R：58，G：137，B：227）到蓝色（R：106，G：175，B：248），“角度”更改为125度，完成之后单击“确定”按钮，如图3.13所示。

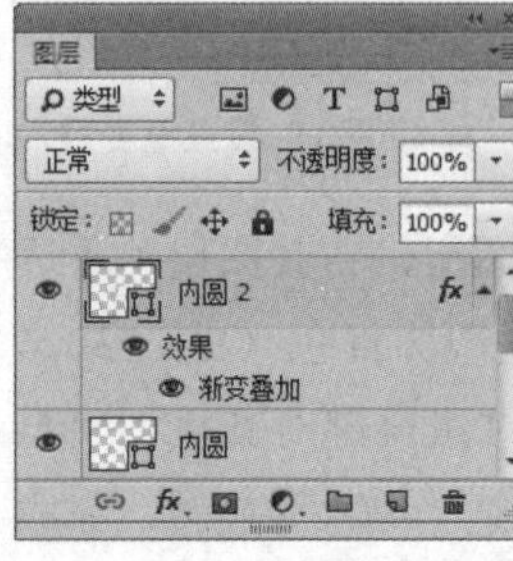

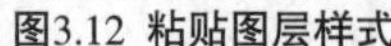

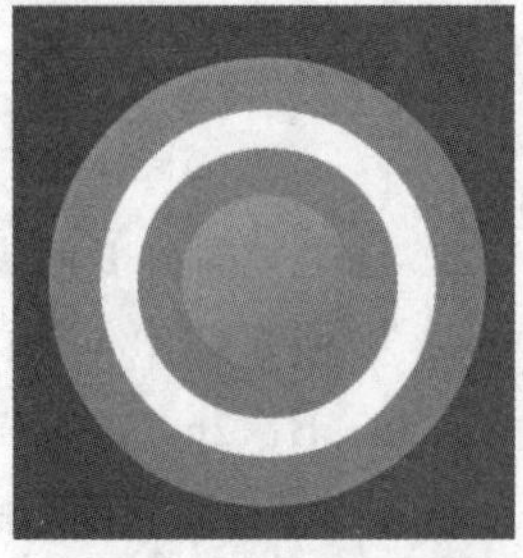

图3.12 粘贴图层样式　　**图3.13 设置图层样式**

10 选择工具箱中的“多边形工具”，在选项栏中单击图标，在弹出的面板中勾选“星形”复选框，将“缩进边依据”更改为50%，在内圆图形位置绘制一个星形图形，如图3.14所示。

图3.14 绘制图形

技巧与提示

按住Shift键可等比例绘制星形。

3.2.2 添加投影

01 选择工具箱中的“钢笔工具”，在选项栏中单击“选择工具模式”路径按钮，在弹出的选项中选择“形状”，将“填充”更改为深蓝色（R：13，G：47，B：86），“描边”更改为无，在图标右下角位置绘制1个不规则图形，此时将生成一个“形状1”图层，将其移至“圆”图层下方，如图3.15所示。

图3.15 绘制图形

02 在“图层”面板中，选中“形状 1”图层，单击面板底部的“添加图层蒙版”按钮，为其添加图层蒙版，如图3.16所示。

03 选择工具箱中的“渐变工具”，编辑黑色到白色的渐变，单击选项栏中的“线性渐变”按钮，在其图形上拖动将部分图形隐藏，如图3.17所示。

图3.16 添加图层蒙版

图3.17 设置渐变并隐藏图形

04 选中“形状 1”图层，将其图层“不透明度”更改为50%，这样就完成了效果制作，最终效果如图3.18所示。

图3.18 最终效果

3.3 课堂案例——扁平分享图标

素材位置　无
案例位置　案例文件\第3章\扁平分享图标.psd
视频位置　多媒体教学\3.3课堂案例——扁平分享图标.avi
难易指数　★★☆☆☆

本例讲解分享图标制作，此款图标同样是一款经典流行的扁平化图标，制作过程比较简单，重点在于图形的组合，最终效果如图3.19所示。

扫码看视频

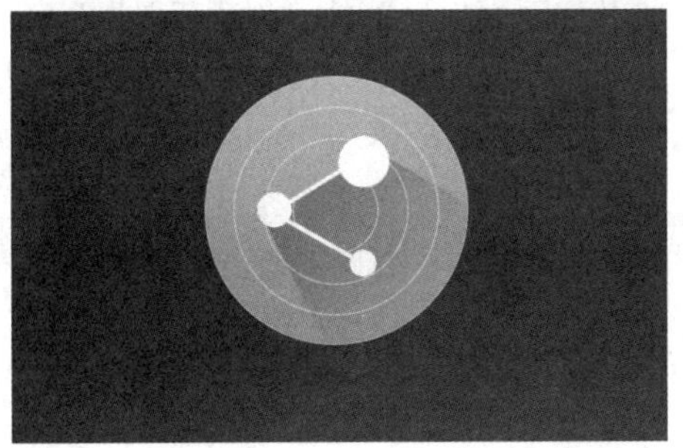

图3.19 最终效果

3.3.1 绘制圆形

01 执行菜单栏中的“文件”|“新建”命令，在弹出的对话框中设置“宽度”为600像素，“高度”为500像素，“分辨率”为72像素/英寸，新建一个空白画布，将画布填充为灰色（R：34，G：34，B：34）。

02 选择工具箱中的“椭圆工具”，在选项栏中将“填充”更改为白色，“描边”为无，在画布中间位置按住Shift键绘制一个圆形，此时将生成一个“椭圆 1”图层，选中“椭圆 1”图层，将其拖至面板底部的“创建新图层”按钮上，复制1个“椭圆 1 拷贝”图层，如图3.20所示。

图3.20 绘制图形并复制图层

03 在“图层”面板中，选中“椭圆 1”图层，单击面板底部的“添加图层样式”按钮，在菜单中选择“内阴影”命令，在弹出的对话框中将“混合模式”更改为叠加，“颜色”更改为白色，取消“使用全局光”复选框，“角度”更改为90度，“阻塞”更改为50%，“大小”更改为1像素，如图3.21所示。

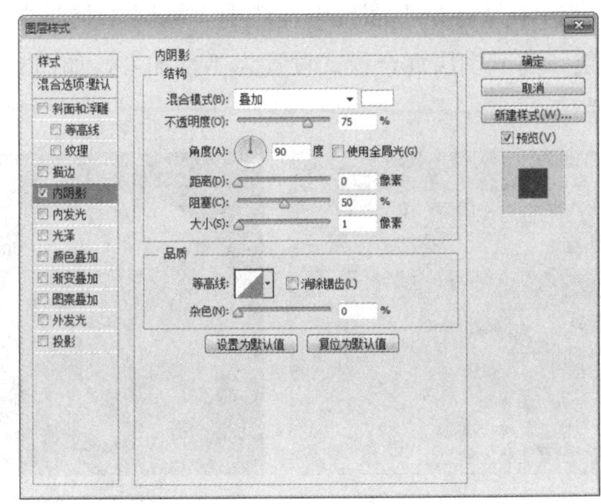

图3.21 设置内阴影

04 勾选“渐变叠加”复选框，将“渐变”更改为绿色（R：12，G：172，B：126）到绿色（R：102，G：210，B：30），完成之后单击“确定”按钮，如图3.22所示。

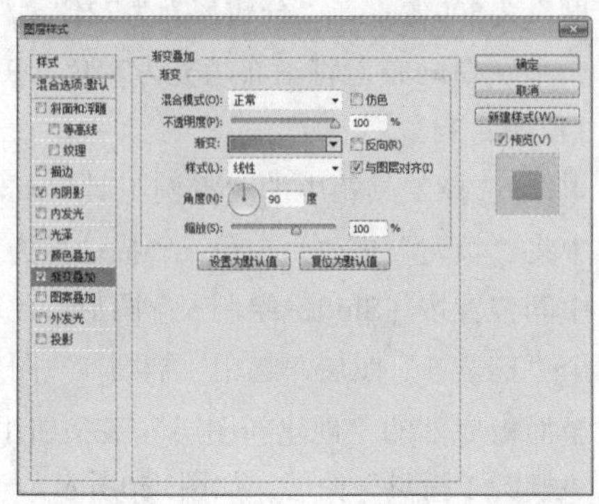

图3.22 设置渐变叠加

05 选中“椭圆 1 拷贝”图层，将其“填充”更改为无，“描边”更改为白色，“大小”更改为1像素，按Ctrl+T组合键对其执行“自由变换”命令，将图形等比缩小，完成之后按Enter键确认，如图3.23所示。

图3.23 变换图形

06 在“图层”面板中，选中“椭圆 1 拷贝”图层，将其图层混合模式设置为“叠加”，如图3.24所示。

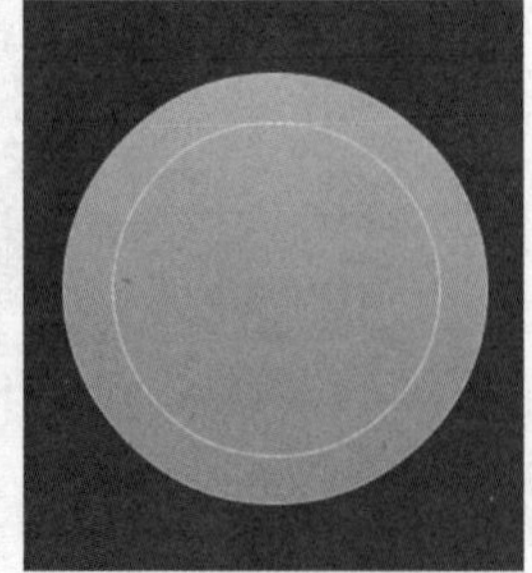

图3.24 设置图层混合模式

07 在“图层”面板中，选中“椭圆1 拷贝”图层，将其拖至面板底部的“创建新图层”按钮上，复制“椭圆1 拷贝 2”及“椭圆1 拷贝 3”2个新的图层，如图3.25所示。

08 分别选中“椭圆 1 拷贝 2”及“椭圆 1 拷贝 3”按Ctrl+T组合键对其执行“自由变换”命令，将图形等比缩小，完成之后按Enter键确认，如图3.26所示。

图3.25 复制图层

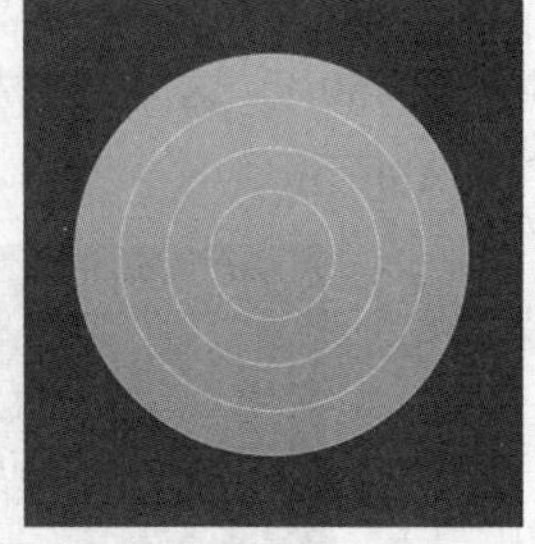

图3.26 缩小图形

3.3.2 绘制装饰图形

01 选择工具箱中的“椭圆工具”，在选项栏中将“填充”更改为白色，“描边”为无，在图标靠左侧位置按住Shift键绘制一个圆形，此时将生成一个“椭圆 2”图层，如图3.27所示。

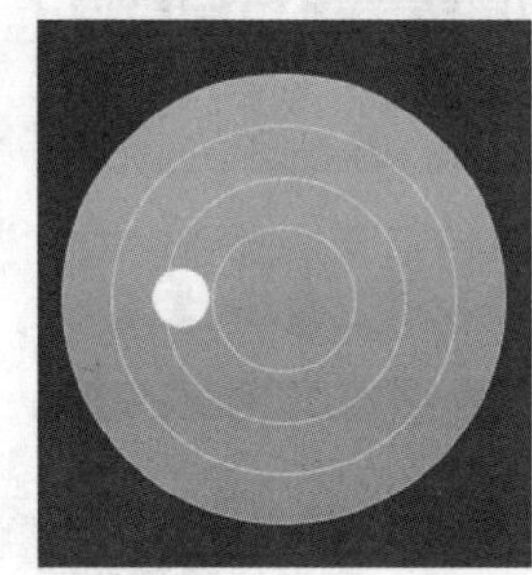

图3.27 绘制图形

02 在“图层”面板中，选中“椭圆 2”图层，将其拖至面板底部的“创建新图层”按钮上，复制“椭圆2 拷贝”及“椭圆2 拷贝 2”2个新的图层，如图3.28所示。

03 分别选中“椭圆2 拷贝”及“椭圆2 拷贝 2”图层，在画布中将图形适当缩放并移动，如图3.29所示。

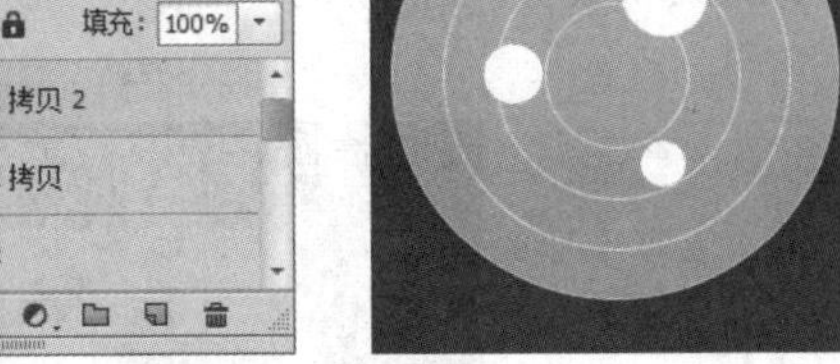

图3.28 复制图层　　图3.29 变换图形

04 选择工具箱中的“直线工具”，在选项栏中将“填充”更改为白色，“描边”为无，“粗细”更改为4像素，在刚才绘制的椭圆图形之间绘制线段将其相连接，如图3.30所示。

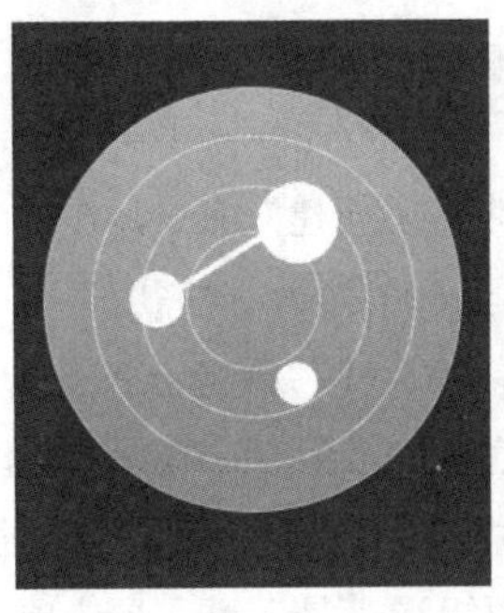
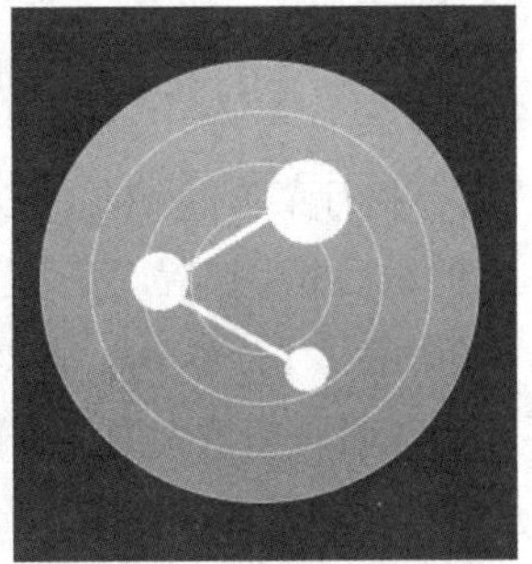

图3.30 绘制图形

技巧与提示

除了绘制直线将图形连接之外，还可以使用“钢笔工具”绘制描边图形将椭圆图形连接。

05 在“图层”面板中，选中“椭圆 1 拷贝 3”图层，单击面板底部的“添加图层蒙版”按钮，为其添加图层蒙版，如图3.31所示。

06 选择工具箱中的“多边形套索工具”，在画布中其图形上部分区域绘制选区以选中图形部分区域，如图3.32所示。

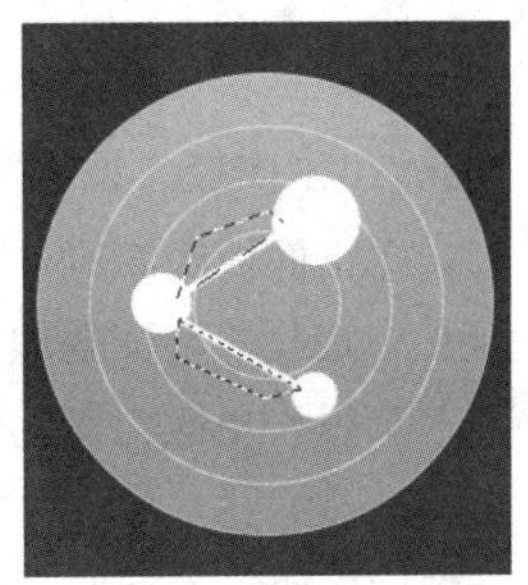

图3.31 添加图层蒙版　　图3.32 绘制选区

07 将选区填充为黑色将部分图形隐藏，完成之后按Ctrl+D组合键将选区取消，如图3.33所示。

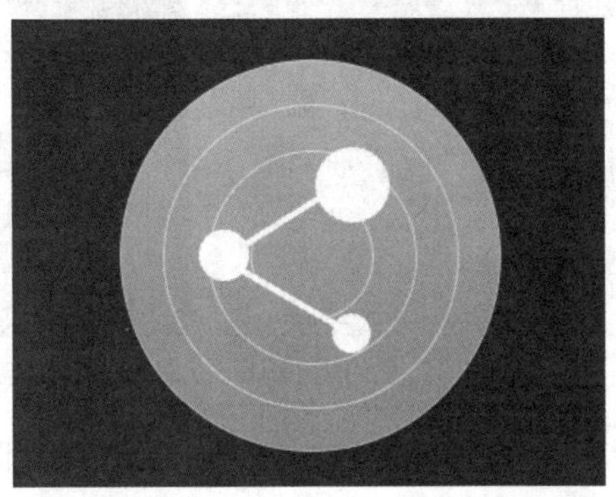

图3.33 隐藏图形

技巧与提示

隐藏的图形是左侧椭圆、右侧2个线段交叉的区域，所以在绘制选区时可以根据自己的习惯进行绘制。

3.3.3 制作投影

01 选择工具箱中的“钢笔工具”，在选项栏中单击“选择工具模式” 路径 按钮，在弹出的选项中选择“形状”，将“填充”更改为深绿色（R：6，G：34，B：25），“描边”更改为无，在分享标识图形右下角位置绘制1个不规则图形，此时将生成一个“形状3”图层，将其移至“椭圆1”图层上方，如图3.34所示。

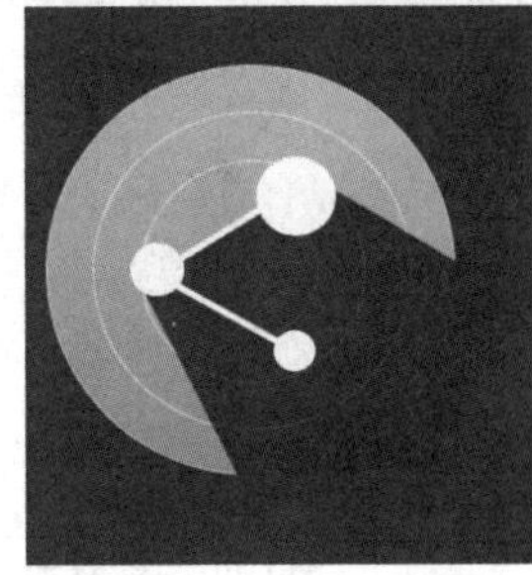

图3.34 绘制图形

02 在“图层”面板中，选中“形状 3”图层，单击面板底部的“添加图层蒙版”按钮，为其添加图层蒙版，如图3.35所示。

03 选择工具箱中的“渐变工具”，编辑黑色到白色的渐变，单击选项栏中的“线性渐变”按钮，在其图形上拖动将部分图形隐藏，再将其图层

“不透明度”更改为40%，如图3.36所示。

图3.35 添加图层蒙版

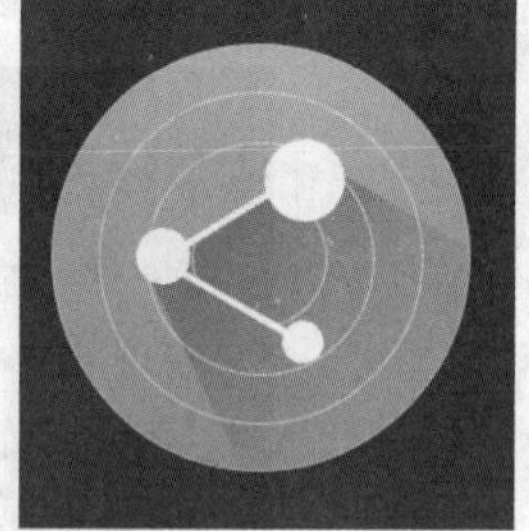

图3.36 设置渐变并隐藏图形

04 按住Ctrl键单击“椭圆 1”图层缩览图，将其载入选区，执行菜单栏中的“选择”|“反向”命令将选区反向，如图3.37所示。

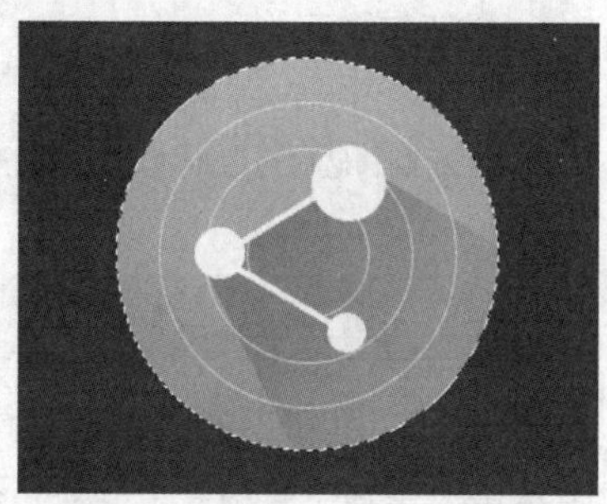

图3.37 载入选区并反向

05 将选区填充为黑色，将部分图形隐藏，完成之后按Ctrl+D组合键将选区取消，这样就完成了效果制作，最终效果如图3.38所示。

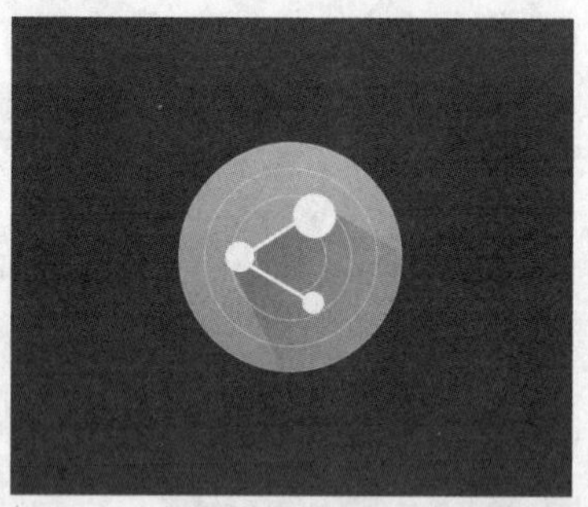

图3.38 最终效果

3.4 课堂案例——加速图标

素材位置 无
案例位置 案例文件\第3章\加速图标.psd
视频位置 多媒体教学\3.4课堂案例——加速图标.avi
难易指数 ★★★☆☆

本例讲解加速图标制作，本例的可识别性极强，以十分形象的小火箭图形表现出加速的特点，整个绘制过程比较简单，最终效果如图3.39所示。

扫码看视频

图3.39 最终效果

3.4.1 制作背景及轮廓

01 执行菜单栏中的“文件”|“新建”命令，在弹出的对话框中设置“宽度”为600像素，“高度”为500像素，“分辨率”为72像素/英寸，新建一个空白画布，将画布填充为深蓝色（R：20，G：32，B：44）。

02 选择工具箱中的“圆角矩形工具”，在选项栏中将“填充”更改为白色，“描边”为无，“半径”为50像素，在画布中间位置按住Shift键绘制一个圆角矩形，此时将生成一个“圆角矩形 1”图层，如图3.40所示。

图3.40 绘制图形

03 在“图层”面板中，选中“圆角矩形 1”图层，单击面板底部的“添加图层样式”fx按钮，在菜单中选择“渐变叠加”命令，在弹出的对话框中将“渐变”更改为蓝色（R：0，G：87，B：193）到蓝色（R：57，G：147，B：254），完成之后单击“确定”按钮，如图3.41所示。

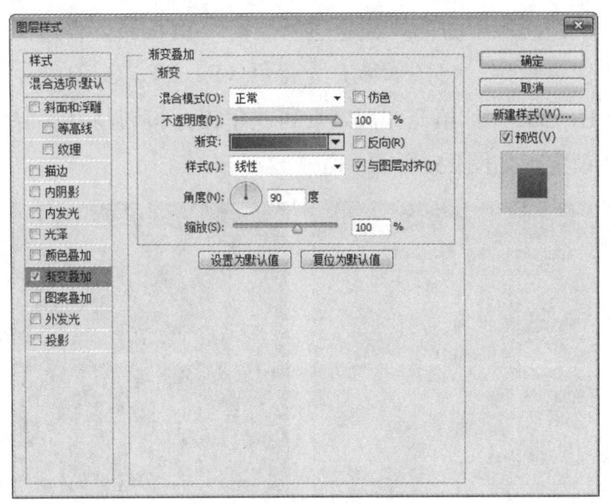

图3.41 设置渐变叠加

3.4.2 绘制图标元素

01 选择工具箱中的“钢笔工具”，在选项栏中单击“选择工具模式” 路径 按钮，在弹出的选项中选择“形状”，将“填充”更改为白色，“描边”更改为无，在图标位置绘制半个小火箭图形，此时将生成一个“形状1”图层，如图3.42所示。

02 选中“形状 1”图层，将其拖至面板底部的“创建新图层”按钮上，复制1个“形状 1 拷贝”图层，如图3.43所示。

图3.42 绘制图形　图3.43 复制图层

03 选中“形状 1 拷贝”图层，按Ctrl+T组合键对其执行“自由变换”命令，单击鼠标右键，从弹出的快捷菜单中选择“水平翻转”命令，完成之后按Enter键确认，将图形与原图形对齐，如图3.44所示。

04 同时选中“形状 1”及“形状 1 拷贝”图层，按Ctrl+E组合键将其合并，此时将生成一个“形状 1 拷贝”图层，如图3.45所示。

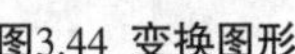

图3.44 变换图形　图3.45 合并图层

05 选择工具箱中的“钢笔工具”，在选项栏中单击“选择工具模式” 路径 按钮，在弹出的选项中选择“形状”，将“填充”更改为黄色（R：254，G：156，B：0），“描边”更改为无，在小火箭图形底部位置绘制一个不规则图形，此时将生成一个“形状 2”图层，如图3.46所示。

06 选中“形状 2”图层，将其拖至面板底部的“创建新图层”按钮上，复制1个“形状 2 拷贝”图层，如图3.47所示。

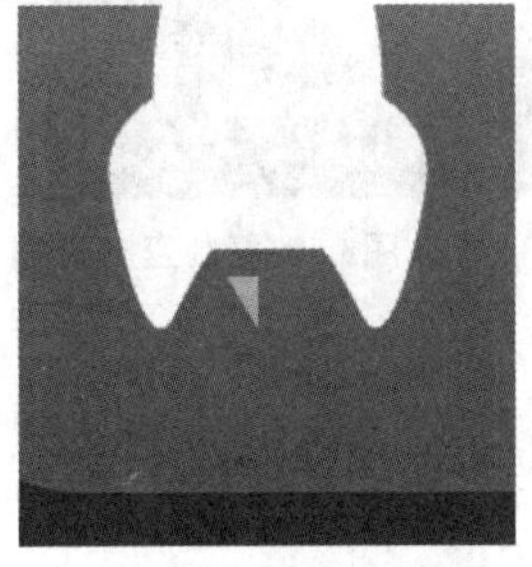

图3.46 绘制图形　图3.47 复制图层

07 用与步骤3相同的方法选中“形状 2 拷贝”图层并进行图形变换，将图形合并，此时将生成一个“形状 2 拷贝”图层，如图3.48所示。

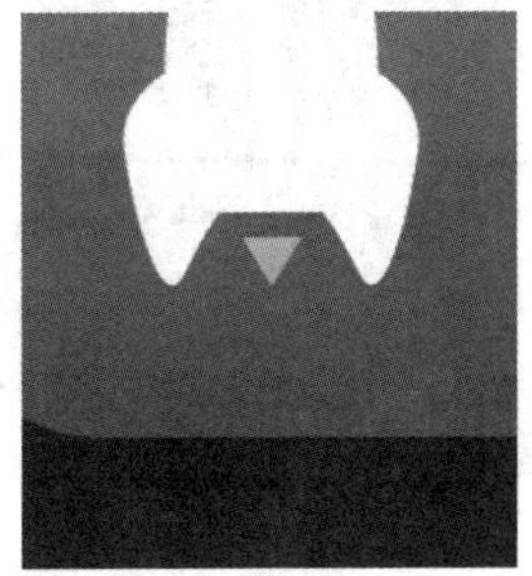

图3.48 变换图形并合并图层

08 选择工具箱中的“椭圆工具”，在选项栏中将“填充”更改为蓝色（R：24，G：108，B：208），“描边”为无，在小火箭靠上半部分位置按住Shift键绘制一个圆形，此时将生成一个“椭圆1”图层，如图3.49所示。

图3.49 绘制图形

09 选中“椭圆 1”图层，按住Alt键将图形复制数份并变换，如图3.50所示。

图3.50 复制变换图形

10 同时选中除“背景”“圆角矩形 1”之外所有图层，按Ctrl+G组合键将其编组，此时将生成一个“组1”组，如图3.51所示。

11 选中“组1”组，将其拖至面板底部的“创建新图层”按钮上，复制1个“组 1拷贝”组，选中“组 1拷贝”组按Ctrl+E组合键将其合并，此时将生成一个“组 1 拷贝”图层，如图3.52所示。

图3.51 将图层编组

图3.52 合并组

3.4.3 制作阴影

01 在“图层”面板中，选中“组 1 拷贝”图层，单击面板上方的“锁定透明像素”按钮，将透明像素锁定，将图像填充为蓝色（R：24，G：108，B：208），填充完成之后再次单击此按钮将其解除锁定，如图3.53所示。

图3.53 锁定透明像素并填充颜色

02 选中“组 1 拷贝”图层，将其图层“不透明度”更改为20%，选择工具箱中的“矩形选框工具”，在图像左半部分位置绘制一个矩形选区，完成之后按Ctrl+D组合键将选区取消，如图3.54所示。

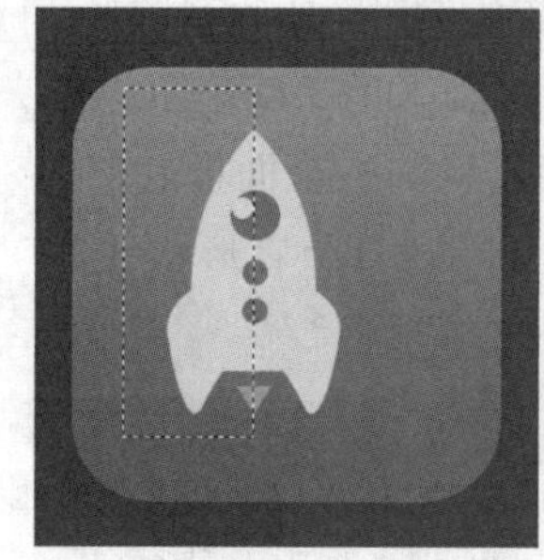

图3.54 更改不透明度并删除图像

03 同时选中除“背景”“圆角矩形 1”之外所有图层，按Ctrl+T组合键对其执行“自由变换”命令，当出现变形框以后在选项栏中“旋转”后方文本框中输入45，完成之后按Enter键确认，如图3.55所示。

图3.55 旋转图像

04 选择工具箱中的“钢笔工具”，在选项栏中单击“选择工具模式” 路径 按钮，在弹出的选项中选择“形状”，将“填充”更改为黑色，“描边”更改为无，在小火箭图像右下角位置绘制1个不规则图形，此时将生成一个“形状 1”图层，将“形状 1”图层移至“组 1”组下方，如图3.56所示。

图3.56 绘制图形

05 选中“形状 1”图层，将其图层“不透明度”更改为10%，再单击面板底部的“添加图层蒙版”按钮，为其添加图层蒙版，如图3.57所示。

图3.57 添加图层蒙版

06 按住Ctrl键单击“矩形2”图层缩览图，将其载入选区，执行菜单栏中的“选择”|“反向”命令将选区反向，如图3.58所示。

图3.58 载入选区

07 将选区填充为黑色，将部分图像隐藏，完成之后按Ctrl+D组合键将选区取消，这样就完成了效果制作，最终效果如图3.59所示。

图3.59 最终效果

3.5 课堂案例——企业管理登录界面

素材位置　素材文件\第3章\企业管理登录界面
案例位置　案例文件\第3章\企业管理登录界面.psd
视频位置　多媒体教学\3.5课堂案例——企业管理登录界面.avi
难易指数　★★☆☆☆

本例讲解企业管理登录界面制作，本例的制作十分简单，由于是企业管理类登录界面，所以在整体的版式及界面元素设计上以简洁、舒适为主，最终效果如图3.60所示。

扫码看视频

图3.60 最终效果

3.5.1 绘制主图形

01 执行菜单栏中的“文件”|“新建”命令，在弹出的对话框中设置“宽度”为800像素，“高度”为550像素，“分辨率”为72像素/英寸，新建一个空白画布，将画布填充为蓝色（R：77，G：115，B：150）。

02 选择工具箱中的“圆角矩形工具”▢，在选项栏中将“填充”更改为浅灰色（R：253，G：253，B：253），“描边”更改为无，“半径”更改为2像素，在画布中间位置绘制一个圆角矩形，此时将生成一个“圆角矩形 1”图层，如图3.61所示。

图3.61 绘制图形

03 在“图层”面板中，选中“圆角矩形 1”图层，单击面板底部的“添加图层样式”fx按钮，在菜单中选择“投影”命令，在弹出的对话框中将“颜色”更改为深蓝色（R：6，G：26，B：46），“不透明度”更改为25%，取消“使用全局光”复选框，将“角度”更改为90度，“距离”更改为4像素，“大小”更改为5像素，完成之后单击“确定”按钮，如图3.62所示。

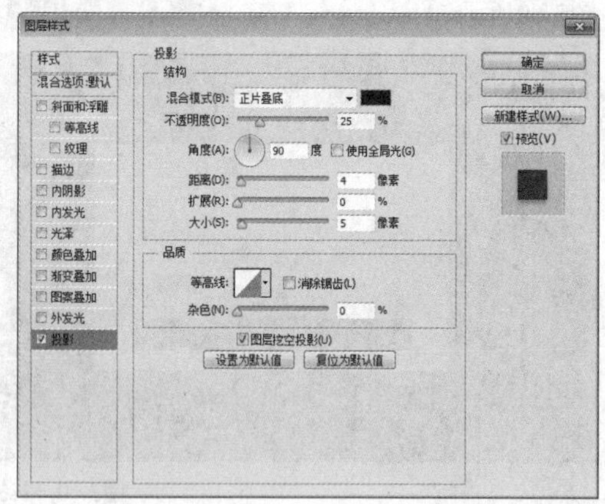

图3.62 设置投影

04 选择工具箱中的“圆角矩形工具”▢，在选项栏中将“填充”更改为无，“描边”更改为灰色（R：166，G：168，B：170），“大小”为1像素，“半径”为2像素，在刚才绘制的图形位置再次绘制一个圆角矩形，此时将生成一个“圆角矩形 2”图层，如图3.63所示。

图3.63 绘制图形

05 选择工具箱中的“直线工具”／，在选项栏中将“填充”更改为灰色（R：166，G：168，B：170），“描边”更改为无，“粗细”更改为1像素，在刚才绘制的图形内部按住Shift键绘制一条与其宽度相同的线段，此时将生成一个“形状1”图层，如图3.64所示。

图3.64 绘制图形

06 选中“形状 1”图层，在画布中按住Alt+Shift组合键向下拖动将图形复制，如图3.65所示。

图3.65 复制图形

07 选择工具箱中的“圆角矩形工具”▢，在选项栏中将“填充”更改为蓝色（R：77，G：115，B：150），在刚才绘制的图形下方位置再次绘制一个圆角矩形，如图3.66所示。

08 选择工具箱中的“矩形工具”▢，在选项栏中将“填充”更改为绿色（R：80，G：163，B：

80），“描边”为无，在刚才绘制的部分图形位置绘制一个矩形，如图3.67所示。

图3.66 绘制蓝色矩形

图3.67 绘制绿色矩形

3.5.2 添加素材及文字

01 执行菜单栏中的“文件”|“打开”命令，打开“图标.psd”文件，将打开的素材拖入界面适当位置并缩小，如图3.68所示。

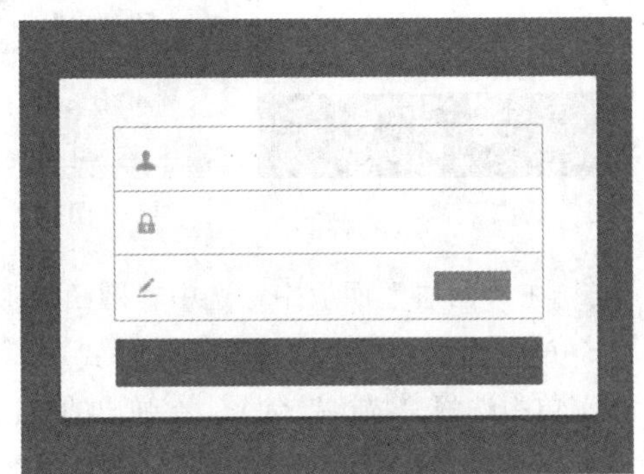

图3.68 添加素材

技巧与提示

添加图标素材之后，注意根据界面的颜色更改图标颜色。

02 选择工具箱中的“横排文字工具”T，在画布适当位置添加文字，这样就完成了效果制作，最终效果如图3.69所示。

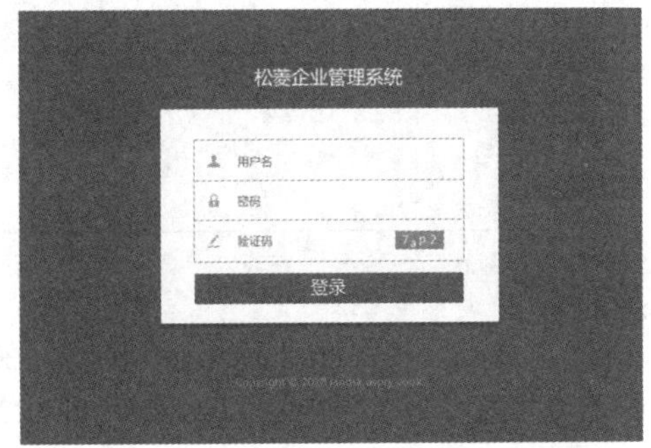

图3.69 最终效果

3.6 课堂案例——社交应用登录框

素材位置 无
案例位置 案例文件\第3章\社交应用登录框.psd
视频位置 多媒体教学\3.6课堂案例——社交应用登录框.avi
难易指数 ★★☆☆☆

本例主要讲解社交应用登录框的制作，此款界面效果不俗，一切从简，甚至在绘制图形的时候极少用到图层样式效果，而整个色彩的搭配更显国际化。最终效果如图3.70所示。

扫码看视频

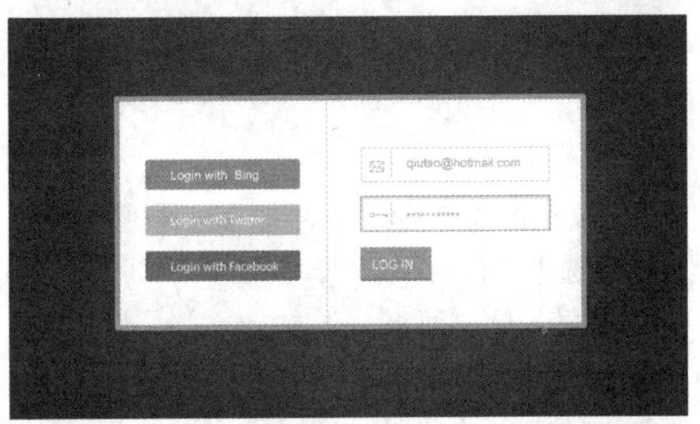

图3.70 最终效果

3.6.1 制作背景

01 执行菜单栏中的“文件”|“新建”命令，在弹出的对话框中设置“宽度”为800像素，“高度”为500像素，“分辨率”为72像素/英寸，“颜色模式”为RGB颜色，新建一个空白画布。将画布填充为深灰色（R：65，G：65，B：65）。

02 执行菜单栏中的“滤镜”|“杂色”|“添加杂色”命令，在弹出的对话框中将“数量”更改为1%，分别选中“高斯分布”单选按钮及“单色”复选框，完成之后单击“确定”按钮，如图3.71所示。

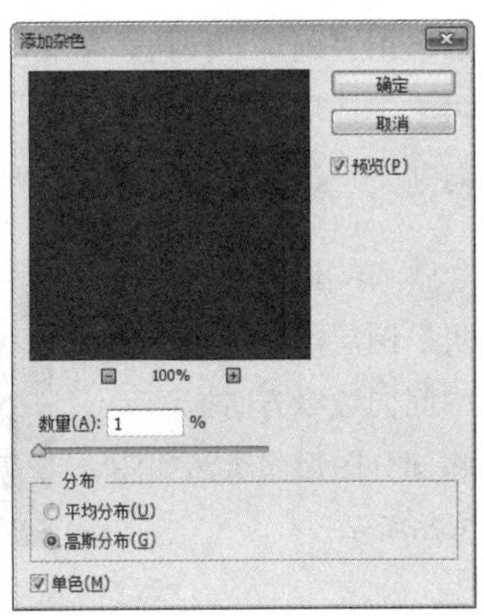

图3.71 设置添加杂色

03 在“图层”面板中，选中“背景”图层，将其拖至面板底部的“创建新图层”按钮上，复制一个“背景 拷贝”图层，如图3.72所示。

04 在“图层”面板中，选中“背景 拷贝”图层，将图层填充为深灰色（R：40，G：40，B：40），如图3.73所示。

图3.72 复制图层

图3.73 锁定透明像素并填充颜色

05 在“图层”面板中，选中“背景 拷贝”图层，单击面板底部的“添加图层蒙版”按钮，为其图层添加图层蒙版，如图3.74所示。

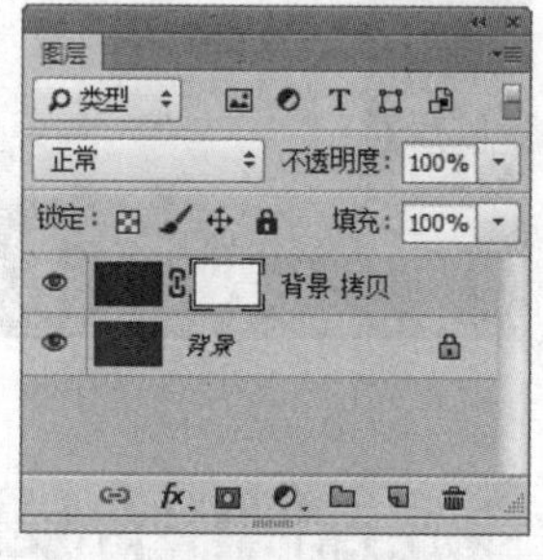

图3.74 添加图层蒙版

06 选择工具箱中的“渐变工具”，在选项栏中单击“点按可编辑渐变”按钮，在弹出的对话框中选择“黑白渐变”，设置完成之后单击“确定”按钮，再单击选项栏中的“径向渐变”按钮，如图3.75所示。

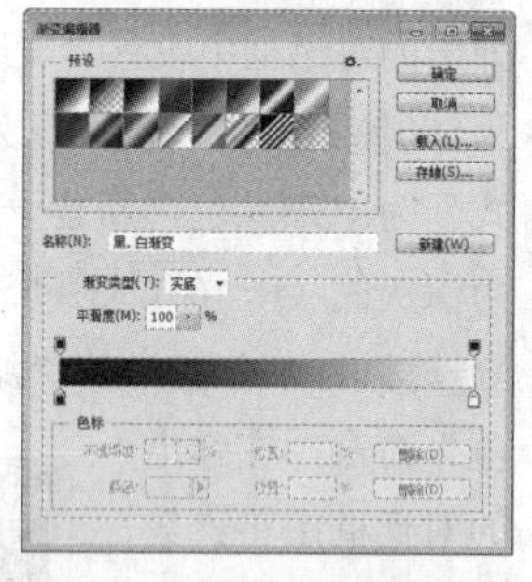

图3.75 设置渐变

07 单击“背景 拷贝”图层，在画布中从中间向边缘方向拖动，将部分图形隐藏，如图3.76所示。

图3.76 隐藏图形

技巧与提示

选择工具箱中的“画笔工具”，设置适当大小笔触及硬度，单击“背景 拷贝”图层蒙版缩览图，在画布中其图形中间位置涂抹可以制作出明暗更加准确的背景效果。

3.6.2 绘制界面

01 选择工具箱中的“圆角矩形工具”，在选项栏中将“填充”更改为白色，“描边”为无，“半径”为3像素，在画布中绘制一个圆角矩形，此时将生成一个“圆角矩形1”图层，如图3.77所示。

图3.77 绘制图形

02 在“图层”面板中，选中“圆角矩形 1”图层，单击面板底部的“添加图层样式”按钮，在菜单中选择“描边”命令，在弹出的对话框中将“大小”更改为6像素，“位置”更改为内部，“颜色”更改为深青色（R：78，G：183，B：168），完成之后单击“确定”按钮，如图3.78所示。

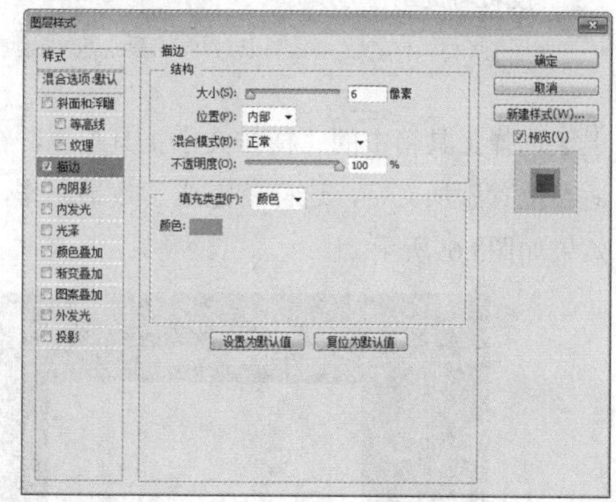

图3.78 设置描边

03 选择工具箱中的“直线工具”，在选项栏中将“填充”更改为灰色（R：220，G：220，B：220），“描边”为无，“粗细”更改为1像素，在

"圆角矩形1"上按住Shift键绘制一条宽度与其相同的垂直线段，此时将生成一个"形状1"图层，如图3.79所示。

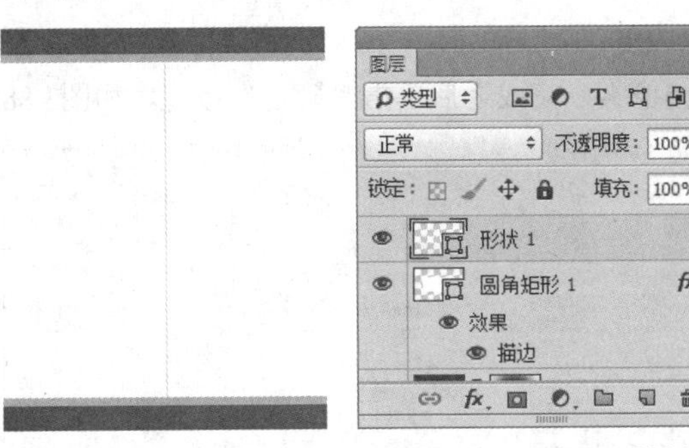

图3.79 绘制图形

04 选择工具箱中的"圆角矩形工具"，在选项栏中将"填充"更改为红色（R：253，G：92，B：79），"描边"为无，"半径"为3像素，在"形状1"图形左侧位置绘制一个圆角矩形，此时将生成一个"圆角矩形2"图层，如图3.80所示。

图3.80 绘制图形

05 选中"圆角矩形2"图层，在画布中按住Alt+Shift组合键向下拖动，将图形复制2份，此时将生成一个"圆角矩形2 拷贝"和"圆角矩形2 拷贝2"图层，如图3.81所示。

图3.81 复制图形

06 选中"圆角矩形2 拷贝"图层，将其图形更改为青色（R：14，G：212，B：255），选中"圆角矩形 2 拷贝 2"图层，将其图形更改为蓝色（R：74，G：126，B：189），如图3.82所示。

图3.82 更改图形颜色

07 选择工具箱中的"矩形工具"，在选项栏中将"填充"更改为无，"描边"为灰色（R：220，G：220，B：220），"大小"为1像素，在垂直线段右侧绘制一个矩形，此时将生成一个"矩形1"图层，如图3.83所示。

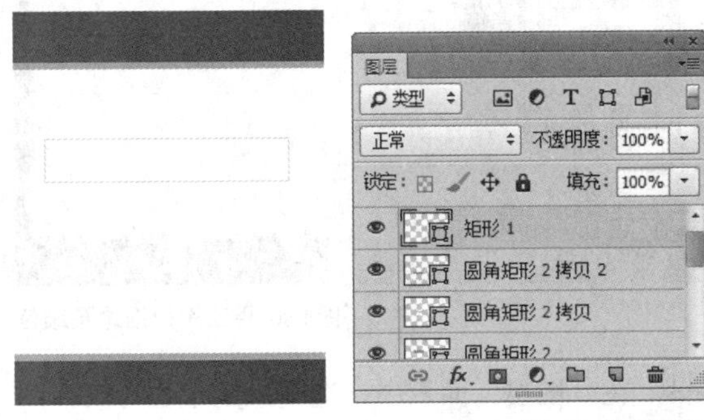

图3.83 绘制图形

08 选择工具箱中的"直线工具"，在选项栏中将"填充"更改为灰色（R：220，G：220，B：220），"描边"为无，"粗细"更改为1像素，在"矩形1"图层中的图形靠左侧按住Shift键绘制一条垂直线段，此时将生成一个"形状2"图层，如图3.84所示。

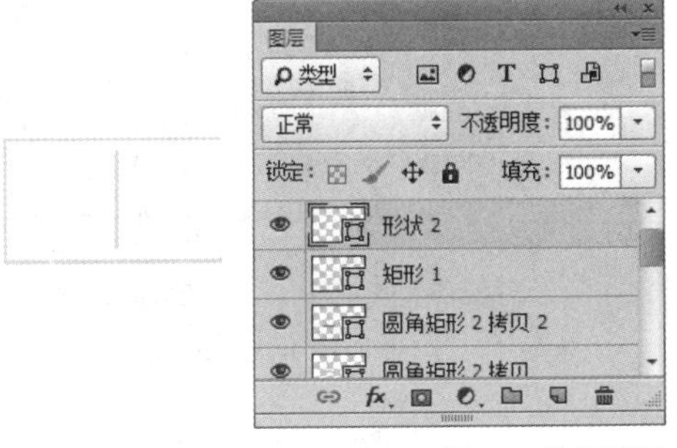

图3.84 绘制图形

09 同时选中“形状2”及“矩形1”图层，在画布中按住Alt+Shift组合键向下拖动，将图形复制，此时将生成“形状2 拷贝”及“矩形1 拷贝”图层，如图3.85所示。

图3.85 复制图形

10 选中“矩形 1 拷贝”图层，将其填充色更改为白色，“描边”更改为无，如图3.86所示。

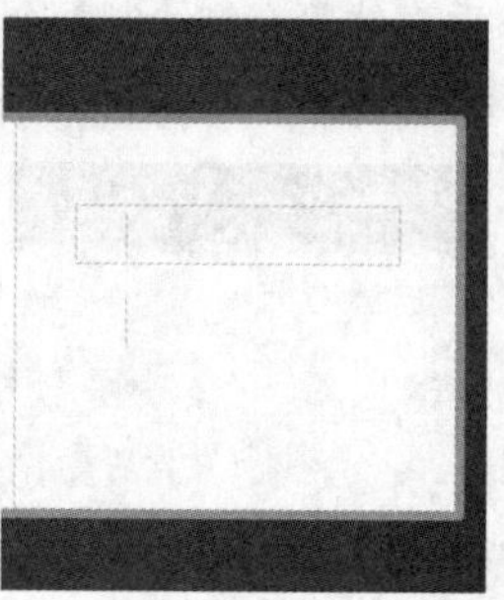

图3.86 更改图形描边及颜色

11 在“图层”面板中，选中“矩形1 拷贝”图层，单击面板底部的“添加图层样式” fx 按钮，在菜单中选择“描边”命令，在弹出的对话框中将“大小”更改为1像素，“位置”更改为内部，“颜色”更改为深青色（R：50，G：173，B：156），如图3.87所示。

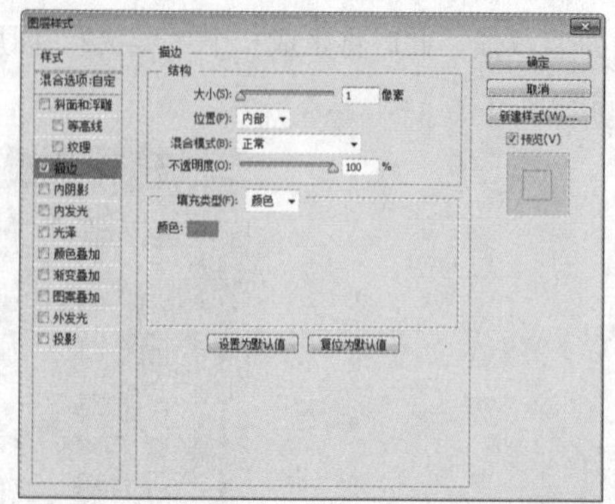

图3.87 设置描边

12 勾选“内阴影”复选框，将“颜色”更改为深青色（R:50，G:173，B:156），将“不透明度”更改为70%，取消“使用全局光”复选框，“角度”更改为90度，“距离”更改为1像素，“大小”更改为5像素，完成之后单击“确定”按钮，如图3.88所示。

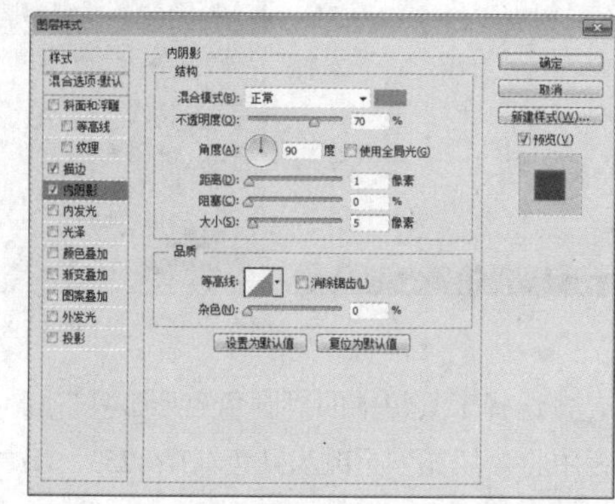

图3.88 设置内阴影

13 选择工具箱中的“矩形工具”，在选项栏中将“填充”更改为深青色（R：31，G：157，B：139），“描边”为无，在画布中适当位置绘制一个矩形，此时将生成一个“矩形2”图层，将“矩形2”复制一份，如图3.89所示。

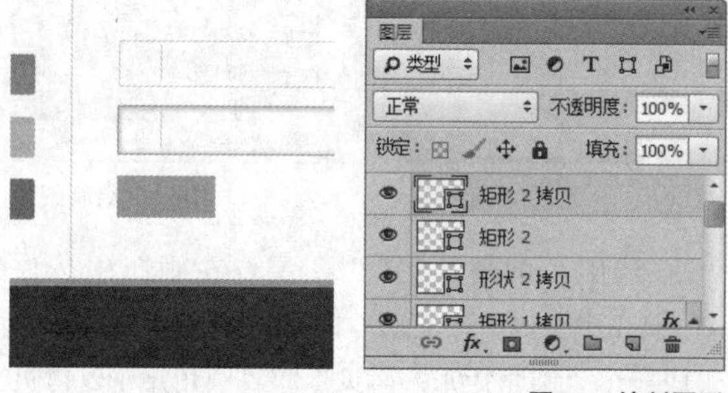

图3.89 绘制图形

14 选中“矩形2 拷贝”图层，在画布中将其图形颜色更改为青色（R：78，G：183，B：168），将“矩形2”向下稍微移动，如图3.90所示。

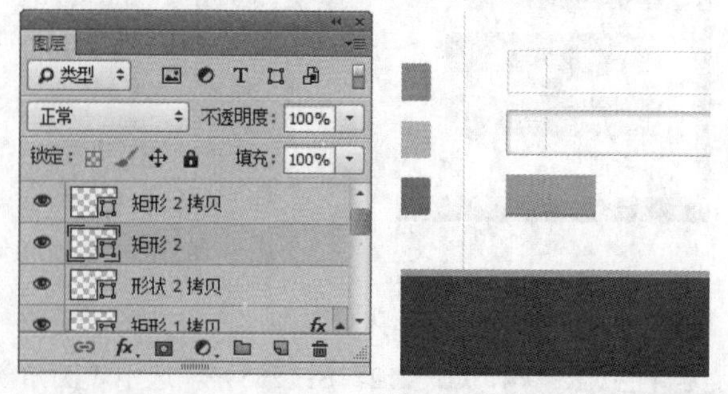

图3.90 更改图形并移动位置

15 选择工具箱中的“横排文字工具”T，在画布中适当位置添加文字，如图3.91所示。

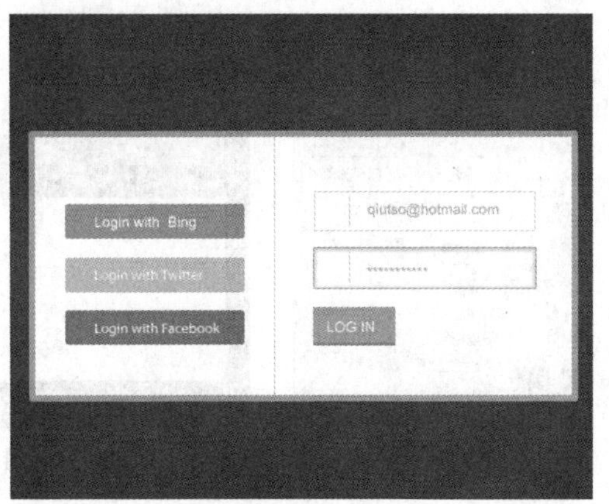

图3.91 添加文字

16 选择工具箱中的“自定形状工具”，“填充”为灰色（R:173，G:173，B:173），在画布中单击鼠标右键，从弹出的快捷菜单中选择“信封2”图形，在刚才绘制的图形适当位置按住Shift键绘制一个信封图形，如图3.92所示。

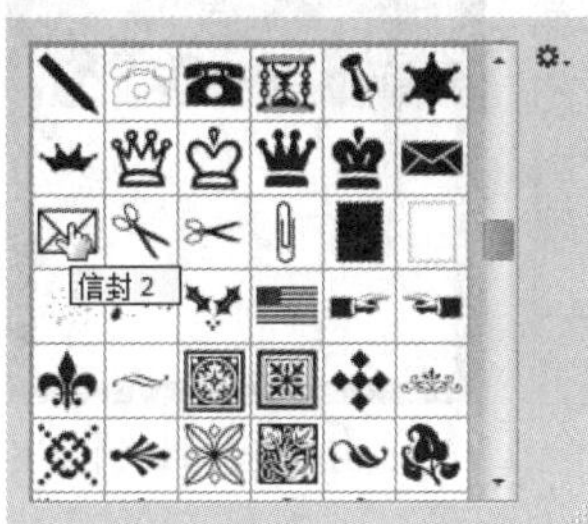

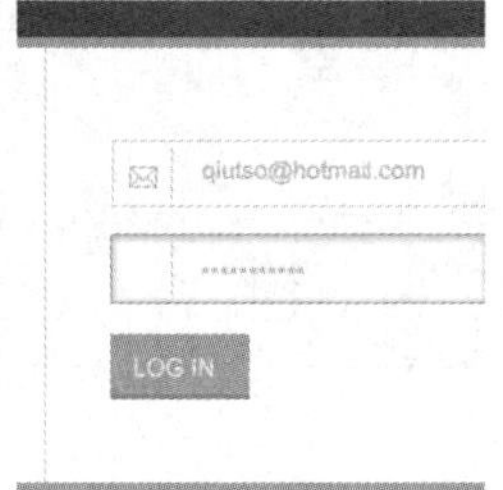

图3.92 绘制图形

17 选择工具箱中的“自定形状工具”，在画布中再次单击鼠标右键，从弹出的快捷菜单中选择“物体”|“钥匙1”，在下方的登录框中按住Shift键绘制图形，这样就完成了效果制作，最终效果如图3.93所示。

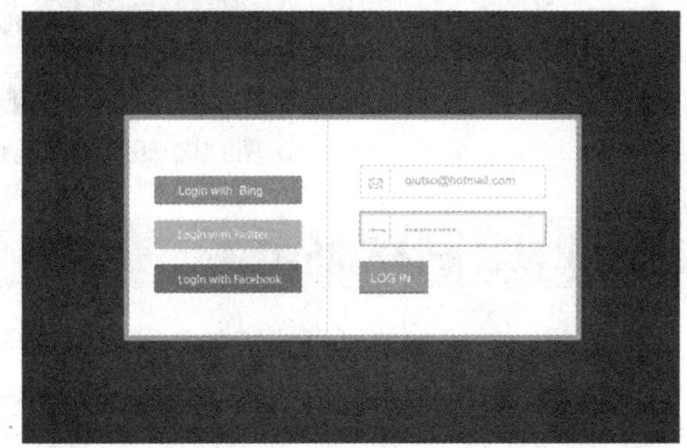

图3.93 设置形状

3.7 课堂案例——美食APP界面

素材位置	素材文件\第3章\美食APP界面
案例位置	案例文件\第3章\美食APP界面.psd
视频位置	多媒体教学\3.7课堂案例——美食APP界面.avi
难易指数	★★☆☆☆

本例讲解美食APP界面制作，此款界面采用透明质感，整体版式布局十分简洁，美食图像与直观的信息组合成了这样一款漂亮的美食APP界面，最终效果如图3.94所示。

扫码看视频

图3.94 最终效果

3.7.1 绘制图形并添加素材

01 执行菜单栏中的“文件”|“新建”命令，在弹出的对话框中设置“宽度”为500像素，“高度”为500像素，“分辨率”为72像素/英寸，新建一个空白画布。

02 选择工具箱中的“渐变工具”，编辑深蓝色（R：27，G：26，B：48）到紫色（R：67，G：46，B：85）再到紫色（R：90，G：70，B：127）的渐变，将中间紫色色标位置更改为50%，单击选项栏中的“线性渐变”按钮，在画布中从左上角向右下角方向拖动填充渐变，如图3.95所示。

图3.95 填充渐变

03 选择工具箱中的“圆角矩形工具”，在选项栏中将“填充”更改为白色，“描边”为无，“半径”为10像素，在画布中绘制一个圆角矩形，此时将生成一个“圆角矩形 1”图层，如图3.96所示。

图3.96 绘制图形

04 执行菜单栏中的“文件”|“打开”命令，打开“PIZZA.jpg”文件，将打开的素材拖入画布中靠顶部位置，其图层名称将更改为“图层 1”，如图3.97所示。

图3.97 添加素材

05 选中“图层 1”图层，执行菜单栏中的“图层”|“创建剪贴蒙版”命令，为当前图层创建剪贴蒙版，将部分图像隐藏，再按Ctrl+T组合键对其执行“自由变换”命令，将图形等比缩小，完成之后按Enter键确认，如图3.98所示。

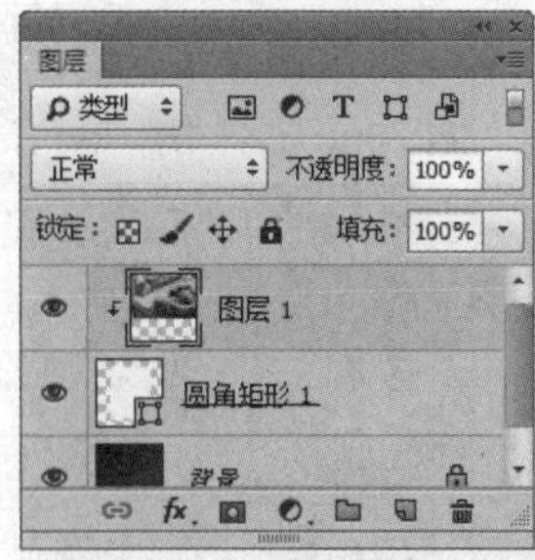

图3.98 创建剪贴蒙版

06 在“图层”面板中，选中“圆角矩形 1”图层，在其图层名称上单击鼠标右键，从弹出的快捷菜单中选择“栅格化图层”命令，如图3.99所示。

07 选择工具箱中的“矩形选框工具”，在画布中圆角矩形下半部分位置绘制一个矩形选区，如图3.100所示。

图3.99 栅格化图层

图3.100 绘制选区

08 选中“圆角矩形 1”图层，执行菜单栏中的“图层”|“新建”|“通过剪切的图层”命令，此时将生成一个“图层 2”图层，并将其移至“圆角矩形 1”图层下方，如图3.101所示。

图3.101 通过剪切的图层

09 将“图层 2”图层混合模式设置为“柔光”，“不透明度”更改为50%，如图3.102所示。

图3.102 设置图层混合模式

3.7.2 绘制界面元素

01 选择工具箱中的“直线工具”，在选项栏中将“填充”更改为白色，“描边”为无，“粗细”更改为1像素，在图像下方位置按住Shift键绘制一条与界面宽度相同的线段，此时将生成一个“形状1”图层，如图3.103所示。

图3.103　绘制图形

02 将“形状 1”图层混合模式设置为“柔光”，“不透明度”更改为50%，如图3.104所示。

图3.104　设置图层混合模式

03 选中“形状1”图层，在画布中按住Alt+Shift组合键向下拖动，将线段复制数份，如图3.105所示。

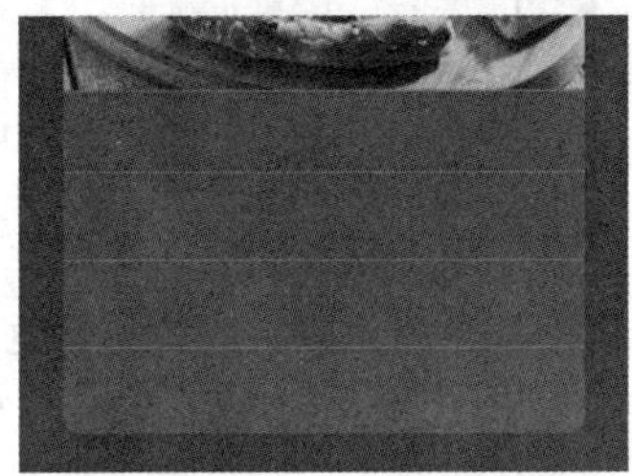

图3.105　复制图形

04 选择工具箱中的“矩形工具”，在选项栏中将“填充”更改为白色，“描边”为无，在界面靠底部位置绘制一个与界面宽度相同的矩形，此时将生成一个“矩形 1”图层，如图3.106所示。

图3.106　绘制图形

05 在“图层”面板中，选中“矩形 1”图层，将其拖至面板底部的“创建新图层”按钮上，复制1个“矩形 1 拷贝”图层，如图3.107所示。

06 选中“矩形 1”图层，将其图层“不透明度”更改为10%，选中“矩形 1 拷贝”图层，按Ctrl+T组合键对其执行“自由变换”命令，将图形宽度缩小，完成之后按Enter键确认，如图3.108所示。

图3.107　复制图层

图3.108　变换图形

技巧与提示

在缩小矩形宽度的时候，只需拖动一侧控制点即可。

07 执行菜单栏中的“文件”|“打开”命令，打开“图标.psd”文件，将打开的素材拖入画布中界面右侧位置并适当缩小，同时选中所有素材图像所在图层，将其图层“不透明度”更改为30%，如图3.109所示。

图3.109　添加素材并更改不透明度

08 选择工具箱中的“横排文字工具”T，在画布适当位置添加文字，这样就完成了效果制作，最终效果如图3.110所示。

图3.110　最终效果

3.8 课堂案例——扁平化邮箱界面

素材位置　素材文件\第3章\扁平化邮箱界面
案例位置　案例文件\第3章\扁平化邮箱界面.psd
视频位置　多媒体教学\3.8课堂案例——扁平化邮箱界面.avi
难易指数　★★☆☆☆

本例主要讲解扁平化邮箱界面的制作，现代界面设计行业中扁平化已经成为一种趋势，人们越来越注重应用的实用性。由于以往的界面设计风格追求华丽、惊艳，而这种情况下极易产生视觉疲劳感。正是在这种情况下，扁平化的视觉效果变得越来越受欢迎。最终效果如图3.111所示。

扫码看视频

图3.111　最终效果

3.8.1 制作背景及状态栏

01 执行菜单栏中的“文件”|“新建”命令，在弹出的对话框中设置“宽度”为640像素，“高度”为1136像素，“分辨率”为72像素/英寸，将画布填充为蓝绿色（R：133，G：210，B：197）。

02 执行菜单栏中的“文件”|“打开”命令，打开“图标.psd”文件，将打开的素材拖入画布中顶部位置并适当缩小。

03 选择工具箱中的“直线工具”，在选项栏中将“填充”更改为黑色，“描边”为无，“粗细”更改为2像素，在界面靠中间位置按住Shift键绘制一条水平线段，此时将生成一个“形状1”图层，并将其图层“不透明度”更改为10%，如图3.112所示。

图3.112　绘制图形并降低图层不透明度

04 在“图层”面板中，选中“形状 1”图层，将其拖至面板底部的“创建新图层”按钮上，复制1个“形状 1拷贝”图层，选中“形状 1 拷贝”图层，将图形向下移动，如图3.113所示。

图3.113　复制图层并移动图形

05 选择工具箱中的“圆角矩形工具”，在选项栏中将“填充”更改为灰紫色（R：112，G：93，B：118），“描边”为无，“半径”为3像素，在刚才绘制的线段下方位置绘制一个圆角矩形，此时将生成一个“圆角矩形 1”图层，如图3.114所示。

图3.114　绘制图形

06 在“图层”面板中，选中“圆角矩形 1”图层，单击面板底部的“添加图层样式”按钮，在菜单中选择“投影”命令，在弹出的对话框中将“颜色”更改为灰紫色（R：92，G：77，B：97），取消“使用全局光”复选框，将“角度”更改为90度，“距离”更改为4像素，完成之后单击“确定”按钮，如图3.115所示。

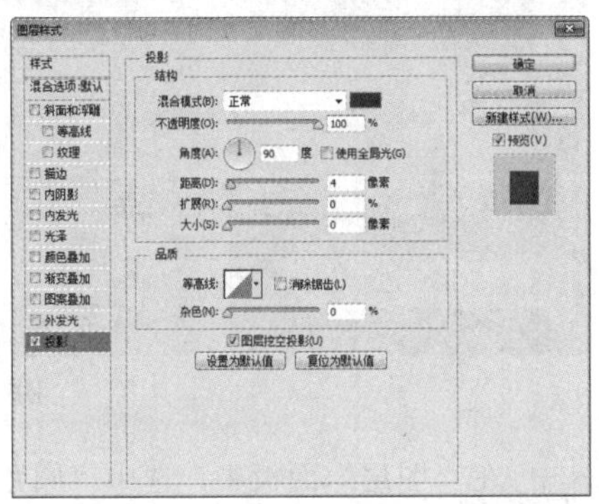

图3.115 设置投影

07 执行菜单栏中的“文件”|“打开”命令，打开“图标2.psd”文件，将打开的素材拖入界面适当位置，如图3.116所示。

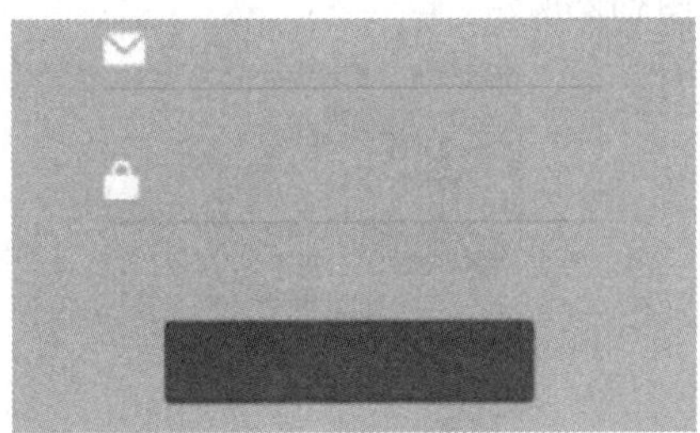

图3.116 添加素材

3.8.2 添加文字

01 选择工具箱中的“横排文字工具”T，在界面适当位置添加文字，（文字：MAILBOX，字体：Vrinda，字号：120，其他字体：Myriad Pro，字号：30）如图3.117所示。

图3.117 添加文字

02 在“图层”面板中，选中“MAILBOX”图层，单击面板底部的“添加图层样式”fx按钮，在菜单中选择“内阴影”命令，在弹出的对话框中将“混合模式”更改为正常，“颜色”更改为白色，“不透明度”更改为100%，取消“使用全局光”复选框，“角度”更改为90度，“距离”更改为2像素，“大小”更改为2像素，如图3.118所示。

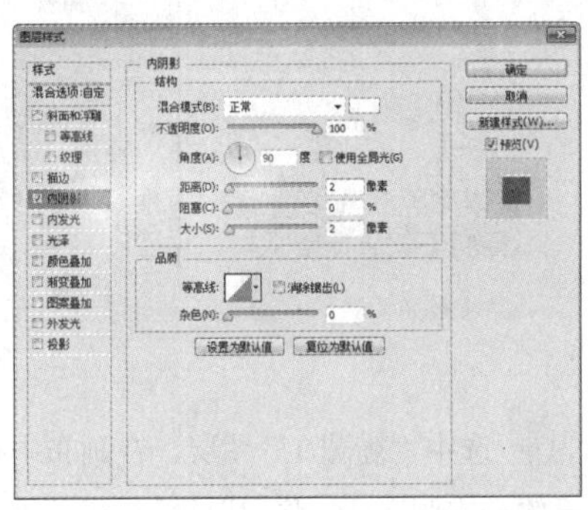

图3.118 设置内阴影

03 勾选“投影”复选框，将“不透明度”更改为20%，取消“使用全局光”复选框，“角度”更改为90度，“距离”更改为3像素，完成之后单击“确定”按钮，如图3.119所示。

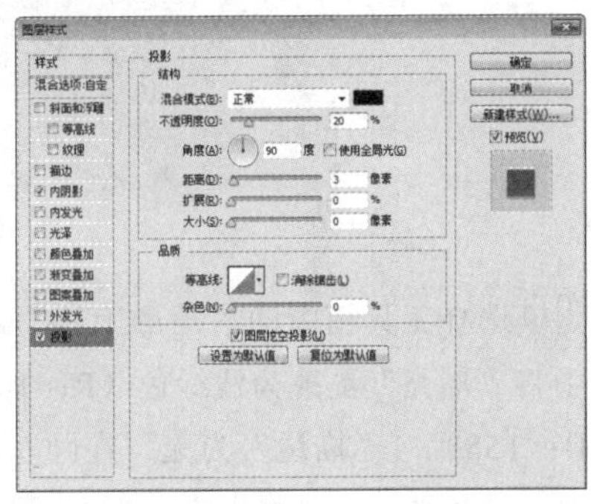

图3.119 设置投影

04 在“图层”面板中，选中“MAILBOX”图层，将其图层“填充”更改为80%，如图3.120所示。

图3.120 更改填充

05 选择工具箱中的“椭圆工具”，在选项栏中将“填充”更改为深绿色（R：80，G：126，B：118），“描边”为无，在密码输入的位置按住Shift键绘制一个圆形，此时将生成一个“椭圆 1”图层，如图3.121所示。

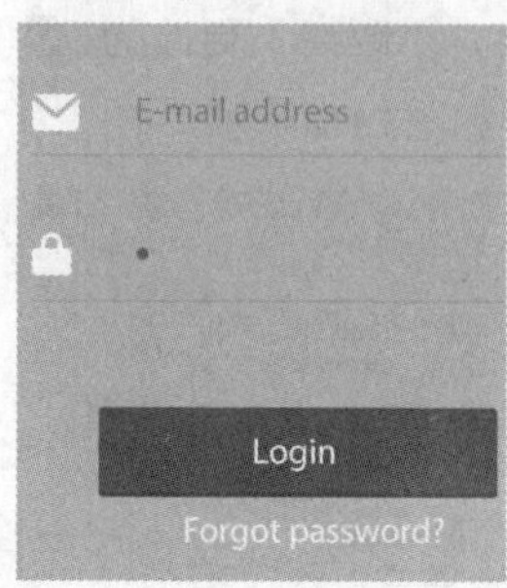

图3.121 绘制图形

06 选中“椭圆 1”图层，在画布中按住Alt+Shift组合键向右侧拖动，将图形复制数份，如图3.122所示。

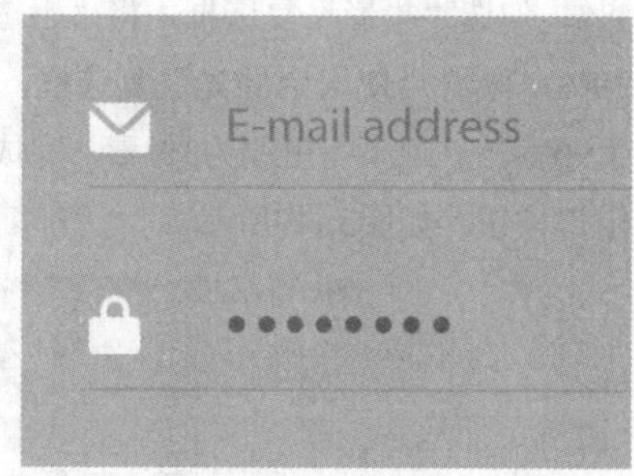

图3.122 复制图形

07 选择工具箱中的“矩形工具”，在选项栏中将“填充”更改为浅绿色（R：106，G：168，B：158），“描边”为无，在画布靠底部位置绘制一个矩形，此时将生成一个“矩形 1”图层，如图3.123所示。

图3.123 绘制图形

08 选择工具箱中的“圆角矩形工具”，在选项栏中将“填充”更改为白色，“描边”为无，“半径”为3像素，在刚才绘制的矩形上绘制一个圆角矩形，此时将生成一个“圆角矩形 2”图层，如图3.124所示。

图3.124 绘制图形

09 在“图层”面板中，选中“圆角矩形 2”图层，单击面板底部的“添加图层样式”fx按钮，在菜单中选择“描边”命令，在弹出的对话框中将“大小”更改为2像素，“位置”更改为内部，“颜色”更改为白色，完成之后单击“确定”按钮，如图3.125所示。

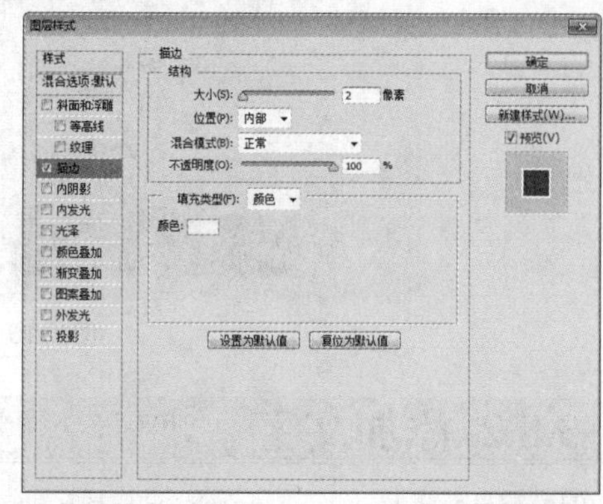

图3.125 设置描边

10 在“图层”面板中，选中“圆角矩形 2”图层，将其图层“填充”更改为10%，如图3.126所示。

图3.126 更改填充

⑪ 执行菜单栏中的“文件”|“打开”命令，打开“图标3.psd”文件，将打开的素材拖入界面中并适当缩小，如图3.127所示。

图3.127　添加素材

⑫ 选择工具箱中的“横排文字工具”T，在刚才添加的素材右侧位置添加文字（字体：Avenir LT Std，字号：24点），这样就完成了效果制作，最终效果如图3.128所示。

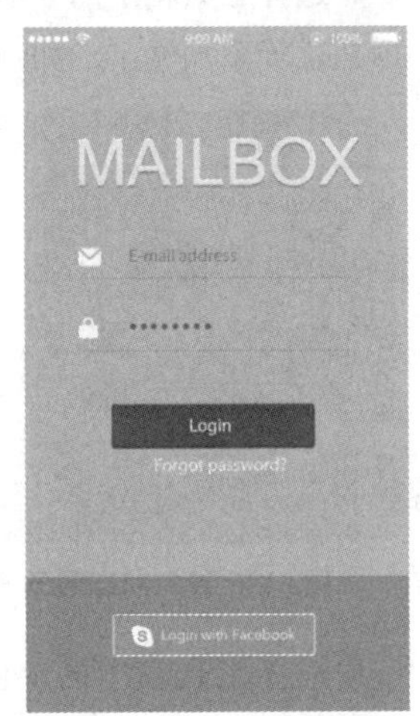

图3.128　添加文字及最终效果

3.9　课堂案例——个人应用APP界面

素材位置　素材文件\第3章\个人应用APP界面
案例位置　案例文件\第3章\个人应用APP界面.psd
视频位置　多媒体教学\3.9课堂案例——个人应用APP界面.avi
难易指数　★★★☆☆

本例主要讲解个人应用APP界面的制作，本例在制作过程中采用了蓝天大海的背景图像配合滤镜效果，制作动感的背景效果。深蓝色系的界面与背景十分的协调，同时相应的功能布局及元素的添加也很好地体现了这款扁平APP界面的风格。最终效果如图3.129所示。

扫码看视频

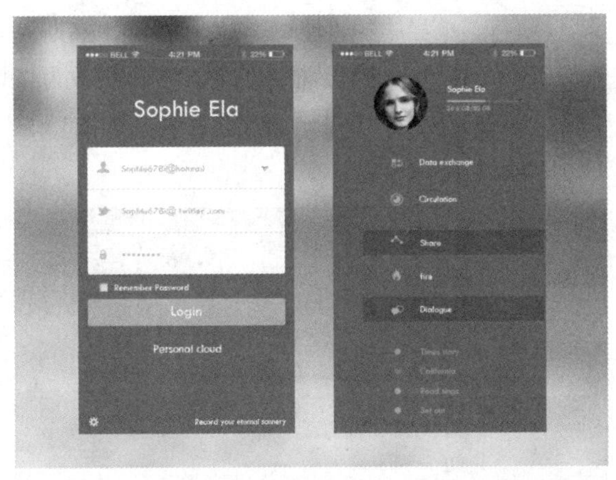

图3.129　最终效果

3.9.1　制作背景

01 执行菜单栏中的“文件”|“新建”命令，在弹出的对话框中设置“宽度”为800像素，“高度”为600像素，“分辨率”为72像素/英寸，“颜色模式”为RGB颜色，新建一个空白画布。

02 执行菜单栏中的“文件”|“打开”命令，打开“图像.jpg”文件，将打开的素材拖入画布中并适当缩小，此时其图层名称将自动更改为“图层 1”，如图3.130所示。

图3.130　添加素材

03 选中“图层1”图层，执行菜单栏中的“图像”|“调整”|“色相/饱和度”命令，在弹出的对话框中将“饱和度”更改为-10，完成之后单击“确定”按钮，如图3.131所示。

04 执行菜单栏中的“图像”|“调整”|“色阶”命令，在弹出的对话框中将数值更改为（24，0.96，253），完成之后单击“确定”按钮，如图3.132所示。

05 执行菜单栏中的“滤镜”|“模糊”|“高斯模糊”命令，在弹出的对话框中将“半径”更改为15像素，设置完成之后单击“确定”按钮，如图3.133所示。

图3.131 设置饱和度

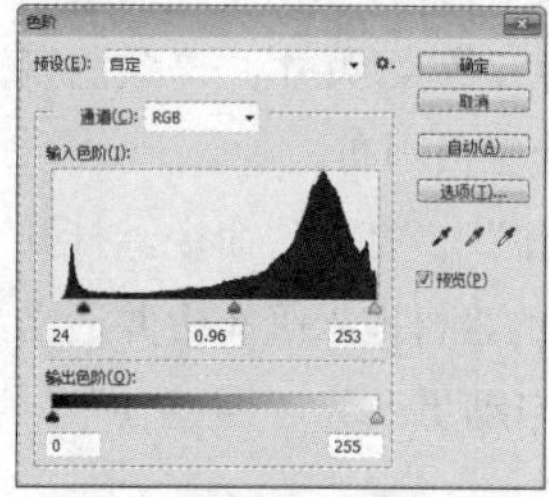

图3.132 设置色阶

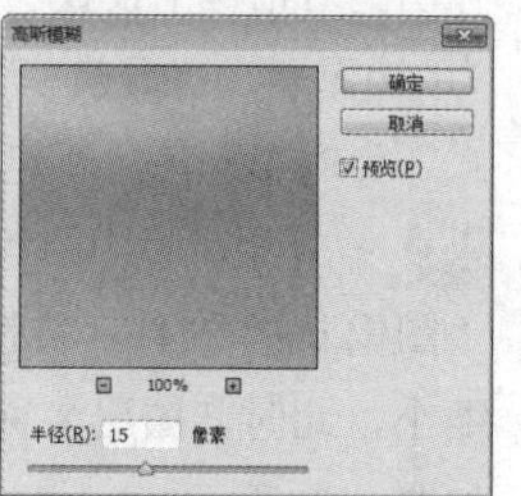

图3.133 设置高斯模糊

3.9.2 绘制界面图形

01 选择工具箱中的“矩形工具”，在选项栏中将“填充”更改为蓝色（R：76，G：124，B：157），“描边”为无，在画布中单击，在弹出的对话框中将“宽度”更改为640像素，“高度”更改为1136像素，完成之后单击“确定”按钮，此时将生成一个“矩形1”图层，如图3.134所示。

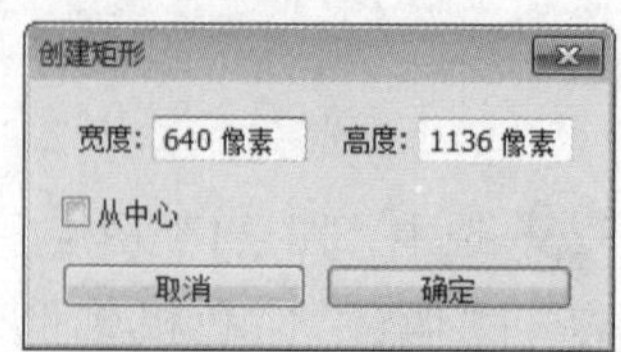

图3.134 创建矩形

02 选中“矩形1”图层，按Ctrl+T组合键对其执行“自由变换”命令，将图形等比缩小并移至画布靠左侧位置，完成之后按Enter键确认，如图3.135所示。

图3.135 绘制图形

03 执行菜单栏中的“文件”|“打开”命令，打开“状态栏.psd”文件，将打开的素材拖入画布中并适当缩小，如图3.136所示。

04 选择工具箱中的“横排文字工具”T，在矩形顶部位置添加文字，如图3.137所示。

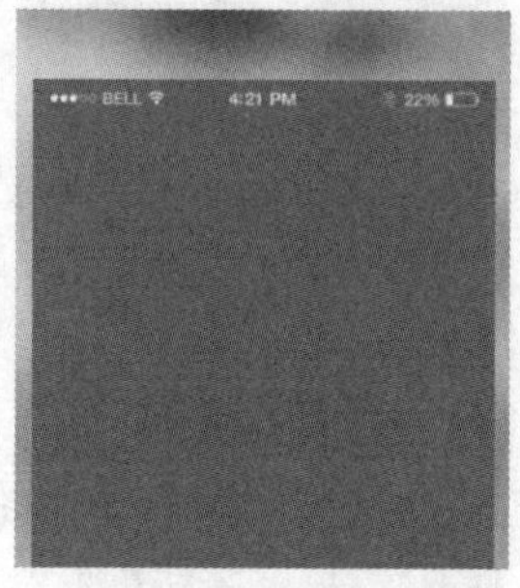

图3.136 绘制状态图形

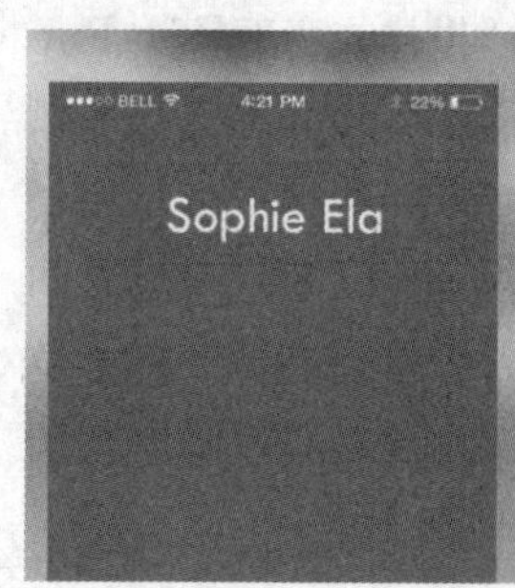

图3.137 添加文字

05 选择工具箱中的“圆角矩形工具”，在选项栏中将“填充”更改为白色，“描边”为无，“半径”为3像素，在文字下方位置绘制一个圆角矩形，此时将生成一个“圆角矩形1”图层，选中“圆角矩形1”图层，将其拖至面板底部的“创建新图层”按钮上，复制一个“圆角矩形1 拷贝”图层，如图3.138所示。

图3.138 绘制图形并复制图层

06 选中“圆角矩形 1 拷贝”图层，按Ctrl+T组合键对其执行“自由变换”命令，当出现变形框以后将光标移至变形框顶部控制点向下拖动，将图形高度缩小，完成之后按Enter键确认，再将其图形颜色更改为浅蓝色（R：100，G：202，B：255），如图3.139所示。

图3.139　变换图形

07 选择工具箱中的“直线工具”，在选项栏中将“填充”更改为灰色（R：238，G：238，B：238），“描边”为无，“粗细”更改为1像素，在“圆角矩形1”图形中按住Shift键绘制一条与其宽度相同的水平线段，此时将生成一个“形状1”图层，如图3.140所示。

图3.140　绘制图形

08 在“图层”面板中，选中“形状 1”图层，将其拖至面板底部的“创建新图层”按钮上，复制一个“形状 1 拷贝”图层，如图3.141所示。

09 选中“形状 1 拷贝”图层，按住Shift键向下移动，如图3.142所示。

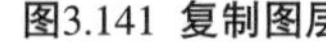

图3.141　复制图层　　图3.142　移动图形

3.9.3 添加文字并制作细节

01 执行菜单栏中的“文件”|“打开”命令，打开“图标.psd”文件，将打开的素材拖入界面中刚才绘制的图形位置并适当缩小，如图3.143所示。

图3.143　添加素材

02 选择工具箱中的“横排文字工具”，在图标旁边位置添加文字，如图3.144所示。

图3.144　添加文字

03 选择工具箱中的“矩形工具”，在选项栏中将“填充”更改为灰色（R：200，G：200，B：200），“描边”为无，在文字后方位置按住Shift键绘制一个矩形，此时将生成一个“矩形2”图层，如图3.145所示。

图3.145　绘制图形

04 选中“矩形 2”图层，按Ctrl+T组合键对其执行“自由变换”命令，当出现变形框以后在选项栏中“旋转”后方的文本框中输入45度，再将光标移至变形框右侧按住Alt键向里侧拖动，将图形宽度缩小，完成之后按Enter键确认，如图3.146所示。

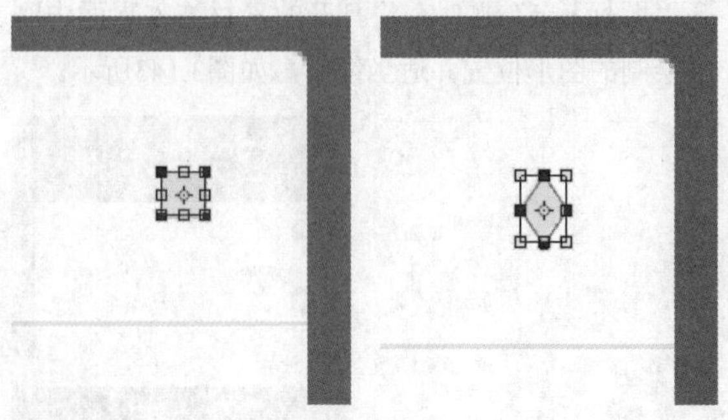

图3.146 变换图形

05 选择工具箱中的“直接选择工具”，选中“矩形2”图形上方锚点，按Delete键将其删除，如图3.147所示。

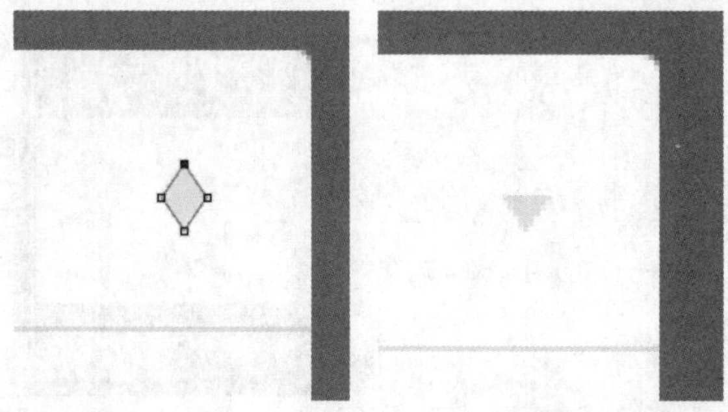

图3.147 删除锚点

06 选择工具箱中的“矩形工具”，在选项栏中将“填充”更改为灰色（R：238，G：238，B：238），“描边”为无，在界面添加的部分素材下方位置按住Shift键绘制一个矩形，将生成一个“矩形3”图层，将“矩形2”和“矩形3”图层合并，此时将生成一个“矩形2”图层，如图3.148所示。

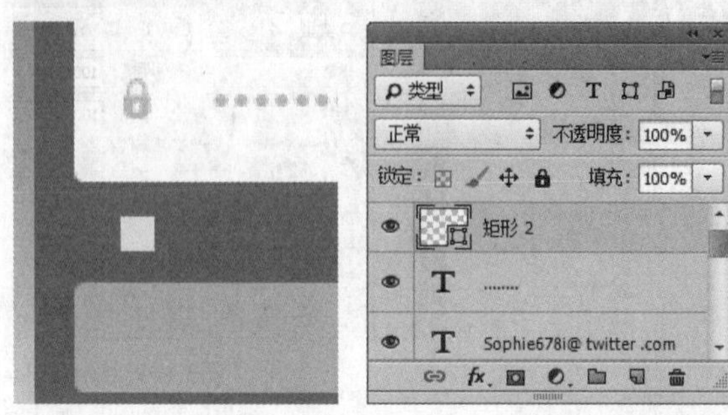

图3.148 绘制图形

07 在“图层”面板中，选中“矩形2”图层，单击面板底部的“添加图层样式”按钮，在菜单中选择“内阴影”命令，在弹出的对话框中将“不透明度”更改为50%，“距离”更改为1像素，“大小”更改为3像素，完成之后单击“确定”按钮，如图3.149所示。

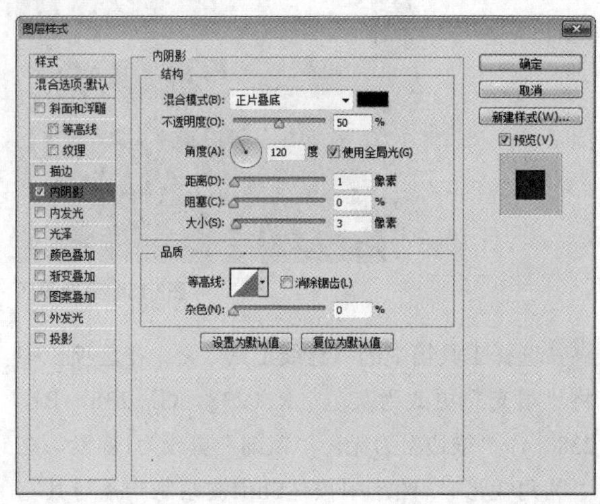

图3.149 设置内阴影

08 选择工具箱中的“横排文字工具”，添加文字，如图3.150所示。

09 执行菜单栏中的“文件”|“打开”命令，打开“图标2.psd”文件，将打开的素材拖入界面左下角位置并适当缩小，这样就完成了1级页面效果制作，如图3.151所示。

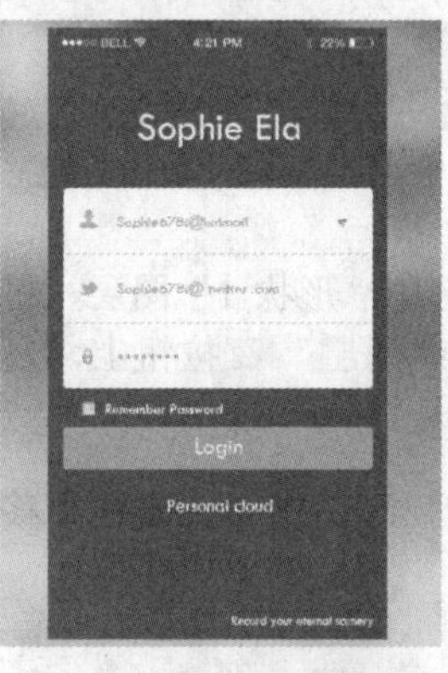

图3.150 添加文字

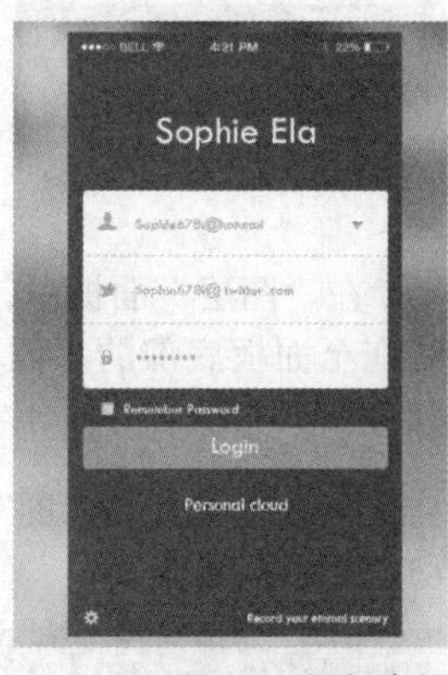

图3.151 添加素材

3.9.4 绘制二级功能页面

01 同时选中“矩形1”及“状态栏”图层，按住Alt+Shift组合键向右侧拖动，将图形复制，如图3.152所示。

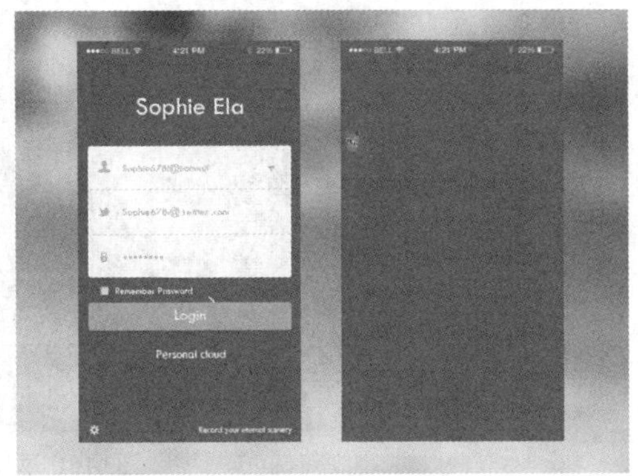

图3.152 复制图形

02 选择工具箱中的“椭圆工具”，在选项栏中将“填充”更改为白色，“描边”为无，在左上角位置按住Shift键绘制一个圆形，此时将生成一个“椭圆1”图层，如图3.153所示。

图3.153 绘制图形

03 执行菜单栏中的“文件”|“打开”命令，打开“人物.jpg”文件，将打开的素材拖入画布中，适当缩小，此时其图层名称将自动更改为“图层2”，并将“图层2”图层移至“椭圆1”图层上方，如图3.154所示。

图3.154 添加素材

04 选中“图层2”图层，执行菜单栏中的“图层”|“创建剪贴蒙版”命令，为当前图层创建剪贴蒙版，将部分图像隐藏，将图形等比缩小，使其与下方的椭圆图形匹配，如图3.155所示。

图3.155 创建剪贴蒙版

05 选择工具箱中的“矩形工具”，在选项栏中将“填充”更改为蓝色（R：77，G：143，B：188），“描边”为无，在人物头像右侧位置绘制一个矩形，此时将生成一个“矩形3”图层，选中“矩形3”图层，将其拖至面板底部的“创建新图层”按钮上，复制一个“矩形3 拷贝”图层，如图3.156所示。

图3.156 绘制图形并复制图层

06 在“图层”面板中，选中“矩形 3”图层，单击面板底部的“添加图层样式”fx按钮，在菜单中选择“内阴影”命令，在弹出的对话框中将“不透明度”更改为25%，“距离”更改为1像素，“大小”更改为1像素，完成之后单击“确定”按钮，如图3.157所示。

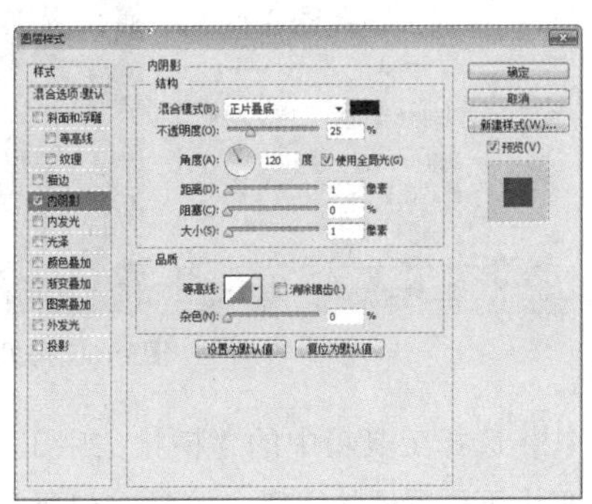

图3.157 设置内阴影

07 选中“矩形 3 拷贝”图层，将其图形颜色更改为青色（R：25，G：213，B：253），如图3.158所示。

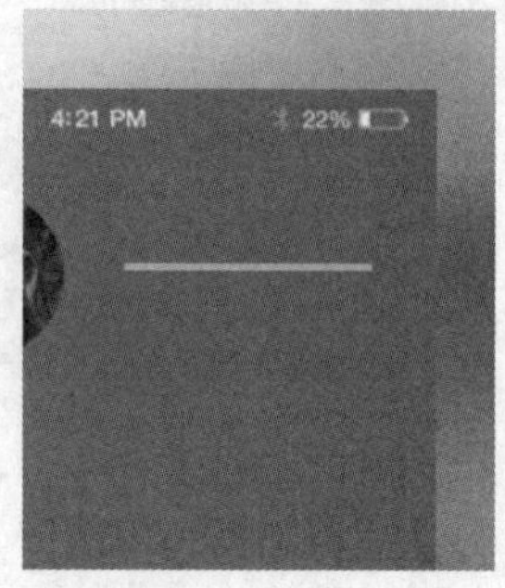

图3.158 更改图形颜色

08 选中“矩形 3 拷贝”图层，按Ctrl+T组合键对其执行“自由变换”命令，将光标移至出现的变形框右侧控制点向左侧拖动，将图形缩短，完成之后按Enter键确认，如图3.159所示。

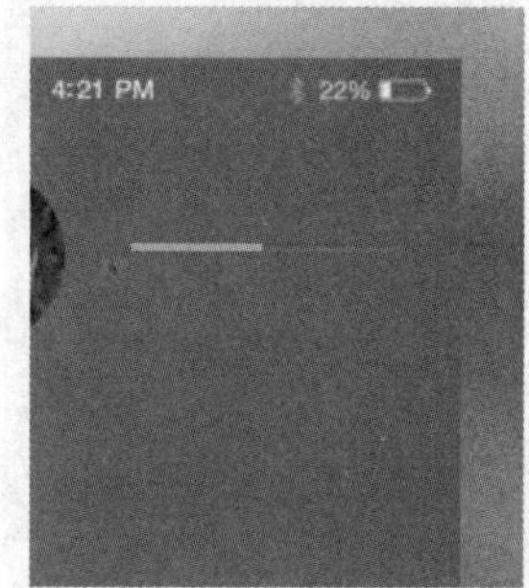

图3.159 变换图形

09 在“矩形 3”图层上单击鼠标右键，从弹出的快捷菜单中选择“拷贝图层样式”命令，在“矩形 3 拷贝”图层上单击鼠标右键，从弹出的快捷菜单中选择“粘贴图层样式”命令，如图3.160所示。

图3.160 拷贝并粘贴图层样式

10 选择工具箱中的“横排文字工具” T ，在图形上下位置添加文字，如图3.161所示。

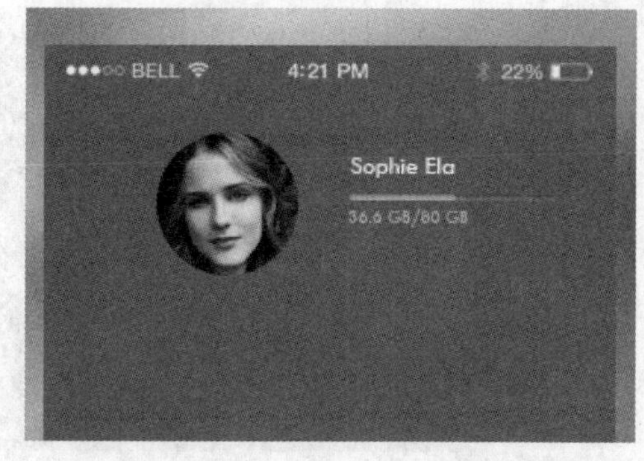

图3.161 添加文字

11 执行菜单栏中的“文件”|“打开”命令，打开“图标3.psd”文件，将打开的素材拖入界面中刚才添加的图像下方位置，并适当缩小，如图3.162所示。

图3.162 添加素材

12 选择工具箱中的“横排文字工具” T ，在图标右侧位置添加文字，如图3.163所示。

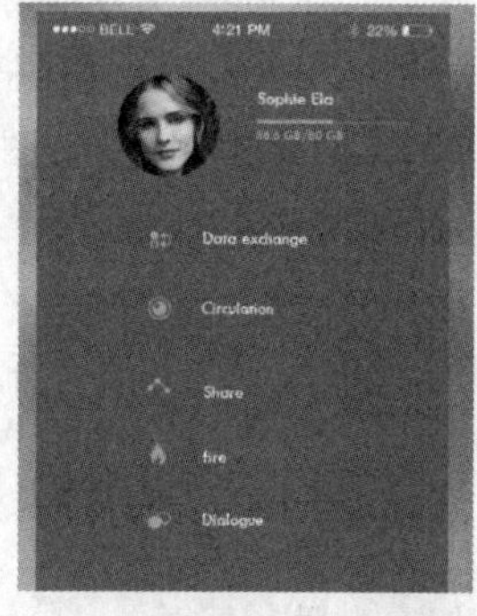

图3.163 添加文字

13 选择工具箱中的“矩形工具” ，在选项栏中将“填充”更改为蓝色（R：60，G：107，B：139），“描边”为无，在刚才添加的文字位置绘制一个矩形，此时将生成一个“矩形4”图层，并将“矩形4”移至“图标3”图层下方，如图3.164所示。

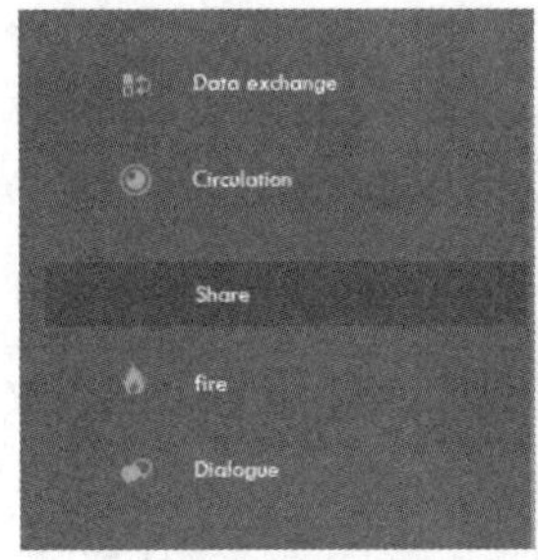

图3.164 绘制图形

14 选中"矩形4"图层，按住Alt+Shift组合键向下拖动，将图形复制，如图3.165所示。

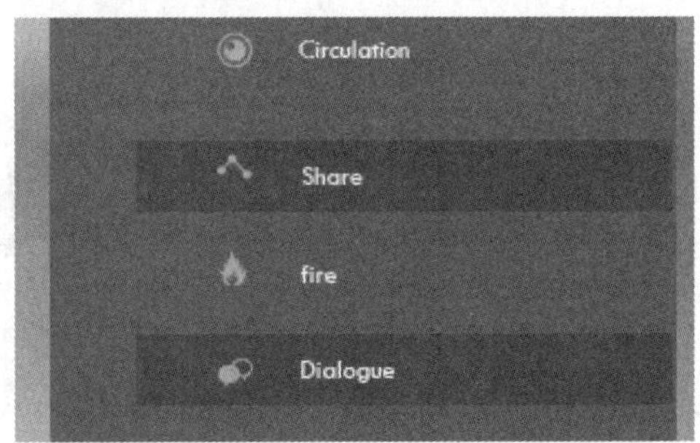

图3.165 复制图形

15 选择工具箱中的"椭圆工具"，在选项栏中将"填充"更改为草绿色（R：165，G：184，B：98），"描边"为无，按住Shift键绘制一个圆形，此时将生成一个"椭圆2"图层，如图3.166所示。

图3.166 绘制图形

16 选中"椭圆2"图层，按住Alt+Shift组合键向下拖动，将图形复制3份，并分别更改为不同的颜色，如图3.167所示。

17 选择工具箱中的"横排文字工具"T，在椭圆右侧位置添加文字，这样就完成了效果制作，最终效果如图3.168所示。

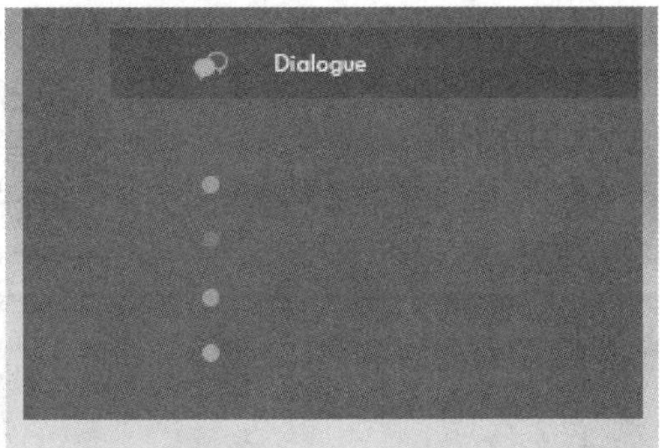

图3.167 复制图形

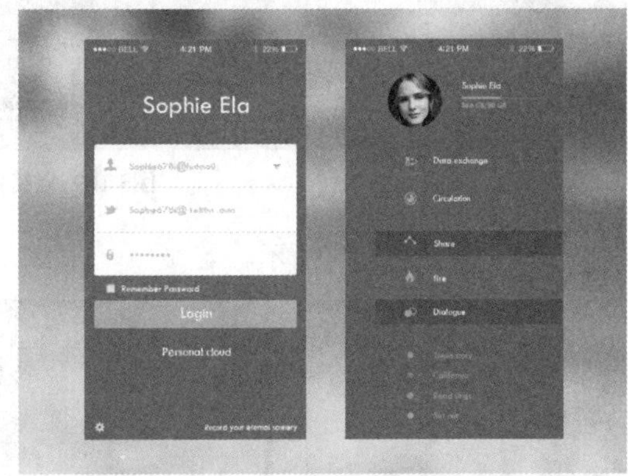

图3.168 添加文字及最终效果

3.10 本章小结

本章讲解了时下最为流行的扁平化风格UI控件的制作，通过8个精选的案例，再现扁平化UI的设计过程，给读者详细呈现设计步骤，在实践中体验自己的设计水平，加强自身设计素养。

3.11 课后习题

本章通过3个扁平风格的课后习题安排，供读者练习，以巩固前面学习的内容，提高对扁平化风格UI设计的认知。

3.11.1 课后习题1——扁平铅笔图标

素材位置 无
案例位置 案例文件\第3章\扁平铅笔图标.psd
视频位置 多媒体教学\3.11.1 课后习题1——扁平铅笔图标.avi
难易指数 ★★☆☆☆

本例主要讲解扁平铅笔图标效果的制作，此款图标的可识别性极强，并且在配色上醒目且不刺眼，能很好地与其他扁平风格的图标相搭配。最终效果如图3.169所示。

扫码看视频

图3.169 最终效果

步骤分解如图3.170所示。

图3.170 步骤分解图

3.11.2 课后习题2——扁平相机图标

素材位置	无
案例位置	案例文件\第3章\扁平相机图标.psd
视频位置	多媒体教学\3.11.2 课后习题2——扁平相机图标.avi
难易指数	★★☆☆☆

本例主要讲解扁平相机图标的制作，此款图标的外观清爽、简洁，彩虹条的装饰使这款深色系的镜头最终效果漂亮且沉稳。最终效果如图3.171所示。

扫码看视频

图3.171 最终效果

步骤分解如图3.172所示。

图3.172 步骤分解图

3.11.3 课后习题3——简约风天气APP

素材位置	素材文件\第3章\简约风天气APP
案例位置	案例文件\第3章\简约风天气APP.psd
视频位置	多媒体教学\3.11.3 课后习题3——简约风天气APP.avi
难易指数	★★☆☆☆

本例主要讲解简约风天气APP界面的制作，本例的制作过程比较简单，需要注意绘制的图形与文字的搭配的协调性，同时文字位置的摆放也决定了界面的整体美观性。最终效果如图3.173所示。

扫码看视频

图3.173 最终效果

步骤分解如图3.174所示。

图3.174 步骤分解图

第4章

超强表现写实风

内容摘要

本章主要详解超强表现写实风格类UI制作，所谓写实，其实是艺术创作尤其是绘画、雕塑和文学、戏剧中常用的概念，更狭义地讲，属于造型艺术尤其是绘画和雕塑的范畴。无论是面对真实存在的物体，还是想象出来的对象，总是在描述一个真实存在的物质而不是抽象的符号，这样的创作往往被统称为写实。在UI设计中，写实风也是非常常见的设计手法。本章精选实例，将写实型UI设计再现，让读者掌握写实风格UI设计手法。

课堂学习目标

- 了解写实风格的含义
- 掌握写实风格UI设计的方法

4.1 理论知识——写实风格详解

4.1.1 写实的艺术表现形式

所谓写实，最基本的解释是据事直书，真实地描绘事物，一般被定义为关于现实和实际而排斥理想主义。它是艺术创作尤其是绘画、雕塑和文学、戏剧中常用的概念，更狭义地讲，属于造型艺术尤其是绘画和雕塑的范畴。无论是面对真实存在的物体，还是想象出来的对象，总是在描述一个真实存在的物质而不是抽象的符号。这样的创作往往被统称为写实。写实是一种文学体裁，也可以是某些作者的写作风格。这类文学形式基本可以在现实中找到生活原型，但又不是生活的照搬。

1. 文字写实

文学写实即现实主义，是文学艺术基本的创作方法之一，其实际运用时间相当早远，但直到19世纪50年代才由法国画家库尔贝和作家夏夫列里作为一个名称提出来。恩格斯为“现实主义”下的定义是：除了细节的真实外，还要真实地再现典型环境中的典型人物，如写实小说，即是不同历史下的现实主义写实。

2. 绘画写实

兴起于19世纪的欧洲，又称为现实主义画派，或现实画派。无论是面对真实存在的物体，还是想象出来的对象，绘画者总是在描述一个真实存在的物质而不是抽象的符号。这样的创作往往被统称为写实。遵循这样的创作原则和方法，就叫现实主义，让同个题材的作品有不同呈现。

3. 戏剧写实

写实主义是现代戏剧的主流。在20世纪激烈的社会变迁中，能以对生活的掌握来吸引一批新的观众。一般认为它是18世纪、19世纪西方工业社会的历史产物。狭义的现实主义是19世纪中叶以后，欧美资本主义社会的新兴文艺思潮。

4. 电影写实

电影新写实主义又叫意大利新写实主义，是第二次世界大战后新写实主义。在意大利兴起的一个电影运动，其特点在关怀人类对抗非人社会力的奋斗，以非职业演员在外景拍摄，从头至尾都以尖锐的写实主义来表达。这类的电影大主题大都围绕在大战前后，意大利的本土问题，主张以冷静的写实手法呈现中下阶层的生活。在形式上，大部分的新写实主义电影大量采用实景拍摄与自然光，运用非职业演员表演与讲究自然的生活细节描写，相较于战前的封闭与伪装，新写实主义电影反而比较像纪录片，带有不加粉饰的真实感。不过新写实主义电影在国外获得较多的注意，在意大利本土反而没有什么特别反应。20世纪50年代后，国内的诸多社会问题，因为经济复苏已获纾解，加上主管当局的有意消弭，新写实主义的热潮于是慢慢消退。

4.1.2 UI设计的写实表现

对于设计师而言，UI设计中的视觉风格渐渐向写实主义转变。因为计算机的运算能力越来越强，设计师加入了越来越多的写实细节，如色彩、3D效果、阴影、透明度，甚至一些简单的物理效果。用户界面中充满了各种应用图标，有些图标使用写实的方法，可以让用户一目了然，大大提高了用户认识度。当然，有些时候写实的设计并不一定是原始的意思，可能是一种近似的表达。如我们看到眼睛图标，它可能不代表眼睛，而是代表“查看”或“视图”；如看见齿轮也不一定代表的是“齿轮”，可能是“设置”，这些元素用户在使用现在的智能手机或平板时经常遇到。

写实主义并不一定是照着原始物体通过设计将其完全描绘出来，有时候只需要将基本元素描绘即可，将重点的部分表达出来就可以了。如我们经常看到用户界面上的主页按钮，通常会用一个小房子作为图标，但我们发现这个小房子并不是完全照现实中的房子设计，而是将能代表房子的重点元素绘制出来即可。

在写实创作中，细节太多或太少，都有可能造成用户看不懂的情况，所以要注意取舍，可以先在稿纸上绘制UI草图，用来确定哪些细节需要表达，哪些可以省略。当然，如果一个界面元素和生活的参照物相差太远，会很难辨认；另一方面如果太写实，有时候又会让人们无法知道你要表达的内容。随着苹果扁平化风格的流行，写实设计的要求越来越难，如何通过简洁的设计表现实体，又能完全被识别，这是设计师功力的体现。

写实风格的UI设计欣赏如图4.1所示。

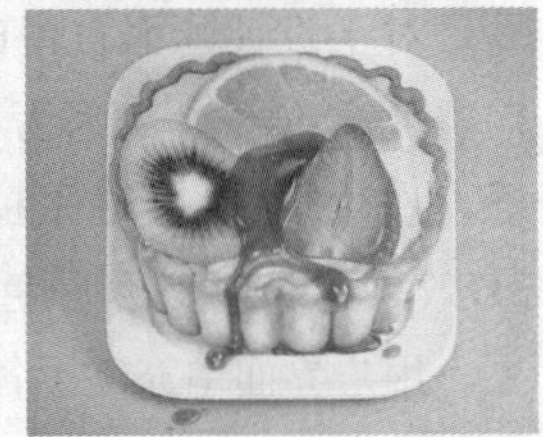

图4.1 写实风格UI设计

4.2 课堂案例——写实SIM卡

素材位置 无
案例位置 案例文件\第4章\写实SIM卡.psd
视频位置 多媒体教学\4.2课堂案例——写实SIM卡.avi
难易指数 ★★☆☆☆

本例讲解写实SIM卡图标制作，SIM卡图标的制作比较规范化，以模拟SIM卡的金属图像为制作重点，整个制作比较简单，最终效果如图4.2所示。

扫码看视频

图4.2 最终效果

4.2.1 制作背景绘制轮廓

01 执行菜单栏中的“文件”|“新建”命令，在弹出的对话框中设置“宽度”为400像素，“高度”为300像素，“分辨率”为72像素/英寸，新建一个空白画布，将画布填充为深灰色（R：32，G：40，B：52）。

02 选择工具箱中的“圆角矩形工具”，在选项栏中将“填充”更改为白色，“描边”为无，“半径”为20像素，在画布中按住Shift键绘制一个圆角矩形，此时将生成一个“圆角矩形 1”图层，如图4.3所示。

图4.3 绘制图形

03 在“图层”面板中，选中“圆角矩形 1”图层，单击面板底部的“添加图层样式”fx按钮，在菜单中选择“内阴影”命令，在弹出的对话框中将“混合模式”更改为叠加，“颜色”更改为白色，“不透明度”更改为50%，取消“使用全局光”复选框，“角度”更改为90度，“距离”更改为2像素，如图4.4所示。

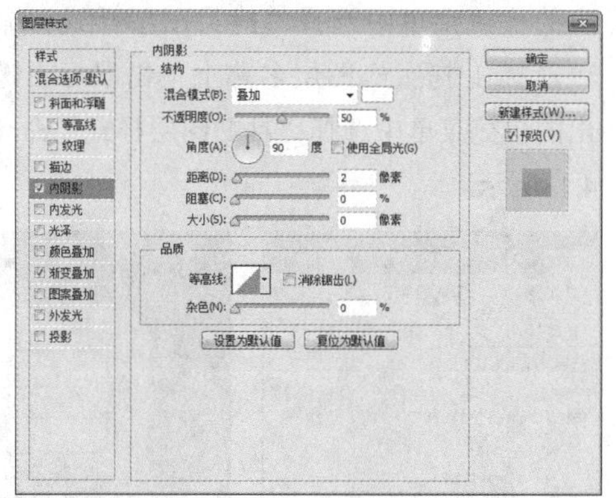

图4.4 设置内阴影

04 勾选“渐变叠加”复选框，将“渐变”更改为深黄色（R：213，G：126，B：42）到黄色（R：253，G：170，B：36），如图4.5所示。

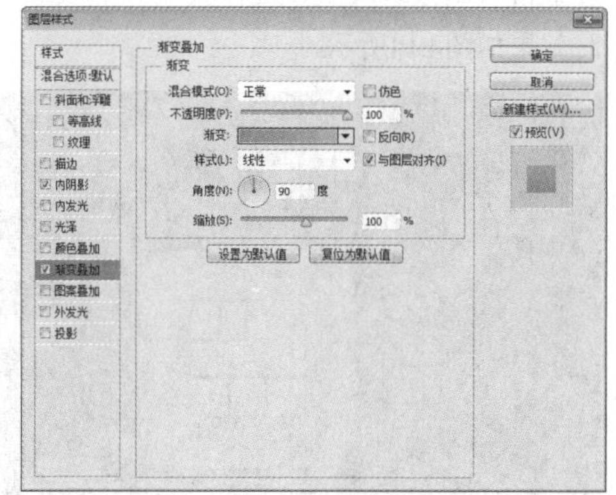

图4.5 设置渐变叠加

05 勾选“投影”复选框，将“不透明度”更改为50%，取消“使用全局光”复选框，“角度”更改为90度，“距离”更改为4像素，“大小”更改为4像素，完成之后单击“确定”按钮，如图4.6所示。

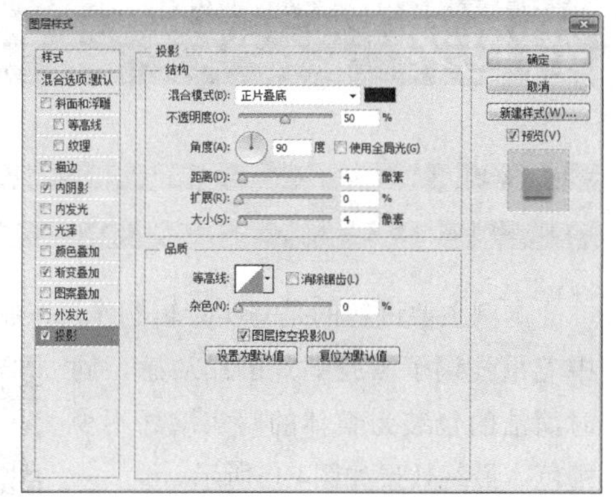

图4.6 设置投影

06 选择工具箱中的“圆角矩形工具”，在选项栏中将“填充”更改为白色，“描边”为深黄色（R：128，G：80，B：23），“半径”为10像素，在圆角矩形位置按住Shift键绘制一个圆角矩形，此时将生成一个“圆角矩形 2”图层，如图4.7所示。

图4.7 绘制图形

07 在“图层”面板中，选中“圆角矩形 2”图层，单击面板底部的“添加图层样式”fx按钮，在菜单中选择“渐变叠加”命令，在弹出的对话框中将“渐变”更改为黄色（R：254，G：207，B：108）到黄色（R：255，G：224，B：160），完成之后单击“确定”按钮，如图4.8所示。

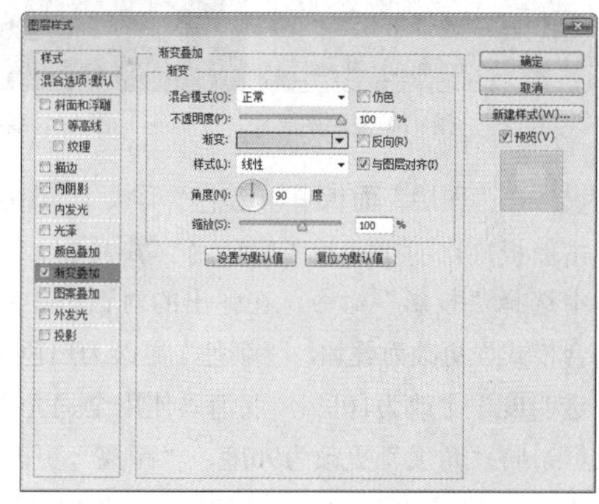

图4.8 设置渐变叠加

4.2.2 绘制细节图形

01 选择工具箱中的“直线工具”，在选项栏中将“填充”更改为深黄色（R：128，G：80，B：23），“描边”为无，“粗细”更改为2像素，在刚才绘制的圆角矩形位置按住Shift键绘制一条水平线段，此时将生成一个“形状1”图层，如图4.9所示。

02 在“图层”面板中，选中“形状1”图层，将其拖至面板底部的“创建新图层”按钮上，复制1个“形状1 拷贝”图层，如图4.10所示。

03 选中“形状1 拷贝”图层，在画布中按住Shift键将线段向下垂直移动，选择工具箱中的“直接选择工具”，选中其图形左侧锚点向左侧拖动，如图4.11所示。

图4.9 绘制图形

图4.10 复制图层　　图4.11 变换图形

04 在“图层”面板中，选中“形状 1”图层，单击面板底部的“添加图层样式”按钮，在菜单中选择“投影”命令，在弹出的对话框中将“混合模式”更改为叠加，“颜色”更改为白色，“不透明度”更改为100%，取消“使用全局光”复选框，将“角度”更改为90度，“距离”更改为1像素，完成之后单击“确定”按钮，如图4.12所示。

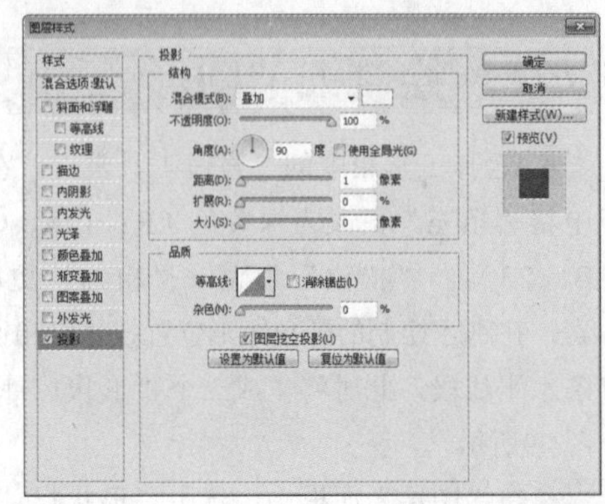

图4.12 设置投影

05 在“形状 1”图层名称上单击鼠标右键，从弹出的快捷菜单中选择“拷贝图层样式”命令，在“形状 1 拷贝”图层名称上单击鼠标右键，从弹出的快捷菜单中选择“粘贴图层样式”命令，如图4.13所示。

图4.13 拷贝并粘贴图层样式

06 选择工具箱中的“直线工具”，在圆角矩形位置再绘制数条线段，这样就完成了效果制作，最终效果如图4.14所示。

图4.14 最终效果

4.3 课堂案例——写实专辑包装

素材位置　无
案例位置　案例文件\第4章\写实专辑包装.psd
视频位置　多媒体教学\4.3课堂案例——写实专辑包装.avi
难易指数　★★★☆☆

本例主要讲解的是写实专辑制作，在制作过程中着重强调了黑胶唱片的品质感，同时简洁的包装为整体的写实增添不少神色。最终效果如图4.15所示。

扫码看视频

图4.15 最终效果

4.3.1 制作背景

01 执行菜单栏中的“文件”|“新建”命令，在弹出的对话框中设置“宽度”为800像素，“高度”为600像素，“分辨率”为72像素/英寸，“颜色模式”为RGB颜色，新建一个空白画布，如图4.16所示。

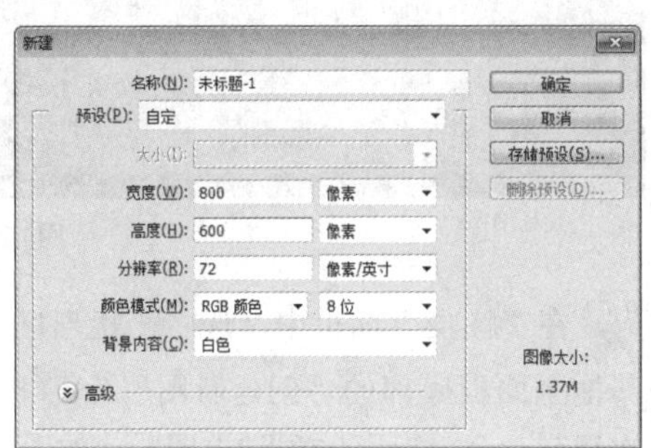

图4.16 新建画布

02 将背景填充为深蓝色（R：88，G：93，B：105），如图4.17所示。

03 在“图层”面板中，选中“背景”图层，执行菜单栏中的“图层”|“新建”|“通过拷贝的图层”命令，此时将生成一个“图层1”图层，如图4.18所示。

图4.17 填充颜色

图4.18 复制图层

技巧与提示

选中“背景”图层，将其拖至面板底部的“创建新图层”按钮上，同样可以将其复制，除名称不同外，其他并无区别。

04 选中“图层 1”图层，执行菜单栏中的“滤镜”|“杂色”|“添加杂色”命令，在弹出的对话框中将“数量”更改为1%，分别选中“高斯分布”单选按钮和“单色”复选框，完成之后单击“确定”按钮，如图4.19所示。

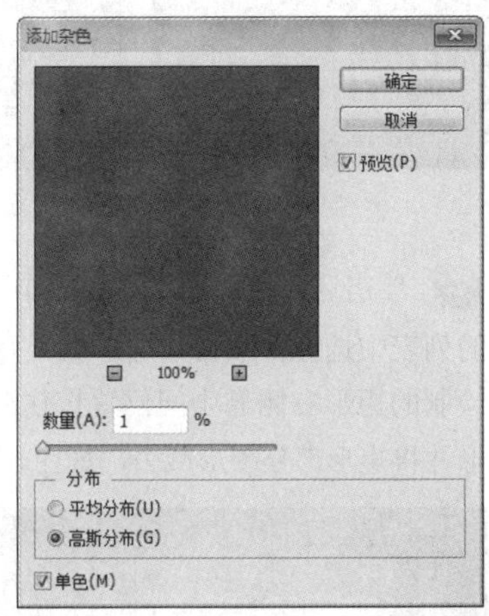

图4.19 设置添加杂色

05 在“图层”面板中，选中“图层1”图层，单击面板底部的“添加图层样式” fx 按钮，在菜单中选择“渐变叠加”命令，在弹出的对话框中将“混合模式”更改为叠加，“不透明度”更改为80%，渐变颜色更改为深蓝色（R：88，G：93，B：105）到深蓝色（R：35，G：38，B：46），“样式”更改为径向，“缩放”更改为150%，完成之后单击“确定”按钮，如图4.20所示。

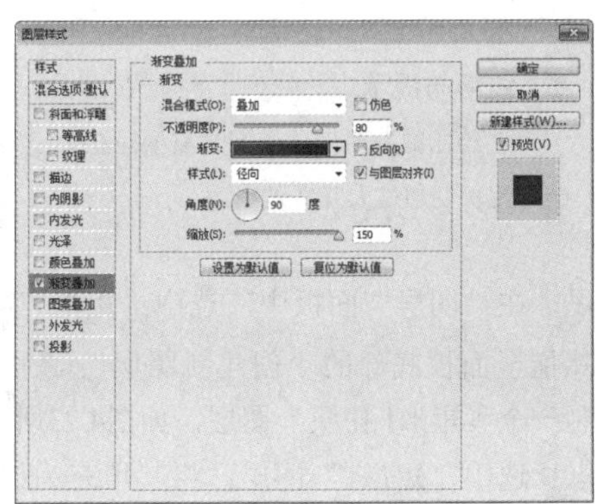

图4.20 设置渐变叠加

4.3.2 制作封面

01 选择工具箱中的"矩形工具"，在选项栏中将"填充"更改为蓝色（R：60，G：177，B：236），"描边"为无，在画布中绘制一个矩形，此时将生成一个"矩形1"图层，如图4.21所示。

图4.21 绘制图形

02 单击选项栏中的"路径操作"按钮，在弹出的列表中选择"减去顶层形状"，在画布中刚才绘制的矩形右侧靠中间位置按住Shift键绘制一个圆形并将矩形部分图形减去，如图4.22所示。

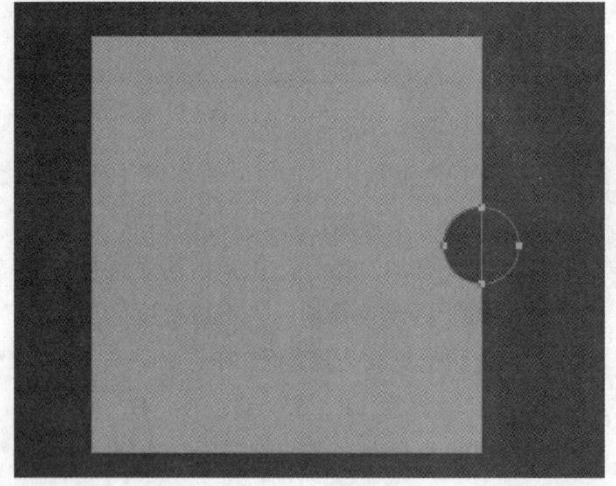

图4.22 减去图形

技巧与提示

在绘制减去图形的椭圆时需要注意大小与整个CD包装的比例切勿过大或者过小。

03 在"图层"面板中，选中"矩形1"图层，将其拖至面板底部的"创建新图层"按钮上，复制一个"矩形1 拷贝"图层，如图4.23所示。

04 选中"矩形1"图层，将其填充为黑色，并将其图层"不透明度"更改为50%，如图4.24所示。

图4.23 复制图层

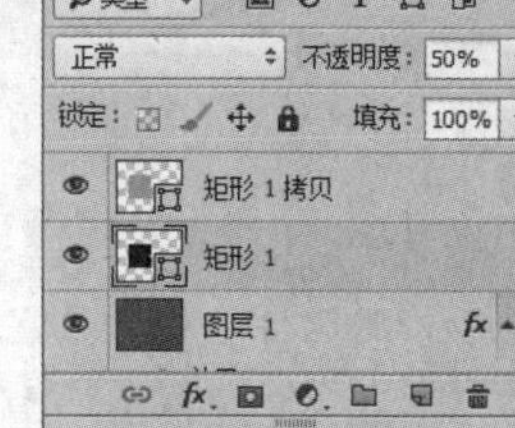

图4.24 更改图形颜色及不透明度

05 选中"矩形1"图层，在画布中将图形向右侧移动1到2像素，如图4.25所示。

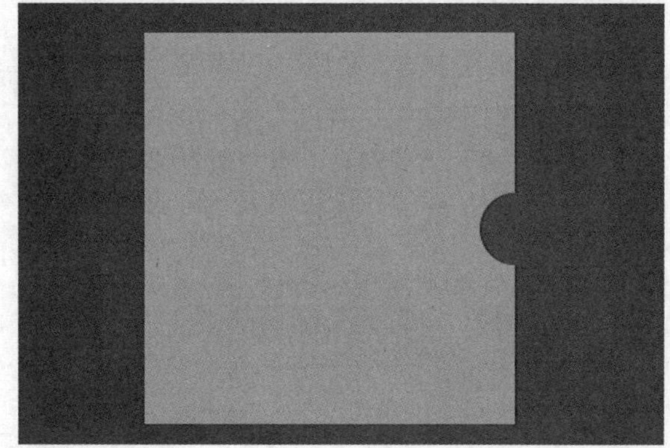

图4.25 移动图形

06 在"图层"面板中，选中"矩形1"图层，将其拖至面板底部的"创建新图层"按钮上，再次复制一个"矩形1 拷贝2"图层，如图4.26所示。

07 在"图层"面板中，选中"矩形1"图层，执行菜单栏中的"图层"|"栅格化"|"形状"命令，将当前图形栅格化，如图4.27所示。

图4.26 复制图层

图4.27 栅格化形状

08 选中"矩形1"图层，执行菜单栏中的"滤镜"|"模糊"|"高斯模糊"命令，在弹出的对话框中将"半径"更改为8像素，设置完成之后单击"确定"按钮，如图4.28所示。

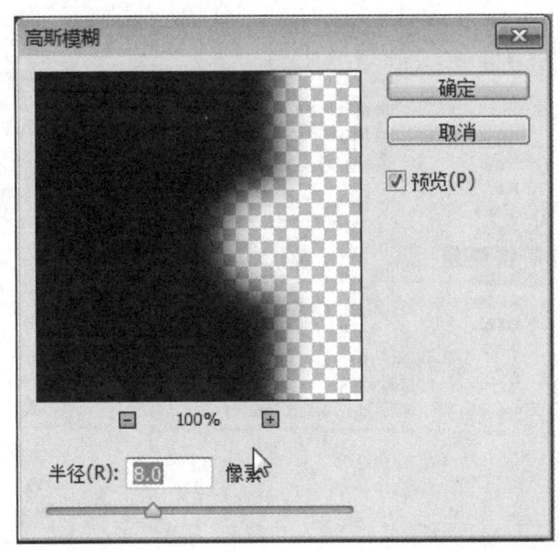

图4.28 设置高斯模糊

09 在“图层”面板中，选中“矩形1 拷贝”图层，单击面板底部的“添加图层样式”fx按钮，在菜单中选择“内阴影”命令，在弹出的对话框中将“混合模式”更改为柔光，“颜色”更改为白色，“不透明度”更改为50%，取消“使用全局光”复选框，角度更改为90度，“距离”更改为80像素，“大小”更改为100像素，如图4.29所示。

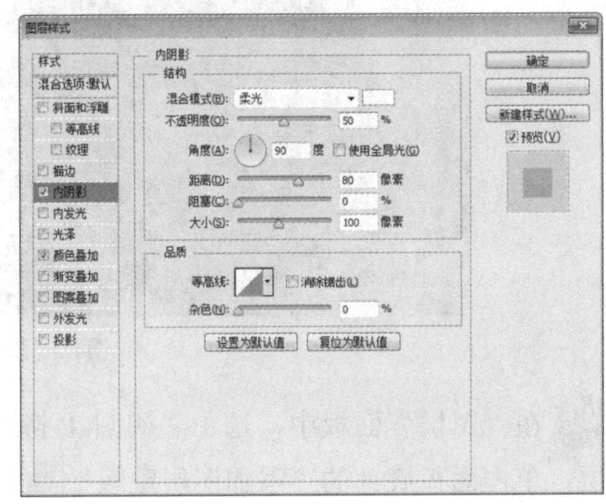

图4.29 设置内阴影

10 选中“内发光”复选框，将“混合模式”更改为柔光，“不透明度”更改为25%，“杂色”更改为8%，“颜色”更改为黑色，“大小”更改为100像素，如图4.30所示。

11 选中“渐变叠加”复选框，将“混合模式”更改为柔光，“不透明度”更改为80%，“渐变”更改为透明到黑色，“样式”更改为径向，“缩放”更改为150%，完成之后单击“确定”按钮，如图4.31所示。

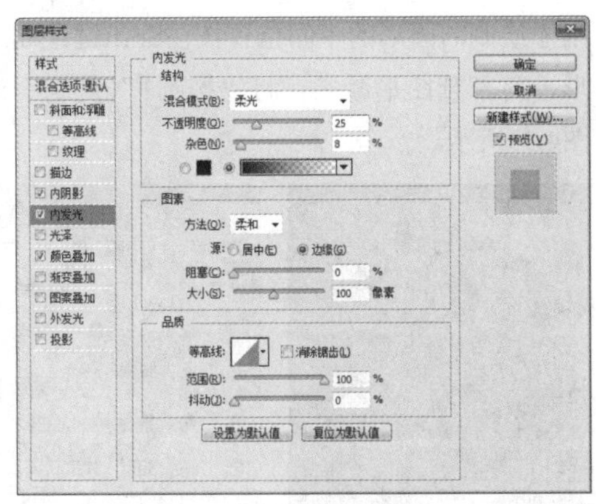

图4.30 设置内发光

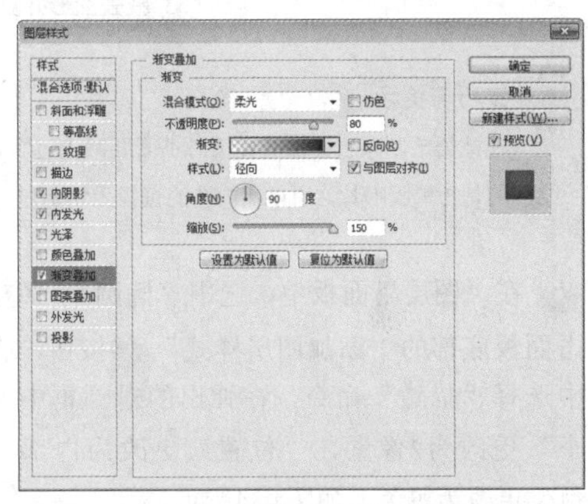

图4.31 设置渐变叠加

4.3.3 绘制光盘

01 选择工具箱中的“椭圆工具”，在选项栏中将“填充”更改为深灰色（R：20，G：20，B：20），“描边”为无，在矩形右侧位置按住Shift键绘制一个圆形，此时将生成一个“椭圆1”图层，如图4.32所示。

图4.32 绘制图形

02 单击选项栏中的“路径操作”按钮，在弹出的列表中选择“减去顶层形状”，在画布中刚才绘制的圆形的中间位置按住Shift键绘制一个圆形，将部分图形减去，将“椭圆1”复制一份，如图4.33所示。

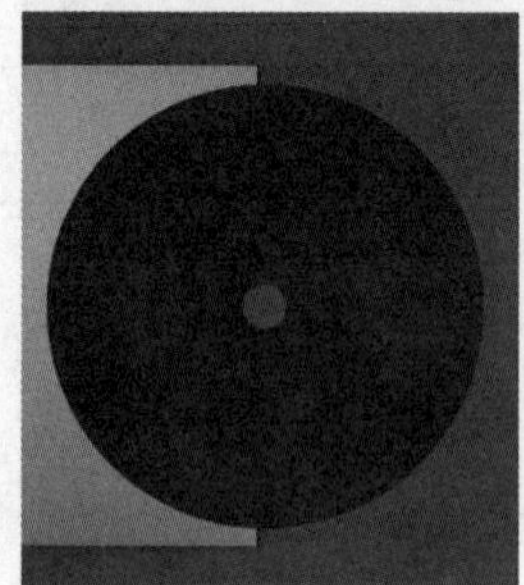

图4.33 减去图形并复制图层

技巧与提示

在此处绘制减去图形的椭圆时不需要减去过多，因为绘制的是仿黑胶唱片，所以在内孔的直径上切勿过大。

03 在“图层”面板中，选中“椭圆1”图层，单击面板底部的“添加图层样式”fx按钮，在菜单中选择“描边”命令，在弹出的对话框中将“大小”更改为2像素，“位置”更改为内部，“颜色”更改为黑色，如图4.34所示。

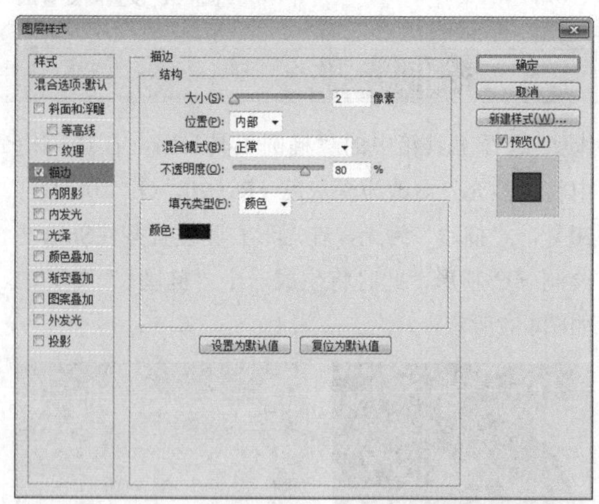

图4.34 设置描边

04 选中“光泽”复选框，将“混合模式”更改为正常，“颜色”更改为白色，“不透明度”更改为20%，“角度”更改为45度，“距离”更改为60像素，“大小”更改为114像素，单击“等高线”后方的按钮，在弹出的面板中选择“高斯”，完成之后单击“确定”按钮，如图4.35所示。

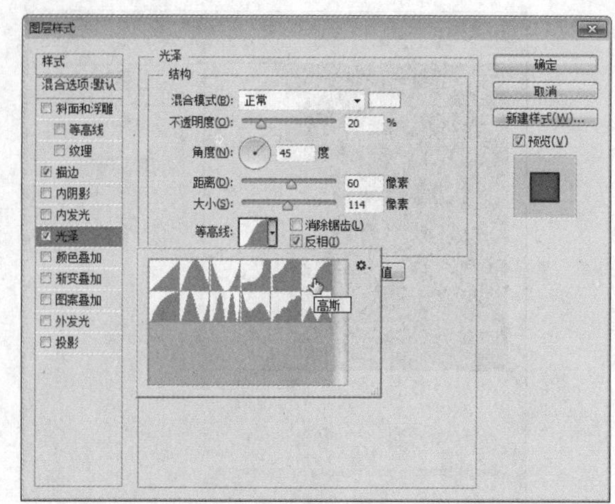

图4.35 设置光泽

05 选中“椭圆 1 拷贝”图层，在画布中按Ctrl+T组合键对其执行“自由变换”命令，当出现变形框以后按住Alt+Shift组合键将图形等比缩小，完成之后按Enter键确认，并修改其“填充”颜色为紫色（R:196，G:0，B:114），如图4.36所示。

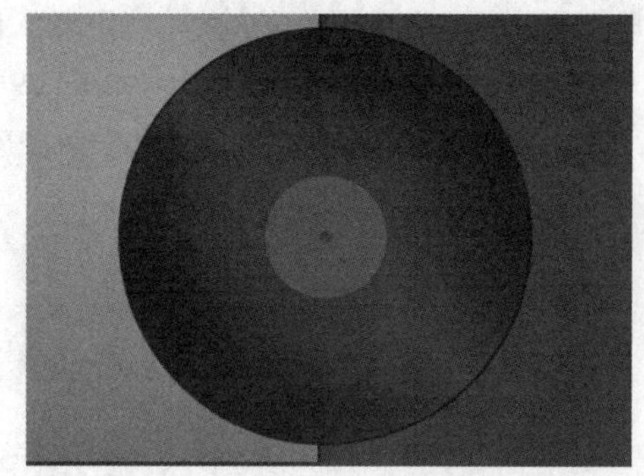

图4.36 变换图形

06 在“图层”面板中，选中“椭圆 1 拷贝”图层，单击面板底部的“添加图层蒙版”按钮，为其图层添加图层蒙版，如图4.37所示。

07 在“图层”面板中，按住Ctrl键单击“椭圆1”图层缩览图，将其载入选区，如图4.38所示。

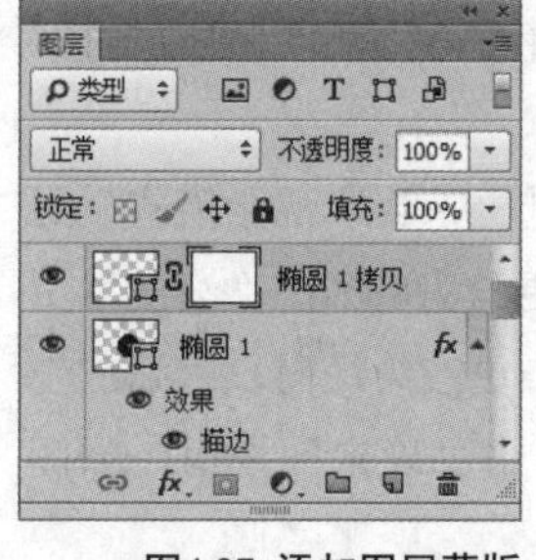

图4.37 添加图层蒙版

图4.38 载入选区

08 在画布中执行菜单栏中的“选择”|“反向”命令，将选区反向选择，再单击“椭圆 1 拷贝”图层蒙版缩览图，在画布中将选区填充为黑色，将部分图形隐藏，完成之后按Ctrl+D组合键将选区取消，如图4.39所示。

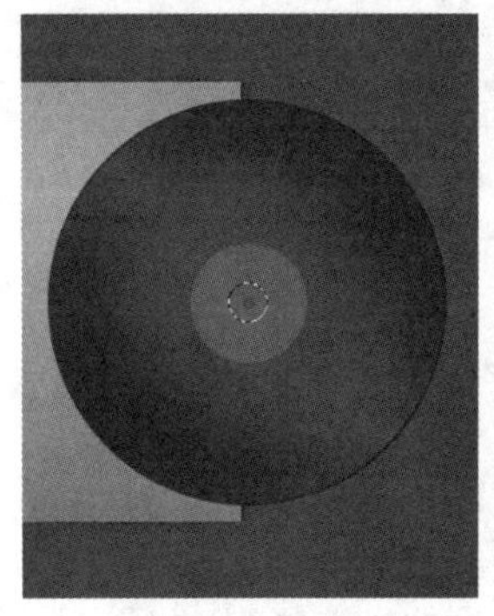
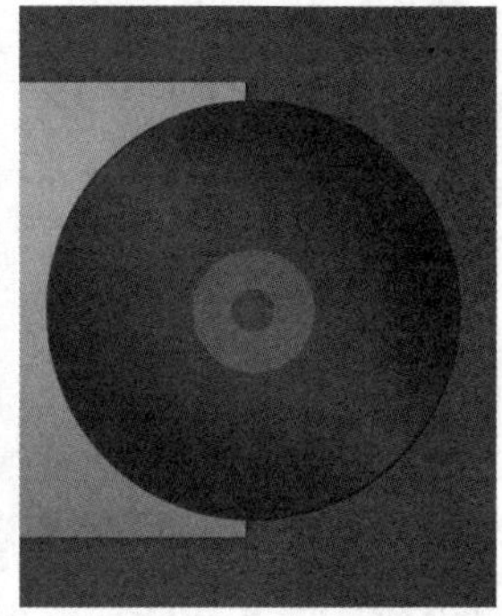

图4.39　将选区反向并隐藏图形

09 在“图层”面板中，选中“椭圆 1 拷贝”图层，单击面板底部的“添加图层样式” fx 按钮，在菜单中选择“光泽”命令，在弹出的对话框中将“混合模式”更改为叠加，“颜色”更改为白色，“不透明度”更改为50%，“角度”更改为45度，“距离”更改为25像素，“大小”更改为40像素，单击“等高线”后方的按钮，在弹出的面板中选择“高斯”，完成之后单击“确定”按钮，如图4.40所示。

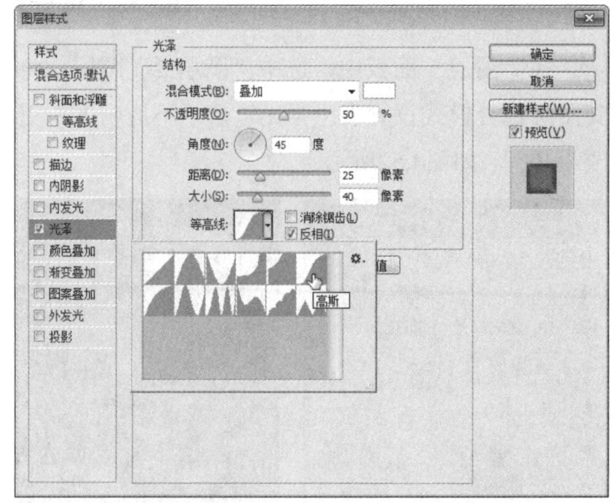

图4.40　设置光泽

10 同时选中“椭圆 1 拷贝”及“椭圆 1”图层，按Ctrl+G组合键将图形快速编组，此时将生成一个“组1”组，双击组名称，将名称更改为“光盘”，如图4.41所示。

11 执行菜单栏中的“图层”|“合并组”命令，此时将生成一个“光盘”图层，如图4.42所示。

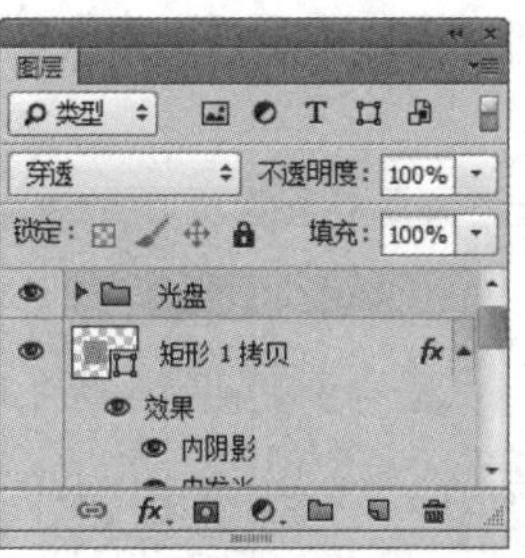

图4.41　快速编组

图4.42　合并组

4.3.4 制作质感

01 单击面板底部的“创建新图层”按钮，新建一个“图层2”图层，如图4.43所示。

02 选中“图层1”图层，在画布中填充灰色（R：138，G：138，B：138），如图4.44所示。

图4.43　新建图层

图4.44　填充颜色

03 选中“图层2”图层，执行菜单栏中的“滤镜”|“杂色”|“添加杂色”命令，在弹出的对话框中将“数量”更改为20%，分别选中“高斯分布”单选按钮和“单色”复选框，完成之后单击“确定”按钮，如图4.45所示。

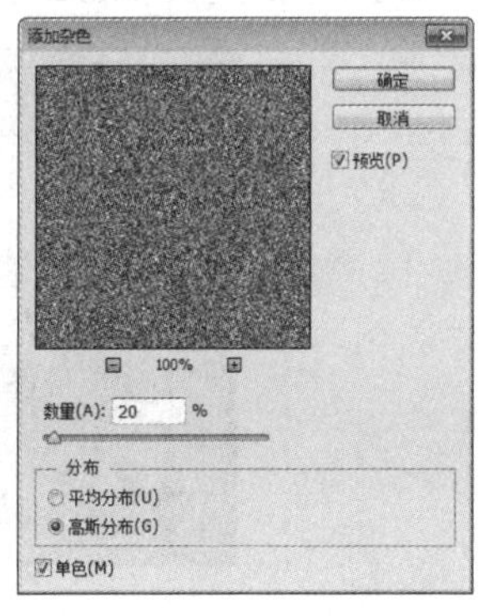

图4.45　设置添加杂色

04 选中“图层2”图层，执行菜单栏中的“滤镜”|“模糊”|“径向模糊”命令，在弹出的对话框中将“数量”更改为70像素，分别选中“旋转”及“好”单选按钮，设置完成之后单击“确定”按钮，如图4.46所示。

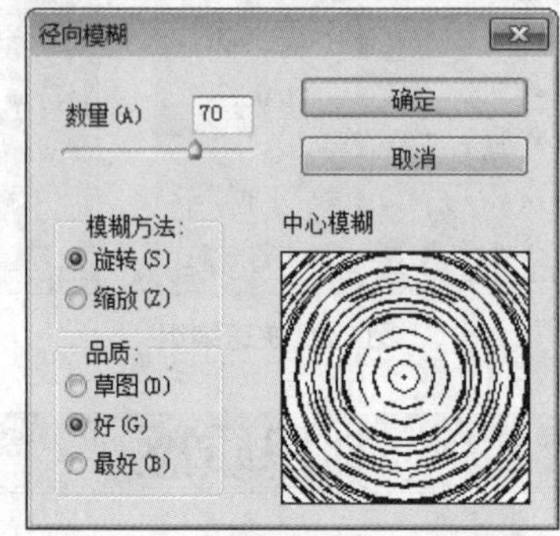

图4.46 设置径向模糊

05 选中“图层2”图层，按Ctrl+F组合键为其重复添加滤镜模糊效果，如图4.47所示。

图4.47 重复添加滤镜效果

06 选中“图层2”图层，适当降低其图层不透明度，在画布中将图形适当移动使旋转的中心点与光盘的中心点对齐，再按Ctrl+T组合键对其执行自由变换，当出现变形框以后按住Alt+Shift组合键将图形等比缩小，完成之后按Enter键确认，如图4.48所示。

图4.48 变换图形

07 在“图层”面板中，选中“图层2”图层，单击面板底部的“添加图层蒙版”按钮，为其图层添加图层蒙版，如图4.49所示。

08 在“图层”面板中，按住Ctrl键单击“光盘”图层缩览图，将其载入选区，如图4.50所示。

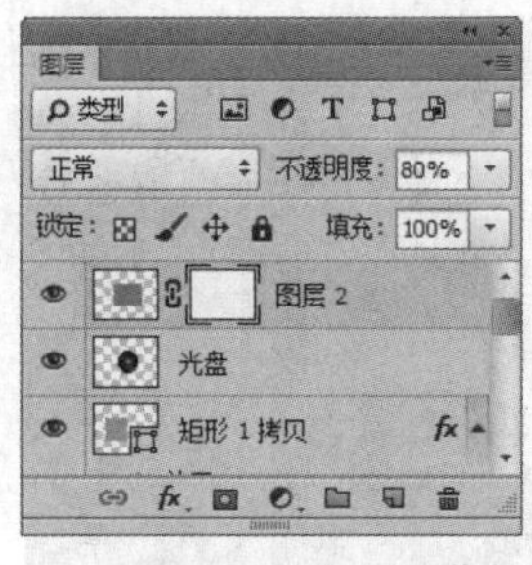

图4.49 添加图层蒙版

图4.50 载入选区

09 在画布中执行菜单栏中的“选择”|“反向”命令，将选区反向选择，单击“图层2”图层蒙版缩览图，在画布中将选区填充为黑色，将部分图形隐藏，完成之后按Ctrl+D组合键将选区取消，如图4.51所示。

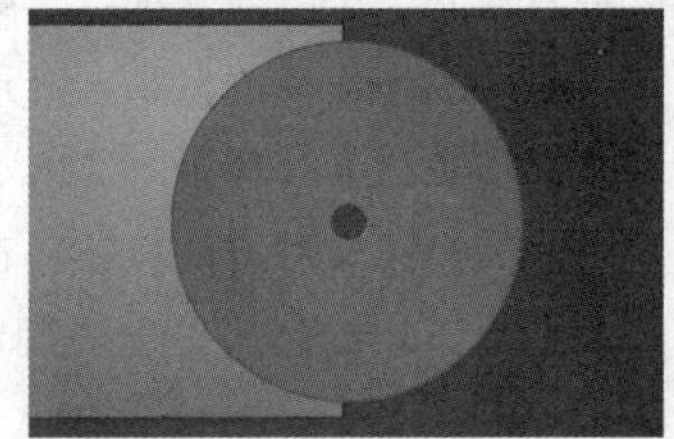

图4.51 隐藏图形

10 在“图层”面板中，选中“图层 2”图层，将其图层混合模式设置为“强光”，“不透明度”更改为40%，如图4.52所示。

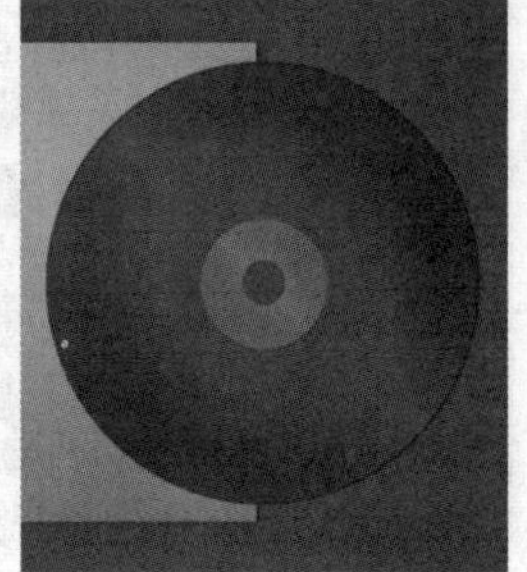

图4.52 设置图层混合模式

11 在“图层”面板中，同时选中“图层 2”及“光盘”图层，将其向下移至“矩形 1”图层下方，如图4.53所示。

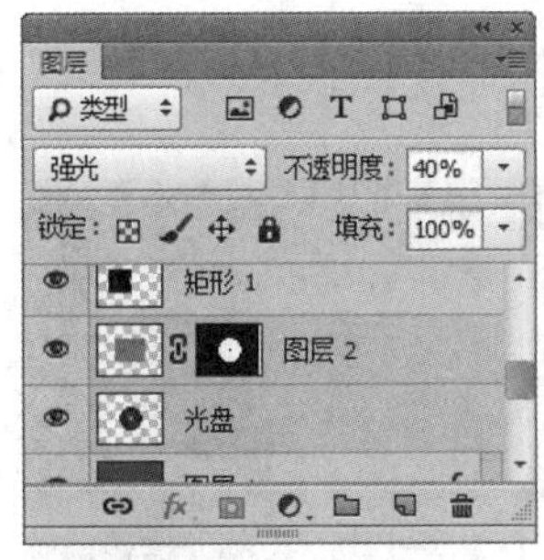

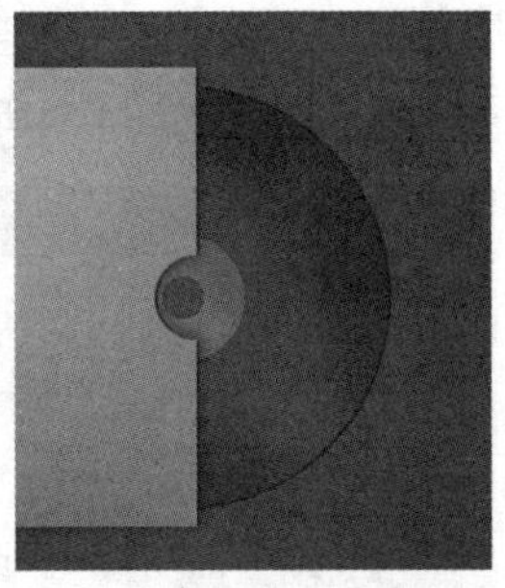

图4.53 更改图层顺序

4.3.5 制作封口细节

01 在“图层”面板中，选中“矩形1 拷贝2”图层，将其拖至面板底部的“创建新图层”按钮上，复制一个“矩形1 拷贝3”图层，如图4.54所示。

02 选中“矩形1 拷贝3”图层，将其填充为白色，再向右稍微平移，如图4.55所示。

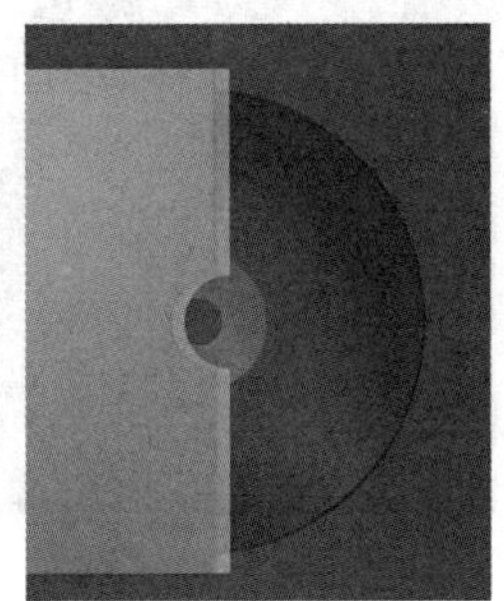

图4.54 复制图层　　图4.55 移动图形

03 选中“矩形 1 拷贝 3”图层，将“填充”更改为20%，如图4.56所示。

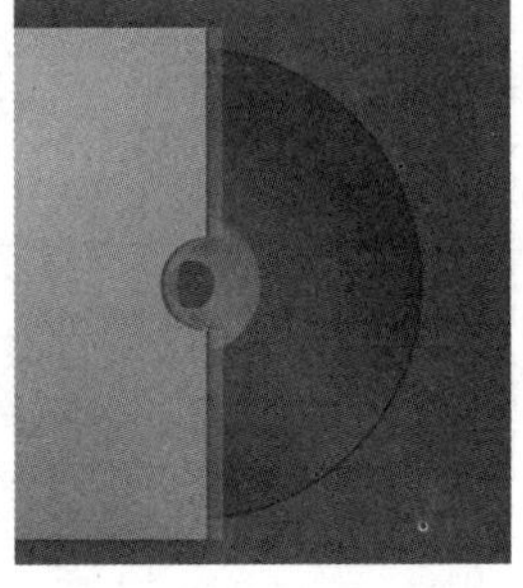

图4.56 更改图层不透明度及填充

04 选择工具箱中的“直接选择工具”，在画布中选中“矩形 1 拷贝 3”图层中图形右侧椭圆路径，按Ctrl+T组合键对其执行自由变换，当出现变形框以后按住Alt+Shift组合键将图形等比缩小，完成之后按Enter键确认，如图4.57所示。

图4.57 缩小路径

05 选中“矩形 1 拷贝 3”图层，在画布中将图形向上稍微移动，如图4.58所示。

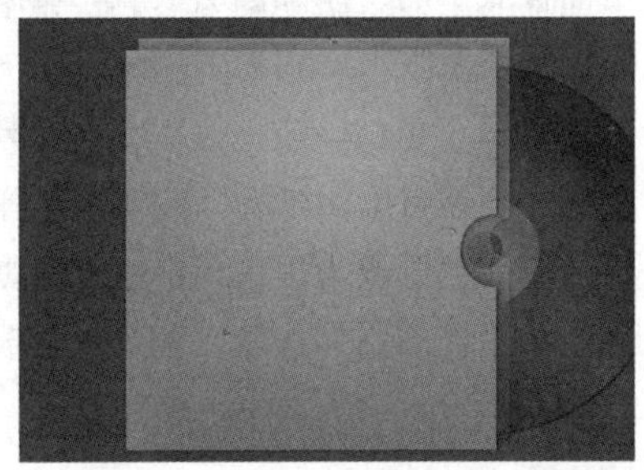

图4.58 移动图形

06 选择工具箱中的“直接选择工具”，同时选中“矩形 1 拷贝 3”图层中的图形右上角和左上角的锚点再将其向下拖动并与CD包装盒顶部边缘对齐，如图4.59所示。

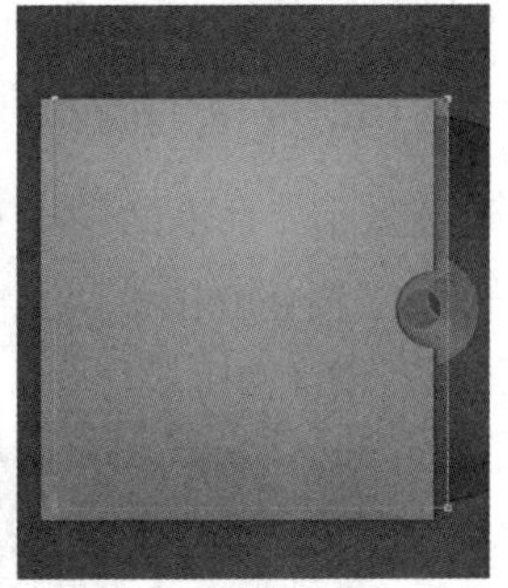

图4.59 缩小高度

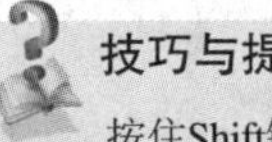

技巧与提示

按住Shift键可加选点。

07 选择工具箱中的“直线工具”，在选项栏中将“填充”更改为白色，“描边”为无，“粗细”更改为1像素，在“矩形 1 拷贝 3”图层中的图形右侧边缘按住Shift键绘制一条垂直线段，此时将生成一个“形状1”图层，如图4.60所示。

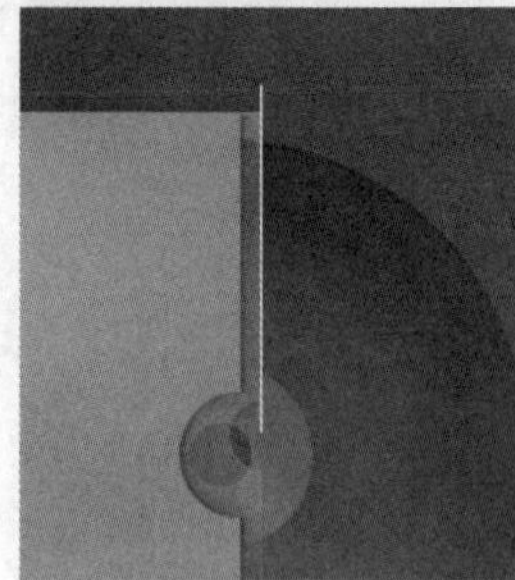

图4.60 绘制图形

08 在“图层”面板中，选中“形状1”图层，单击面板底部的“添加图层蒙版”按钮，为其图层添加图层蒙版，如图4.61所示。

09 选择工具箱中的“渐变工具”，在选项栏中单击“点按可编辑渐变”按钮，在弹出的对话框中将渐变颜色更改为黑色到白色再到黑色，设置完成之后单击“确定”按钮，再单击选项栏中的“线性渐变”按钮，如图4.62所示。

图4.61 添加图层蒙版

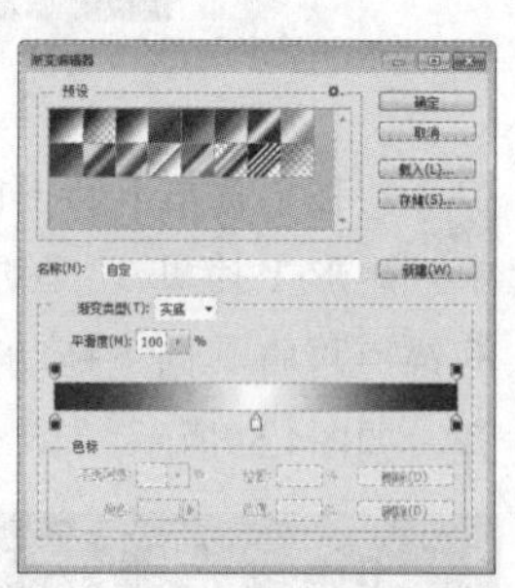

图4.62 设置渐变

10 单击“形状1”图层蒙版缩览图，在画布中的图形上按住Shift键从上往下拖动，将部分图形隐藏，如图4.63所示。

图4.63 隐藏图形

11 选中“形状1”图层，将其图层“不透明度”更改为60%，如图4.64所示。

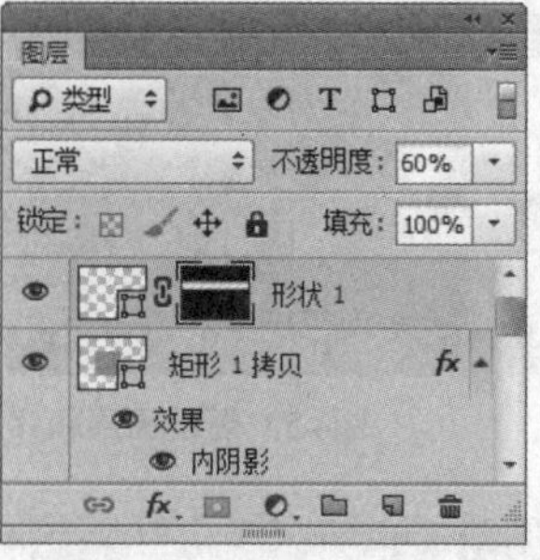

图4.64 更改图层不透明度

12 选中“形状1”图层，在画布中按住Alt+Shift组合键向下拖动，将图形复制，如图4.65所示。

图4.65 复制图形

13 选中“形状 1 拷贝”图层，将其图层“不透明度”更改为30%，如图4.66所示。

图4.66 降低图层不透明度

14 选择工具箱中的“椭圆工具”，在选项栏中将“填充”更改为黑色，“描边”为无，在光盘包装盒底部位置绘制一个扁长的椭圆图形，此时将生成一个“椭圆1”图层，如图4.67所示。

图4.67 绘制图形

⑮ 在“图层”面板中，选中“椭圆1”图层，执行菜单栏中的“图层”|“栅格化”|“形状”命令，将当前图形栅格化，如图4.68所示。

图4.68 栅格化形状

⑯ 选中“椭圆1”图层，执行菜单栏中的“滤镜”|“模糊”|“高斯模糊”命令，在弹出的对话框中将“半径”更改为2像素，设置完成之后单击“确定”按钮，如图4.69所示。

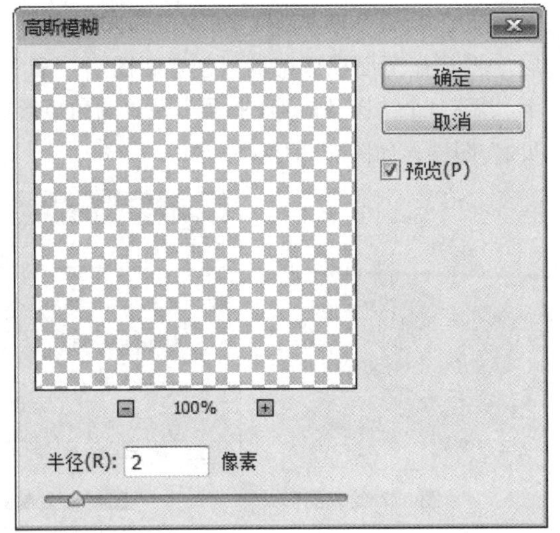

图4.69 设置高斯模糊

⑰ 选中“椭圆1”图层，将其图层“不透明度”更改为60%，如图4.70所示。

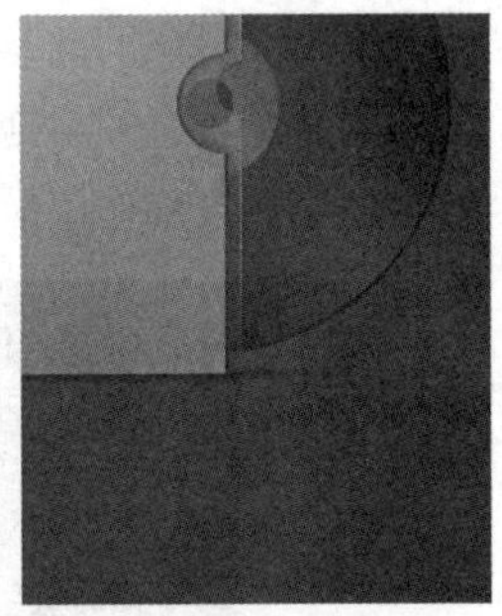

图4.70 降低图层不透明度

⑱ 选择工具箱中的“横排文字工具”T，在CD包装盒的右下角位置添加文字“枫树的纯真年代”，并适当降低其不透明度，如图4.71所示。

⑲ 在“图层”面板中，选中“枫树的纯真年代”图层，单击面板底部的“添加图层蒙版”按钮，为其图层添加图层蒙版，如图4.72所示。

图4.71 添加文字　　图4.72 添加图层蒙版

⑳ 选择工具箱中的“渐变工具”，在选项栏中单击“点按可编辑渐变”按钮，在弹出的对话框中选择“黑白渐变”，设置完成之后单击“确定”按钮，再单击选项栏中的“线性渐变”按钮，如图4.73所示。

图4.73 设置渐变

21 单击“枫树的纯真年代”图层蒙版缩览图，在画布中其文字上倾斜拖动，将部分文字隐藏，这样就完成了效果制作，最终效果如图4.74所示。

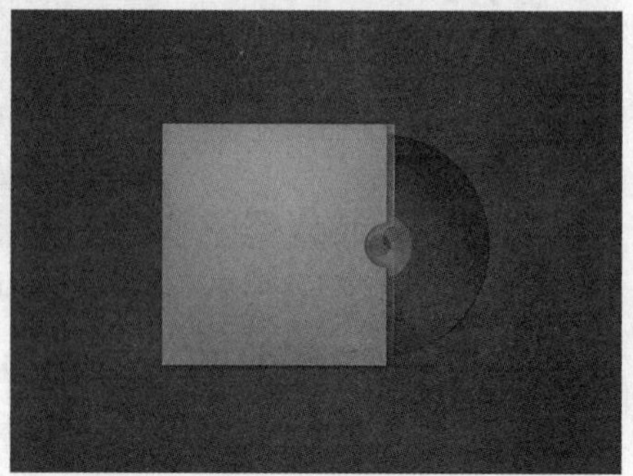

图4.74 隐藏文字及最终效果

4.4 课堂案例——写实闹钟

素材位置 无
案例位置 案例文件\第4章\写实闹钟图标.psd
视频位置 多媒体教学\4.4课堂案例——写实闹钟图标.avi
难易指数 ★★★★☆

本例主要讲解的是写实闹钟图标制作，本例的整体制作过程稍显复杂，需要重点注意图形的前后顺序及高光、阴影的实现。而闹钟表盘的细节同样重要，在绘制的过程中可以将闹钟分为几个部分逐步实现。最终效果如图4.75所示。

扫码看视频

图4.75 最终效果

4.4.1 制作背景

01 执行菜单栏中的“文件”|“新建”命令，在弹出的对话框中设置“宽度”为800像素，“高度”为650像素，“分辨率”为72像素/英寸，“颜色模式”为RGB颜色，新建一个空白画布。

02 选择工具箱中的“渐变工具”，编辑从灰色（R：243，G：243，B：243）到灰色（R：203，G：203，B：203）的渐变，单击选项栏中的“线性渐变”按钮。

03 从中间向边缘方向拖动，为画布填充渐变，如图4.76所示。

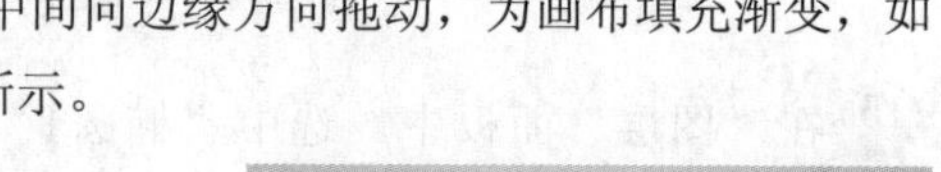

图4.76 填充渐变

4.4.2 绘制闹钟轮廓

01 选择工具箱中的“圆角矩形工具”，在选项栏中将“填充”更改为灰色（R：190，G：190，B：183），“描边”为无，“半径”为300像素，绘制一个圆角矩形，此时将生成一个“圆角矩形1”图层，如图4.77所示。

02 在“图层”面板中，选中“圆角矩形1”图层，将其拖至面板底部的“创建新图层”按钮上，复制1个“圆角矩形1 拷贝”及“圆角矩形1 拷贝2”图层，如图4.78所示。

图4.77 绘制图形

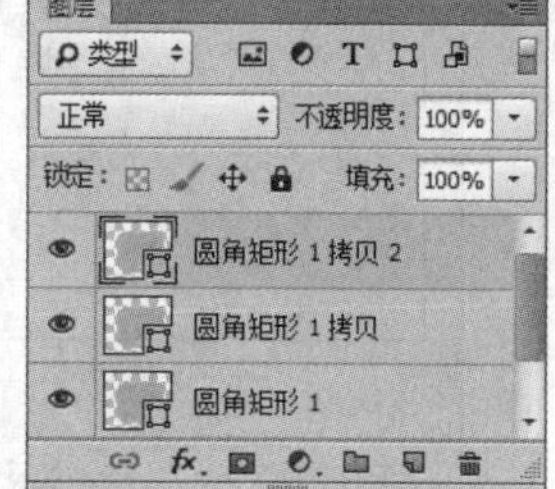

图4.78 复制图层

03 在“图层”面板中，选中“圆角矩形1”图层，将图形颜色更改为（R：240，G：240，B：240），单击面板底部的“添加图层样式”按钮，在菜单中选择“内阴影”命令，在弹出的对话框中，将“不透明度”更改为30%，“大小”更改为16像素，完成之后单击“确定”按钮，如图4.79所示。

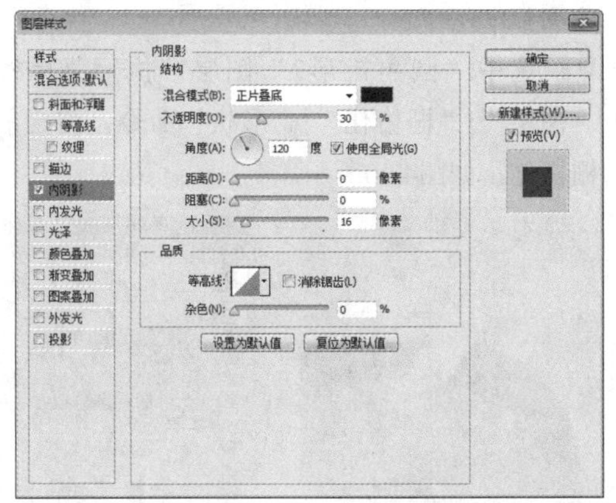

图4.79 设置内阴影

04 在“图层”面板中，选中“圆角矩形1 拷贝”图层，单击面板底部的“添加图层样式” fx 按钮，在菜单中选择“内阴影”命令，在弹出的对话框中，将“不透明度”更改为70%，取消“使用全局光”复选框，“角度”更改为-90度，“距离”更改为2像素，“阻塞”更改为20%，“大小”更改为6像素，如图4.80所示。

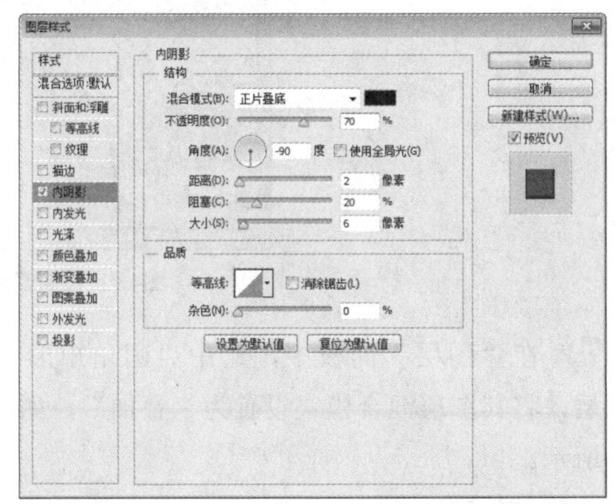

图4.80 设置内阴影

05 勾选“渐变叠加”复选框，将“渐变”更改为深蓝色（R：4，G：14，B：34）到蓝色（R：34，G：57，B：97）到蓝色（R：20，G：55，B：118），并将第1个蓝色色标位置更改为20%，第2个蓝色色标位置更改为60%，完成之后单击“确定”按钮，如图4.81所示。

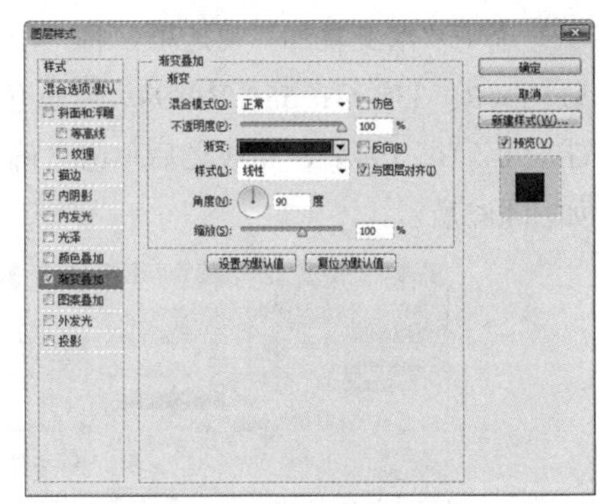

图4.81 设置渐变叠加

06 分别选中“圆角矩形 1”“圆角矩形 1 拷贝”图层，将其图形向左上角方向稍微移动，如图4.82所示。

07 在“图层”面板中，选中“圆角矩形 1 拷贝”图层，将其拖至面板底部的“创建新图层”按钮上，复制1个“圆角矩形 1 拷贝3”图层，如图4.83所示。

图4.82 移动图形

图4.83 复制图层

08 双击“圆角矩形 1 拷贝3”图层样式名称，在弹出的对话框中选中“内阴影”复选框，将“混合模式”更改为正常，“颜色”更改为蓝色（R：134，G：175，B：247），“不透明度”更改为100%，“距离”更改为2像素，“大小”更改为1像素，如图4.84所示。

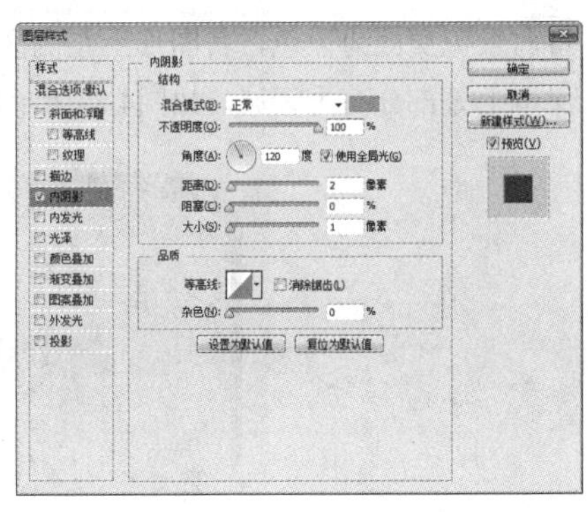

图4.84 设置内阴影

09 选中“渐变叠加”复选框，将“渐变”更改为蓝色（R：33，G：55，B：94）到蓝色（R：32，G：90，B：194），完成之后单击“确定”按钮，如图4.85所示。

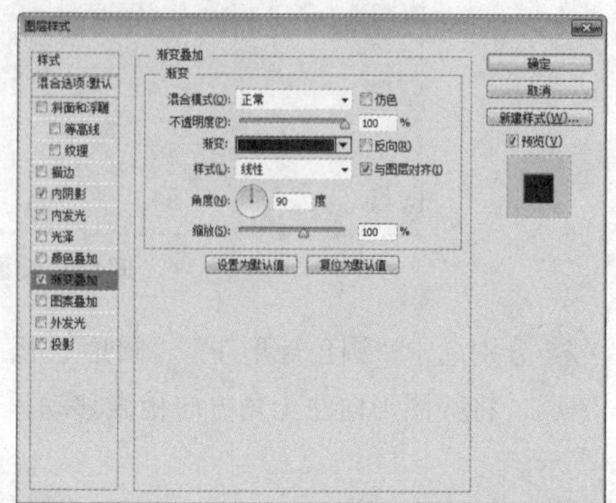

图4.85 设置渐变叠加

10 在“图层”面板中，选中“圆角矩形 1 拷贝 3”图层，单击面板底部的“添加图层蒙版”按钮，为其图层添加图层蒙版，如图4.86所示。

11 选择工具箱中的“画笔工具”，单击鼠标右键，在弹出的面板中，选择一种圆角笔触，将“大小”更改为250像素，“硬度”更改为0%，如图4.87所示。

图4.86 添加图层蒙版

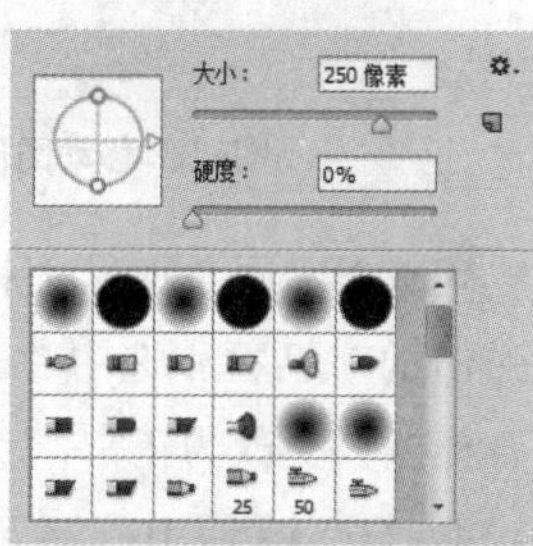

图4.87 设置笔触

12 单击“圆角矩形 1 拷贝 3”图层蒙版缩览图，将前景色更改为黑色，其图形上左侧区域涂抹，仅保留上方部分高光区域，如图4.88所示。

图4.88 隐藏图形制作高光效果

13 选择工具箱中的“圆角矩形工具”，在选项栏中将“填充”更改为白色，“描边”为无，“半径”为30像素，在闹钟图形靠左上角位置绘制一个圆角矩形，此时将生成一个“圆角矩形2”图层，如图4.89所示。

14 选中“圆角矩形2”图层，执行菜单栏中的“图层”|“栅格化”|“形状”命令，将当前图形栅格化，如图4.90所示。

图4.89 绘制图形

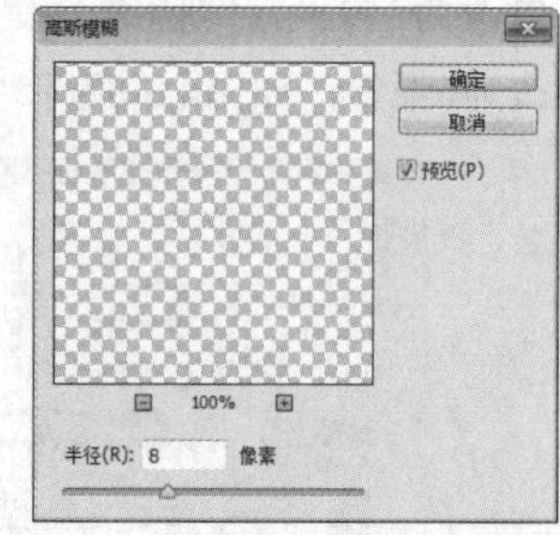

图4.90 栅格化形状

15 选中“圆角矩形 2”图层，执行菜单栏中的“滤镜”|“模糊”|“高斯模糊”命令，在弹出的对话框中将“半径”更改为8像素，设置完成之后单击“确定”按钮，如图4.91所示。

图4.91 设置高斯模糊

16 在“图层”面板中，选中“圆角矩形 2”图层，将其图层混合模式设置为“叠加”，如图4.92所示。

图4.92 设置图层混合模式

⑰ 在“图层”面板中，选中“圆角矩形 2”图层，单击面板底部的“添加图层蒙版” 按钮，为其图层添加图层蒙版，如图4.93所示。

⑱ 按住Ctrl键单击“圆角矩形 1 拷贝 3”图层蒙版缩览图，将其载入选区，如图4.94所示。

图4.93 添加图层蒙版

图4.94 载入选区

⑲ 单击“圆角矩形2”图层蒙版缩览图，执行菜单栏中的“选择”|“反向”命令，将选区反向，再将选区填充为黑色，将部分图形隐藏，完成之后按Ctrl+D组合键将选区取消，再将“圆角矩形2”图层移至“圆角矩形 1 拷贝 2”图层下方，如图4.95所示。

图4.95 隐藏图形并更改图层顺序

⑳ 以同样的方法在闹钟图形适当位置制作相同效果的阴影或者高光效果，如图4.96所示。

图4.96 制作阴影及高光效果

㉑ 在“图层”面板中，选中“圆角矩形 1 拷贝 2”图层，将其拖至面板底部的“创建新图层” 按钮上，复制1个“圆角矩形 1 拷贝 4”图层，并选中“圆角矩形 1 拷贝 4”将其移至所有图层最上方，如图4.97所示。

图4.97 复制图层并更改图层顺序

㉒ 选中“圆角矩形 1 拷贝 4”图层，将其图形颜色更改为深蓝色（R：6，G：26，B：62），选择工具箱中的“直接选择工具” ，选中“圆角矩形 1 拷贝 4”图形左侧的部分锚点，按Delete键将其删除，如图4.98所示。

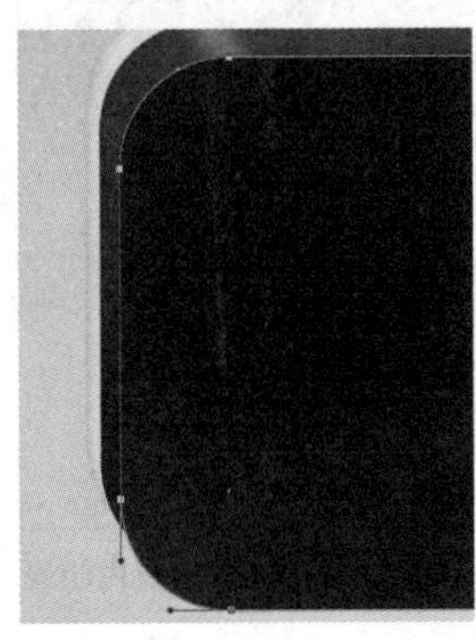

图4.98 删除锚点

技巧与提示

为了方便观察删除锚点后的图形效果，可以先将“圆角矩形 1 拷贝 2”图层暂时隐藏。

㉓ 在“图层”面板中，选中“圆角矩形 1 拷贝 4”图层，将其拖至面板底部的“创建新图层” 按钮上，复制1个“圆角矩形 1 拷贝 5”图层，如图4.99所示。

㉔ 在“图层”面板中，选中“圆角矩形 1 拷贝 5”图层，将其图形颜色更改为蓝色（R：12，G：56，B：133），再执行菜单栏中的“图层”|“栅格化”|“形状”命令，将当前图形栅格化，如图4.100所示。

图4.99 复制图层

图4.100 更改图形颜色并栅格化

25 在“图层”面板中，选中“圆角矩形 1 拷贝 4”图层，单击面板底部的“添加图层样式” fx 按钮，在菜单中选择“内阴影”命令，在弹出的对话框中，将“大小”更改为32像素，完成之后单击“确定”按钮，如图4.101所示。

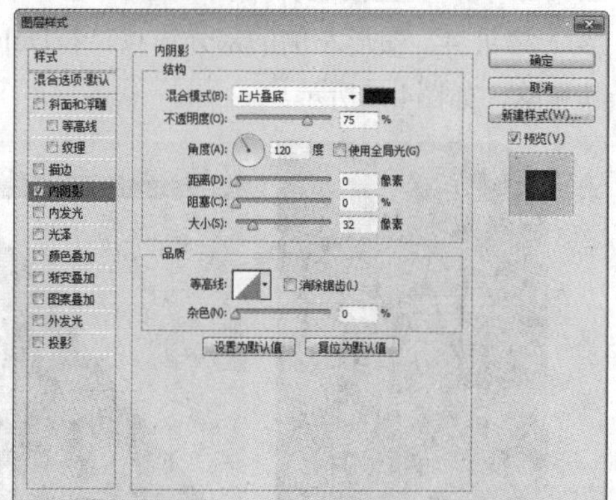

图4.101 设置内阴影

26 选中“圆角矩形 1 拷贝 5”图层，将图形向左平移，如图4.102所示。

图4.102 移动图形

27 选中“圆角矩形 1 拷贝 5”图层，执行菜单栏中的“滤镜”|“模糊”|“高斯模糊”命令，在弹出的对话框中将“半径”更改为40像素，设置完成之后单击“确定”按钮，如图4.103所示。

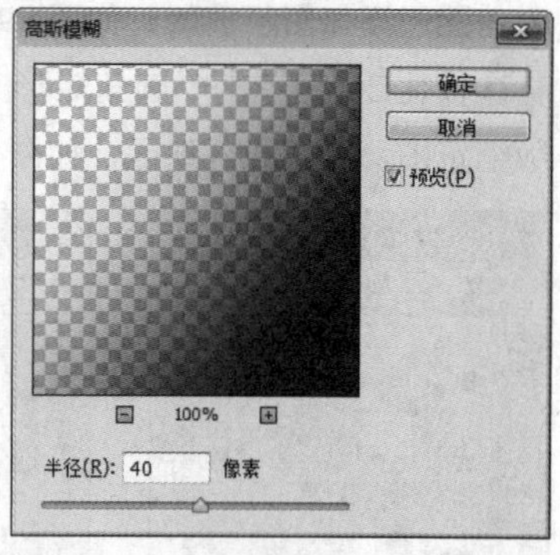

图4.103 设置高斯模糊

28 在“图层”面板中，选中“圆角矩形 1 拷贝 5”图层，单击面板底部的“添加图层蒙版” 按钮，为其图层添加图层蒙版，如图4.104所示。

29 按住Ctrl键单击“圆角矩形 1 拷贝 4”图层缩览图，将其载入选区，如图4.105所示。

图4.104 添加图层蒙版

图4.105 载入选区

30 单击“圆角矩形 1 拷贝 5”图层蒙版缩览图，执行菜单栏中的“选择”|“反向”命令，将选区反向，再将选区填充为黑色，将部分图形隐藏，完成之后按Ctrl+D组合键将选区取消，如图4.106所示。

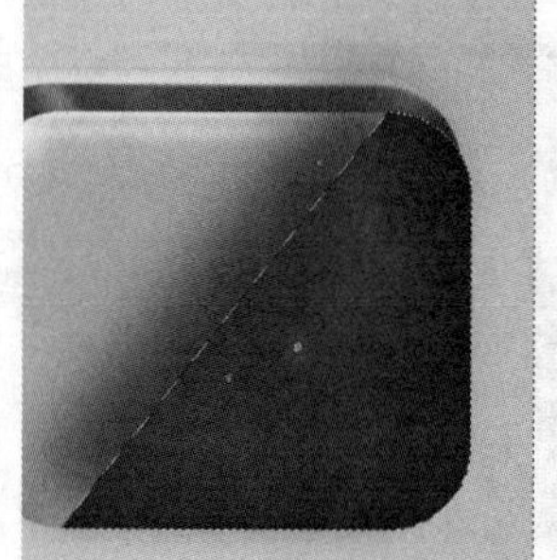

图4.106 转换选区并删除图形

31 选中“圆角矩形 1 拷贝 5”图层，将图形向右下角方向稍微移动，再以刚才同样的方法将多的图形隐藏，如图4.107所示。

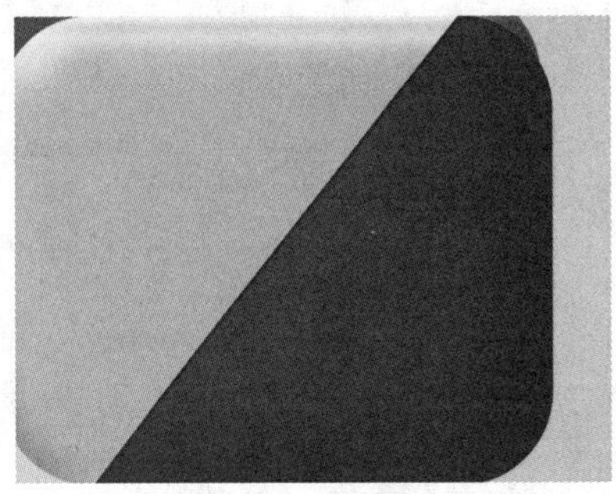

图4.107 移动图形

32 选择工具箱中的“矩形工具”，在选项栏中将“填充”更改为黑色，“描边”为无，在闹钟右下角绘制一个矩形，此时将生成一个“矩形1”图层，并将其适当旋转，如图4.108所示。

图4.108 绘制图形

33 在“图层”面板中，选中“矩形1”图层，单击面板底部的“添加图层蒙版”按钮，为其图层添加图层蒙版，如图4.109所示。

34 按住Ctrl键单击“圆角矩形 1 拷贝 4”图层缩览图，将其载入选区，如图4.110所示。

图4.109 添加图层蒙版　　图4.110 载入选区

35 单击“矩形 1”图层蒙版缩览图，执行菜单栏中的“选择”|“反向”命令，将选区反向，再将选区填充为黑色，将部分图形隐藏，完成之后按Ctrl+D组合键将选区取消，如图4.111所示。

图4.111 转换选区并删除图形

36 在“图层”面板中，选中“矩形 1”图层，单击面板底部的“添加图层样式”按钮，在菜单中选择“内阴影”命令，在弹出的对话框中将“阻塞”更改为35%，“大小”更改为20像素，完成之后单击“确定”按钮，如图4.112所示。

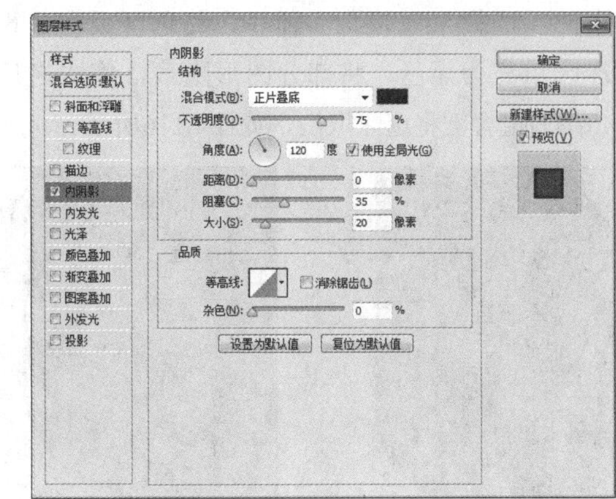

图4.112 设置内阴影

4.4.3 绘制扬声器孔

01 选择工具箱中的“椭圆工具”，在选项栏中将“填充”更改为黑色，“描边”为无，在闹钟右下角位置按住Shift键绘制一个圆形，此时将生成一个“椭圆2”图层，如图4.113所示。

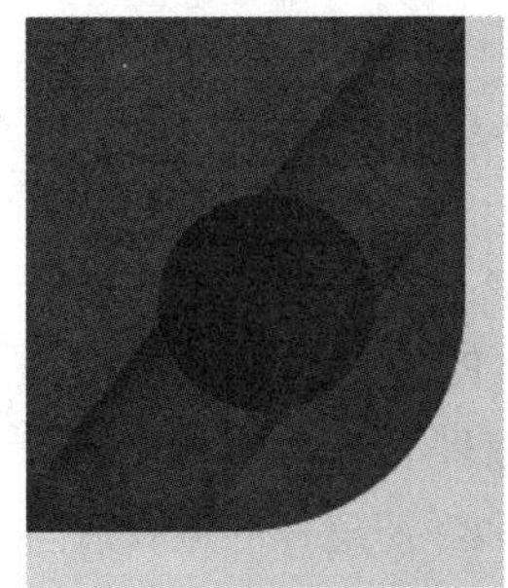

图4.113 绘制图形

02 在“图层”面板中，选中“椭圆2”图层，单击面板底部的“添加图层蒙版” 按钮，为其图层添加图层蒙版，如图4.114所示。

03 按住Ctrl键单击“矩形 1”图层缩览图，将其载入选区，如图4.115所示。

图4.114 添加图层蒙版

图4.115 载入选区

04 单击“椭圆 2”图层蒙版缩览图，执行菜单栏中的“选择”|“反向”命令，将选区反向，再将选区填充为黑色，将部分图形隐藏，完成之后按Ctrl+D组合键将选区取消，如图4.116所示。

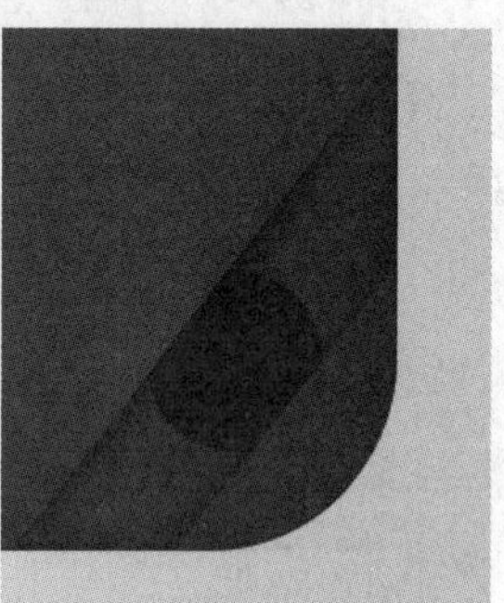

图4.116 转换选区并删除图形

05 在“图层”面板中，选中“椭圆2”图层，单击面板底部的“添加图层样式” fx 按钮，在菜单中选择“投影”命令，在弹出的对话框中，将“混合模式”更改为正常，“颜色”更改为蓝色（R：10，G：53，B：127），取消“使用全局光”复选框，“角度”更改为50度，“距离”更改为2像素，“大小”更改为2像素，完成之后单击“确定”按钮，如图4.117所示。

06 选择工具箱中的“矩形工具” ，在选项栏中将“填充”更改为蓝色（R：10，G：35，B：80），“描边”为无，在闹钟右下角绘制一个矩形，此时将生成一个“矩形2”图层，并将其适当旋转，如图4.118所示。

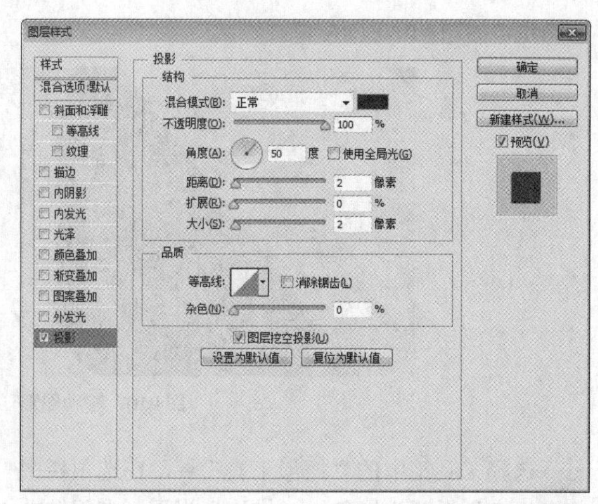

图4.117 设置投影

图4.118 绘制图形

07 选中“矩形2”图层，按住Alt键向左上角方向拖动，将图形复制2份，此时将生成“矩形 2拷贝”及“矩形2 拷贝2”图层，如图4.119所示。

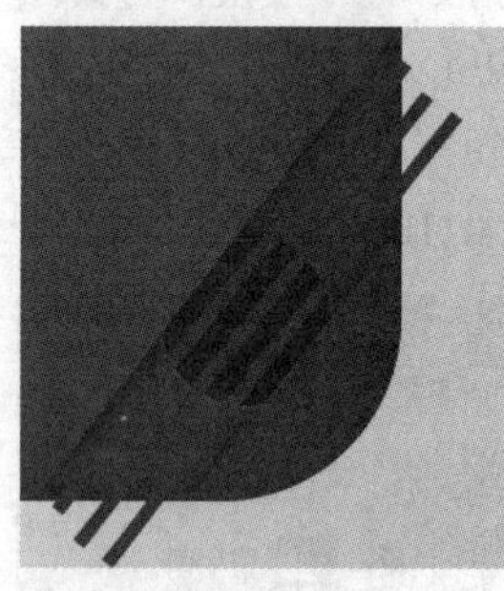

图4.119 复制图形

08 在“图层”面板中，同时选中“矩形 2拷贝2”“矩形2 拷贝”及“矩形2”图层，执行菜单栏中的“图层”|“合并图层”命令，将图层合并，此时将生成一个“矩形 2拷贝2”图层，如图4.120所示。

09 在“图层”面板中，选中“矩形 2 拷贝 2”图层，单击面板底部的“添加图层蒙版” 按钮，为其图层添加图层蒙版，再按住Ctrl键单击“圆角矩形 1 拷贝 4”图层蒙版缩览图将其载入选区，再将选区反向后填充为黑色，以同样的方法将部分图形隐藏，如图4.121所示。

图4.120 合并图层

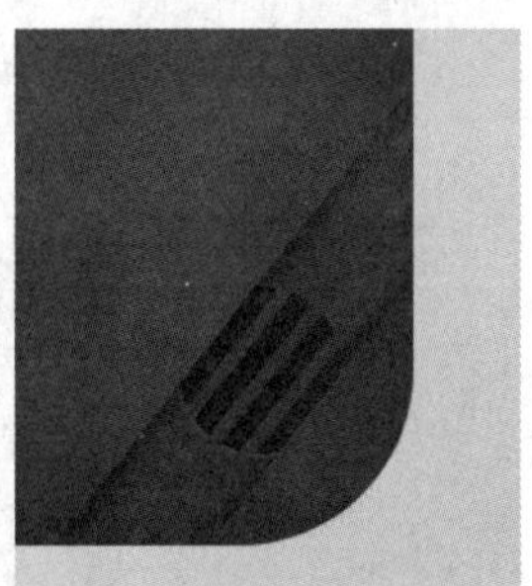

图4.121 添加图层蒙版并隐藏图形

10 在“图层”面板中，选中“矩形2 拷贝2”图层，单击面板底部的“添加图层样式”fx按钮，在菜单中选择“斜面和浮雕”命令，在弹出的对话框中，将“深度”更改为300%，“大小”更改为10像素，“软化”更改为3像素，“高光模式”更改为滤色，“颜色”更改为蓝色（R：72，G：94，B：133），“不透明度”更改为35%，如图4.122所示。

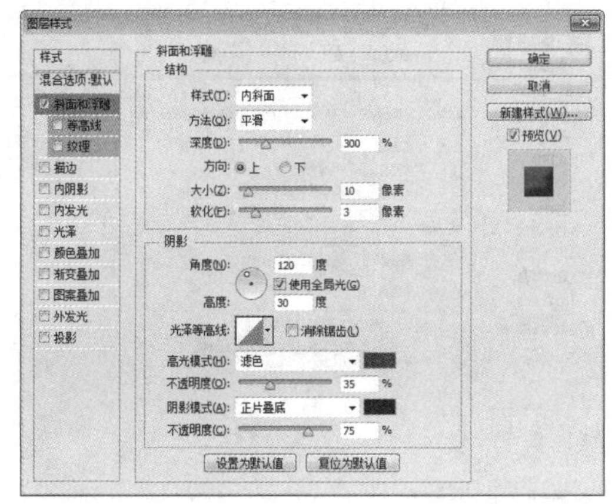

图4.122 设置斜面和浮雕

11 勾选“描边”复选框，将“大小”更改为1像素，如图4.123所示。

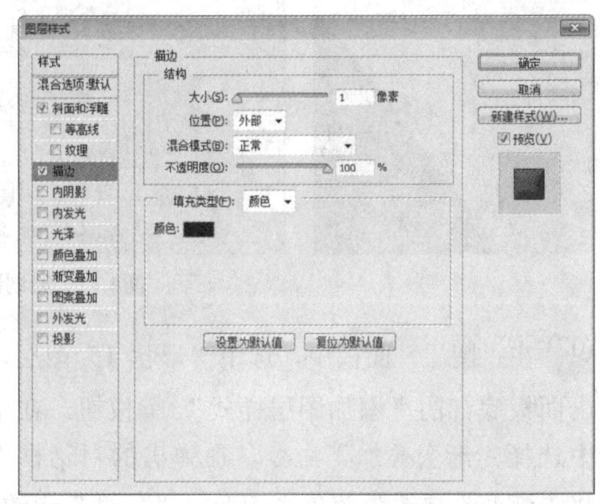

图4.123 设置描边

12 勾选“投影”复选框，将“混合模式”更改为正常，“颜色”更改为蓝色（R：8，G：37，B：90），“距离”更改为1像素，“扩展”更改为27%，完成之后单击“确定”按钮，如图4.124所示。

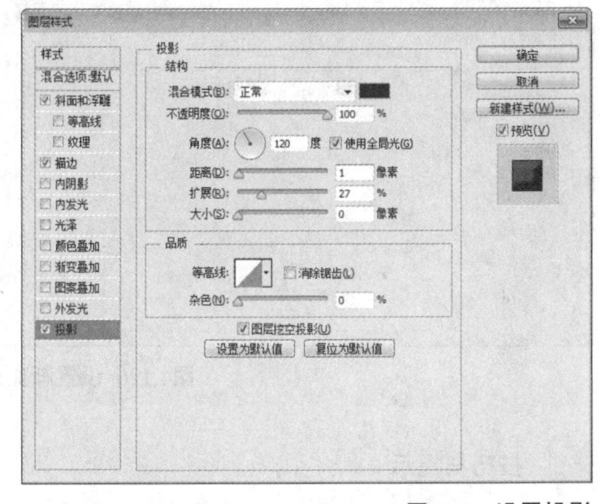

图4.124 设置投影

4.4.4 绘制灯开关

01 选择工具箱中的“钢笔工具”，在选项栏中单击“选择工具模式” 路径 按钮，在弹出的选项中选择“形状”，将“填充”更改为白色，“描边”为无，在闹钟顶部位置绘制一个不规则图形以制作按钮，此时将生成一个“形状 1”图层，选中“形状1”图层，将其拖至面板底部的“创建新图层”按钮上，复制1个“形状 1 拷贝”及“形状 1 拷贝2”图层，如图4.125所示。

图4.125 绘制图形

02 在“图层”面板中，选中“形状 1”图层，单击面板底部的“添加图层样式”fx按钮，在菜单中选择“渐变叠加”命令，在弹出的对话框中，将“渐变”更改为蓝色系渐变，“角度”更改为0度，“缩放”更改为97%，如图4.126所示。

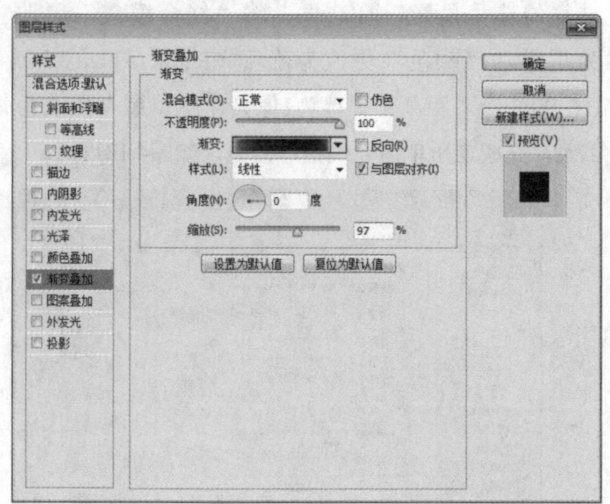

图4.126 设置渐变叠加

技巧与提示

此处的渐变色标颜色及位置大致如图4.127所示。

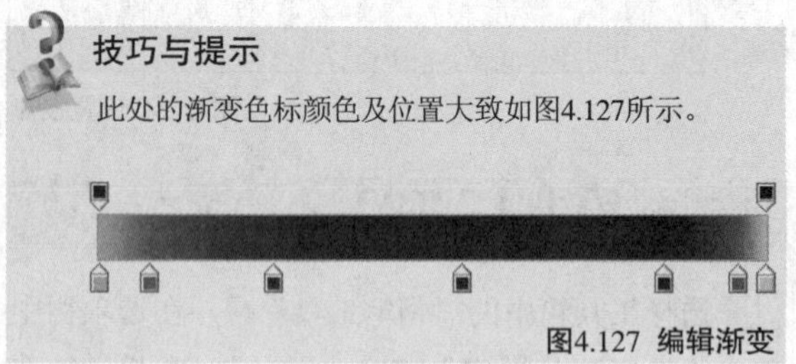

图4.127 编辑渐变

03 勾选“投影”复选框，取消“使用全局光”复选框，将“角度”更改为90度，“距离”更改为2像素，完成之后单击“确定”按钮，如图4.128所示。

04 选中“形状 1 拷贝”图层，将其图形颜色更改为蓝色（R：60，G：85，B：127），再将其适当缩小，如图4.129所示。

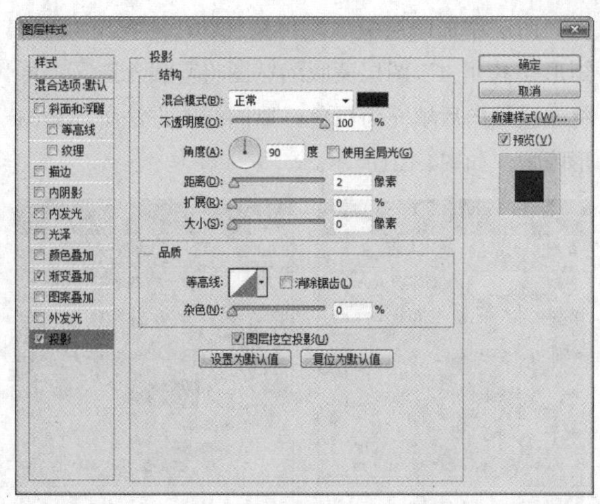

图4.128 设置投影

图4.129 变换图形

05 在“图层”面板中，选中“形状 1 拷贝 2”图层，单击面板底部的“添加图层样式”fx按钮，在菜单中选择“投影”命令，在弹出的对话框中，取消“使用全局光”复选框，将“混合模式”更改为正常，“角度”更改为90度，颜色更改为蓝色（R：68，G：114，B：195），“距离”更改为2像素，完成之后单击“确定”按钮，如图4.130所示。

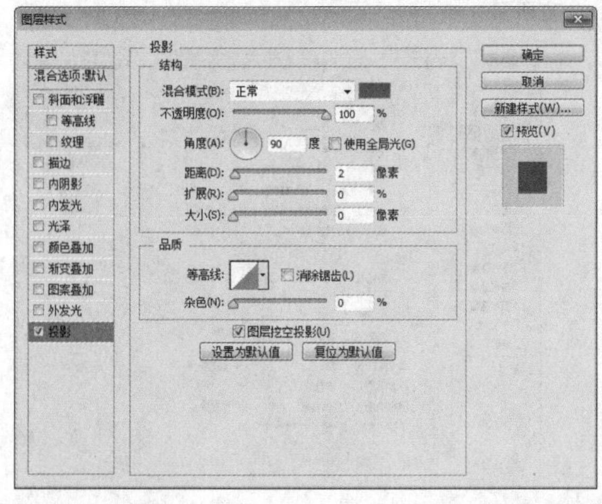

图4.130 设置投影

06 选中“形状 1 拷贝 2”图层，按Ctrl+T组合键对其执行“自由变换”命令，将光标移至变形框底部向上拖动，将图形适当缩小，完成之后按Enter键确认，如图4.131所示。

图4.131　变换图形

07 在“图层”面板中，选中“形状 1 拷贝 2”图层，将其拖至面板底部的“创建新图层”按钮上，复制1个“形状 1 拷贝 3”图层，如图4.132所示。

图4.132　复制图层

08 选中“形状 1 拷贝 3”图层，按Ctrl+T组合键对其执行“自由变换”，将图形适当缩小，完成之后按Enter键确认，如图4.133所示。

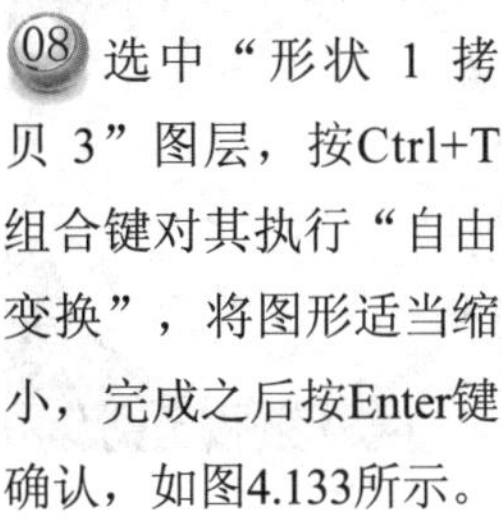

图4.133　变换图形

09 在“图层”面板中，将“形状 1 拷贝 3”图层中的“投影”图层样式删除，再双击其图层样式名称，在弹出的对话框中，勾选“渐变叠加”复选框，将“渐变”更改为蓝色（R：0，G：10，B：30）到蓝色（R：12，G：56，B：133）到蓝色（R：0，G：118，B：210）到白色，完成之后单击“确定”按钮，如图4.134所示。

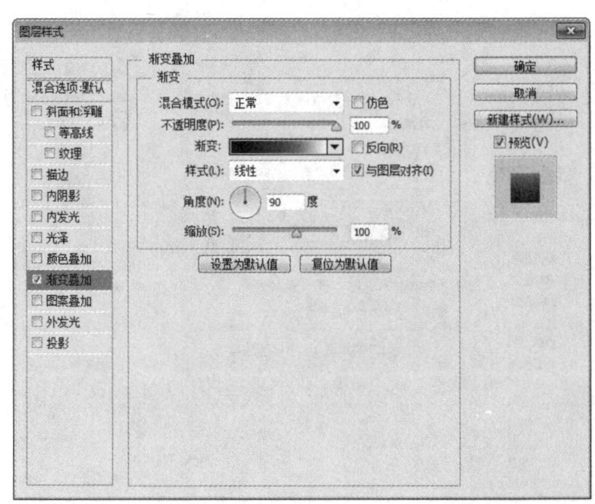

图4.134　设置渐变叠加

4.4.5 绘制表盘图形

01 选择工具箱中的“椭圆工具”，在选项栏中将“填充”更改为白色，“描边”为无，在画布靠左侧位置按住Shift键绘制一个圆形，此时将生成一个“椭圆3”图层，选中“椭圆3”图层，将其拖至面板底部的“创建新图层”按钮上，复制1个“椭圆3 拷贝”图层，如图4.135所示。

图4.135　绘制图形

02 在“图层”面板中，选中“椭圆 3”图层，单击面板底部的“添加图层样式”按钮，在菜单中选择“描边”命令，在弹出的对话框中，将“大小”更改为2像素，“填充类型”更改为渐变，“渐变”更改为深蓝色（R：4，G：20，B：50）到白色，并将深蓝色色标位置更改为50%，白色色标位置更改为60%，“角度”更改为140度，如图4.136所示。

03 勾选“内阴影”复选框，将“距离”更改为4像素，“大小”更改为6像素，完成之后单击“确定”按钮，如图4.137所示。

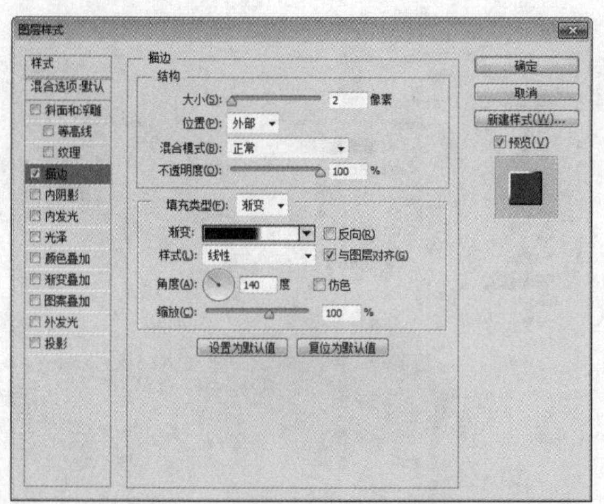

图4.136 设置描边

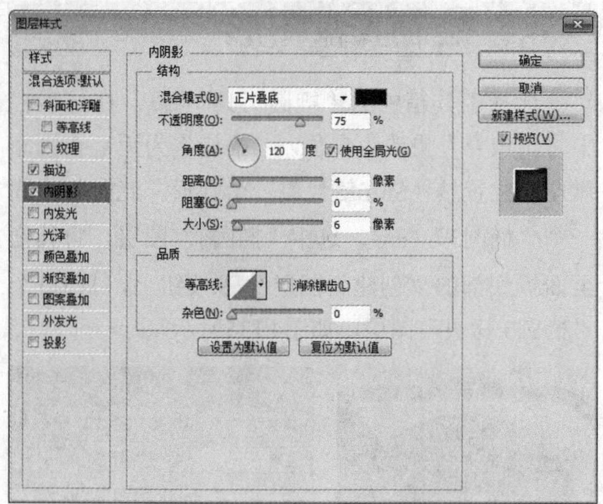

图4.137 设置内阴影

04 选中“椭圆 3 拷贝”图层，按Ctrl+T组合键对其执行“自由变换”，按住Alt+Shift组合键将图形等比缩小，完成之后按Enter键确认，如图4.138所示。

图4.138 变换图形

05 在“图层”面板中，选中“椭圆 3 拷贝”图层，单击面板底部的“添加图层样式” fx 按钮，在菜单中选择“描边”命令，在弹出的对话框中，将“大小”更改为3像素，“填充类型”更改为渐变，“渐变”更改为蓝色（R：180，G：186，B：196）到蓝色（R：0，G：14，B：38），完成之后单击“确定”按钮，如图4.139所示。

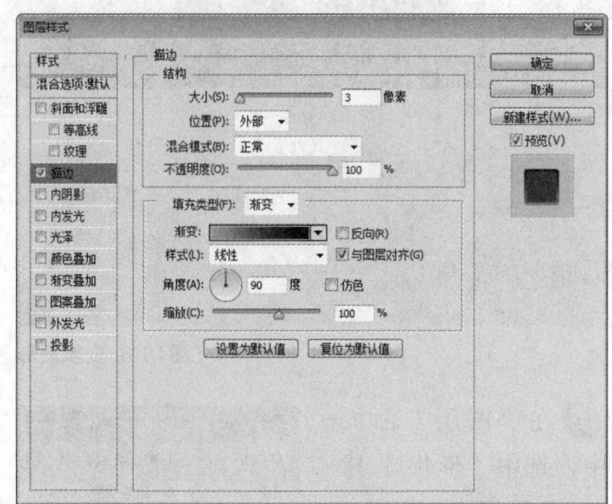

图4.139 设置描边

06 在闹钟图形上绘制表盘及制作高光效果，如图4.140所示。

图4.140 绘制表盘及高光

4.4.6 制作表盘细节

01 选择工具箱中的“椭圆工具”，在选项栏中将“填充”更改为无，“描边”为无，在表盘位置按住Alt+Shift组合键以中心为起点绘制一个圆形，此时将生成一个“椭圆4”图层，选择工具箱中的“横排文字工具” T，按住键盘上的“|”不放，在椭圆路径上单击添加文字，如图4.141所示。

图4.141　绘制图形并添加文字

技巧与提示

在添加文字的过程中需要注意字号的大小及间距。

02 选择工具箱中的“矩形工具”，在选项栏中将“填充”更改为黑色，“描边”为无，在表盘靠上方位置绘制一个矩形，此时将生成一个“矩形2”图层，如图4.142所示。

图4.142　绘制图形

03 将“矩形2”图形复制3份并放在表盘的左、右以及底部位置制作出时钟的刻度整点效果，如图4.143所示。

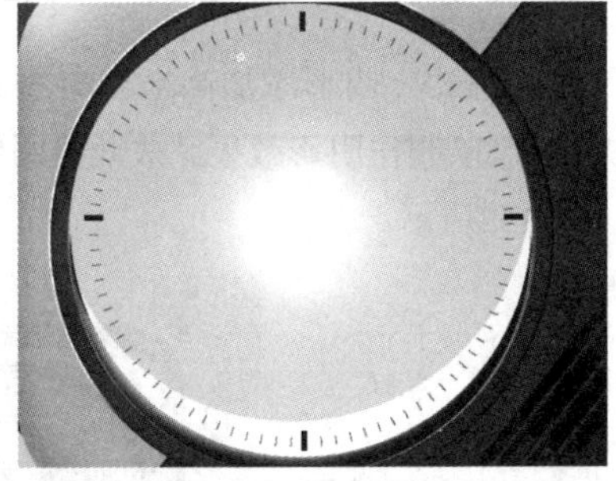

图4.143　复制图形制作刻度效果

04 选择工具箱中的“椭圆工具”，在选项栏中将“填充”更改为浅绿色（R：84，G：217，B：37），“描边”为无，在刚才绘制的刻度图形位置，按住Shift键绘制一个稍小的圆形，将绘制的椭圆图形复制数份并放在不同位置，制作刻度效果如图4.144所示。

图4.144　绘制图形及制作刻度效果

05 选择工具箱中的“横排文字工具”T，在刻度位置添加文字，如图4.145所示。

图4.145　添加文字

06 选择工具箱中的“钢笔工具”，在选项栏中单击“选择工具模式” 路径 按钮，在弹出的选项中选择“形状”，将“填充”更改为白色，“描边”更改为无，在表盘位置绘制一个不规则图形以制作时针，此时将生成一个“形状 2”图层，选中“形状2”图层，将其拖至面板底部的“创建新图层”按钮上，复制1个“形状 2 拷贝”图层，如图4.146所示。

图4.146　绘制图形并复制图层

07 选中“形状 2 拷贝”图层，按Ctrl+T组合键对其执行“自由变换”命令，按住Alt+Shift组合键将图形等比缩小，完成之后按Enter键确认，再将其图形颜色更改为绿色（R：50，G：190，B：0），如图4.147所示。

图4.147 变换图形

08 以同样的方法绘制分针、秒针等图形，如图4.148所示。

图4.148 绘制闹钟指针图形

09 在“图层”面板中，选中“形状 2”图层，单击面板底部的“添加图层样式” fx 按钮，在菜单中选择“投影”命令，在弹出的对话框中，将“距离”更改为3像素，“大小”更改为5像素，完成之后单击“确定”按钮，如图4.149所示。

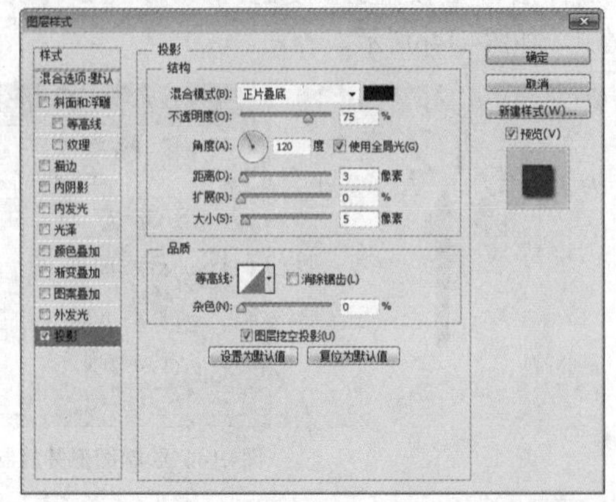

图4.149 设置投影

10 以同样的方法为其他几个指针形添加阴影图层样式制作出倒影效果，如图4.150所示。

图4.150 制作倒影效果

技巧与提示

在制作倒影效果的过程中，需要注意添加的阴影图层样式中的角度，以发光源的参照为基准调整倒影方向即可。

11 选择工具箱中的“椭圆工具”，在选项栏中将“填充”更改为黑色，“描边”为无，在闹钟图形底部位置绘制一个椭圆图形，此时将生成一个“椭圆6”图层，选中“椭圆6”图层，执行菜单栏中的“图层”|“栅格化”|“形状”命令，将当前图形栅格化，如图4.151所示。

图4.151 绘制图形并更改图层顺序

12 为椭圆6图形添加高斯模糊效果并适当降低不透明度以制作阴影效果完成效果制作，最终效果如图4.152所示。

图4.152 添加阴影最终效果

4.5 课堂案例——写实电视机图标

素材位置　无
案例位置　案例文件\第4章\写实电视机图标.psd
视频位置　多媒体教学\4.5课堂案例——写实电视机图标.avi
难易指数　★★★★☆

本例主要讲解的是写实电视机图标制作，本例的制作以拟物风格为主，同时在制作过程中电视机整体的构造都与真实电视机十分相似，在制作的过程中需要重点注意高光及阴影的变化。最终效果如图4.153所示。

扫码看视频

图4.153 最终效果

4.5.1 制作背景并绘制电视轮廓

01 执行菜单栏中的“文件”|“新建”命令，在弹出的对话框中设置“宽度”为600像素，“高度”为550像素，“分辨率”为72像素/英寸，“颜色模式”为RGB颜色，新建一个空白画布。

02 选择工具箱中的“渐变工具”，在选项栏中单击“点按可编辑渐变”按钮，在弹出的对话框中将渐变颜色更改为浅蓝色（R：244，G：248，B：250）到浅蓝色（R：220，G：225，B：227），设置完成之后单击“确定”按钮，再单击选项栏中的“径向渐变”按钮。

03 从中间向边缘方向拖动，为画布填充渐变，如图4.154所示。

04 选择工具箱中的“钢笔工具”，在选项栏中单击“选择工具模式”路径按钮，在弹出的选项中选择“形状”，将“填充”更改为白色，“描边”更改为无，在表盘位置绘制一个不规则图形以制作时针，此时将生成一个“形状 1”图层，选中“形状1”图层，将其拖至面板底部的“创建新图层”按钮上，复制1个“形状 1 拷贝”图层，如图4.155所示。

图4.154 填充渐变

图4.155 绘制图形并复制图层

05 在“图层”面板中，选中“形状 1”图层，单击面板底部的“添加图层样式”按钮，在菜单中选择“斜面和浮雕”命令，在弹出的对话框中将“大小”更改为25像素，“软化”更改为15像素，“高光模式”更改为滤色，颜色更改为黄色（R：255，G：226，B：162），“不透明度”更改为100%，“阴影模式”颜色更改为深黄色（R：158，G：80，B：0），如图4.156所示。

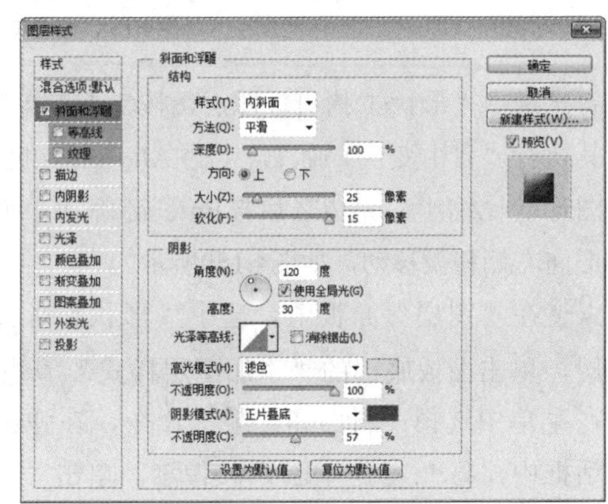

图4.156 设置斜面和浮雕

06 勾选“光泽”复选框，将“颜色”更改为黄色（R：240，G：152，B：73），“角度”更改为20度，“距离”更改为10像素，“大小”更改为25像素，单击“等高线”后方的按钮，在弹出的面板中选择“环形-双”，如图4.157所示。

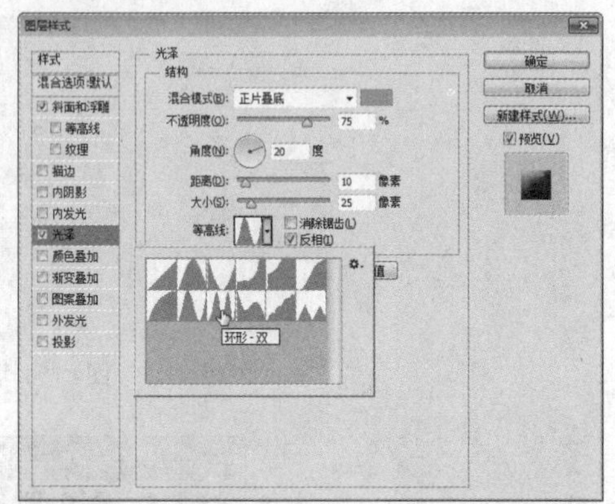

图4.157 设置光泽

07 勾选“渐变叠加”复选框，将“颜色”更改为黄色（R：242，G：166，B：67）到黄色（R：247，G：198，B：105），完成之后单击“确定”按钮，如图4.158所示。

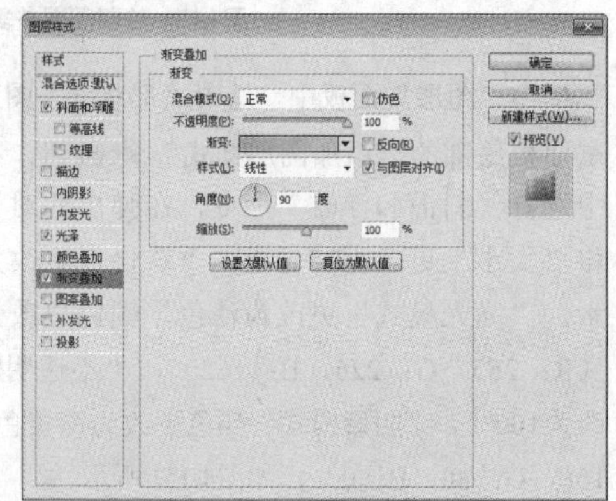

图4.158 设置渐变叠加

08 选中“形状 1 拷贝”图层，按Ctrl+T组合键对其执行“自由变换”命令，按住Alt+Shift组合键将图形等比缩小，完成之后按Enter键确认，再将图形向右侧稍微移动，如图4.159所示。

09 在“图层”面板中，选中“形状1 拷贝”图层，单击面板底部的“添加图层样式”fx按钮，在菜单中选择“斜面和浮雕”命令，在弹出的对话框中，将“大小”更改为5像素，单击“光泽等高线”后方的按钮，在弹出的面板中选择“滚动斜坡-递减”，如图4.160所示。

图4.159 变换图形

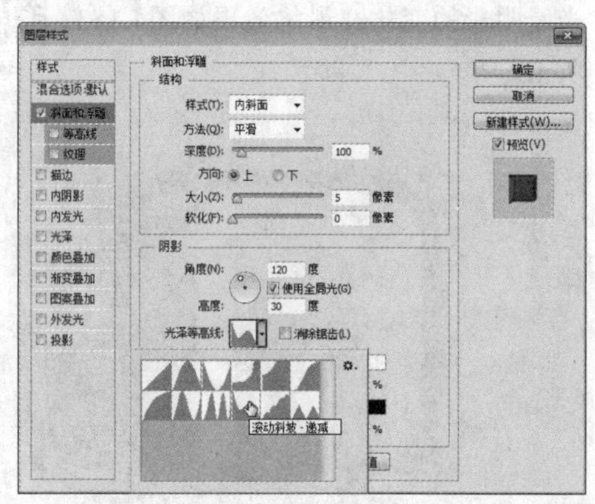

图4.160 设置斜面和浮雕

10 勾选“描边”复选框，将“大小”更改为3像素，“颜色”更改为黄色（R：255，G：200，B：132），如图4.161所示。

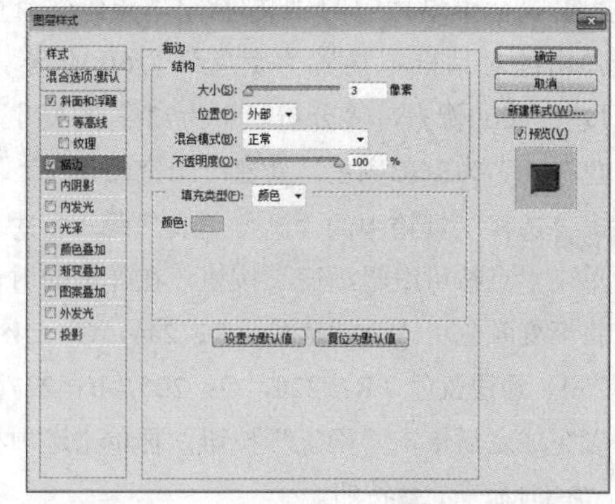

图4.161 设置描边

11 勾选“渐变叠加”复选框，将“渐变”更改为深灰色（R：50，G：50，B：50）到深灰色（R：25，G：25，B：25）再到深灰色（R：66，G：66，B：66），并将第2个色标位置更改为50%，

“角度”更改为112度，完成之后单击“确定”按钮，如图4.162所示。

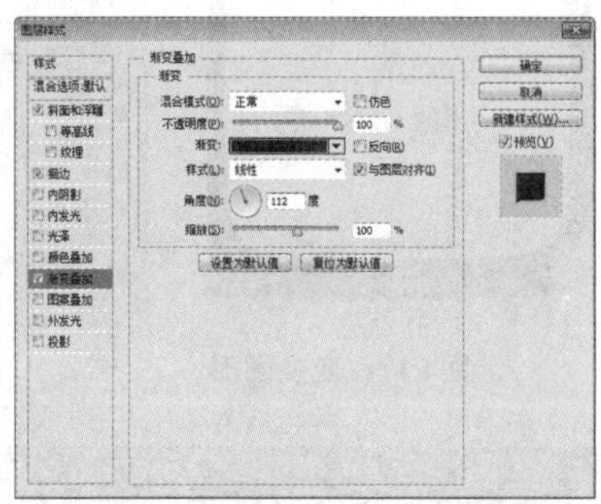

图4.162 设置渐变叠加

12 选择工具箱中的“钢笔工具”，在选项栏中单击“选择工具模式” 路径 按钮，在弹出的选项中，选择“形状”，将“填充”更改为白色，“描边”更改为无，在屏幕图形上绘制一个不规则图形，此时将生成一个“形状 2”图层，如图4.163所示。

图4.163 绘制图形

13 在“图层”面板中，选中“形状2”图层，单击面板底部的“添加图层样式” fx 按钮，在菜单中选择“渐变叠加”命令，在弹出的对话框中，将“渐变”更改为透明到白色，“样式”更改为径向，“角度”更改为0度，完成之后单击“确定”按钮，如图4.164所示。

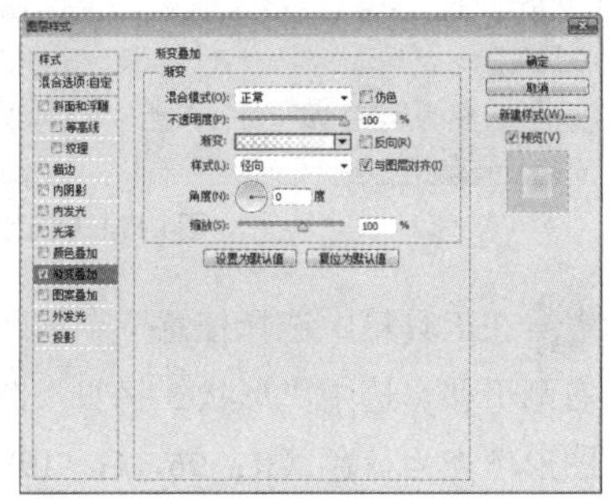

图4.164 设置渐变叠加

14 选中“形状2”图层，将其图层“填充”更改为0%，如图4.165所示。

图4.165 更改填充

15 在“图层”面板中，选中“形状2”图层，单击面板底部的“添加图层蒙版”按钮，为其图层添加图层蒙版，如图4.166所示。

16 按住Ctrl键单击“形状 1 拷贝”图层缩览图，将其载入选区，如图4.167所示。

图4.166 添加图层蒙版

图4.167 载入选区

17 单击“形状2”图层蒙版缩览图，执行菜单栏中的“选择”|“反向”命令，将选区反向，将选区填充为黑色，将部分图形隐藏，完成之后按Ctrl+D组合键将选取消，如图4.168所示。

图4.168 隐藏图形

18 选择工具箱中的“钢笔工具”，在选项栏中单击“选择工具模式” 路径 按钮，在弹出的选项中选择“形状”，将“填充”更改为白色，“描边”更改为无，在屏幕图形位置再次绘制一个不规则图形，此时将生成一个“形状 3”图层，选中“形状 3”图层，将其拖至面板底部的“创建新图层”按钮上，复制1个“形状 3 拷贝”图层，如图4.169所示。

图4.169 绘制图形并复制图层

19 在“图层”面板中，选中“形状 3”图层，单击面板底部的“添加图层样式”fx按钮，在菜单中选择“渐变叠加”命令，在弹出的对话框中，将“渐变”更改为黑色到深灰色（R：55，G：55，B：55），“角度”更改为166度，完成之后单击“确定”按钮，如图4.170所示。

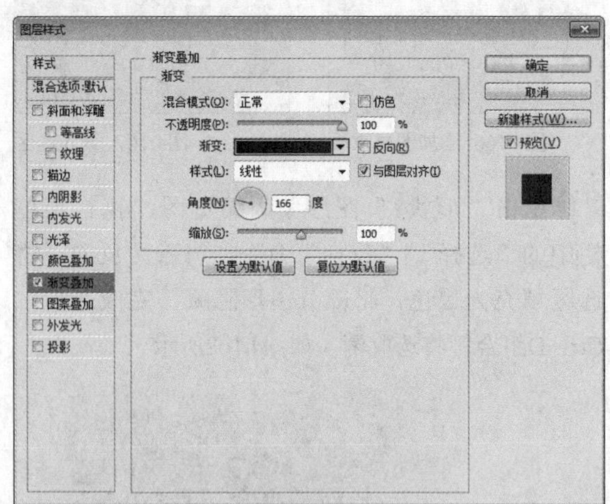

图4.170 设置渐变叠加

20 选中“形状 3 拷贝”图层，按Ctrl+T组合键对其执行“自由变换”命令，按住Alt+Shift组合键将图形等比缩小，完成之后按Enter键确认，如图4.171所示。

21 选中“形状 3 拷贝”图层，执行菜单栏中的“图层”|“栅格化”|“形状”命令，将当前图形栅格化，如图4.172所示。

图4.171 变换图形

图4.172 栅格化形状

4.5.2 绘制屏幕图形

01 选择工具箱中的“矩形选框工具”，在屏幕靠左侧区域绘制一个选区以选中左侧部分图形，如图4.173所示。

图4.173 绘制选区

02 在“图层”面板中，选中“形状 3 拷贝”图层，单击面板上方的“锁定透明像素”按钮，将当前图层中的透明像素锁定，将图层填充为浅灰色（R：230，G：230，B：233），如图4.174所示。

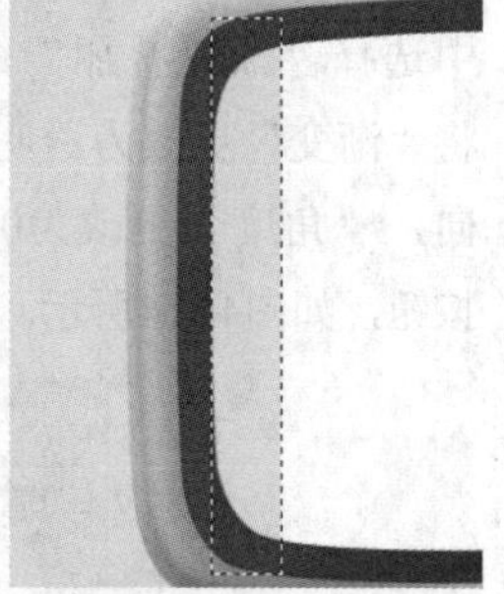

图4.174 锁定透明像素并填充颜色

03 在工具箱中选择任意一个选区工具，将选区向右侧平移，选中“形状 3 拷贝”图层，将选区中的图形填充为蓝色（R：96，G：193，B：212），如图4.175所示。

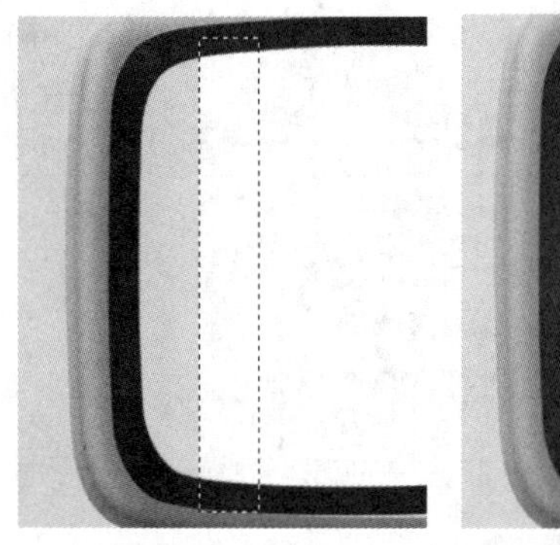
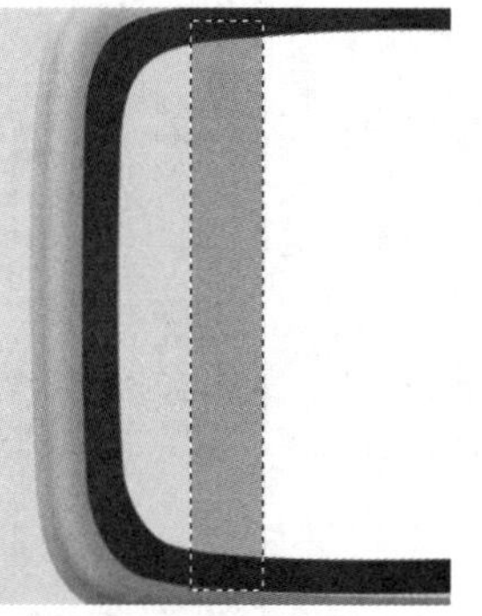

图4.175 移动选区并填充颜色

04 以同样的方法将选区向右侧平移并为图形填充不同的颜色，完成之后按Ctrl+D组合键将选区取消，如图4.176所示。

图4.176 填充颜色

05 在“图层”面板中，选中“形状3 拷贝”图层，单击面板底部的“添加图层样式” fx 按钮，在菜单中选择“斜面和浮雕”命令，在弹出的对话框中，将“大小”更改为3像素，“软化”更改为12像素，如图4.177所示。

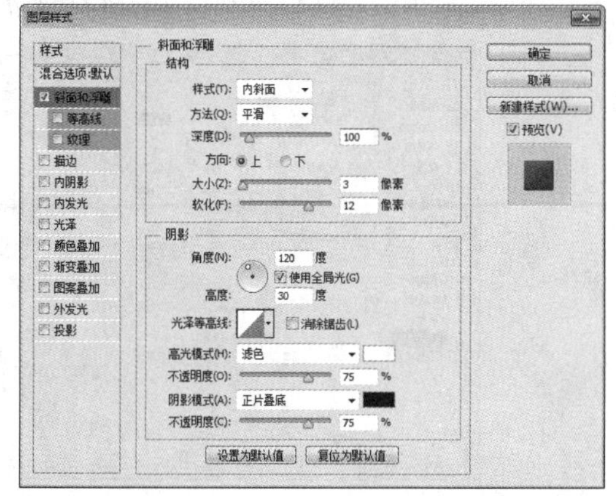

图4.177 设置斜面和浮雕

06 勾选“描边”复选框，将“大小”更改为3像素，如图4.178所示。

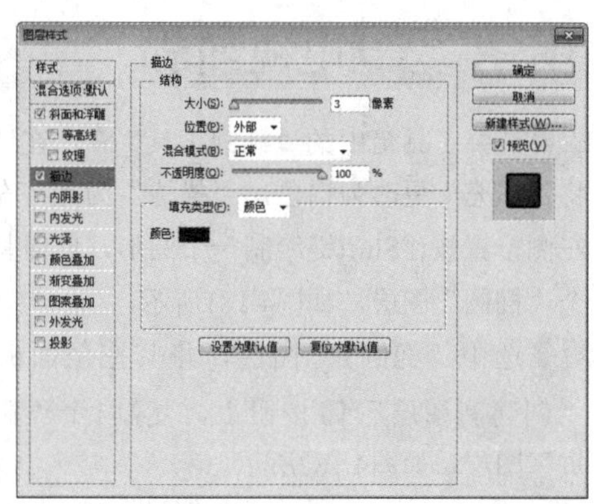

图4.178 设置描边

07 勾选“内阴影”复选框，将“混合模式”更改为“明度”，“颜色”更改为蓝色（R：82，G：122，B：217），“距离”更改为1像素，“大小”更改为8像素，如图4.179所示。

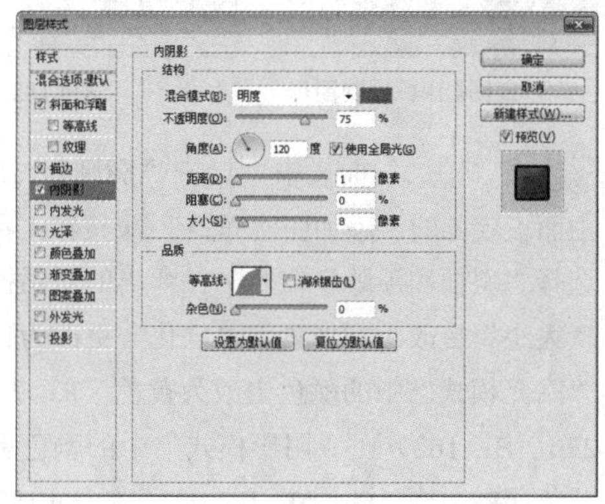

图4.179 设置内阴影

08 勾选“渐变叠加”复选框，将“混合模式”更改为叠加，“不透明度”更改为50%，“渐变”更改为黑白，完成之后单击“确定”按钮，如图4.180所示。

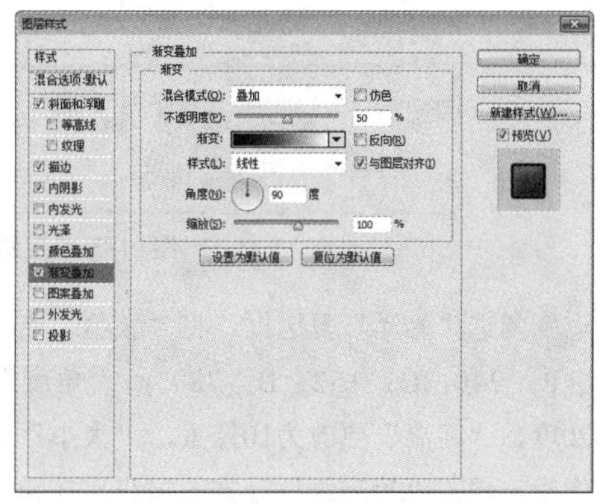

图4.180 设置渐变叠加

4.5.3 绘制电视细节

01 选择工具箱中的“椭圆工具”，在选项栏中将“填充”更改为白色，“描边”为无，在画布靠左侧位置按住Shift键绘制一个圆形，此时将生成一个“椭圆”图层，如图4.181所示。

02 选中“椭圆1”图层，将其拖至面板底部的“创建新图层”按钮上，复制1个“椭圆1 拷贝”图层，如图4.182所示。

图4.181 绘制图形

图4.182 复制图层

03 在“图层”面板中，选中“椭圆1”图层，单击面板底部的“添加图层样式”按钮，在菜单中选择“斜面和浮雕”命令，在弹出的对话框中，将“大小”更改为25像素，“软化”更改为15像素，“高光模式”中的颜色更改为黄色（R：255，G：226，B：162），“阴影模式”中的颜色更改为深黄色（R：158，G：80，B：0），如图4.183所示。

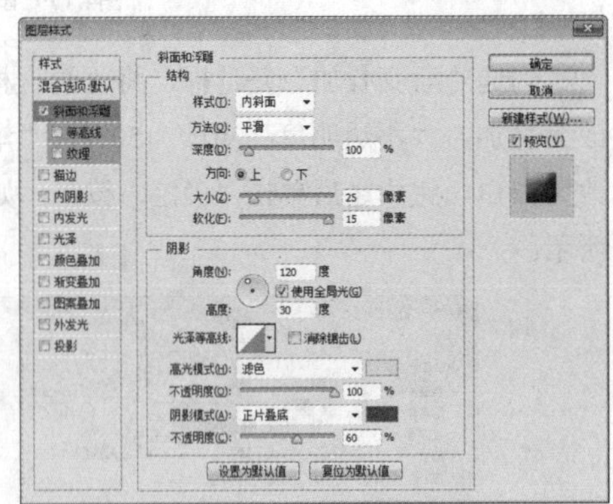

图4.183 设置斜面和浮雕

04 勾选“光泽”复选框，将“颜色”更改为黄色（R：240，G：152，B：73），“角度”更改为20度，“距离”更改为10像素，“大小”更改为25像素，单击“等高线”后方的按钮，在弹出的面板中，选择“环形”，如图4.184所示。

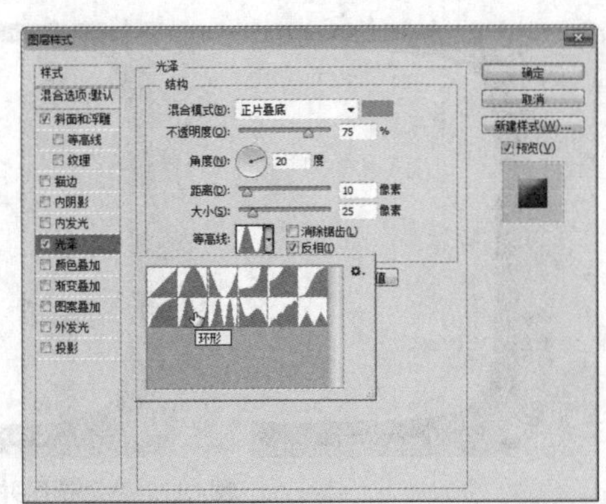

图4.184 设置光泽

05 勾选“渐变叠加”复选框，将“渐变”更改为黄色（R：242，G：166，B：67）到黄色（R：247，G：198，B：105），如图4.185所示。

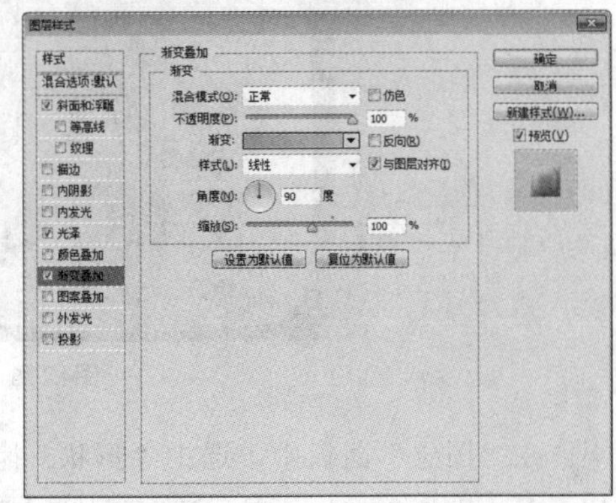

图4.185 设置渐变叠加

06 勾选“投影”复选框，将“不透明度”更改为65%，“距离”更改为2像素，“大小”更改为4像素，完成之后单击“确定”按钮，如图4.186所示。

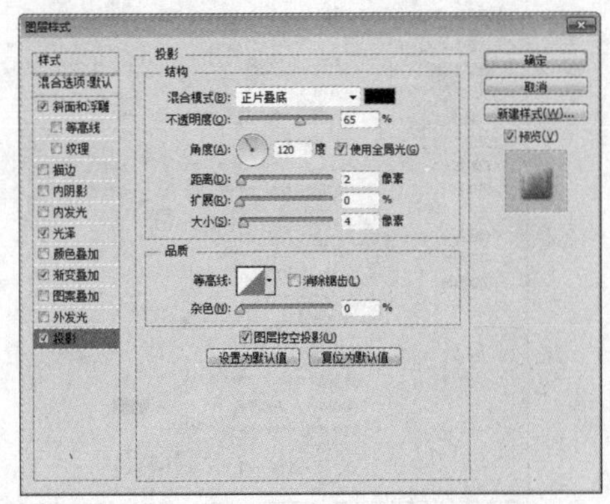

图4.186 设置投影

07 选中“椭圆 1 拷贝”图层，将其图形颜色更改为深灰色（R：50，G：47，B：43），按Ctrl+T组合键对其执行“自由变换”命令，按住Alt+Shift组合键将图形等比缩小，完成之后按Enter键确认，如图4.187所示。

图4.187 变换图形

08 在“图层”面板中，选中“椭圆 1 拷贝”图层，将其拖至面板底部的“创建新图层”按钮上，复制1个“椭圆 1 拷贝2”图层，并将“椭圆 1 拷贝2”图层移至“椭圆1 拷贝”图层上方，如图4.188所示。

09 选中“椭圆 1 拷贝2”，按Ctrl+T组合键对其执行“自由变换”命令，按住Alt+Shift组合键将图形等比缩小，完成之后按Enter键确认，如图4.189所示。

图4.188 复制图层　　图4.189 变换图形

10 同时选中“椭圆1”“椭圆1 拷贝”“椭圆1 拷贝2”图层，按住Alt+Shift组合键向下拖动，将图形复制，如图4.190所示。

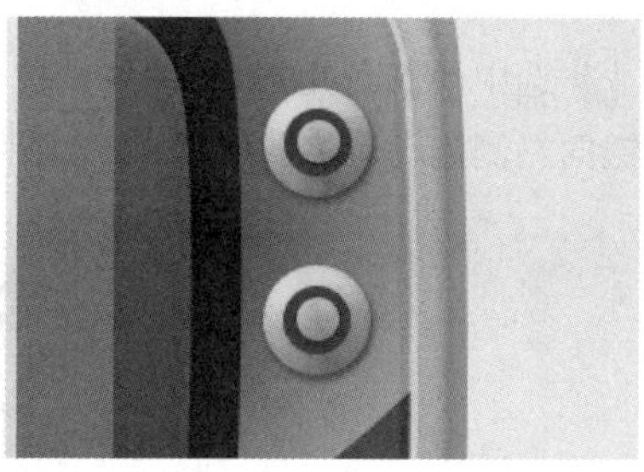

图4.190 复制图形

11 选择工具箱中的“圆角矩形工具”，在选项栏中将“填充”更改为白色，“描边”为无，“半径”为10像素，在刚才绘制的旋钮图形下方绘制一个圆角矩形，此时将生成一个“圆角矩形1”图层，如图4.191所示。

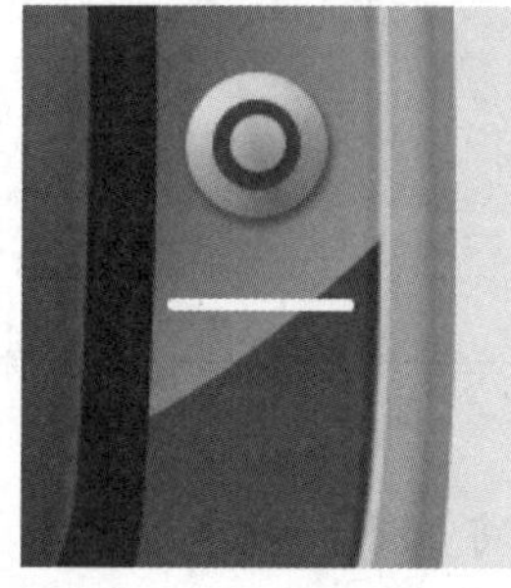

图4.191 绘制图形

12 选中“圆角矩形1”图层，按住Alt+Shift组合键向下拖动，将图形复制数份，如图4.192所示。

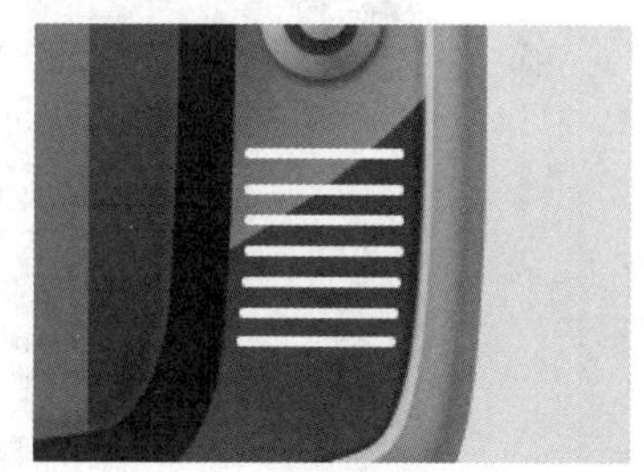

图4.192 复制图层

13 在“图层”面板中，同时选中所有和圆角矩形相关的图层，执行菜单栏中的“图层”|“合并图层”命令，将图层合并，将生成的图层名称更改为“扬声器”，如图4.193所示。

图4.193 合并图层

14 在“图层”面板中，选中“扬声器”图层，单击面板底部的“添加图层样式”fx按钮，在菜单中选择“渐变叠加”命令，在弹出的对话框中，将“渐变”更改为黑色到深灰色（R：37，G：37，

B：37），如图4.194所示。

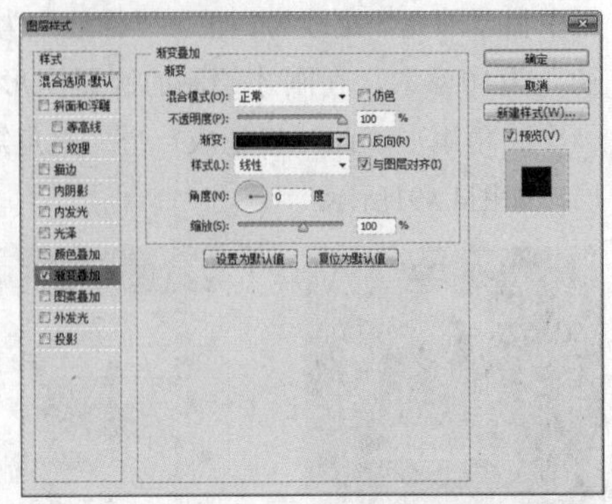

图4.194 设置渐变叠加

15 勾选"投影"复选框，将"混合模式"更改为正常，"颜色"更改为白色，"不透明度"更改为30%，"距离"更改为1像素，完成之后单击"确定"按钮，如图4.195所示。

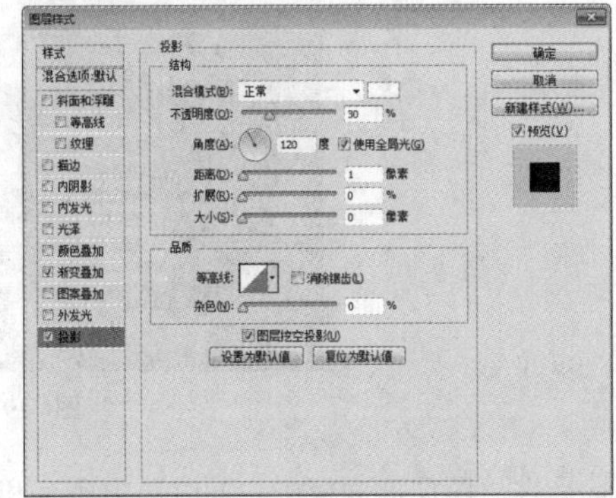

图4.195 设置投影

16 选择工具箱中的"圆角矩形工具"，在选项栏中将"填充"更改为白色，"描边"为无，"半径"为10像素，在电视图形右下角位置绘制一个圆角矩形，此时将生成一个"圆角矩形1"图层，并将"圆角矩形1"图层向下移至"背景"图层上方，如图4.196所示。

图4.196 绘制图形

17 在"图层"面板中，选中"圆角矩形 1"图层，单击面板底部的"添加图层样式" fx 按钮，在菜单中选择"内阴影"命令，在弹出的对话框中，将"颜色"更改为深黄色（R：190，G：86，B：20），"阻塞"更改为35%，"大小"更改为55像素，如图4.197所示。

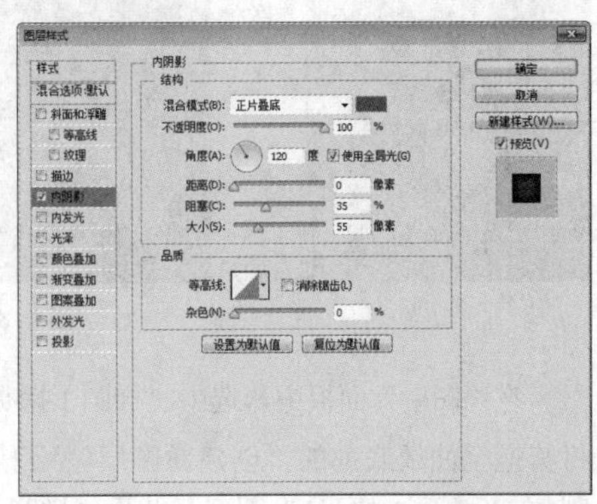

图4.197 设置内阴影

18 勾选"渐变叠加"复选框，将"渐变"更改为黄色（R：177，G：118，B：78）到黄色（R：216，G：180，B：130）到黄色（R：216，G：180，B：130）再到黄色（R：177，G：118，B：78），"角度"更改为0度，完成之后单击"确定"按钮，如图4.198所示。

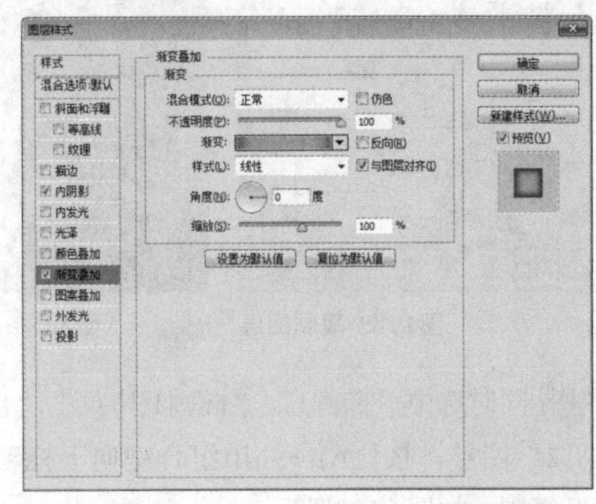

图4.198 设置渐变叠加

19 选中"圆角矩形1"图层，按住Alt+Shift组合键向左侧拖动，将图形复制，如图4.199所示。

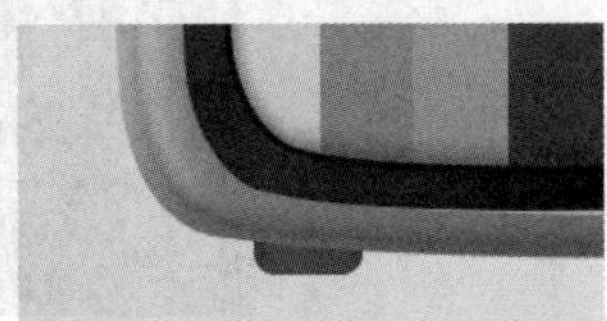

图4.199 复制图形

20 选择工具箱中的“椭圆工具”，在选项栏中将“填充”更改为深黄色（R：135，G：46，B：13），“描边”为无，在电视机图形底部位置绘制一个椭圆图形，此时将生成一个“椭圆2”图层，并将“椭圆2”图层移至“背景”图层上方，如图4.200所示。

21 选中“椭圆2”图层，执行菜单栏中的“图层”|“栅格化”|“形状”命令，将当前图形栅格化，如图4.201所示。

图4.200 绘制图形

图4.201 栅格化形状

22 选中“椭圆 2”图层，执行菜单栏中的“滤镜”|“模糊”|“动感模糊”命令，在弹出的对话框中，将“角度”更改为0度，“距离”更改为85像素，设置完成之后单击“确定”按钮，如图4.202所示。

23 选中“椭圆 2”图层，执行菜单栏中的“滤镜”|“模糊”|“高斯模糊”命令，在弹出的对话框中将“半径”更改为4像素，设置完成之后单击“确定”按钮，如图4.203所示。

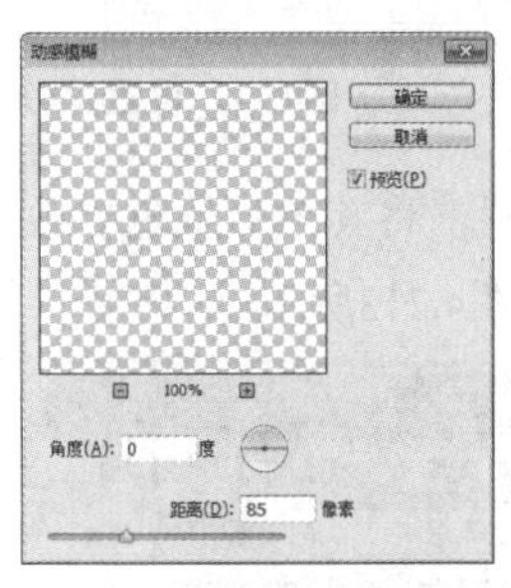

图4.202 设置动感模糊

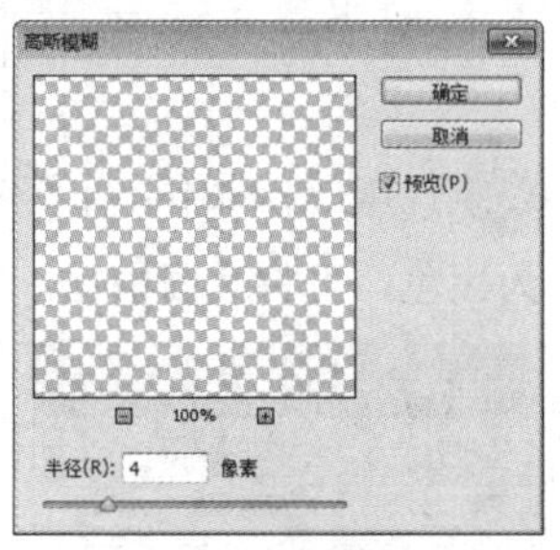

图4.203 设置高斯模糊

24 在“图层”面板中，选中“椭圆2”图层，将其拖至面板底部的“创建新图层”按钮上，复制1个“椭圆2 拷贝”图层，如图4.204所示。

25 选中“椭圆2 拷贝”图层，按Ctrl+T组合键对其执行“自由变换”命令，将图形适当缩小并移至电视图形左下角位置，完成之后按Enter键确认，如图4.205所示。

图4.204 复制图层

图4.205 变换图形

26 选中“椭圆 2 拷贝”图层，按住Alt+Shift组合键将图形向右侧平移复制，这样就完成了效果制作，最终效果如图4.206所示。

图4.206 复制图形及最终效果

4.6 课堂案例——写实小票图标

素材位置　无
案例位置　案例文件\第4章\写实小票图标.psd
视频位置　多媒体教学\4.6课堂案例——写实小票图标.avi
难易指数　★★★☆☆

本例讲解写实小票图标的制作，本例中的小票图像十分真实且信息明确，在制作过程中采用拟物手法，通过模拟现实世界里的小票图像，表现此款图形的完美视觉效果。最终效果如图4.207所示。

扫码看视频

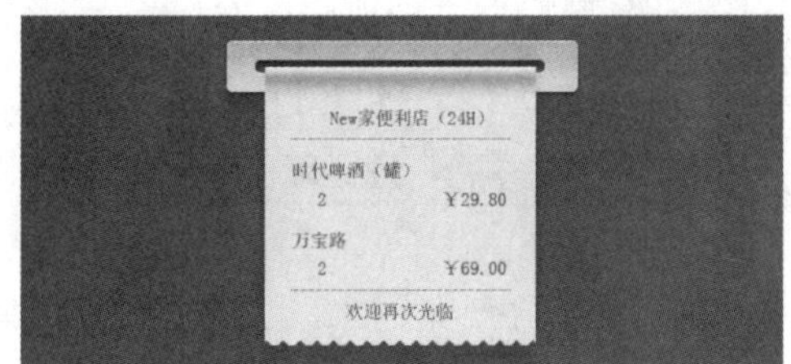

图4.207 最终效果

4.6.1 制作背景并绘制图形

01 执行菜单栏中的“文件”|“新建”命令，在弹出的对话框中设置“宽度”为700像素，“高度”为500像素，“分辨率”为72像素/英寸，“颜色模式”为RGB颜色，新建一个空白画布，将画布填充为深青色（R：17，G：100，B：98）。

02 选择工具箱中的“圆角矩形工具”，在选项栏中将“填充”更改为白色，“描边”为无，“半径”为5像素，在画布中绘制一个圆角矩形，此时将生成一个“圆角矩形1”图层，如图4.208所示。

03 在“图层”面板中，选中“圆角矩形1”图层，将其拖至面板底部的“创建新图层”按钮上，复制1个“圆角矩形1 拷贝”图层，如图4.209所示。

图4.208 绘制图形

图4.209 复制图层

04 在“图层”面板中，选中“圆角矩形1 拷贝”图层，单击面板底部的“添加图层样式”按钮，在菜单中选择“内阴影”命令，在弹出的对话框中将“混合模式”更改为正常，“颜色”更改为白色，取消“使用全局光”复选框，“角度”更改为90度，“距离”更改为1像素，“大小”更改为1像素，如图4.210所示。

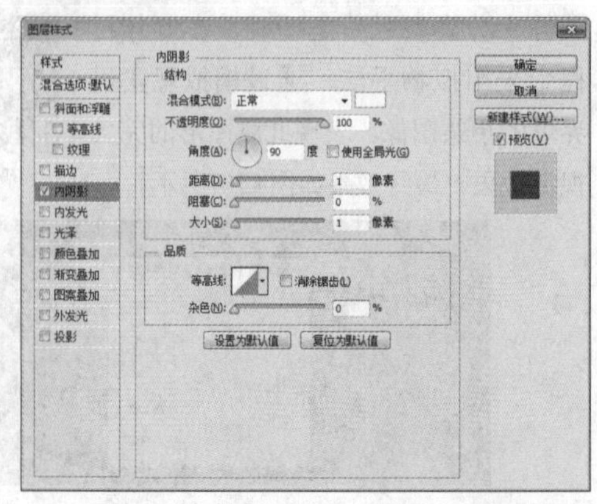

图4.210 设置内阴影

05 勾选“渐变叠加”复选框，将“渐变”更改为灰色（R：228，G：230，B：233）到淡蓝色（R：183，G：188，B：195），如图4.211所示。

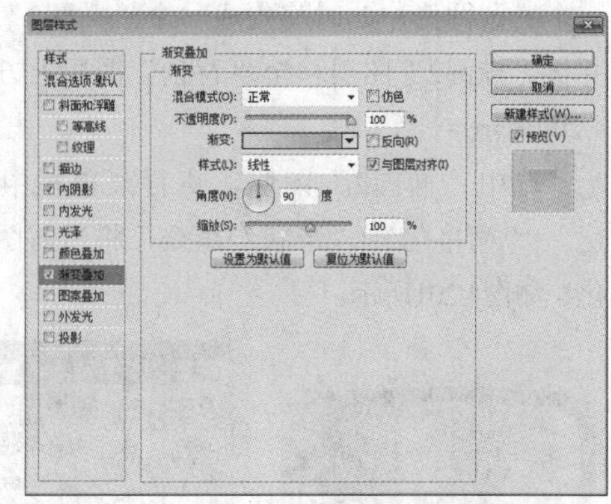

图4.211 设置渐变叠加

06 勾选“投影”复选框，取消“使用全局光”复选框，将“角度”更改为90度，“距离”更改为2像素，“大小”更改为4像素，完成之后单击“确定”按钮，如图4.212所示。

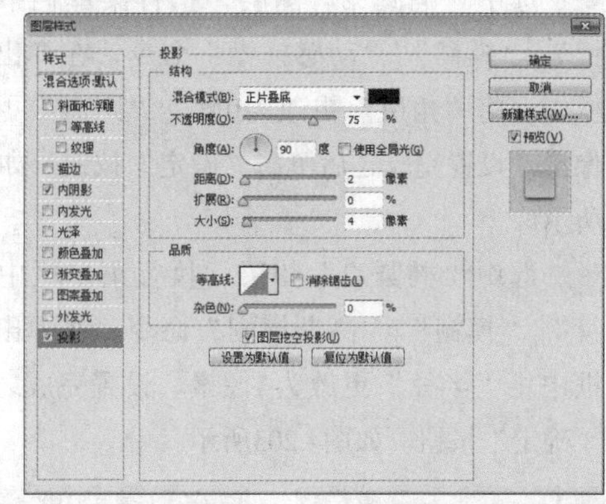

图4.212 设置投影

07 选中“圆角矩形1”图层，将其图形颜色更改为黑色，再将其栅格化，如图4.213所示。

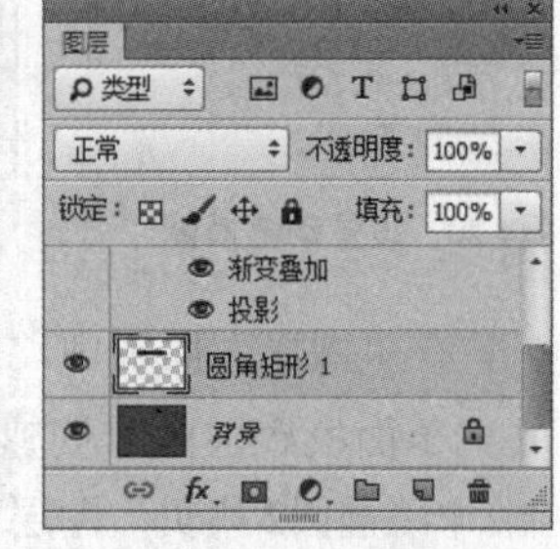

图4.213 更改图形颜色并栅格化形状

08 选中“圆角矩形 1”图层，执行菜单栏中的

“滤镜”|“模糊”|“高斯模糊”命令，在弹出的对话框中将“半径”更改为3像素，完成之后单击“确定”按钮，如图4.214所示。

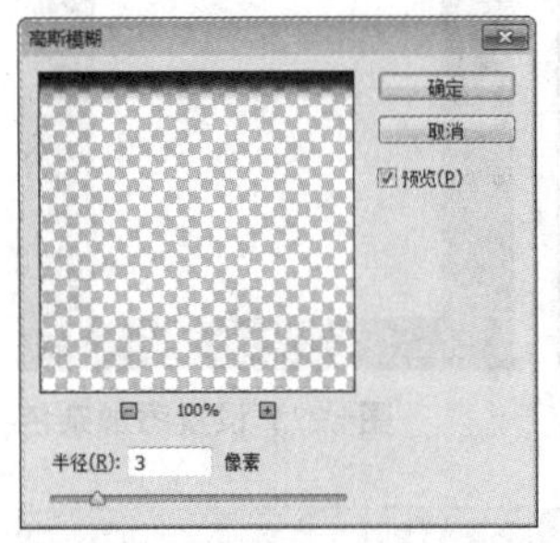

图4.214 设置高斯模糊

09 选中“圆角矩形 1”图层，执行菜单栏中的“滤镜”|“模糊”|“动感模糊”命令，在弹出的对话框中将“角度”更改为90度，“距离”更改为100像素，设置完成之后单击“确定”按钮，如图4.215所示。

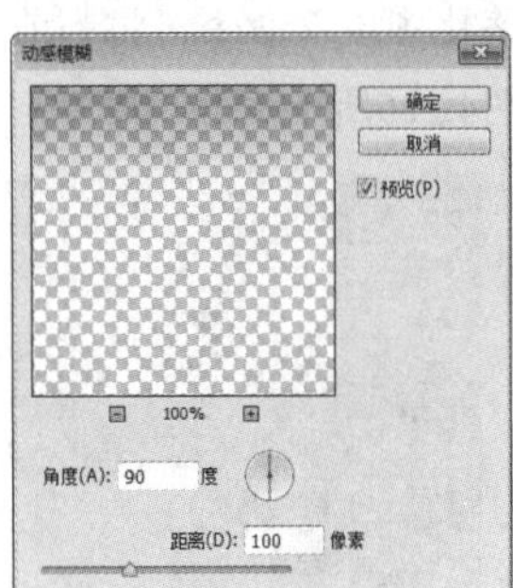

图4.215 设置动感模糊

10 在“图层”面板中，选中“圆角矩形1”图层，单击面板底部的“添加图层蒙版”按钮，为其图层添加图层蒙版，如图4.216所示。

11 选择工具箱中的“画笔工具”，在画布中单击鼠标右键，在弹出的面板中选择一种圆角笔触，将“大小”更改为150像素，“硬度”更改为0%，如图4.217所示。

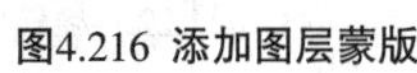

图4.216 添加图层蒙版

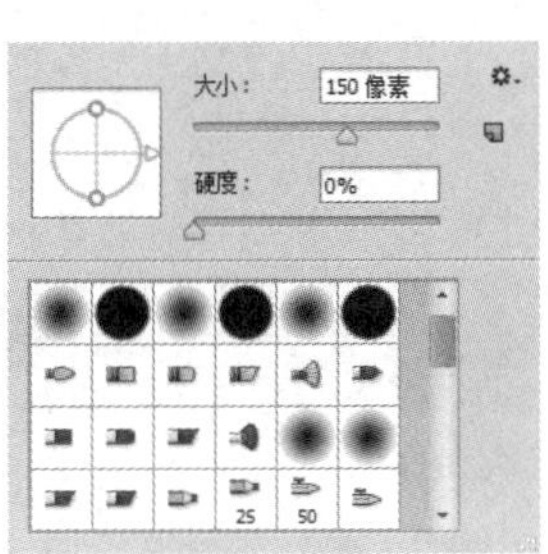

图4.217 设置笔触

12 将前景色更改为黑色，在图像上部分区域涂抹，将部分图像隐藏以增强图像的投影效果真实性，如图4.218所示。

图4.218 隐藏图像

13 选择工具箱中的“圆角矩形工具”，在选项栏中将“填充”更改为灰色（R：80，G：85，B：93），“描边”为无，“半径”为10像素，在刚才绘制的图形上绘制一个圆角矩形，此时将生成一个“圆角矩形2”图层，如图4.219所示。

图4.219 绘制图形

14 在“图层”面板中，选中“圆角矩形2”图层，单击面板底部的“添加图层样式”按钮，在菜单中选择“内阴影”命令，在弹出的对话框中将取消“使用全局光”复选框，“角度”更改为90度，“距离”更改为5像素，“大小”更改为5像素，如图4.220所示。

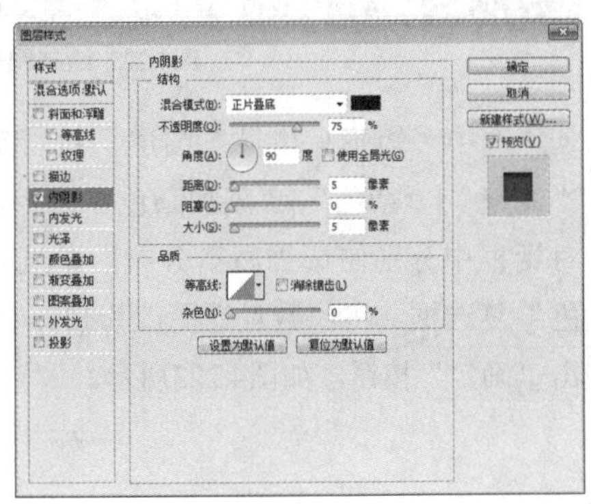

图4.220 设置内阴影

15 勾选“投影”复选框，将“混合模式”更改为正常，“颜色”更改为白色，“不透明度”更改为100%，取消“使用全局光”复选框，“角度”更改为90度，“距离”更改为1像素，“大小”更改为1像素，完成之后单击“确定”按钮，如图4.221所示。

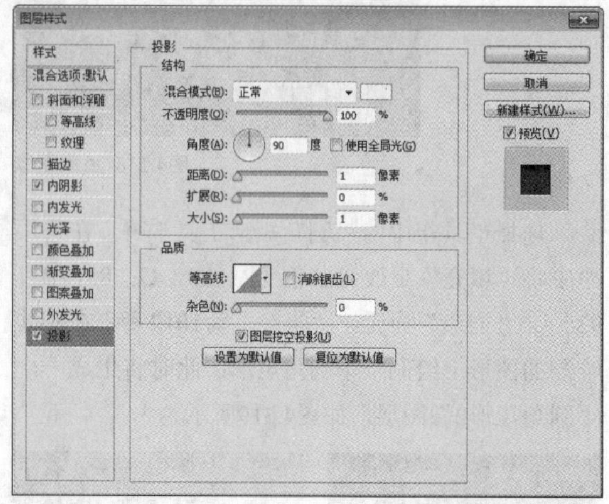

图4.221 设置投影

16 选择工具箱中的“矩形工具”，在选项栏中将“填充”更改为白色，“描边”为无，在刚才绘制的图形靠下方位置绘制一个矩形，此时将生成一个“矩形1”图层，将其复制一份，如图4.222所示。

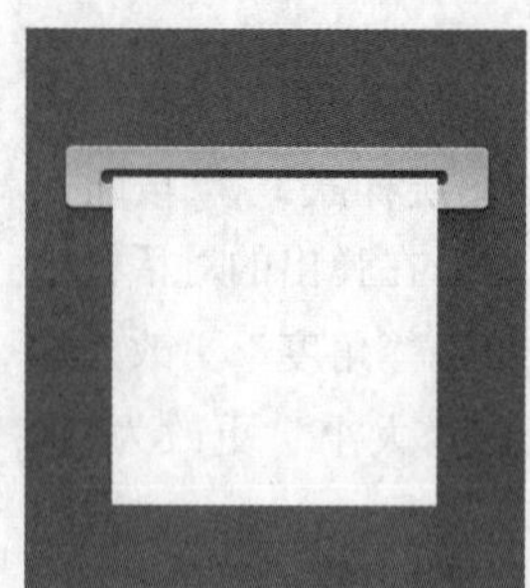

图4.222 绘制图形并复制图层

17 选中“矩形1 拷贝”图层，执行菜单栏中的“滤镜”|“杂色”|“添加杂色”命令，在弹出的对话框中分别勾选“高斯分布”单选按钮及“单色”复选框，将“数量”更改为1%，完成之后单击“确定”按钮，如图4.223所示。

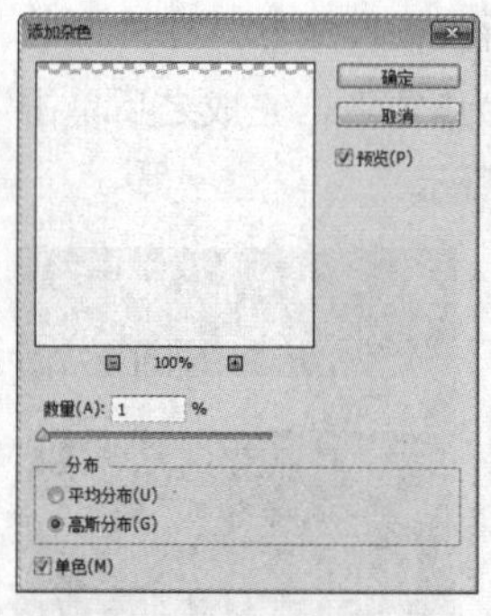

图4.223 设置添加杂色

4.6.2 制作锯齿效果

01 选择工具箱中的“矩形工具”，在选项栏中将“填充”更改为黑色，“描边”为无，在画布中靠底部位置按住Shift键绘制一个矩形，此时将生成一个“矩形2”图层，如图4.224所示。

02 在“矩形2”图层名称上单击鼠标右键，从弹出的快捷菜单中选择“栅格化图层”命令，将当前图层中的形状栅格化，如图4.225所示。

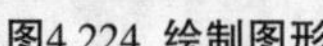

图4.224 绘制图形　　图4.225 栅格化形状

03 选中“矩形2”图层，按Ctrl+T键对其执行“自由变换”命令，当出现变形框以后在选项栏中“旋转”后方的文本框中输入45度，完成之后按Enter键确认，再将其移至“矩形1”图形的左下角位置，如图4.226所示。

图4.226 旋转图像

04 选择工具箱中的“矩形选框工具”，在黑色矩形块顶部1像素位置绘制一个矩形选区并选中“矩形2”图层按Delete键将其删除，完成之后按Ctrl+D组合键将选区取消，如图4.227所示。

图4.227 删除图像

05 选中“矩形2”图层，按住Alt+Shift组合键向右侧拖动将图像复制多份，同时选中包括“矩形2”在内的所有相关拷贝图层按Ctrl+E组合键将图层合并，如图4.228所示。

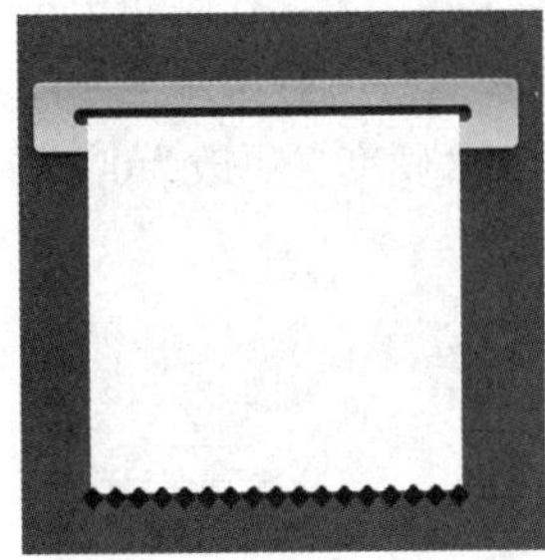

图4.228 复制图像并合并

06 在“图层”面板中，选中“矩形1 拷贝”图层，单击面板底部的“添加图层蒙版”按钮，为其图层添加图层蒙版，如图4.229所示。

图4.229 添加图层蒙版

07 按住Ctrl键单击合并后的图层缩览图，将其载入选区，将选区填充为黑色，将部分图形隐藏，完成之后按Ctrl+D组合键将选区取消，如图4.230所示。

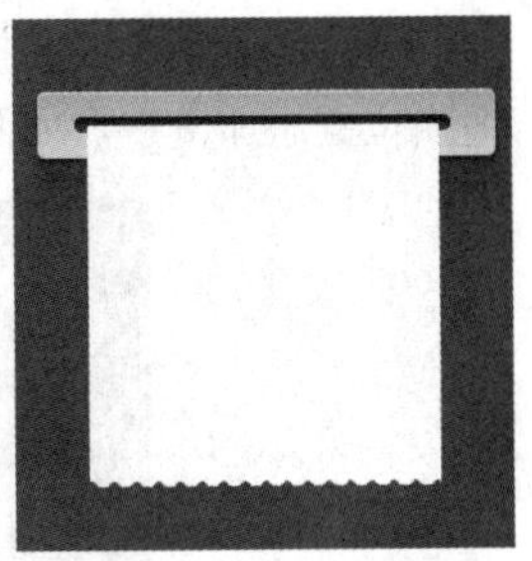

图4.230 隐藏图像

技巧与提示

为了方便观察隐藏后的图形效果，在隐藏图像的时候需要将“矩形1”图层隐藏。

4.6.3 添加文字并制作阴影

01 在“图层”面板中，选中“矩形 1 拷贝”图层，单击面板底部的“添加图层样式”按钮，在菜单中选择“渐变叠加”命令，在弹出的对话框中将渐变设置为灰色（R：235，G：239，B：244）到灰色（R：235，G：239，B：244）到灰色（R：208，G：210，B：215）到灰色（R：170，G：173，B：176）再到白色，设置第2个色标的位置为88%，第3个色标的位置为92%，第4个色标的位置为96%，如图4.231所示。

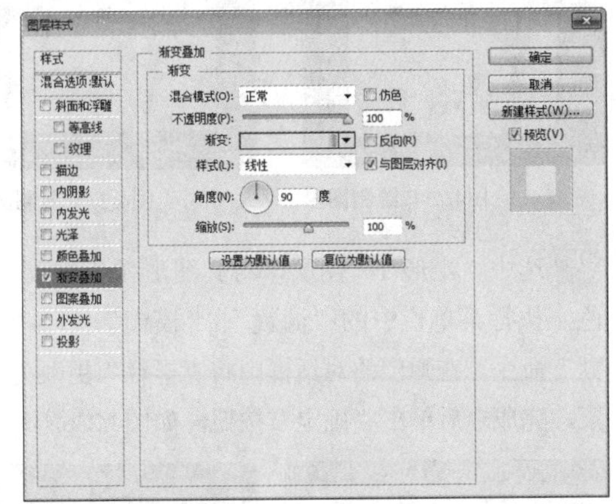

图4.231 “渐变叠加”设置

技巧与提示

这里渐变的编辑有些特别，编辑效果如图4.232所示。

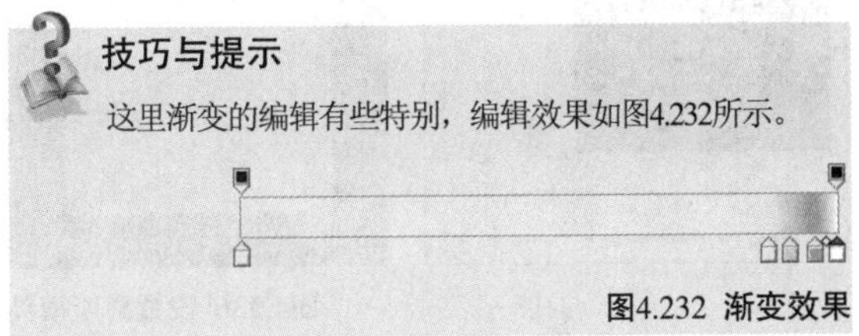

图4.232 渐变效果

02 选择工具箱中的“横排文字工具”T，在标签适当位置添加文字，如图4.233所示。

图4.233 添加文字

03 选择工具箱中的“直线工具”，在选项栏中将“填充”更改为无，“描边”为灰色（R：63，G：63，B：63），“大小”为1像素，将形状描边类型设置为第3种虚线效果，将“粗细”更改为1像素，在添加的部分文字中间位置按住Shift键绘制一条水平线段，此时将生成一个“形状1”图层，如图4.234所示。

04 选中“形状1”图层，按住Alt+Shift组合键向下拖动将图形复制，如图4.235所示。

图4.234 绘制图形

图4.235 复制图形

05 选中“矩形 1”图层，将其图形颜色更改为黑色，执行菜单栏中的“滤镜”|“模糊”|“高斯模糊”命令，在弹出的对话框中将“半径”更改为5像素，完成之后单击“确定”按钮，如图4.236所示。

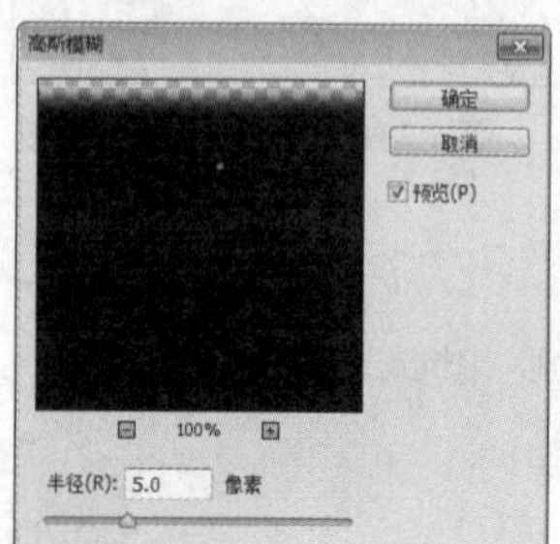

图4.236 设置高斯模糊

06 选中“矩形1”图层，执行菜单栏中的“滤镜”|“模糊”|“动感模糊”命令，在弹出的对话框中将“角度”更改为90度，“距离”更改为100像素，设置完成之后单击“确定”按钮，如图4.237所示。

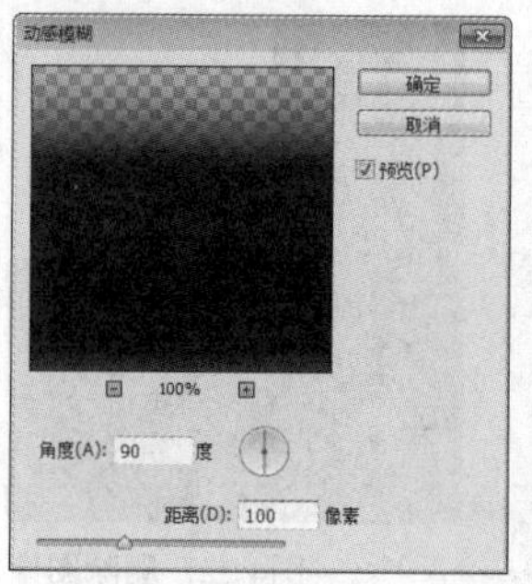

图4.237 设置动感模糊

07 在“图层”面板中，选中“矩形1”图层，单击面板底部的“添加图层蒙版”按钮，为其图层添加图层蒙版，如图4.238所示。

08 选择工具箱中的“画笔工具”，在画布中单击鼠标右键，在弹出的面板中选择一种圆角笔触，将“大小”更改为150像素，“硬度”更改为0%，如图4.239所示。

图4.238 添加图层蒙版

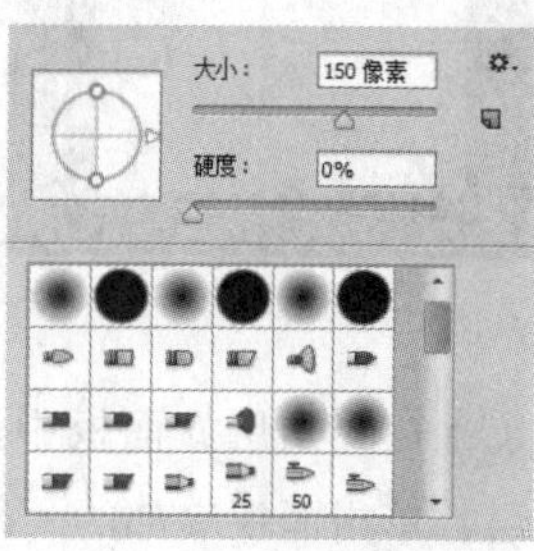

图4.239 设置笔触

09 将前景色更改为黑色，在图像上部分区域涂抹，将部分多余的图像隐藏，这样就完成了效果制作，最终效果如图4.240所示。

图4.240 隐藏图像及最终效果

4.7 本章小结

本章通过5个写实UI控件的制作讲解，帮助读者了解写实风格设计相关工具的使用，对相关知识、创作思路和关键操作步骤有一个整体的概念，熟悉写实风格UI设计的技巧。

4.8 课后习题

鉴于写实风格在UI设计中的重要性，本章特意安排了3个精彩课后习题供读者练习，以此来提高自己的设计水平，强化自身的设计能力。

4.8.1 课后习题1——写实计算器图标

素材位置　无
案例位置　案例文件\第4章\写实计算器图标.psd
视频位置　多媒体教学\4.8.1 课后习题1——写实计算器图标.avi
难易指数　★★☆☆☆

本例讲解写实计算器图标的制作，作为一款写实风格图标，本例在制作过程中需要对细节多加留意，通过极致的细节表现强调出图标的可识别性。最终效果如图4.241所示。

扫码看视频

图4.241 最终效果

步骤分解如图4.242所示。

图4.242 步骤分解图

图4.242 步骤分解图（续）

4.8.2 课后习题2——写实钢琴图标

素材位置　无
案例位置　案例文件\第4章\写实钢琴图标.psd
视频位置　多媒体教学\4.8.2 课后习题2——写实钢琴图标.avi
难易指数　★★★☆☆

本例讲解钢琴图标的制作，本例中的图标以真实模拟的手法展示一款十分出色的钢琴图标，此款图标可以用作移动设备上的音乐图标或者APP相关应用，它具有相当真实的外观和可识别性。最终效果如图4.243所示。

扫码看视频

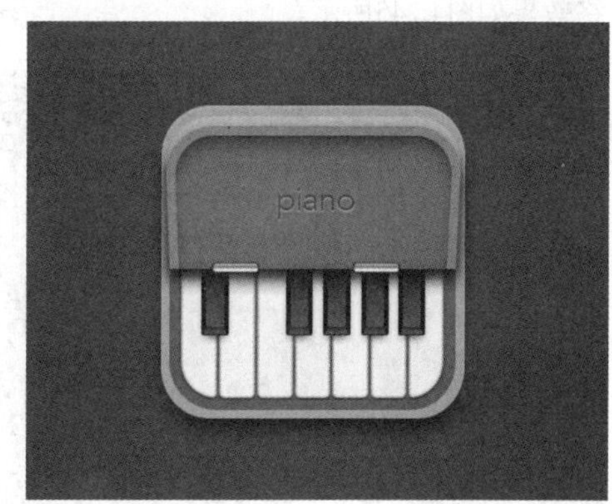

图4.243 最终效果

步骤分解如图4.244所示。

图4.244 步骤分解图

图4.244 步骤分解图（续）

4.8.3 课后习题3——写实开关图标

素材位置 无
案例位置 案例文件\第4章\写实开关图标.psd
视频位置 多媒体教学\4.8.3 课后习题3——写实开关图标.avi
难易指数 ★★★☆☆

本例主要讲解写实开关图标的制作，在所有的图标设计中，最好在制作之初模拟绘制出一个草图样式，在脑海中产生所要绘制的图标轮廓，依据所要表达的风格进行绘制。本例的制作方法与其他图标制作十分相同，在拟物化的控件细节上需要多加留意。最终效果如图4.245所示。

扫码看视频

图4.245 最终效果

步骤分解如图4.246所示。

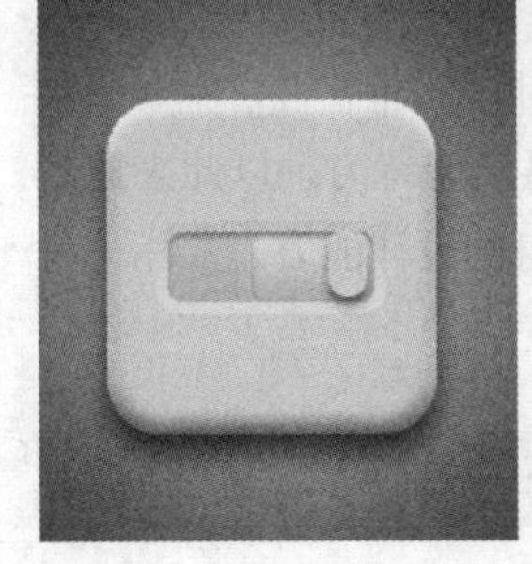

图4.246 步骤分解图

第5章

iOS风格界面设计

内容摘要

iOS是由苹果公司开发的移动操作系统，大家知道，苹果公司不但在手机和电脑上是领先的，在设计风格上也是大家争相模仿的对象。所以在UI设计中，iOS风格的界面设计也在各种应用上大放光彩。本章就以这种风格为依据，详细讲解了iOS风格在UI设计中的应用。

课堂学习目标

- 了解iOS风格
- 学习不同iOS风格界面控件的设计方法

5.1 理论知识——认识iOS风格

5.1.1 iOS的发展及界面分布

iOS是由苹果公司开发的移动操作系统。苹果公司最早于2007年1月9日的Macworld大会上公布这个系统，最初是设计给iPhone使用的，后来陆续套用到iPod touch、iPad以及Apple TV等产品上。iOS与苹果的Mac OS X操作系统一样，属于类Unix的商业操作系统。原本这个系统名为iPhone OS，因为iPad，iPhone，iPod touch都使用iPhone OS，所以2010WWDC大会上宣布改名为iOS。

苹果公司不但在手机和电脑上是领先的，在设计风格上也是大家争相模仿的对象，所以在UI设计中，iOS风格的界面设计也在各种应用上大放光彩。

iOS用户界面的概念基础是能够使用多点触控直接操作。控制方法包括滑动、轻触开关及按键。与系统交互包括滑动、轻按、挤压及旋转。此外，通过其内置的加速器，可以令其旋转设备改变其y轴以令屏幕改变方向，这样的设计让iPhone更便于使用。

屏幕的下方有一个主屏幕按键，底部则是Dock，有四个用户最经常使用的程序的图标被固定在Dock上。屏幕上方有一个状态栏能显示一些有关数据，如时间、电池电量和信号强度等。其余的屏幕用于显示当前的应用程序。

5.1.2 认识iOS的控件

iPhone的 iOS 系统的开发需要用到控件。开发者在iOS平台会遇到界面和交互如何展现的问题，控件解决了这个问题。这使得iPhone的用户界面相对于老式手机，更加友好灵活，并便于用户使用。对于UI设计来说，了解几个常用的控件即可。

1. 窗口

iPhone的规则是一个窗口，多个视图，窗口是APP显示的最底层，它是固定不变的，基本上可以不怎么理会，但要知道每层是怎样的架构。

2. 视图

视图是用户构建界面的基础，所有的控件都是在这个页面上画出来的，你可以把它当成是一个画布。你可以通过UIView增加控件，并利用控件和用户进行交互和传递数据。

窗口和视图是最基本的类，创建任何类型的用户界面都要用到。窗口表示屏幕上的一个几何区域，而视图类则用其自身的功能画出不同的控件，如导航栏，按钮都是附着在视图类上的，而一个视图则链接到一个窗口。

3. 视图控制器

你可以把他当成是要用到的视图UIView进行管理和控制，也可以在这个UIViewController控制你要显示的是哪个具体的UIView。另外，视图控制器还增添了额外的功能，如内建的旋转屏幕、转场动画以及对触摸等事件的支持。

4. 其他

- 按钮：主要是我们平常触摸的按钮，触发时可以调用我们想要执行的应用。
- 选择按钮：可以设置多个选择项，触发相应的项调用不同的方法。
- 开关按钮：可以选择开或者关。
- 滑动按钮：常用在控制音量等。
- 显示文本段：显示所给的文本。
- 表格视图：可以定义你要的表格视图，表格头和表格行都可以自定义。
- 搜索条：一般用于查找的功能。
- 工具栏：一般用于主页面的框架。
- 进度条：一般用于显示下载进度。

技巧与提示

这里需要特别说明的是，iOS风格指的是老版本苹果系统的设计风格，并不是现在流行的扁平风格。基于设计尺寸等相关信息与扁平无差，所以本章不再讲解，详细尺寸等相关信息可参阅相关章节。

常见iOS风格UI设计如图5.1所示。

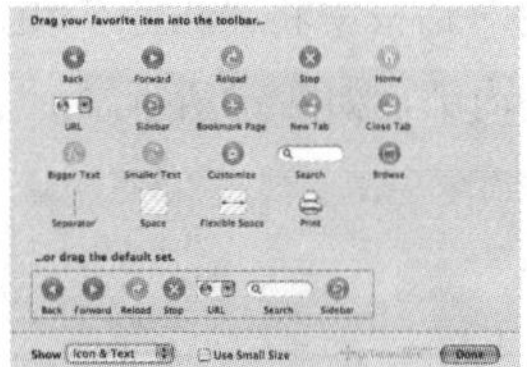

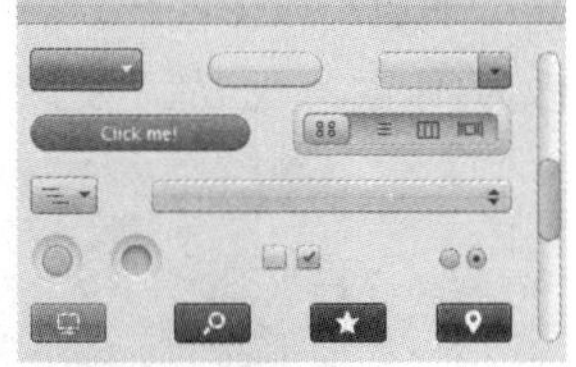

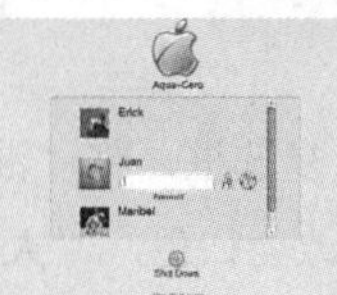

图5.1 常见iOS界面控件

5.2 课堂案例——苹果风格登录界面

素材位置 素材文件\第5章\苹果风格登录界面
案例位置 案例文件\第5章\苹果风格登录界面.psd
视频位置 多媒体教学\5.2课堂案例——苹果风格登录界面.avi
难易指数 ★★☆☆☆

本例主要讲解苹果风格登录界面的制作，简约一直是苹果风格最显著的特征，没有过分华丽的外表，只展现给用户最为清晰、直观的视觉界面，这正是它的最大特点。在设计过程中只需要注意界面图形的叠加及颜色深浅的搭配即可。最终效果如图5.2所示。

扫码看视频

图5.2 最终效果

5.2.1 制作背景

01 执行菜单栏中的“文件”|“新建”命令，在弹出的对话框中设置“宽度”为600像素，“高度”为600像素，“分辨率”为72像素/英寸，新建一个空白画布，将画布填充为灰色（R：228，G：228，B：228）。

02 执行菜单栏中的“滤镜”|“杂色”|“添加杂色”命令，在弹出的对话框中将“数量”更改为1%，勾选“平均分布”单选按钮，完成之后单击“确定”按钮，如图5.3所示。

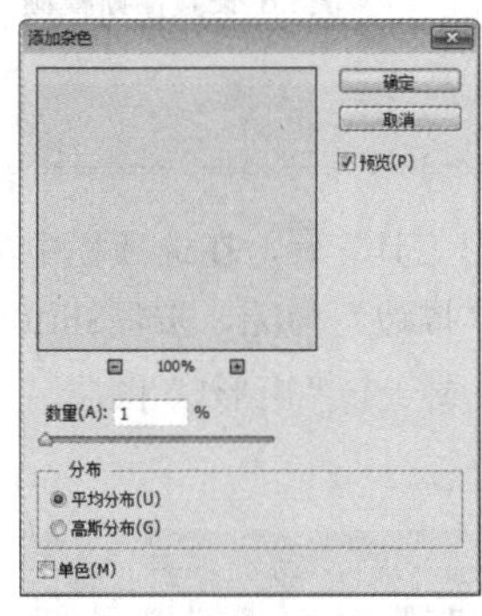

图5.3 设置添加杂色

03 选择工具箱中的“椭圆工具”，在选项栏中将“填充”更改为白色，“描边”为无，在画布中间位置按住Shift键绘制一个圆形，此时将生成一个“椭圆1”图层，如图5.4所示。

04 选中“椭圆1”图层，执行菜单栏中的“图层”|“栅格化”|“形状”命令，将当前图形栅格化，如图5.5所示。

图5.4 绘制图形

图5.5 栅格化形状

05 执行菜单栏中的“滤镜”|“模糊”|“高斯模糊”命令，在弹出的对话框中将“半径”更改为123像素，设置完成之后单击“确定”按钮，如图5.6所示。

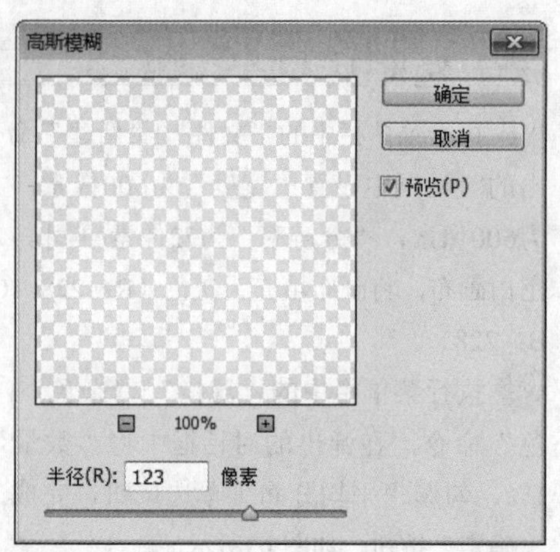

图5.6 设置高斯模糊

5.2.2 绘制图形

01 选择工具箱中的“矩形工具”，在选项栏中将“填充”更改为白色，“描边”为无，按住Shift键绘制一个矩形，此时将生成一个“矩形1”图层，如图5.7所示。

图5.7 绘制图形

02 选中“矩形1”图层，按Ctrl+T组合键对其执行“自由变换”命令，当出现变形框以后将图形适当旋转，完成之后按Enter键确认，如图5.8所示。

图5.8 变换图形

03 在“图层”面板中，选中“矩形1”图层，单击面板底部的“添加图层样式”按钮，在菜单中选择“描边”命令，在弹出的对话框中将“大小”更改为1像素，“位置”更改为内部，如图5.9所示。

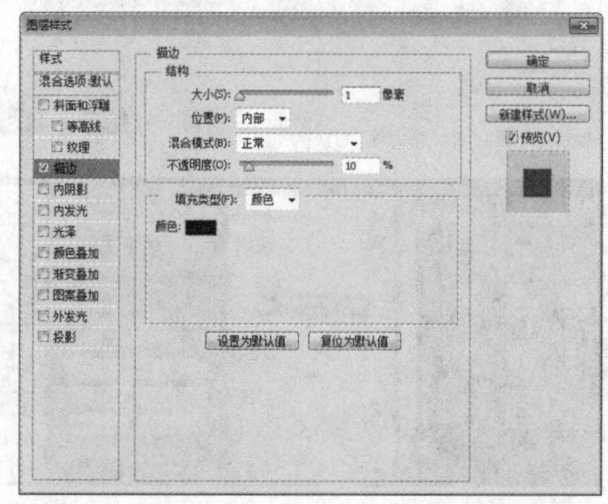

图5.9 设置描边

04 勾选“内发光”复选框，将“混合模式”更改为正常，“颜色”更改为白色，“大小”更改为1像素，如图5.10所示。

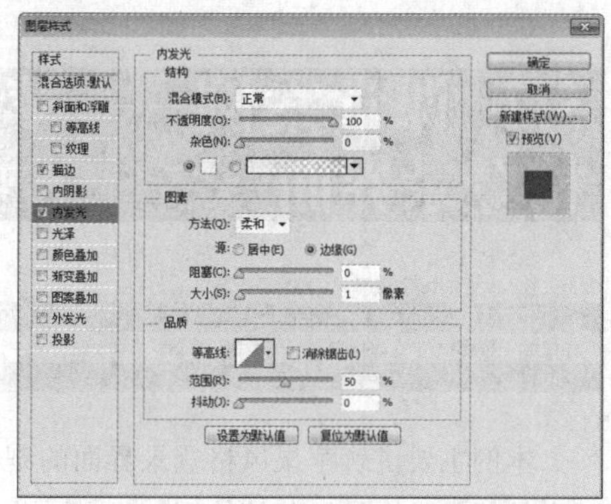

图5.10 设置内发光

05 勾选“渐变叠加”复选框，将“不透明度”更改为3%，“渐变”更改为白色到灰色（R：80，G：80，B：80），如图5.11所示。

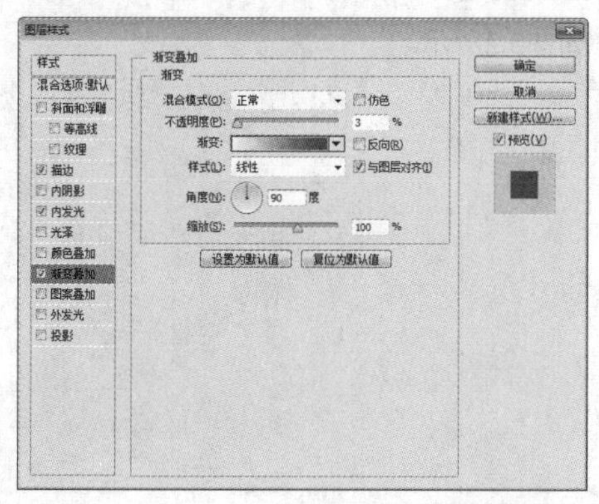

图5.11 设置渐变叠加

06 勾选“图案叠加”复选框，将“不透明度”更改为50%，单击“图案”后方的按钮，在弹出的面板中单击右上角的⚙图标，在弹出的列表中选择“彩色纸”，在弹出的对话框中单击“追加”按钮，再选择“白色信纸”图案，如图5.12所示。

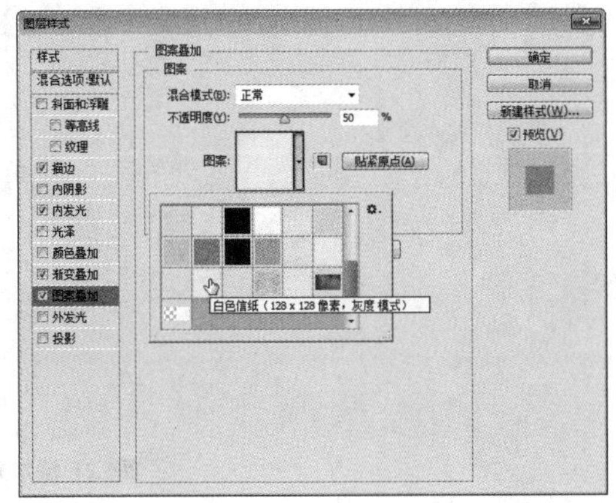

图5.12 设置图案叠加

07 勾选“投影”复选框，将“不透明度”更改为15%，取消“使用全局光”复选框，将“角度”更改为90度，“大小”更改为1像素，完成之后单击“确定”按钮，如图5.13所示。

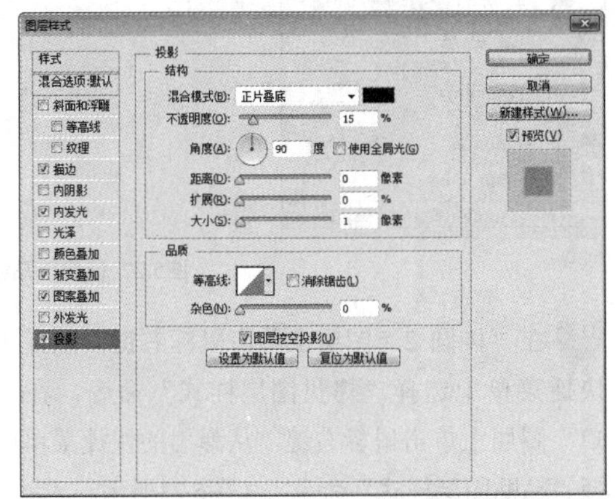

图5.13 设置投影

08 在“图层”面板中，选中“矩形1”图层，将其拖至面板底部的“创建新图层”按钮上，复制1个“矩形1 拷贝”图层，如图5.14所示。

09 选中“矩形1 拷贝”图层，按Ctrl+T组合键对其执行“自由变换”命令，当出现变形框以后将图形适当旋转，完成之后按Enter键确认，如图5.15所示。

图5.14 复制图层

图5.15 变换图形

10 以同样的方法再次复制一个图形并将其适当旋转，如图5.16所示。

图5.16 复制并旋转图形

11 选择工具箱中的“椭圆工具”，在选项栏中将“填充”更改为灰色（R：244，G：244，B：244），“描边”为无，在界面靠上方位置按住Shift键绘制一个圆形，此时将生成一个“椭圆2”图层，如图5.17所示。

图5.17 绘制图形

12 在“图层”面板中，选中“椭圆2”图层，单击面板底部的“添加图层样式”fx按钮，在菜单中选择“内阴影”命令，在弹出的对话框中将“不透明度”更改为20%，取消“使用全局光”复选框，“角度”更改为90度，如图5.18所示。

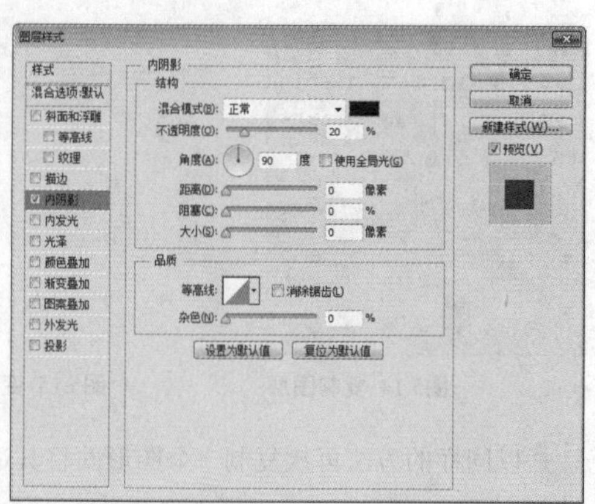

图5.18 设置内阴影

13 勾选“内发光”复选框，将“混合模式”更改为正常，“不透明度”更改为5%，“颜色”更改为黑色，“大小”更改为1像素，如图5.19所示。

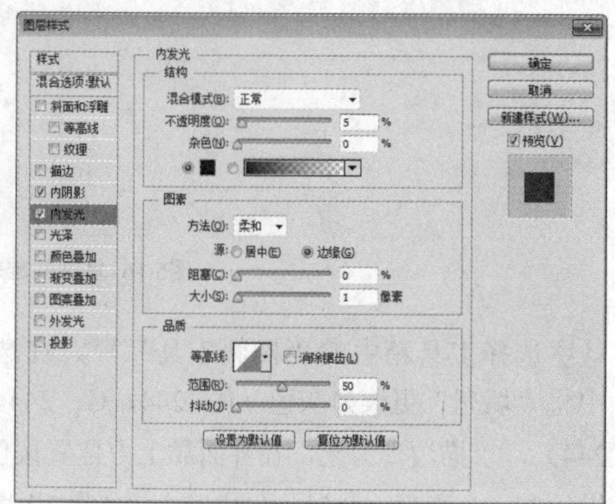

图5.19 设置内发光

14 勾选“投影”复选框，将“混合模式”更改为正常，“颜色”更改为白色，取消“使用全局光”复选框，将“角度”更改为90度，完成之后单击“确定”按钮，如图5.20所示。

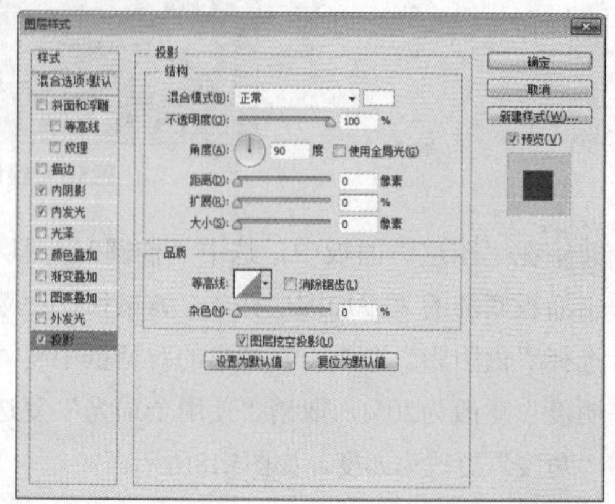

图5.20 设置投影

5.2.3 添加素材

01 执行菜单栏中的“文件”|“打开”命令，打开“用户.psd”文件，将打开的素材拖入画布中并适当缩小，如图5.21所示。

图5.21 添加素材

02 选中“用户”图层，执行菜单栏中的“图层”|“创建剪贴蒙版”命令，为当前图层创建剪贴蒙版，将部分图形隐藏，如图5.22所示。

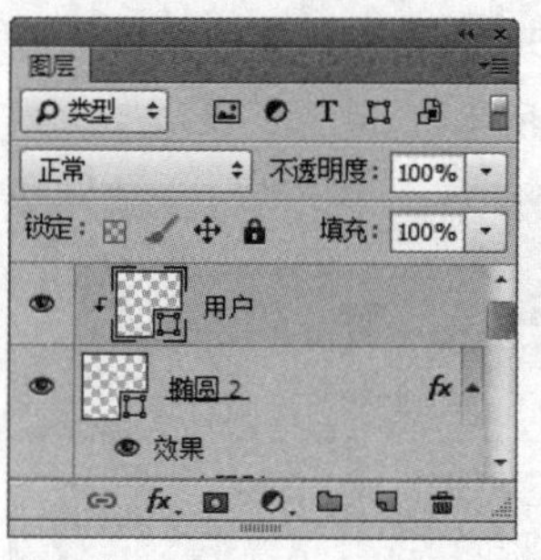

图5.22 创建剪贴蒙版

03 在“椭圆 2”图层上单击鼠标右键，从弹出的快捷菜单中选择“拷贝图层样式”命令，在“用户”图层上单击鼠标右键，从弹出的快捷菜单中选择“粘贴图层样式”命令，如图5.23所示。

图5.23 拷贝并粘贴图层样式

04 双击“用户”图层样式名称，在弹出的对话框中选中“内阴影”复选框，将“大小”更改为1像素，选中“投影”复选框，将“距离”更改为1像素，“大小”更改为1像素，完成之后单击“确定”按钮，如图5.24所示。

图5.24 设置图层样式

5.2.4 绘制文本框

01 选择工具箱中的“圆角矩形工具”，在选项栏中将“填充”更改为灰色（R：243，G：243，B：243），“描边”为无，“半径”为4像素，在界面上绘制一个圆角矩形，此时将生成一个“圆角矩形1”图层，如图5.25所示。

图5.25 绘制图形

02 在“图层”面板中，选中“圆角矩形1”图层，单击面板底部的“添加图层样式”fx按钮，在菜单中选择“内阴影”命令，在弹出的对话框中将“混合模式”更改为正常，“颜色”更改为黑色，“不透明度”更改为15%，取消“使用全局光”复选框，“角度”更改为90度，“距离”更改为1像素，如图5.26所示。

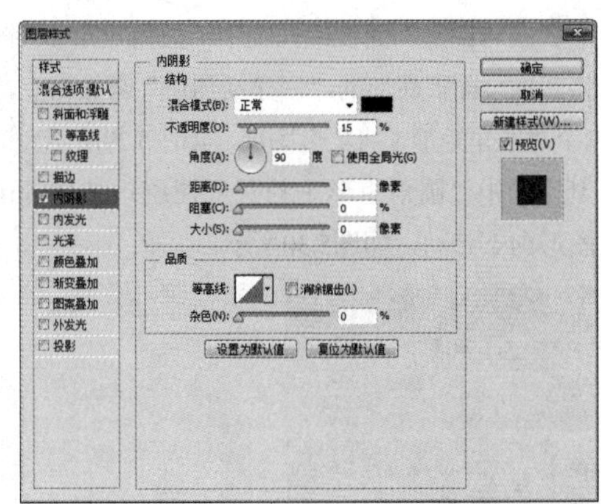

图5.26 设置内阴影

03 勾选“内发光”复选框，将“不透明度”更改为6%，“颜色”更改为黑色，“大小”更改为5像素，如图5.27所示。

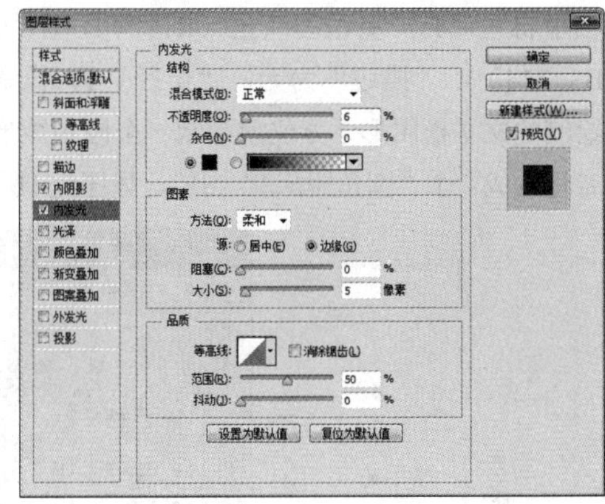

图5.27 设置内发光

04 勾选“投影”复选框，将“混合模式”更改为正常，“颜色”更改为白色，取消“使用全局光”复选框，将“角度”更改为90度，“距离”更改为1像素，完成之后单击“确定”按钮，如图5.28所示。

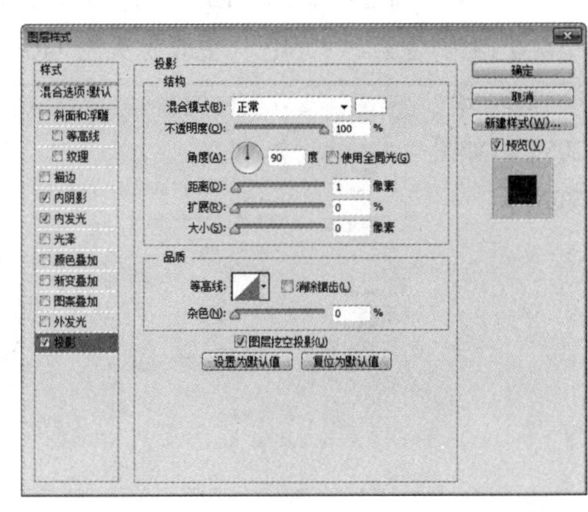

图5.28 设置投影

05 在“图层”面板中，选中“圆角矩形 1”图层，将其拖至面板底部的“创建新图层”按钮上，复制1个“圆角矩形 1 拷贝”图层，如图5.29所示。

06 选中“圆角矩形 1 拷贝”图层，按住Shift键将图形向下移动，如图5.30所示。

图5.29 复制图层

图5.30 移动图形

07 选择工具箱中的“圆角矩形工具”，在选项栏中将“填充”更改为灰色（R：244，G：244，B：244），“描边”为无，“半径”为5像素，在绘制的文本框图形下方位置绘制一个圆角矩形，此时将生成一个“圆角矩形2”图层，如图5.31所示。

图5.31 绘制图形

08 在“图层”面板中，选中“圆角矩形2”图层，单击面板底部的“添加图层样式”按钮，在菜单中选择“描边”命令，在弹出的对话框中将“大小”更改为1像素，“颜色”更改为灰色（R：205，G：205，B：205），如图532所示。

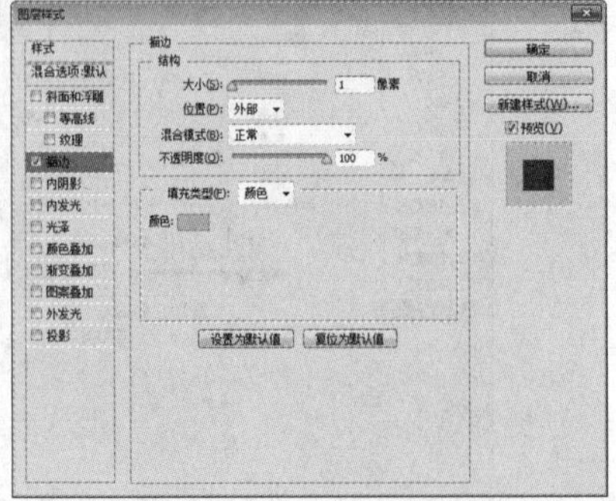

图5.32 设置描边

09 勾选“内阴影”复选框，将“混合模式”更改为正常，“颜色”更改为白色，“不透明度”更改为80%，取消“使用全局光”复选框，将“角度”更改为90度，“距离”更改为1像素，如图5.33所示。

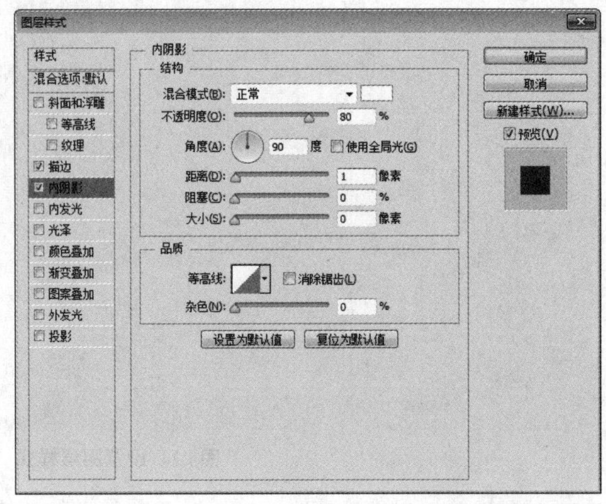

图5.33 设置内阴影

10 勾选“渐变叠加”复选框，将“不透明度”更改为5%，“渐变”更改为黑白渐变，如图5.34所示。

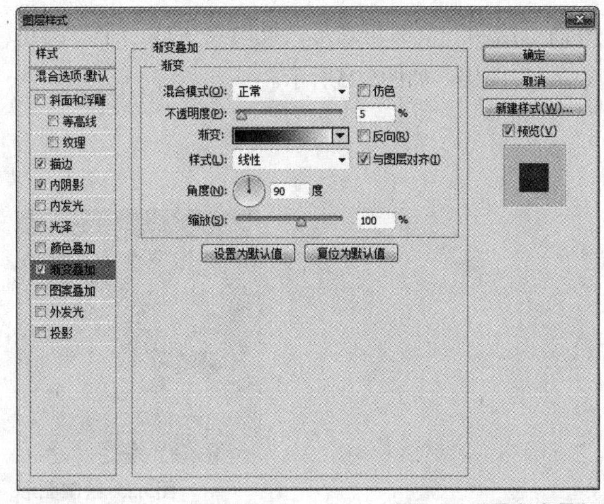

图5.34 设置渐变叠加

11 勾选“投影”复选框，将“混合模式”更改为正常，“颜色”更改为灰色（R：172，G：172，B：172），“不透明度”更改为50%，取消“使用全局光”复选框，将“角度”更改为90度，“距离”更改为2像素，完成之后单击“确定”按钮，如图5.35所示。

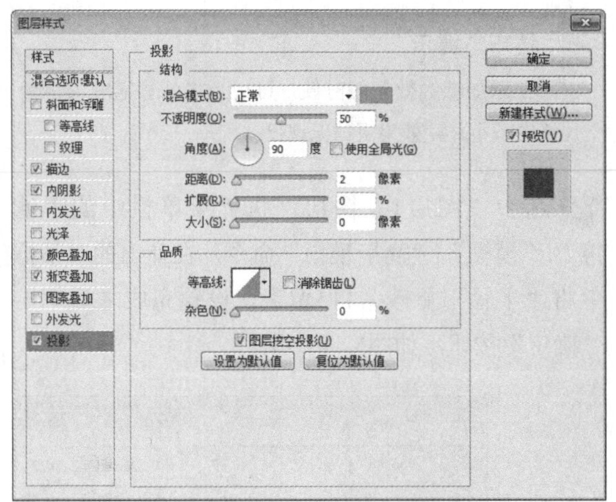

图5.35 设置投影

12 选择工具箱中的“横排文字工具”T，在画布中适当位置添加文字，完成效果制作，最终效果如图5.36所示。

图5.36 添加图层样式及最终效果

5.3 课堂案例——会员登录页

素材位置 无

案例位置 案例文件\第5章\会员登录页.psd

视频位置 多媒体教学\5.3课堂案例——会员登录页.avi

难易指数 ★★☆☆☆

本例主要讲解的是社交APP登录页制作，本例在制作的过程中采用了动感的背景作为衬托，利用蓝色和灰色系的色彩搭配手法制作出具有科技、时尚感的社交类APP登录界面。最终效果如图5.37所示。

扫码看视频

图5.37 最终效果

5.3.1 制作背景

01 执行菜单栏中的“文件”|“新建”命令，在弹出的对话框中设置“宽度”为800像素，“高度”为600像素，“分辨率”为72像素/英寸，“颜色模式”为RGB颜色，新建一个空白画布，如图5.38所示。

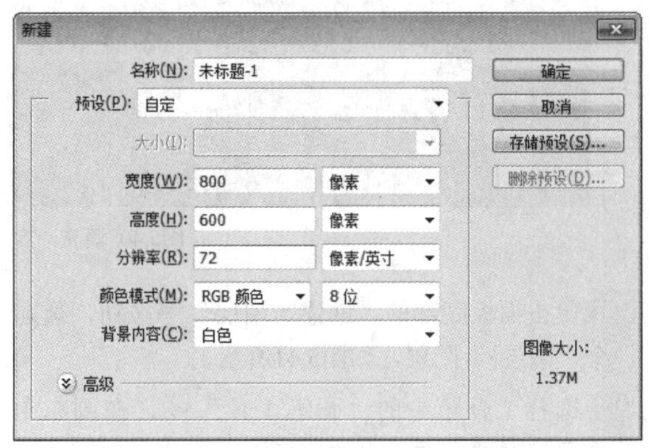

图5.38 新建画布

02 选择工具箱中的“渐变工具”，在选项栏中单击“点按可编辑渐变”按钮，在弹出的对话框中将渐变颜色更改为蓝色（R：157，G：180，B：227）到紫色（R：150，G：125，B：180），设置完成之后单击“确定”按钮，再单击选项栏中的“线性渐变”按钮，如图5.39所示。

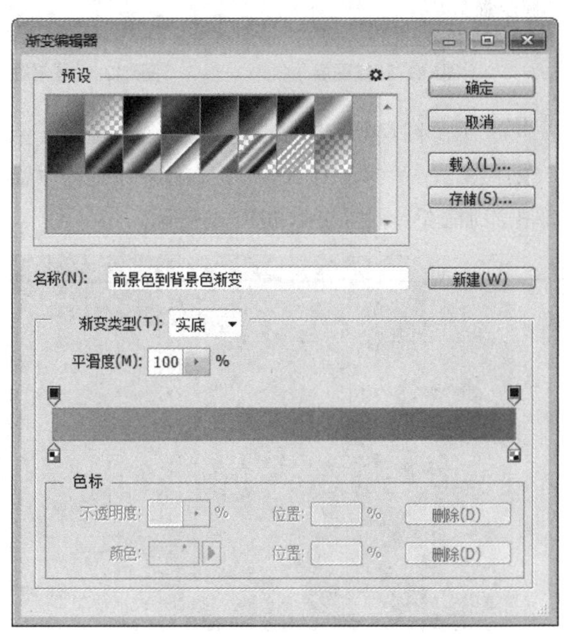

图5.39 设置渐变

03 在画布中从右上角向左下角方向拖动，为背景填充渐变，如图5.40所示。

图5.40 填充渐变

04 单击面板底部的“创建新图层”按钮，新建一个“图层1”图层，如图5.41所示。

05 选择工具箱中的“画笔工具”，在画布中单击鼠标右键，在弹出的面板中，选择一种圆角笔触，将“大小”更改为300像素，“硬度”更改为0%，如图5.42所示。

图5.41 新建图层

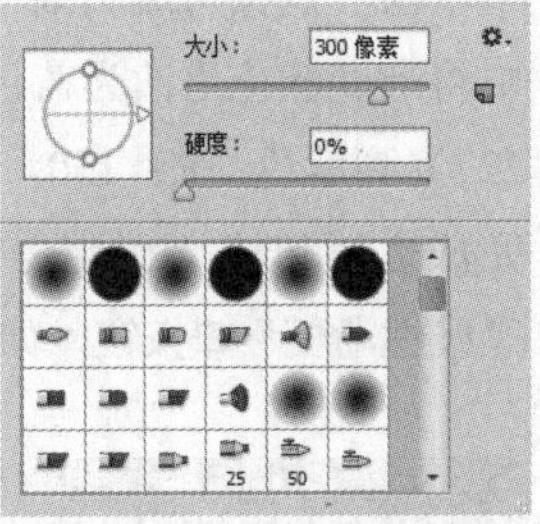

图5.42 设置笔触

06 选中“图层1”图层，将前景色更改为紫色（R：28，G：104，B：169），在画布中适当位置单击添加画笔笔触效果，如图5.43所示。

图5.43 添加笔触效果

技巧与提示

在添加笔触效果的时候，可适当将画笔笔触大小增加或者减小，使效果更加无规律。

07 选中“图层1”图层，执行菜单栏中的“滤镜”|“模糊”|“高斯模糊”命令，在弹出的对话框中将“半径”更改为115像素，设置完成之后单击“确定”按钮，如图5.44所示。

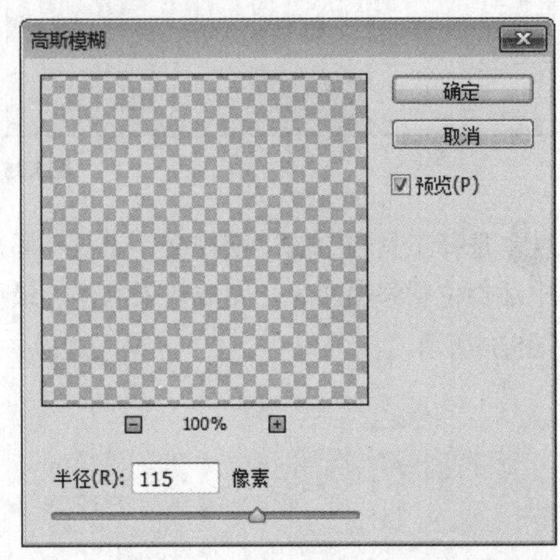

图5.44 设置高斯模糊

08 选择工具箱中的“椭圆工具”，在选项栏中将“填充”更改为紫色（R：170，G：135，B：193），“描边”为无，在画布中绘制一个稍大的椭圆图形，此时将生成一个“椭圆1”图层，如图5.45所示。

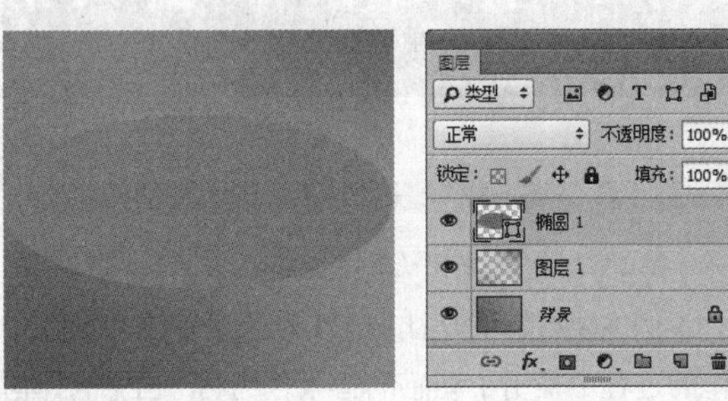

图5.45 绘制图形

09 在“图层”面板中，选中“椭圆1”图层，执行菜单栏中的“图层”|“栅格化”|“形状”命令，将当前图形栅格化，如图5.46所示。

图5.46 栅格化形状

10 选中“椭圆1”图层，按Ctrl+Alt+F组合键打开“高斯模糊”命令对话框，在弹出的对话框中将“半径”更改为100像素，完成之后单击“确定”按钮，如图5.47所示。

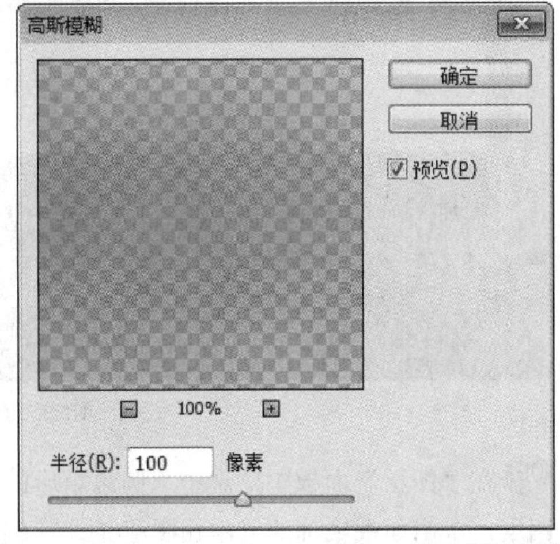

图5.47 设置高斯模糊

5.3.2 绘制主界面

01 选择工具箱中的“圆角矩形工具”，在选项栏中将“填充”更改为白色，“描边”为无，“半径”为10像素，在画布中间绘制一个圆角矩形，此时将生成一个“圆角矩形1”图层，如图5.48所示。

图5.48 绘制图形

02 在“图层”面板中，选中“圆角矩形 1”图层，将其拖至面板底部的“创建新图层”按钮上，复制一个“圆角矩形 1拷贝”图层，如图5.49所示。

图5.49 复制图层

03 在“图层”面板中，选中“圆角矩形1”图层，单击面板底部的“添加图层样式”按钮，在菜单中选择“内发光”命令，在弹出的对话框中将“混合模式”更改为正常，“颜色”更改为蓝色（R：27，G：60，B：130），“阻塞”更改为100%，“大小”更改为1像素，如图5.50所示。

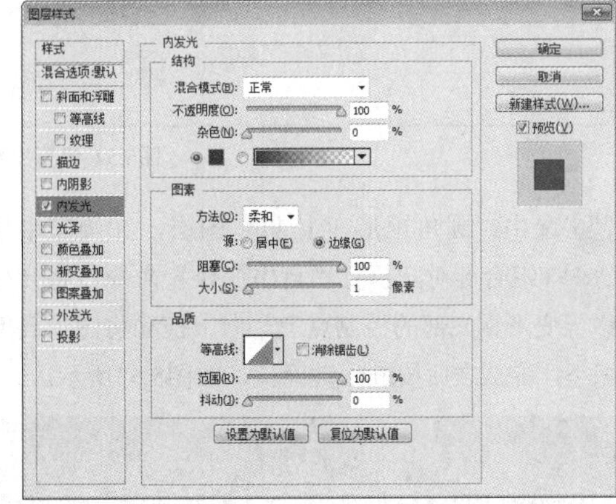

图5.50 设置内发光

04 勾选“颜色叠加”复选框，将“颜色”更改为蓝色（R：30，G：63，B：140），如图5.51所示。

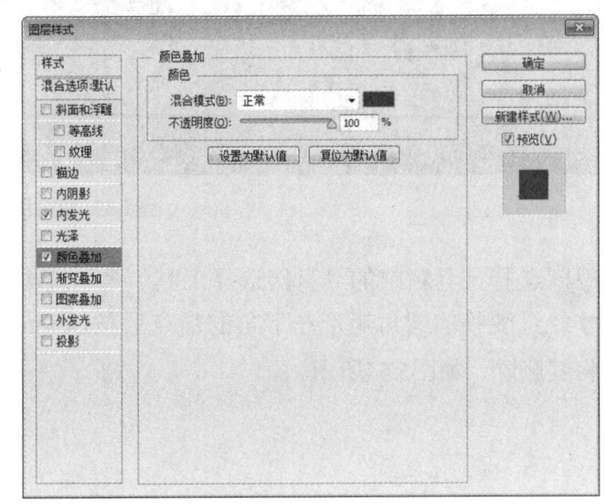

图5.51 设置颜色叠加

05 勾选“投影”复选框，将“混合模式”更改为正常，“颜色”更改为黑色，“不透明度”更改为40%，取消“使用全局光”复选框，“角度”更改为90度，“大小”更改为15像素，完成之后单击“确定”按钮，如图5.52所示。

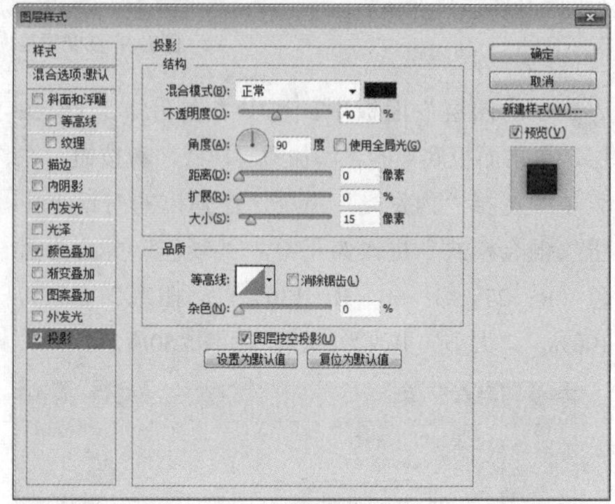

图5.52 设置投影

06 选中“圆角矩形 1 拷贝”图层，在画布中按Ctrl+T组合键对其执行“自由变换”命令，将光标移至变形框底部的控制点上，向上拖动将图形高度缩小，完成之后按Enter键确认，如图5.53所示。

图5.53 变换图形

07 选择工具箱中的“直接选择工具”，选中刚才经过变换的圆角矩形左下角的锚点后按Delete键将其删除，如图5.54所示。

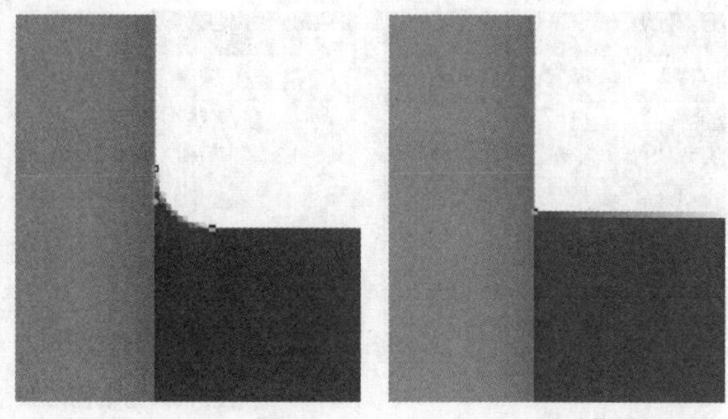

图5.54 删除锚点

08 选择工具箱中的“直接选择工具”，以刚才同样的方法将右下角锚点删除，如图5.55所示。

图5.55 删除锚点

09 在“图层”面板中，选中“圆角矩形1 拷贝”图层，单击面板底部的“添加图层样式”按钮，在菜单中选择“内发光”命令，在弹出的对话框中将“混合模式”更改为正常，“颜色”更改为白色，“方法”更改为精确，“大小”更改为1像素，如图5.56所示。

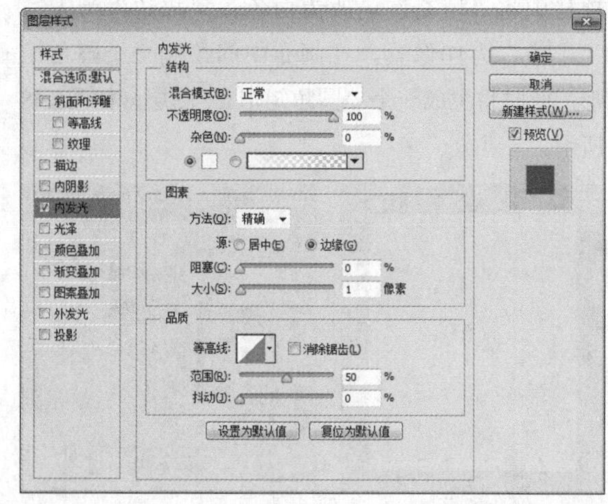

图5.56 设置内发光

10 勾选“颜色叠加”复选框，将“颜色”更改为灰色（R：150，G：150，B：150），“不透明度”更改为6%，如图5.57所示。

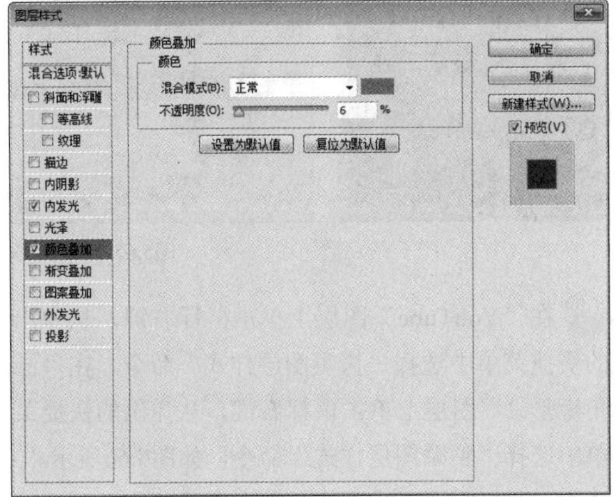

图5.57 设置颜色叠加

11 勾选“渐变叠加”复选框，将渐变颜色更改为浅蓝色（R：220，G：220，B：230）到灰色（R：240，G：244，B：248），“缩放”更改为80%，完成之后单击“确定”按钮，如图5.58所示。

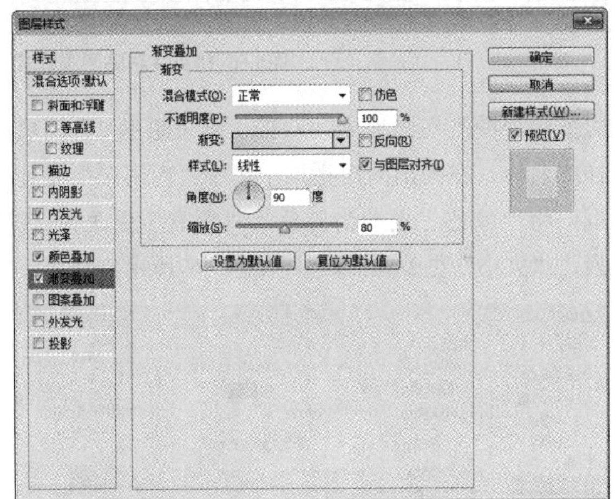

图5.58 设置渐变叠加

5.3.3 制作细节

01 选择工具箱中的“椭圆工具”，在选项栏中将“填充”更改为白色，“描边”为无，在圆角矩形左上角位置按住Shift键绘制一个圆形，此时将生成一个“椭圆2”图层，如图5.59所示。

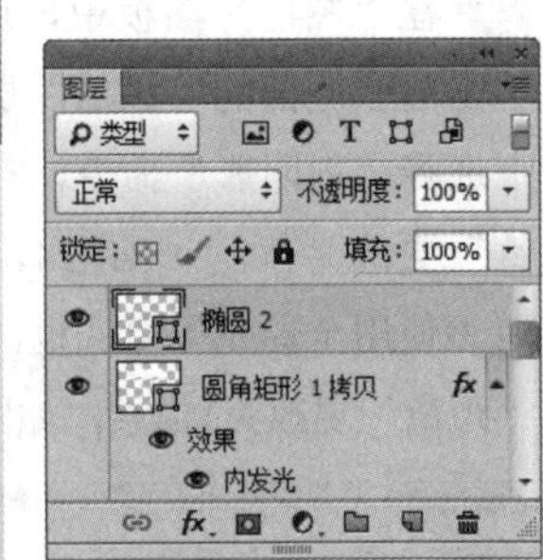

图5.59 绘制图形

02 为刚才绘制的椭圆添加相应的图层样式，制作出小按钮控件效果，如图5.60所示。

图5.60 制作小按钮效果

03 将制作的小按钮复制2份，如图5.61所示。

图5.61 复制图形

04 选择工具箱中的“横排文字工具”T，在刚才绘制的圆角矩形上添加文字，如图5.62所示。

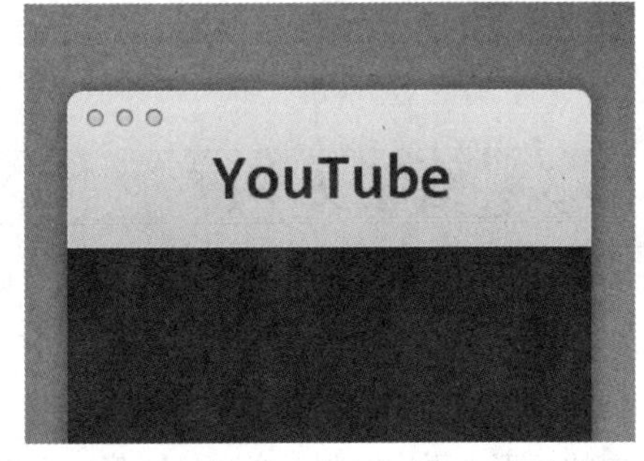

图5.62 添加文字

05 在“图层”面板中，选中“YouTube”图层，单击面板底部的“添加图层样式”fx按钮，在菜单中选择“内阴影”命令，在弹出的对话框中将“颜色”更改为蓝色（R：24，G：53，B：117），取消“使用全局光”复选框，“角度”更改为90度，“距离”更改为1像素，如图5.63所示。

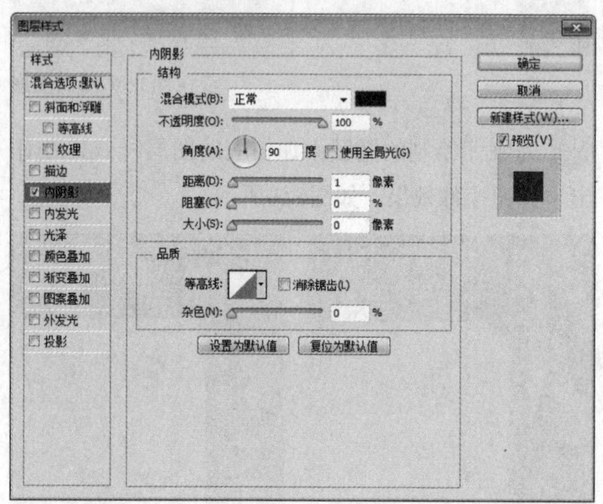

图5.63 设置内阴影

06 勾选“投影”复选框，将“颜色”更改为白色，“距离”更改为1像素，完成之后单击“确定”按钮，如图5.64所示。

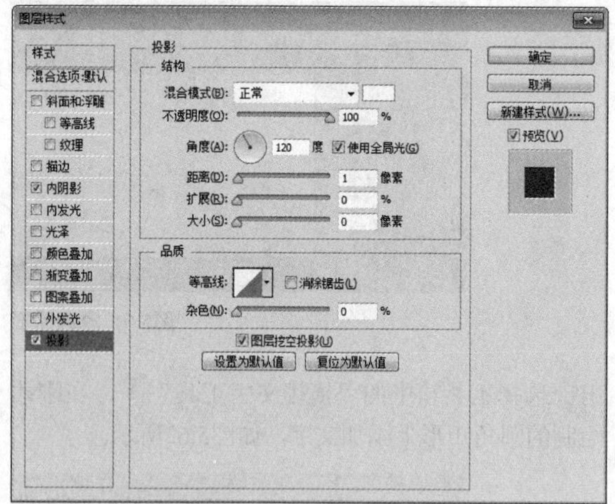

图5.64 设置投影

5.3.4 绘制文本框

01 选择工具箱中的“圆角矩形工具”，在选项栏中将“填充”更改为蓝色（R：26，G：55，B：122），“描边”为无，“半径”为5像素，在画布中的矩形上再次绘制一个圆角矩形，此时将生成一个“圆角矩形2”图层，如图5.65所示。

图5.65 绘制图形

02 在“YouTube”图层上单击鼠标右键，从弹出的快捷菜单中选择“拷贝图层样式”命令，在“圆角矩形 2”图层上单击鼠标右键，从弹出的快捷菜单中选择“粘贴图层样式”命令，如图5.66所示。

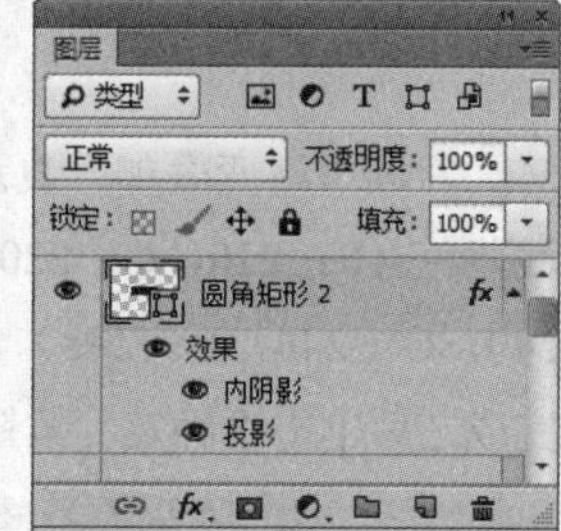

图5.66 拷贝并粘贴图层样式

03 在“图层”面板中，双击“圆角矩形 2”图层样式名称，在弹出的对话框中选中“内阴影”复选框，将“颜色”更改为黑色，“距离”更改为1像素，“大小”更改为5像素，如图5.67所示。

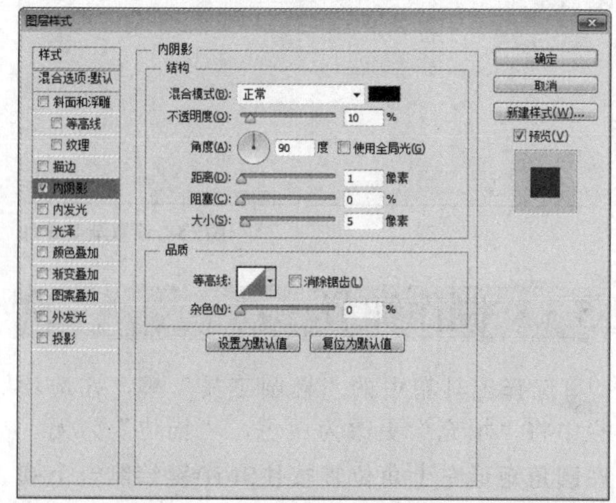

图5.67 设置内阴影

04 选中“投影”复选框，将“颜色”更改为蓝色

（R：67，G：103，B：184），“距离”更改为1像素，“扩展”更改为100%，完成之后单击“确定”按钮，如图5.68所示。

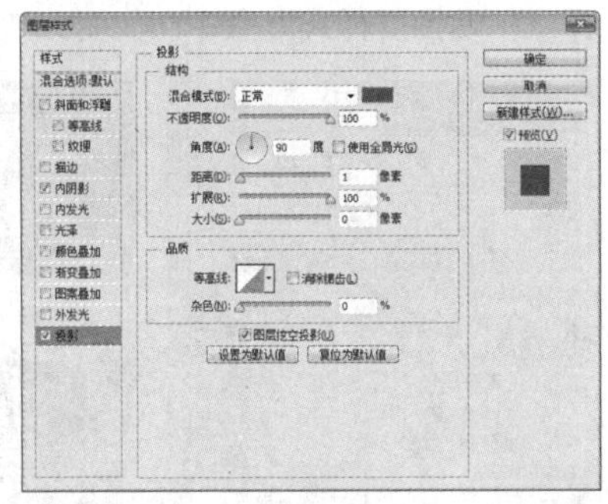

图5.68 设置投影

05 选择工具箱中的“直线工具”，在选项栏中将“填充”更改为蓝色（R：26，G：55，B：122），“描边”为无，“粗细”更改为1像素，在刚才绘制的圆角矩形中按住Shift键绘制一条与圆角矩形宽度相同的线段，此时将生成一个“形状1”图层，如图5.69所示。

图5.69 绘制图形

06 选择工具箱中的“圆角矩形工具”，在选项栏中将“填充”更改为蓝色（R：26，G：55，B：122），“描边”为无，“半径”为10像素，在画布界面图形下方位置绘制一个圆角矩形，此时将生成一个“圆角矩形3”图层，如图5.70所示。

图5.70 绘制图形

07 在“圆角矩形 2”图层上单击鼠标右键，从弹出的快捷菜单中选择“拷贝图层样式”命令，在“圆角矩形 3”图层上单击鼠标右键，从弹出的快捷菜单中选择“粘贴图层样式”命令，如图5.71所示。

图5.71 拷贝并粘贴图层样式

08 选择工具箱中的“椭圆工具”，在选项栏中将“填充”更改为白色，“描边”为无，在刚才绘制的圆角矩形靠左侧位置按住Shift键绘制一个圆形，此时将生成一个“椭圆3”图层，如图5.72所示。

图5.72 绘制图形

09 在“图层”面板中，选中“椭圆3”图层，单击面板底部的“添加图层样式”按钮，在菜单中选择“渐变叠加”命令，在弹出的对话框中将渐变颜色更改为灰色（R：228，G：228，B：228）到白色，完成之后单击“确定”按钮，如图5.73所示。

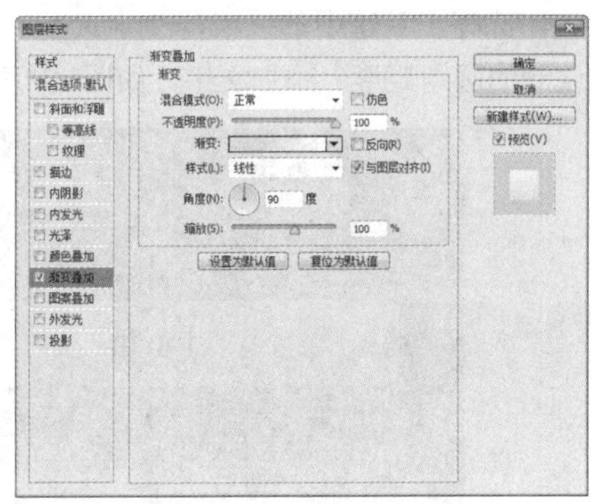

图5.73 设置渐变叠加

10 选择工具箱中的“圆角矩形工具”，在选项栏中将“填充”更改为白色，“描边”为无，“半径”为8像素，在界面中再次绘制一个圆角矩形，此时将生成一个“圆角矩形4”图层，如图5.74所示。

图5.74 绘制图形

11 在“图层”面板中，选中“圆角矩形4”图层，单击面板底部的“添加图层样式” fx 按钮，在菜单中选择“渐变叠加”命令，在弹出的对话框中将渐变颜色更改为灰色（R：207，G：207，B：207）到灰色（R：245，G：245，B：245），完成之后单击“确定”按钮，如图5.75所示。

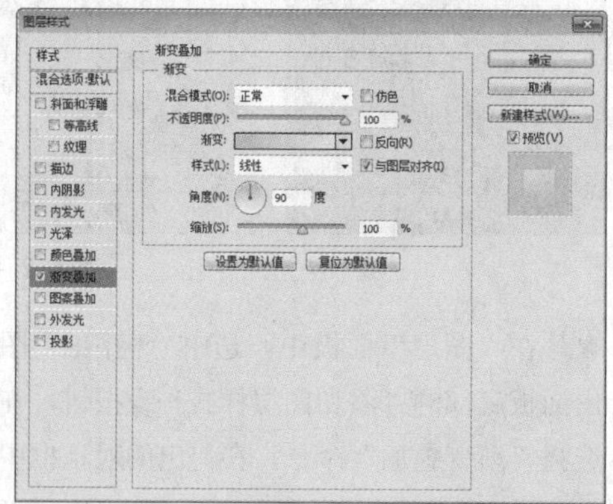

图5.75 设置渐变叠加

12 选择工具箱中的“横排文字工具” T，在刚才绘制的圆角矩形上添加文字，如图5.76所示。

图5.76 添加文字

13 在“YouTube”图层上单击鼠标右键，从弹出的快捷菜单中选择“拷贝图层样式”命令，在“log in”图层上单击鼠标右键，从弹出的快捷菜单中选择“粘贴图层样式”命令，如图5.77所示。

图5.77 拷贝并粘贴图层样式

14 选择工具箱中的“横排文字工具” T，在画布中适当位置添加文字，这样就完成了效果制作，最终效果如图5.78所示。

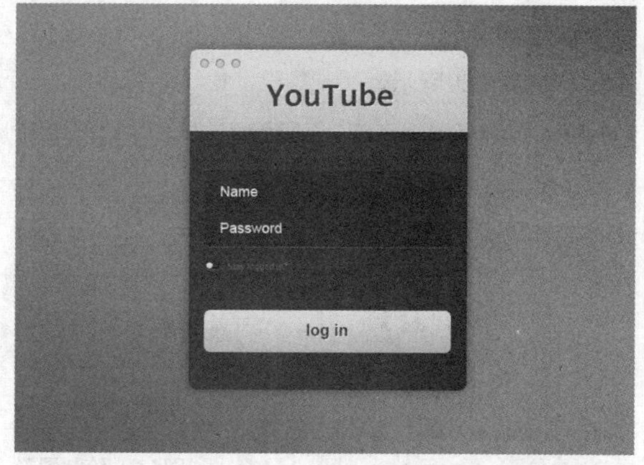

图5.78 添加文字及最终效果

5.4 课堂案例——通信应用界面

素材位置 素材文件\第5章\通信应用界面
案例位置 案例文件\第5章\通信应用界面.psd
视频位置 多媒体教学\5.4课堂案例——通信应用界面.avi
难易指数 ★★☆☆☆

本例讲解的是社交APP界面制作，在制作过程中一切从简，减少了许多不必要的元素，使整个界面简洁明了，信息直观，这也正是社交类APP的设计手法所在。最终效果如图5.79所示。

扫码看视频

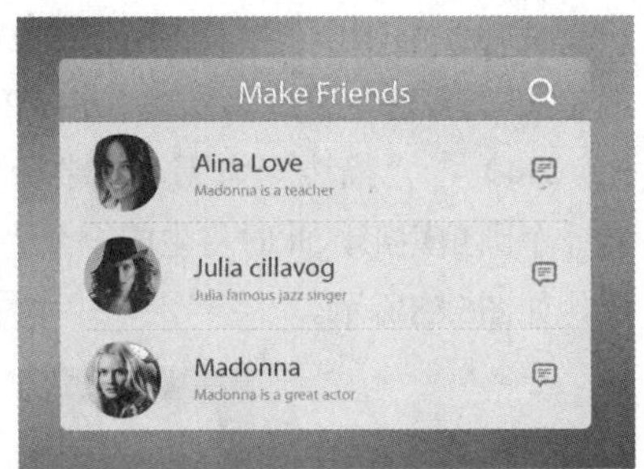

图5.79 最终效果

5.4.1 制作背景

01 执行菜单栏中的“文件”|“新建”命令，在弹出的对话框中设置“宽度”为800像素，“高度”为600像素，“分辨率”为72像素/英寸，“颜色模式”为RGB颜色，新建一个空白画布，如图5.80所示。

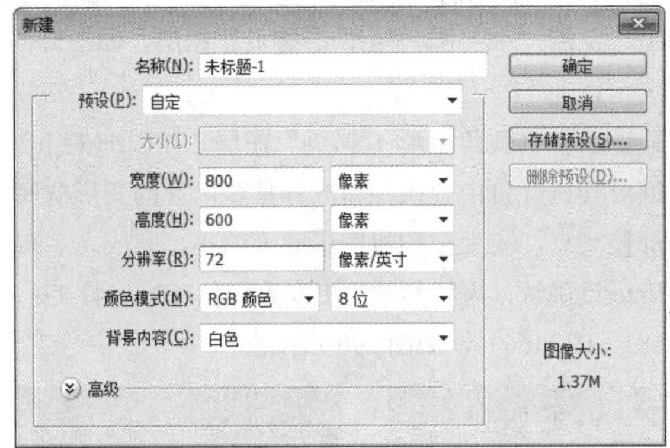

图5.80 新建画布

02 执行菜单栏中的“文件”|“打开”命令，打开“背景.jpg”文件，将打开的素材拖入画布中并适当缩放至画布相同大小，此时其图层名称将自动更改为“图层1”，如图5.81所示。

图5.81 添加素材

03 选中“图层1”图层，执行菜单栏中的“图像”|“调整”|“色相/饱和度”命令，在弹出的对话框中将“饱和度”更改为25，完成之后单击“确定”按钮，如图5.82所示。

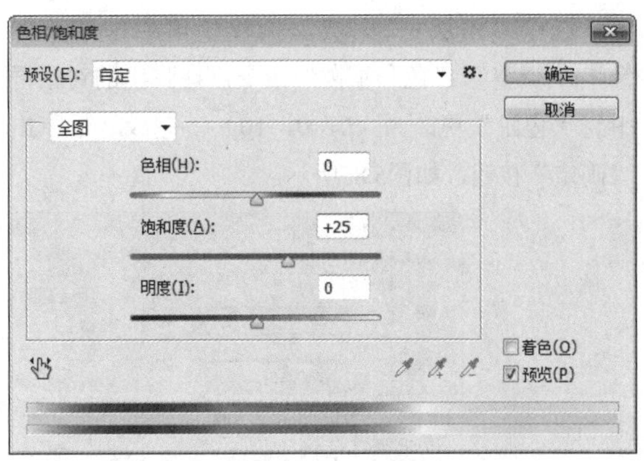

图5.82 调整色相/饱和度

04 执行菜单栏中的“图像”|“调整”|“照片滤镜”命令，在弹出的对话框中保持参数默认，完成之后单击“确定”按钮，如图5.83所示。

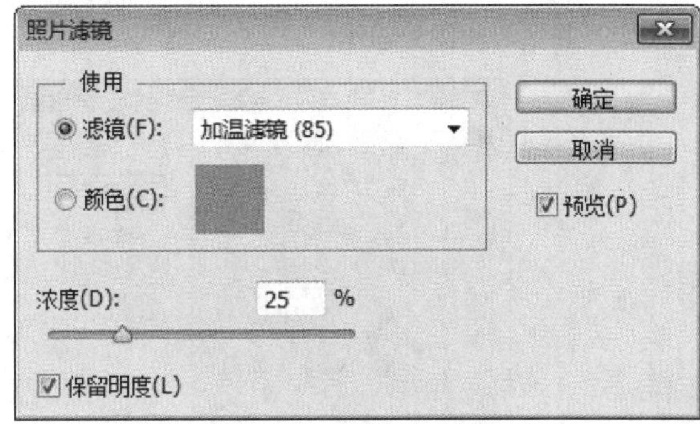

图5.83 调整照片滤镜

05 执行菜单栏中的“图像”|“调整”|“色阶”命令，在弹出的对话框中将数值更改为（24，0.97，255），完成之后单击“确定”按钮，如图5.84所示。

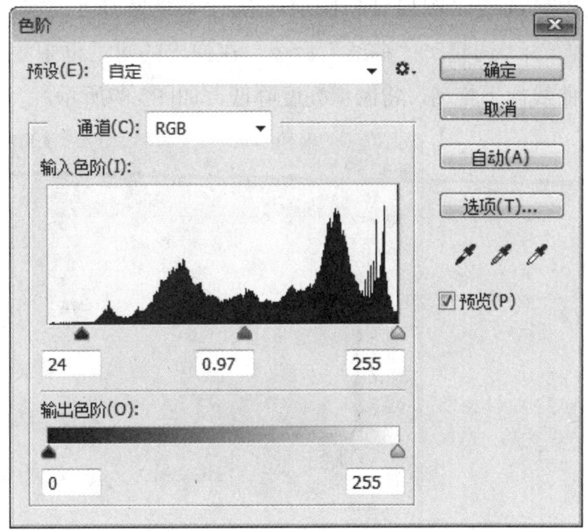

图5.84 调整色阶

06 选中“图层1”图层，执行菜单栏中的“图像”|“调整”|“色彩平衡”命令，在弹出的对话框中将“色阶”更改为（0，0，10），完成之后单击“确定”按钮，如图5.85所示。

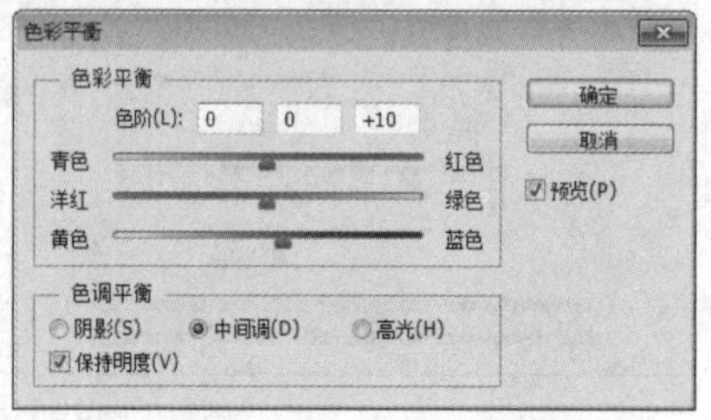

图5.85 调整色彩平衡

07 选中“图层 1”图层，执行菜单栏中的“滤镜”|“模糊”|“高斯模糊”命令，在弹出的对话框中将“半径”更改为126像素，设置完成之后单击“确定”按钮，如图5.86所示。

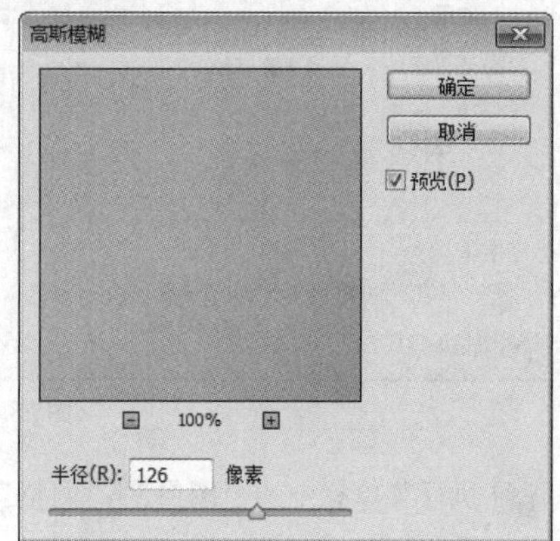

图5.86 设置高斯模糊

08 选中“图层 1”图层，执行菜单栏中的“图像”|“调整”|“曲线”命令，在弹出的对话框中将曲线向下拖动，将图像亮度降低，如图5.87所示。

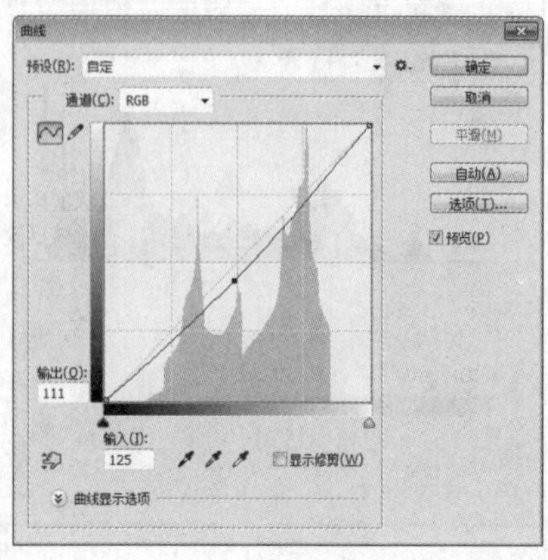

图5.87 设置曲线

09 选择工具箱中的“圆角矩形工具”，在选项栏中将“填充”更改为灰色（R：232，G：237，B：234），“描边”为无，“半径”为5像素，绘制一个圆角矩形，此时将生成一个“圆角矩形1”图层，如图5.88所示。

图5.88 绘制图形

10 在“图层”面板中，选中“圆角矩形 1”图层，将其拖至面板底部的“创建新图层”按钮上，复制一个“圆角矩形 1 拷贝”图层，如图5.89所示。

11 选中“圆角矩形 1 拷贝”图层，按Ctrl+T组合键对其执行自由变换，将光标移至出现的变形框底部控制点，向上拖动将图形高度缩小，完成之后按Enter键确认，再将其颜色更改为青色（R：54，G：183，B：166），如图5.90所示。

图5.89 复制图层

图5.90 变换图形

12 选择工具箱中的“直接选择工具”，选中刚才经过变换的圆角矩形左下角的锚点并按Delete键将其删除，如图5.91所示。

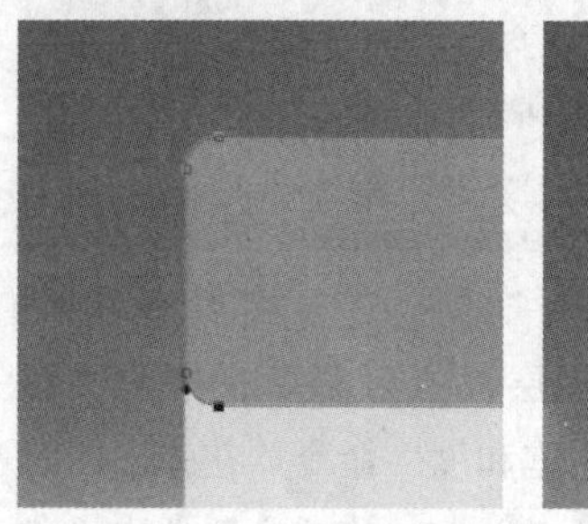

图5.91 删除锚点

⑬ 选择工具箱中的“直接选择工具”，以刚才同样的方法将右下角锚点删除，如图5.92所示。

图5.92 删除锚点

⑭ 在“图层”面板中，选中“圆角矩形1 拷贝”图层，单击面板底部的“添加图层样式” *fx* 按钮，在菜单中选择“渐变叠加”命令，在弹出的对话框中将“混合模式”更改为叠加，“不透明度”更改为40%，渐变颜色更改为黑色到灰色（R：111，G：111，B：111）到白色，并将灰色色标位置更改为15%，完成之后单击“确定”按钮，如图5.93所示。

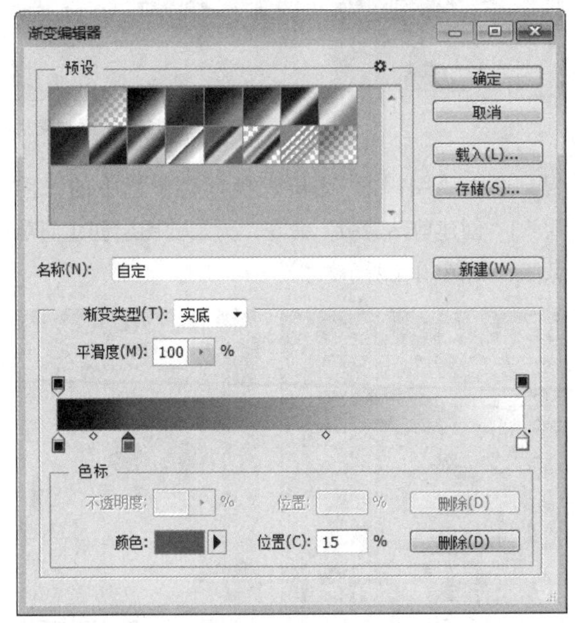

图5.93 设置渐变叠加

⑮ 选择工具箱中的“横排文字工具” T，在画布中适当位置添加文字，如图5.94所示。

图5.94 添加文字

⑯ 在“图层”面板中，选中“Make Friends”图层，单击面板底部的“添加图层样式” *fx* 按钮，在菜单中选择“投影”命令，在弹出的对话框中将“不透明度”更改为30%，取消“使用全局光”复选框，“距离”更改为1像素，“大小”更改为5像素，完成之后单击“确定”按钮，如图5.95所示。

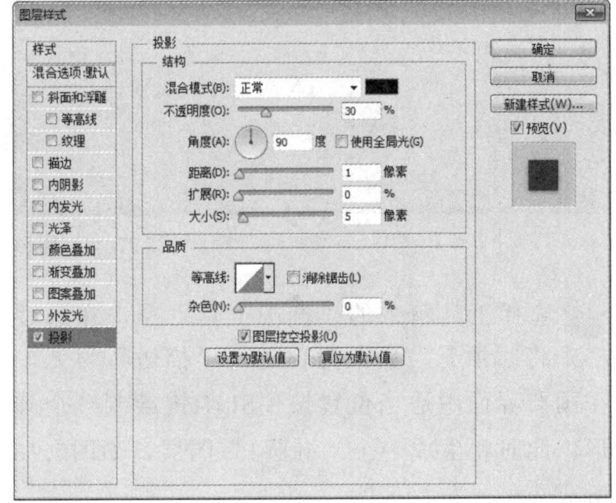

图5.95 设置投影

⑰ 选择工具箱中的“直线工具”，在选项栏中将“填充”更改为绿色（R:25，G:136，B:81），“描边”设置为无，“精细”更改为1像素，沿矩形下边缘绘制一条水平线段，生成“形状1”图层。

⑱ 选择工具箱中的“直线工具”，在选项栏中将“填充”更改为灰色（R：207，G：207，B：207），“描边”为无，“粗细”为1像素，在界面适当位置按住Shift键绘制一条水平线段，此时将生成一个“形状2”图层，如图5.96所示。

图5.96 绘制图形

5.4.2 添加元素

01 选中“形状2”图层，在画布中按住Alt+Shift组合键向下拖动，将图形复制，如图5.97所示。

图5.97 复制图形

02 选择工具箱中的“椭圆工具”，在选项栏中将“填充”更改为白色，“描边”为无，在画布界面中适当位置按住Shift键绘制一个圆形，此时将生成一个“椭圆1”图层，如图5.98所示。

图5.98 绘制图形

03 在“图层”面板中，选中“椭圆1”图层，将其拖至面板底部的“创建新图层”按钮上，复制“椭圆1 拷贝”和“椭圆1 拷贝2”图层，如图5.99所示。

04 选中“椭圆1 拷贝”图层，在画布中按住Shift键向下方稍微平移，如图5.100所示。

图5.99 复制图层

图5.100 复制图层

05 执行菜单栏中的“文件”|“打开”命令，打开“人物.jpg”文件，将打开的素材拖入画布中并适当缩小，此时其图层名称将自动更改为“图层2”，再将其向下移至“椭圆1 拷贝”图层下方，如图5.101所示。

图5.101 添加素材

06 选中“图层2”图层，执行菜单栏中的“图层”|“创建剪贴蒙版”命令，为当前图层创建剪贴蒙版，如图5.102所示。

图5.102 创建剪贴蒙版

07 选中“图层2”图层，在画布中按Ctrl+T组合键对其执行自由变换，当出现变形框以后按住Alt+Shift组合键将图形等比缩小，完成之后按Enter

键确认，如图5.103所示。

图5.103 变换图像

技巧与提示

在变换图像的时候，需要注意经过变换的效果与椭圆图形的比例使整个构图自然。

08 执行菜单栏中的“文件”|“打开”命令，打开“人物2.jpg、人物3.jpg”文件，将打开的素材拖入画布中并适当缩小，再以刚才同样的方法将部分图像隐藏，如图5.104所示。

图5.104 添加素材图像创建剪贴蒙版

09 选择工具箱中的“横排文字工具” T，在画布中适当位置添加文字，如图5.105所示。

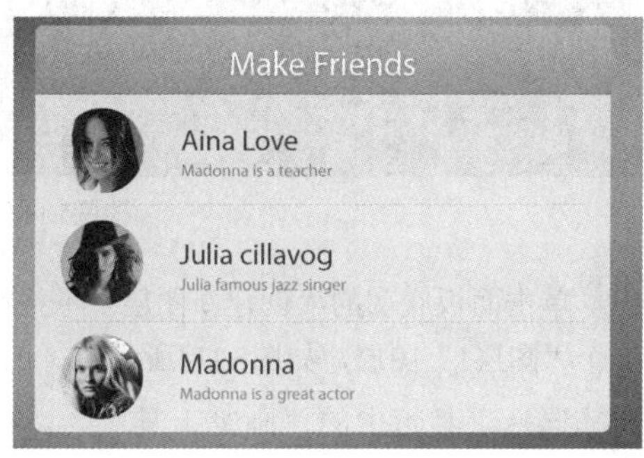

图5.105 添加文字

10 执行菜单栏中的“文件”|“打开”命令，打开“图标.psd”文件，将打开的素材拖入画布中适当位置，如图5.106所示。

11 选中“图标”图层，将其颜色更改为白色，如图5.107所示。

图5.106 添加素材

图5.107 修改颜色

12 在“Make Friends”图层上单击鼠标右键，从弹出的快捷菜单中选择“拷贝图层样式”命令，在“图标”图层上单击鼠标右键，从弹出的快捷菜单中选择“粘贴图层样式”命令，如图5.108所示。

图5.108 拷贝并粘贴图层样式

13 选中“图标2”图层，在画布中按住Alt+Shift组合键向下拖动，将图形复制2份，这样就完成了效果制作，最终效果如图5.109所示。

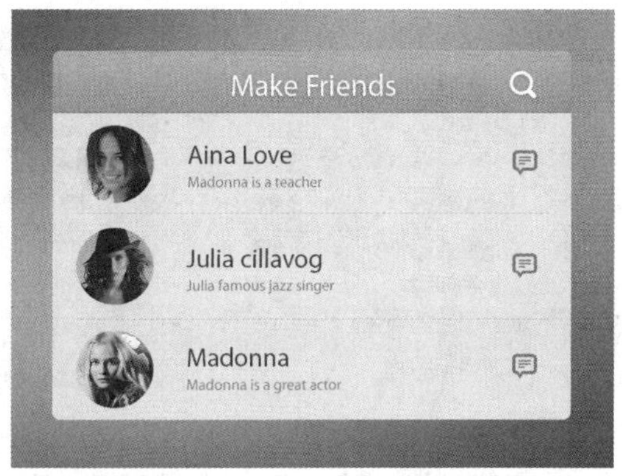

图5.109 复制图形及最终效果

5.5 课堂案例——音乐电台界面设计

素材位置 素材文件\第5章\音乐电台界面设计
案例位置 案例文件\第5章\音乐电台界面设计.psd
视频位置 多媒体教学\5.5课堂案例——音乐电台界面设计.avi
难易指数 ★★★☆☆

本例主要讲解的是电台类UI设计，网络电台的设计方向通常以简洁、易操作为主，所以在控件图形绘制的过程中以使用者的心态进行合理的布局安排，而在色彩搭配上也是以淡雅、舒适为主。最终效果如图5.110所示。

扫码看视频

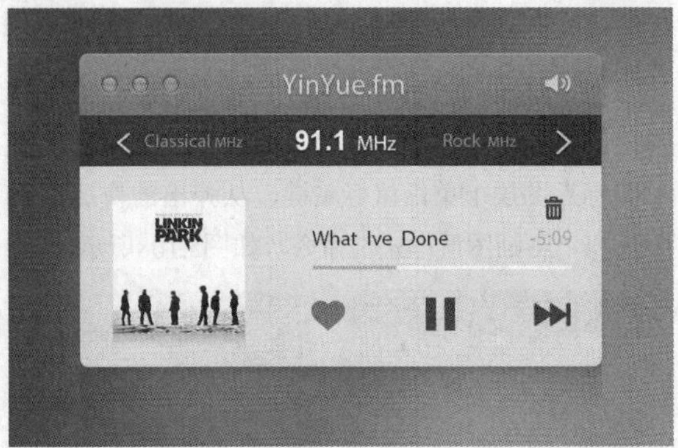

图5.110 最终效果

5.5.1 制作背景

01 执行菜单栏中的“文件”|“新建”命令，在弹出的对话框中设置“宽度”为800像素，“高度”为600像素，“分辨率”为72像素/英寸，“颜色模式”为RGB颜色，新建一个空白画布，如图5.111所示。

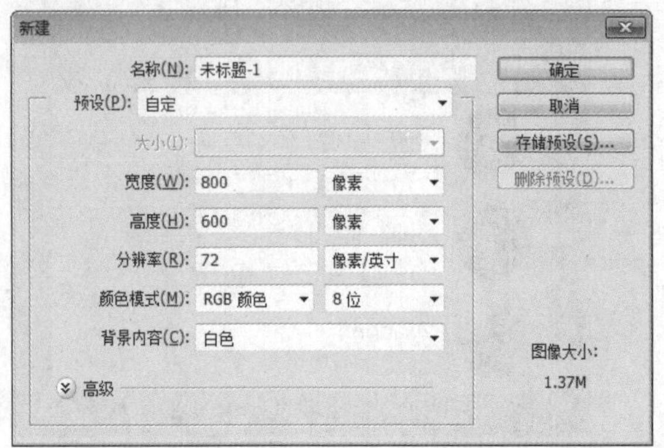

图5.111 新建画布

02 选择工具箱中的“渐变工具”，在选项栏中单击“点按可编辑渐变”按钮，在弹出的对话框中将渐变颜色更改为深蓝色（R：46，G：64，B：74）到蓝色（R：119，G：143，B：152），设置完成之后单击“确定”按钮，再单击选项栏中的“线性渐变”按钮，如图5.112所示。

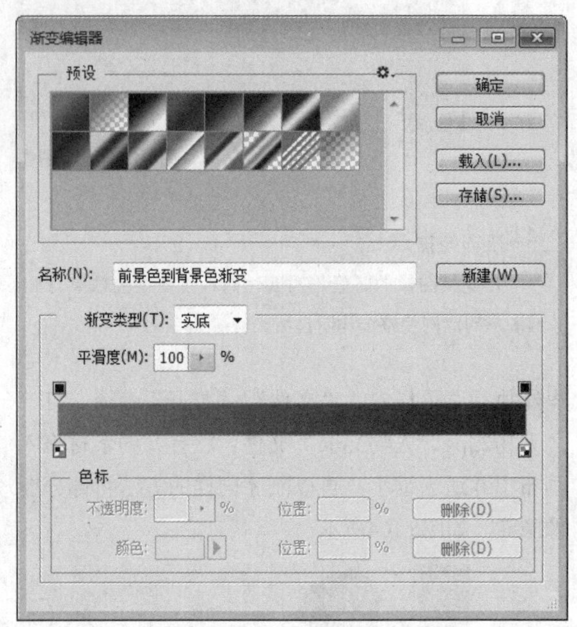

图5.112 设置渐变

03 在画布中从左上角向右下角方向拖动，为画布填充渐变，如图5.113所示。

图5.113 填充渐变

04 单击面板底部的“创建新图层”按钮，新建一个“图层1”图层，如图5.114所示。

05 选择工具箱中的“画笔工具”，在画布中单击鼠标右键，在弹出的面板中，选择一种圆角笔触，将“大小”更改为300像素，“硬度”更改为0%，如图5.115所示。

图5.114 新建图层

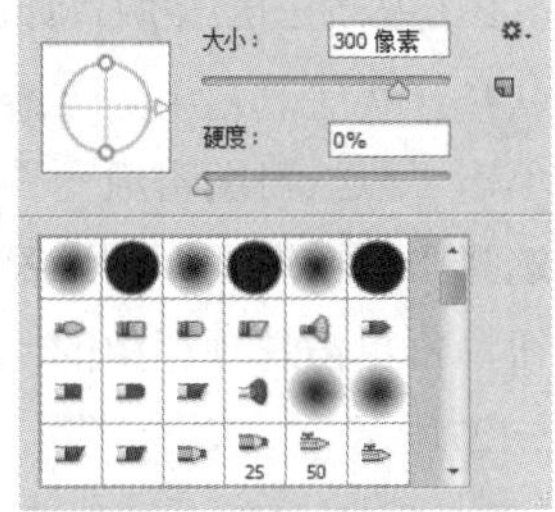

图5.115 设置笔触

06 选中“图层1”图层，将前景色更改为浅蓝色（R：170，G：197，B：207），在画布中适当位置单击添加画笔笔触效果，如图5.116所示。

图5.116 添加笔触效果

技巧与提示

在添加笔触效果的时候，可适当将画笔笔触大小增加或者减小使效果更加无规律。

07 选中“图层1”图层，执行菜单栏中的“滤镜”|“模糊”|“高斯模糊”命令，在弹出的对话框中将“半径”更改为70像素，设置完成之后单击“确定”按钮，如图5.117所示。

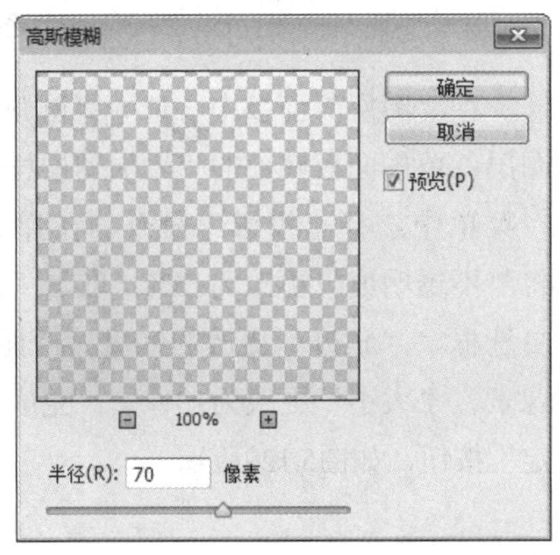

图5.117 设置高斯模糊

5.5.2 绘制界面

01 选择工具箱中的“圆角矩形工具”，在选项栏中将“填充”更改为淡蓝色（R：232，G：237，B：234），“描边”为无，“半径”为10像素，在画布中绘制一个圆角矩形，此时将生成一个“圆角矩形1”图层，如图5.118所示。

图5.118 绘制图形

02 选择工具箱中的“直接选择工具”，选中圆角矩形左上角靠上方的锚点按Delete键将其删除，如图5.119所示。

图5.119 删除锚点

03 选择工具箱中的“直接选择工具”，以刚才同样的方法将右上角锚点删除，如图5.120所示。

图5.120 删除锚点

04 在“图层”面板中，选中“圆角矩形 1”图层，将其拖至面板底部的“创建新图层”按钮上，复制一个“圆角矩形 1 拷贝”图层，如图5.121所示。

05 选中“圆角矩形 1”图层，将其图形颜色更改为黑色，如图5.122所示。

图5.121 复制图层

图5.122 更改图形颜色

06 选中“圆角矩形 1”图层，在画布中将图形向下垂直移动一定距离，如图5.123所示。

07 在“图层”面板中，选中“圆角矩形 1”图层，执行菜单栏中的“图层”|“栅格化”|“形状”命令，将当前图形栅格化，如图5.124所示。

图5.123 变换图形

图5.124 栅格化形状

08 选中“圆角矩形 1”图层，执行菜单栏中的“滤镜”|“模糊”|“动感模糊”命令，在弹出的对话框中将“角度”更改为90度，“距离”更改为100像素，设置完成之后单击“确定”按钮，如图5.125所示。

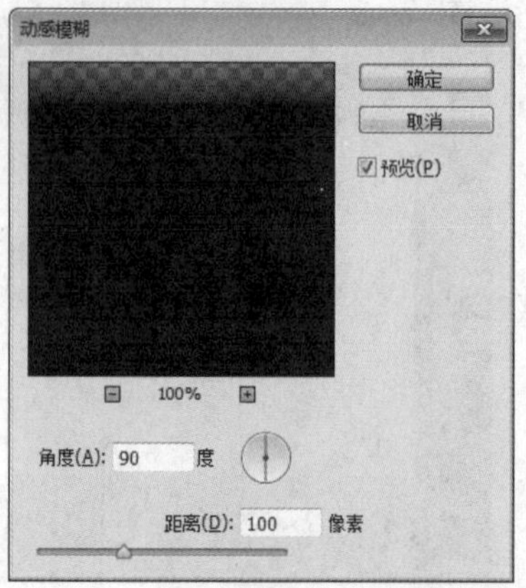

图5.125 设置动感模糊

09 在“图层”面板中，选中“圆角矩形 1”图层，单击面板底部的“添加图层蒙版”按钮，为其图层添加图层蒙版，如图5.126所示。

10 选择工具箱中的“渐变工具”，在选项栏中单击“点按可编辑渐变”按钮，在弹出的对话框中选择“黑白渐变”，设置完成之后单击“确定”按钮，再单击选项栏中的“线性渐变”按钮，如图5.127所示。

图5.126 添加图层蒙版

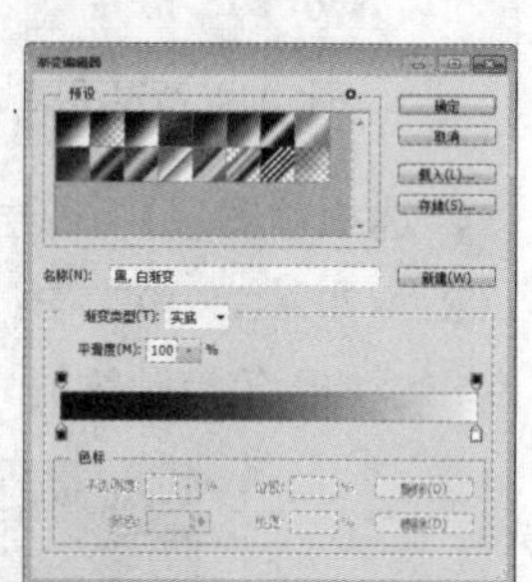

图5.127 设置渐变

11 单击“圆角矩形 1”图层蒙版缩览图，在画布中的图形上按住Shift键从下往上拖动，将部分图形隐藏，如图5.128所示。

图5.128 隐藏图形

12 在“图层”面板中，选中“圆角矩形1 拷贝”图层，单击面板底部的“添加图层样式”按钮，在菜单中选择“投影”命令，在弹出的对话框中将“不透明度”更改为15%，取消“使用全局光”复选框，“角度”更改为90度，“距离”更改为3像素，“大小”更改为10像素，完成之后单击“确定”按钮，如图5.129所示。

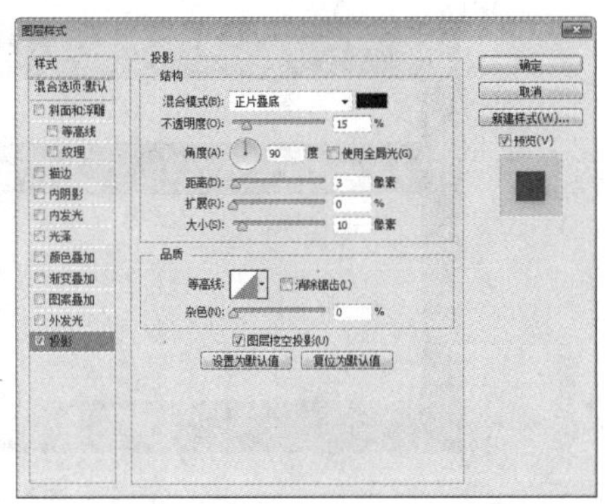
图5.129 设置投影

13 选择工具箱中的“矩形工具”，在选项栏中将“填充”更改为白色，“描边”为无，在圆角矩形图形上绘制一个与其宽度相同的矩形，此时将生成一个“矩形1”图层，选中“矩形1”图层，将其拖至面板底部的“创建新图层”按钮上，复制一个“矩形1 拷贝”图层，如图5.130所示。

图5.130 绘制图形

14 在“图层”面板中，选中“矩形1”图层，单击面板底部的“添加图层样式”按钮，在菜单中选择“渐变叠加”命令，在弹出的对话框中将“渐变”更改为深灰色（R：48，G：48，B：48）到深灰色（R：63，G：63，B：63），完成之后单击“确定”按钮，如图5.131所示。

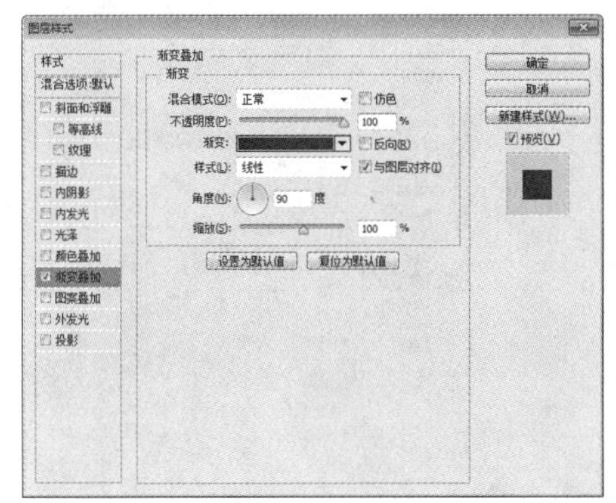
图5.131 设置渐变叠加

15 勾选“投影”复选框，将“混合模式”更改为正常，“颜色”更改为白色，取消“使用全局光”复选框，“角度”更改为90度，“距离”“扩展”“大小”数值全部更改为0，完成之后单击“确定”按钮，如图5.132所示。

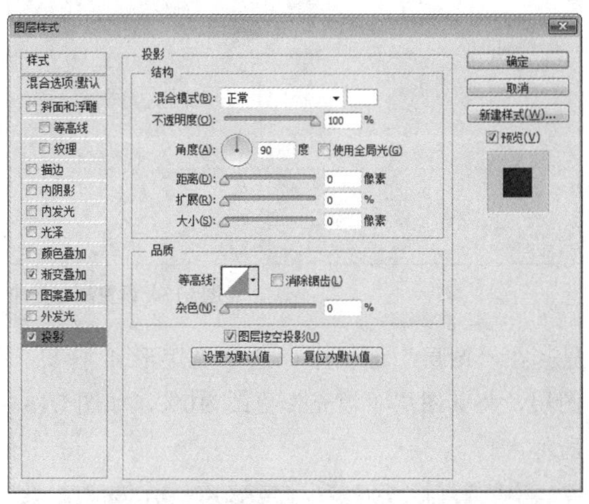
图5.132 设置投影

16 选中“矩形 1 拷贝”图层，在画布中将图形更改为蓝色（R：0，G：17，B：50），再按Ctrl+T组合键对其执行自由变换，当出现变形框以后将图形高度缩小，再向上稍微移动，如图5.133所示。

图5.133 变换图形

17 在“图层”面板中，选中“矩形1 拷贝”图层，单击面板底部的“添加图层样式”按钮，在菜单中选择“渐变叠加”命令，在弹出的对话框中将“渐变”更改为透明到绿色（R：0，G：50，B：34），完成之后单击“确定”按钮，如图5.134所示。

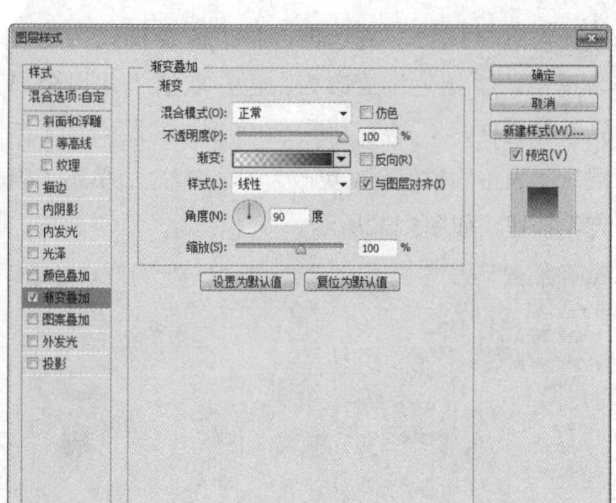

图5.134 设置渐变叠加

18 在“图层”面板中，选中“矩形 1 拷贝”图层，将其图层“填充”更改为0%，如图5.135所示。

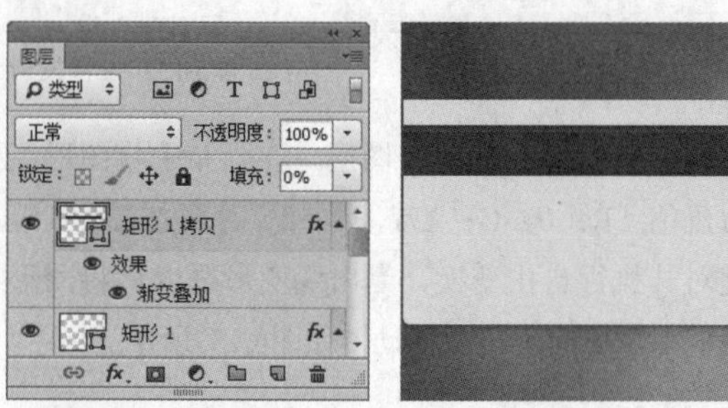

图5.135 更改填充

19 选择工具箱中的“圆角矩形工具”，在选项栏中将“填充”更改为白色，“描边”为无，“半径”为10像素，在刚才绘制的矩形上方位置绘制一个圆角矩形，此时将生成一个“圆角矩形2”图层，如图5.136所示。

图5.136 绘制图形

20 选择工具箱中的“直接选择工具”，以刚才同样的方法选中“圆角矩形 2”图层中的图形底部两个锚点并将其删除，如图5.137所示。

图5.137 删除锚点

21 在“图层”面板中，选中“圆角矩形2”图层，单击面板底部的“添加图层样式” fx 按钮，在菜单中选择“内阴影”命令，在弹出的对话框中将“颜色”更改为青色（R：0，G：255，B：234），取消“使用全局光”复选框，“角度”更改为90度，“距离”更改为2像素，如图5.138所示。

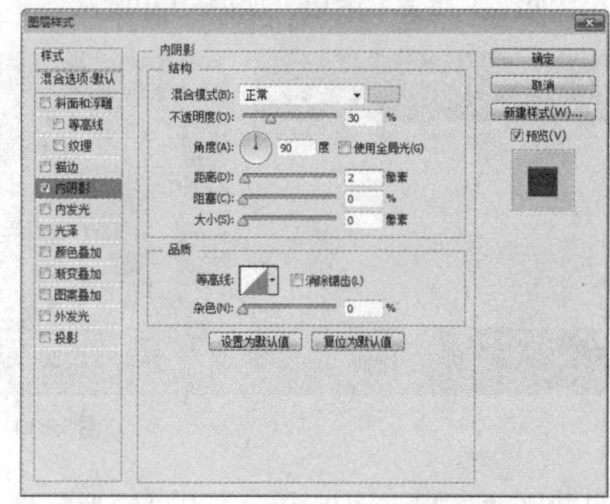

图5.138 设置内阴影

22 勾选“渐变叠加”复选框，将“渐变”更改为深青色（R：15，G：142，B：153）到青色（R：0，G：178，B：164），“缩放”更改为150%，完成之后单击“确定”按钮，如图5.139所示。

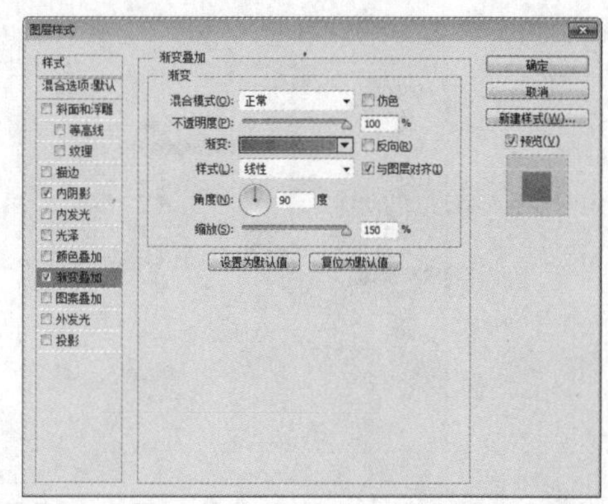

图5.139 设置渐变叠加

5.5.3 添加图形元素

01 选择工具箱中的“椭圆工具”，在界面左上角位置按住Shift键绘制一个椭圆图形，再为其添加相应的图层样式及高光效果制作控件，选中制作的控件并按住Alt+Shift组合键向右侧拖动，复制2份，如图5.140所示。

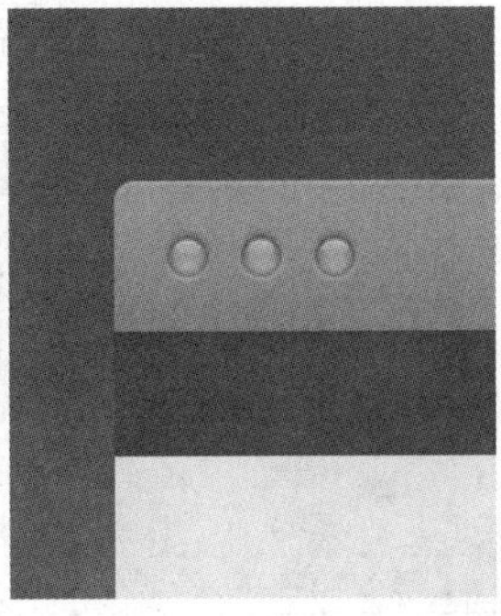

图5.140 绘制及复制控件

02 选择工具箱中的“横排文字工具”T，在界面靠上方控件右侧位置添加文字，如图5.141所示。

图5.141 添加文字

03 在“图层”面板中，选中“YinYue.fm”图层，单击面板底部的“添加图层样式”fx按钮，在菜单中选择“投影”命令，在弹出的对话框中将“颜色”更改为深青色（R：0，G：76，B：64），取消“使用全局光”复选框，“角度”更改为90度，“距离”更改为2像素，“大小”更改为4像素，完成之后单击“确定”按钮，如图5.142所示。

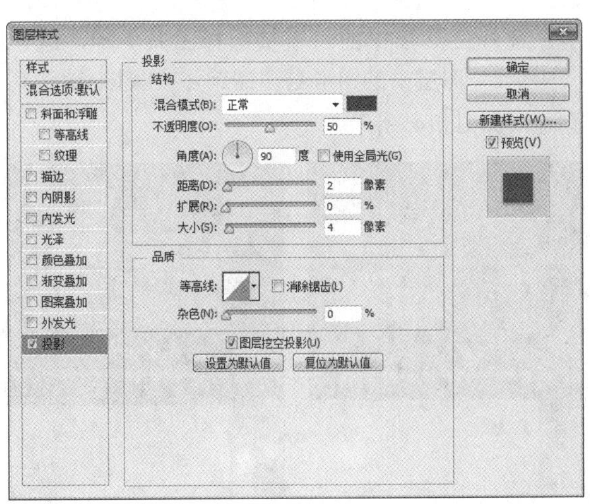

图5.142 设置投影

04 选择工具箱中的“矩形工具”，在选项栏中将“填充”更改为无，“描边”为灰色（R：232，G：237，B：234），大小为3像素，在刚才绘制的控件图形下方位置按住Shift键绘制一个矩形，此时将生成一个“矩形2”图层，如图5.143所示。

图5.143 绘制图形

05 选中“矩形2”图层，在画布中按Ctrl+T组合键对其执行自由变换，当出现变形框以后在选项栏中“旋转”后方的文本框中输入45度，完成之后按Enter键确认，如图5.144所示。

图5.144 旋转图形

06 选择工具箱中的“直接选择工具”，选中“矩形2”图层中的图形右侧锚点并按Delete键将其删除，如图5.145所示。

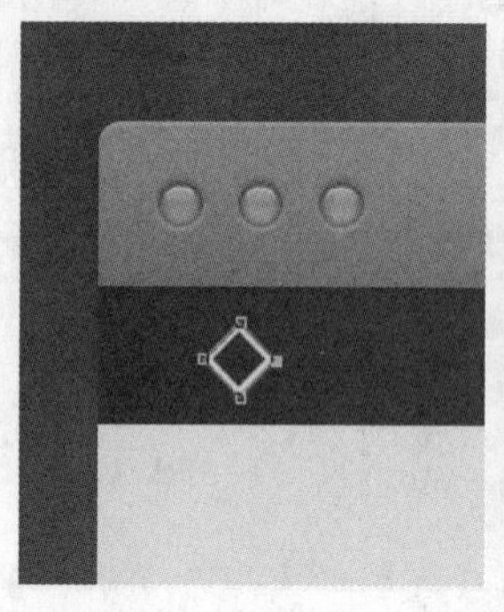
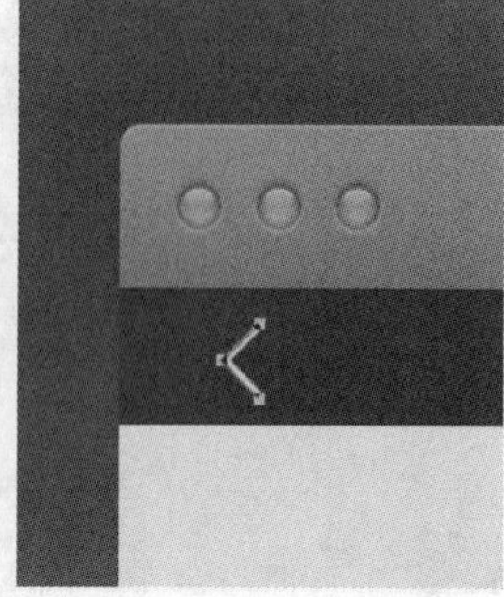

图5.145 删除锚点

07 选中“矩形2”图层，在画布中按Ctrl+T组合键对其执行自由变换，当出现变形框以后按住Alt+Shift组合键将图形适当等比缩小，再将光标移至变形框顶部，按住Alt键向下拖动，将图形高度缩小，完成之后按Enter键确认，如图5.146所示。

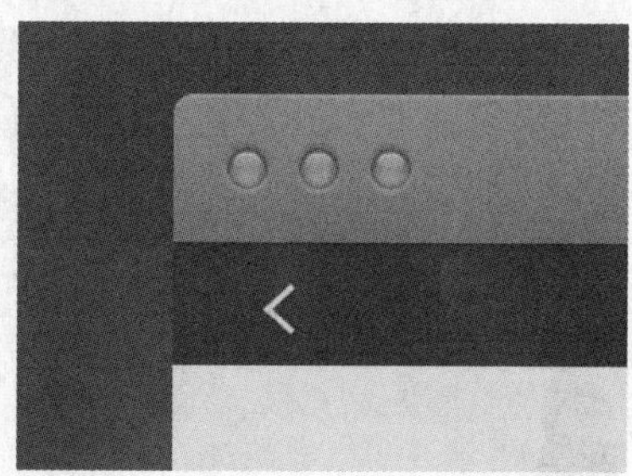

图5.146 变换图形

08 在“图层”面板中，选中“矩形2”图层，单击面板底部的“添加图层样式”fx按钮，在菜单中选择“投影”命令，在弹出的对话框中取消“使用全局光”复选框，将“角度”更改为90度，“距离”更改为3像素，“大小”更改为2像素，完成之后单击“确定”按钮，如图5.147所示。

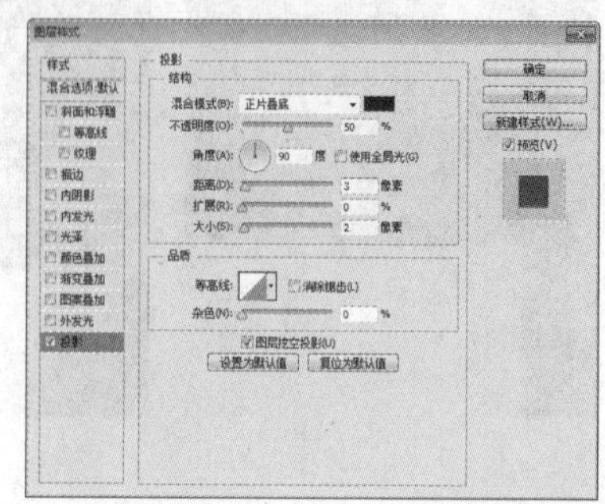

图5.147 设置投影

09 在“图层”面板中，选中“矩形2”图层，将其拖至面板底部的“创建新图层”按钮上，复制一个“矩形2 拷贝”图层，如图5.148所示。

10 选中“矩形2 拷贝”图层，在画布中按Ctrl+T组合键对其执行自由变换命令，将光标移至出现的变形框上单击鼠标右键，从弹出的快捷菜单中选择“水平翻转”命令，完成之后按Enter键确认，再按住Shift键将其移至界面靠右侧位置，如图5.149所示。

图5.148 复制图层

图5.149 变换图形

11 选择工具箱中的“横排文字工具”，在刚才绘制的图形中间位置添加文字，如图5.150所示。

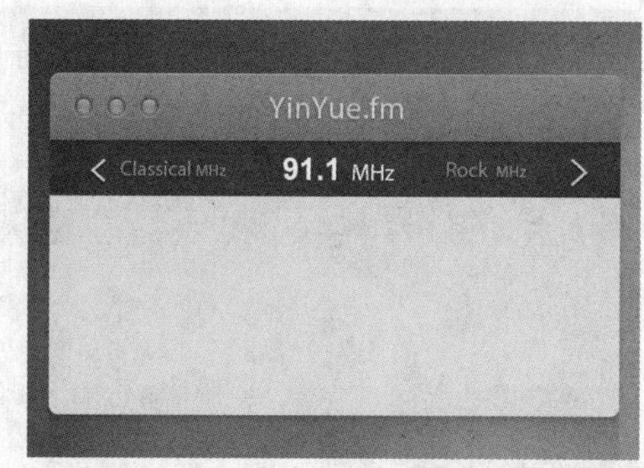

图5.150 添加文字

12 在“矩形 2”图层上单击鼠标右键，从弹出的快捷菜单中选择“拷贝图层样式”命令，在“91.1 MHz”图层上单击鼠标右键，从弹出的快捷菜单中选择“粘贴图层样式”命令，如图5.151所示。

图5.151 拷贝并粘贴图层样式

5.5.4 添加素材图像

01 执行菜单栏中的“文件”|“打开”命令，打开“专辑封面.jpg”文件，将打开的素材拖入画布中界面左下角位置并适当缩小，如图5.152所示。

图5.152 添加素材

02 在“图层”面板中，选中“专辑封面”图层，将其拖至面板底部的“创建新图层”按钮上，复制一个“专辑封面 拷贝”图层，如图5.153所示。

03 在“图层”面板中，选中“专辑封面”图层，单击面板上方的“锁定透明像素”按钮，将当前图层中的透明像素锁定，在画布中将图层填充为黑色，如图5.154所示，填充完成之后再次单击此按钮将其解除锁定。

图5.153 复制图层

图5.154 锁定透明像素并填充颜色

04 选中“专辑封面”图层，在画布中将图形向下稍微移动，如图5.155所示。

图5.155 移动图形

05 在“图层”面板中，选中“专辑封面”图层，单击面板底部的“添加图层蒙版”按钮，为其图层添加图层蒙版，如图5.156所示。

图5.156 添加图层蒙版

06 选择工具箱中的“渐变工具”，在选项栏中单击“点按可编辑渐变”按钮，在弹出的对话框中选择“黑白渐变”，设置完成之后单击“确定”按钮，再单击选项栏中的“线性渐变”按钮，如图5.157所示。

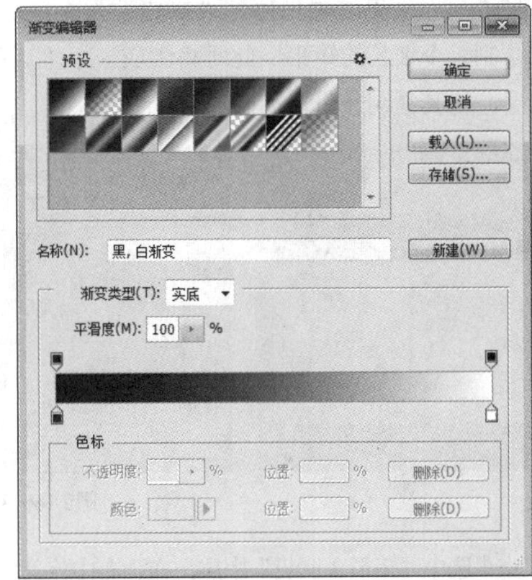

图5.157 设置渐变

07 单击“专辑封面”图层蒙版缩览图，在画布中的图形上按住Shift键从下往上拖动，将部分图形隐藏，如图5.158所示。

图5.158 隐藏图形

08 选中“专辑封面”图层，将其图层“不透明度”更改为60%，如图5.159所示。

图5.159 更改图层不透明度

5.5.5 绘制功能控件

01 选择工具箱中的“矩形工具”，在选项栏中将“填充”更改为白色，“描边”为无，在界面中绘制一个细长的矩形，此时将生成一个“矩形3”图层，将其复制一份，如图5.160所示。

图5.160 绘制图形

02 选中“矩形 3 拷贝”图层，在画布中将其填充为深青色（R：145，G：189，B：180），如图5.161所示。

03 选中“矩形 3 拷贝”图层，在画布中按Ctrl+T组合键对其执行自由变换，将光标移至出现的变形框右侧向左侧拖动，将图形适当缩小，完成之后按Enter键确认，如图5.162所示。

图5.161 更改图形颜色

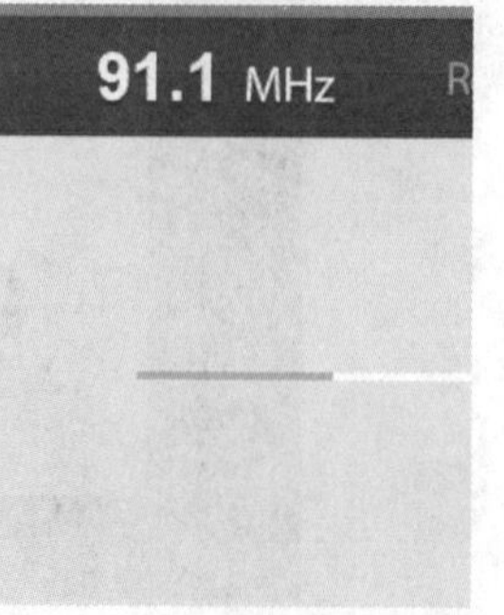

图5.162 变换图形

04 选择工具箱中的“横排文字工具”，在界面适当位置再次添加文字，如图5.163所示。

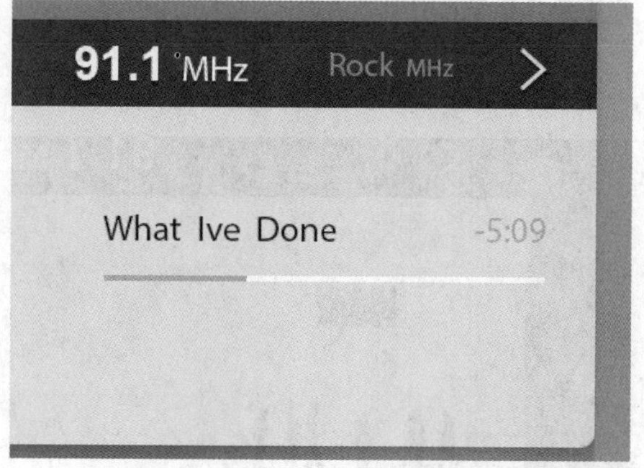

图5.163 添加文字

05 执行菜单栏中的“文件”|“打开”命令，打开“图标.psd”文件，将打开的素材拖入界面中适当的位置，如图5.164所示。

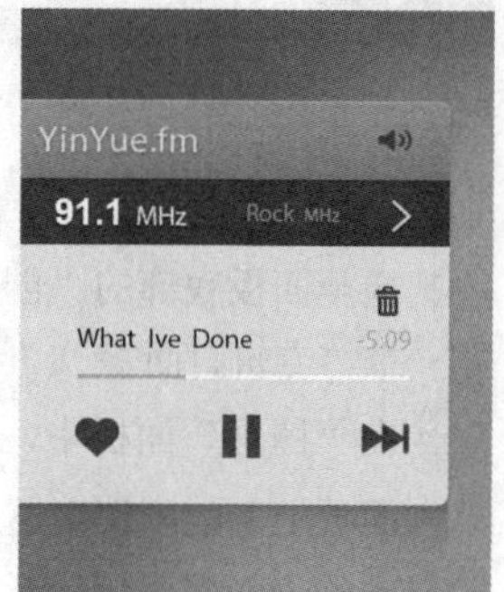

图5.164 添加素材

06 选中“红心”图层，在画布中将其图形颜色更改为红色（R：217，G：65，G：78），如图5.165所示。

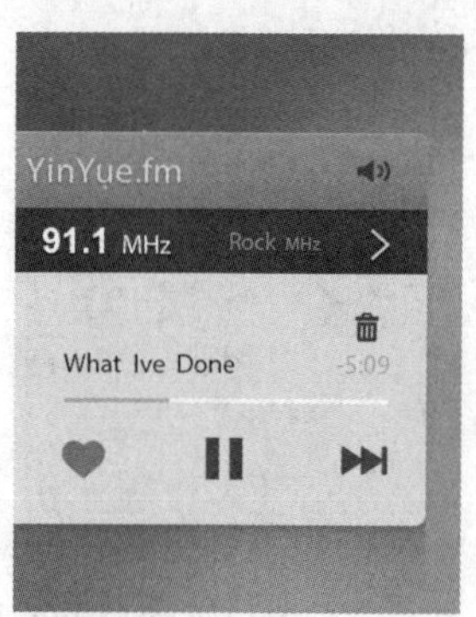

图5.165 更改图形颜色

07 在“图层”面板中，选中“音量”图层，单击面板底部的“添加图层样式”按钮，在菜单中选择“渐变叠加”命令，在弹出的对话框中将“渐变”更改为浅蓝色（R：244，G：248，B：246）到浅蓝色（R：232，G：237，B：234），完成之后单击“确定”按钮，如图5.166所示。

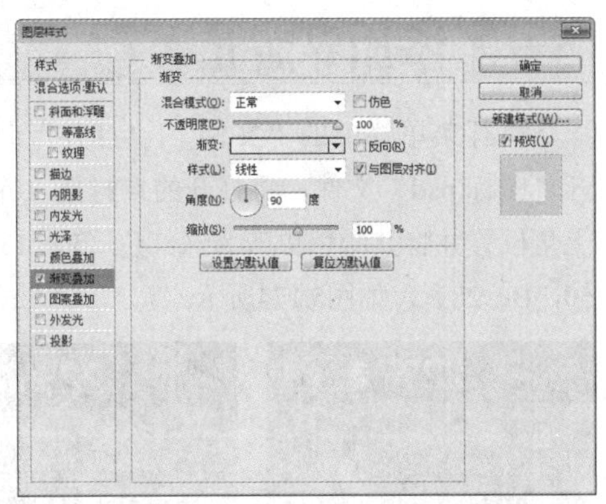

图5.166 设置渐变叠加

08 勾选“投影”复选框，将“混合模式”更改为正常，“颜色”更改为深绿色（R：0，G：76，B：64），“不透明度”更改为50%，取消“使用全局光”复选框，“角度”更改为90度，“距离”更改为2像素，“大小”更改为1像素，完成之后单击“确定”按钮，如图5.167所示。

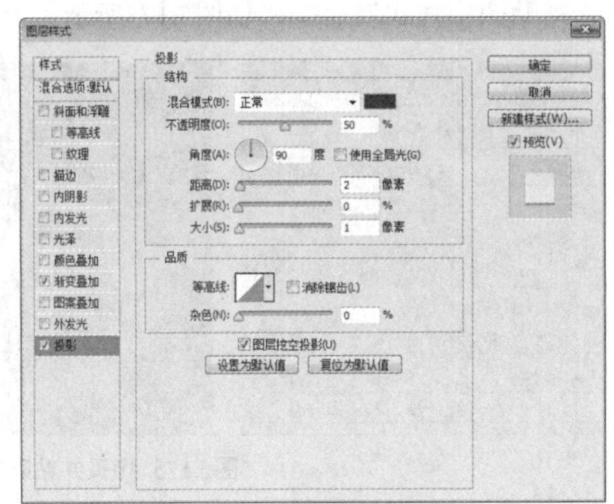

图5.167 设置投影

09 选中“音量”图层，在画布中将其图层不透明度更改为90%，这样就完成了效果制作，最终效果如图5.168所示。

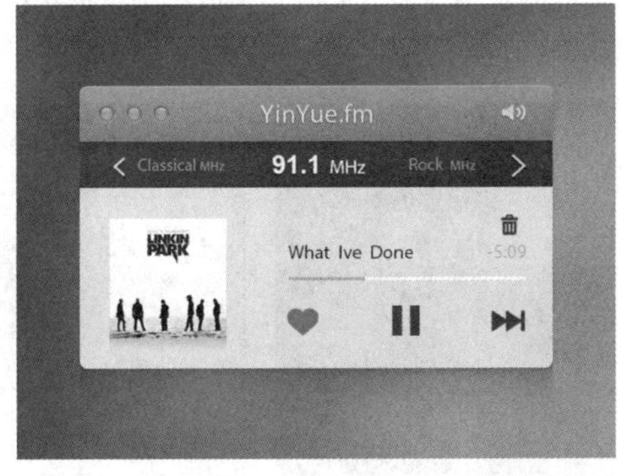

图5.168 更改不透明度及最终效果

5.6 课堂案例——iPod应用登录界面

素材位置	素材文件\第5章\ipod应用登录界面
案例位置	案例文件\第5章\ipod应用登录界面.psd
视频位置	多媒体教学\5.6课堂案例——iPod应用登录界面.avi
难易指数	★★☆☆☆

本例主要讲解的是iPod应用登录界面，制作的过程比较简单，重点掌握雕刻样式文字及内嵌文本框的制作方法即可。最终效果如图5.169所示。

扫码看视频

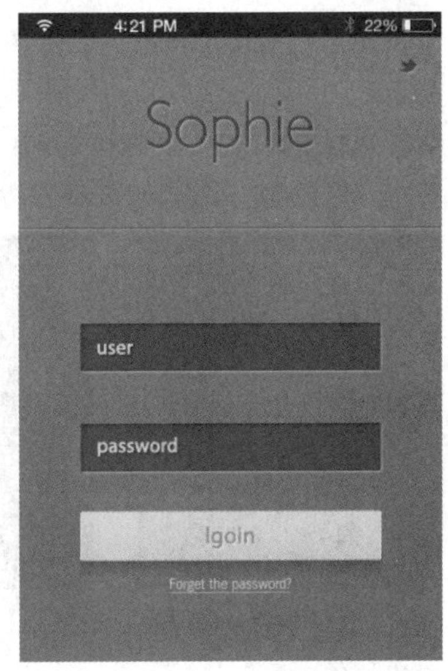

图5.169 最终效果

5.6.1 制作背景及绘制状态栏

01 执行菜单栏中的“文件”|“新建”命令，在弹出的对话框中设置“宽度”为640像素，“高度”为960像素，“分辨率”为72像素/英寸，“颜色模式”为RGB颜色，新建一个空白画布。

02 选择工具箱中的“渐变工具”，在选项栏中单击“点按可编辑渐变”按钮，在弹出的对话框中将渐变颜色更改为红色（R：213，G：95，B：65）到红色（R：196，G：73，B：40），设置完成之后单击“确定”按钮，再单击选项栏中的“线性渐变”按钮。

03 按住Shift键从上至下拖动，为画布填充渐变。

04 靠顶部绘制一个黑色矩形，此时将生成一个“矩形1”图层，如图5.170所示。

图5.170 绘制图形

05 在绘制的图形上绘制状态图标，如图5.171所示。

06 选择工具箱中的“横排文字工具”T，在界面靠上方位置添加文字，如图5.172所示。

图5.171 绘制图形

图5.172 添加文字

07 在“图层”面板中，选中“Sophie”图层，单击面板底部的“添加图层样式”fx按钮，在菜单中选择“投影”命令，在弹出的对话框中，将“混合模式”更改为正常，“颜色”更改为浅红色（R：255，G：145，B：126），“不透明度”更改为100%，“距离”更改为1像素，“大小”更改为1像素，完成之后单击“确定”按钮，如图5.173所示。

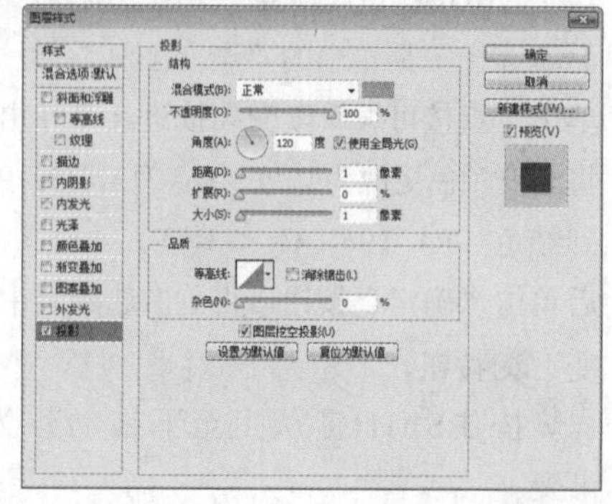

图5.173 设置投影

5.6.2 添加界面元素

01 执行菜单栏中的“文件”|“打开”命令，打开“图标.psd”文件，将打开的素材拖入界面靠右上角位置并将其颜色更改为深红色（R：130，G：50，B：28），如图5.174所示。

图5.174 添加素材并更改颜色

02 在“Sophie”图层上单击鼠标右键，从弹出的快捷菜单中选择“拷贝图层样式”命令，在“图标”图层上单击鼠标右键，从弹出的快捷菜单中，选择“粘贴图层样式”命令，如图5.175所示。

图5.175 拷贝并粘贴图层样式

03 选择工具箱中的“直线工具”，在选项栏中将“填充”更改为深红色（R：130，G：50，B：28），“描边”为无，“粗细”更改为1像素，在界面中文字下方位置按住Shift键绘制一条与画布相同宽度的水平线段，此时将生成一个“形状1”图层，如图5.176所示。

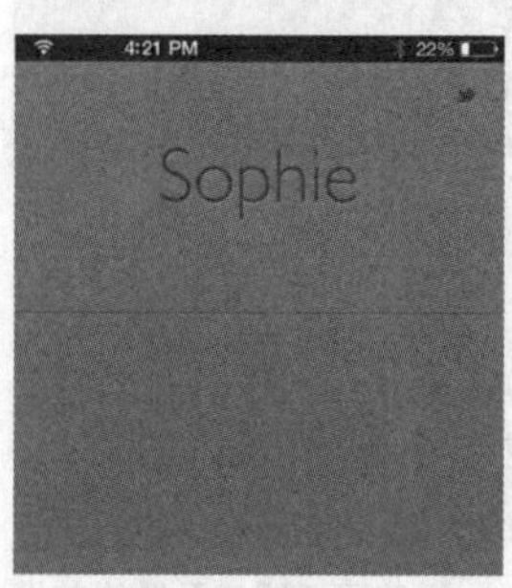

图5.176 绘制图形

04 在“图层”面板中，在“形状1”图层名称上单击鼠标右键，从弹出的快捷菜单中，选择“粘贴图层样式”命令，如图5.177所示。

图5.177 粘贴图层样式

05 选择工具箱中的“圆角矩形工具”，在选项栏中将“填充”更改为深红色（R：130，G：50，B：28），“描边”为无，“半径”为2像素，在刚才绘制的线段下方绘制一个圆角矩形，此时将生成一个“圆角矩形1”图层，如图5.178所示。

图5.178 绘制图形

06 在“图层”面板中，在“圆角矩形 1”图层名称上单击鼠标右键，从弹出的快捷菜单中，选择“粘贴图层样式”命令，如图5.179所示。

图5.179 粘贴图层样式

07 双击“圆角矩形 1”图层样式名称，在弹出的对话框中将“不透明度”更改为50%，“距离”更改为1像素，“大小”更改为8像素，完成之后单击“确定”按钮，如图5.180所示。

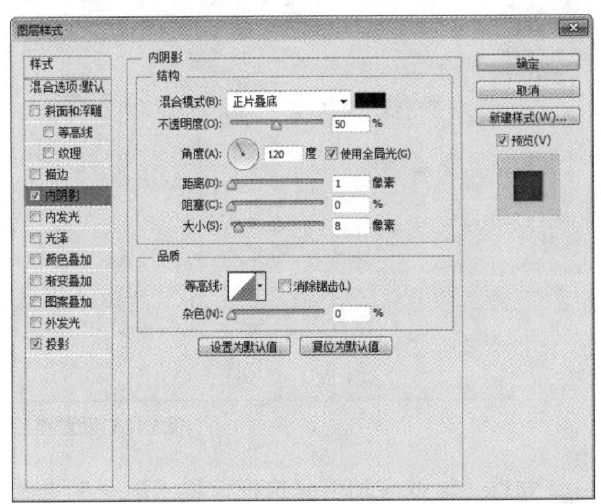

图5.180 设置投影

08 在“图层”面板中，选中“圆角矩形1”图层，将其拖至面板底部的“创建新图层”按钮上，复制1个“圆角矩形 1 拷贝”及“圆角矩形 1 拷贝2”图层，如图5.181所示。

图5.181 复制图层

09 分别选中“圆角矩形 1 拷贝”及“圆角矩形1 拷贝2”图层，按住Shift键向下移动一定距离，如图5.182所示。

图5.182 移动图形

10 双击“圆角矩形1 拷贝2”图层样式名称，在弹出的对话框中，取消勾选“内阴影”及“投影”复选框，再勾选“描边”复选框，将“大小”更改为1像素，“颜色”更改为白色，如图5.183所示。

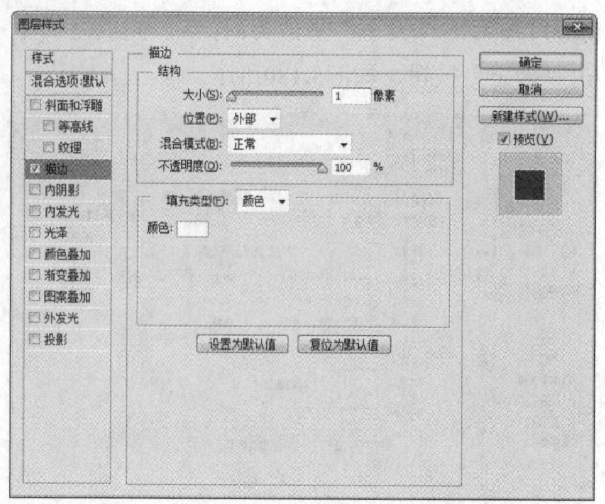

图5.183 设置描边

11 勾选“渐变叠加”复选框，将“渐变”更改为深黄色（R：222，G：215，B：200）到浅红色（R：240，G：226，B：218），完成之后单击“确定”按钮，如图5.184所示。

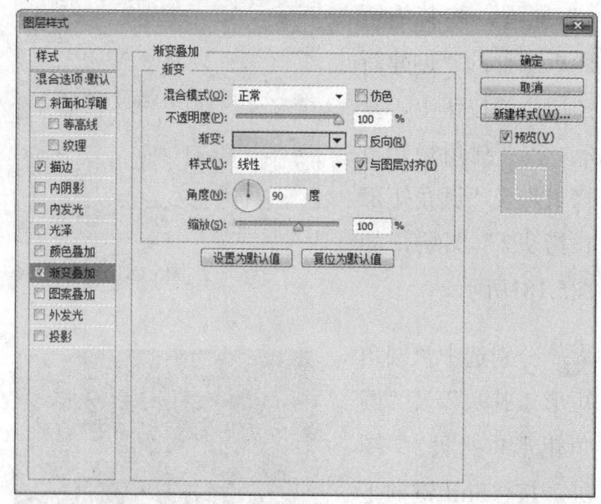

图5.184 设置渐变叠加

12 选择工具箱中的“矩形工具”，在选项栏中将“填充”更改为深红色（R：130，G：50，B：28），“描边”为无，在下方的圆角矩形位置绘制一个与其宽度相同的矩形，此时将生成一个“矩形2”图层，选中“矩形2”图层，执行菜单栏中的“图层”|“栅格化”|“形状”命令，将当前图形栅格化，如图5.185所示。

13 选中“矩形 2”图层，执行菜单栏中的“滤镜”|“模糊”|“动感模糊”命令，在弹出的对话框中将“角度”更改为90度，“距离”更改为40像素，设置完成之后单击“确定”按钮，如图5.186所示。

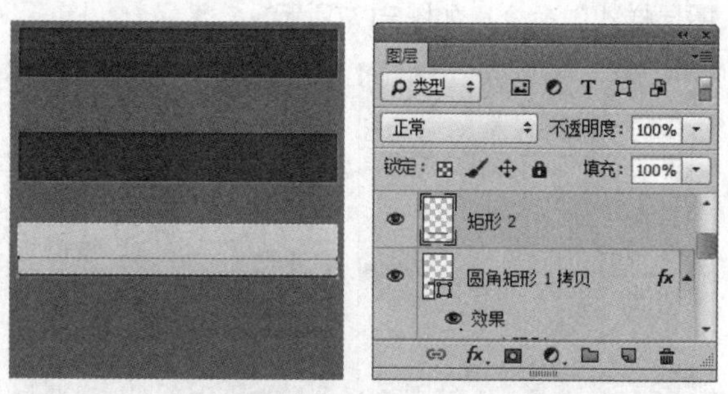

图5.185 绘制图形并栅格化形状

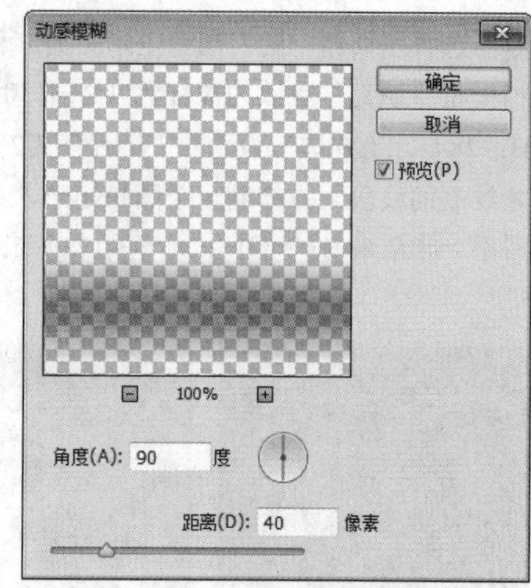

图5.186 设置动感模糊

14 选择工具箱中的“横排文字工具”，在界面中适当位置添加文字，如图5.187所示。

图5.187 添加文字

15 在“图层”面板中，选中“user”图层，单击面板底部的“添加图层样式”按钮，在菜单中选择“投影”命令，在弹出的对话框中，将“不透明度”更改为50%，“距离”更改为2像素，“大小”更改为2像素，完成之后单击“确定”按钮，如图

5.188所示。

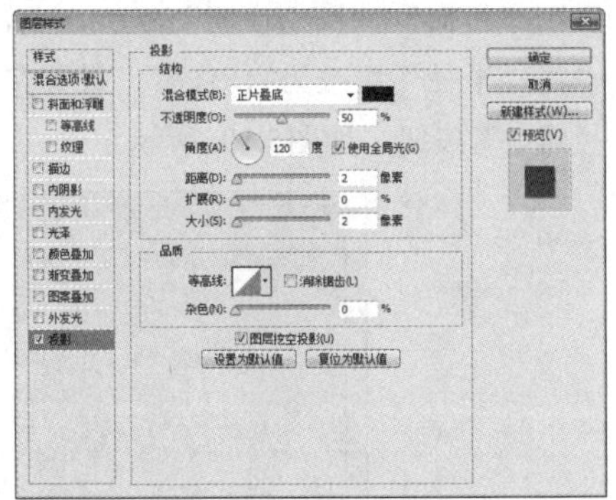

图5.188 设置投影

⑯ 在“user”图层上单击鼠标右键，从弹出的快捷菜单中选择“拷贝图层样式”命令，在“password”图层上单击鼠标右键，从弹出的快捷菜单中，选择“粘贴图层样式”命令，如图5.189所示。

图5.189 拷贝并粘贴图层样式

⑰ 在“图层”面板中，选中“login”图层，单击面板底部的“添加图层样式” 按钮，在菜单中选择“投影”命令，在弹出的对话框中，将“混合模式”更改为正常，“颜色”更改为白色，“距离”更改为1像素，完成之后单击“确定”按钮，如图5.190所示。

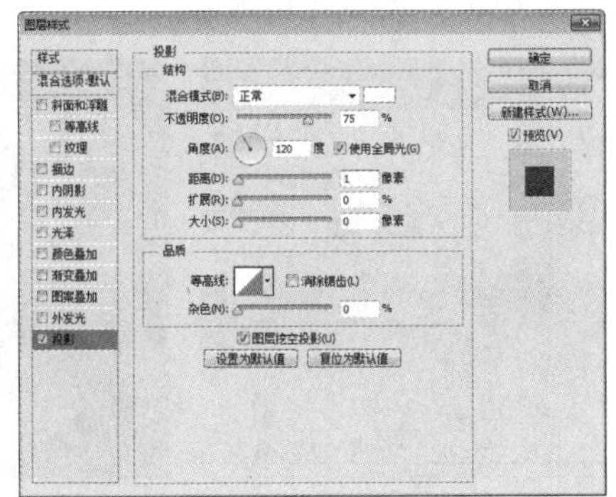

图5.190 设置投影

⑱ 选择工具箱中的“直线工具” ，在选项栏中将“填充”更改为白色，“描边”为无，“粗细”更改为1像素，在“Forget the password?”文字下方按住Shift键绘制一条水平线段，这样就完成了效果制作，最终效果如图5.191所示。

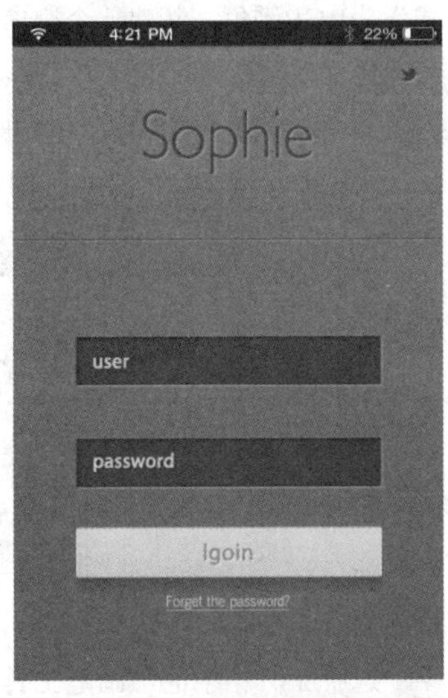

图5.191 绘制图形及最终效果

5.7 课堂案例——iOS风格音乐播放器界面

素材位置	素材文件\第5章\iOS风格音乐播放器界面
案例位置	案例文件\第5章\iOS风格音乐播放器界面.psd
视频位置	多媒体教学\5.7课堂案例——iOS风格音乐播放器界面.avi
难易指数	★★★★☆

本例主要讲解iOS风格音乐播放器界面的制作，整个制作的过程比较简单，由于是iOS平台的软件，所以在制作的过程中一切从简，并且从实际的功能点着手，从按钮功能的划分到整体的色彩搭配都能很好地与iOS风格融合。最终效果如图5.192所示。

扫码看视频

图5.192 最终效果

5.7.1 制作应用界面

01 执行菜单栏中的“文件”|“新建”命令，在弹出的对话框中设置“宽度”为640像素，“高度”为1136像素，“分辨率”为72像素/英寸，“颜色模式”为RGB颜色，新建一个空白画布。将画布填充为蓝色（R：56，G：82，B：98）。

02 单击面板底部的“创建新图层”按钮，新建一个“图层1”图层，如图5.193所示。

图5.193 新建图层

03 选择工具箱中的“画笔工具”，在画布中单击鼠标右键，在弹出的面板中，选择一种圆角笔触，将“大小”更改为300像素，“硬度”更改为0%，如图5.194所示。

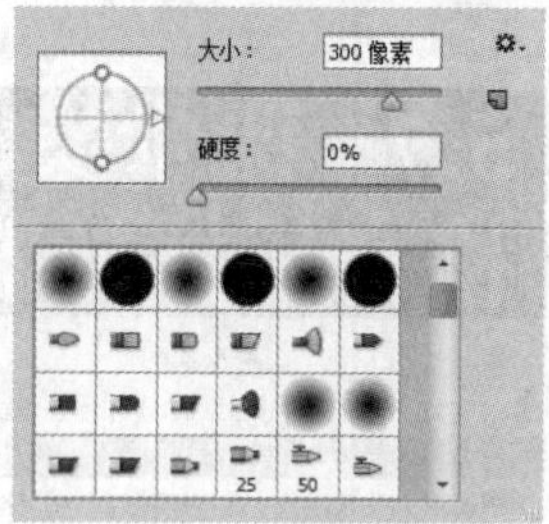

图5.194 设置笔触

04 将前景色更改为青色（R：118，G：238，B：255），选中“图层1”图层，在画布中单击添加画笔笔触效果。

05 将前景色更改为紫色（R：158，G：105，B：201），继续在画布中添加笔触效果，如图5.195所示。

图5.195 添加笔触效果

06 选中“图层 1”图层，执行菜单栏中的“滤镜”|“模糊”|“高斯模糊”命令，在弹出的对话框中将“半径”更改为118像素，设置完成之后单击“确定”按钮，如图5.196所示。

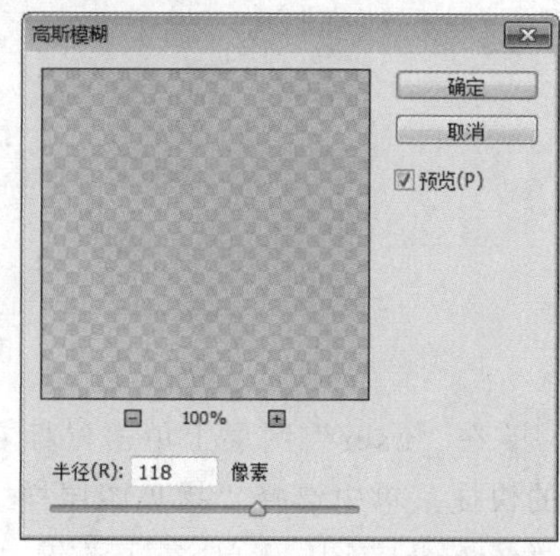

图5.196 设置高斯模糊

07 选择工具箱中的“矩形工具”，在选项栏中将“填充”更改为蓝色（R：35，G:85，B:122），“描边”为无，在画布中绘制一个与画布大小相同的矩形，此时将生成一个“矩形1”图层，如图5.197所示。

图5.197 绘制图形

08 在“图层”面板中，选中“矩形1”图层，将其图层混合模式设置为“正片叠底”，“不透明度”为50%，如图5.198所示。

图5.198 设置图层混合模式

09 在“图层”面板中，选中“矩形 1”图层，单击面板底部的“添加图层蒙版”按钮，为其图层添加图层蒙版，如图5.199所示。

图5.199 添加图层蒙版

10 选择工具箱中的“渐变工具”，在选项栏中单击“点按可编辑渐变”按钮，在弹出的对话框中将渐变颜色更改为白色到黑色再到白色，设置完成之后单击“确定”按钮，再单击选项栏中的“线性渐变”按钮，如图5.200所示。

图5.200 设置渐变

11 单击“矩形1”图层蒙版缩览图，在画布中其图形上按住Shift键从上至下拖动，隐藏部分图形将界面上下边缘部分亮度压暗，使整个色彩对比更加强烈，如图5.201所示。

图5.201 隐藏图形

12 在界面顶部位置绘制手机状态栏以装饰界面，如图5.202所示。

图5.202 绘制状态栏

13 选择工具箱中的“矩形工具”，在选项栏中将“填充”更改为黑色，“描边”为无，在画布中靠上方位置按住Shift键绘制一个矩形，此时将生成一个“矩形1”图层，如图5.203所示。

图5.203 绘制图形

14 在“图层”面板中，选中“矩形1”图层，单击面板底部的“添加图层样式”按钮，在菜单中选择“内阴影”命令，在弹出的对话框中将“混合模式”更改为正常，“颜色”更改为白色，“不透明度”更改为20%，取消“使用全局光”复选框，“角度”更改为90度，“距离”更改为1像素，如图5.204所示。

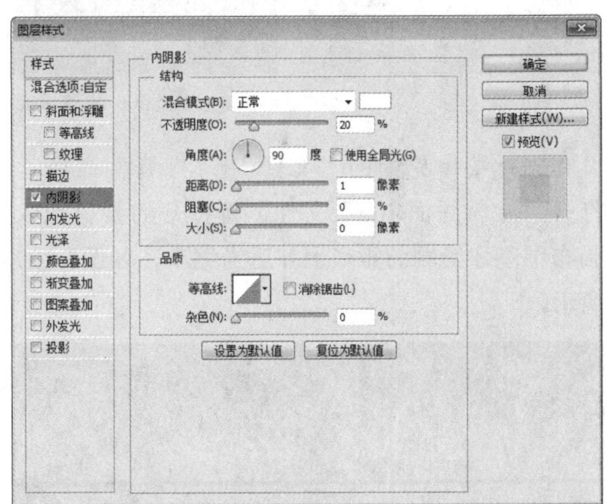

图5.204 设置内阴影

15 勾选“投影”复选框，将“不透明度”更改为30%，取消“使用全局光”复选框，“角度”更改为90度，“距离”更改为2像素，“大小”更改为2像素，完成之后单击“确定”按钮，如图5.205所示。

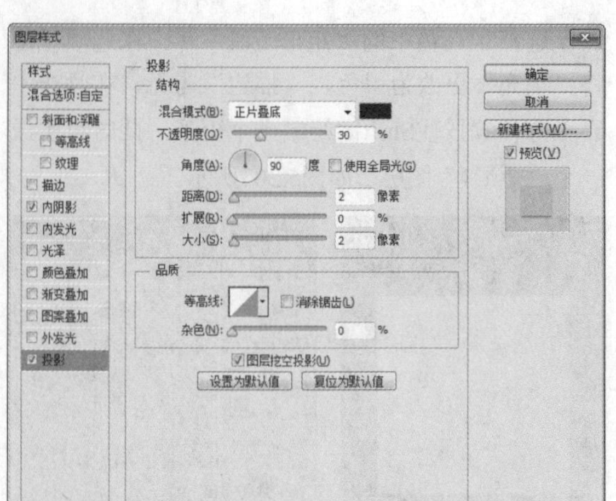

图5.205 设置投影

16 在“图层”面板中，选中“矩形1”图层，将其图层“填充”更改为10%，如图5.206所示。

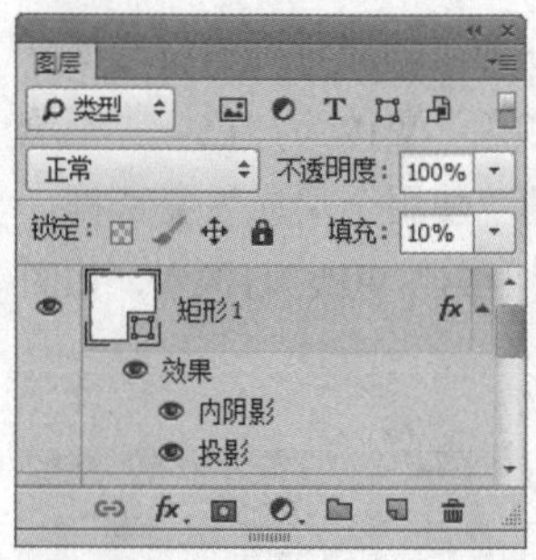

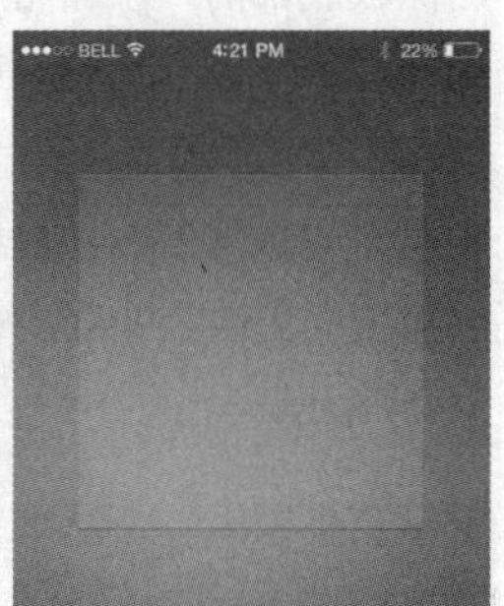

图5.206 更改填充

17 执行菜单栏中的“文件”|“打开”命令，打开“专辑封面.jpg”文件，将打开的素材拖入画布中刚才绘制的矩形上并适当缩小，如图5.207所示。

图5.207 添加素材

18 选择工具箱中的“矩形工具”，在选项栏中将“填充”更改为白色，“描边”为无，在刚才添加的专辑图像上方位置绘制一个细长的矩形，此时将生成一个“矩形2”图层，如图5.208所示。

图5.208 绘制图形

19 在“图层”面板中，选中“矩形2”图层，将其拖至面板底部的“创建新图层”按钮上，复制一个“矩形2 拷贝”图层，如图5.209所示。

图5.209 复制图形

20 选中“矩形2 拷贝”图层，在画布中将图形填充为青色（R：98，G：198，B：199），如图5.210所示。

图5.210 更改图形颜色

21 选中“矩形2 拷贝”图层，按Ctrl+T组合键对其执行“自由变换”命令，将光标移至出现的变形框右侧向左侧拖动，将图形宽度缩小，完成之后按Enter键确认，如图5.211所示。

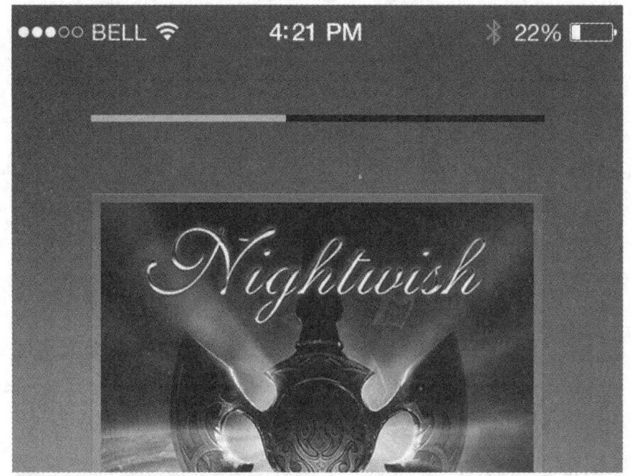

图5.211 缩短图形宽度

22 选中“矩形2”图层，将其图层“不透明度”更改为50%，如图5.212所示。

图5.212 更改图层不透明度

23 选择工具箱中的“椭圆工具”，在选项栏中将“填充”更改为白色，“描边”为无，在“矩形2”和“矩形2 拷贝”图形接触的位置按住Shift键绘制一个圆形，此时将生成一个“椭圆1”图层，如图5.213所示。

图5.213 绘制图形

24 在“图层”面板中，选中“椭圆1”图层，单击面板底部的“添加图层样式”按钮，在菜单中选择“投影”命令，在弹出的对话框中将“混合模式”更改为正常，“不透明度”更改为20%，取消“使用全局光”复选框，“角度”更改为90度，“距离”更改为1像素，完成之后单击“确定”按钮，如图5.214所示。

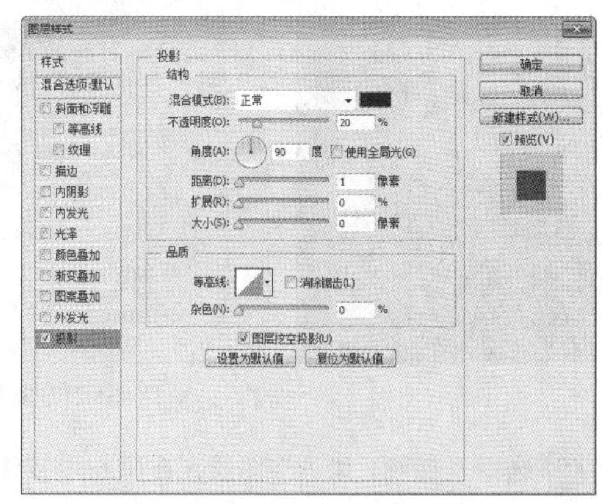

图5.214 设置投影

25 在“图层”面板中，选中“椭圆1”图层，将其图层“填充”更改为90%，如图5.215所示。

图5.215 更改填充

26 选择工具箱中的“钢笔工具”，在选项栏中单击“选择工具模式” 路径 按钮，在弹出的选项栏中选择“形状”，将“填充”更改为白色，“描边”为无，在刚才绘制的音量进度条左右两侧绘制音量图形，如图5.216所示。

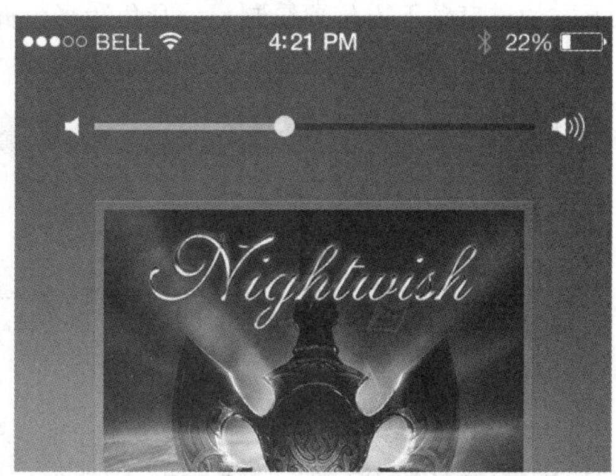

图5.216 绘制音量图形

27 同时选中“椭圆 1”“矩形 2 拷贝”及“矩形 2”图层，在画布中按住Alt+Shift组合键向下拖动，将图形复制，如图5.217所示。

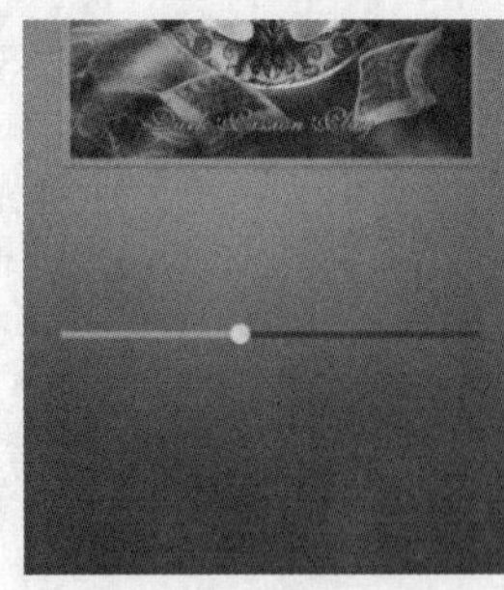

图5.217 复制图形

28 选中“椭圆1 拷贝”图层，在画布中按住Shift键向右侧平移，如图5.218所示。

29 选中“矩形2 拷贝2”图层，按Ctrl+T组合键对其执行“自由变换”命令，将光标移至出现的变形框右侧，向左侧拖动并与刚才移动的椭圆图形重叠，将图形宽度缩小，完成之后按Enter键确认，如图5.219所示。

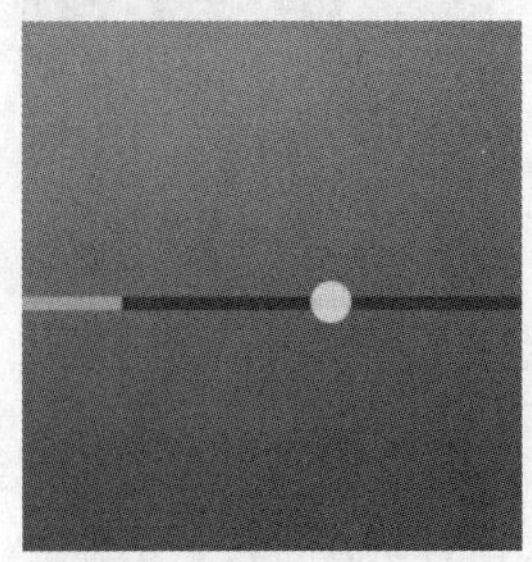

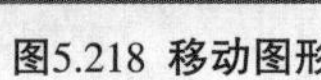

图5.218 移动图形

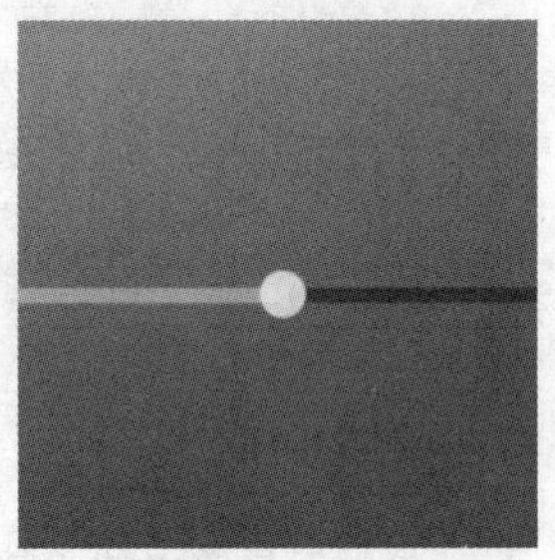

图5.219 变换图形

30 选择工具箱中的“圆角矩形工具”，在选项栏中将“填充”更改为红色（R：213，G：124，B：142），“描边”为无，“半径”为5像素，在下方的进度条下方位置绘制一个圆角矩形，此时将生成一个“圆角矩形1”图层，如图5.220所示。

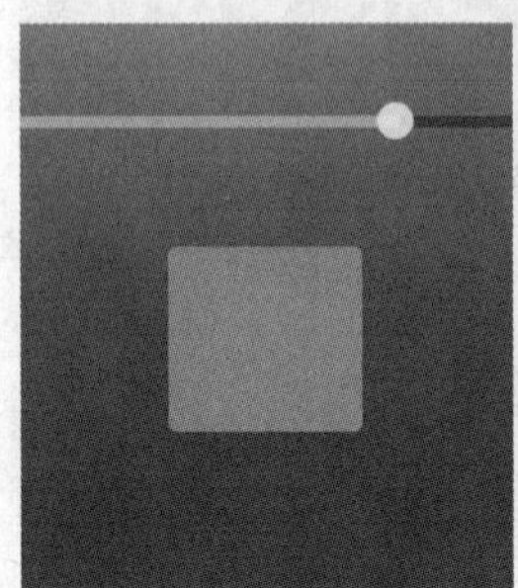

图5.220 绘制图形

31 在“图层”面板中，选中“圆角矩形1”图层，将其拖至面板底部的“创建新图层”按钮上，复制一个“圆角矩形1 拷贝”图层，如图5.221所示。

图5.221 复制图层

32 选中“圆角矩形1 拷贝”图层，在画布中按住Shift键将图形向左侧平移再适当缩小，并将其颜色更改为青色（R：98，G：198，B：199），如图5.222所示。

图5.222 变换图形

33 选中“圆角矩形 1 拷贝”图层，按住Alt+Shift组合键向右侧拖动，将图形复制，此时将生成一个“圆角矩形 1 拷贝2”图层，如图5.223所示。

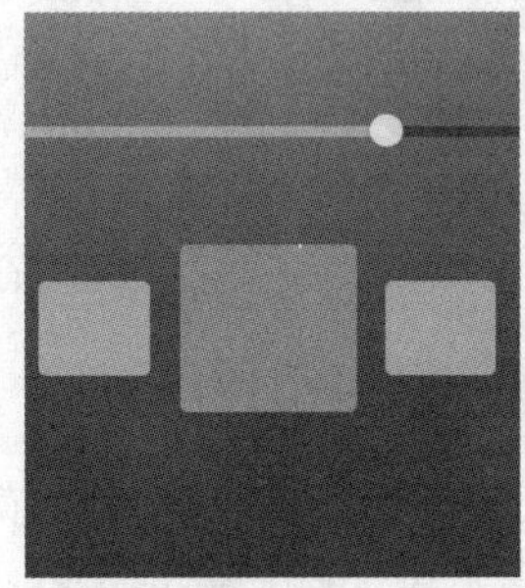

图5.223 复制图形

34 在“图层”面板中，选中“圆角矩形1”图层，单击面板底部的“添加图层样式”按钮，在菜单中选择“投影”命令，在弹出的对话框中将“不透明度”更改为30%，取消“使用全局光”复选框，“角度”更改为90度，“距离”更改为2像素，“大小”更改为2像素，完成之后单击“确定”按钮，如图5.224所示。

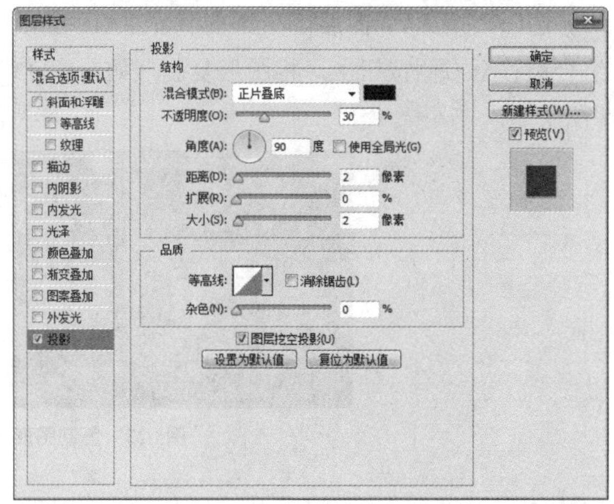

图5.224 **设置投影**

35 在“圆角矩形 1”图层上单击鼠标右键，从弹出的快捷菜单中选择“拷贝图层样式”命令，分别在“圆角矩形 1 拷贝”及“圆角矩形 1 拷贝2”图层上单击鼠标右键，从弹出的快捷菜单中选择“粘贴图层样式”命令，如图5.225所示。

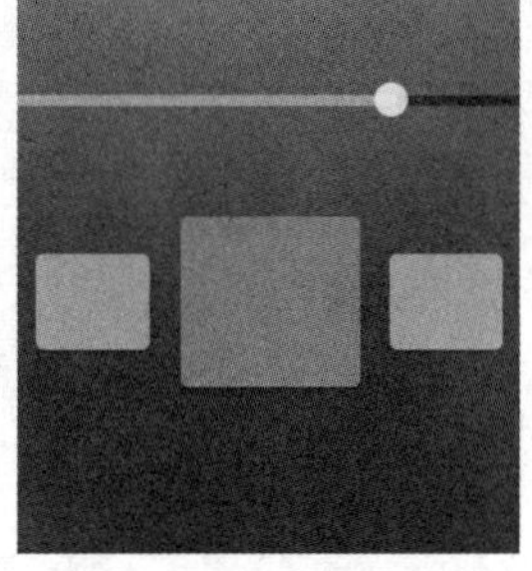

图5.225 **拷贝并粘贴图层样式**

36 选择工具箱中的“矩形工具”，在选项栏中将“填充”更改为白色，“描边”为无，在刚才绘制的按钮左侧图形上绘制一个矩形，此时将生成一个“矩形3”图层，如图5.226所示。

图5.226 **绘制图形**

37 选中“矩形3”图层，按Ctrl+T组合键对其执行“自由变换”命令，当出现变形框以后在选项栏中“旋转”后方的文本框中输入45度，再按住Alt键将图形高度适当等比缩小，完成之后按Enter键确认，如图5.227所示。

图5.227 **变换图形**

38 选择工具箱中的“直接选择工具”，选中刚才旋转的图形右侧锚点并按Delete键将其删除，如图5.228所示。

图5.228 **删除锚点**

39 选中“矩形3”图层，在画布中按住Alt+Shift组合键向右侧拖动，将图形复制，此时将生成一个“矩形3 拷贝”图层，如图5.229所示。

图5.229 **复制图形**

(40) 同时选中“矩形3”及“矩形3拷贝”图层，在画布中按住Alt+Shift组合键移至右侧按钮上，将图形复制，此时将生成2个“矩形3 拷贝2”图层，如图5.230所示。

图5.230 复制图形

(41) 保持复制所生成的图层选中状态，在画布中按Ctrl+T组合键对其执行自由变换命令，将光标移至出现的变形框上单击鼠标右键，从弹出的快捷菜单中选择“水平翻转”命令，完成之后按Enter键确认，如图5.231所示。

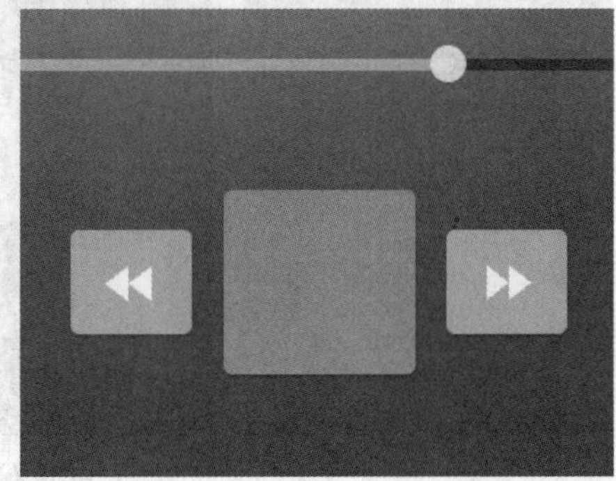

图5.231 变换图形

(42) 选择工具箱中的“矩形工具”，在选项栏中将“填充”更改为白色，“描边”为无，在中间按钮上绘制一个矩形，此时将生成一个“矩形4”图层，如图5.232所示。

图5.232 绘制图形

(43) 选中“矩形4”图层，在画布中按住Alt+Shift组合键移至右侧按钮上，将图形复制，如图5.233所示。

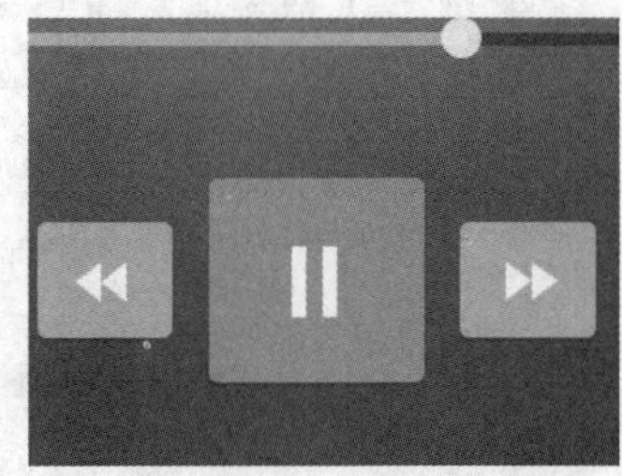

图5.233 复制图形

(44) 在画布底部位置绘制3个播放模式图形，如图5.234所示。

图5.234 绘制图形

(45) 选择工具箱中的“横排文字工具”T，在界面中适当位置添加文字，这样就完成了效果制作，最终效果如图5.235所示。

图5.235 添加文字及最终效果

5.7.2 展示页面

01 执行菜单栏中的“文件”|“新建”命令，在弹出的对话框中设置“宽度”为600像素，“高度”为600像素，“分辨率”为72像素/英寸，“颜色模式”为RGB颜色，新建一个空白画布。

02 选择工具箱中的“渐变工具”，在选项栏中单击“点按可编辑渐变”按钮，在弹出的对话框中将渐变颜色更改为灰色（R：240，G：240，B：240）到灰色（R：212，G：212，B：212），设置完成之后单击“确定”按钮，再单击选项栏中的“径向渐变”按钮。

03 在画布中从中间向边缘方向拖动，为画布填充渐变，如图5.236所示。

04 执行菜单栏中的“文件”|“打开”命令，打开“手机.psd”文件，将打开的素材拖入画布中并适当缩小，如图5.237所示。

图5.236 填充渐变

图5.237 添加素材

05 选择工具箱中的“矩形工具”，在选项栏中将“填充”更改为黑色，“描边”为无，在手机图像左侧位置绘制一个矩形，此时将生成一个“矩形1”图层，将“矩形1”移至“手机”图层下方，如图5.238所示。

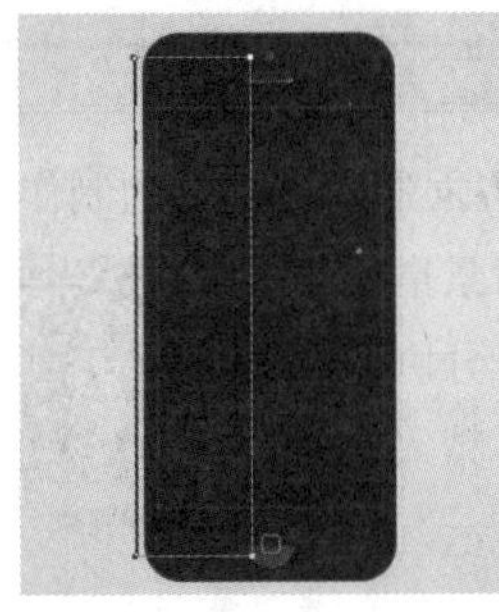

图5.238 绘制图形

06 在“图层”面板中，选中“矩形1”图层，执行菜单栏中的“图层”|“栅格化”|“形状”命令，将当前图形栅格化，如图5.239所示。

图5.239 栅格化形状

07 选中“矩形1”图层，执行菜单栏中的“滤镜”|“模糊”|“高斯模糊”命令，在弹出的对话框中将“半径”更改为15像素，设置完成之后单击“确定”按钮，如图5.240所示。

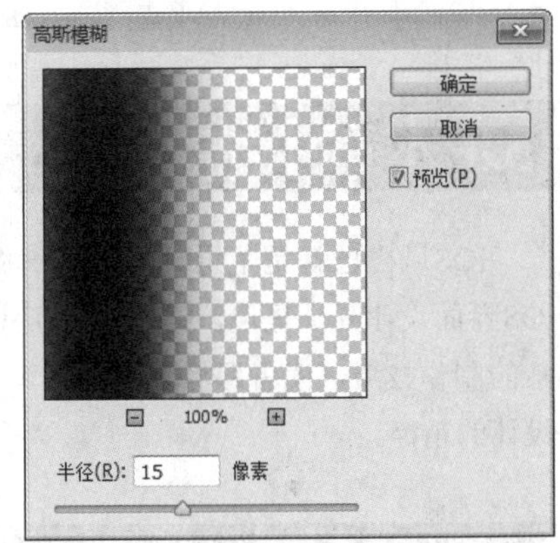

图5.240 设置高斯模糊

08 选中“矩形1”图层，将其图层“不透明度”更改为60%，如图5.241所示。

图5.241 更改图层不透明度

09 打开之前创建的欢迎页面文档，在“图层”面板中，选中最上方的图层，按Ctrl+Alt+Shift+E组合键执行盖印可见图层命令，将生成一个“图层3”图层，如图5.242所示。

图5.242 盖印可见图层

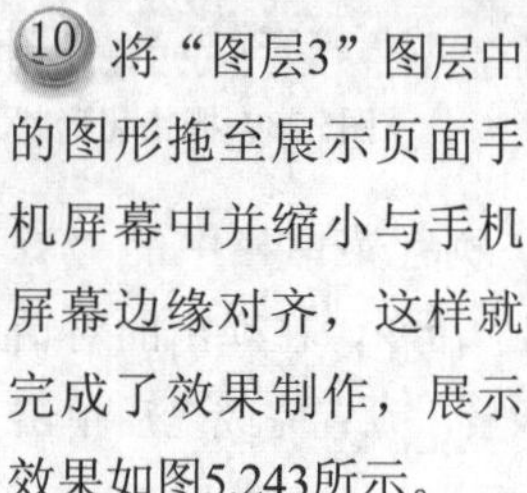
10 将“图层3”图层中的图形拖至展示页面手机屏幕中并缩小与手机屏幕边缘对齐，这样就完成了效果制作，展示效果如图5.243所示。

图5.243 展示效果

5.8 本章小结

iOS风格也就是苹果风格，本章将不同类型的iOS界面设计一一呈现，详细讲解了不同UI控件元素的制作技巧，读者跟着学习，即可掌握iOS界面设计的精粹。

5.9 课后习题

iOS风格应用非常广泛，本章我们所学的只是其中一部分，更多的知识需要在实践中锻炼，本章安排了3个课后习题供读者练习。

5.9.1 课后习题1——会员登录框界面

素材位置 素材文件\第5章\会员登录框界面
案例位置 案例文件\第5章\会员登录框界面.psd
视频位置 多媒体教学\5.9.1 课后习题1——会员登录框界面.avi
难易指数 ★★☆☆☆

本例主要讲解会员登录框界面的制作，界面的主体图形颜色比较清新素雅。蓝色按钮的绘制使界面富有一定的科技感，同时为原本过于平淡的界面添加了一丝生气。而背景的制作则采用了素材图像配合滤镜命令，这样制作的背景显得十分自然。最终效果如图5.244所示。

扫码看视频

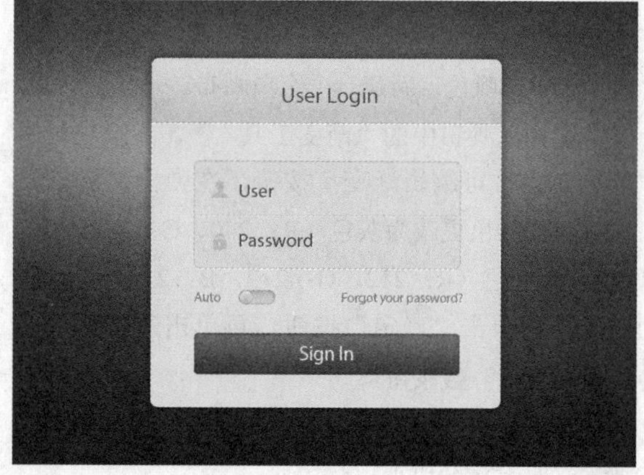

图5.244 最终效果

步骤分解如图5.245所示。

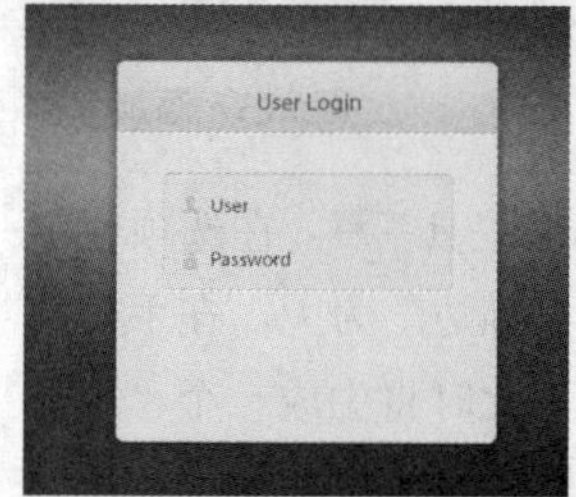

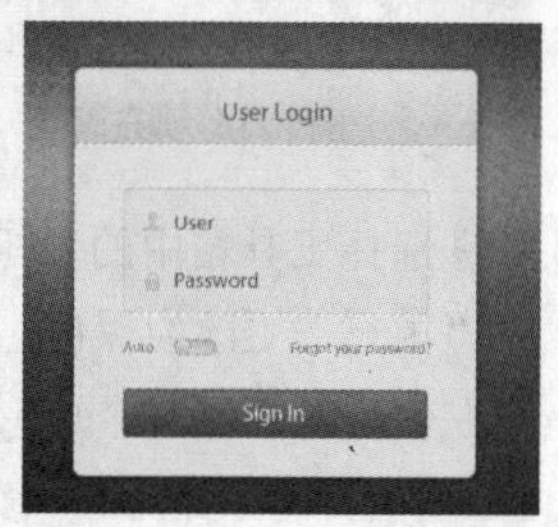

图5.245 步骤分解图

5.9.2 课后习题2——用户界面

本例主要讲解的是用户界面制作，本例的制作同样是写实风格，蓝色系的背景搭配黄色及白灰色系的主界面图形十分协调，而写实的图形绘制更是凸现了精致的界面风格。最终效果如图5.246所示。

扫码看视频

素材位置 素材文件\第5章\用户界面
案例位置 案例文件\第5章\用户界面.psd
视频位置 多媒体教学\5.9.2 课后习题2——用户界面.avi
难易指数 ★★★☆☆

图5.246 最终效果

步骤分解如图5.247所示。

图5.247 步骤分解图

5.9.3 课后习题3——翻页登录界面

素材位置	素材文件\第5章\翻页登录界面
案例位置	案例文件\第5章\翻页登录界面.psd
视频位置	多媒体教学\5.9.3 课后习题3——翻页登录界面.avi
难易指数	★★★☆☆

本例主要讲解翻页登录界面的制作，本例的最大特点是淡雅的界面搭配朴实的纹理背景，给人一种自然、舒适的感觉。同时拟物化的类似日历翻页效果，给人一种灵动、眼前一亮的感觉。最终效果如图5.248所示。

扫码看视频

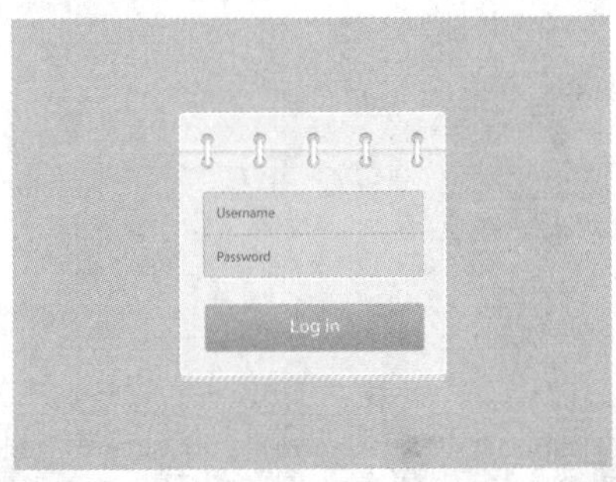

图5.248 最终效果

步骤分解如图5.249所示。

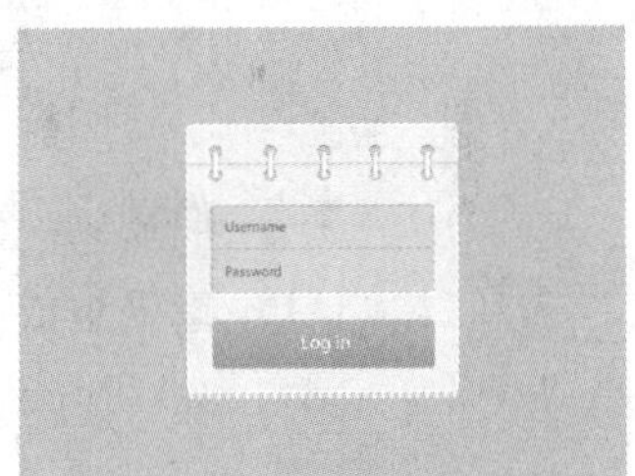

图5.249 步骤分解图

第6章

精品极致图标制作

内容摘要

图标是具有明确指代含义的计算机图形。在UI中主要指软件标识，它源自于生活中的各种图形标识，是UI应用图形化的重要组成部分。一个图标是一个小的图片或对象，代表一个文件、程序、网页或命令。图标有助于用户快速执行命令和打开程序文件。本章精选9个极致精美的图标案例，通过详细的剖析过程，将极致图标的制作过程完全展示在读者面前，使读者快速掌握图标的设计及制作技巧。

课堂学习目标

- 了解图标的含义
- 学习简洁图标的制作
- 掌握极致精美图标的设计技巧

6.1 理论知识——了解图标

图标是具有明确指代含义的计算机图形。它源自于生活中的各种图形标识，是计算机应用图形化的重要组成部分。其中桌面图标是软件标识，界面中的图标是功能标识。

6.1.1 图标的分类

图标可分为广义和狭义两种。

1. 广义

图标是具有指代意义的图形符号，它不仅是一种图形，更是一种标识，具有高度浓缩并快捷传达信息、便于记忆的特性。从上古时代的图腾，到现在具有更多含义和功能的图标，应用范围很广，软硬件、网页、社交场所、公共场合无所不在，例如大到一个国家的国旗，小到街道上的各种交通标志、商店中的各种指示标识等。

2. 狭义

随着计算机的出现，图标被赋予新的含义。应用于计算机软件方面，具有明确指代含义的计算机图形，是计算机中为各种文件、应用程序或快捷方式设置的一种图形标识，置于桌面、资源管理器及各具相关的界面中，如Windows桌面图标显示。其中桌面图标是软件标识，而界面或窗口中的图标则为功能标识。

当你熟悉了图标、文件和程序的关系后，就能快速启动相关文件或应用程序，包括：程序标识、数据标识、命令选择、模式信号或切换开关、状态指示等。一个图标是一个小的图片或对象，代表一个文件、程序、网页或命令。图标有助于用户快速执行命令和打开程序文件。当然，一般在图标的下方或旁边显示文件或程序的名称，这样更加便于识别。随着智能手机和平板的出现，图标主要指应用程序的标识，例如QQ的图标，通过这个企鹅图标即可启动QQ程序。

6.1.2 图标的作用

使用图标还有几大作用，具体如下。

1. 识别性

图标是程序、命令、文件的重要功能之一，随着竞争不断加剧，用户面对繁杂的信息时，对于特点鲜明、容易辨认、造型优美的图标更加印象深刻，通过图标即可提高识别率。

2. 快捷方式

图标其实就是程序、命令、状态、数据或网页的标识，通过点击图标即可执行命令或打开文件，非常方便快捷。

3. 符号化

通过一个简单的图标，可以让用户快速识别该图标所代表的含义，甚至通过图标可以了解到该程序的内容，比文字更加简洁且美观。

6.1.3 图标的格式

图标有一套标准的大小和属性格式，且通常是小尺寸的。一个图标实际上是多张不同格式的图片的集合体，并且还包含了一定的透明区域。因为计算机操作系统和显示设备的多样性，导致了图标的大小需要有多种格式。

1. PNG格式

PNG即Portable Netowrk Graphics的缩写，图像文件存储格式，释义为“可移植的网络图像文件格式”，其目的是试图替代GIF和TIFF文件格式，同时增加一些GIF文件格式所不具备的特性。

PNG是Macromedia公司出口的Fireworks的专业格式，PNG用来存储灰度图像时，灰度图像的深度可多达16位；存储彩色图像时，彩色图像的深度可多达48位，并且还可存储多到16位的α通道数据。这个格式使用于网络图形，支持背景透明，但是不支持动画效果。它使用的压缩技术允许用户对其进行解压，PNG使用从LZ77派生的无损数据压缩算法，一般应用于JAVA程序中，或网页或S60程序中，是因为它压缩比高，生成文件容量小。优点在于不会使图像失真。同样一张图像的文件尺寸，BMP格式最大，PNG其次，JPEG最小。根据PNG文件格式不失真的缺点，一般将其使用在DOCK中作为可缩放的图标。

2. ICO格式

ICO即Icon File的缩写，是Windows使用的图标文件格式。这种文件格式广泛应用于Windows系统中的dll、exe文件中。

对于ICO文件，既然它是Windows图标的专门格式，那么，在替换系统图标时就一定会使用到它了。要给应用程序换图标，就必须使用ICO格式的图标，另外只有Windows XP以上的系统才支持带Alpha透明通道的图标，这些图标用在Windows XP以下的系统上会很难看。

3. ICL格式

ICL文件就是一个改了名字的16位Windows Dll（NE模式），里面除了图标什么都没有，可以将其理解为按一定顺序储存的图标库文件。它是多个图标的集合，一般操作系统不直接支持这种格式的文件，需要借助第三方软件才能浏览。ICL文件在日常应用中并不多见，也有一些特殊的图标可以直接在编程语言中调用。

有时候图标并不是以单独的文件形式存在的，它们会存放在dll文件和exe文件中，必须用专门的工具软件才能将它们挖出来。如Microangelo中的Explorer组件和Axialis IconWorkshop中的Explorer命令。

4. IP格式

IP是常用的Iconpackager软件的专用文件格式。它实质上是一个改了扩展名的rar文件，用WinRAR可以打开查看（一般会看到里面包含一个.iconpackage文件和一个.icl文件）。

6.1.4 图标和图像大小

1. iOS系统图标及图像大小

每一个应用程序需要一个应用程序图标和启动图像。随着iOS的升级，一大堆新尺寸的应用程序图标规格都出来了。除了要兼容低版本的iOS，还要兼容高版本，一个APP做下来，要生成十几种不同大小的APP图标。iOS上的图标基本分为这么几类：App Store下使用图标、应用程序主屏幕图标、Spotlight搜索结果图标、工具栏和导航栏图标、设置图标和标签栏图标等。表6.1所示为以像素为单位的iPhone图标设计尺寸（单位：像素）。

表6.1 iPhone图标设计尺寸

设备	App Store	应用程序	主屏幕	Spotlight搜索	标签栏	工具栏和导航栏
iPhone 6 Plus (@3x)	1024×1024	180×180	152×152	87×87	75×75	66×66
iPhone 6(@2x)	1024×1024	120×120	152× 152	58×58	75×75	44×44
iPhone 5 -5C-5S(@2x)	1024×1024	120×120	152×152	58×58	75×75	44×44
iPhone 4- 4s (@2x)	1024×1024	120×120	114×114	58×58	75×75	44 ×44
iPhone 4&iPod Touch第一代、第二代、第三代	1024×1024	120×120	57×57	29×29	38×38	30×30

iPhone图标设计图示，如图6.1所示。

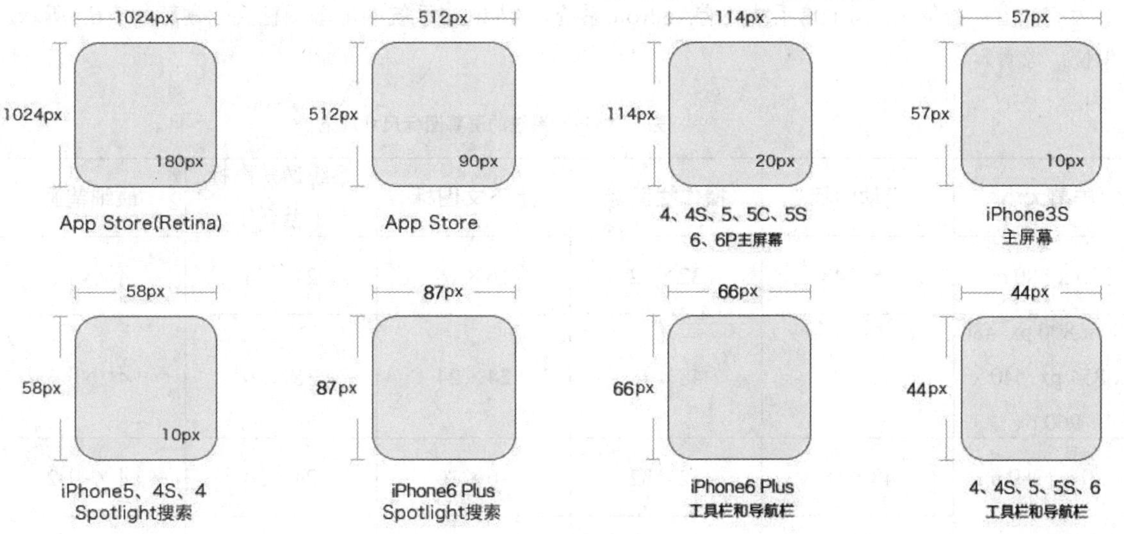

图6.1 iPhone图标设计图示

iPad图标设计尺寸如表6.2所示（单位：像素）。

表6.2 iPad图标设计尺寸

设备	App Store	应用程序	主屏幕	Spotlight搜索	标签栏	工具栏和导航栏
iPad 3 -4 -5- 6 -Air –Air2- mini 2	1024×1024	180×180	144×144	100×100	50×50	44×44
iPad 1 -2	1024×1024	90×90	72×72	50×50	25×25	22×22
iPad Mini	1024×1024	90×90	72×72	50×50	25×25	22×22

iPad图标设计图示，如图6.2所示。

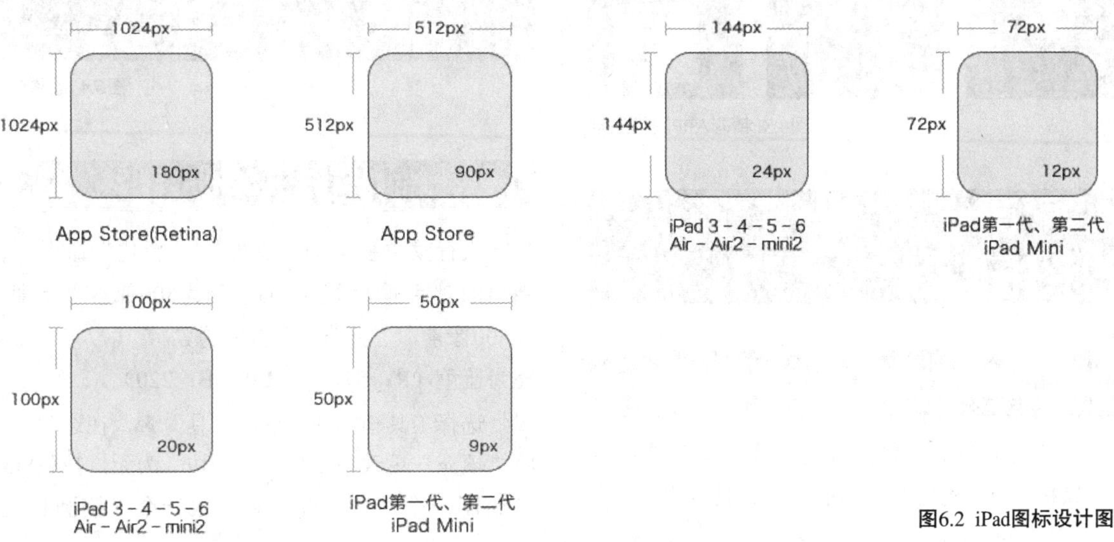

图6.2 iPad图标设计图示

2. Android屏幕图标尺寸规范

大家知道，智能机除了iOS系统还有Android系统，Android系统的屏幕图标尺寸规范如表6.3所示。（单位：像素）

表6.3 Android系统的屏幕图标尺寸规范

屏幕大小	启动图标	操作栏图标	上下文图标	系统通知图标（白色）	最细笔画
320 x 480 px	48×48	32×32	16×16	24×24	不小于2
480 x 800 px 480 x 854 px 540 x 960 px	72×72	48×48	24×24	36×36	不小于3
720 x 1280 px	48×48	32×32	16×16	24×24	不小于2
1080 x 1920 px	144×144	96×96	48×48	72×72	不小于6

6.1.5 精美APP图标欣赏

精美APP图标欣赏如图6.3所示。

图6.3 精彩APP图标欣赏

6.2 课堂案例——简洁罗盘图标

素材位置 无
案例位置 案例文件\第6章\简洁罗盘图标.psd
视频位置 多媒体教学\6.2课堂案例——简洁罗盘图标.avi
难易指数 ★★☆☆☆

本例讲解简洁罗盘图标的制作，此款图标的设计风格十分简约，从纯色的背景到具有醒目红色的指针，令整个图标视觉效果相当出色。最终效果如图6.4所示。

扫码看视频

图6.4 最终效果

6.2.1 制作背景绘制图形

01 执行菜单栏中的“文件”|“新建”命令，在弹出的对话框中设置“宽度”为800像素“高度”为600像素，“分辨率”为72像素/英寸，将画布填充为蓝色（R：57，G：138，B：220）。

02 选择工具箱中的“椭圆工具”，在选项栏中将“填充”更改为白色，“描边”为无，按住Shift键绘制一个圆形，此时将生成一个“椭圆1”图层，如图6.5所示。

03 在“图层”面板中，选中“椭圆1”图层，将其拖至面板底部的“创建新图层”按钮上，复制1个“椭圆1 拷贝”图层，如图6.6所示。

图6.5 新建画布绘制图形

图6.6 复制图层

04 选中“椭圆1 拷贝”图层，在选项栏中将“填充”更改为无，“描边”更改为白色，“大小”更改为30像素，如图6.7所示。

图6.7 变换图形

05 在“图层”面板中，选中“椭圆1 拷贝”图层，单击面板底部的“添加图层样式”按钮，在菜单中选择“渐变叠加”命令，在弹出的对话框中将“渐变”更改为灰色（R：194，G：194，B：194）到灰色（R：240，G：240，B：240），如图6.8所示。

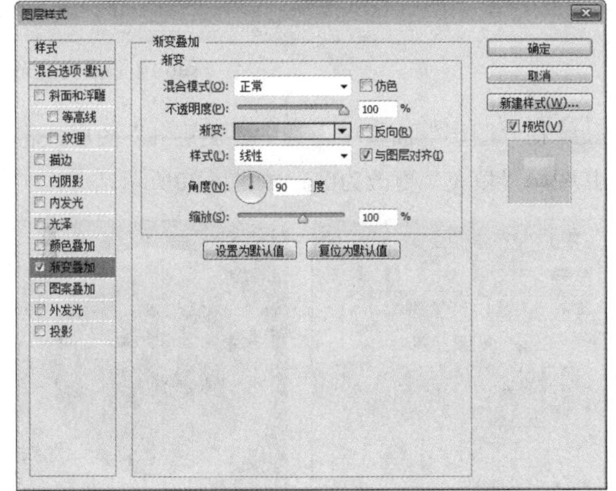

图6.8 设置渐变叠加

06 勾选“外发光”复选框，将“不透明度”更改为15%，“颜色”更改为黑色，“大小”更改为18像素，完成之后单击“确定”按钮，如图6.9所示。

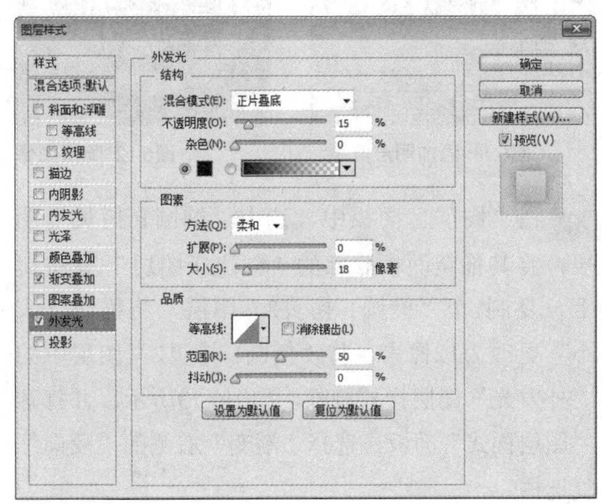

图6.9 设置外发光

07 选中“椭圆1”图层，将其“填充”更改为无，“描边”更改为深蓝色（R：4，G：16，B：28），“大小”更改为30像素，执行菜单栏中的“滤镜”|“模糊”|“高斯模糊”命令，在弹出的对话框中将“半径”更改为15像素，完成之后单击“确定”按钮，在画布中将图像向下稍微移动，将其图层“不透明度”更改为60%，如图6.10所示。

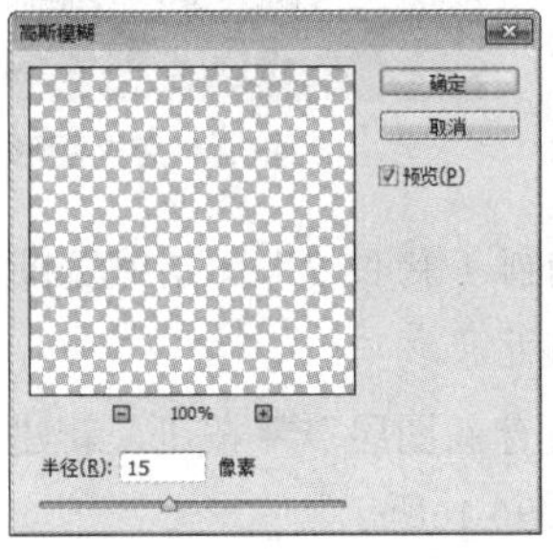

图6.10 设置高斯模糊

08 在“图层”面板中，选中“椭圆 1”图层，单击面板底部的“添加图层蒙版”按钮，为其图层添加图层蒙版，如图6.11所示。

09 选择工具箱中的“渐变工具”，编辑黑色到白色的渐变，单击选项栏中的“线性渐变”按钮，在图像上从上至下拖动将部分图像隐藏，如图6.12所示。

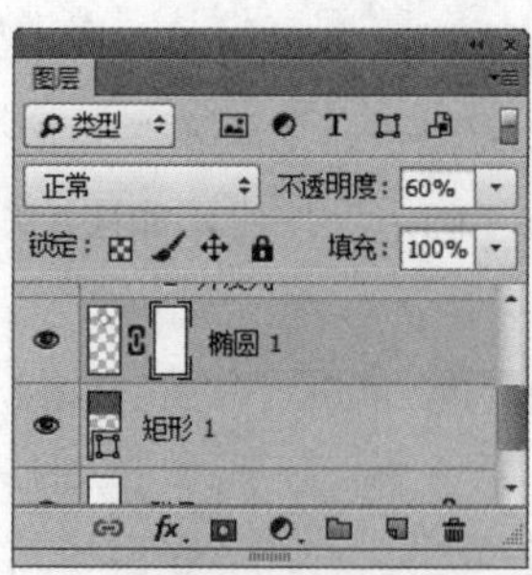

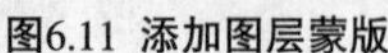

图6.11 添加图层蒙版　　图6.12 隐藏图像

10 在“图层”面板中，选中“椭圆1 拷贝”图层，将其拖至面板底部的“创建新图层”按钮上，复制1个“椭圆1 拷贝2”图层，将描边“大小”更改为12像素，将“椭圆1 拷贝2”图层中的“外发光”图层样式删除，如图6.13所示，并打开“图层样式”面板，选择“渐变”右侧的“反向”复选框。

11 选中“椭圆1 拷贝2”图层，按Ctrl+T组合键对其执行“自由变换”命令，将图像等比缩小，完成之后按Enter键确认，如图6.14所示。

图6.13 复制图层　　图6.14 变换图形

12 按住Ctrl键单击“椭圆 1 拷贝 2”图层缩览图将其载入选区，如图6.15所示。

13 单击面板底部的“创建新图层”按钮，新建一个“图层1”图层，如图6.16所示。

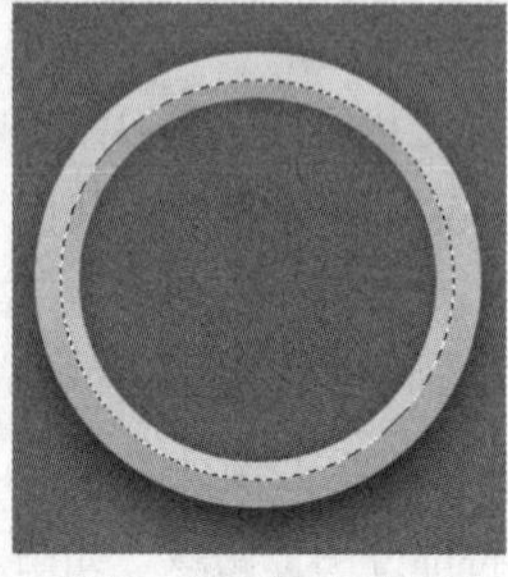

图6.15 载入选区　　图6.16 新建图层

14 执行菜单栏中的“选择”|“变换选区”命令，当出现变形框以后将选区等比缩小，完成之后按Enter键确认，如图6.17所示。

15 将选区填充为白色，填充完成之后按Ctrl+D组合键将选区取消，如图6.18所示。

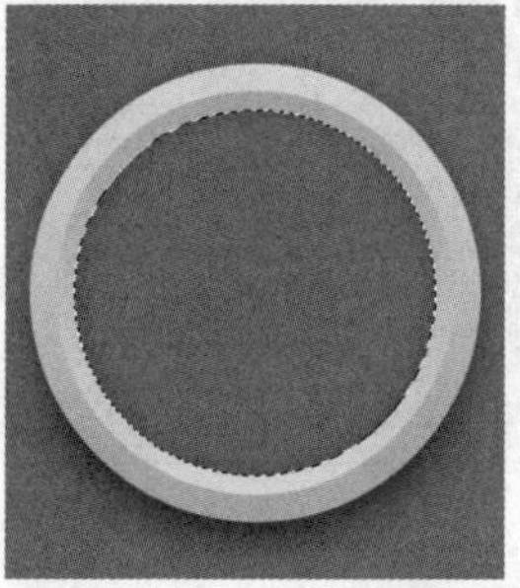

图6.17 变换选区　　图6.18 填充颜色

16 在“图层”面板中，选中“图层1”图层，单击面板底部的“添加图层样式”按钮，在菜单中选择“内发光”命令，在弹出的对话框中将“混合模式”更改为柔光，“不透明度”更改为50%，“颜色”更改为黑色，“大小”更改为8像素，完成之后单击“确定”按钮，如图6.19所示。

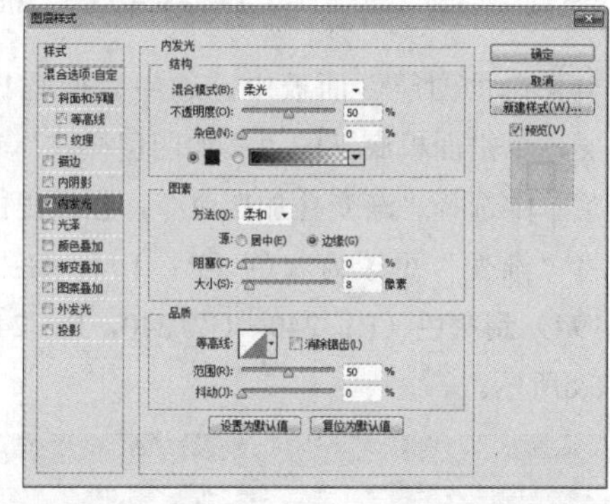

图6.19 设置内发光

17 在“图层”面板中，选中“图层 1”图层，将其图层“填充”更改为0%，如图6.20所示。

图6.20 更改填充

6.2.2 绘制表座

01 在"图层"面板中，选中"图层 1"图层，将其拖至面板底部的"创建新图层"按钮上，复制1个"图层 1 拷贝"图层，如图6.21所示。

02 选中"图层 1 拷贝"图层，将其"填充"更改为100%，按Ctrl+T组合键对其执行"自由变换"命令，将图像等比缩小，完成之后按Enter键确认，如图6.22所示。

图6.21 复制图层

图6.22 变换图像

03 双击"图层1 拷贝"图层样式名称，在弹出的对话框中勾选"斜面和浮雕"复选框，将"大小"更改为4像素，取消"使用全局光"复选框，将"角度"更改为90度，"高度"更改为30度，"阴影模式"中的"不透明度"更改为25%，如图6.23所示。

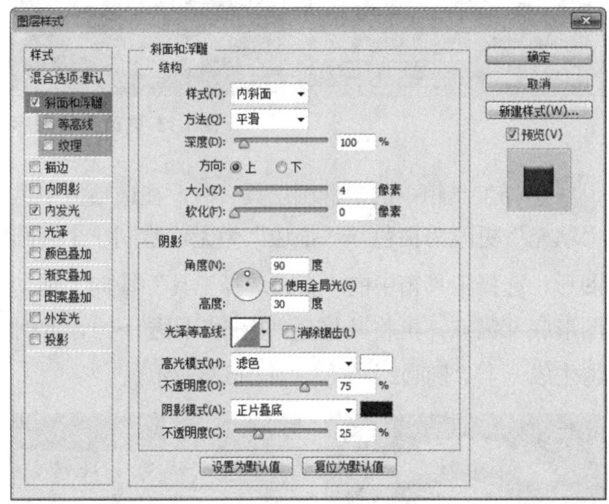

图6.23 设置斜面和浮雕

04 勾选"颜色叠加"复选框，将"颜色"更改为灰色（R：224，G：224，B：224），如图6.24所示。

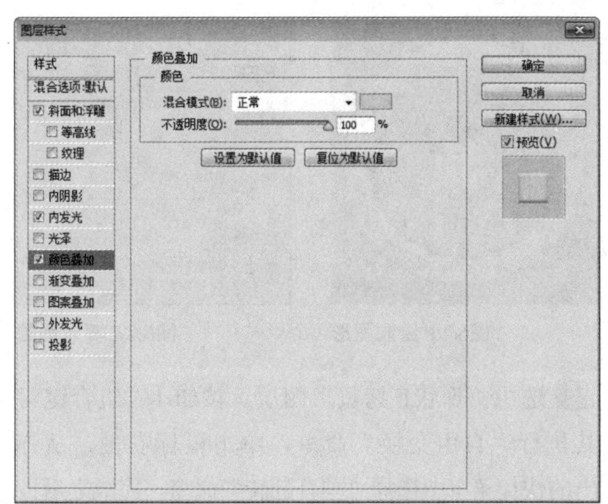

图6.24 设置颜色叠加

05 勾选"外发光"复选框，将"混合模式"更改为正常，"不透明度"更改为25%，"颜色"更改为黑色，"大小"更改为20像素，完成之后单击"确定"按钮，如图6.25所示。

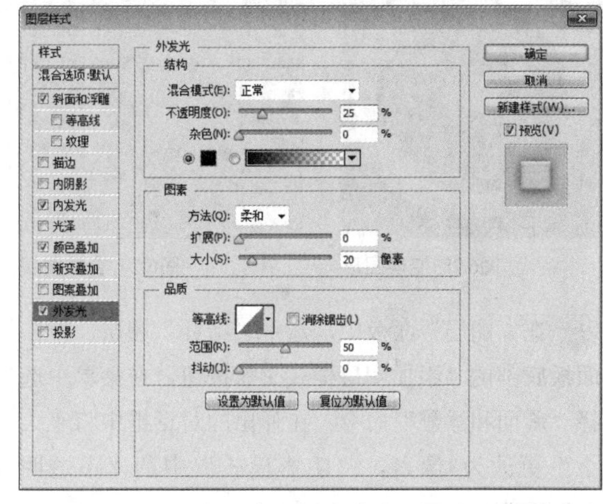

图6.25 设置外发光

6.2.3 绘制指针

01 选择工具箱中的"钢笔工具"，在选项栏中单击"选择工具模式" 路径 按钮，在弹出的选项中选择"形状"，将"填充"更改为红色（R：207，G：40，B：2），"描边"更改为无，绘制一个不规则图形，此时将生成一个"形状1"图层，如图6.26所示。

02 在"图层"面板中，选中"形状1"图层，将其拖至面板底部的"创建新图层"按钮上，复制1个"形状1 拷贝"图层，如图6.27所示。

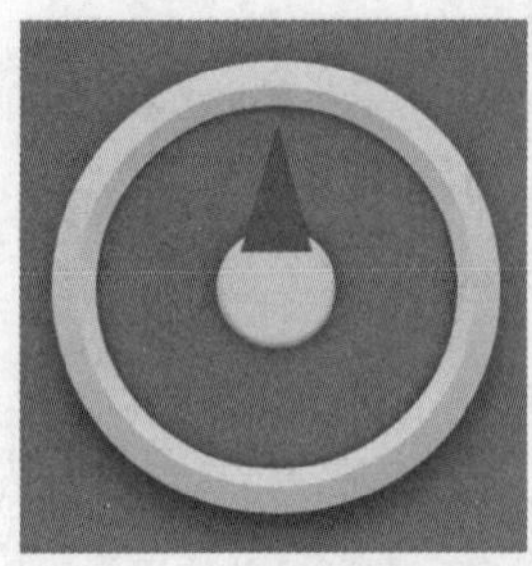

图6.26 绘制图形　　图6.27 复制图层

03 选中“形状1 拷贝”图层，按Ctrl+T组合键对其执行“自由变换”命令，单击鼠标右键，从弹出的快捷菜单中选择“垂直翻转”命令，完成之后按Enter键确认，再将图形与原图形对齐，如图6.28所示。

04 同时选中“形状1 拷贝”及“形状1”图层，按Ctrl+E组合键将图层合并，将生成的图层名称更改为“指针”，如图6.29所示。

图6.28 变换图形　　图6.29 合并图层

05 在“图层”面板中，选中“指针”图层，单击面板底部的“添加图层样式”fx按钮，在菜单中选择“斜面和浮雕”命令，在弹出的对话框中将“大小”更改为3像素，“阴影模式”中的“不透明度”更改为25%，如图6.30所示。

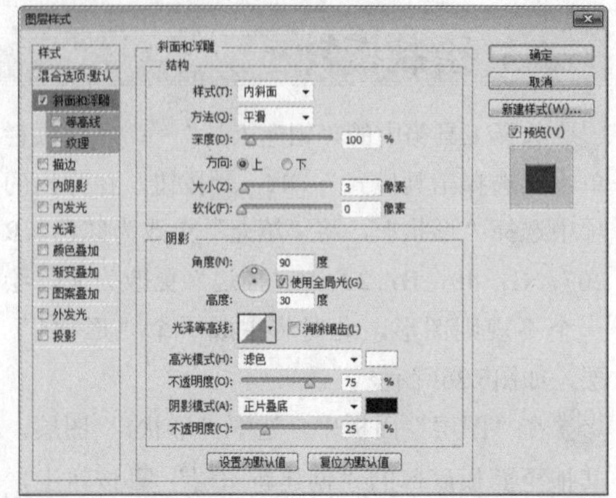

图6.30 设置斜面和浮雕

06 勾选“投影”复选框，将“不透明度”更改为60%，取消“使用全局光”复选框，将“角度”更改为120度，“距离”更改为6像素，“大小”更改为10像素，完成之后单击“确定”按钮，如图6.31所示。

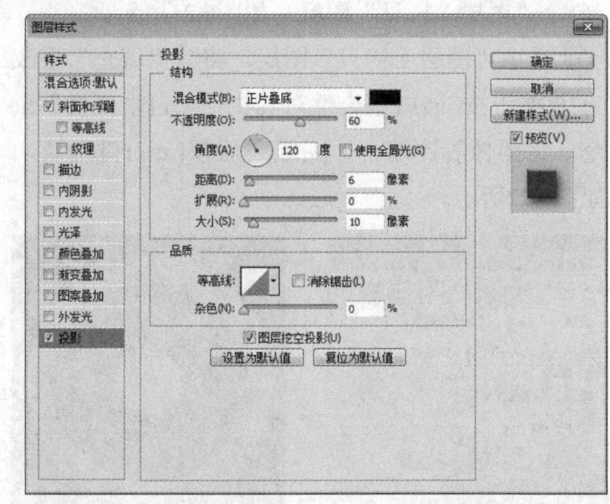

图6.31 设置投影

07 在“图层”面板中，选中“指针”图层，将其向下移至“图层 1 拷贝”图层下方，如图6.32所示。

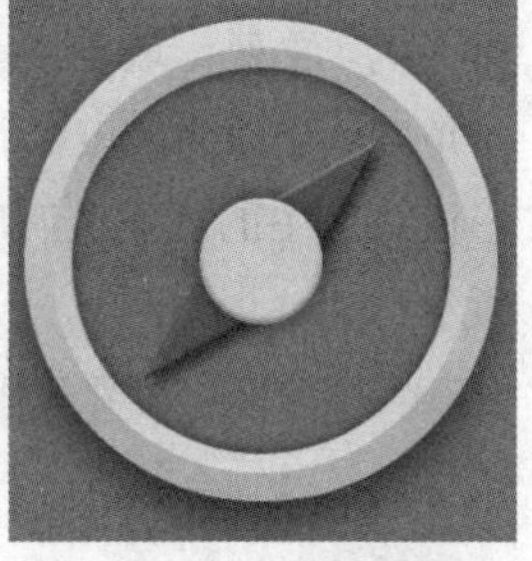

图6.32 更改图层顺序

08 选择工具箱中的“椭圆工具”，在选项栏中将“填充”更改为白色，“描边”为无，绘制一个椭圆图形。选择工具箱中的“直接选择工具”向上拖动图形底部锚点，再将其移至“指针”图层下方，此时将生成一个“椭圆2”图层，如图6.33所示。

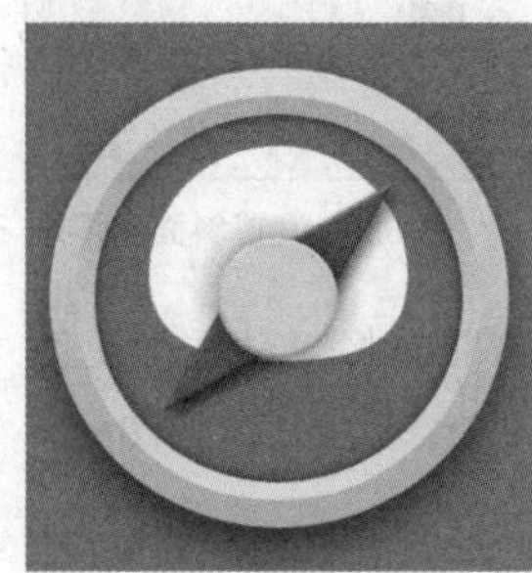

图6.33 绘制图形

09 选中“椭圆2”图层，执行菜单栏中的“滤镜”|“模糊”|“高斯模糊”命令，在弹出的对话框中将“半径”更改为25像素，完成之后单击“确定”按钮，如图6.34所示。

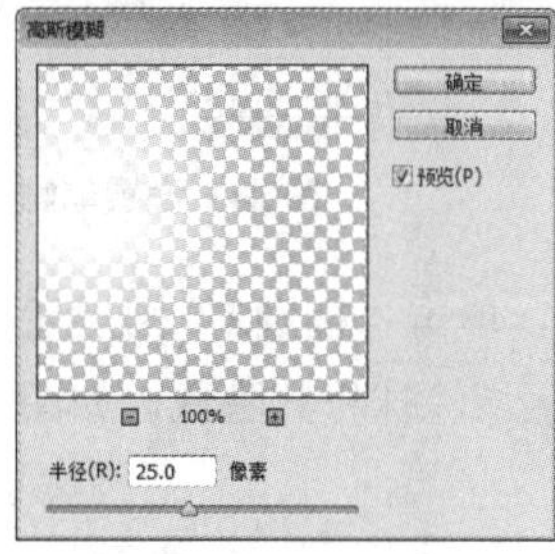

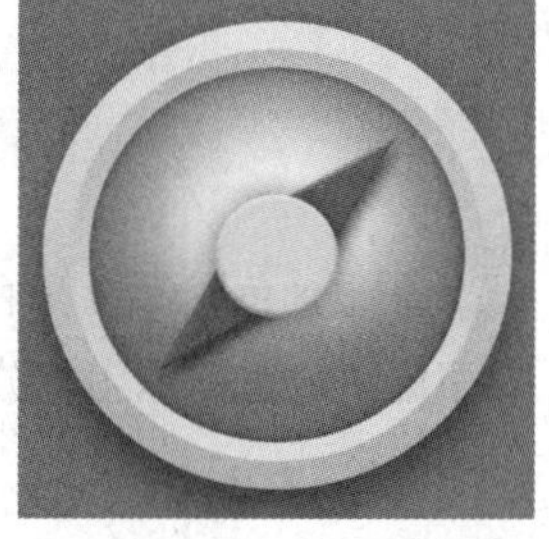

图6.34 设置高斯模糊

10 在“图层”面板中，选中“椭圆 2”图层，将其图层混合模式设置为“柔光”，“不透明度”为80%，这样就完成了效果制作，最终效果如图6.35所示。

图6.35 设置图层混合模式及最终效果

6.3 课堂案例——简洁进程图标

素材位置	素材文件\第6章\简洁进程图标
案例位置	案例文件\第6章\简洁进程图标.psd
视频位置	多媒体教学\6.3课堂案例——简洁进程图标.avi
难易指数	★★☆☆☆

本例讲解简洁进程图标的制作，作为简洁风图标系列中的一款十分常见的进度图标，在设计上同样追求简洁明了，此款图标在视觉上与背景完美融合，同时阴影效果的添加很好地衬托出图标的立体感。最终效果如图6.36所示。

扫码看视频

图6.36 最终效果

6.3.1 制作背景添加图像

01 执行菜单栏中的“文件”|“新建”命令，在弹出的对话框中设置“宽度”为800像素，“高度”为600像素，“分辨率”为72像素/英寸，将画布填充为黄色（R：235，G：151，B：53）。

02 执行菜单栏中的“文件”|“打开”命令，打开“简洁罗盘图标.psd”文件，将打开的素材拖入画布中并适当缩小，选中文档中除“背景”和“指针”图层以外所有图层，将其拖至当前画布中，如图6.37所示。

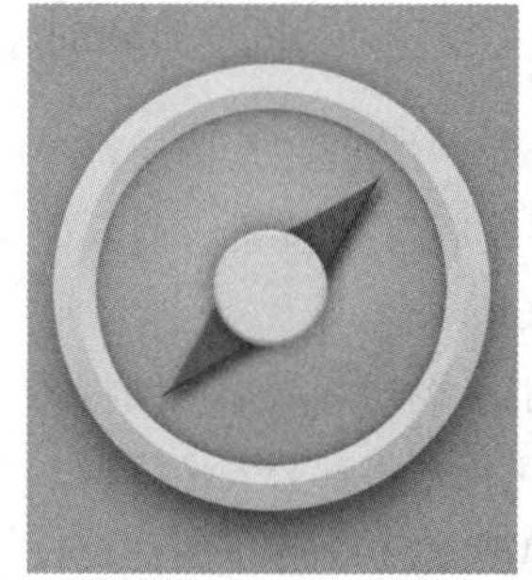

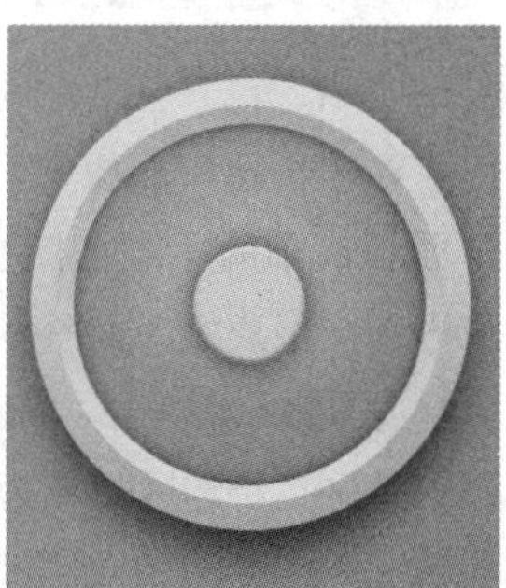

图6.37 添加图像

03 双击“图层 1 拷贝”图层样式名称，在弹出的对话框中选择“外发光”，将“大小”更改为10像素，完成之后单击“确定”按钮，如图6.38所示。

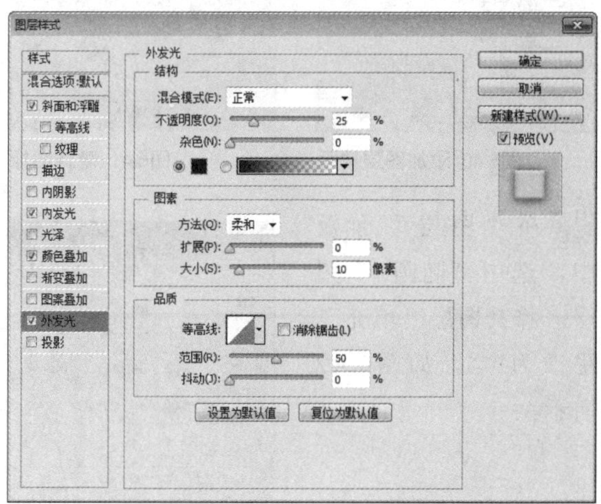

图6.38 设置外发光

6.3.2 绘制图形

01 选择工具箱中的“椭圆工具”，在选项栏中将“填充”更改为白色，“描边”为无，在图标适当位置按住Shift键绘制一个圆形，此时将生成一个“椭圆3”图层，将“椭圆3”移至“图层 1 拷贝”图层下方，如图6.39所示。

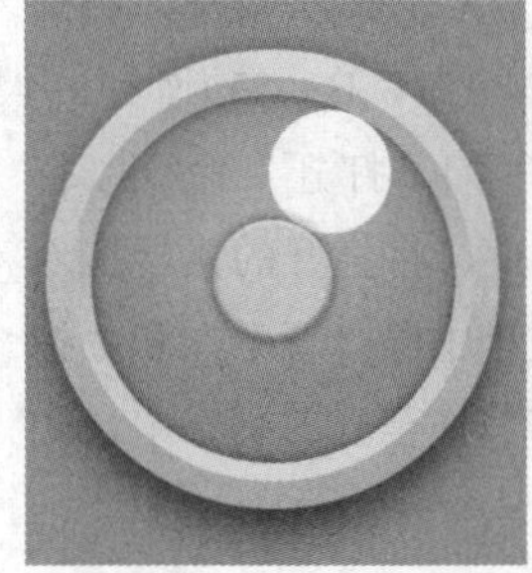

图6.39 绘制图形

02 在“图层”面板中，选中“椭圆2”图层，单击面板底部的“添加图层蒙版”按钮，为其图层添加图层蒙版，如图6.40所示。

03 按住Ctrl键单击“椭圆3”图层蒙版缩览图将其载入选区，将选区填充为黑色，将部分图像隐藏，完成之后按Ctrl+D组合键将选区取消，如图6.41所示。

图6.40 添加图层蒙版

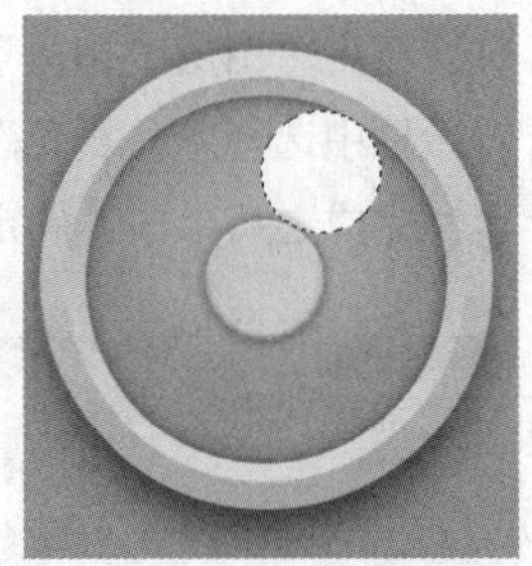

图6.41 隐藏图像

04 在“图层”面板中，选中“椭圆3”图层，将其图层“填充”更改为0%，如图6.42所示。

图6.42 更改填充

05 选择工具箱中的“画笔工具”，在画布中单击鼠标右键，在弹出的面板中选择一种圆角笔触，将“大小”更改为100像素，“硬度”更改为0%，如图6.43所示。

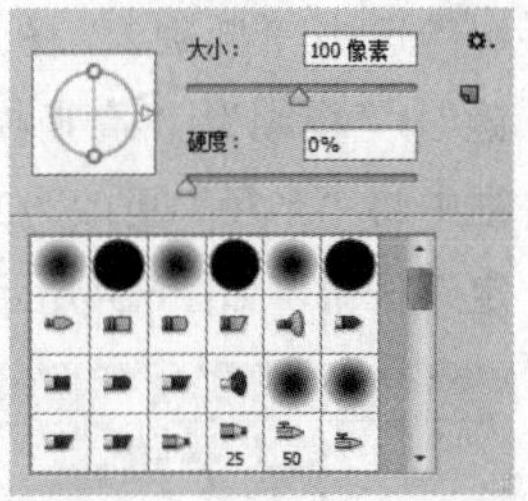

图6.43 设置笔触

06 将前景色更改为黑色，单击“椭圆2”图层蒙版缩览图，在图像上部分区域涂抹将其隐藏，如图6.44所示。

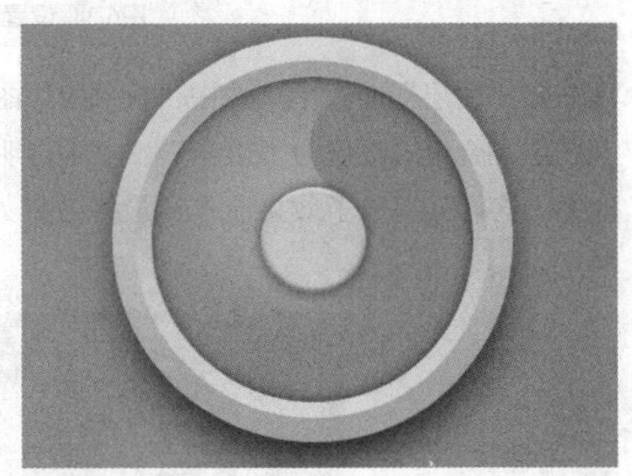

图6.44 隐藏图像

07 在“图层”面板中，选中“椭圆3”图层，单击面板底部的“添加图层样式”按钮，在菜单中选择“内阴影”命令，在弹出的对话框中将“不透明度”更改为20%，取消“使用全局光”复选框，“角度”更改为158度，“距离”更改为1像素，“大小”更改为2像素，如图6.45所示。

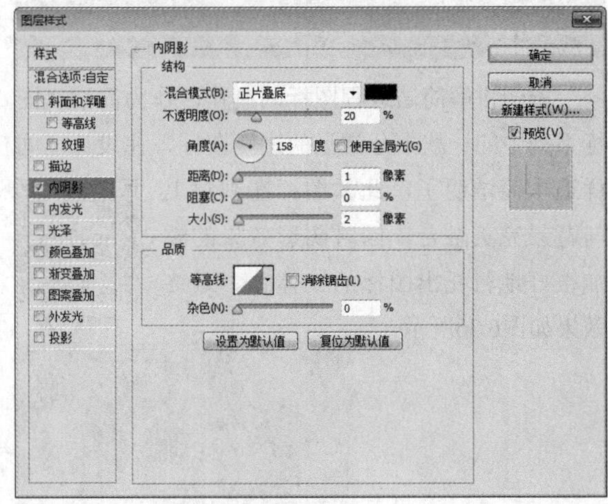

图6.45 设置内阴影

08 勾选“投影”复选框，将“混合模式”更改为柔光，“颜色”更改为白色，“不透明度”更改为10%，取消“使用全局光”复选框，“角度”更改为-25度，“距离”更改为1像素，完成之后单击“确定”按钮，如图6.46所示。

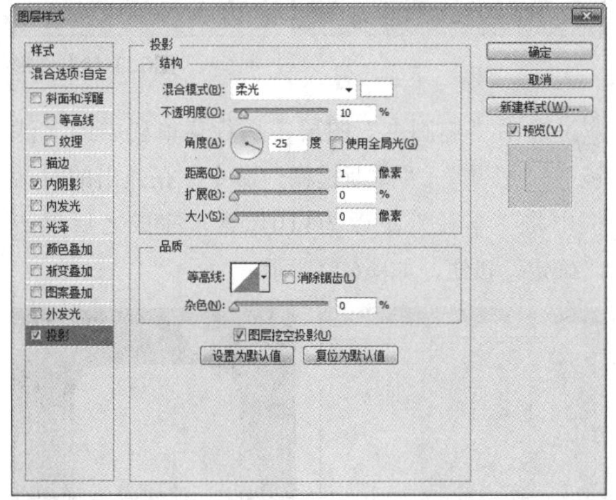

图6.46 设置投影

09 在“图层”面板中，选中“椭圆 3”图层，在其图层样式名称上单击鼠标右键，从弹出的快捷菜单中选择“栅格化图层样式”命令，再单击面板底部的“添加图层蒙版”按钮，为其图层添加图层蒙版，如图6.47所示。

图6.47 添加图层蒙版

10 选择工具箱中的“画笔工具”，在画布中单击鼠标右键，在弹出的面板中选择一种圆角笔触，将“大小”更改为80像素，“硬度”更改为0%，如图6.48所示。

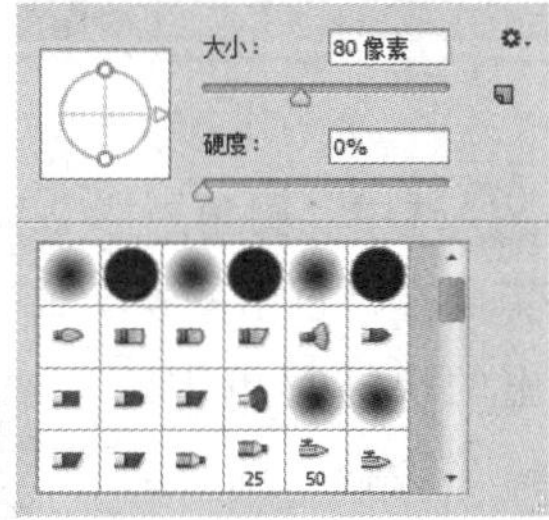

图6.48 设置笔触

11 将前景色更改为黑色，单击“椭圆 3”图层蒙版缩览图，在图像上部分区域涂抹将其隐藏，这样就完成了效果制作，最终效果如图6.49所示。

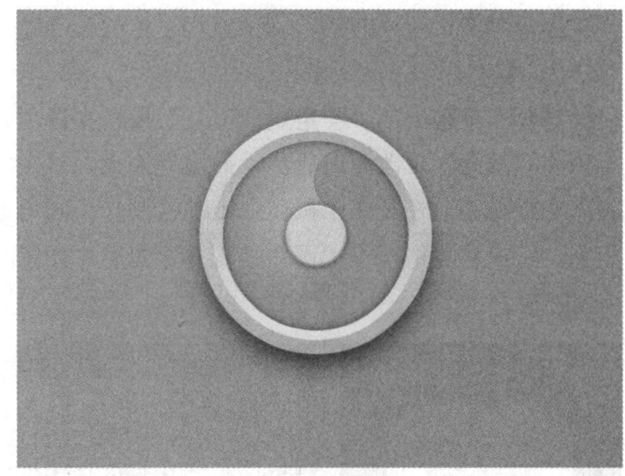

图6.49 隐藏图像及最终效果

6.4 课堂案例——美丽拍图标

素材位置　无
案例位置　案例文件\第6章\美丽拍图标.psd
视频位置　多媒体教学\6.4课堂案例——美丽拍图标.avi
难易指数　★★☆☆☆

本例讲解美丽拍图标制作，整个制作过程十分简单，重点在于图标中细节的刻画，为平面图形添加相应的图层样式，制作出具有立体视觉效果的图形，最终效果如图6.50所示。

扫码看视频

图6.50 最终效果

6.4.1 绘制矩形并添加阴影

01 执行菜单栏中的“文件”|“新建”命令，在弹出的对话框中设置“宽度”为700像素，“高

度”为500像素，“分辨率”为72像素/英寸，新建一个空白画布，将画布填充为深蓝色（R：9，G：18，B：32）。

02 选择工具箱中的“圆角矩形工具”，在选项栏中将“填充”更改为白色，“描边”为无，“半径”为60像素，在画布中按住Shift键绘制一个圆角矩形，此时将生成一个“圆角矩形 1”图层，如图6.51所示。

图6.51 绘制图形

03 在“图层”面板中，选中“圆角矩形 1”图层，单击面板底部的“添加图层样式”按钮，在菜单中选择“渐变叠加”命令，在弹出的对话框中将“渐变”更改为蓝色（R：35，G：160，B：254）到青色（R：62，G：255，B：248），完成之后单击“确定”按钮，如图6.52所示。

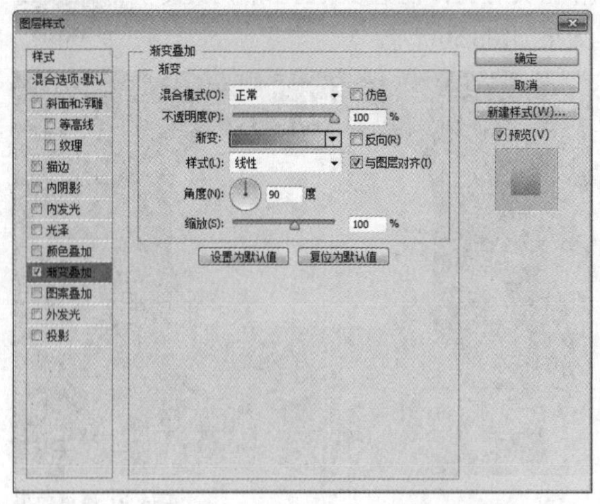

图6.52 设置渐变叠加

04 选择工具箱中的“椭圆工具”，在选项栏中将“填充”更改为蓝色（R：36，G：160，B：254），“描边”为无，在“圆角矩形 1图层”中图形底部位置绘制一个椭圆图形，此时将生成一个“椭圆1”图层，如图6.53所示。

图6.53 绘制图形

05 选中“椭圆 1”图层，执行菜单栏中的“滤镜”|“模糊”|“高斯模糊”命令，在弹出的对话框中将“半径”更改为110像素，完成之后单击“确定”按钮，如图6.54所示。

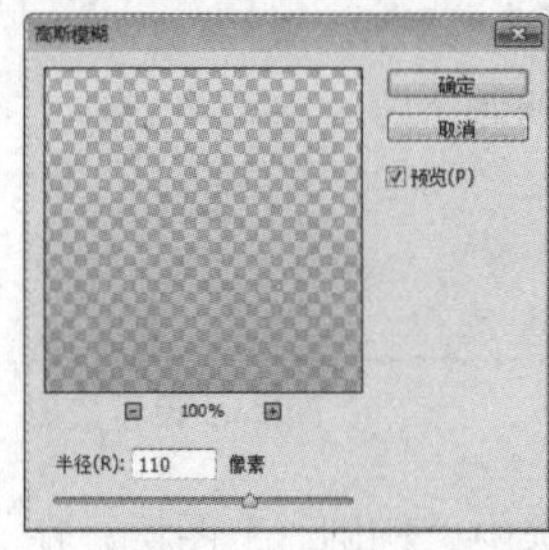

图6.54 设置高斯模糊

06 选择工具箱中的“圆角矩形工具”，在选项栏中将“填充”更改为黑色，“描边”为无，“半径”为50像素，在图标底部后方位置绘制一个圆角矩形，此时将生成一个“圆角矩形 2”图层，如图6.55所示。

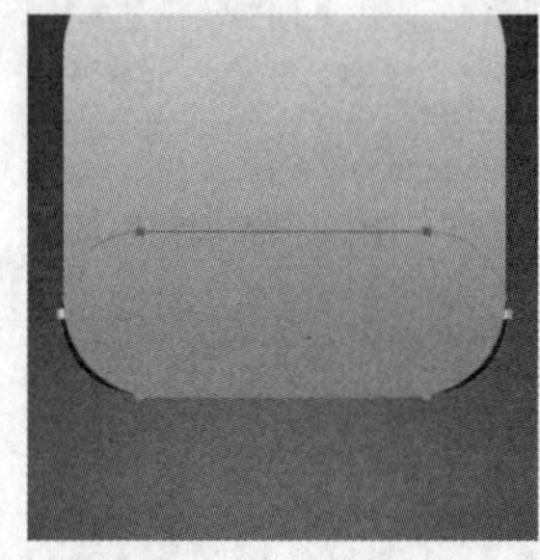

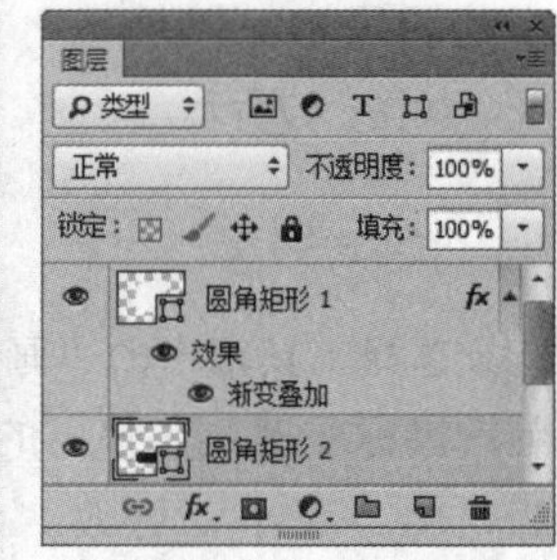

图6.55 绘制图形

07 选中“圆角矩形 2”图层，按Ctrl+T组合键对其执行“自由变换”命令，单击鼠标右键，从弹出的快捷菜单中选择“透视”命令，拖动变形框将图形变形，完成之后按Enter键确认，如图6.56所示。

图6.56 将图形变形

08 选中“圆角矩形 2”图层，按Ctrl+Alt+F组合键打开“高斯模糊”命令对话框，在弹出的对话框中将“半径”更改为3像素，完成之后单击“确定”按钮，如图6.57所示。

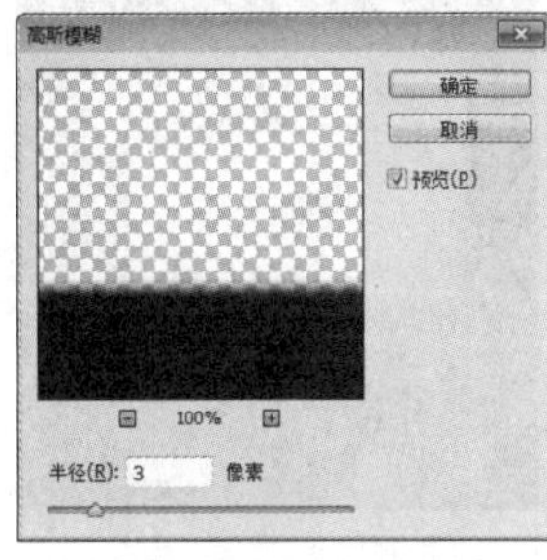

图6.57 设置高斯模糊

09 在“图层”面板中，选中“圆角矩形 2”图层，单击面板底部的“添加图层蒙版”按钮，为其图层添加图层蒙版，如图6.58所示。

10 选择工具箱中的“画笔工具”，在画布中单击鼠标右键，在弹出的面板中选择一种圆角笔触，将“大小”更改为150像素，“硬度”更改为0%，如图6.59所示。

图6.58 添加图层蒙版

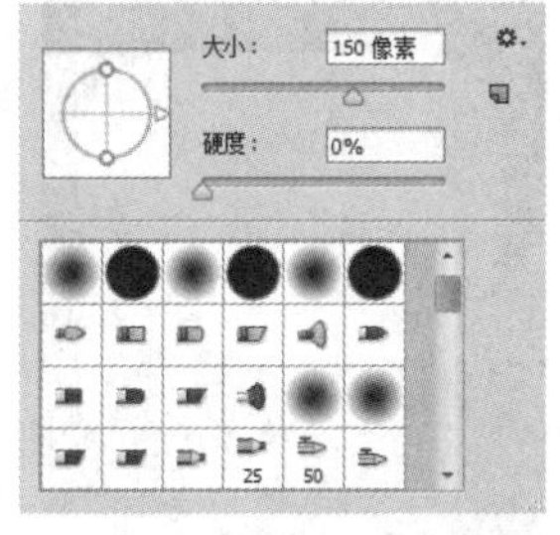

图6.59 设置笔触

11 将前景色更改为黑色，在其图像上部分区域涂抹将其隐藏，如图6.60所示。

图6.60 隐藏图像

6.4.2 绘制标志图形

01 选择工具箱中的“圆角矩形工具”，在选项栏中将“填充”更改为白色，“描边”为无，“半径”为30像素，在图标位置绘制一个圆角矩形，此时将生成一个“圆角矩形 3”图层，如图6.61所示。

图6.61 绘制图形

02 选择工具箱中的“圆角矩形工具”，在选项栏中将“填充”更改为黑色，“描边”为无，“半径”为5像素，在刚才绘制的图形靠左侧位置绘制一个圆角矩形，此时将生成一个“圆角矩形 4”图层，如图6.62所示。

图6.62 绘制图形

03 选中“圆角矩形 4”图层，按Ctrl+T组合键对其执行“自由变换”命令，当出现变形框以后在选项栏中“旋转”后方的文本框中输入45，再分别将图形高度缩小，宽度增加，完成之后按Enter键确认，如图6.63所示。

图6.63 变换图形

04 选择工具箱中的“删除锚点工具”，单击图形左侧锚点将其删除，再将图形稍微移动，如图6.64所示。

图6.64 删除锚点

05 在“图层”面板中，选中“圆角矩形 3”图层，单击面板底部的“添加图层蒙版”按钮，为其添加图层蒙版，如图6.65所示。

06 按住Ctrl键单击“圆角矩形 4”图层缩览图，将其载入选区，将选区填充为黑色，将部分图形隐藏，完成之后按Ctrl+D组合键将选区取消，如图6.66所示。

图6.65 添加图层蒙版

图6.66 隐藏图形

技巧与提示

隐藏图形制作镂空效果之后，“圆角矩形 4”图层无用可以将其删除。

07 选择工具箱中的“圆角矩形工具”，在选项栏中将“填充”更改为黑色，“描边”为无，“半径”为5像素，在刚才绘制的图形靠右侧位置绘制一个圆角矩形，此时将生成一个“圆角矩形 4”图层，如图6.67所示。

图6.67 绘制图形

08 以刚才同样的方法将“圆角矩形 4”图层中图形变换，并删除部分锚点后适当移动图形，如图6.68所示。

图6.68 删除锚点并移动图形

6.4.3 制作细节部分

01 选择工具箱中的“钢笔工具”，在选项栏中单击“选择工具模式” 路径 按钮，在弹出的选项中选择“形状”，将“填充”更改为无，“描边”更改为无，在图标位置绘制1个不规则图形，此时将生成一个“形状1”图层，如图6.69所示。

图6.69 绘制图形

02 在“图层”面板中，选中“形状1”图层，单击面板底部的“添加图层样式”按钮，在菜单中选择“内阴影”命令，在弹出的对话框中将“颜色”更改为青色（R：56，G：210，B：254），“不透明度”更改为50%，“距离”更改为6像素，“大小”更改为13像素，如图6.70所示。

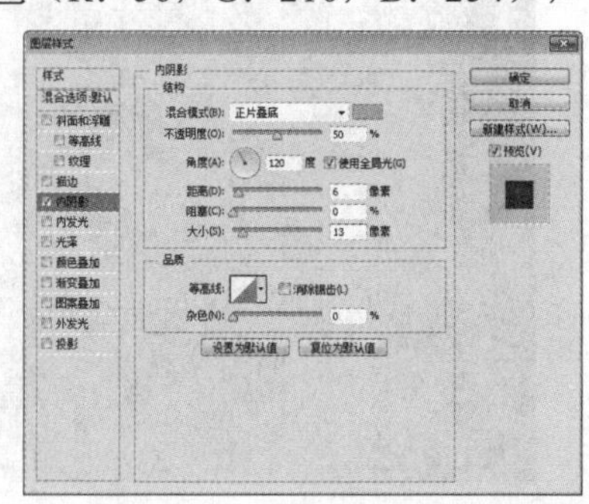

图6.70 设置内阴影

03 在“图层”面板中，选中“形状 1”图层，单击面板底部的“添加图层蒙版” 按钮，为其图层添加图层蒙版，如图6.71所示。

04 选择工具箱中的“画笔工具” ，在画布中单击鼠标右键，在弹出的面板中选择一种圆角笔触，将“大小”更改为50像素，“硬度”更改为0%，如图6.72所示。

图6.71 添加图层蒙版

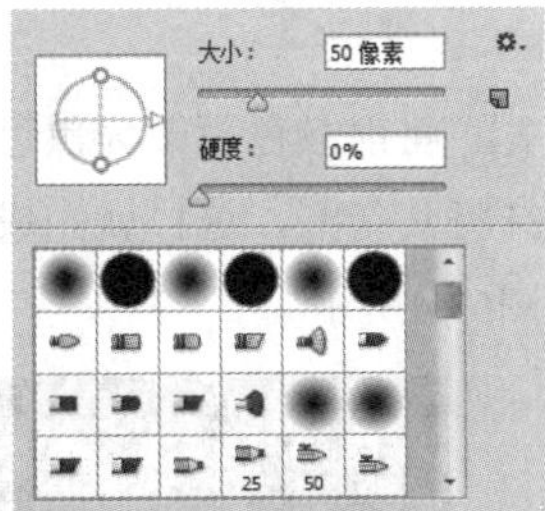

图6.72 设置笔触

05 将前景色更改为黑色，在其图像上部分区域涂抹将其隐藏，如图6.73所示。

图6.73 隐藏图像

06 在“图层”面板中，选中“形状 1”图层，将其拖至面板底部的“创建新图层” 按钮上，复制1个“形状 1 拷贝”图层，如图6.74所示。

07 选中“形状 1 拷贝”图层，按Ctrl+T组合键对其执行“自由变换”命令，单击鼠标右键，从弹出的快捷菜单中选择“垂直翻转”命令，完成之后按Enter键确认，将图形向下移动至与原图形相对位置，双击其图层样式名称，在弹出的对话框中取消勾选“使用全局光”复选框，将“角度”更改为-120度，完成之后单击“确定”按钮，如图6.75所示。

图6.74 复制图层

图6.75 变换图形

08 在“图层”面板中，选中“形状 1 拷贝”图层，将其拖至面板底部的“创建新图层” 按钮上，复制1个“形状 1 拷贝2”图层，如图6.76所示。

09 选中“形状 1 拷贝2”图层，按Ctrl+T组合键对其执行“自由变换”命令，将图形向右侧移动并适当旋转，完成之后按Enter键确认，再选择工具箱中的“直接选择工具” ，适当调整图形锚点，再双击其图层样式名称，在弹出的对话框中取消勾选“使用全局光”复选框，将“角度”更改为-60度，完成之后单击“确定”按钮，如图6.77所示。

图6.76 复制图层

图6.77 变换图形

10 选择工具箱中的“矩形工具” ，在选项栏中将“填充”更改为无，“描边”为无，在图标靠右侧位置绘制一个矩形，此时将生成一个“矩形 1”图层，将其移至“圆角矩形 4”图层上方，如图6.78所示。

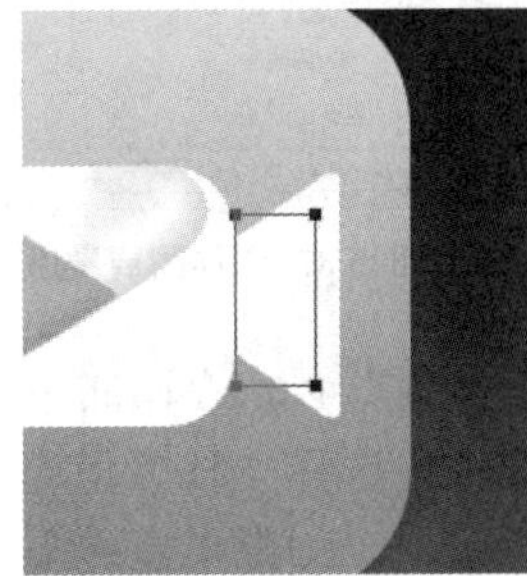

图6.78 绘制图形

11 在“形状 1”图层名称上单击鼠标右键，从弹出的快捷菜单中选择“拷贝图层样式”命令，在“矩形 1”图层名称上单击鼠标右键，从弹出的快捷菜单中选择“粘贴图层样式”命令，如图6.79所示。

12 双击“矩形 1”图层样式名称，在弹出的对话框中取消“使用全局光”复选框，“角度”更改为180度，完成之后单击“确定”按钮，如图6.80所示。

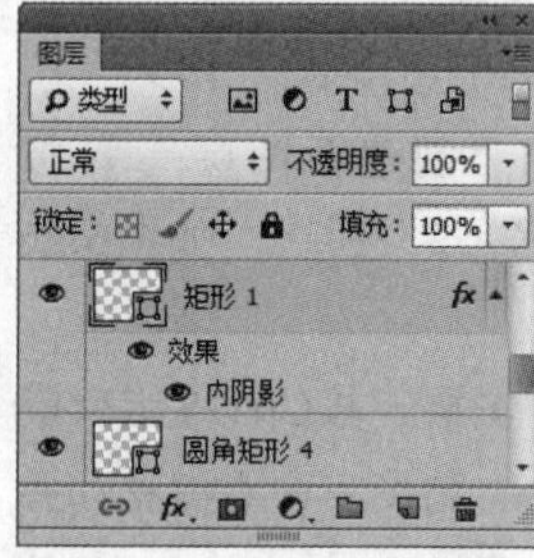

图6.79 粘贴图层样式

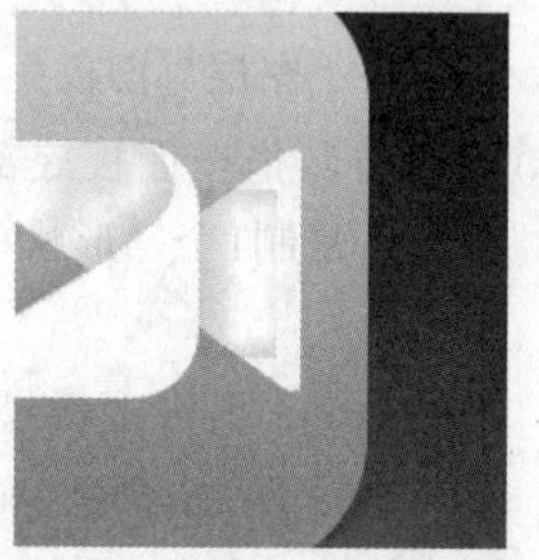

图6.80 修改样式

13 选中“矩形 1”图层，执行菜单栏中的“图层”|“创建剪贴蒙版”命令，为当前图层创建剪贴蒙版将部分图形隐藏，如图6.81所示。

图6.81 创建剪贴蒙版

14 在“图层”面板中，选中“矩形1”图层，单击面板底部的“添加图层蒙版”按钮，为其图层添加图层蒙版，如图6.82所示。

图6.82 添加图层蒙版

15 选择工具箱中的“画笔工具”，在画布中单击鼠标右键，在弹出的面板中选择一种圆角笔触，将“大小”更改为60像素，“硬度”更改为0%，如图6.83所示。

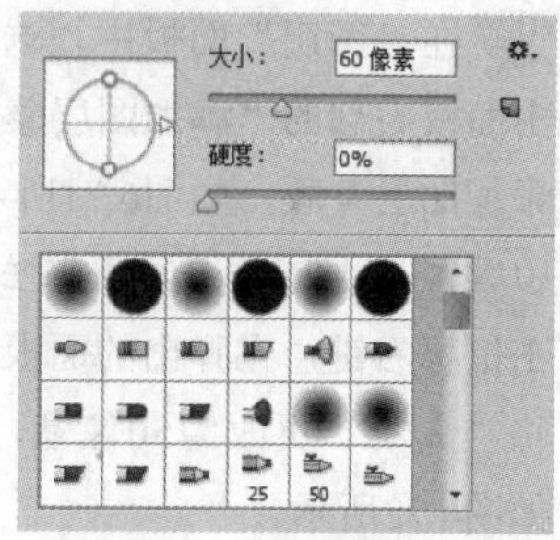

图6.83 设置笔触

16 将前景色更改为黑色，在其图像上部分区域涂抹将其隐藏，这样就完成了效果制作，最终效果如图6.84所示。

图6.84 最终效果

6.5 课堂案例——下载图标

素材位置 素材文件\第6章\下载图标

案例位置 案例文件\第6章\下载图标.psd

视频位置 多媒体教学\6.5课堂案例——下载图标.avi

难易指数 ★★★☆☆

本例主要讲解下载图标的制作，此图标十分直观，重点在于环形进度条和文字信息的组合方式，为用户展现了一个自然、舒适、信息明了的下载图标。最终效果如图6.85所示。

扫码看视频

图6.85 最终效果

6.5.1 制作背景并绘制图形

01 执行菜单栏中的“文件”|“新建”命令，在弹出的对话框中设置“宽度”为800像素，“高度”为600像素，“分辨率”为72像素/英寸，新建一个空白画布。

02 选择工具箱中的“渐变工具”，在选项栏中单击“点按可编辑渐变”按钮，在弹出的对话框中将渐变颜色更改为灰色（R：230，G：234，B：238）到灰色（R：190，G：196，B：207），设置完成之后单击“确定”按钮，再单击选项栏中的“径向渐变”按钮，从顶部向下方拖动，为画布填充渐变，如图6.86所示。

图6.86 新建图层并填充颜色

03 选择工具箱中的“椭圆工具”，在选项栏中将“填充”更改为白色，“描边”为无，按住Shift键绘制一个圆形，此时将生成一个“椭圆1”图层，将“椭圆1”复制一份，如图6.87所示。

04 在“图层”面板中，选中“椭圆 1”图层，单击面板底部的“添加图层样式”fx按钮，在菜单中选择“内阴影”命令，在弹出的对话框中将“不透明度”更改为20%，“距离”更改为2像素，“大小”更改为12像素，如图6.88所示。

图6.87 绘制图形

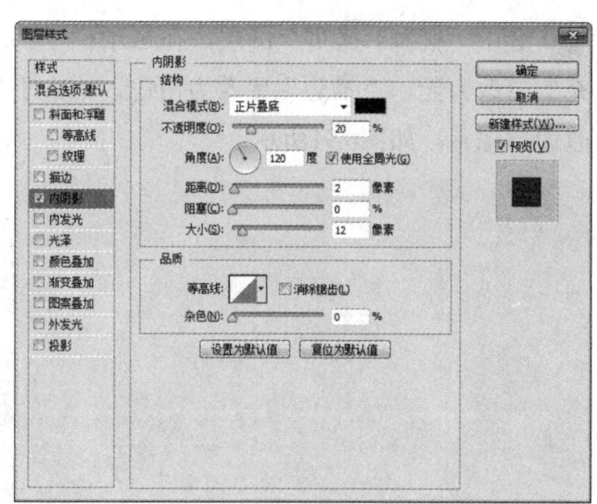

图6.88 设置内阴影

05 勾选“渐变叠加”复选框，将“渐变”更改为灰色（R：198，G：203，B：213）到灰色（R：214，G：220，B：230），如图6.89所示。

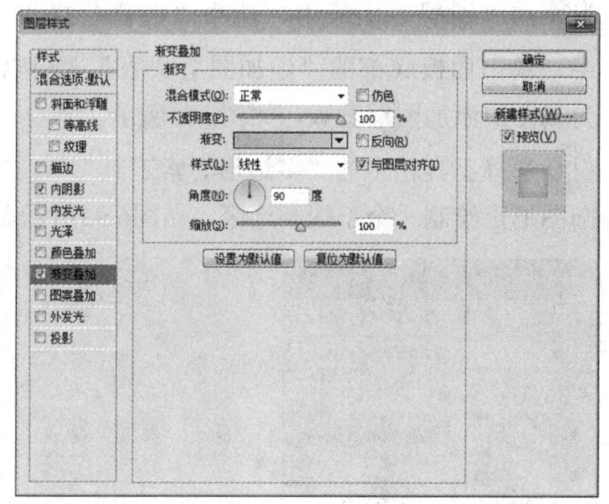

图6.89 设置渐变叠加

06 勾选“投影”复选框，将“混合模式”更改为正常，“颜色”更改为白色，“不透明度”更改为50%，“距离”更改为2像素，“大小”更改为2像素，完成之后单击“确定”按钮，如图6.90所示。

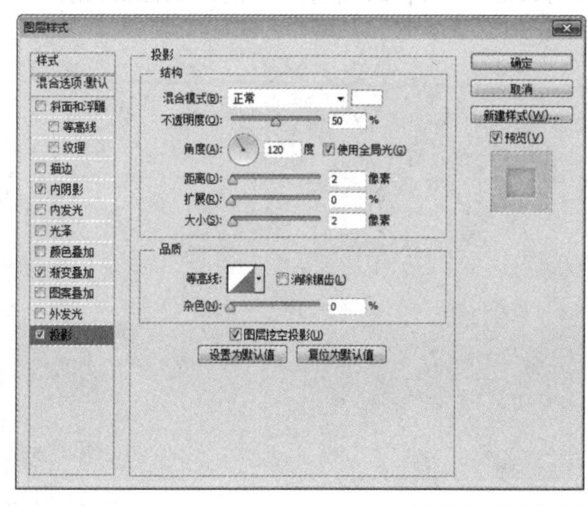

图6.90 设置投影

07 选中“椭圆1 拷贝”图层，在选项栏中将“填充”更改为无，“描边”更改为白色，“大小”更改为18像素，如图6.91所示。

图6.91 更改图形描边

08 在“图层”面板中，选中“椭圆1 拷贝”图层，单击面板底部的“添加图层蒙版”按钮，为其图层添加图层蒙版，如图6.92所示。

09 选择工具箱中的“多边形套索工具”，在椭圆图形上绘制一个不规则选区，如图6.93所示。

图6.92 添加图层蒙版 图6.93 绘制选区

10 将选区填充为黑色，将部分图形隐藏，完成之后按Ctrl+D组合键将选区取消，如图6.94所示。

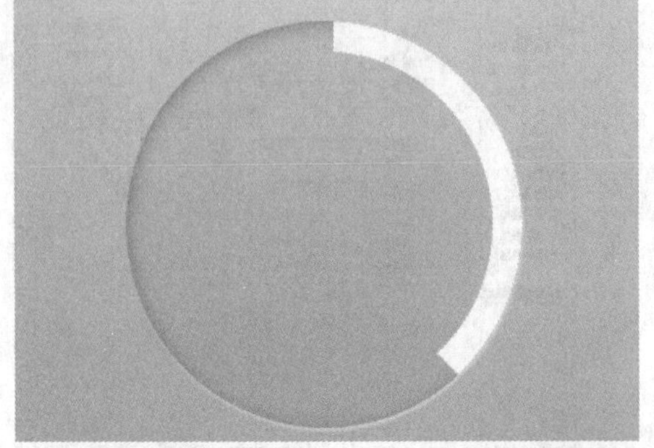

图6.94 隐藏图形

11 将“椭圆 1 拷贝”图层栅格化，并将其重命名为“进度条”如图6.95所示。

图6.95 将图层重命名

12 在“图层”面板中，选中“进度条”图层，单击面板底部的“添加图层样式”按钮，在菜单中选择“内阴影”命令，在弹出的对话框中将“不透明度”更改为15%，取消“使用全局光”复选框，将“角度”更改为60度，“距离”更改为2像素，“大小”更改为8像素，如图6.96所示。

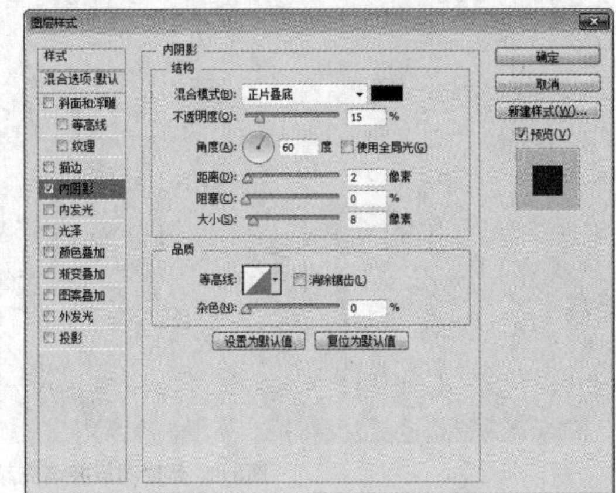

图6.96 设置内阴影

13 勾选“渐变叠加”复选框，将“渐变”更改为黄色（R：255，G：175，B：130）到黄色（R：237，G：213，B：147），如图6.97所示。

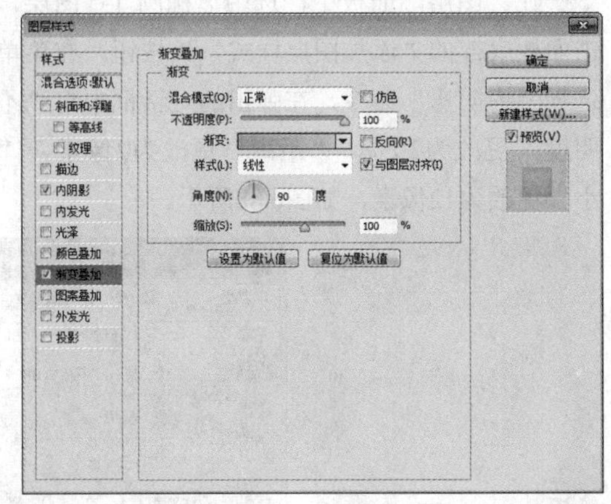

图6.97 设置渐变叠加

6.5.2 制作图标元素

01 选择工具箱中的“椭圆工具”，在选项栏中将“填充”更改为白色，“描边”为无，以圆中心为起点，按住Alt+Shift键绘制一个圆形，此时将生成一个“椭圆2”图层，如图6.98所示。

02 在“图层”面板中，选中“椭圆2”图层，将其拖至面板底部的“创建新图层”按钮上，复制1个“椭圆2 拷贝”及“椭圆2 拷贝2”图层，如图6.99所示。

图6.98 绘制图形

图6.99 复制图层

03 选中“椭圆 2 拷贝 2”图层，按Ctrl+T组合键对其执行“自由变换”命令，当出现变形框以后，按住Alt+Shift组合键将图形等比缩小，完成之后按Enter键确认，如图6.100所示。

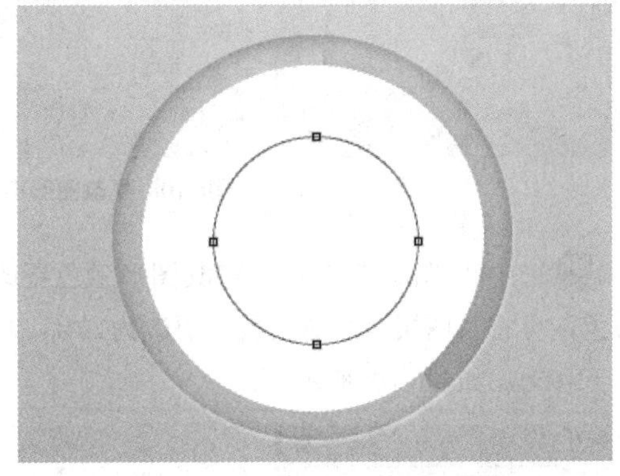

图6.100 变换图形

04 在“图层”面板中，选中“椭圆 2 拷贝”图层，单击面板底部的“添加图层样式”按钮，在菜单中选择“斜面和浮雕”命令，在弹出的对话框中将“大小”更改为10像素，“软化”更改为15像素，“高光模式”中的“不透明度”更改为50%，“阴影模式”中的“不透明度”更改为25%，如图6.101所示。

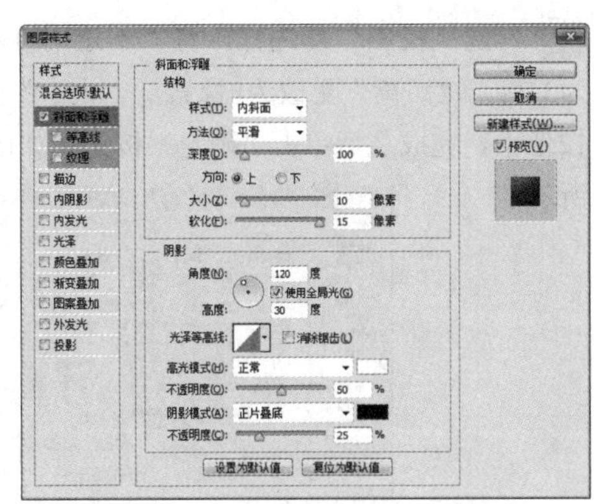

图6.101 设置斜面和浮雕

05 勾选“内阴影”复选框，将“混合模式”更改为正常，“颜色”更改为白色，取消“使用全局光”复选框，将“角度”更改为90度，“距离”更改为2像素，“大小”更改为2像素，如图6.102所示。

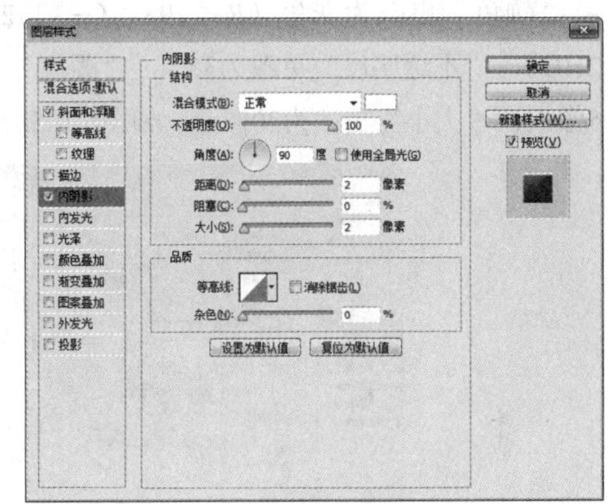

图6.102 设置内阴影

06 勾选“渐变叠加”复选框，将“渐变”更改为灰色（R：180，G：183，B：194）到灰色（R：244，G：245，B：246），如图6.103所示。

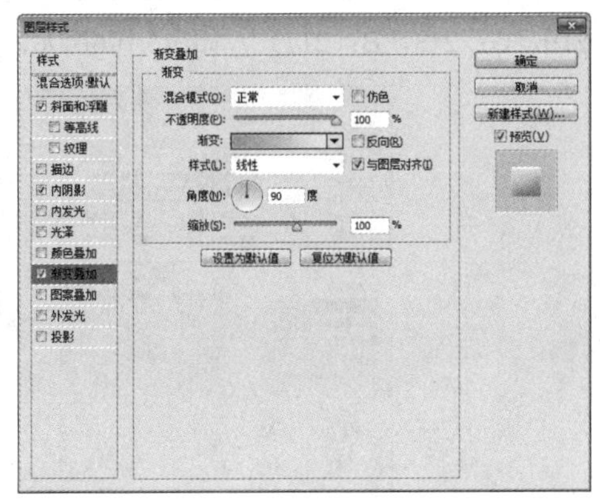

图6.103 设置渐变叠加

07 勾选“投影”复选框，将“不透明度”更改为35%，“距离”更改为8像素，“大小”更改为12像素，完成之后单击“确定”按钮，如图6.104所示。

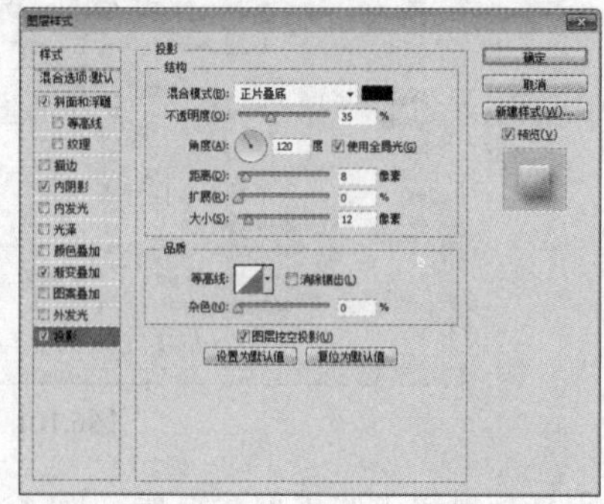

图6.104 设置投影

08 在“图层”面板中，选中“椭圆 2 拷贝 2”图层，单击面板底部的“添加图层样式”fx按钮，在菜单中选择“内阴影”命令，在弹出的对话框中将“颜色”更改为灰色（R：198，G：202，B：210），“不透明度”更改为35%，“距离”更改为5像素，“大小”更改为20像素，如图6.105所示。

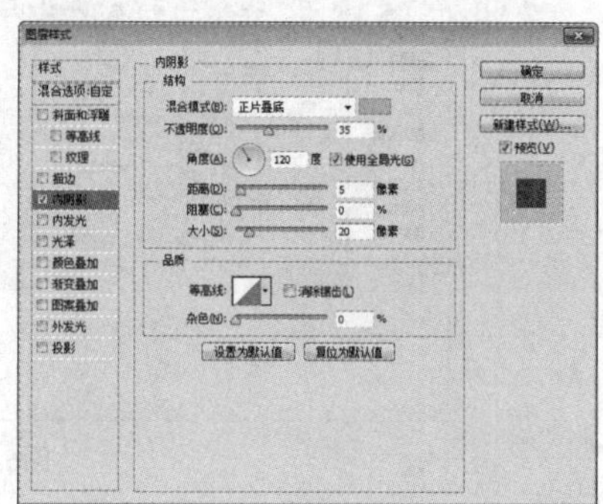

图6.105 设置内阴影

09 勾选“渐变叠加”复选框，将“渐变”更改为灰色（R：217，G：219，B：226）到灰色（R：210，G：213，B：217），如图6.106所示。

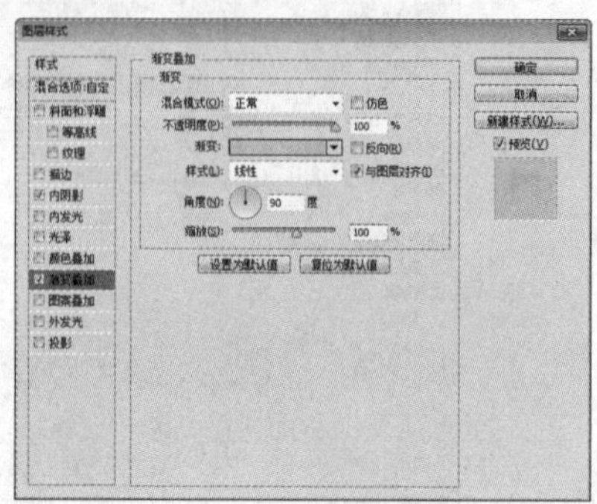

图6.106 设置渐变叠加

10 勾选“投影”复选框，将“混合模式”更改为正常，“颜色”更改为白色，“距离”更改为2像素，“大小”更改为2像素，完成之后单击“确定”按钮，如图6.107所示。

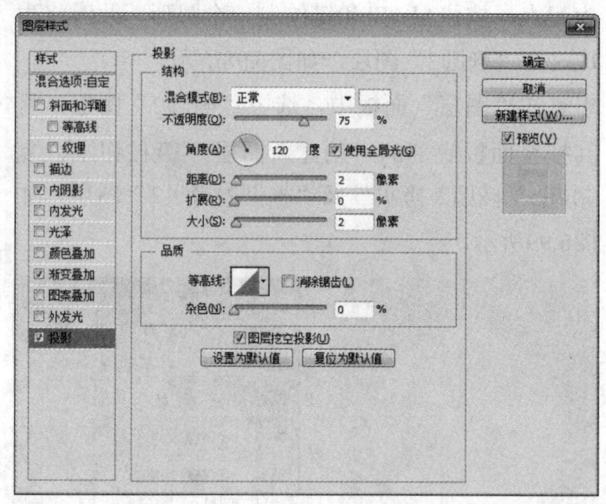

图6.107 设置投影

11 选中“椭圆 2 拷贝 2”图层，将其图层“不透明度”更改为80%，如图6.108所示。

图6.108 更改图层不透明度

12 选中“椭圆2”图层，将其图形颜色更改为黑色，再将其图层“不透明度”更改为20%，将其向下移动，如图6.109所示。

图6.109 更降图层不透明度及移动图形

13 选中“椭圆 2”图层，执行菜单栏中的“图

层”|“栅格化”|“形状”命令，将当前图形栅格化，如图6.110所示。

14 选中“椭圆 2”图层，执行菜单栏中的“滤镜”|“模糊”|“高斯模糊”命令，在弹出的对话框中将“半径”更改为10像素，设置完成之后单击“确定”按钮，如图6.111所示。

图6.110 栅格化形状

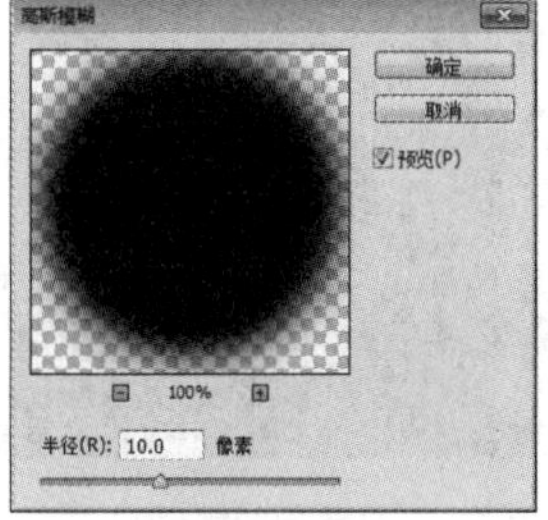

图6.111 设置高斯模糊

15 执行菜单栏中的“文件”|“打开”命令，打开“图标.psd”文件，将打开的素材拖入画布中图形上，如图6.112所示。

图6.112 添加素材

16 在“图层”面板中，选中“图标”图层，单击面板底部的“添加图层样式”fx按钮，在菜单中选择“内阴影”命令，在弹出的对话框中将“不透明度”更改为15%，取消“使用全局光”复选框，“角度”更改为135度，“距离”更改为14像素，如图6.113所示。

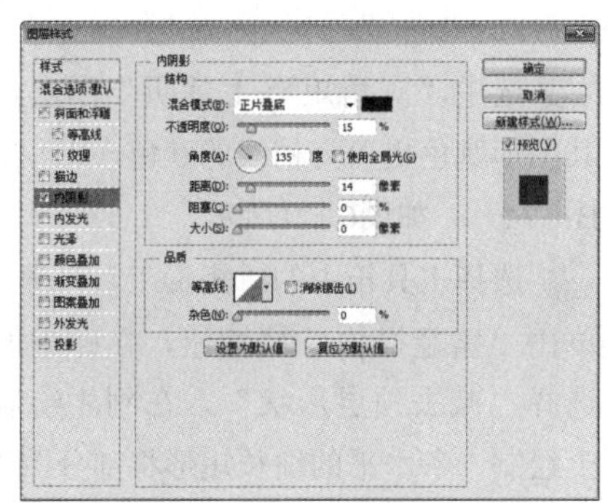

图6.113 设置内阴影

17 勾选“投影”复选框，将“混合模式”更改为正常，“颜色”更改为白色，“距离”更改为2像素，完成之后单击“确定”按钮，如图6.114所示。

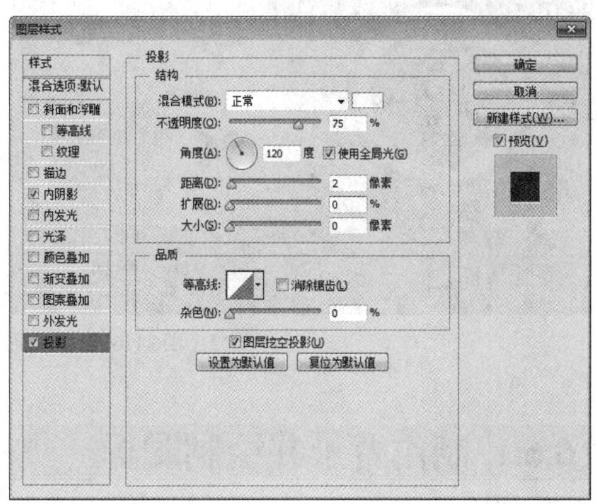

图6.114 设置投影

18 选择工具箱中的“横排文字工具”T，在图标下方位置添加文字，这样就完成了效果制作，最终效果如图6.115所示。

图6.115 添加文字及最终效果

6.6 课堂案例——相机和计算器图标

素材位置 无
案例位置 案例文件\第6章\相机和计算器图标.psd
视频位置 多媒体教学\6.6课堂案例——相机和计算器图标.avi
难易指数 ★★★☆☆

本例主要讲解的是相机和计算器图标的绘制，这2个图标的制作方法看似简单，但是需要注意很多细节。从圆弧的角到深色的图层样式添加，再到柔和的配色都决定了图标的最终视觉效果。最终效果如图6.116所示。

扫码看视频

图6.116 最终效果

6.6.1 制作背景并绘制图标

01 执行菜单栏中的“文件”|“新建”命令，在弹出的对话框中设置“宽度”为800像素，“高度”为600像素，“分辨率”为72像素/英寸，“颜色模式”为RGB颜色，新建一个空白画布，如图6.117所示。

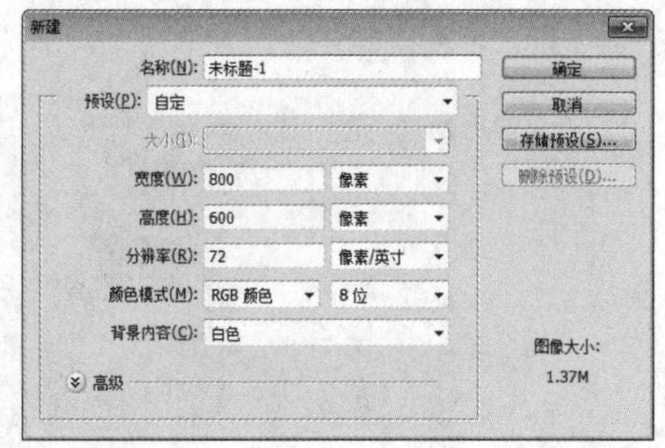

图6.117 新建画布

02 将画布填充为红色（R：206，G：62，B：58），如图6.118所示。

图6.118 填充颜色

03 选择工具箱中的“圆角矩形工具”，在选项栏中将“填充”更改为深红色（R：104，G：23，B：23），“描边”为无，“半径”为40像素，在画布中绘制一个圆角矩形，此时将生成一个“圆角矩形1”图层，将其复制一份，如图6.119所示。

图6.119 绘制图形

04 在“图层”面板中，选中“圆角矩形1”图层，单击面板底部的“添加图层样式”fx按钮，在菜单中选择“投影”命令，在弹出的对话框中将“不透明度”更改为50%，取消“使用全局光”复选框，“角度”更改为90度，“距离”更改为6像素，“大小”更改为20像素，完成之后单击“确定”按钮，如图6.120所示。

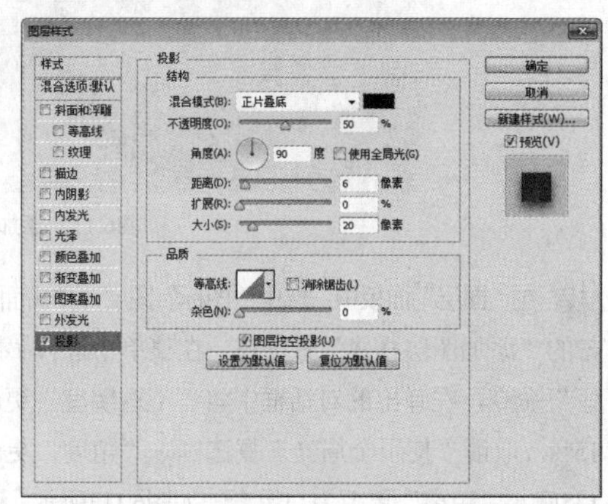

图6.120 设置投影

05 选中“圆角矩形 1 拷贝”图层，在画布中将其图形颜色更改为稍浅的红色（R：226，G：75，B：74），如图6.121所示。

06 选择工具箱中的“矩形工具”，在选项栏中单击“路径操作”按钮，在弹出的下拉菜单中选择“减去顶层形状”，在刚才绘制的圆角矩形上绘制一条水平的细长矩形将部分图形减去，如图6.122所示。

图6.121 更改图形颜色

图6.122 减去顶层形状

07 选择工具箱中的“椭圆工具”，以同样的方法在画布中圆角矩形中心位置按住Alt+Shift组合键以中心为起点绘制一个圆形，如图6.123所示。

图6.123 绘制图形

技巧与提示

选中图形并按Ctrl+T组合键可以看到图形的中心点。

08 选中“圆角矩形 1 拷贝”图层，在画布中选择工具箱中的“直接选择工具”，再按Ctrl+T组合键对刚才绘制的椭圆图形执行自由变换，当出现变形框以后按住Alt+Shift组合键将其等比缩小，完成之后按Enter键确认，如图6.124所示。

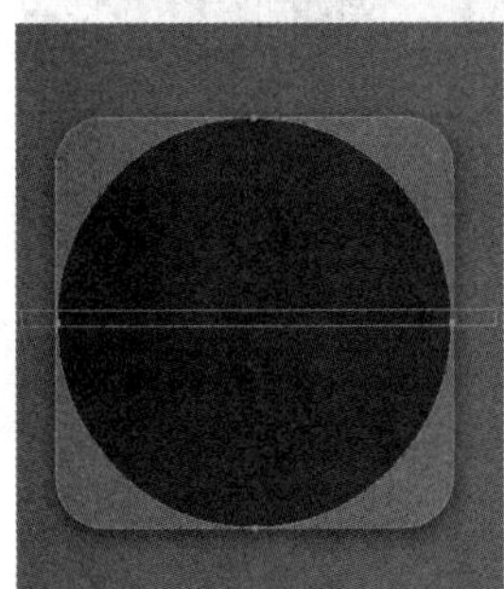

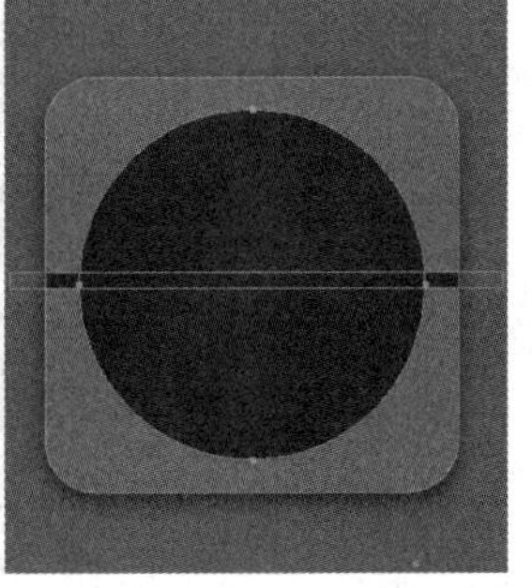

图6.124 变换图形

技巧与提示

绘制一个直径与圆角矩形相同的圆形，然后再按等比例缩小可以使椭圆更加准确地与圆角矩形匹配。

09 在“图层”面板中，选中“圆角矩形1 拷贝”图层，单击面板底部的“添加图层样式”按钮，在菜单中选择“内阴影”命令，在弹出的对话框中将“混合模式”更改为强光，“颜色”更改为白色，取消“使用全局光”复选框，“角度”更改为90度，“距离”更改为1像素，如图6.125所示。

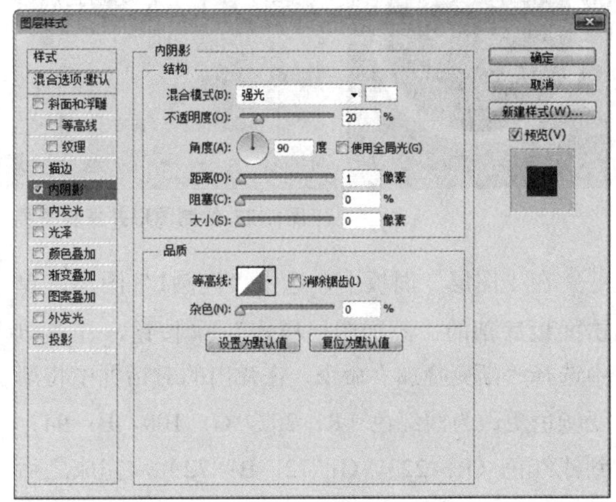

图6.125 设置内阴影

10 选中“渐变叠加”复选框，将“渐变”更改为浅红色（R：223，G：72，B：72）到浅红色（R：252，G：100，B：94），完成之后单击“确定”按钮，如图6.126所示。

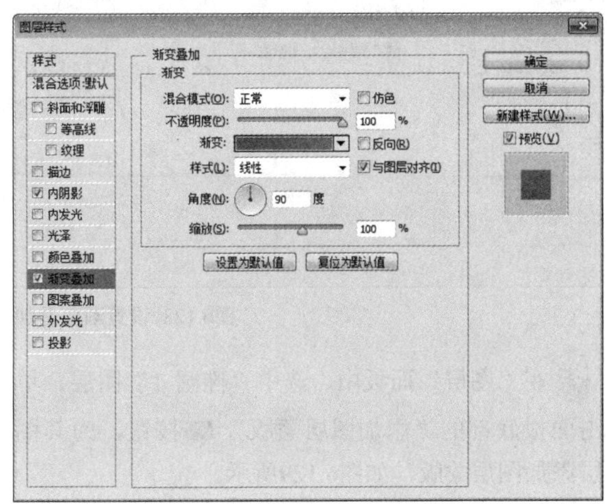

图6.126 设置渐变叠加

⑪ 选择工具箱中的“椭圆工具”，在选项栏中将“填充”更改为无，“描边”为白色，“大小”为15像素，以图标中心点为起点按住Alt+Shift键绘制一个圆形，此时将生成一个“椭圆1”图层，选中“椭圆1”图层，将其拖至面板底部的“创建新图层”按钮上，复制一个“椭圆1 拷贝”图层，如图6.127所示。

图6.127 绘制图形并复制图层

⑫ 在“图层”面板中，选中“椭圆1”图层，单击面板底部的“添加图层样式”fx按钮，在菜单中选择“渐变叠加”命令，在弹出的对话框中将渐变颜色更改为浅红色（R：252，G：100，B：94）到浅红色（R：223，G：72，B：72），完成之后单击“确定”按钮，如图6.128所示。

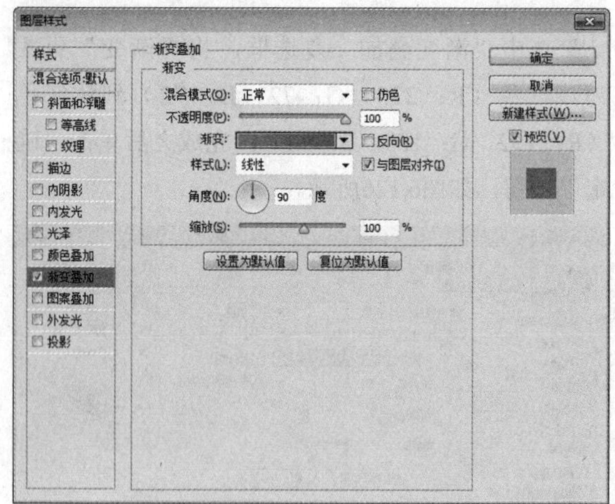

图6.128 设置渐变叠加

⑬ 在“图层”面板中，选中“椭圆 1”图层，单击面板底部的“添加图层蒙版”按钮，为其图层添加图层蒙版，如图6.129所示。

⑭ 选择工具箱中的“矩形选框工具”，在图标上绘制一个与刚才绘制的细长矩形大小相同的选区，如图6.130所示。

图6.129 添加图层蒙版

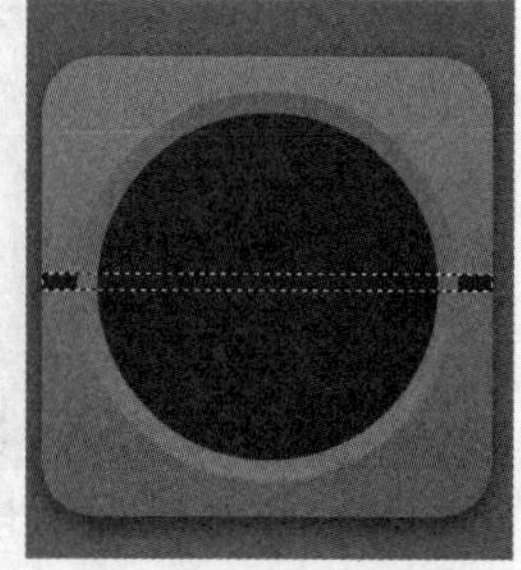

图6.130 绘制选区

⑮ 单击“椭圆1”图层蒙版缩览图，在画布中将选区填充为黑色，将部分图形隐藏，完成之后按Ctrl+D组合键将选区取消，如图6.131所示。

图6.131 隐藏图形

6.6.2 制作细节

01 选择工具箱中的“钢笔工具”，在画布中沿着刚才所绘制的矩形上半部分附近位置绘制一个封闭路径，如图6.132所示。

图6.132 绘制路径

02 在画布中按Ctrl+Enter组合键将刚才所绘制的封闭路径转换成选区，如图6.133所示。

03 单击“椭圆1”图层蒙版缩览图，在画布中将选区填充为黑色，将部分图形隐藏，完成之后按Ctrl+D组合键将选区取消，如图6.134所示。

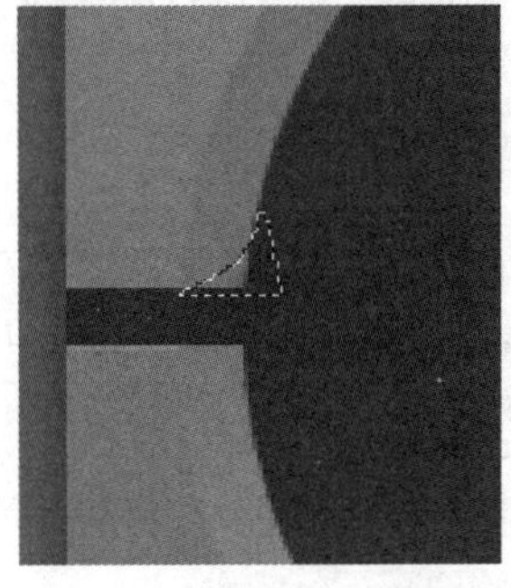

图6.133 转换选区

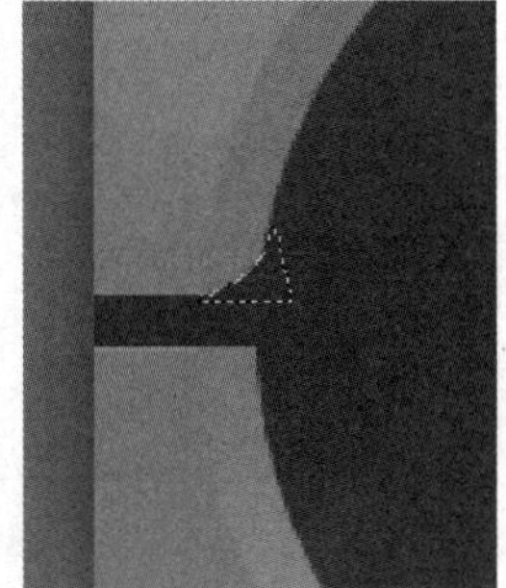

图6.134 隐藏图形

04 选择工具箱中的任意一个选区工具，在画布中的选区中单击鼠标右键，从弹出的快捷菜单中选择“变换选区”命令，再单击鼠标右键，从弹出的快捷菜单中选择“垂直翻转”命令，按住Shift键向下垂直移动，完成之后按Enter键确认，如图6.135所示。

05 单击“椭圆1”图层蒙版缩览图，在画布中将选区填充为黑色，将部分图形隐藏，如图6.136所示。

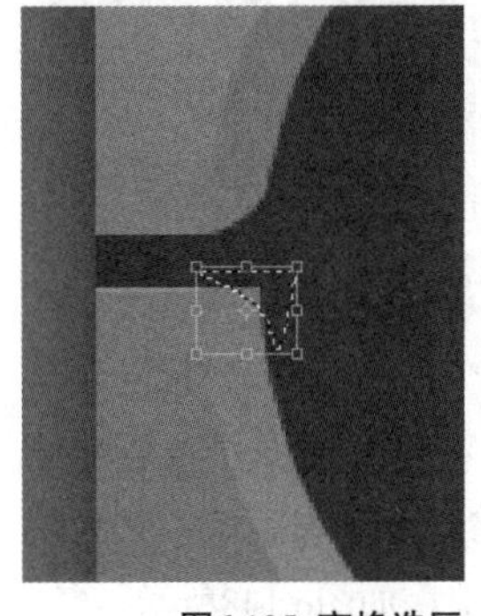

图6.135 变换选区

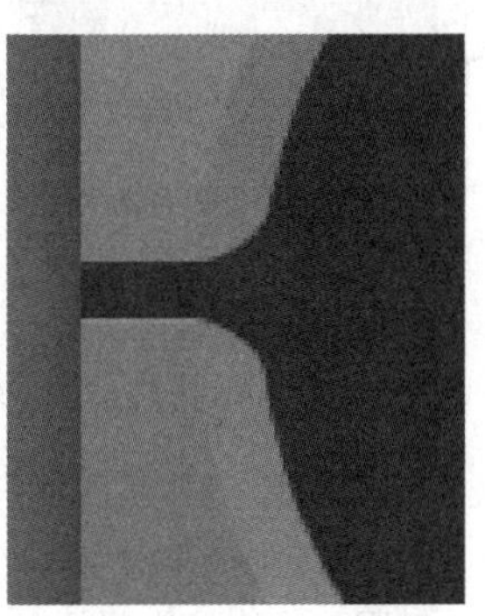

图6.136 隐藏图形

06 以同样的方法将选区变换，并将右侧相同位置的图形隐藏，完成之后按Ctrl+D组合键将选区取消，如图6.137所示。

图6.137 隐藏图形

07 选中“椭圆1 拷贝”图层，将其图形颜色更改为白色，将其适当缩小，如图6.138所示。

图6.138 更改颜色

08 在“图层”面板中，选中“椭圆1 拷贝”图层，单击面板底部的“添加图层样式” *fx* 按钮，在菜单中选择“斜面和浮雕”命令，在弹出的对话框中将“大小”更改为2像素，“软化”更改为4像素，取消“使用全局光”复选框，将“角度”更改为90度，“阴影模式”更改为线性加深，“颜色”更改为深黄色（R：203，G：117，B：53），如图6.139所示。

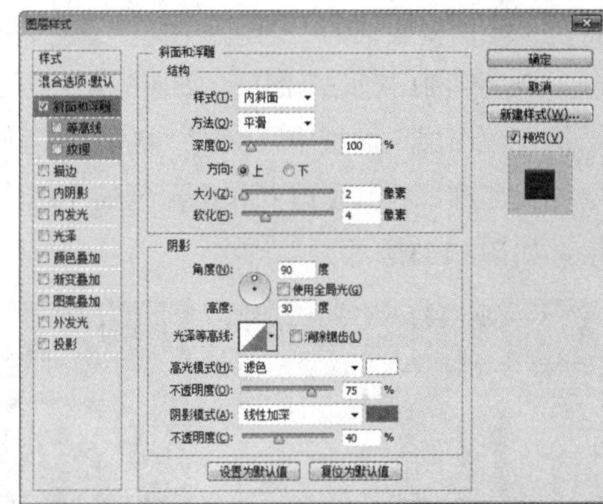

图6.139 设置斜面和浮雕

09 选中“渐变叠加”复选框，将“渐变”更改为黄色（R：214，G：169，B：80）到黄色（R：253，G：228，B：178），如图6.140所示。

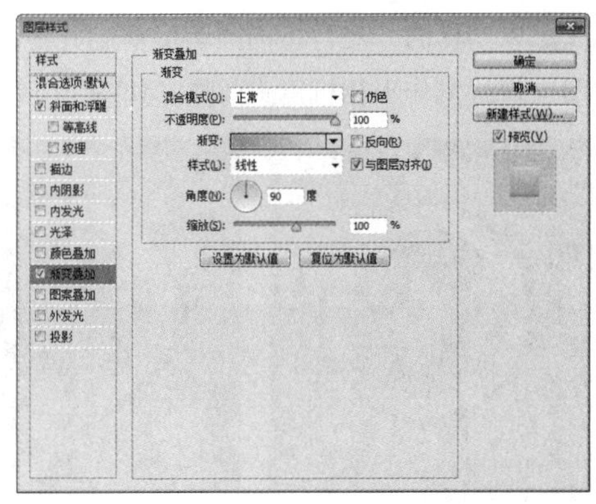

图6.140 设置渐变叠加

10 选中“投影”复选框，取消“使用全局光”复选框，将“角度”更改为90度，“距离”更改为2像素，“大小”更改为3像素，完成之后单击“确定”按钮，如图6.141所示。

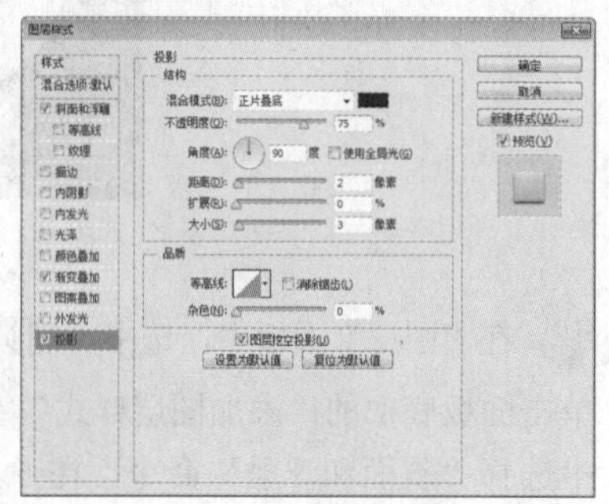

图6.141 设置投影

6.6.3 绘制镜头

01 在“图层”面板中，选中“椭圆1 拷贝”图层，将其拖至面板底部的“创建新图层”按钮上，复制一个“椭圆1 拷贝2”图层，如图6.142所示。

02 在“图层”面板中，双击“椭圆 1 拷贝 2”图层样式名称，将其更改制作出深色的相机内镜头效果，如图6.143所示。

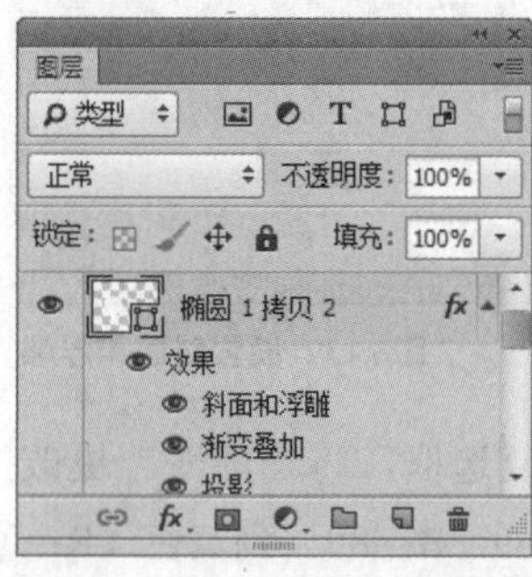

图6.142 复制图层　图6.143 更改图层样式

03 以同样的方法再将椭圆图形复制并更改不同的图层样式制作出相机镜头效果，如图6.144所示。

图6.144 制作相机镜头效果

04 选择工具箱中的“椭圆工具”，在选项栏中将“填充”更改为白色，“描边”为无，在镜头图形位置绘制一个椭圆图形，此时将生成一个“椭圆2”图层，如图6.145所示。

图6.145 绘制图形

05 在“图层”面板中，选中“椭圆2”图层，单击面板底部的“添加图层蒙版”按钮，为其图层添加图层蒙版，如图6.146所示。

06 在“图层”面板中，按住Ctrl键单击“椭圆1 拷贝”图层缩览图，将其载入选区，如图6.147所示。

图6.146 添加图层蒙版　图6.147 载入选区

07 在画布中执行菜单栏中的“选择”|“反向”命令，将选区反向，再单击“椭圆2”图层蒙版缩览图，将选区填充为黑色，将部分图形隐藏，完成之后按Ctrl+D组合键将选区取消，如图6.148所示。

08 选中“椭圆 2”图层，适当降低其图层不透明度，完成相机图标制作，如图6.149所示。

图6.148 隐藏图形　图6.149 降低不透明度

09 在“图层”面板中，同时选中除“背景”图层以外的所有图层，按Ctrl+G组合键将图层快速编组，此时将生成一个“组1”组，并将其名称更改为“镜头图标”，如图6.150所示。

图6.150 快速编组

6.6.4 绘制计算器图标

01 选中“镜头图标”组中的“圆角矩形 1”图层，在画布中按住Alt+Shift组合键向右侧拖动，将图形复制，此时将生成一个“圆角矩形 1 拷贝 2”图层，如图6.151所示。

图6.151 复制图形

02 在“图层”面板中，选中“圆角矩形1 拷贝2”图层，单击面板底部的“添加图层样式”fx按钮，在菜单中选择“斜面和浮雕”命令，在弹出的对话框中将“方法”更改为雕刻清晰，“深度”更改为165%，“大小”更改为1像素，取消“使用全局光”复选框，“角度”更改为90度，“高度”更改为5度，再将“阴影模式”中的“不透明度”更改为0%，如图6.152所示。

03 选中“渐变叠加”复选框，将“渐变”更改为黄色（R：227，G：164，B：57）到黄色（R：255，G：205，B：99），如图6.153所示。

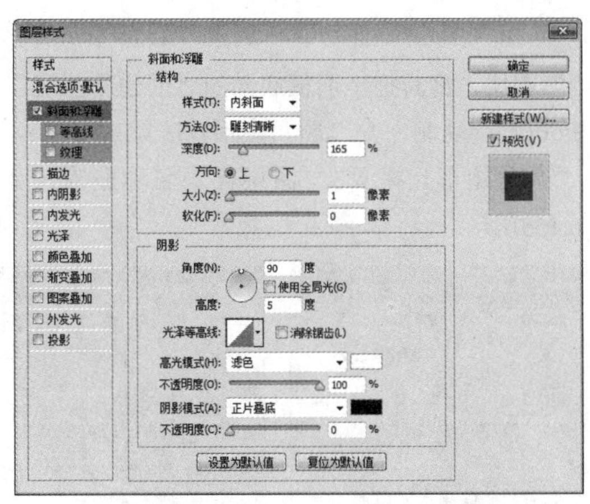

图6.152 设置斜面和浮雕

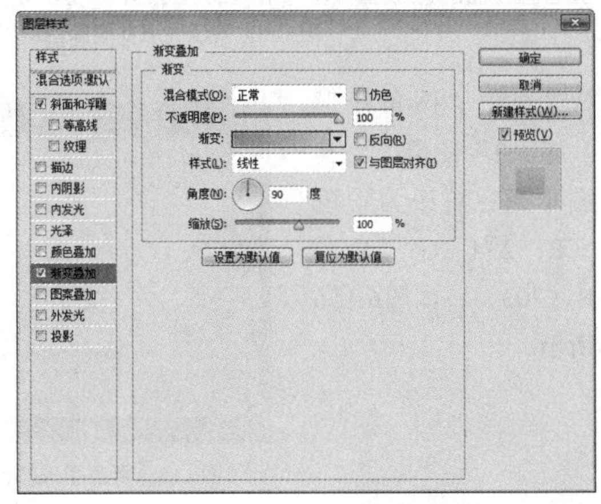

图6.153 设置渐变叠加

04 选中“投影”复选框，将“不透明度”更改为50%，取消“使用全局光”复选框，将“角度”更改为90度，“距离”更改为6像素，“大小”更改为20像素，完成之后单击“确定”按钮，如图6.154所示。

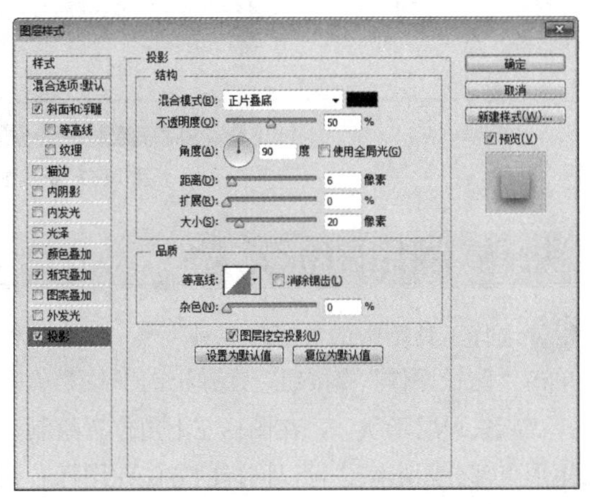

图6.154 设置投影

05 在“图层”面板中，选中“圆角矩形1 拷贝2”图层，将其拖至面板底部的“创建新图层”按钮上，复制一个“圆角矩形1 拷贝3”图层，将“圆角矩形1 拷贝3”图层样式名称删除，如图6.155所示。

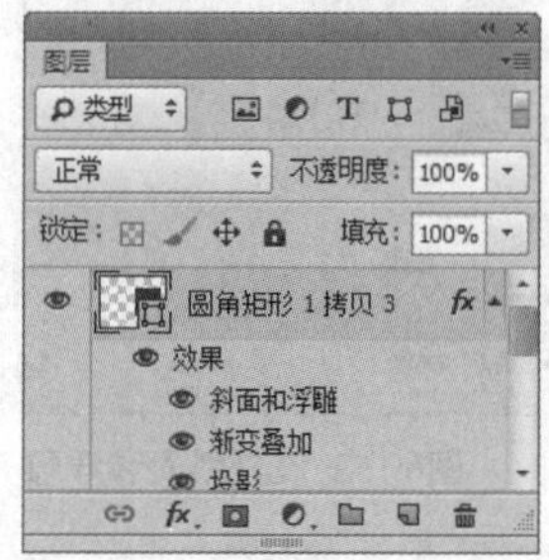

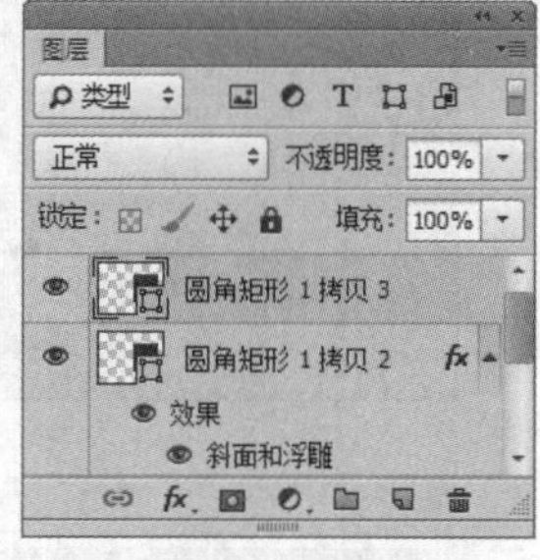

图6.155 复制图层并删除图层样式

06 选中“圆角矩形1 拷贝3”图层，将其图形颜色更改为粉色（R：234，G：217，B：203），如图6.156所示。

图6.156 更改图形颜色

07 选中“圆角矩形1 拷贝3”图层，在画布中按Ctrl+T组合键对其执行自由变换，当出现变形框以后按住Alt+Shift组合键将图形等比缩小，完成之后按Enter键确认，如图6.157所示。

图6.157 变换图形

6.6.5 制作图标元素

01 选择工具箱中的“矩形工具”，在选项栏中单击“路径操作”按钮，在弹出的下拉菜单中选择“减去顶层形状”，在图标左下角位置绘制一个矩形将部分图形减去，以同样的方法在图标右侧再次绘制图形将部分图形减去，如图6.158所示。

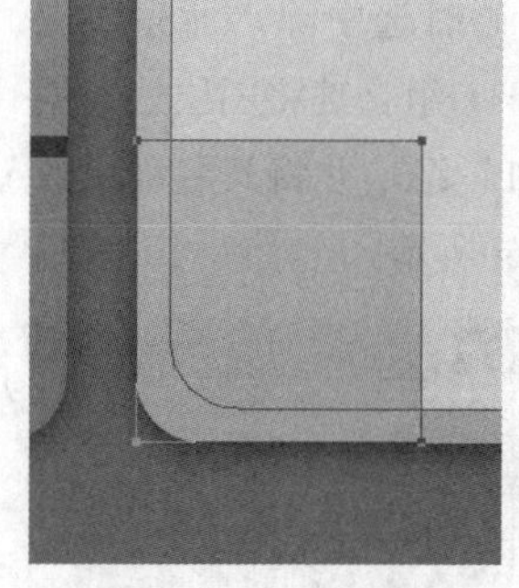

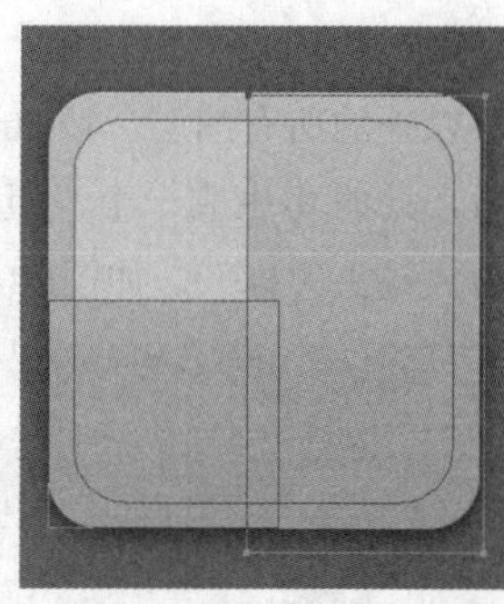

图6.158 减去部分图形

02 选择工具箱中的“直接选择工具”，在画布中选中部分路径，按Ctrl+T组合键将图形适当缩放，如图6.159所示。

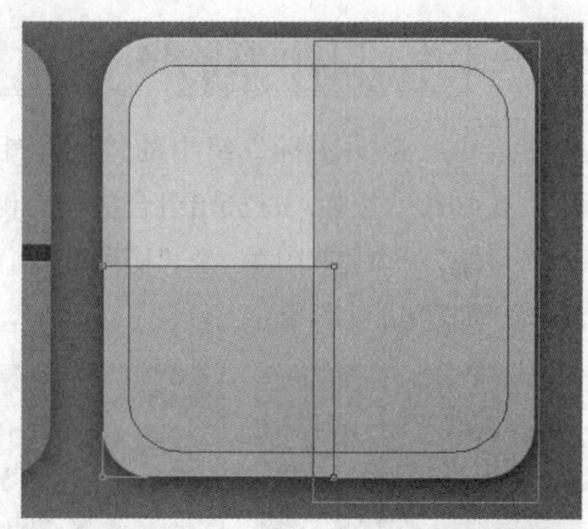

图6.159 变换图形

03 在“图层”面板中，选中“圆角矩形 1 拷贝3”图层，将其拖至面板底部的“创建新图层”按钮上，复制一个“圆角矩形 1 拷贝 4”图层，如图6.160所示。

04 选中“圆角矩形 1 拷贝 4”图层，在画布中按Ctrl+T组合键对其执行自由变换命令，将光标移至出现的变形框上单击鼠标右键，从弹出的快捷菜单中选择“水平翻转”命令，完成之后按Enter键确认，如图6.161所示。

图6.160 复制图层　图6.161 变换图形

05 在“图层”面板中，选中“圆角矩形1 拷贝3”图层，单击面板底部的“添加图层样式”fx按钮，在菜单中选择“斜面和浮雕”命令，在弹出的对话框中将“方法”更改为平滑，“大小”更改为5像素，“软化”更改为10像素，取消“使用全局光”复选框，“角度”更改为120度，“高度”更改为30度，再将“阴影模式”中的“不透明度”更改为30%，颜色更改为咖啡色（R:99，G:69，B:43），如图6.162所示。

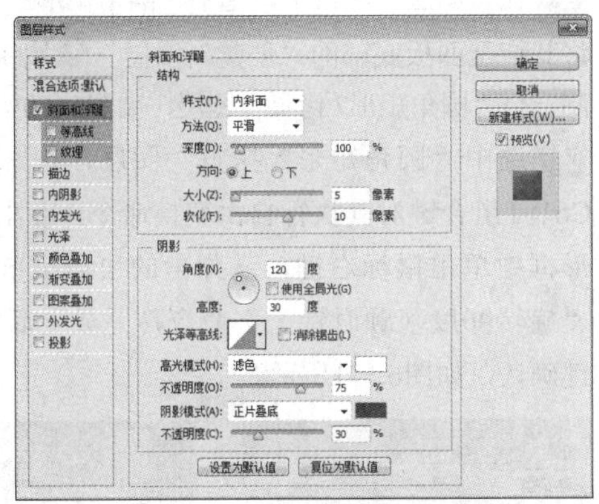

图6.162 设置斜面和浮雕

06 选中“描边”复选框，将“大小”更改为2像素，“颜色”更改为深黄色（R：215，G：146，B：75），完成之后单击“确定”按钮，如图6.163所示。将该样式粘贴给“圆角矩形1 拷贝4”。

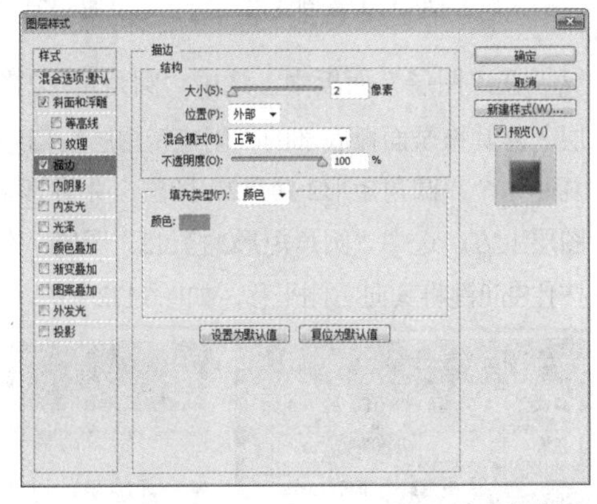

图6.163 设置描边

07 在“图层”面板中，同时选中“圆角矩形 1 拷贝 3”及“圆角矩形 1 拷贝 4”图层，将其拖至面板底部的“创建新图层”按钮上，复制1个“圆角矩形 1 拷贝 5”及“圆角矩形 1 拷贝 6”图层，如图6.164所示。

图6.164 复制图层

08 保持“圆角矩形 1 拷贝 5”及“圆角矩形 1 拷贝 6”图层选中状态，在画布中按Ctrl+T组合键对其执行自由变换命令，将光标移至出现的变形框上单击鼠标右键，从弹出的快捷菜单中选择“垂直翻转”命令，完成之后按Enter键确认，再将图形向上稍微移动，如图6.165所示。

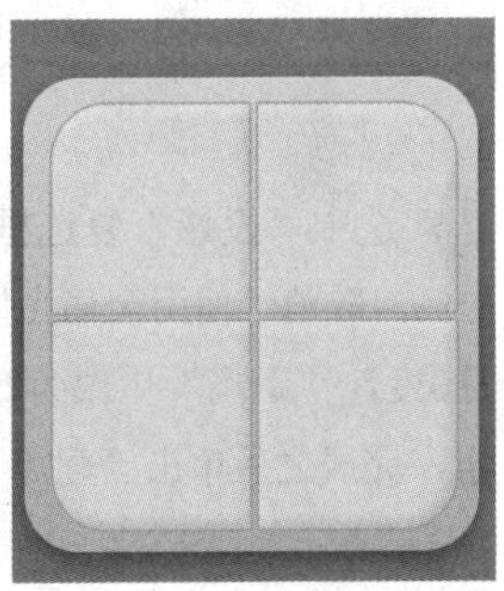

图6.165 变换图形

09 在“图层”面板中，双击“圆角矩形 1 拷贝 6”图层样式名称，在弹出的对话框中选中“内阴影”复选框，将“混合模式”更改为叠加，“颜色”更改为白色，取消“使用全局光”复选框，“角度”更改为90度，“距离”更改为1像素，如图6.166所示。

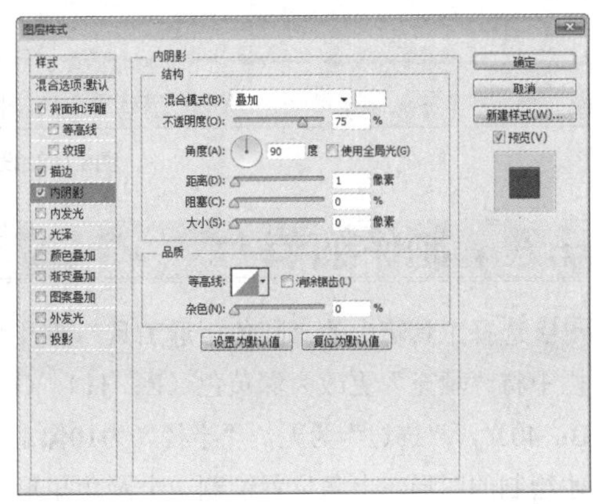

图6.166 设置内阴影

10 选中“渐变叠加”复选框，将“混合模式”更改为正常，“渐变”更改为红色（R：220，G：60，B：30）到橙色（R：250，G：109，B：68），如图6.167所示。

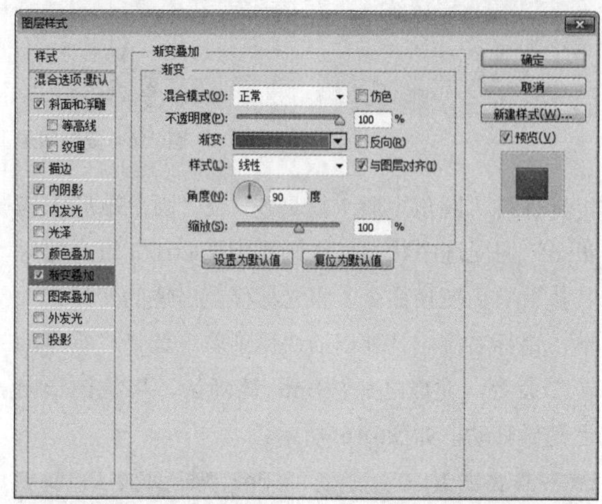

图6.167 设置渐变叠加

11 选中“投影”复选框，将“不透明度”更改为65%，取消“使用全局光”复选框，“角度”更改为110度，“距离”更改为2像素，“大小”更改为5像素，完成之后单击“确定”按钮，如图6.168所示。

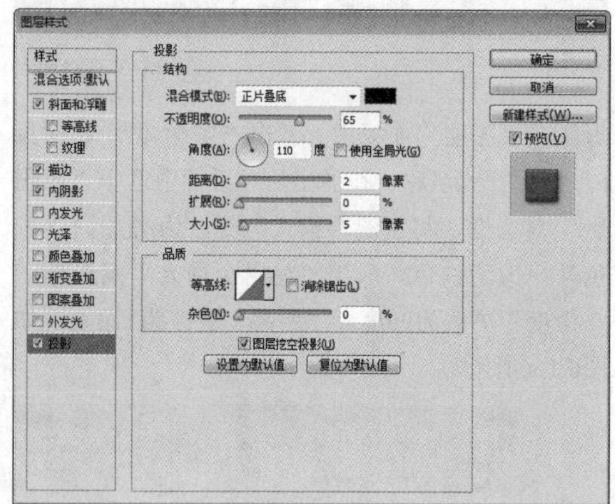

图6.168 设置投影

6.6.6 制作细节

01 选择工具箱中的“圆角矩形工具”，在选项栏中将“填充”更改为深黄色（R：114，G：75，B：40），“描边”为无，“半径”为10像素，在刚才绘制的图形左上角位置绘制一个圆角矩形，此时将生成一个“圆角矩形2”图层，如图6.169所示。

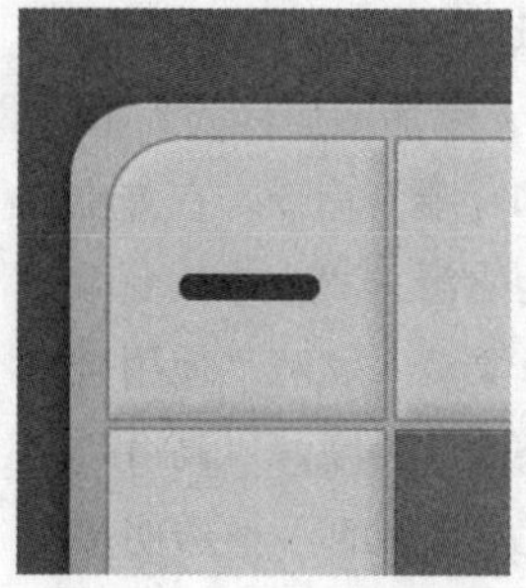

图6.169 绘制图形

02 在“图层”面板中，选中“圆角矩形2”图层，将其拖至面板底部的“创建新图层”按钮上，复制一个“圆角矩形2 拷贝”图层，如图6.170所示。

03 选中“圆角矩形2 拷贝”图层，在画布中按Ctrl+T组合键对其执行自由变换命令，在出现的变形框中单击鼠标右键，从弹出的快捷菜单中选择“旋转90度（顺时针）”命令，完成之后按Enter键确认，如图6.171所示。

图6.170 复制图层　　图6.171 变换图形

04 在“图层”面板中，选中“圆角矩形2拷贝”图层，将其拖至面板底部的“创建新图层”按钮上，复制一个“圆角矩形2 拷贝2”图层，并将其移至所有图层上方，选中“圆角矩形2 拷贝2”图层，在画布中按住Shift键将其向右侧平移，如图6.172所示。

图6.172 复制图层并移动图形

05 在“图层”面板中，选中“圆角矩形2拷贝2”图层，将其拖至面板底部的“创建新图层”按钮上，复制一个“圆角矩形2 拷贝3”图层，选中“圆角矩形2 拷贝3”图层，在画布中按住Shift键将其向下方移动，如图6.173所示。

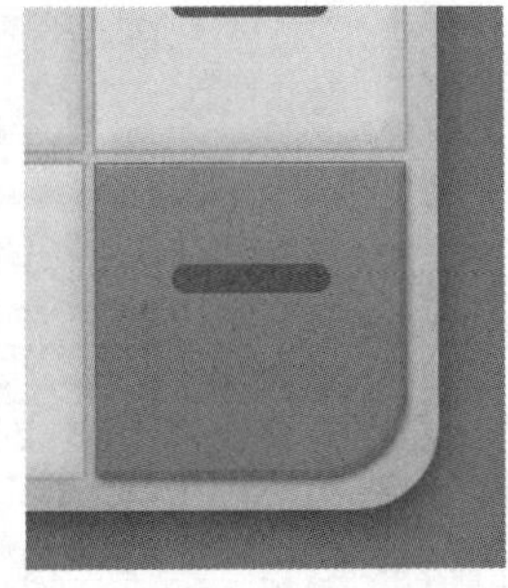

图6.173 复制图层并移动图形

06 选中“圆角矩形 2 拷贝 3”图层，在画布中按住Alt+Shift组合键向下方拖动，将图形复制，此时将生成一个“圆角矩形 2 拷贝 4”图层，如图6.174所示。

图6.174 复制图层

07 选择工具箱中的“椭圆工具”，在选项栏中将“填充”更改为深黄色（R：114，G：75，B：40），“描边”为无，在“圆角矩形 2 拷贝 4”图层中的图形上方位置按住Shift键绘制一个圆形，此时将生成一个“椭圆3”图层，如图6.175所示。

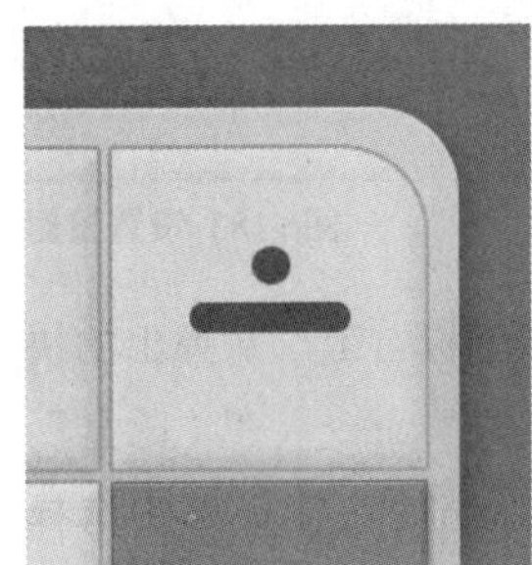

图6.175 绘制图形

08 选中“椭圆3”图层，在画布中按住Alt+Shift组合键向下拖动，将图形复制，此时将生成一个“椭圆3 拷贝”图层，如图6.176所示。

图6.176 复制图形

09 在“图层”面板中，同时选中“圆角矩形2拷贝”及“圆角矩形2”图层，执行菜单栏中的“图层”|“合并图层”命令，将图层合并，此时将生成一个新图层，双击此图层名称，将其更改为“加号”，如图6.177所示。

图6.177 合并图层

10 同时选中“圆角矩形2拷贝4”及“圆角矩形2 拷贝3”图层，执行菜单栏中的“图层”|“合并图层”命令，将图层合并，此时将生成一个新图层，双击此图层名称，将其更改为“等号”，如图6.178所示。

图6.178 合并图层

11 同时选中“椭圆3 拷贝”“椭圆3”及“圆角矩形2 拷贝2”图层，执行菜单栏中的“图

层”|“合并图层”命令，将图层合并，此时将生成一个新图层，双击此图层名称，将其更改为“除号”，如图6.179所示。

图6.179 **合并图层**

12 选中“加号”图层，在画布中按住Alt+Shift组合键向下拖动，将图形复制，此时将生成一个“加号 拷贝”图层，双击其图层名称，更改为“乘号”，如图6.180所示。

图6.180 **复制图层**

13 选中“乘号”图层，按Ctrl+T组合键对其执行自由变换命令，当出现变形框以后，在选项栏中“旋转”后方的文本框中输入45度，完成之后按Enter键确认，如图6.181所示。

图6.181 **旋转图形**

14 在“图层”面板中，选中“加号”图层，单击面板底部的“添加图层样式”fx按钮，在菜单中选择“内阴影”命令，在弹出的对话框中将“不透明度”更改为60%，取消“使用全局光”复选框，“距离”更改为5像素，“大小”更改为6像素，如图6.182所示。

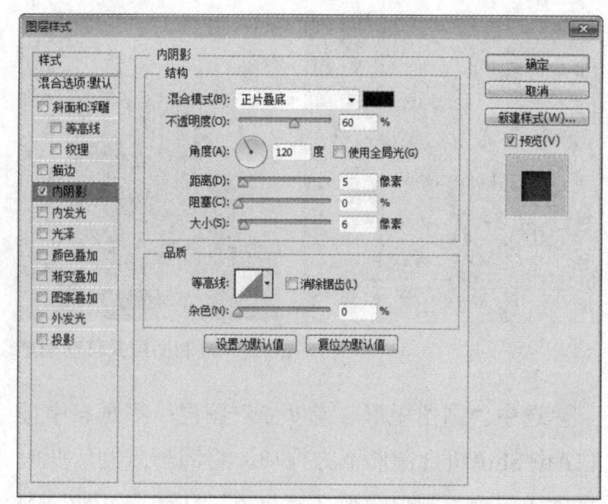

图6.182 **设置内阴影**

15 选中“投影”复选框，将“混合模式”更改为叠加，“颜色”更改为白色，“不透明度”更改为50%，取消“使用全局光”复选框，“距离”更改为1像素，完成之后单击“确定”按钮，如图6.183所示。

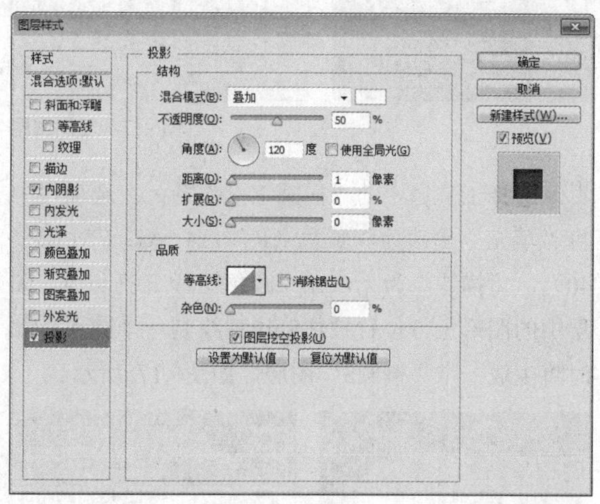

图6.183 **设置投影**

16 在“加号”图层上单击鼠标右键，从弹出的快捷菜单中选择“拷贝图层样式”命令，在“除号”图层上单击鼠标右键，从弹出的快捷菜单中选择“粘贴图层样式”命令，如图6.184所示。

图6.184 拷贝并粘贴图层样式

17 以同样的方法分别选中“乘号”及“等号”等图层，在其图层名称上单击鼠标右键，为其粘贴图层样式名称，这样就完成了效果制作，最终效果如图6.185所示。

图6.185 粘贴图层样式及最终效果

6.7 课堂案例——日历和天气图标

素材位置	无
案例位置	案例文件\第6章\日历和天气图标.psd
视频位置	多媒体教学\6.7课堂案例——日历和天气图标.avi
难易指数	★★★★☆

本例主要讲解的是日历和天气图标制作，丰富的色彩是这2枚图标的最大特点，同时在日历制作上采用写实的翻页效果和彩虹装饰的日历效果，使整个图标的色彩十分丰富。最终效果如图6.186所示。

扫码看视频

图6.186 最终效果

6.7.1 制作背景

01 执行菜单栏中的“文件”|“新建”命令，在弹出的对话框中设置“宽度”为800像素，“高度”为600像素，“分辨率”为72像素/英寸，“颜色模式”为RGB颜色，新建一个空白画布，并将画布填充为浅蓝色（R：186，G：207，B：210），如图6.187所示。

图6.187 填充颜色

02 执行菜单栏中的“滤镜”|“杂色”|“添加杂色”命令，在弹出的对话框中，分别勾选“高斯分布”单选按钮和“单色”复选框，“数量”更改为2%，完成之后单击“确定”按钮，如图6.188所示。

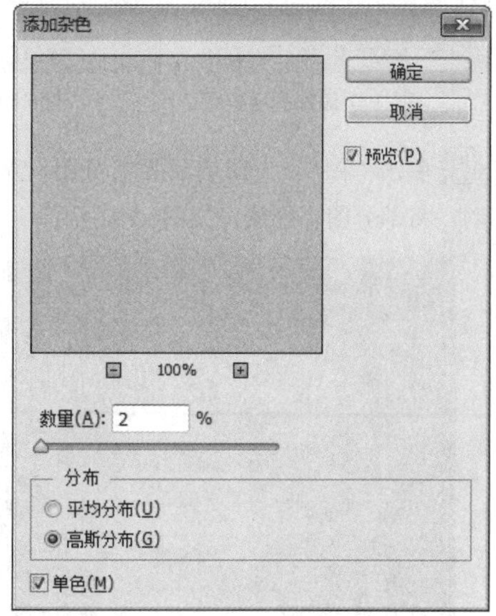

图6.188 设置添加杂色

03 单击面板底部的“创建新图层”按钮，新建一个“图层1”图层，选中“图层1”图层，将其填充为深蓝色（R：54，G：94，B：100），如图6.189所示。

图6.189 新建图层并填充颜色

04 在“图层”面板中，选中“图层1”图层，单击面板底部的“添加图层蒙版”按钮，为其图层添加图层蒙版，如图6.190所示。

05 选择工具箱中的“渐变工具”，在选项栏中单击“点按可编辑渐变”按钮，在弹出的对话框中，选择“黑白渐变”，设置完成之后单击“确定”按钮，再单击选项栏中的“径向渐变”按钮，如图6.191所示。

图6.190 添加图层蒙版

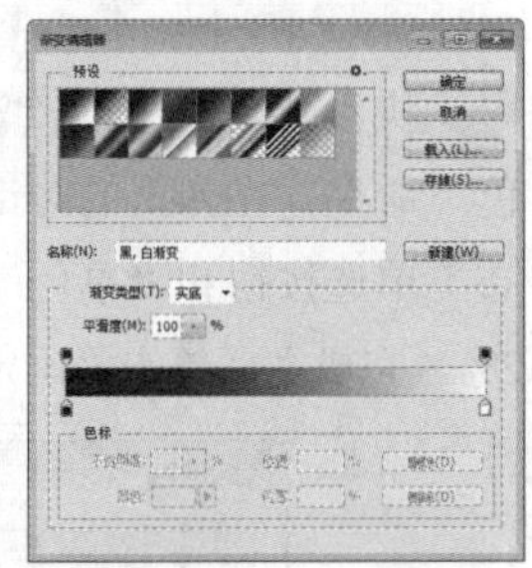

图6.191 设置渐变

06 单击“图层1”图层蒙版缩览图，从上至下拖动，将部分图形隐藏，如图6.192所示。

图6.192 隐藏图形

07 选中“图层 1”图层，将其图层“不透明度”更改为50%，如图6.193所示。

图6.193 更改图层不透明度

6.7.2 绘制日历图标

01 选择工具箱中的“圆角矩形工具”，在选项栏中将“填充”更改为白色，“描边”为无，“半径”为50像素，靠左侧位置按住Shift键绘制一个圆角矩形，此时将生成一个“圆角矩形1”图层，如图6.194所示。

02 在“图层”面板中，选中“圆角矩形1”图层，将其拖至面板底部的“创建新图层”按钮上，分别复制1个“圆角矩形1 拷贝”“圆角矩形1 拷贝2”及“圆角矩形1 拷贝3”图层，如图6.195所示。

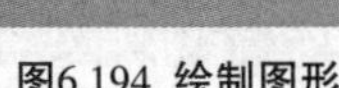

图6.194 绘制图形

图6.195 复制图层

03 选中“圆角矩形1”图层，将其图形颜色更改为黑色，如图6.196所示。

图6.196 更改图形颜色

04 选中“圆角矩形1”图层，按Ctrl+T组合键对其执行“自由变换”，将光标移至出现的变形框顶部控制点向下拖动，将图形高度缩小，完成之后按Enter键确认，如图6.197所示。

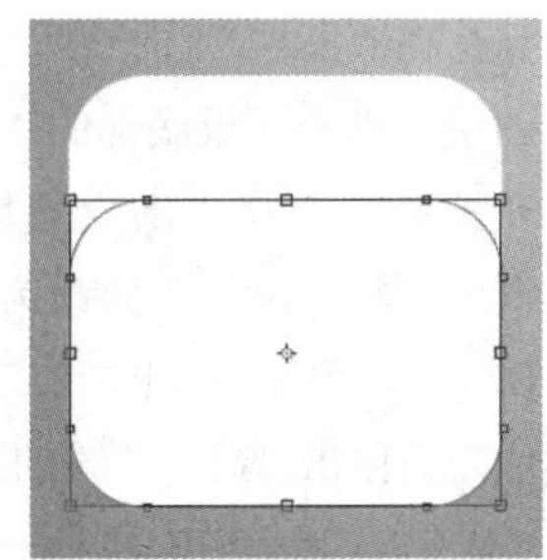

图6.197 变换图形

05 选中“圆角矩形 1”图层，执行菜单栏中的“图层”|“栅格化”|“形状”命令，将当前图形栅格化，如图6.198所示。

图6.198 栅格化形状

06 选中“圆角矩形 1”图层，执行菜单栏中的“滤镜”|“模糊”|“动感模糊”命令，在弹出的对话框中将“角度”更改为90度，“距离”更改为150像素，设置完成之后单击“确定”按钮，如图6.199所示。

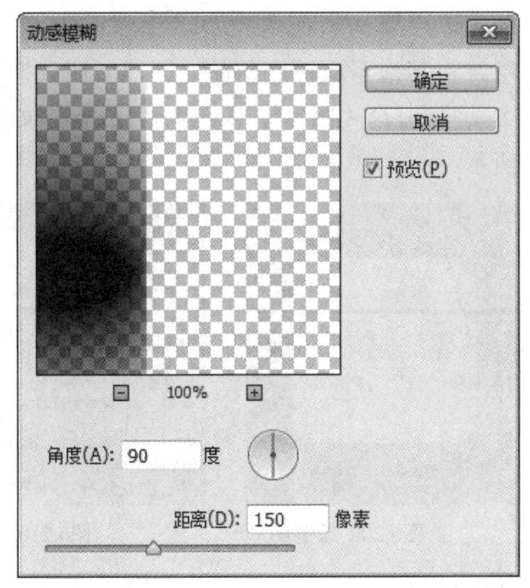

图6.199 设置高斯模糊

07 选中“圆角矩形 1”图层，执行菜单栏中的“滤镜”|“模糊”|“高斯模糊”命令，在弹出的对话框中，将“半径”更改为3像素，设置完成之后单击“确定”按钮，如图6.200所示。

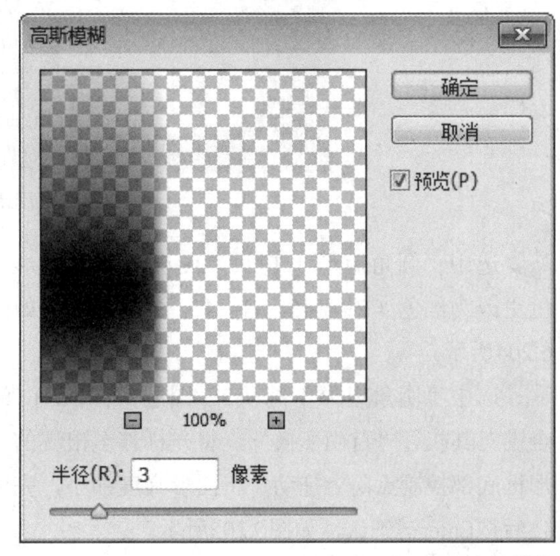

图6.200 设置高斯模糊

08 在“图层”面板中，选中“圆角矩形 1”图层，单击面板底部的“添加图层蒙版”按钮，为其图层添加图层蒙版，如图6.201所示。

图6.201 添加图层蒙版

09 选择工具箱中的“渐变工具”，在选项栏中单击“点按可编辑渐变”按钮，在弹出的对话框中，选择“黑白渐变”，设置完成之后单击“确定”按钮，再单击选项栏中的“线性渐变”按钮，如图6.202所示。

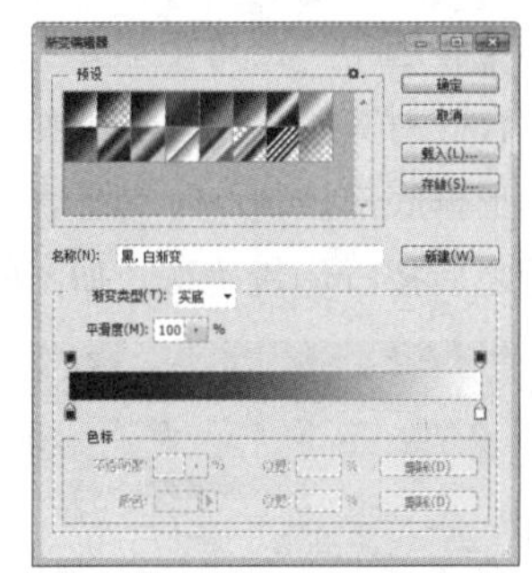

图6.202 设置渐变

10 单击“圆角矩形 1”图层蒙版缩览图，在图形上按住Shift键从下往上拖动，将部分图形隐藏，如图6.203所示。

图6.203 隐藏图形

⑪ 选中“圆角矩形 1 拷贝”图层，将其图形颜色更改为红色（R：145，G：47，B：46），如图6.204所示。

⑫ 选中“圆角矩形 1 拷贝2”图层，按Ctrl+T组合键对其执行“自由变换”，将光标移至出现的变形框底部控制点向上拖动，将图形高度缩小，完成之后按Enter键确认，如图6.205所示。

图6.204 更改图形颜色

图6.205 变换图形

⑬ 在“图层”面板中，选中“圆角矩形 1 拷贝2”图层，将其拖至面板底部的“创建新图层”按钮上，复制1个“圆角矩形 1 拷贝3”图层，如图6.206所示。选中“圆角矩形 1 拷贝2”图层，将其图形颜色更改为浅红色（R：253，G：174，B：104）。

⑭ 选中“圆角矩形 1 拷贝3”图层，按Ctrl+T组合键对其执行“自由变换”，将光标移至出现的变形框底部控制点向下拖动，将图形高度缩小，完成之后按Enter键确认，如图6.207所示。

图6.206 更改图形颜色

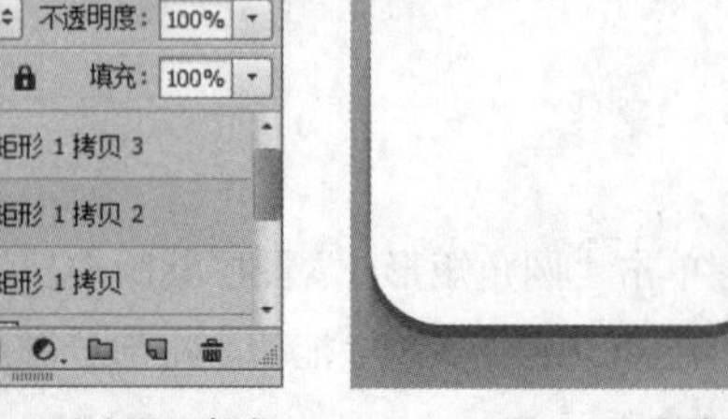

图6.207 变换图形

⑮ 在“图层”面板中，选中“圆角矩形1 拷贝3”图层，单击面板底部的“添加图层样式”按钮，在菜单中选择“渐变叠加”命令，在弹出的对话框中，将“渐变”更改为红色（R：240，G：80，B：77）到红色（R：252，G：122，B：74），完成之后单击“确定”按钮，如图6.208所示。

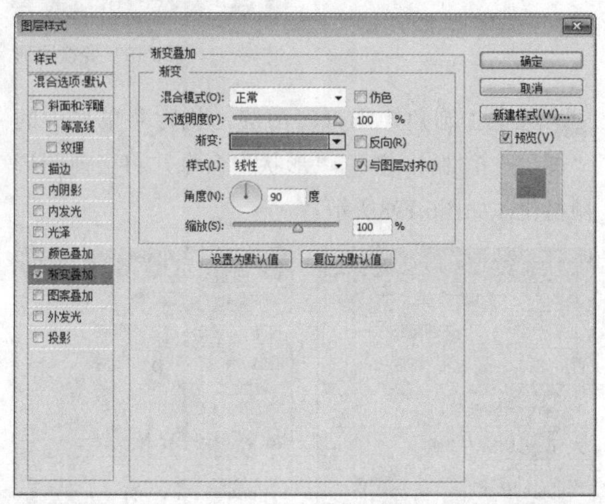

图6.208 设置渐变叠加

⑯ 选择工具箱中的“圆角矩形工具”，在选项栏中将“填充”更改为白色，“描边”为无，“半径”为25像素，在图标上按住Alt+Shift组合键以中心为起点绘制一个圆角矩形，此时将生成一个“圆角矩形2”图层，如图6.209所示。

⑰ 在“图层”面板中，选中“圆角矩形2”图层，将其拖至面板底部的“创建新图层”按钮上，复制1个“圆角矩形2 拷贝”图层，如图6.210所示。

图6.209 绘制图形

图6.210 复制图层

⑱ 选中“圆角矩形 2”图层，将其图层“不透明度”更改为10%。

⑲ 选中“圆角矩形 2”图层，按Ctrl+T组合键对其执行“自由变换”，将图形适当放大，完成之后

按Enter键确认，如图6.211所示。

图6.211 降低图层不透明度并变换图形

20 在“图层”面板中，选中“圆角矩形 2 拷贝”图层，将其拖至面板底部的“创建新图层”按钮上，复制1个“圆角矩形 2 拷贝2”图层，选中“圆角矩形 2 拷贝”图层，将其图形颜色更改为红色（R：150，G：52，B：48），将图形向下稍微移动，如图6.212所示。

图6.212 复制图层并更改图形颜色

21 选中“圆角矩形2 拷贝”图层，将图形颜色更改为浅蓝色（R：226，G：235，B：240），如图6.213所示。

图6.213 更改图形颜色

22 在“图层”面板中，选中“圆角矩形 2 拷贝 2”图层，将其拖至面板底部的“创建新图层”按钮上，复制1个“圆角矩形 2 拷贝 3”图层，选中“圆角矩形 2 拷贝 3”图层，将其图形颜色更改为灰色（R：204，G：209，B：208），如图6.214所示。

23 选中“圆角矩形 2 拷贝3”图层，按Ctrl+T组合键对其执行“自由变换”，将光标移至出现的变形框底部控制点向上拖动，将图形高度缩小，完成之后按Enter键确认，如图6.215所示。

图6.214 复制图层更改图形颜色

图6.215 移动图形

24 以刚才同样的方法将圆角矩形复制数份并更改不同的颜色后再适当缩小高度以制作日历的翻页效果，如图6.216所示。

图6.216 复制图形更改颜色并变换图形

25 选择工具箱中的“直线工具”，在选项栏中将“填充”更改为浅灰色（R：196，G：207，B：213），“描边”为无，“粗细”更改为1像素，在日历翻页图形靠顶部位置按住Shift键绘制一条水平线段，此时将生成一个“形状1”图层，如图6.217所示。

图6.217 绘制图形

26 选择工具箱中的“圆角矩形工具”，在选项栏中将“填充”更改为无，“描边”为浅灰色（R：196，G：207，B：213），“半径”为25像素，单击选项栏中的“路径操作”按钮，在弹出的下拉选项栏中选择“合并形状”，选中“形状1”图层，其图形靠中间位置绘制一个圆角矩形，如图6.218所示。

图6.218 绘制图形

27 选择工具箱中的“横排文字工具”，在刚才绘制的圆角矩形内部位置添加文字，如图6.219所示。

图6.219 添加文字

6.7.3 制作图标细节

01 选择工具箱中的“直线工具”，在选项栏中将“填充”更改为深灰色（R：58，G：64，B：68），“描边”为无，“粗细”更改为1像素，在日历翻页图形靠中间位置按住Shift键绘制一条与翻页图形宽度相同的水平线段，此时将生成一个“形状2”图层，如图6.220所示。

图6.220 绘制图形

02 选择工具箱中的“圆角矩形工具”，在选项栏中将“填充”更改为深灰色（R：58，G：64，B：68），“描边”为无，“半径”为10像素，在刚才绘制的线段左侧位置绘制一个圆角矩形，此时将生成一个“圆角矩形3”图层，如图6.221所示。

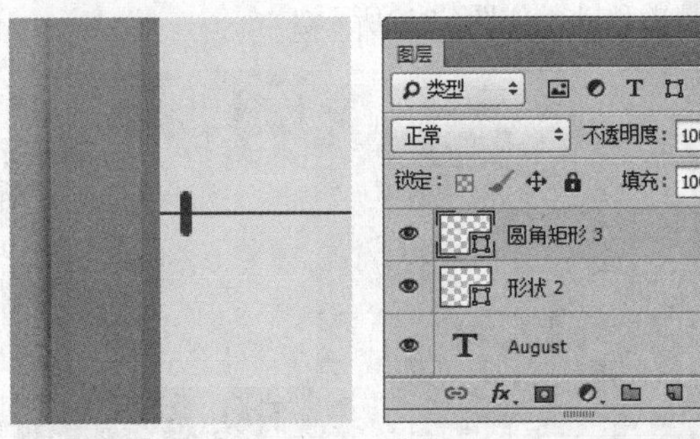

图6.221 绘制图形

03 在“图层”面板中，选中“圆角矩形 3”图层，将其拖至面板底部的“创建新图层”按钮上，复制1个“圆角矩形 3 拷贝”图层，如图6.222所示。

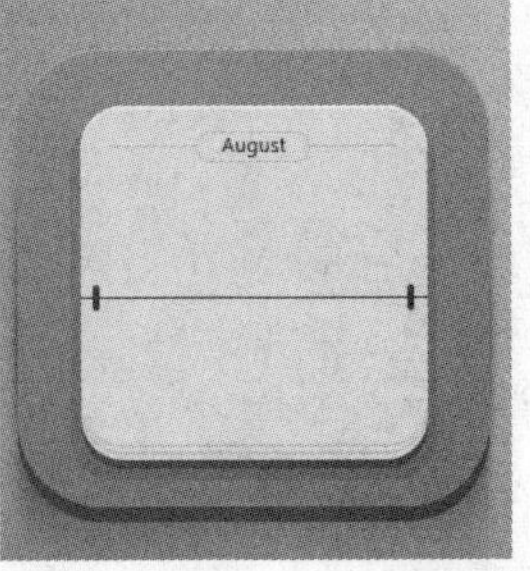

图6.222 复制图层

04 选择工具箱中的“圆角矩形工具”，在选项栏中将“填充”更改为白色，“描边”为无，“半径”为25像素，在翻页图形靠下方位置绘制一个圆角矩形，此时将生成一个“圆角矩形4”图层，如图6.223所示。

图6.223 绘制图形

05 选择工具箱中的“直接选择工具”，选中“圆角矩形4”图层中的图形顶部两个锚点，按Delete键将其删除，如图6.224所示。

图6.224 删除锚点

6.7.4 制作翻页

01 选中“圆角矩形 4”图层，按Ctrl+T组合键对其执行“自由变换”命令，单击鼠标右键，从弹出的快捷菜单中选择“透视”命令，将光标移至变形框右侧向右侧拖动，将图形变换形成一种透视效果，完成之后按Enter键确认，如图6.225所示。

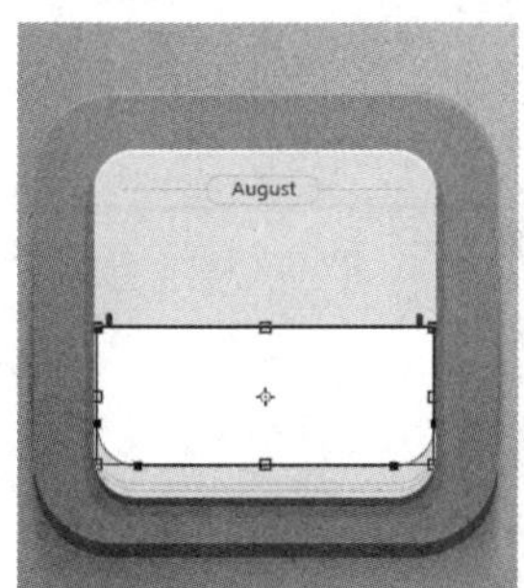

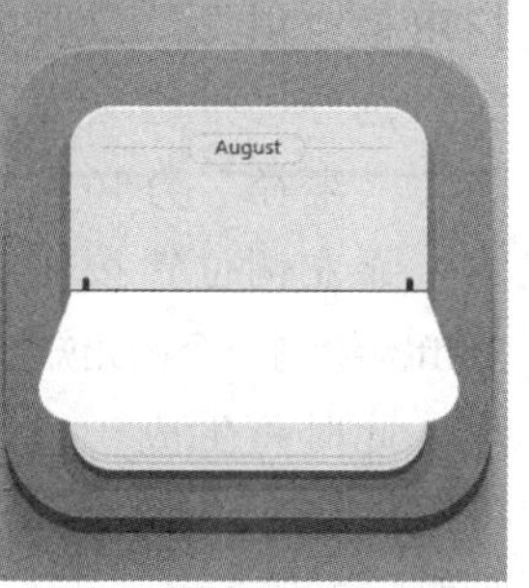

图6.225 变换图形

02 在“图层”面板中，选中“圆角矩形 4”图层，单击面板底部的“添加图层样式”按钮，在菜单中选择“渐变叠加”命令，在弹出的对话框中，将“渐变”更改为浅蓝色（R：235，G：243，B：247）到浅蓝色（R：246，G：250，B：255），如图6.226所示。

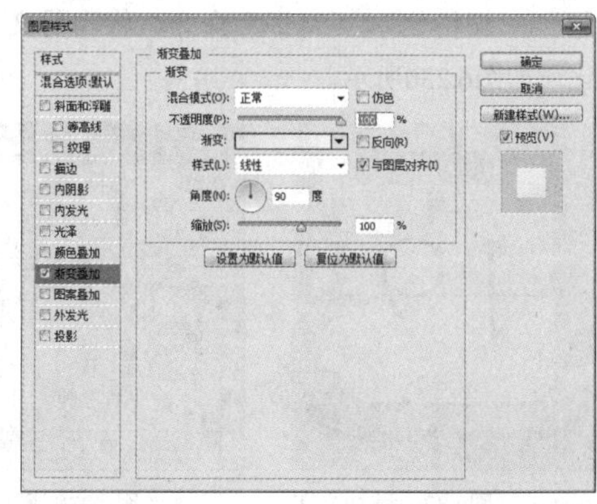

图6.226 设置渐变叠加

03 勾选“投影”复选框，将“不透明度”更改为10%，取消“使用全局光”复选框，将“距离”更改为10像素，“扩展”更改为100%，完成之后单击“确定”按钮，如图6.227所示。

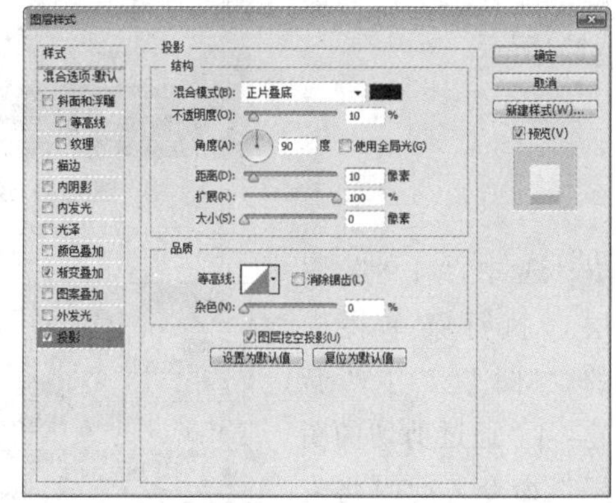

图6.227 设置投影

04 在“图层”面板中，选中“圆角矩形 4”图层，将其向下移至“圆角矩形 3”图层下方，如图6.228所示。

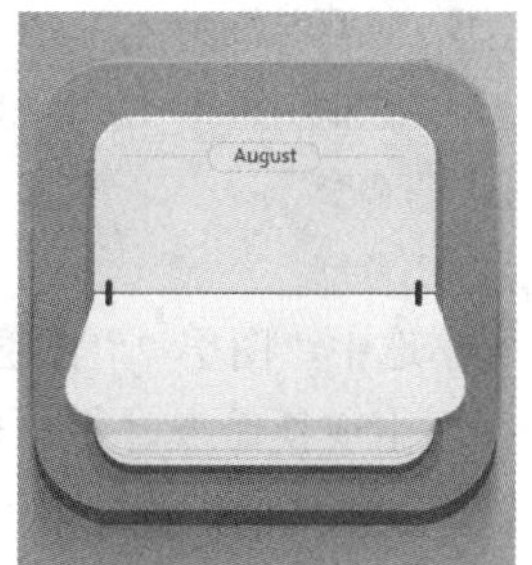

图6.228 更改图层顺序

05 选择工具箱中的“横排文字工具” T，在图标上添加文字，如图6.229所示。

06 选中“19”图层，执行菜单栏中的“图层”|“栅格化”|“文字”命令，将当前文字栅格化，如图6.230所示。

图6.229 添加文字

图6.230 栅格化文字

07 选择工具箱中的“矩形选框工具”，图标文字靠下半部分绘制一个矩形选区以选中部分文字，如图6.231所示。

图6.231 绘制选区

08 选中“19”图层，执行菜单栏中的“图层”|“新建”|“通过剪切的图层”命令，此时将生成一个“图层2”图层，如图6.231所示。

图6.232 通过剪切的图层

技巧与提示

按Ctrl+Shift+J组合键同样可以执行“通过剪切的图层”命令。

09 选中“图层 2”图层，按Ctrl+T组合键对其执行自由变换命令，在出现的变形框中单击鼠标右键，从弹出的快捷菜单中，选择“透视”命令，将光标移至变形框右侧向右侧拖动，将图形变换形成一种透视效果，完成之后按Enter键确认，如图6.233所示。

图6.233 变换图形

10 在“图层”面板中，同时选中除“背景”及“图层1”图层之外的所有图层，按Ctrl+G组合键将图层编组，将生成的组名称更改为“日历”，如图6.234所示。

图6.234 将图层编组

6.7.5 绘制天气图标

01 选择工具箱中的“圆角矩形工具”，在选项栏中将“填充”更改为白色，“描边”为无，“半径”为50像素，靠左侧位置按住Shift键绘制一个圆角矩形，此时将生成一个“圆角矩形5”图层，如图6.235所示。

图6.235 绘制图形

02 在“图层”面板中，选中“圆角矩形5”图层，将其拖至面板底部的“创建新图层”按钮上，复制1个“圆角矩形5 拷贝”图层，如图6.236

所示。

图6.236 复制图层

03 选中“日历”组中的“圆角矩形 1”图层，按住Alt+Shift组合键向右侧拖至刚才绘制的圆角矩形位置，此时将生成一个“圆角矩形1 拷贝”图层，如图6.237所示。

图6.237 复制图形

04 在“图层”面板中，选中“圆角矩形1”图层，单击面板底部的“添加图层样式”fx按钮，在菜单中选择“渐变叠加”命令，在弹出的对话框中，将“渐变”更改为蓝色（R：13，G：68，B：133）到蓝色（R：147，G：210，B：208），完成之后单击“确定”按钮，如图6.238所示。

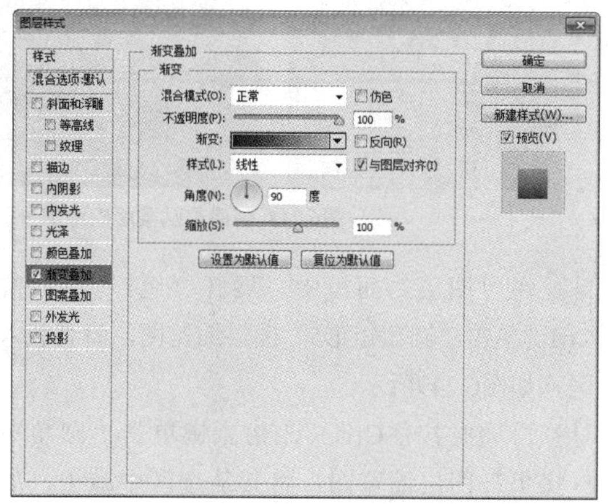

图6.238 设置渐变叠加

05 选中“圆角矩形 5 拷贝”图层，将其图形颜色更改为蓝色（R：22，G：113，B：220），再按Ctrl+T组合键对其执行“自由变换”命令，将光标移至出现的变形框顶部控制点向下拖动，再以同样的方法将光标移至变形框底部控制点向上拖动，将图形高度缩小，完成之后按Enter键确认，图6.239所示。

图6.239 变换图形

06 同时选中“圆角矩形5 拷贝”及“圆角矩形5”图层，按Ctrl+G组合键将图层编组，此时将生成一个“组1”，如图6.240所示。

图6.240 将图层编组

07 选择工具箱中的“椭圆工具”，在选项栏中将“填充”更改为蓝色（R：25，G：155，B：225），“描边”为无，在圆角矩形左上角位置按住Alt+Shift组合键绘制一个圆形，此时将生成一个“椭圆1”图层，如图6.241所示。

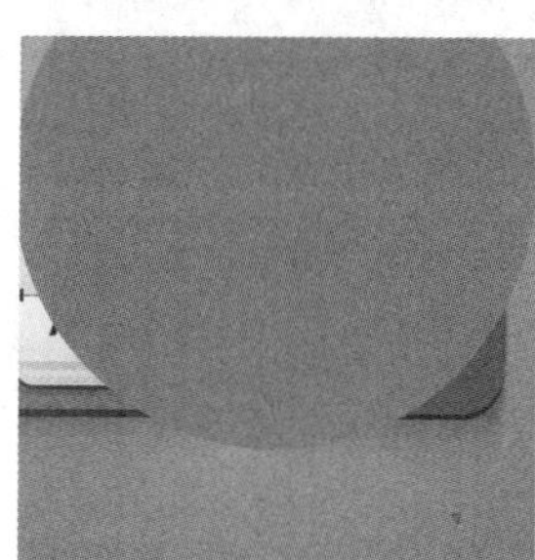

图6.241 绘制图形

08 在“图层”面板中，选中“椭圆1”图层，将其拖至面板底部的“创建新图层”按钮上，复制1个“椭圆1 拷贝”图层，并将其颜色更改为浅绿色（R：103，G：182，B：180），如图6.242所示。

09 选中“椭圆 1 拷贝”图层，按Ctrl+T组合键对其执行“自由变换”，按住Alt+Shift组合键将图形等比缩小，完成之后按Enter键确认，如图6.243所示。

图6.242 复制图形

图6.243 变换图形

10 以同样的方法将图形复制多份并更改不同的颜色后等比缩小，如图6.244所示。

图6.244 复制并变换图形

技巧与提示

在复制并变换椭圆图形的时候可以建立参考线，防止在变换最后一个椭圆图形的时候超出下方的圆角矩形，如图6.245所示。

图6.245 辅助线效果

11 同时选中所有和椭圆图形相关的图层，按Ctrl+G组合键将图层编组，此时将生成一个“组2”，如图6.246所示。

图6.246 将图层编组

12 选中“组2”组，执行菜单栏中的“图层”|“合并组”命令，将图层合并，此时将生成一个“组2”图层，如图6.247所示。

图6.247 合并组

13 选中“椭圆 1”图层，执行菜单栏中的“图层”|“创建剪贴蒙版”命令，为当前图层创建剪贴蒙版，将部分图形隐藏，如图6.248所示。

图6.248 创建剪贴蒙版隐藏部分图形

14 在“图层”面板中，展开“组1”组，按住Ctrl键单击“圆角矩形5”图层缩览图，将其载入选区，如图6.249所示。

15 再同时按住Ctrl+Alt组合键单击“圆角矩形5 拷贝”图层缩览图，将其从选区中减去，如图6.250所示。

图6.249 载入选区

图6.250 从选区中减去

⑯ 选中“组 2”图层，执行菜单栏中的“图层”|“新建”|“通过剪切的图层”命令，此时将生成一个“图层3”图层，如图6.251所示。

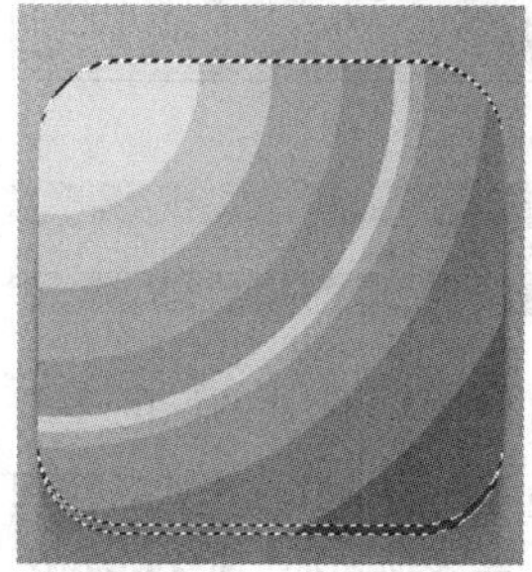

图6.251 通过剪切的图层

⑰ 选中“图层 3”图层，将其图层“不透明度”更改为60%，如图6.252所示。

图6.252 更改图层不透明度

⑱ 选择工具箱中的“横排文字工具”T，在图标右下角位置添加文字，如图6.253所示。

图6.253 添加文字

⑲ 选择工具箱中的“椭圆工具”，在选项栏中将“填充”更改为无，“描边”为白色，“大小”为3像素，在刚才添加的文字右上角位置按住Shift键绘制一个圆形，此时将生成一个“椭圆1”图层，如图6.254所示。

图6.254 绘制图形

⑳ 在“图层”面板中，同时选中“椭圆1”及“19”图层，执行菜单栏中的“图层”|“合并图层”命令，将图层合并，此时将生成一个“椭圆1”图层，如图6.255所示。

图6.255 合并图层

㉑ 在“图层”面板中，选中“椭圆 1”图层，单击面板底部的“添加图层样式”fx按钮，在菜单中选择“渐变叠加”命令，在弹出的对话框中，将“渐变”更改为浅蓝色（R：177，G：208，B：246）到浅蓝色（R：240，G：246，B：253），完成之后单击“确定”按钮，如图6.256所示。

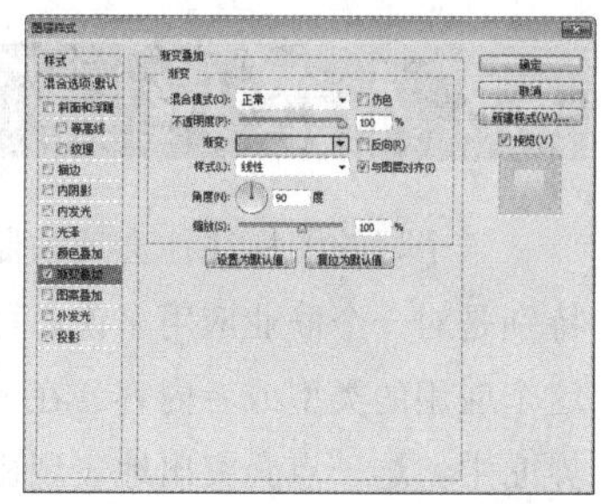
图6.256 设置渐变叠加

㉒ 勾选“投影”复选框，将“颜色”更改为蓝色（R：23，G：80，B：150），取消“使用全局光”复选框，将“角度”更改为90度，“距离”更改为3像素，“扩展”更改为100%，完成之后单击“确定”按钮，如图6.257所示。

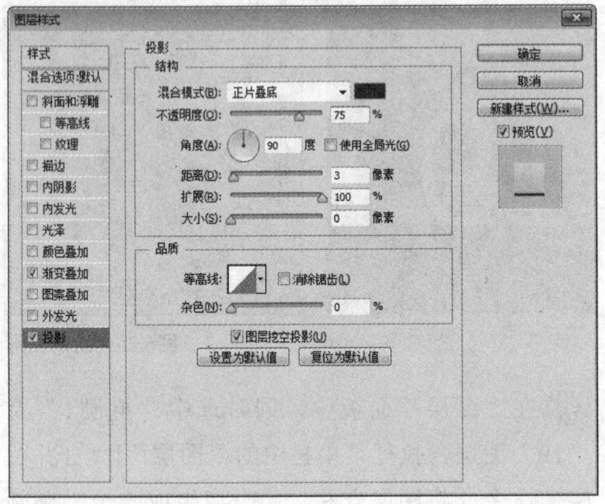

图6.257 设置投影

㉓ 选中“椭圆1”图层，将其图层“不透明度”更改为80%，这样就完成了效果制作，最终效果如图6.258所示。

图6.258 更改图层不透明度及最终效果

6.8 本章小结

一个好的图标往往会反映制作者的某些信息，特别是对一个商业应用来说，可以从中基本了解到这个应用的类型或者内容。在一个布满各种图标的界面中，这一点会突出地表现出来。受众要在大堆的应用中寻找自己想要的特定内容时，一个能让人轻易看出它所代表的应用的类型和内容的图标非常重要，所以在图标的设计中要注意这些内容，突出设计灵魂。

6.9 课后习题

本章通过4个课后练习，希望读者朋友可以汲取别人的优点，不断弥补自身的缺陷，希望读者可以领会本章的设计精髓，不断在实践中历练自己。

6.9.1 课后习题1——唱片机图标

素材位置	无
案例位置	案例文件\第6章\唱片机图标.psd
视频位置	多媒体教学\6.9.1 课后习题1——唱片机图标.avi
难易指数	★★☆☆☆

本例讲解唱片机图标的制作，此款图标的造型时尚大气，以银白色为主色调，提升了整个图标的品质感，同时特效纹理图像的添加更是模拟出唱片机的实物感。最终效果如图6.259所示。

扫码看视频

图6.259 最终效果

步骤分解如图6.260所示。

图6.260 步骤分解图

图6.260 步骤分解图（续）

6.9.2 课后习题2——进度图标

素材位置　素材文件\第6章\进度图标
案例位置　案例文件\第6章\进度图标.psd
视频位置　多媒体教学\6.9.2 课后习题2——进度图标.avi
难易指数　★★☆☆☆

本例讲解进度图标的制作，本例中的图标质感十分突出，整个制作过程中的重点在于对光影及质感效果的把握，整个图标的细节之处，在制作过程中需要特别注意。最终效果如图6.261所示。

扫码看视频

图6.261 最终效果

步骤分解如图6.262所示。

图6.262 步骤分解图

6.9.3 课后习题3——湿度计图标

素材位置　无
案例位置　案例文件\第6章\湿度计图标.psd
视频位置　多媒体教学\6.9.3 课后习题3——湿度计图标.avi
难易指数　★★★★☆

本例讲解湿度计图标的制作，本例中的图标制作采用模拟写实的手法，以真实世界里的湿度计为参照，同时绘制醒目的红色图标作为底座，在数字易读及信息接收上十分出色。最终效果如图6.263所示。

扫码看视频

图6.263 最终效果

步骤分解如图6.264所示。

图6.264 步骤分解图

6.9.4 课后习题4——小黄人图标

素材位置　素材文件\第6章\小黄人图标
案例位置　案例文件\第6章\小黄人图标.psd
视频位置　多媒体教学\6.9.4 课后习题4——小黄人图标.avi
难易指数　★★☆☆☆

本例主要讲解小黄人图标的制作，本例的设计思路以著名的小黄人头像为主题，从酷酷的眼镜到可爱的嘴巴，处处体现了这种卡通造型图标带给用户的最直观的视觉体验。最终效果如图6.265所示。

扫码看视频

图6.265 最终效果

步骤分解如图6.266所示。

图6.266 步骤分解图

第7章

流行界面设计荟萃

内容摘要

本章主要详解流行界面设计制作。界面是人与物体互动的媒介，换句话说，界面是设计师赋予物体的新面孔，是用户和系统进行双向信息交互的支持软件、硬件以及方法的集合。界面应用是综合性的，它可以看成是很多界面元素的组合，在设计上要符合用户心理行为的界面，在追求华丽的同时，也应当遵循大众审美。

课堂学习目标

- 了解界面的含义
- 掌握不同界面的设计技巧

7.1 理论知识——UI设计尺寸

刚开始接触UI的时候，碰到的最多的就是尺寸问题，什么画布要建多大，文字该用多大才合适，要做几套界面才可以，七七八八的也着实让人有些头疼。其实不同的智能系统，官方都会给出规范尺寸，在这些尺寸的基础上加以变化，即可创造出各种设计效果。

7.1.1 iPhone和Android设计尺寸

由于iPhone和Android属于不同的操作系统，并且就算是同一操作系统，也有不同的分辨率等因素，这就造成了不同的智能设备有不同的设计尺寸，下面详细列举iPhone和Android不同界面的设计尺寸及图示效果。

1.iPhone界面尺寸如表7.1所示（单位：像素）。

表7.1 iPhone界面尺寸

设备	分辨率	PPI	状态栏高度	导航栏高度	标签栏高度
iPhone6 Plus设计版	1242×2208	401 PPI	60	132	146
iPhone6 Plus放大版	1125×2001	401 PPI	54	132	146
iPhone6 Plus物理版	1080×1920	401 PPI	54	132	146
iPhone6	750×1334	326 PPI	40	88	98
iPhone5-5C-5S	640×1136	326 PPI	40	88	98
iPhone4-4S	640×960	326 PPI	40	88	98
iPhone&iPod Touch 第一代、第二代、第三代	320×480	163 PPI	20	44	49

2. iPhone界面尺寸图示

虽然尺寸不同，但界面基本组成元素却是相同的，iPhone的APP界面一般由4个元素组成，分别是：状态栏、导航栏、主菜单栏、内容区域。图7.1所示为iPhone界面尺寸的图示。

- 状态栏：就是我们经常说的信号、运营商、电量等显示手机状态的区域。
- 导航栏：显示当前界面的名称，包含相应的功能或者页面间的跳转按钮。
- 主菜单栏：类似于页面的主菜单，提供整个应用的分类内容的快速跳转。
- 内容区域：展示应用提供的相应内容，整个应用中布局变更最为频繁。

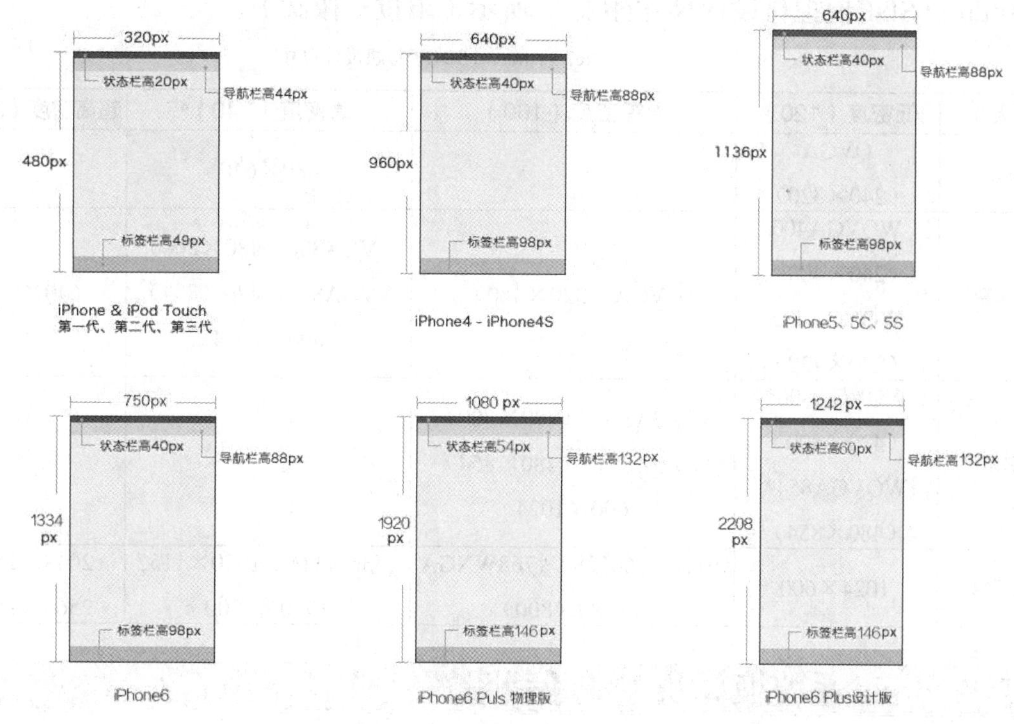

图7.1 iPhone界面尺寸图示

3. iPad的设计尺寸如表7.2所示（单位：像素）。

表7.2 iPad的设计尺寸

设备	尺寸	分辨率	状态栏高度	导航栏高度	标签栏高度
iPad 3- 4 – 5 – 6 - air - air2 - mini2	2048×1536	264 PPI	40	88	98
iPad 1 - 2	1024×768	132 PPI	20	44	49
iPad mini	1024×768	163 PPI	20	44	49

4. iPad界面尺寸图示，如图7.2所示。

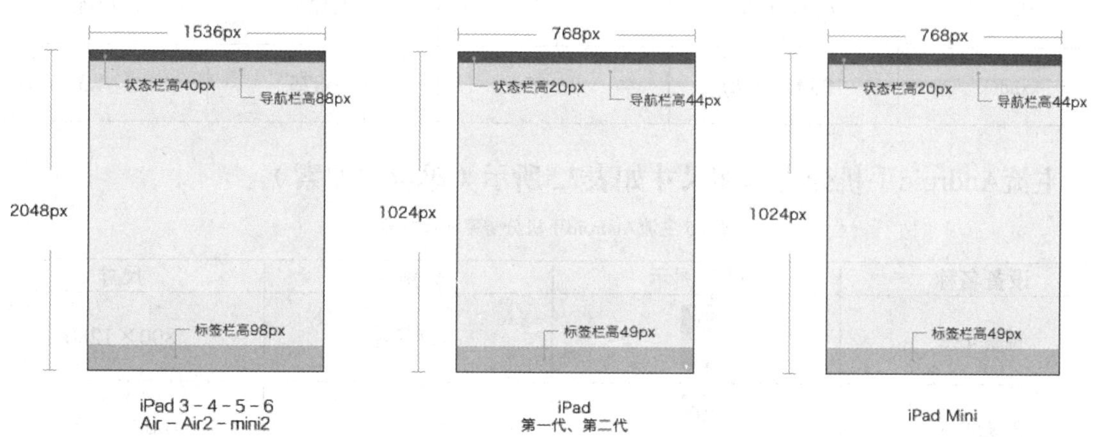

图7.2 iPad界面尺寸图示

5. Android SDK模拟机设计尺寸如表7.3所示（单位：像素）。

表7.3 Android SDK模拟机设计尺寸

屏幕大小	低密度（120）	中等密度（160）	高密度（240）	超高密度（320）
小屏幕	QVGA（240×320）		480×640	
普通屏幕	WQVGA400（240×400） WQVGA432（240×432）	HVGA（320×480）	WVGA800（480×800） WVGA854（480×854） 600×1024	640×960
大屏幕	WQVGA800*（480×800） WQVGA854*（480×854）	WVGA800*（480×800） WVGA854*（480×854） 600×1024		
超大屏幕	1024×600	1024×7681280×768WXGA（1280×800）	1536×1152 1920×1152 1920×1200	2048×1536 2560×1600

7.1.2 Android 系统换算及主流手机设置

1. Android 系统dp/sp/px换算如表7.4所示（单位：像素）。

表7.4 Android 系统dp/sp/px换算表

名称	分辨率	比率rate（针对320px）	比率rate（针对640px）	比率rate（针对750px）
idpi	240×320	0.75	0.375	0.32
mdpi	320×480	1	0.5	0.4267
hdpi	480×800	1.5	0.75	0.64
xhdpi	720×1280	2.25	1.125	1.042
xxhdpi	1080×1920	3.375	1.6875	1.5

2. 主流Android手机分辨率和尺寸如表7.5所示（单位：像素）。

表7.5 主流Android手机分辨率和尺寸表

设备名称	设备图示	分辨率	尺寸
魅族MX2		4.4英寸	800×1280
魅族MX3		5.1英寸	1080×1280

（续表）

设备名称	设备图示	分辨率	尺寸
魅族MX4		5.36英寸	1152×1920
魅族MX4 Pro		5.5英寸	1536×2560
三星GALAXY Note II		5.5英寸	720×1280
三星GALAXY Note 3		5.7英寸	1080×1920
三星GALAXY Note 4		5.7英寸	1440×2560
三星GALAXY S5		5.1英寸	1080×1920
索尼Xperia Z3		5.2英寸	1080×1920
索尼XL39h		6.44英寸	1080×1920
HTC Desire 820		5.5英寸	720×1280
HTC One M8		4.7英寸	1080×1920
OPPO Find 7		5.5英寸	1440×2560
OPPO R3		5英寸	720×1280
OPPO N1 Mini		5英寸	720×1280
OPPO N1		5.9英寸	1080×1920
小米红米Note		5.5英寸	720×1280
小米M2S		4.3英寸	720×1280
小米M4		5英寸	1080×1920
华为荣耀6		5英寸	1080×1920
LG G3		5.5英寸	1440×2560
OnePlus One		5.5英寸	1080×1920
锤子T1		4.95英寸	1080×1920

7.2 课堂案例——存储数据界面

素材位置　素材文件\第7章\存储数据界面
案例位置　案例文件\第7章\存储数据界面.psd
视频位置　多媒体教学\7.2课堂案例——存储数据界面.avi
难易指数　★★☆☆☆

本例讲解存储数据界面，此款界面的视觉效果十分直观，以环形图像与清晰明了的文字信息相结合，整体的效果相当不错，最终效果如图7.3所示。

扫码看视频

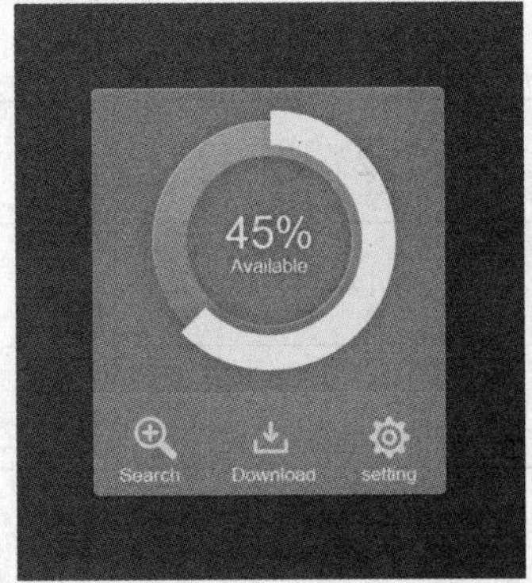

图7.3 最终效果

7.2.1 制作背景绘制图形

01 执行菜单栏中的“文件”|“新建”命令，在弹出的对话框中设置“宽度”为450像素，“高度”为500像素，“分辨率”为72像素/英寸，新建一个空白画布。

02 选择工具箱中的“渐变工具”，编辑白色到灰色（R：226，G：230，B：242）的渐变，单击选项栏中的“线性渐变”按钮，在画布中从上至下拖动填充渐变，如图7.4所示。

图7.4 填充渐变

03 选择工具箱中的“圆角矩形工具”，在选项栏中将“填充”更改为红色（R：245，G：90，B：72），“描边”为无，“半径”为5像素，在画布中绘制一个圆角矩形，此时将生成一个“圆角矩形 1”图层，如图7.5所示。

图7.5 绘制图形

04 在“图层”面板中，选中“圆角矩形 1”图层，单击面板底部的“添加图层样式”按钮，在菜单中选择“内阴影”命令，在弹出的对话框中将“混合模式”更改为叠加，“颜色”更改为白色，取消“使用全局光”复选框，“角度”更改为90度，“距离”更改为1像素，“大小”更改为2像素，如图7.6所示。

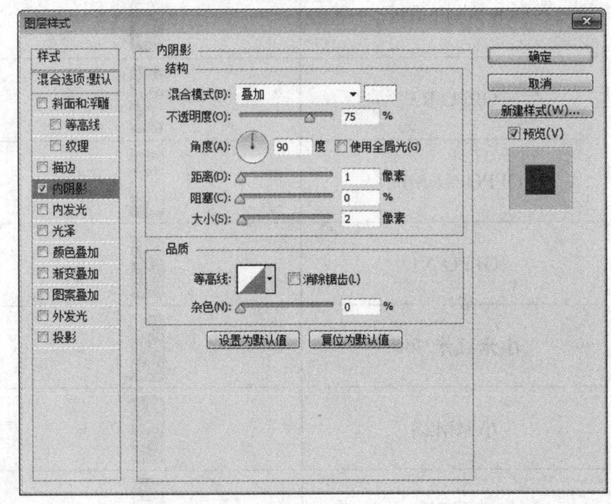

图7.6 设置内阴影

05 选择工具箱中的“矩形工具”，在选项栏中将“填充”更改为白色，“描边”为无，在圆角矩形靠下半部分位置绘制一个矩形，此时将生成一个“矩形 1”图层，如图7.7所示。

图7.7 绘制图形

06 选中“矩形 1”图层，执行菜单栏中的“图层”|“创建剪贴蒙版”命令，为当前图层创建剪贴蒙版，将部分图形隐藏，如图7.8所示。

图7.8 创建剪贴蒙版

07 在“图层”面板中，选中“矩形 1”图层，将其图层“不透明度”更改为20%，再单击面板底部的“添加图层蒙版”按钮，为其添加图层蒙版，如图7.9所示。

08 选择工具箱中的“渐变工具”，编辑黑色到白色的渐变，单击选项栏中的“线性渐变”按钮，在其图形上拖动，将部分图形隐藏，如图7.10所示。

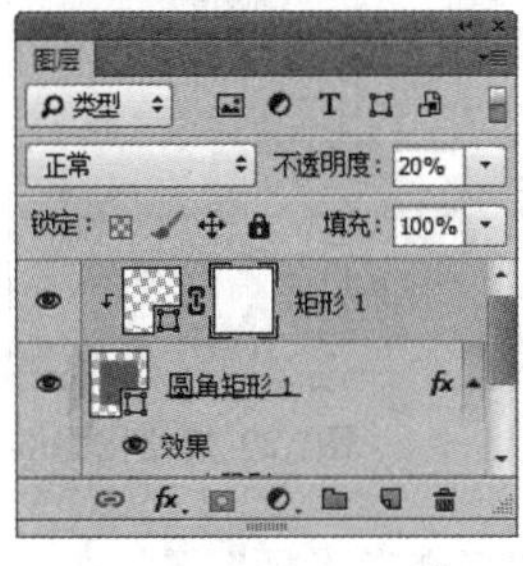

图7.9 添加图层蒙版　　图7.10 设置渐变并隐藏图形

09 选择工具箱中的“直线工具”，在选项栏中将“填充”更改为白色，“描边”为无，“粗细”更改为1像素，在刚才绘制的矩形顶部边缘按住Shift键绘制一条水平线段，此时将生成一个“形状 2”图层，如图7.11所示。

图7.11 绘制图形

10 选中“形状 1”图层，将其图层“不透明度”更改为20%，如图7.12所示。

图7.12 更改图层不透明度

11 以同样的方法在界面靠底部位置绘制2个垂直线段并更改其不透明度，如图7.13所示。

图7.13 绘制图形

12 选择工具箱中的“椭圆工具”，在选项栏中将“填充”更改为白色，“描边”为白色，“大小”更改为30像素，在界面靠上方位置按住Shift键绘制一个圆形，此时将生成一个“椭圆 1”图层，如图7.14所示。

13 在“图层”面板中，选中“椭圆 1”图层，将其拖至面板底部的“创建新图层”按钮上，复制1个“椭圆 1拷贝”图层，如图7.15所示。

图7.14 绘制图形

图7.15 复制图层

⑭ 在“图层”面板中，选中“椭圆 1”图层，单击面板底部的“添加图层样式”fx按钮，在菜单中选择“渐变叠加”命令，在弹出的对话框中将“渐变”更改为红色（R：228，G：108，B：94）到浅红色（R：250，G：155，B：144），如图7.16所示。

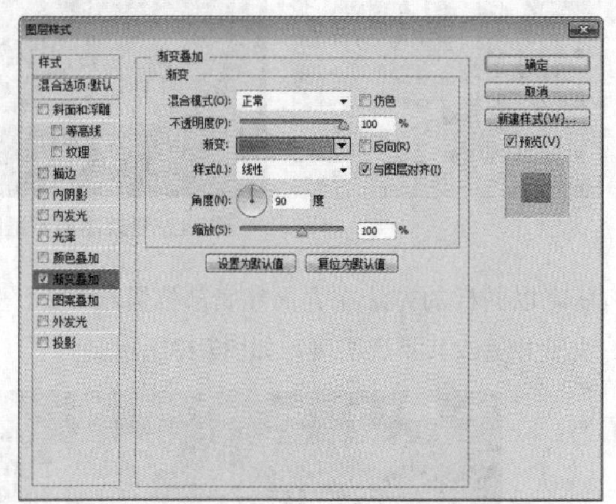

图7.16 设置渐变叠加

⑮ 勾选“内阴影”复选框，将“混合模式”更改为正常，“颜色”更改为白色，“不透明度”更改为50%，“距离”更改为1像素，如图7.17所示。

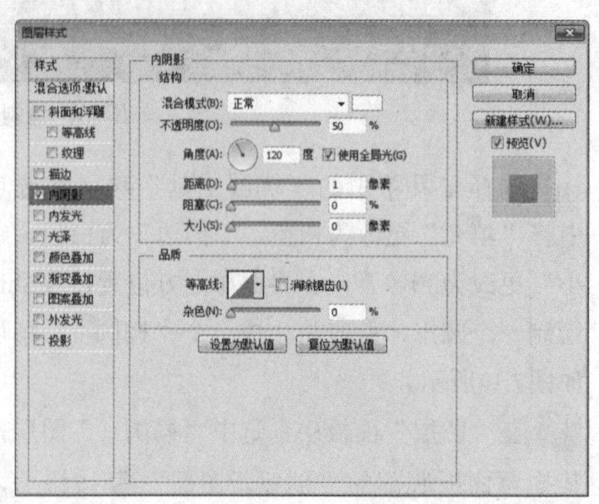

图7.17 设置内阴影

⑯ 勾选“外发光”复选框，将“混合模式”更改为正片叠底，“不透明度”更改为15%，“颜色”更改为深红色（R：97，G：33，B：26），“大小”更改为20像素，完成之后单击“确定”按钮，如图7.18所示。

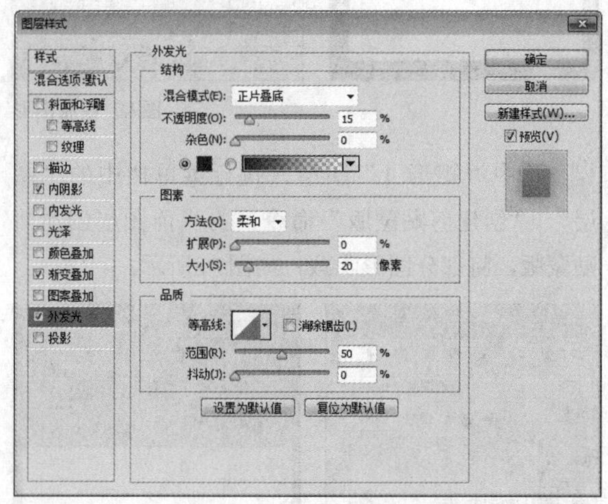

图7.18 设置发光

⑰ 选中“椭圆1 拷贝”图层，将其“描边”更改为浅红色（R：255，G：244，B：242），再按Ctrl+T组合键对其执行“自由变换”命令，将图形等比放大，完成之后按Enter键确认，如图7.19所示。

⑱ 在“图层”面板中，选中“椭圆1 拷贝”图层，在其图层名称上单击鼠标右键，从弹出的快捷菜单中选择“栅格化图层”命令，如图7.20所示。

图7.19 变换图形

图7.20 栅格化图层

⑲ 选择工具箱中的“多边形套索工具”，在画布中其图像上左上角区域绘制一个不规则选区，如图7.21所示。

⑳ 选中“椭圆 1 拷贝”图层，将选区中图像删除，完成之后按Ctrl+D组合键将选区取消，如图7.22所示。

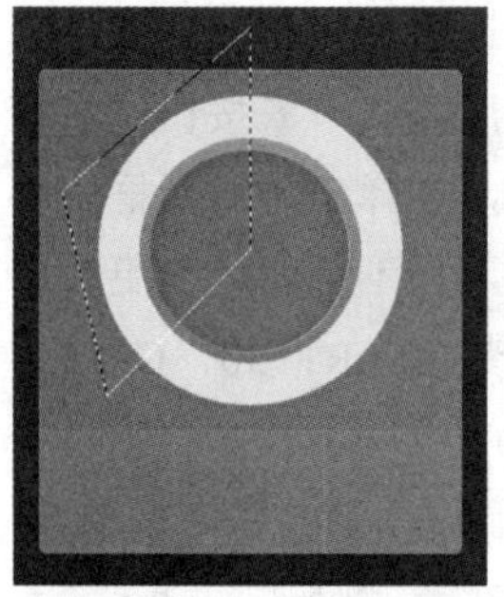

图7.21 绘制选区

图7.22 删除图像

21 在“图层”面板中，选中“椭圆 1 拷贝”图层，单击面板底部的“添加图层样式”fx按钮，在菜单中选择“外发光”命令，在弹出的对话框中将“不透明度”更改为15%，“颜色”更改为深红色（R：97，G：33，B：26），“大小”更改为20像素，完成之后单击“确定”按钮，如图7.23所示。

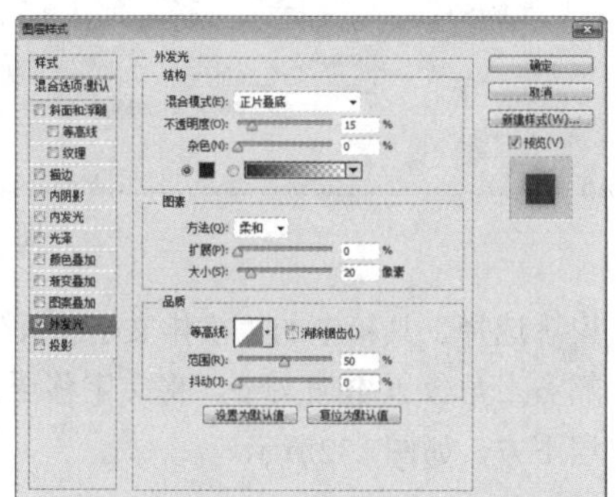

图7.23 设置外发光

7.2.2 添加细节图像

01 执行菜单栏中的“文件”|“打开”命令，打开“图标.psd”文件，将打开的素材拖入画布中并适当缩小，如图7.24所示。

02 选中“图标”组，将其图层“不透明度”更改为80%，如图7.25所示。

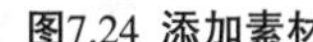

图7.24 添加素材

图7.25 更改不透明度

03 选择工具箱中的“横排文字工具”T，在界面适当位置添加文字，如图7.26所示。

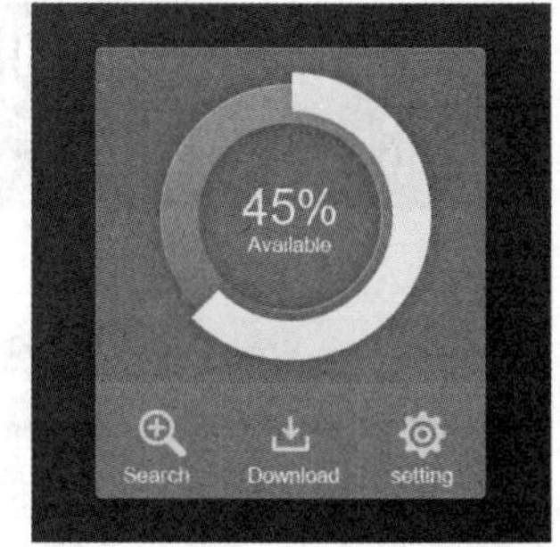

图7.26 添加文字

04 在“图层”面板中，选中“45%”图层，单击面板底部的“添加图层样式”fx按钮，在菜单中选择“外发光”命令，在弹出的对话框中将“不透明度”更改为30%，“颜色”更改为深红色（R：97，G：33，B：26），“大小”更改为10像素，完成之后单击“确定”按钮，如图7.27所示。

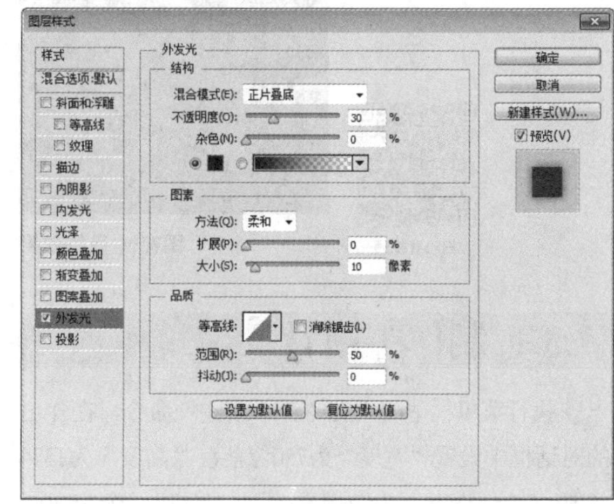

图7.27 设置发光

05 在“45%”图层名称上单击鼠标右键，从弹出的快捷菜单中选择“拷贝图层样式”命令，在“Available”图层名称上单击鼠标右键，从弹出的快捷菜单中选择“粘贴图层样式”命令，这样就完成了效果制作，最终效果如图7.28所示。

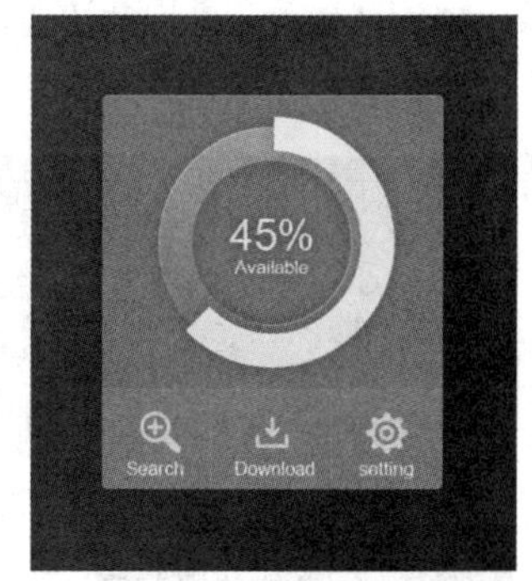

图7.28 最终效果

7.3 课堂案例——自然协会应用界面

素材位置　素材文件\第7章\自然协会应用界面
案例位置　案例文件\第7章\自然协会应用界面.psd
视频位置　多媒体教学\7.3课堂案例——自然协会应用界面.avi
难易指数　★★☆☆☆

本例讲解自然协会应用界面制作，界面的整体效果十分美观，同时图形图像的完美结合带来了极佳的交互体验。在制作过程中重点注意界面的布局及版式安排，最终效果如图7.29所示。

扫码看视频

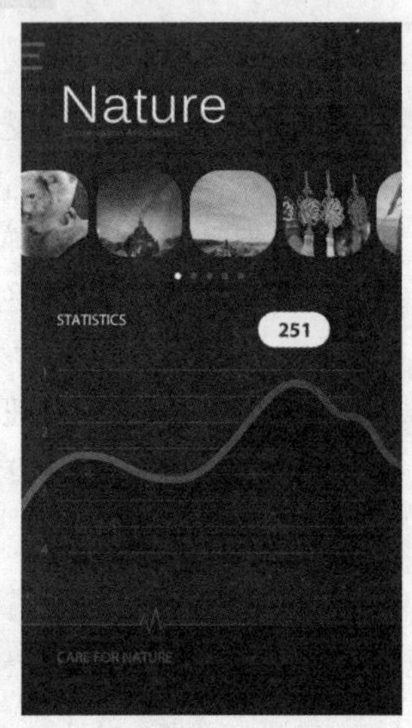

图7.29　最终效果

7.3.1 制作主题背景

01 执行菜单栏中的“文件”|“新建”命令，在弹出的对话框中设置“宽度”为750像素，“高度”为1334像素，“分辨率”为72像素/英寸，新建一个空白画布，将画布填充为紫色（R：70，G：14，B：40）。

02 选择工具箱中的“矩形工具”，在选项栏中将“填充”更改为紫色（R：63，G：16，B：42），“描边”为无，在画布中绘制一个宽度稍大于画布的矩形，此时将生成一个“矩形 1”图层，如图7.30所示。

图7.30　绘制图形

03 在“图层”面板中，选中“矩形 1”图层，单击面板底部的“添加图层样式”按钮，在菜单中选择“内发光”命令，在弹出的对话框中将“混合模式”更改为正常，“不透明度”更改为30%，“颜色”更改为深紫色（R：50，G：7，B：28），“大小”更改为30像素，完成之后单击“确定”按钮，如图7.31所示。

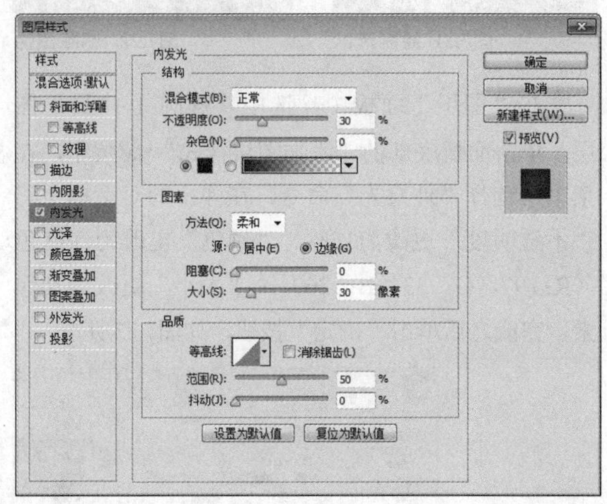

图7.31　设置内发光

04 选择工具箱中的“横排文字工具”，在画布靠右上角位置添加文字，将文字移至“矩形 1”图层下方，如图7.32所示。

图7.32　添加文字

05 选择工具箱中的“矩形工具”，在选项栏中将“填充”更改为深紫色（R：30，G：6，B：40），“描边”为无，在画布靠下半部分位置绘制一个与画布相同宽度的矩形，此时将生成一个“矩形 2”图层，如图7.33所示。

图7.33 绘制图形

06 在“图层”面板中，选中“矩形 2”图层，将其拖至面板底部的“创建新图层”按钮上，复制1个“矩形 2 拷贝”图层，如图7.34所示。

07 选中“矩形 2 拷贝”图层，按Ctrl+T组合键对其执行“自由变换”命令，将图形高度缩小，完成之后按Enter键确认，如图7.35所示。

图7.34 复制图层　　图7.35 缩小图形

08 在“图层”面板中，选中“矩形 2”图层，单击面板底部的“添加图层样式”fx按钮，在菜单中选择“渐变叠加”命令，在弹出的对话框中将“渐变”更改为紫色（R：68，G：30，B：68）到紫色（R：62，G：14，B：46），“角度”更改为-50度，完成之后单击“确定”按钮，如图7.36所示。

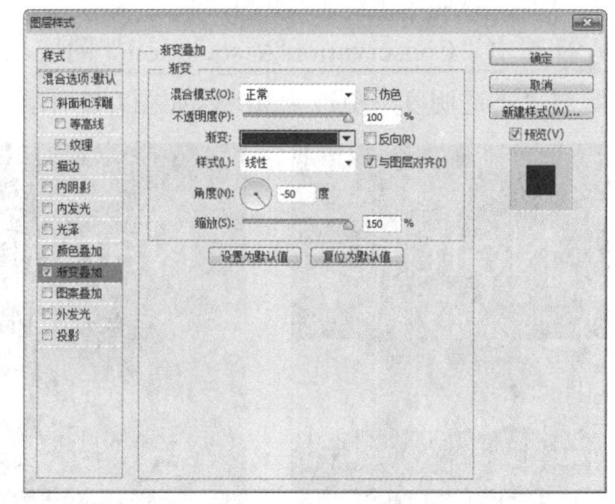

图7.36 设置渐变叠加

7.3.2 绘制界面图形

01 选择工具箱中的“圆角矩形工具”，在选项栏中将“填充”更改为红色（R：210，G：24，B：56），“描边”为无，“半径”为10像素，在背景左上角位置绘制一个圆角矩形，此时将生成一个“圆角矩形 1”图层，如图7.37所示。

图7.37 绘制图形

02 选中“圆角矩形 1”图层，在画布中按住Alt+Shift组合键向下拖动将图形复制2份，并分别将复制生成的图形宽度缩小，如图7.38所示。

图7.38 复制图形

03 选择工具箱中的“圆角矩形工具”，在选项栏中将“填充”更改为白色，“描边”为无，“半径”为60像素，在界面靠上方左侧位置按住Shift键绘制一个圆角矩形，此时将生成一个“圆角矩形 2”图层，如图7.39所示。

图7.39 绘制图形

7.3.3 添加图像

01 执行菜单栏中的“文件”|“打开”命令，打开“图像.jpg”文件，将打开的素材拖入画布中并适当缩小，其图层名称更改为“图层 1”，如图7.40所示。

图7.40 添加素材

02 选中“图层 1”图层，执行菜单栏中的“图层”|“创建剪贴蒙版”命令，为当前图层创建剪贴蒙版,将部分图像隐藏，再按Ctrl+T组合键对其执行“自由变换”命令，将图形等比缩小，完成后按Enter键确认，如图7.41所示。

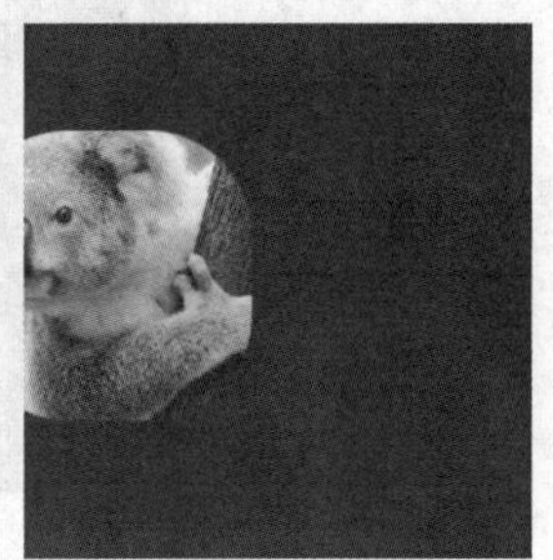

图7.41 创建剪贴蒙版

03 同时选中“图层 1”及“圆角矩形 2”图层，在画布中按住Alt+Shift组合键向右侧拖动将其复制，此时将生成“图层 1 拷贝”及“圆角矩形 2 拷贝”2个新图层，将“图层 1 拷贝”图层删除，如图7.42所示。

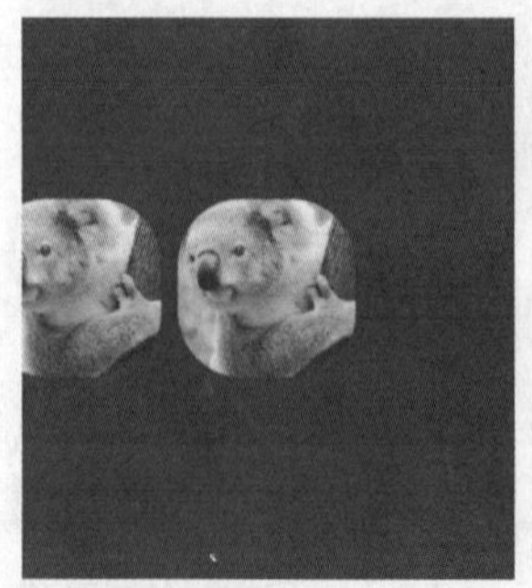

图7.42 复制图形及删除图像

04 执行菜单栏中的“文件”|“打开”命令，打开“图像 2.jpg”文件，将打开的素材拖入画布中并适当缩小，其图层名称更改为“图层 2”，如图7.43所示。

05 以刚才同样的方法为“图层 2”图层创建剪贴蒙版，如图7.44所示。

图7.43 添加素材　图7.44 创建剪贴蒙版

06 执行菜单栏中的“文件”|“打开”命令，打开“图像3.jpg、图像4.jpg、图像5.jpg”文件，将打开的素材拖入画布中并适当缩小，以刚才同样的方法分别为图像创建剪贴蒙版，如图7.45所示。

图7.45 添加素材创建剪贴蒙版

07 选择工具箱中的“横排文字工具”T，在画布适当位置添加文字，如图7.46所示

08 选中“Conservation Association”图层，将其图层“不透明度”更改为30%，如图7.47所示。

图7.46 添加文字　图7.47 更改不透明度

09 选择工具箱中的“椭圆工具”，在选项栏中将“填充”更改为白色，“描边”为无，在部分图像下方位置按住Shift键绘制一个圆形，此时将生成一个“椭圆 1”图层，如图7.48所示。

图7.48 绘制图形

10 在“图层”面板中，选中“椭圆 1”图层，将其拖至面板底部的“创建新图层”按钮上，复制1个“椭圆1 拷贝”图层，将“椭圆1 拷贝”图层“不透明度”更改为30%，如图7.49所示。

图7.49 复制图层

11 选中“椭圆1 拷贝”图层，在画布中按住Alt+Shift组合键向右侧拖动将图形平移复制几份，如图7.50所示。

图7.50 复制图形

7.3.4 绘制图形

01 选择工具箱中的“直线工具”，在选项栏中将“填充”更改为白色，“描边”为无，“粗细”更改为2像素，在图像下方位置按住Shift键绘制一条水平线段，此时将生成一个“形状1”图层，如图7.51所示。

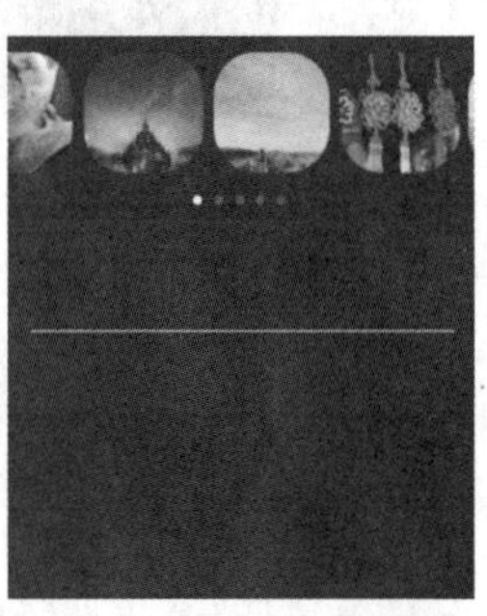

图7.51 绘制图形

02 选中“形状 1”图层，在画布中按住Alt+Shift组合键向下拖动将图形复制多份，如图7.52所示。

03 同时选中“形状 1”及所有拷贝图层，按Ctrl+E组合键将其合并，将生成的图层名称更改为“线段”，如图7.53所示。

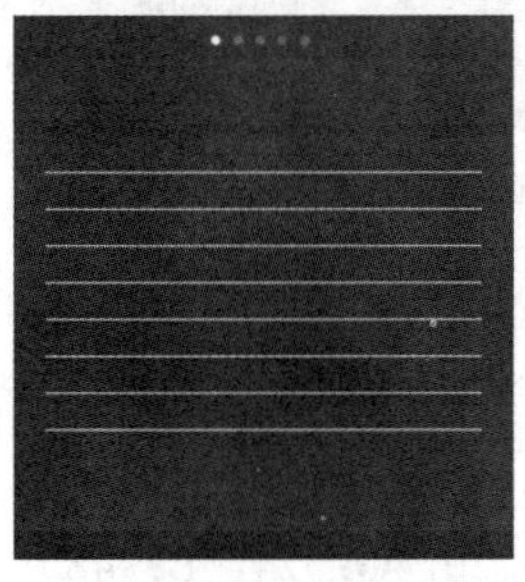

图7.52 复制图形

图7.53 合并图层

04 选中“线段”图层，将其图层“不透明度”更改为20%，如图7.54所示。

图7.54 更改图层不透明度

05 选择工具箱中的“横排文字工具”，在画布适当位置添加文字，如图7.55所示。

图7.55 添加文字

06 选择工具箱中的"钢笔工具"，在选项栏中单击"选择工具模式" 路径 按钮，在弹出的选项中选择"形状"，将"填充"更改为无，"描边"更改为白色，"大小"为14像素，在界面靠下方位置绘制1条弯曲线段，此时将生成一个"形状1"图层，如图7.56所示。

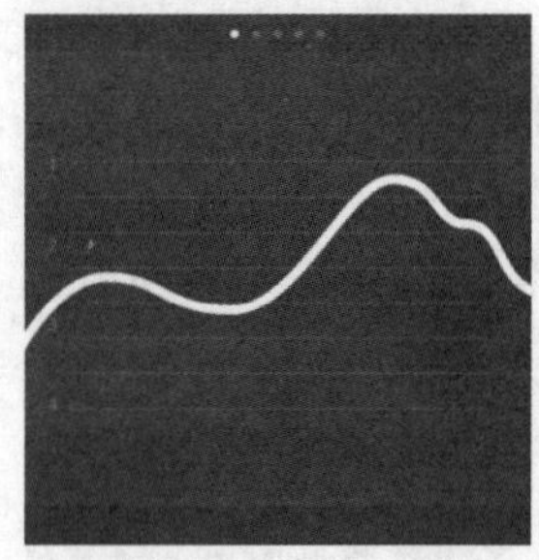

图7.56 绘制图形

07 在"图层"面板中，选中"形状 1"图层，单击面板底部的"添加图层样式" fx 按钮，在菜单中选择"渐变叠加"命令，在弹出的对话框中将"渐变"更改为红色（R：220，G：24，B：48）到紫色（R：160，G：24，B：92），"角度"更改为0度，完成之后单击"确定"按钮，如图7.57所示。

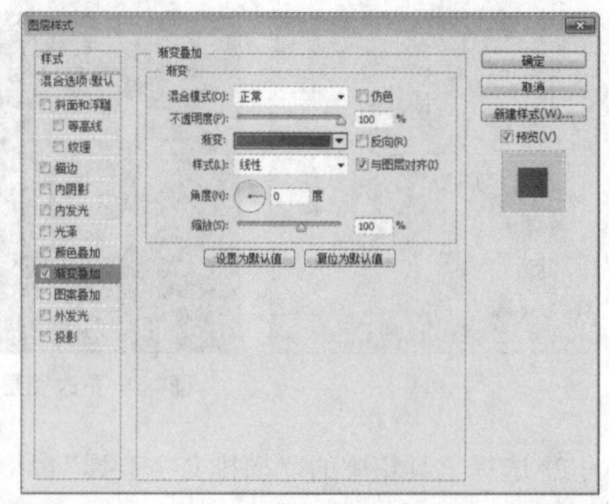

图7.57 设置渐变叠加

08 选择工具箱中的"钢笔工具"，在选项栏中单击"选择工具模式" 路径 按钮，在弹出的选项中选择"形状"，将"填充"更改为黑色，"描边"更改为无，在刚才绘制的线段靠下方位置绘制1个不规则图形，此时将生成一个"形状 2"图层，如图7.58所示。

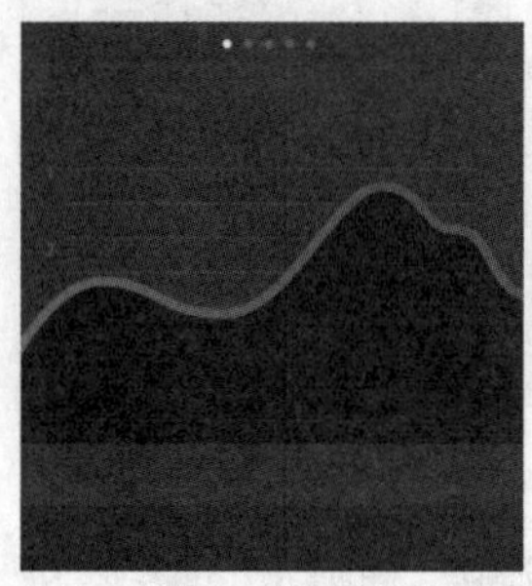

图7.58 绘制图形

09 在"图层"面板中，选中"形状 2"图层，将其图层"不透明度"更改为40%，再单击面板底部的"添加图层蒙版"按钮，为其添加图层蒙版，如图7.59所示。

10 选择工具箱中的"渐变工具"，编辑黑色到白色的渐变，单击选项栏中的"线性渐变"按钮，在其图形上拖动将部分图形隐藏，如图7.60所示。

图7.59 添加图层蒙版

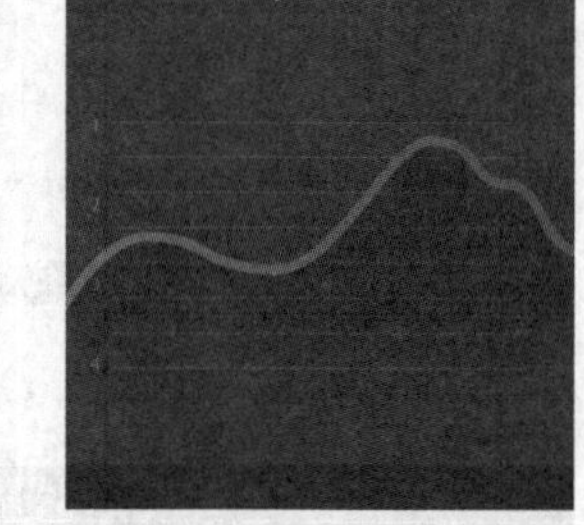

图7.60 设置渐变并隐藏图形

11 选择工具箱中的"圆角矩形工具"，在选项栏中将"填充"更改为白色，"描边"为无，"半径"为50像素，在界面靠右侧位置绘制一个圆角矩形，如图7.61所示。

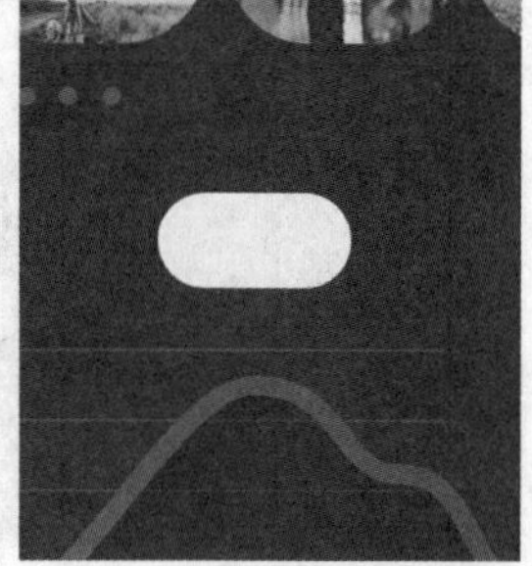

图7.61 绘制图形

12 选择工具箱中的“横排文字工具” T，在画布适当位置添加文字，如图7.62所示。

图7.62 添加文字

13 选择工具箱中的“钢笔工具”，在选项栏中单击“选择工具模式” 路径 按钮，在弹出的选项中选择“形状”，将“填充”更改为无，“描边”更改为红色（R：213，G：24，B：53），“大小”为2像素，在界面靠底部位置绘制1条弯曲线段，此时将生成一个“形状 3”图层，如图7.63所示。

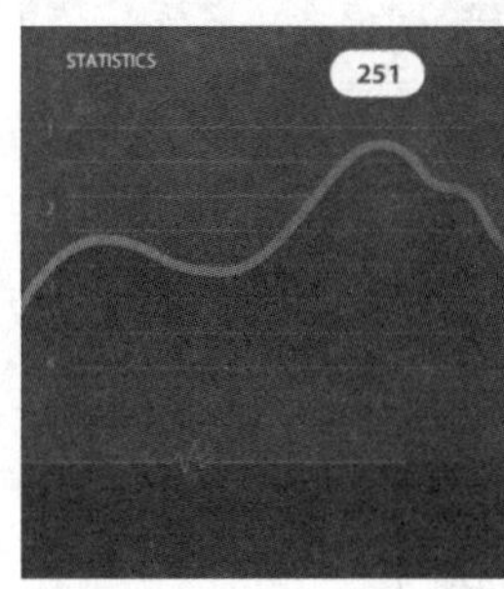

图7.63 绘制图形

14 在“图层”面板中，选中“形状 3”图层，单击面板底部的“添加图层蒙版”按钮，为其添加图层蒙版，如图7.64所示。

15 选择工具箱中的“渐变工具”，编辑黑色到白色的渐变，单击选项栏中的“线性渐变”按钮，在图形靠右侧位置拖动将部分图形隐藏，如图7.65所示。

图7.64 添加图层蒙版

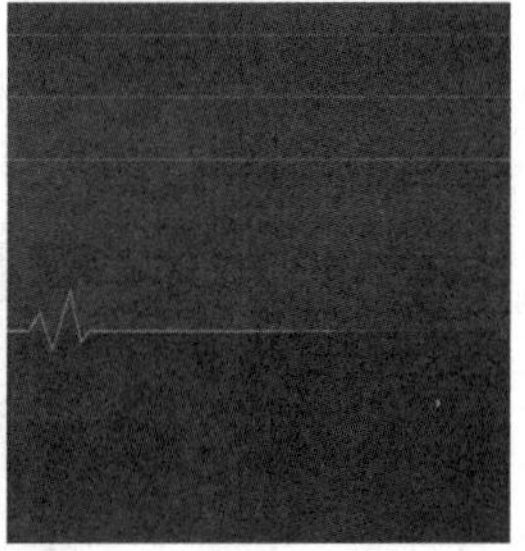
图7.65 设置渐变并隐藏图形

16 选择工具箱中的“横排文字工具” T，在画布靠底部位置添加文字，这样就完成了效果制作，最终效果如图7.66所示。

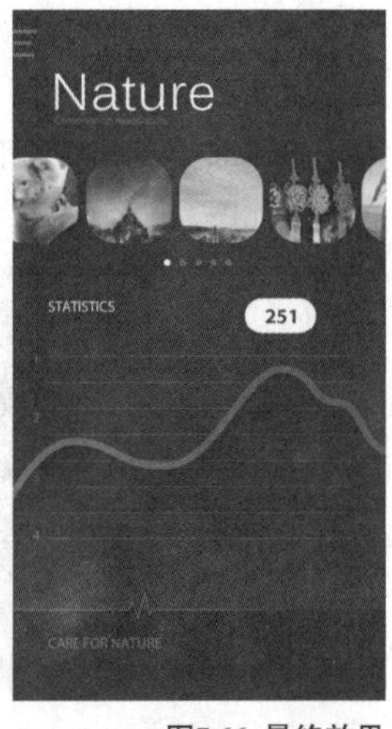

图7.66 最终效果

7.4 课堂案例——点餐APP界面

素材位置	素材文件\第7章\点餐APP界面
案例位置	案例文件\第7章\点餐APP界面.psd
视频位置	多媒体教学\7.4课堂案例——点餐APP界面.avi
难易指数	★★★☆☆

本例主要讲解的是点餐APP界面制作，本例的制作方法比较简单，在绘制过程中需要注意界面的主体色调和食物颜色的搭配。由于是西餐类的界面设计，所以在制作的过程中要参考文字信息及菜品图像进行着手，在设计上尽量达到符合西餐的风格。最终效果如图7.67所示。

扫码看视频

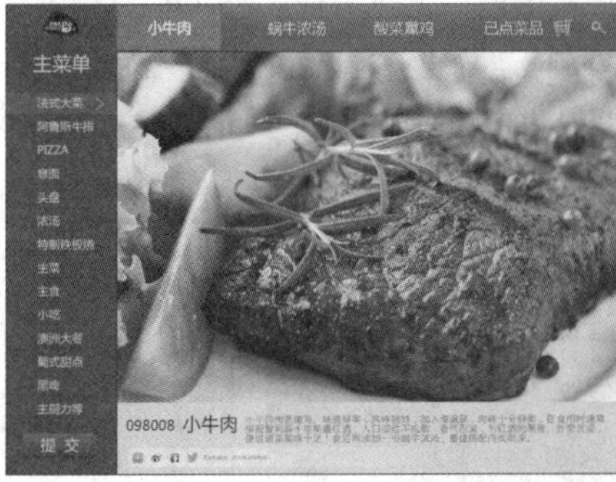

图7.67 最终效果

7.4.1 制作背景

01 执行菜单栏中的“文件”|“新建”命令，在弹出的对话框中，设置“宽度”为2048像素，“高

度”为1536像素，“分辨率”为72像素/英寸，新建一个空白画布。

02 将画布填充为深红色（R：73，G：34，B：30），如图7.68所示。

图7.68 新建图层并填充颜色

03 选择工具箱中的“矩形工具”，在选项栏中将“填充”更改为浅红色（R：114，G：65，B：60），“描边”为无，沿左侧部分绘制一个矩形，此时将生成一个“矩形1”图层，如图7.69所示。

图7.69 绘制图形

04 选择工具箱中的“矩形工具”，在选项栏中将“填充”更改为浅红色（R：114，G：65，B：60），“描边”为无，在画布左上角绘制一个矩形，此时将生成一个“矩形2”图层，如图7.70所示。

图7.70 绘制图形

05 在“图层”面板中，选中“矩形 2”图层，单击面板底部的“添加图层蒙版”按钮，为其图层添加图层蒙版，如图7.71所示。

06 选择工具箱中的“渐变工具”，在选项栏中单击“点按可编辑渐变”按钮，在弹出的对话框中，选择“黑白渐变”，设置完成之后单击“确定”按钮，再单击选项栏中的“线性渐变”按钮，如图7.72所示。

图7.71 添加图层蒙版

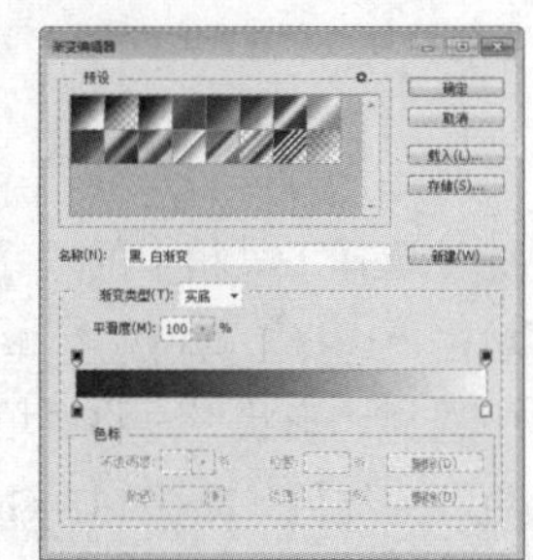

图7.72 设置渐变

7.4.2 添加素材及文字

01 单击“矩形 2”图层蒙版缩览图，在图形上按住Shift键从下往上拖动，将部分图形隐藏，如图7.73所示。

02 执行菜单栏中的“文件”|“打开”命令，打开“logo.psd”文件，将打开的素材拖入界面左上角位置并适当缩小，如图7.74所示。

图7.73 隐藏图形

图7.74 添加素材

03 选择工具箱中的“横排文字工具”，在适当位置添加文字，如图7.75所示。

图7.75 添加文字

04 选择工具箱中的“直线工具”，在选项栏中将“填充”更改为深红色（R：73，G：34，B：30），“描边”为无，“粗细”更改为2像素，在添加的文字下方位置绘制一条水平线段，此时将生成一个“形状1”图层，如图7.76所示。

图7.76 绘制图形

05 在“图层”面板中，选中“形状1”图层，单击面板底部的“添加图层样式”按钮，在菜单中选择“内阴影”命令，在弹出的对话框中，取消“使用全局光”复选框，将“角度”更改为90度，“距离”更改为1像素，如图7.77所示。

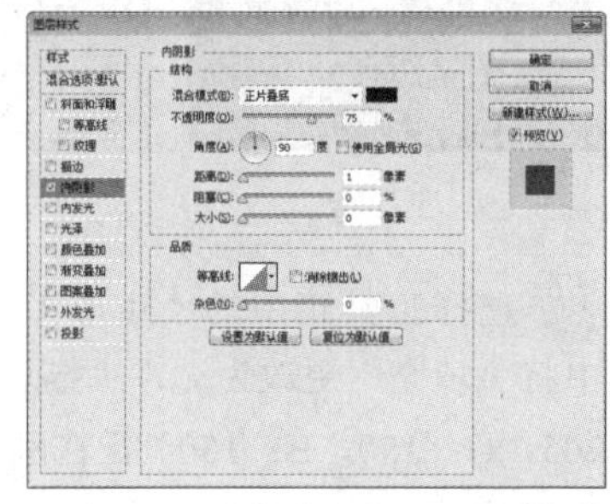

图7.77 设置内阴影

06 勾选“投影”复选框，将“混合模式”更改为正常，“颜色”更改为白色，“不透明度”更改为30%，取消“使用全局光”复选框，将“角度”更改为90度，“距离”更改为1像素，完成之后单击“确定”按钮，如图7.78所示。

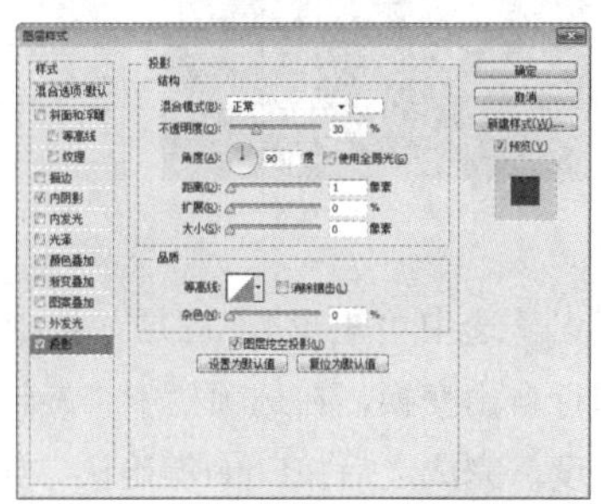

图7.78 设置投影

07 在“图层”面板中，选中“形状1”图层，单击面板底部的“添加图层蒙版”按钮，为其图层添加图层蒙版，如图7.79所示。

图7.79 添加图层蒙版

08 选择工具箱中的“渐变工具”，在选项栏中单击“点按可编辑渐变”按钮，在弹出的对话框中，选择“黑白渐变”，设置完成之后单击“确定”按钮，再单击选项栏中的“线性渐变”按钮，如图7.80所示。

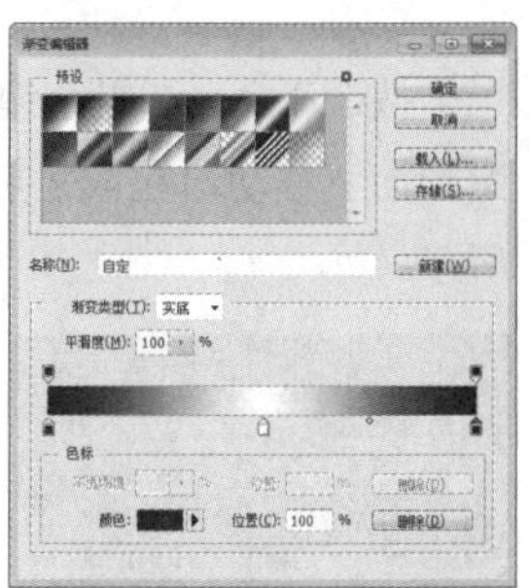

图7.80 设置渐变

7.4.3 添加界面元素

01 单击“形状1”图层蒙版缩览图，在图形上按住Shift键从左向右拖动，将部分图形隐藏，如图7.81所示。

图7.81 隐藏图形

02 选中“形状1”图层，执行菜单栏中的“图层”|“栅格化”|“形状”命令，将当前图形栅格化，如图7.82所示。

图7.82 栅格化形状

03 在“图层”面板中，按住Ctrl键单击“形状1”图层缩览图，将其载入选区，如图7.83所示。

图7.83 载入选区

04 按Ctrl+Alt+T组合键，执行复制变换命令，将图形向下移动，完成之后按Enter键确认，如图7.84所示。

图7.84 移动效果

05 选中“形状 1”图层，按住Ctrl+Alt+Shift组合键的同时多次按T键，将图形复制多份，完成之后按Ctrl+D组合键将选区取消，如图7.85所示。

图7.85 变换复制图形

06 选中“形状1”图层，将其图层“不透明度”更改为70%，如图7.86所示。

图7.86 更改图层不透明度

07 选择工具箱中的“矩形工具”，在选项栏中将“填充”更改为红色（R：140，G：77，B：77），“描边”为无，在文字下方位置绘制一个矩形，此时将生成一个“矩形3”图层，如图7.87所示。

图7.87 绘制图形

08 选择工具箱中的“矩形工具”，在选项栏中将“填充”更改为无，“描边”为浅红色（R：205，G：150，B：150），在刚才绘制的矩形右侧位置按住Shift键绘制一个矩形，此时将生成一个“矩形4”图层，如图7.88所示。

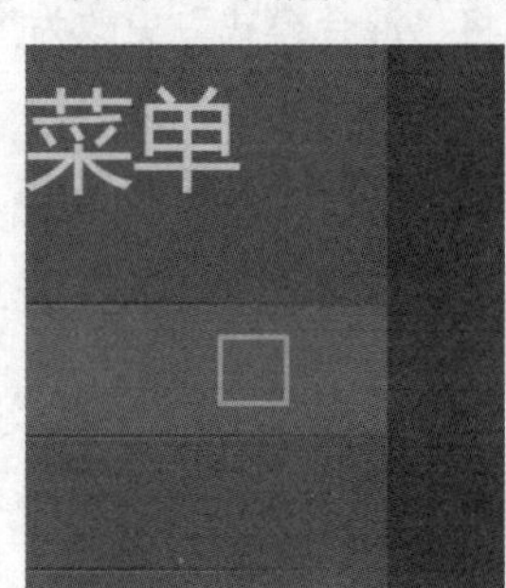

图7.88 绘制图形

09 选中“矩形4”图层，按Ctrl+T组合键对其执行自由变换，在选项栏中“旋转”文本框中输入45度，完成之后按Enter键确认，如图7.89所示。

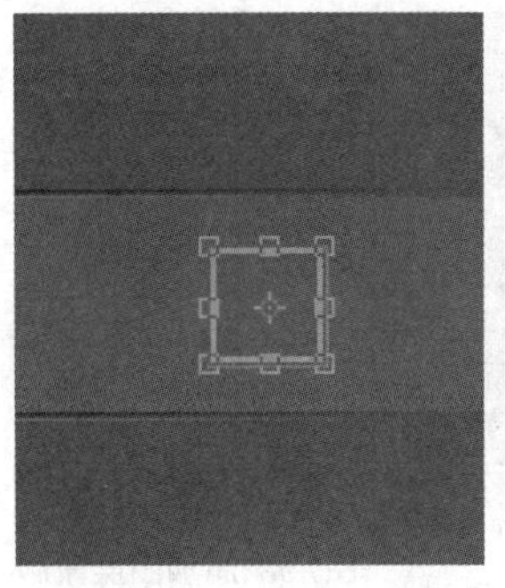
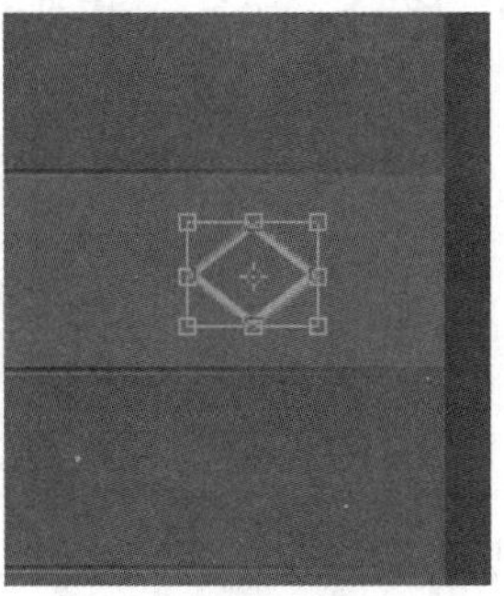

图7.89　变换图形

⑩ 选择工具箱中的“直接选择工具”，选中“矩形4”图层中的图形左侧锚点按Delete键将其删除，如图7.90所示。

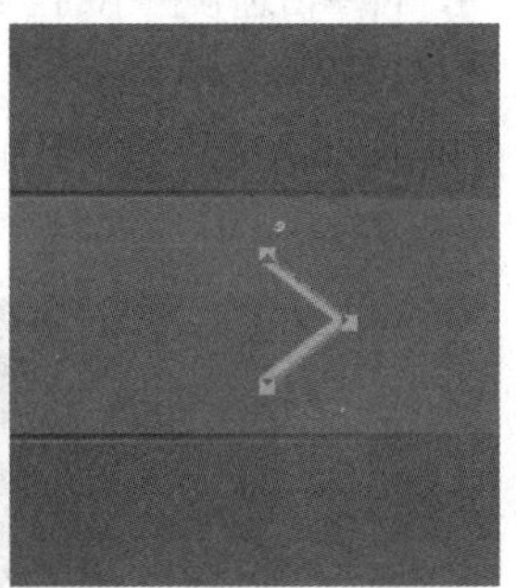

图7.90　删除锚点

⑪ 选择工具箱中的“横排文字工具”T，在界面左侧位置添加文字，如图7.91所示。

图7.91　添加文字

⑫ 选择工具箱中的“圆角矩形工具”，在选项栏中，将“填充”更改为白色，“描边”为无，“半径”为10像素，在界面左下角位置绘制一个圆角矩形，此时将生成一个“圆角矩形1”图层，如图7.92所示。

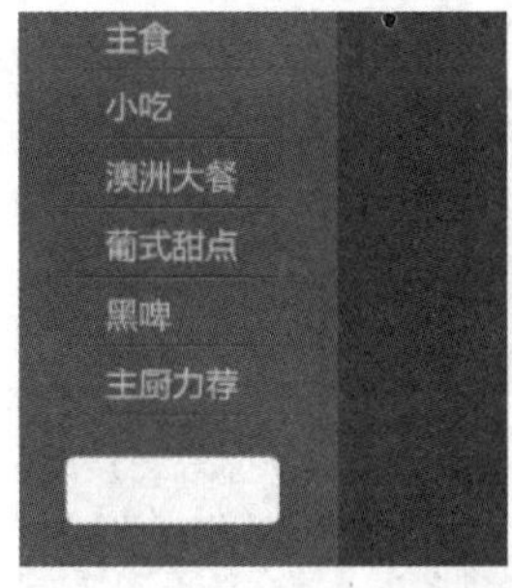

图7.92　绘制图形

⑬ 在“图层”面板中，选中“圆角矩形1”图层，单击面板底部的“添加图层样式”fx按钮，在菜单中选择“渐变叠加”命令，在弹出的对话框中，将“渐变”更改为深红色（R：120，G：52，B：43）到浅红色（R：175，G：85，B：77），如图7.93所示。

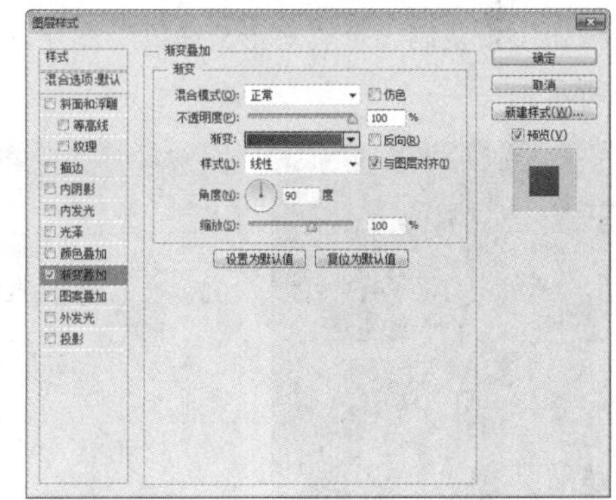

图7.93　设置渐变叠加

⑭ 勾选“投影”复选框，将“不透明度”更改为50%，“角度”更改为90度，“距离”更改为1像素，“大小”更改为5像素，完成之后单击“确定”按钮，如图7.94所示。

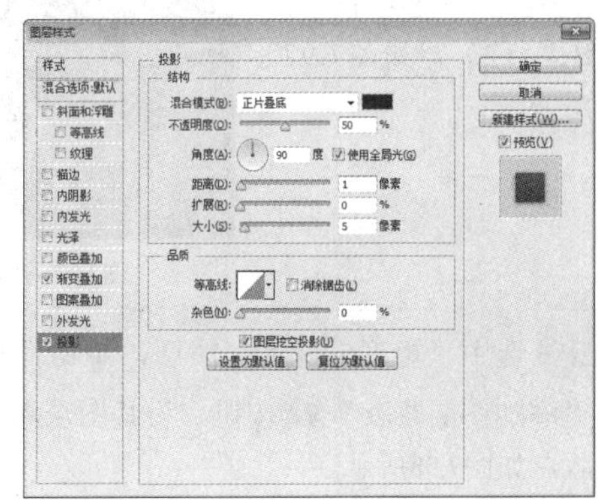

图7.94 设置投影

15 选择工具箱中的"横排文字工具" T，在绘制的图形上添加文字，如图7.95所示。

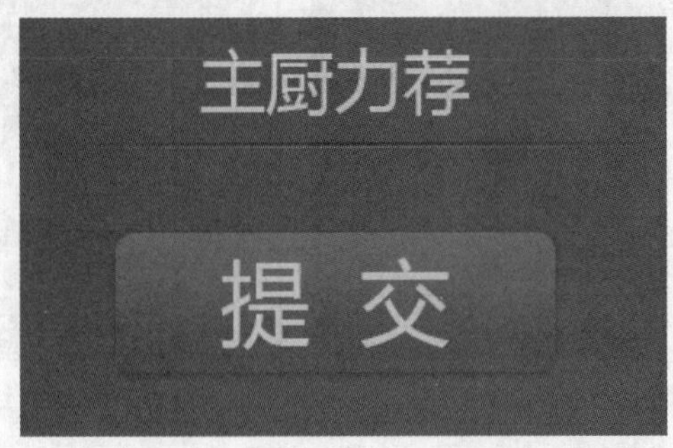

图7.95 添加文字

16 选择工具箱中的"矩形工具"，在选项栏中将"填充"更改为浅红色（R：130，G：85，B：85），"描边"为无，在画布靠顶部绘制一个矩形，此时将生成一个"矩形5"图层，选中"矩形5"图层，将其拖至面板底部的"创建新图层"按钮上，复制一个"矩形5 拷贝"图层，如图7.96所示。

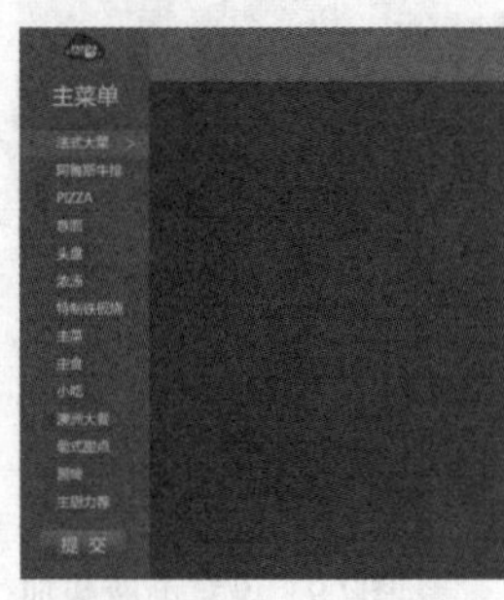

图7.96 绘制图形

17 选中"矩形5 拷贝"图层，将其图形颜色更改为浅红色（R：153，G：112，B：112），如图7.97所示。

图7.97 更改图形颜色

18 选中"矩形5 拷贝"图层，单击面板底部的"添加图层蒙版"按钮，为其图层添加图层蒙版，如图7.98所示。

图7.98 添加图层蒙版

19 选择工具箱中的"渐变工具"，在选项栏中单击"点按可编辑渐变"按钮，在弹出的对话框中，选择"黑白渐变"，设置完成之后单击"确定"按钮，再单击选项栏中的"线性渐变"按钮。

20 单击"矩形 5 拷贝"图层蒙版缩览图，在图形上按住Shift键从下往上拖动，将部分图形隐藏，如图7.99所示。

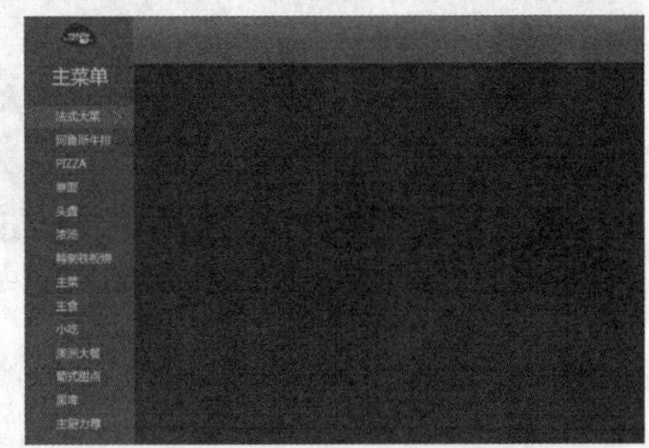

图7.99 隐藏图形

21 选择工具箱中的"矩形工具"，在选项栏中将"填充"更改为浅红色（R：165，G：105，B：105），"描边"为无，在界面左上角绘制一个矩形，此时将生成一个"矩形6"图层，如图7.100所示。

图7.100 绘制图形

22 在"图层"面板中，选中"矩形6"图层，单击面板底部的"添加图层样式" fx 按钮，在菜单中选择“内阴影”命令，在弹出的对话框中，将“不透明度”更改为50%，“角度”更改为90度，“大小”更改为9像素，完成之后单击“确定”按钮，如图7.101所示。

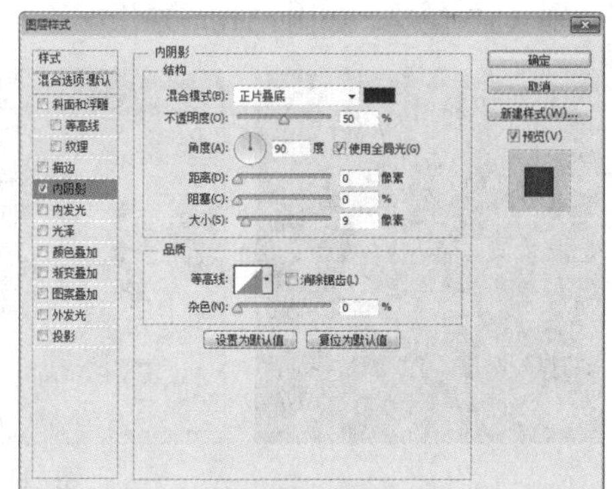

图7.101 设置内阴影

23 选择工具箱中的“横排文字工具”T，在刚才绘制的图形上添加文字，如图7.102所示。

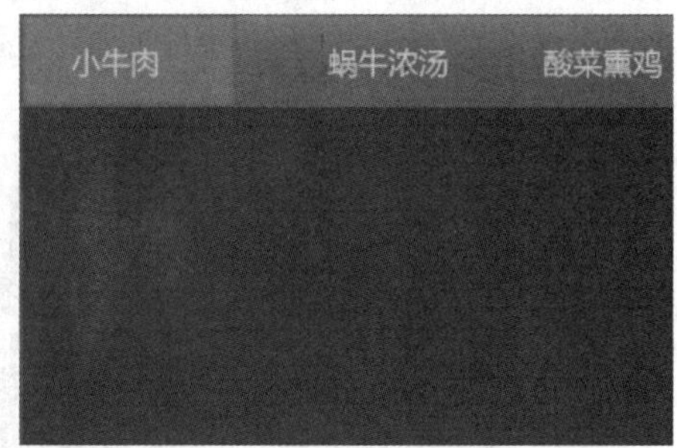

图7.102 添加文字

24 在“图层”面板中，选中“小牛肉”图层，单击面板底部的“添加图层样式”fx按钮，在菜单中选择“描边”命令，在弹出的对话框中，将“大小”更改为1像素，“颜色”更改为白色，完成之后单击“确定”按钮，如图7.103所示。

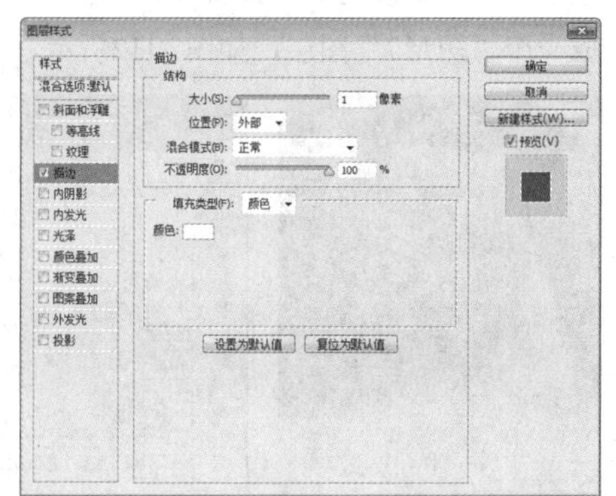

图7.103 设置描边

25 在“图层”面板中，选中“蜗牛浓汤”图层，单击面板底部的“添加图层样式”fx按钮，在菜单中选择“描边”命令，在弹出的对话框中，将“大小”更改为1像素，“颜色”更改为深红色（R：72，G：34，B：30），完成之后单击“确定”按钮，如图7.104所示。

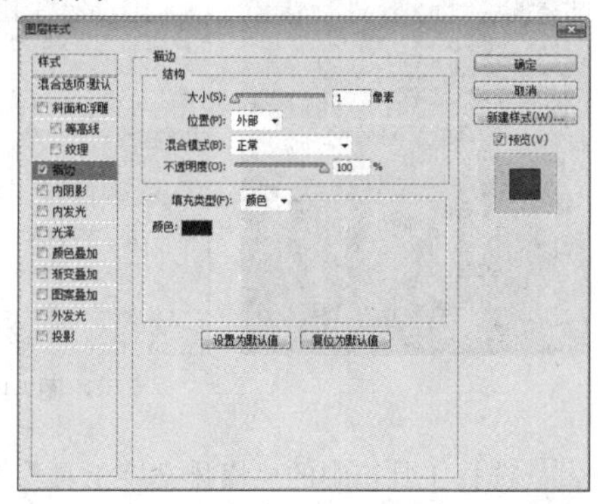

图7.104 设置描边

26 在“蜗牛浓汤”图层上单击鼠标右键，从弹出的快捷菜单中，选择“拷贝图层样式”命令，在“酸菜熏鸡”图层上单击鼠标右键，从弹出的快捷菜单中，选择“粘贴图层样式”命令，如图7.105所示。

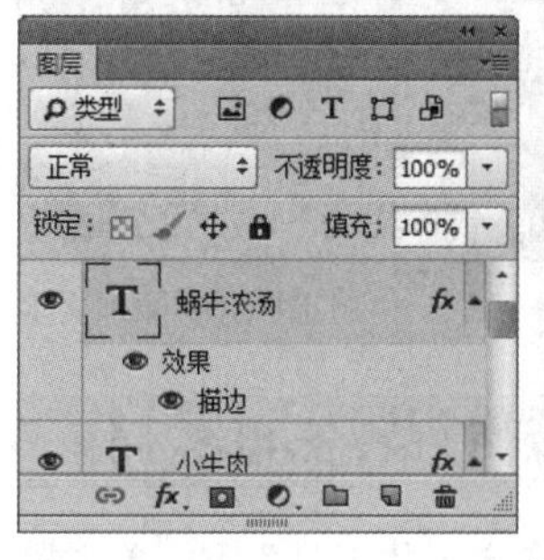

图7.105 拷贝并粘贴图层样式

27 选择工具箱中的“自定形状工具”，单击鼠标右键，在弹出的面板中，单击右上角图标，在弹出的下拉菜单中，选择“全部”|“购物车”，如图7.106所示。

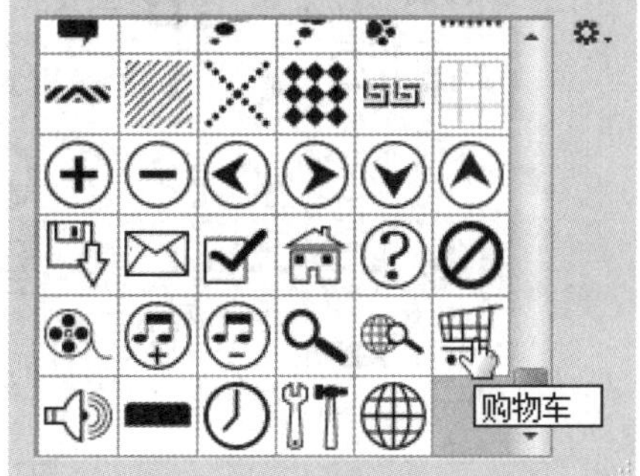

图7.106 设置形状

28 在选项栏中将“填充”更改为无，“描边”更改为浅红色（R：230，G：212，B：210），“大小”更改为2像素，在界面右上角位置按住Shift键绘制一个图形，此时将生成一个“形状2”图层，如图7.107所示。

图7.107 绘制图形

29 选择工具箱中的“横排文字工具”T，在绘制的图形左侧位置添加文字，如图7.108所示。

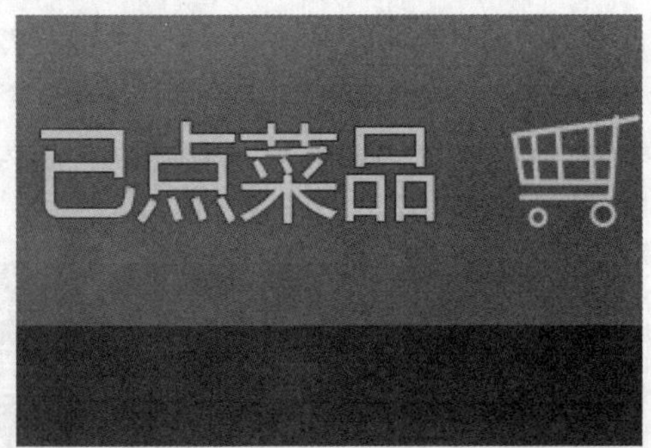

图7.108 添加文字

7.4.4 绘制功能图形及添加素材

01 选择工具箱中的“自定形状工具”，单击鼠标右键，在弹出的面板中，选择“搜索”，如图7.109所示。

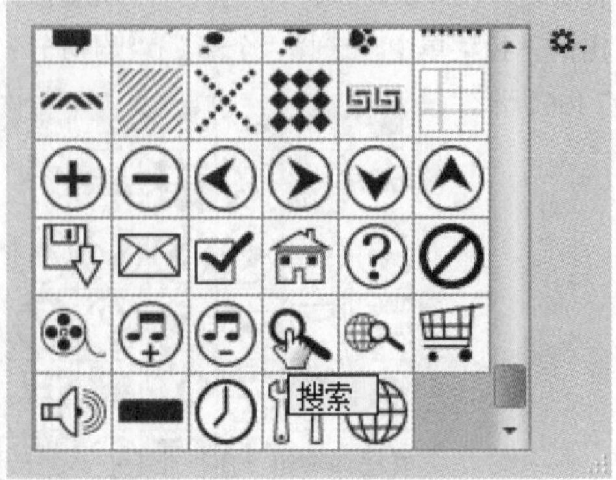

图7.109 设置形状

02 在选项栏中将“填充”更改为无，“描边”更改为浅红色（R：230，G：212，B：210），“大小”更改为2像素，在刚才绘制的购物车图形右侧位置按住Shift键绘制一个图形，此时将生成一个“形状3”图层，如图7.110所示。

图7.110 绘制图形

03 执行菜单栏中的“文件”|“打开”命令，打开“小牛肉.jpg”文件，将打开的素材拖入画布中并适当缩小，如图7.111所示。

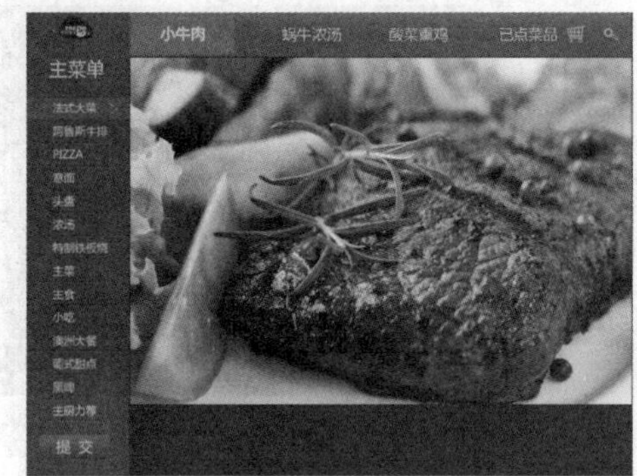

图7.111 添加素材

04 选择工具箱中的“矩形工具”，在选项栏中将“填充”更改为浅红色（R：230，G：212，B：210），“描边”为无，在添加的素材图像下方位置绘制一个宽度与素材图像相同的矩形，此时将生成一个“矩形7”图层，如图7.112所示。

图7.112 绘制图形

05 选择工具箱中的“横排文字工具”T，在刚才绘制的图形上添加文字，如图7.113所示。

图7.113 添加文字

06 选择工具箱中的“矩形工具”，在选项栏中将“填充”更改为浅红色（R：240，G：230，B：230），“描边”为无，在刚才添加的文字下方位置绘制一个矩形，此时将生成一个“矩形8”图层，如图7.114所示。

图7.114 绘制图形

07 在“图层”面板中，选中“矩形8”图层，单击面板底部的“添加图层蒙版”按钮，为其图层添加图层蒙版，如图7.115所示。

08 选择工具箱中的“渐变工具”，在选项栏中单击“点按可编辑渐变”按钮，在弹出的对话框中，选择“黑白渐变”，设置完成之后单击“确定”按钮，再单击选项栏中的“线性渐变”按钮，如图7.116所示。

图7.115 添加图层蒙版

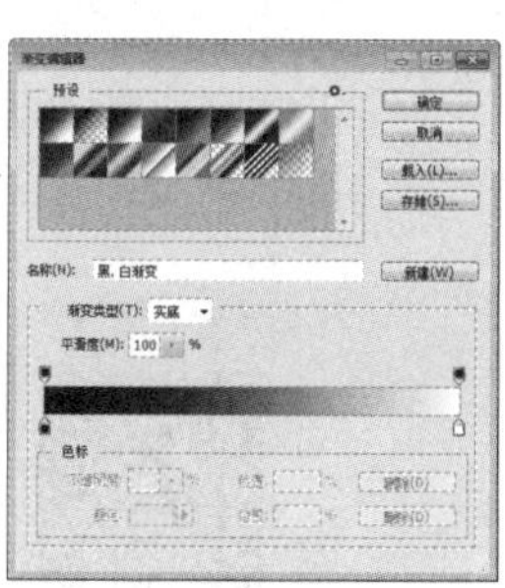

图7.116 设置渐变

09 单击“矩形8”图层蒙版缩览图，在图形上按住Shift键从右向左拖动，将部分图形隐藏，如图7.117所示。

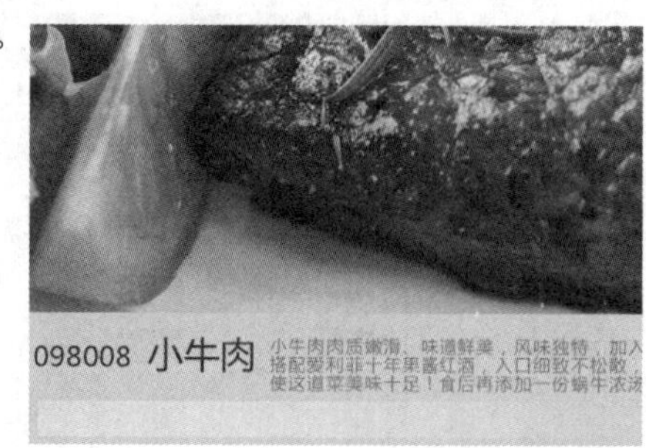

图7.117 隐藏图形

10 选择工具箱中的“圆角矩形工具”，在选项栏中将“填充”更改为白色，“描边”为无，“半径”为5像素，在刚才隐藏的图形左侧按住Shift键绘制一个圆角矩形，此时将生成一个“圆角矩形2”图层，如图7.118所示。

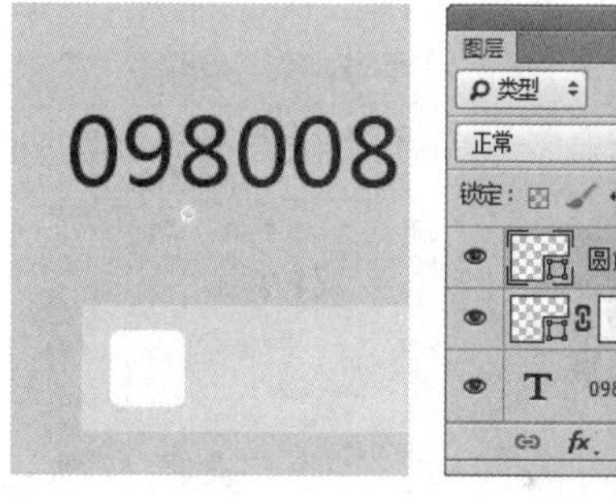

图7.118 绘制图形

11 在“图层”面板中，选中“圆角矩形2”图层，单击面板底部的“添加图层样式”fx按钮，在菜单中选择“渐变叠加”命令，在弹出的对话框中，将“渐变”更改为绿色（R：120，G：160，B：0）到绿色（R：157，G：208，B：0），完成之后单击“确定”按钮，如图7.119所示。

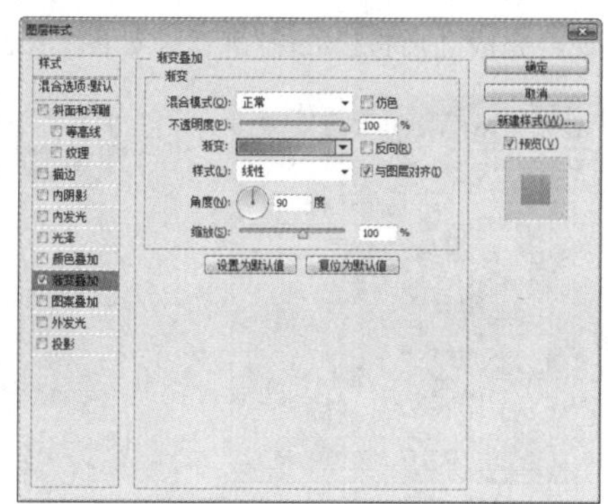

图7.119 设置渐变叠加

⑫ 勾选“投影”复选框，将“不透明度”更改为50%，“角度”更改为90度，“距离”更改为1像素，“大小”更改为2像素，完成之后单击“确定”按钮，如图7.120所示。

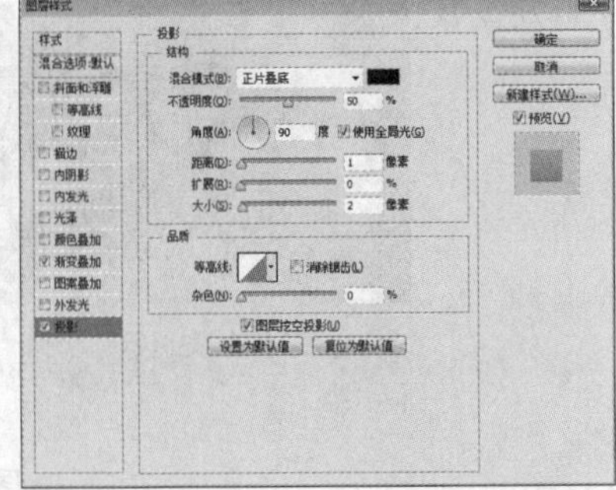

图7.120 设置投影

⑬ 选择工具箱中的“直线工具”，在选项栏中将“填充”更改为白色，“描边”为无，“粗细”更改为2像素，在刚才绘制的圆角图形上按住Shift键绘制一条垂直线段，此时将生成一个“形状4”图层，如图7.121所示。

图7.121 绘制图形

⑭ 在“图层”面板中，选中“形状4”图层，将其拖至面板底部的“创建新图层”按钮上，复制一个“形状4 拷贝”图层，如图7.122所示。

⑮ 选中“形状 4 拷贝”图层，按Ctrl+T组合键对其执行“自由变换”命令，单击鼠标右键，从弹出的快捷菜单中，选择“旋转90度（顺时针）”命令，完成之后按Enter键确认，如图7.123所示。

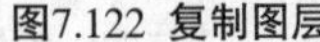
图7.122 复制图层

图7.123 变换图形

⑯ 执行菜单栏中的“文件”|“打开”命令，打开“图标.psd”文件，将打开的素材拖入画布中并适当缩小，选择工具箱中的“横排文字工具”T，在刚才添加的素材图像右侧位置添加文字，这样就完成了效果制作，最终效果如图7.124所示。

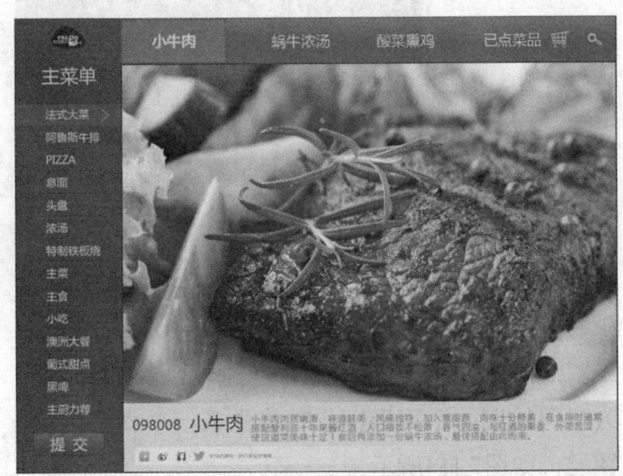

图7.124 添加素材及文字以及最终效果

7.5 课堂案例——锁屏界面

素材位置	素材文件\第7章\锁屏界面
案例位置	案例文件\第7章\锁屏界面.psd
视频位置	多媒体教学\7.5课堂案例——锁屏界面.avi
难易指数	★★★☆☆

本例主要讲解的是手机锁屏界面效果制作，此款界面的通用性极高，采用拟物化的四叶草图形方式组合进行设计，并且搭配极强的立体背景效果，使得界面的视觉效果相当不错。最终效果如图7.125所示。

扫码看视频

图7.125 最终效果

7.5.1 制作背景

01 执行菜单栏中的“文件”|“新建”命令，在弹出的对话框中，设置“宽度”为640像素，“高度”为136像素，“分辨率”为72像素/英寸，“颜色模式”为RGB颜色，新建一个空白画布。

02 单击面板底部的“创建新图层”按钮，新建一个“图层1”图层，选中“图层1”图层，将其填充为白色，如图7.126所示。

图7.126 新建图层并填充颜色

03 在“图层”面板中，选中“图层1”图层，单击面板底部的“添加图层样式” fx 按钮，在菜单中选择“渐变叠加”命令，在弹出的对话框中，将“渐变”更改为蓝色（R：20，G：122，B：152）到深蓝色（R：9，G：36，B：53）到蓝色（R：0，G：13，B：24），并将第1个深蓝色色标位置更改为50%，完成之后单击“确定”按钮，如图7.127所示。

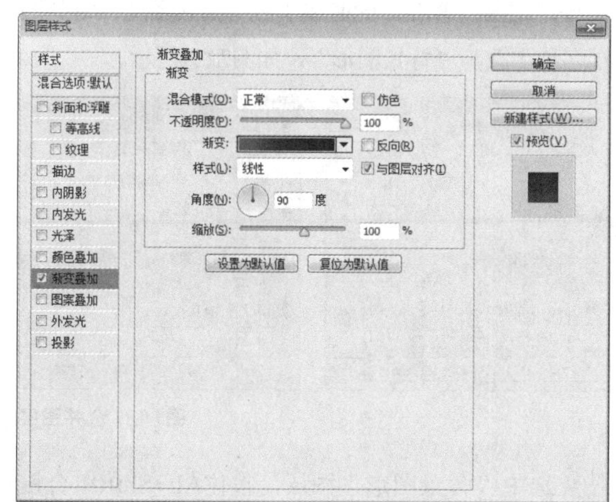

图7.127 设置渐变叠加

04 执行菜单栏中的“文件”|“打开”命令，打开“状态栏.psd”文件，将打开的素材拖入画布中靠顶部位置并与边缘对齐，如图7.128所示。

图7.128 添加素材

05 选择工具箱中的“圆角矩形工具”，在选项栏中将“填充”更改为黑色，“描边”为无，“半径”为5像素，在画布靠底部位置按住Shift键绘制一个圆角矩形，此时将生成一个“圆角矩形1”图层，如图7.129所示。

图7.129 绘制图形

06 选择工具箱中的“添加锚点工具”，在绘制的圆角矩形左上角弧形部分位置单击添加锚点，如图7.130所示。

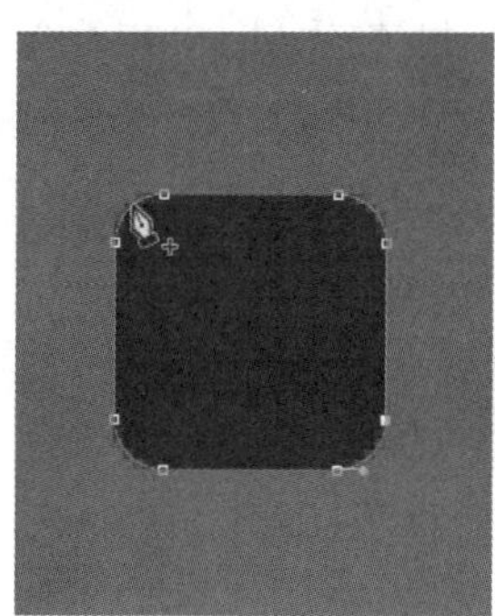

图7.130 添加锚点

07 选择工具箱中的“转换点工具”，在刚才添加的锚点上单击，将其转换成节点，如图7.131所示。

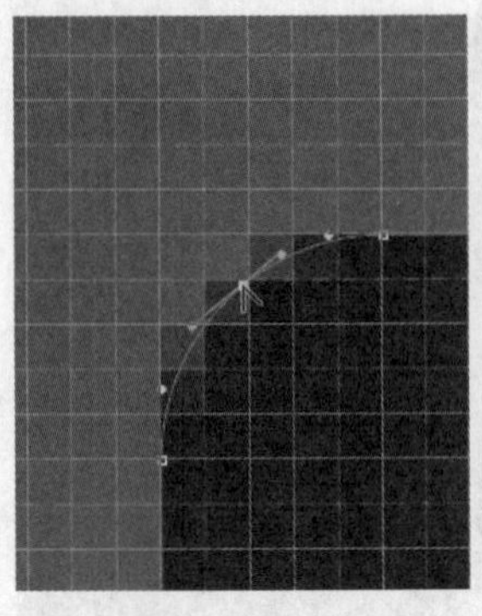

图7.131 转换锚点

08 选择工具箱中的“直接选择工具”，选中刚才经过转换的锚点向左上角方向拖动，将图形变换，如图7.132所示。

09 以同样的方法为圆角矩形右下角位置添加锚点并将其转换成直角，如图7.133所示。

图7.132 转换锚点

图7.133 变换图形

技巧与提示

在变换图形的时候可将画布放大以便于观察。

10 选中“圆角矩形1”图层，按住Alt+Shift组合键向右侧拖动，将图形复制，此时将生成一个“圆角矩形1 拷贝”图层，如图7.134所示。

11 选中“圆角矩形1 拷贝”图层，按Ctrl+T组合键对其执行“自由变换”命令，单击鼠标右键，从弹出的快捷菜单中选择“水平翻转”命令，完成之后按Enter键确认，再将图形稍微移动并与原图形保持1像素的距离间隔，如图7.135所示。

图7.134 复制图形

图7.135 变换图形

12 同时选中“圆角矩形 1 拷贝”及“圆角矩形 1”图层，以同样的方法将其复制并变换，如图7.136所示。

图7.136 复制并变换图形

13 在“图层”面板中，同时选中刚才绘制图形所在的4个图层，执行菜单栏中的“图层”|“合并图层”命令，将图层合并，此时将生成一个新图层，将其图层名称更改为“背景图形”，如图7.137所示。

图7.137 合并图层

14 选中“背景图形”图层，按住Alt+Shift组合键将图形复制多份，如图7.138所示。

图7.138 复制图形

15 在“图层”面板中，同时选中所有和“背景图形”相关的图层，执行菜单栏中的“图层”|“合并图层”命令，将图层合并，此时将生成一个新图层，将其图层名称更改为“底纹”如图7.139所示。

图7.139 合并图层

16 选中“底纹”图层，按Ctrl+T组合键对其执行“自由变换”命令，单击鼠标右键，从弹出的快捷菜单中选择“透视”命令，将光标移至变形框右下角向右侧拖动，将图形变换，完成之后按Enter键确认，如图7.140所示。

图7.140 变换图形

17 在“图层”面板中，选中“底纹”图层，单击面板底部的“添加图层蒙版” 按钮，为其图层添加图层蒙版，如图7.141所示。

18 选择工具箱中的“渐变工具”，在选项栏中单击“点按可编辑渐变”按钮，在弹出的对话框中，选择“黑白渐变”，设置完成之后单击“确定”按钮，再单击选项栏中的“线性渐变”按钮，如图7.142所示。

图7.141 添加图层蒙版

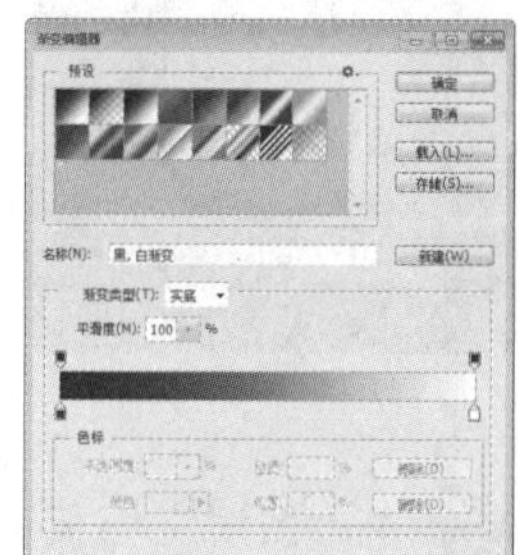

图7.142 设置渐变

19 单击“底纹”图层蒙版缩览图，在图形上从上往下拖动，将部分图形隐藏，如图7.143所示。

图7.143 隐藏图形

20 选中“底纹”图层，将其图层“不透明度”更改为30%，如图7.144所示。

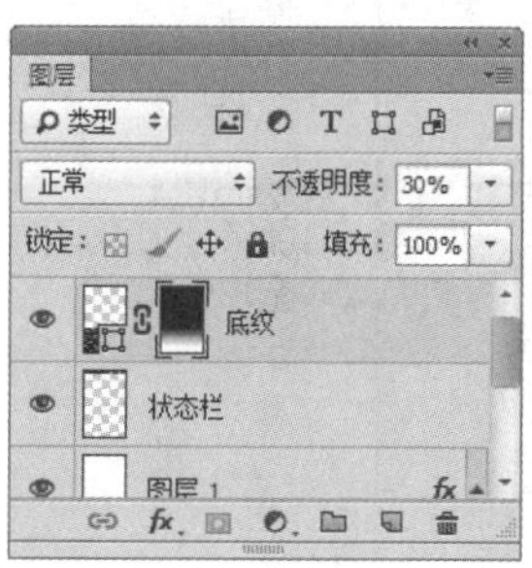

图7.144 更改图层不透明度

21 选择工具箱中的“椭圆工具”，在选项栏中将“填充”更改为青色（R：0，G：255，B：255），“描边”为无，在画布靠左侧位置按住

Shift键绘制一个圆形，此时将生成一个“椭圆1”图层，如图7.145所示。

图7.145 绘制图形

22 在“图层”面板中，选中“椭圆1”图层，执行菜单栏中的“图层”|“栅格化”|“形状”命令，将当前图形栅格化，如图7.146所示。

图7.146 栅格化形状

23 选中“椭圆1”图层，执行菜单栏中的“滤镜”|“模糊”|“高斯模糊”命令，在弹出的对话框中，将“半径”更改为60像素，设置完成之后单击“确定”按钮，如图7.147所示。

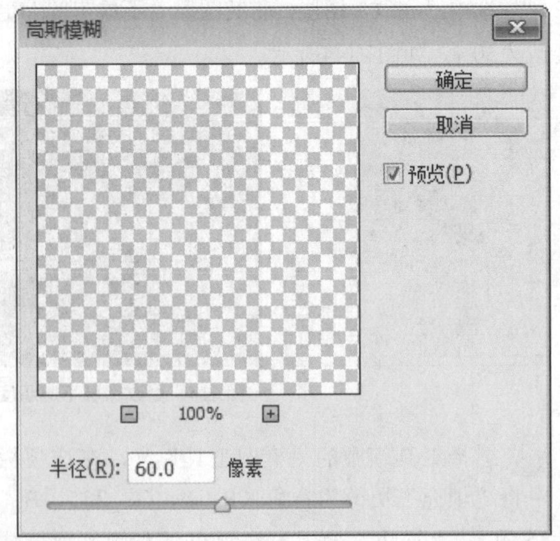

图7.147 设置高斯模糊

24 在“图层”面板中，选中“椭圆1”图层，将其图层混合模式设置为“滤色”，再将其向下移至“底纹”图层下方，如图7.148所示。

图7.148 设置图层混合模式并更改图层顺序

7.5.2 绘制界面图形

01 选择工具箱中的“矩形工具”，在选项栏中将“填充”更改为白色，“描边”为无，状态栏下方位置绘制一个与画布相同宽度的矩形，此时将生成一个“矩形1”图层，如图7.149所示。

02 在“图层”面板中，选中“矩形1”图层，将其拖至面板底部的“创建新图层”按钮上，复制一个“矩形1 拷贝”图层，如图7.150所示。

图7.149 绘制图形　　图7.150 复制图层

03 选中“矩形1”图层，将其图层“不透明度”更改为3%，如图7.151所示。

图7.151 更改图层不透明度

04 选中“矩形1 拷贝”图层，按Ctrl+T组合键对其执行“自由变换”命令，将光标移至变形框底顶向上拖动，将图形高度缩小，完成之后按Enter键确认，如图7.152所示。

图7.152 变换图形

05 在“图层”面板中，选中“矩形1 拷贝”图层，单击面板底部的“添加图层样式” fx 按钮，在菜单中选择“渐变叠加”命令，在弹出的对话框中，将“渐变”更改为白色到白色，并将第1个白色色标“不透明度”更改为5%，将第2个白色色标“不透明度”更改为20%，完成之后单击“确定”按钮，如图7.153所示。

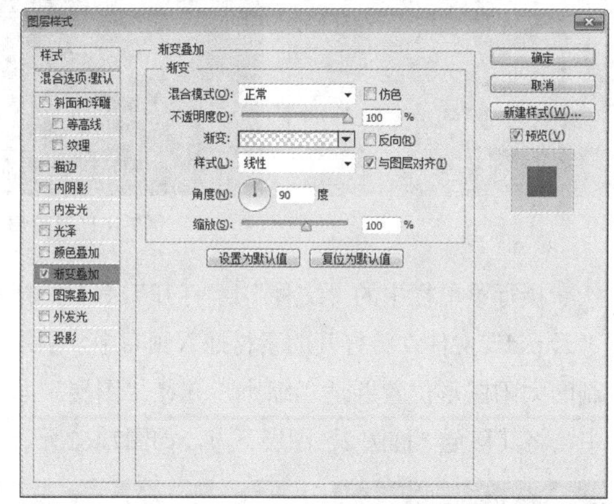

图7.153 设置渐变叠加

技巧与提示

设置的渐变效果如图7.154所示。

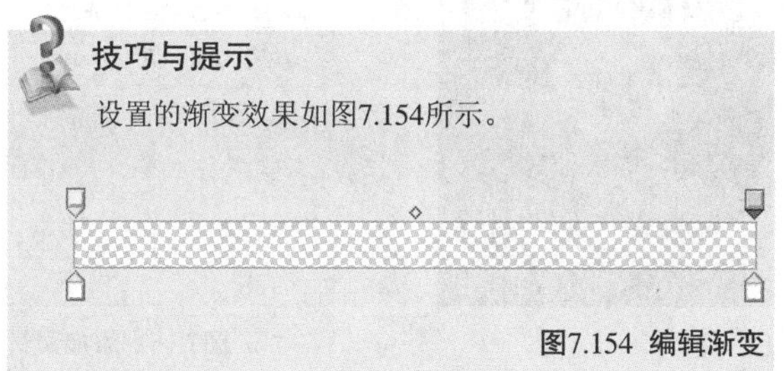

图7.154 编辑渐变

06 选中“矩形 1 拷贝”图层，将其图层“不透明度”更改为0%，如图7.155所示。

图7.155 更改图层不透明度

07 选择工具箱中的“椭圆工具”，在选项栏中将“填充”更改为白色，“描边”为无，在画布靠左上角位置按住Shift键绘制一个圆形，此时将生成一个“椭圆2”图层，如图7.156所示。

图7.156 绘制图形

08 在“图层”面板中，选中“椭圆2”图层，单击面板底部的“添加图层样式” fx 按钮，在菜单中选择“渐变叠加”命令，在弹出的对话框中，将“渐变”更改为黄色（R：255，G：234，B：0）到橙色（R：255，G：140，B：26），并且把橙色色标位置更改为60%，如图7.157所示。

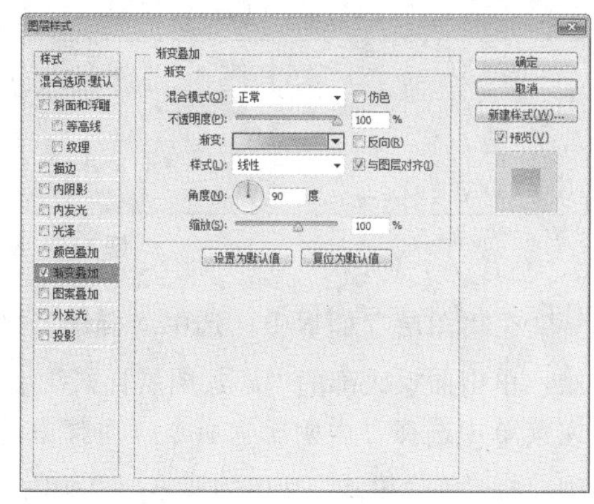

图7.157 设置渐变叠加

09 勾选“内阴影”复选框，将“混合模式”更改为叠加，“颜色”更改为白色，取消“使用全局光”复选框，“角度”更改为-90度，“距离”更改为8像素，“阻塞”更改为20%，“大小”更改为16像素，如图7.158所示。

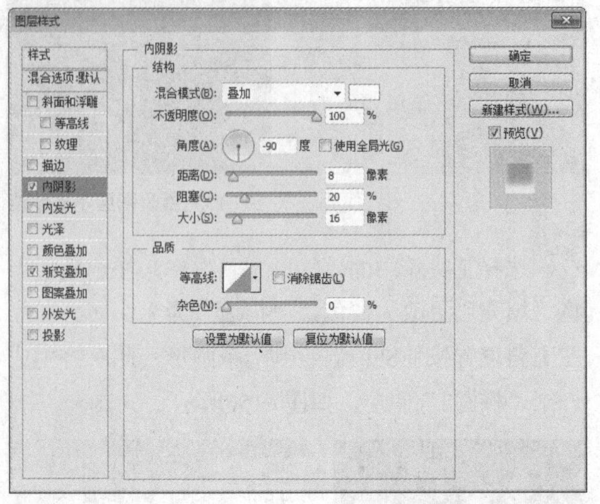

图7.158 设置内阴影

10 勾选“外发光”复选框，将“混合模式”更改为正常，“颜色”更改为橙色（R：255，G：140，B：26），“扩展”更改为6%，“大小”更改为30像素，完成之后单击“确定”按钮，如图7.159所示。

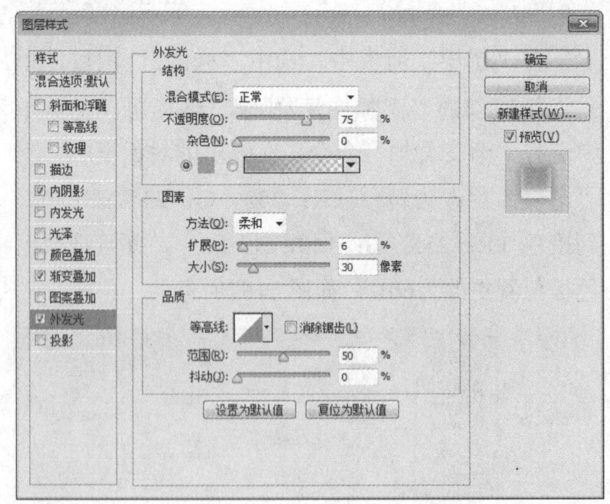

图7.159 设置外发光

11 在“图层”面板中，选中“椭圆2 拷贝”图层，单击面板底部的“添加图层样式”fx按钮，在菜单中选择“内阴影”命令，在弹出的对话框中，将“混合模式”更改为滤色，“颜色”更改为白色，“不透明度”更改为80%，取消“使用全局光”复选框，“角度”更改为90度，“距离”更改为10像素，“大小”更改为18像素，完成之后单击“确定”按钮，如图7.160所示。

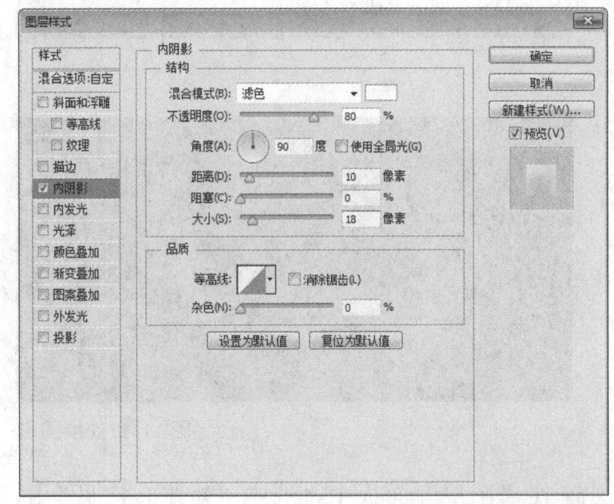

图7.160 设置内阴影

12 在“图层”面板中，选中“椭圆 2 拷贝”图层，将其图层“填充”更改为0%，如图7.161所示。

图7.161 更改填充

13 执行菜单栏中的“文件”|“打开”命令，打开“云.psd”文件，将打开的素材拖入画布中，刚才绘制的太阳图形位置并适当缩小，并在“图层”面板中，将其移至“椭圆 2”图层下方，如图7.162所示。

图7.162 添加素材

7.5.3 添加文字信息

01 选择工具箱中的“横排文字工具”T，在刚才绘制的天气图标后方位置添加文字，并在温度数字文字右上角位置绘制一个温度标志，如图7.163所示。

图7.163 添加文字

02 在“图层”面板中，选中“16:09”图层，单击面板底部的“添加图层样式”fx按钮，在菜单中选择“内阴影”命令，在弹出的对话框中，将“混合模式”更改为正常，“颜色”更改为白色，取消“使用全局光”复选框，“角度”更改为0度，“大小”更改为1像素，如图7.164所示。

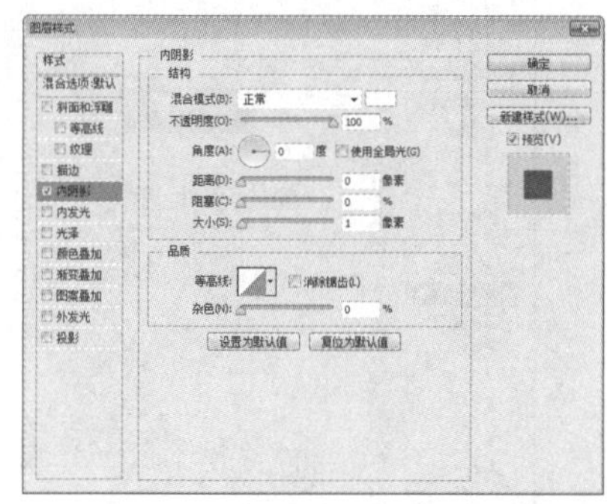

图7.164 设置渐变叠加

03 勾选“渐变叠加”复选框，将“渐变”更改为灰色（R：155，G：160，B：162）到浅蓝色（R：240，G：244，B：246），完成之后单击“确定”按钮，如图7.165所示。

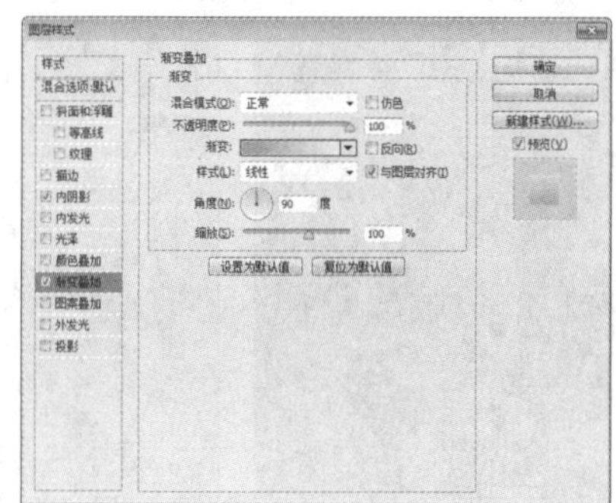

图7.165 设置渐变叠加

04 在“16:09”图层上单击鼠标右键，从弹出的快捷菜单中选择“拷贝图层样式”命令，在“PEK 36℃”图层上单击鼠标右键，从弹出的快捷菜单中选择“粘贴图层样式”命令，如图7.166所示。

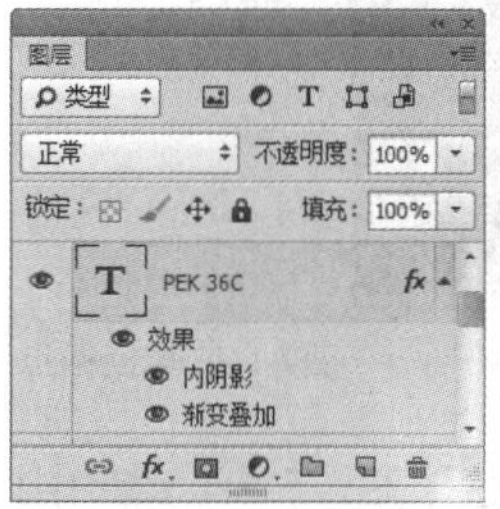

图7.166 拷贝并粘贴图层样式

05 选择工具箱中的“圆角矩形工具”，在选项栏中将“填充”更改为白色，“描边”为无，“半径”为35像素，绘制一个圆角矩形，此时将生成一个“圆角矩形1”图层，如图7.167所示。

图7.167 绘制图形

06 选择工具箱中的“添加锚点工具”，在绘制的圆角矩形左上角弧形部分位置单击添加锚点，如图7.168所示。

图7.168 添加锚点

07 选择工具箱中的“转换点工具”，在刚才添加的锚点上单击，将其转换成节点，如图7.169所示。

图7.169 转换锚点

08 选择工具箱中的“直接选择工具”，选中刚才经过转换的锚点向左上角方向拖动，将图形变换，如图7.170所示。

图7.170 转换锚点并变换图形

09 以同样的方法为圆角矩形右下角位置添加锚点并将其转换成直角，如图7.171所示。

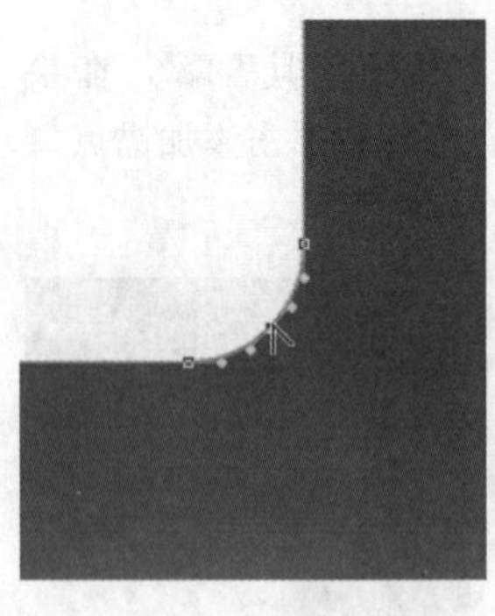

图7.171 变换图形

10 在“图层”面板中，选中“圆角矩形 1”图层，单击面板底部的“添加图层样式”fx按钮，在菜单中选择“描边”命令，在弹出的对话框中，将“大小”更改为1像素，“位置”更改为内部，“填充类型”更改为渐变，“渐变”更改为深蓝色（R：52，G：69，B：76）到灰色（R：127，G：130，B：130），如图7.172所示。

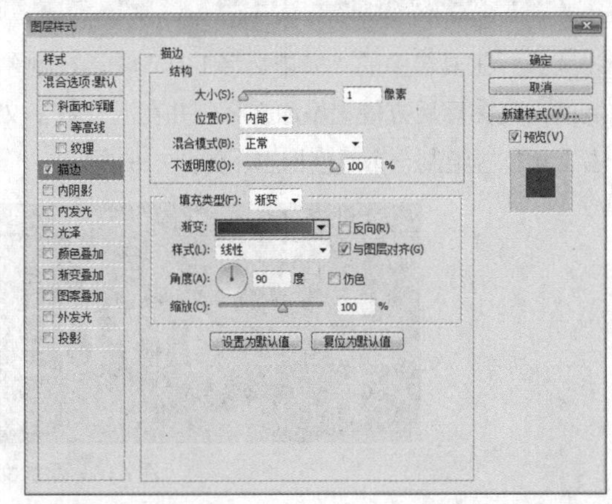

图7.172 设置描边

11 勾选“渐变叠加”复选框，将渐变更改为深蓝色（R：10，G：20，B：24）到深灰色（R：40，G：45，B：48）到灰色（R：94，G：98，B：100），完成之后单击“确定”按钮，如图7.173所示。

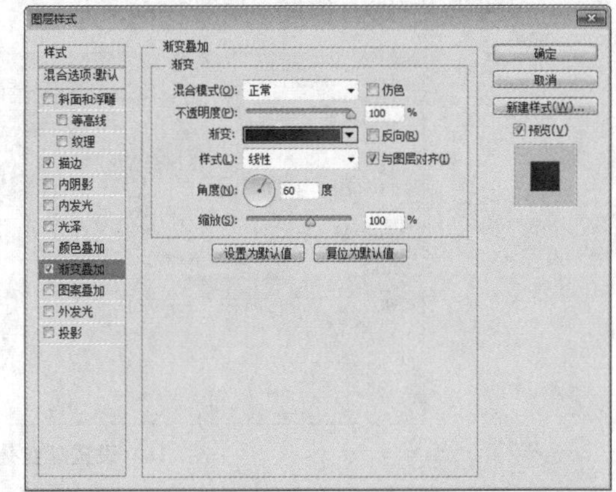

图7.173 设置渐变叠加

12 选中“圆角矩形1”图层，按住Alt+Shift组合键向右侧拖动，将图形复制，此时将生成1个“圆角矩形1 拷贝”图层，如图7.174所示。

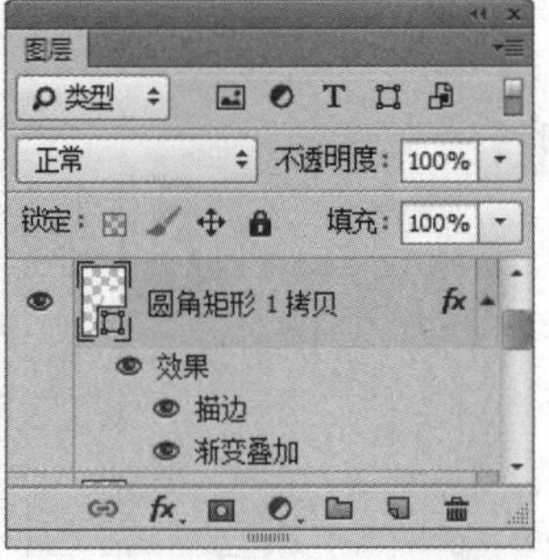

图7.174 复制图形

⑬ 选中“圆角矩形 1 拷贝”图层，按Ctrl+T组合键对其执行“自由变换”命令，单击鼠标右键，从弹出的快捷菜单中选择“水平翻转”命令，完成之后按Enter键确认，如图7.175所示。

图7.175 变换图形

⑭ 在“图层”面板中，双击第2个“圆角矩形 1 拷贝”图层样式名称，在弹出的对话框中勾选“渐变叠加”复选框，将“角度”更改为120度，完成之后单击“确定”按钮，如图7.176所示。

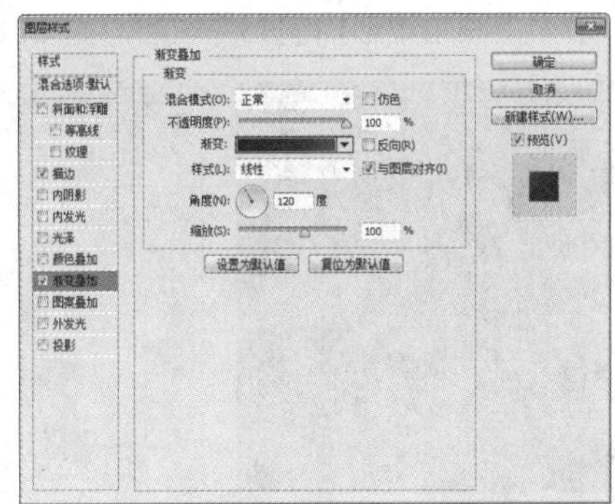

图7.176 设置渐变叠加

⑮ 同时选中“圆角矩形1”及“圆角矩形1 拷贝”图层，按住Alt+Shift组合键向下方拖动，将图形复制，此时将生成2个“圆角矩形1 拷贝2”图层，如图7.177所示。

图7.177 复制图形

⑯ 同时选中2个“圆角矩形1 拷贝2”图层，按Ctrl+T组合键对其执行“自由变换”命令，单击鼠标右键，从弹出的快捷菜单中选择“垂直翻转”命令，完成之后按Enter键确认，如图7.178所示。

图7.178 变换图形

⑰ 在“图层”面板中，双击其中的1个“圆角矩形1 拷贝2”图层，将“渐变”更改为深蓝色（R：40，G：80，B：87）到深灰色（R：72，G：76，B：80），并将深蓝色色标更改为50%，如图7.179所示。

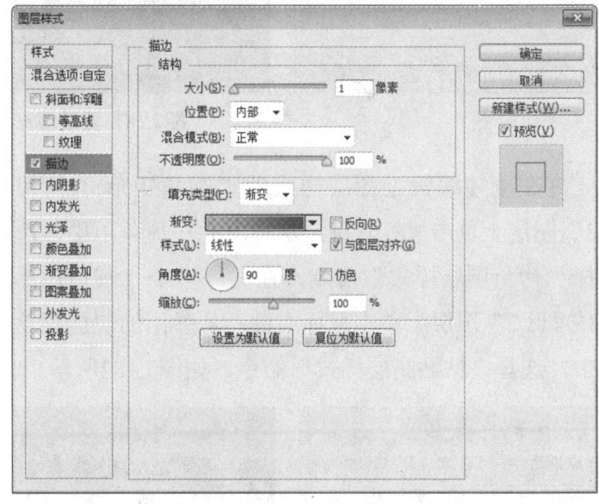

图7.179 设置描边

⑱ 选中“渐变叠加”复选框，将其“渐变”更改为深蓝色（R：10，G：20，B：24）到深蓝色（R：20，G：27，B：30）再到深蓝色（R：10，G：40，B：40），并将第1个深蓝色色标“不透明度”更改为75%，“位置”更改为55%，第2个深蓝色色标“不透明度”更改为65%，“角度”更改

为-60度，完成之后单击“确定”按钮，如图7.180所示。

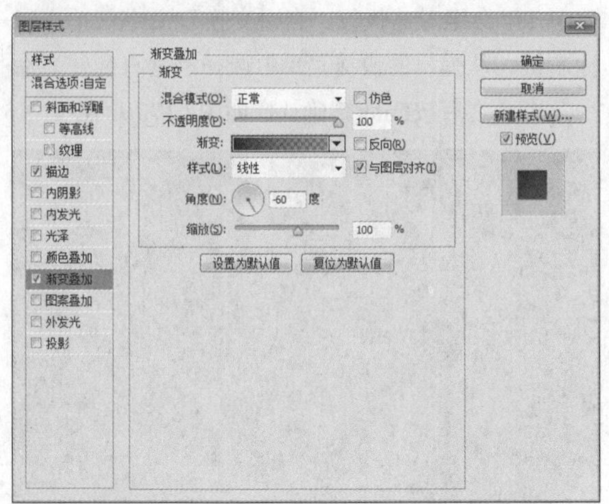

图7.180 设置渐变叠加

19 在“图层”面板中，选中“圆角矩形 1 拷贝 2”图层，将其“填充”更改为0%，如图7.181所示。

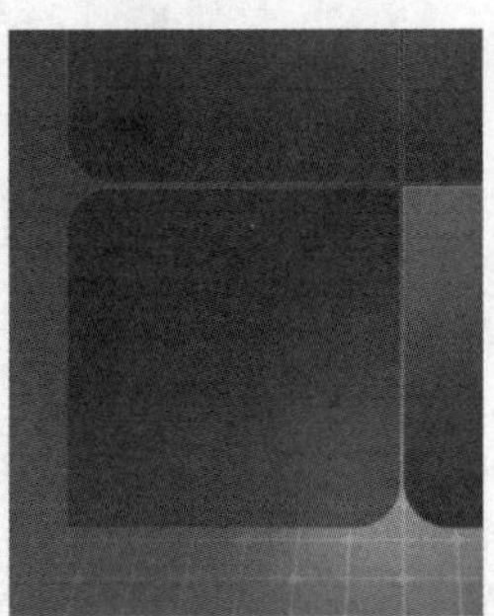

图7.181 更改填充

20 在刚才编辑过图层样式的“圆角矩形 1 拷贝 2”图层上单击鼠标右键，从弹出的快捷菜单中，选择“拷贝图层样式”命令，在另外一个“圆角矩形 1 拷贝 2”图层上单击鼠标右键，从弹出的快捷菜单中，选择“粘贴图层样式”命令，如图7.182所示。

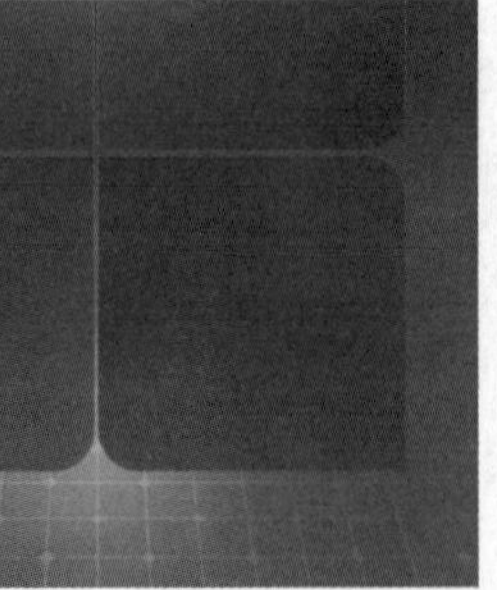

图7.182 拷贝并粘贴图层样式

21 在“图层”面板中，双击第2个“圆角矩形 1 拷贝 2”图层样式名称，在弹出的对话框，中勾选“渐变叠加”复选框，将“角度”更改为-120度，完成之后单击“确定”按钮，如图7.183所示。

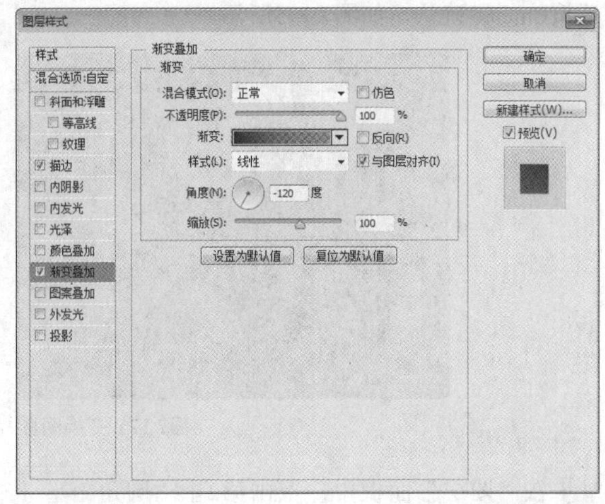

图7.183 设置渐变叠加

22 同时选中2个“圆角矩形1 拷贝2”图层，按住Alt+Shift组合键向下方拖动，将图形复制，此时将生成2个“圆角矩形1 拷贝3”图层，如图7.184所示。

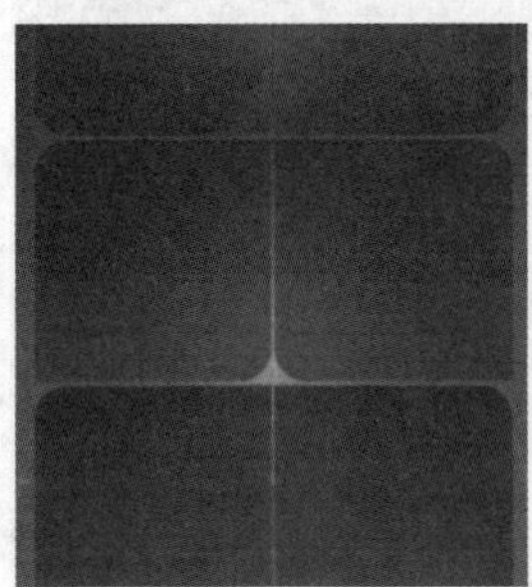

图7.184 复制图形

23 同时选中2个“圆角矩形1 拷贝3”图层，按Ctrl+G组合键，将图形快速编组，将生成的组名称更改为“倒影”，如图7.185所示。

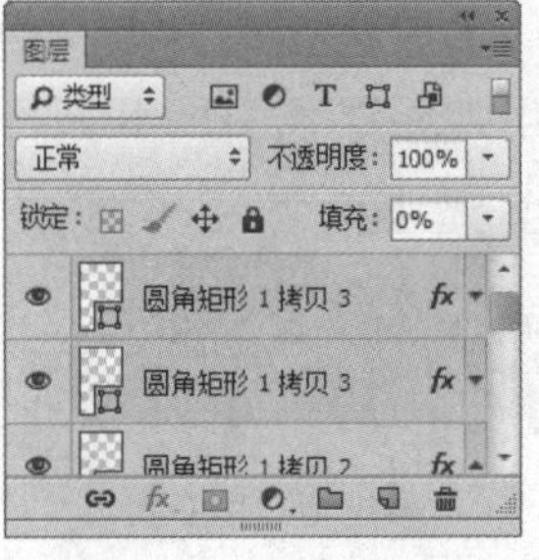

图7.185 将图层编组

24 选中“倒影”组，执行菜单栏中的“图

层”|“合并组”命令，将组合并，此时将生成一个“倒影”图层，如图7.186所示。

25 在“图层”面板中，选中“倒影”图层，单击面板底部的“添加图层蒙版”按钮，为其图层添加图层蒙版，如图7.187所示。

图7.186 合并组

图7.187 添加图层蒙版

26 选择工具箱中的“渐变工具”，在选项栏中单击“点按可编辑渐变”按钮，在弹出的对话框中，选择“黑白渐变”，设置完成之后单击“确定”按钮，再单击选项栏中的“线性渐变”按钮。

7.5.4 添加素材功能图标

01 单击“倒影”图层蒙版缩览图，在图形上拖动，将部分图形隐藏制作倒影，如图7.188所示。

02 执行菜单栏中的“文件”|“打开”命令，打开“功能图标.psd”文件，将打开的素材拖入画布中刚才绘制的图形上并适当缩放，如图7.189所示。

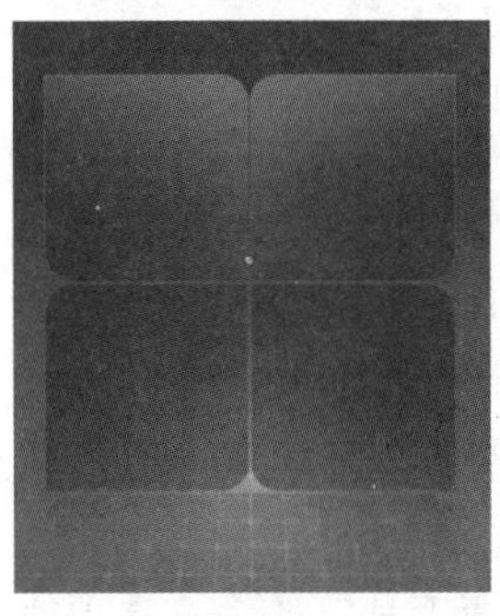

图7.188 隐藏图形制作倒影

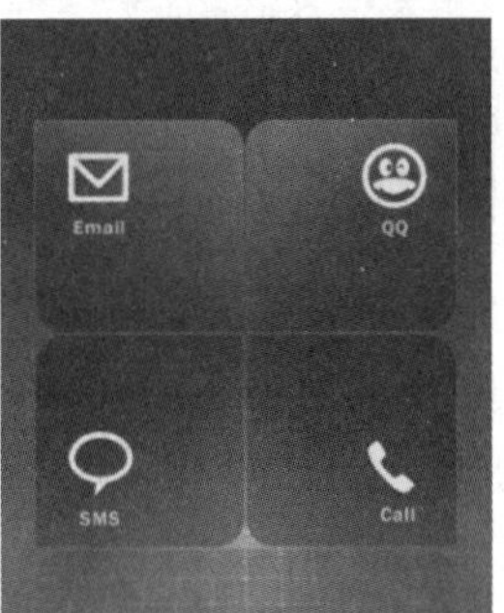

图7.189 添加素材

03 选择工具箱中的“椭圆工具”，在选项栏中将“填充”更改为白色，“描边”为无，在功能图形位置按住Alt+Shift键以中心为起点绘制一个圆形，此时将生成一个“椭圆4”图层，如图7.190所示。

图7.190 绘制图形

04 在“图层”面板中，选中“椭圆4”图层，单击面板底部的“添加图层样式”按钮，在菜单中选择“描边”命令，在弹出的对话框中，将“大小”更改为4像素，“位置”更改为内部，“颜色”更改为橙色（R：255，G：179，B：45），如图7.191所示。

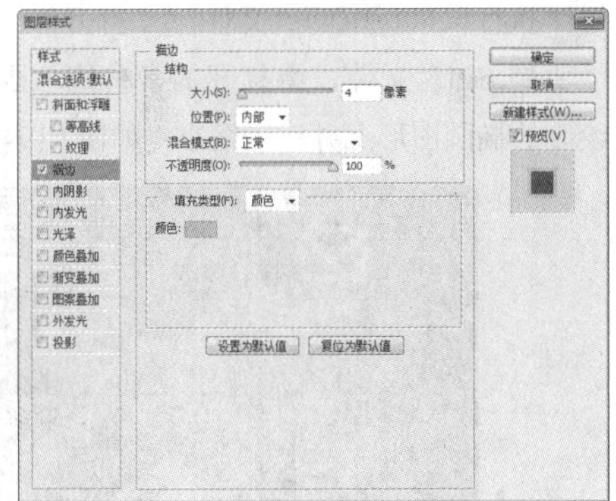

图7.191 设置描边

05 勾选“渐变叠加”复选框，将“渐变”更改为灰色（R：136，G：138，B：139）到灰色（R：29，G：34，B：36），“样式”更改为径向，“角度”更改0度，“缩放”更改为150%，如图7.192所示。

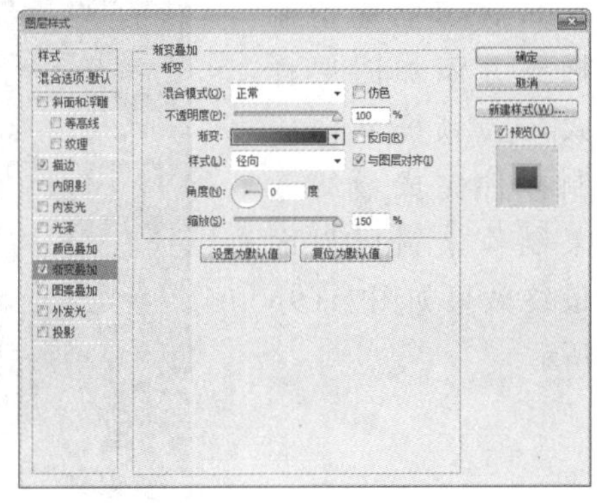

图7.192 设置渐变叠加

06 勾选“外发光”复选框，将“混合模式”更改为正常，“不透明度”更改为75%，“颜色”更改为橙色（R：255，G：113，B：18），“大小”更改为30像素，完成之后单击“确定”按钮，如图7.193所示。

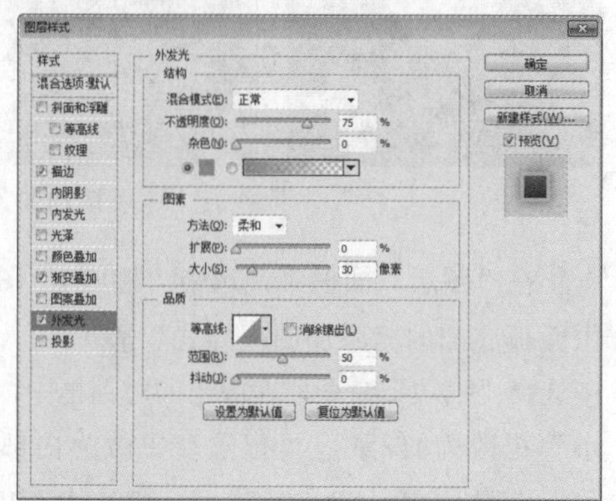

图7.193 设置外发光

07 执行菜单栏中的“文件”|“打开”命令，打开“头像.psd”文件，将打开的素材拖入画布中刚才绘制的椭圆图形上并适当缩小，如图7.194所示。

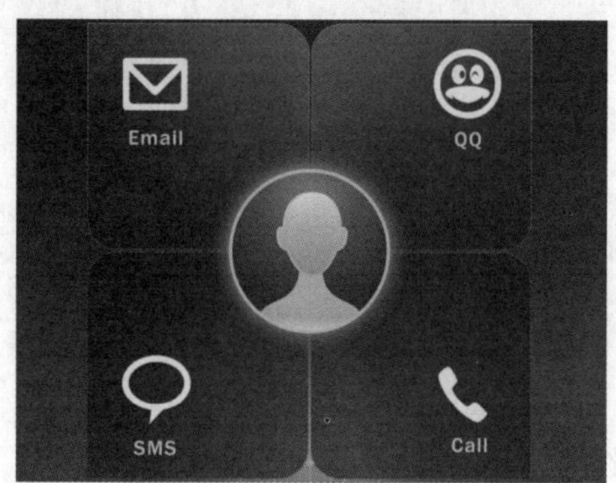

图7.194 添加素材

08 选择工具箱中的“椭圆工具”，靠底部位置绘制椭圆并添加图层样式，为锁屏界面绘制控件完成最终效果制作，锁屏界面最终效果如图7.195所示。

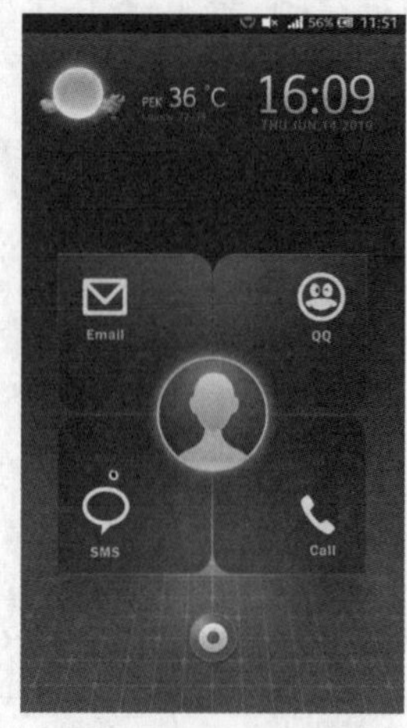

图7.195 绘制控件及最终效果

7.6 课堂案例——票券APP界面

素材位置	素材文件\第7章\票券APP界面
案例位置	案例文件\第7章\票券APP界面.psd
视频位置	多媒体教学\7.6课堂案例——票券APP界面.avi
难易指数	★★★☆☆

本例主要讲解票券APP界面的制作，此类界面的应用不是特别广泛，在设计中只需要紧紧抓住界面所需要表达的特性以及丰富的信息即可。最终效果如图7.196所示。

扫码看视频

图7.196 最终效果

7.6.1 制作背景并绘制状态栏

01 执行菜单栏中的“文件”|“新建”命令，在弹出的对话框中设置“宽度”为640像素，“高度”为1136像素，“分辨率”为72像素/英寸，新建一个空白画布。

02 选择工具箱中的“渐变工具”，在选项栏中单击“点按可编辑渐变”按钮，在弹出的对话框中，将渐变颜色更改为蓝色（R：74，G：123，B：150）到紫色（R：160，G：90，B：125），设置完成之后单击“确定”按钮，再单击选项栏中的“线性渐变”按钮，在画布中从上至下拖动，为画布填充渐变，如图7.197所示。

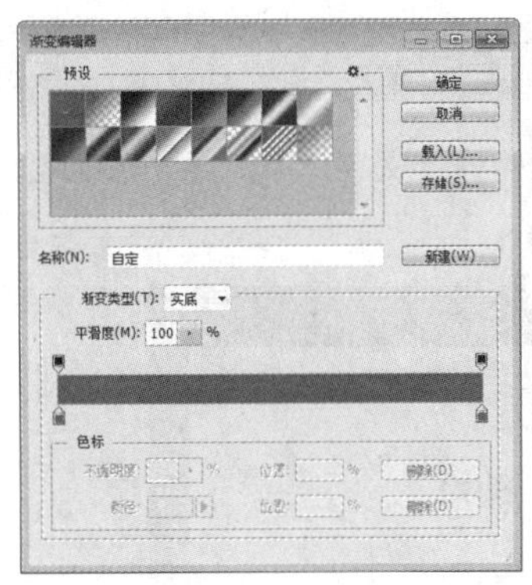

图7.197 设置并填充渐变

03 选择工具箱中的“矩形工具”▭，在选项栏中将“填充”更改为黑色，“描边”为无，在画布顶部绘制一个矩形，此时将生成一个“矩形1”图层，并将“矩形1”图层“不透明度”更改为10%，如图7.198所示。

图7.198 绘制图形并降低图层不透明度

04 执行菜单栏中的“文件”|“打开”命令，打开“图标.psd”文件，将打开的素材拖入画布中顶部位置并适当缩小。

05 选择工具箱中的“圆角矩形工具”▢，在选项栏中将“填充”更改为灰色（R：247，G：247，B：247），“描边”为无，“半径”为5像素，绘制一个圆角矩形，此时将生成一个“圆角矩形 1”图层，如图7.199所示。

图7.199 绘制图形

06 在“图层”面板中，选中“圆角矩形 1”图层，将其拖至面板底部的“创建新图层”按钮上，复制1个“圆角矩形 1 拷贝”图层，如图7.200所示。

07 选中“圆角矩形 1 拷贝”图层，将图形向右侧平移，如图7.201所示。

图7.200 复制图层

图7.201 移动图形

7.6.2 添加素材

01 执行菜单栏中的“文件”|“打开”命令，打开“图像1.jpg”文件，将打开的素材拖入画布中左侧图形上并适当缩小，此时其图层名称将自动更改为“图层1”，如图7.202所示。

图7.202 添加素材

02 选中“图层1”图层，执行菜单栏中的“图层”|“创建剪贴蒙版”命令，为当前图层创建剪贴蒙版，将部分图像隐藏，如图7.203所示。

图7.203 创建剪贴蒙版

技巧与提示

在创建剪贴蒙版的时候，应将“图层1”图层移至“圆角矩形1”图层上方。

03 在“图层”面板中，选中“图层1”图层，单击面板底部的“添加图层蒙版”按钮，为其图层添加图层蒙版，如图7.204所示。

04 选择工具箱中的“矩形选框工具”，在图像下半部分绘制一个矩形选区，如图7.205所示。

图7.204 添加图层蒙版

图7.205 绘制选区

05 将选区填充为黑色，将部分图像隐藏，完成之后按Ctrl+D组合键，将选区取消，如图7.206所示。

图7.206 隐藏图像

06 选择工具箱中的“圆角矩形工具”，在选项栏中将“填充”更改为绿色（R：45，G：184，B：146），“描边”为无，“半径”为5像素，在刚才隐藏图像的位置绘制一个圆角矩形，此时将生成一个“圆角矩形2”图层，如图7.207所示。

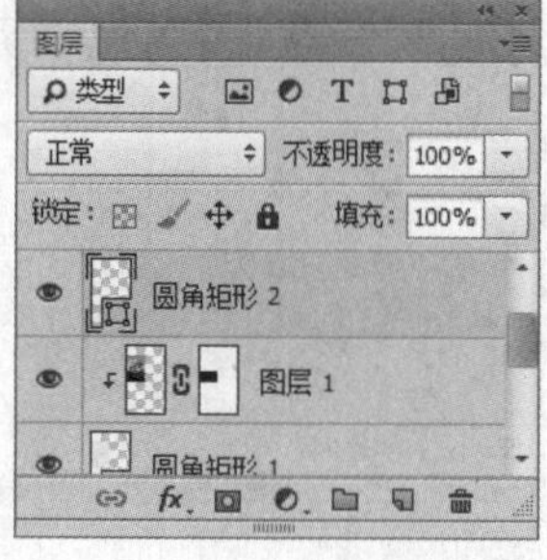

图7.207 绘制图形

7.6.3 添加文字

01 选择工具箱中的“横排文字工具”，添加文字，如图7.208所示。

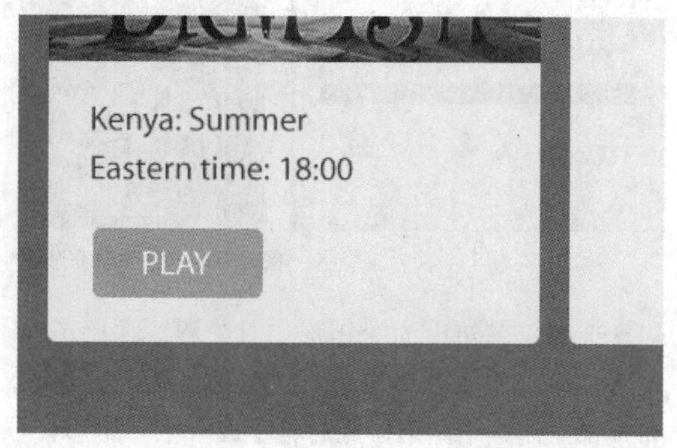

图7.208 添加文字

02 选择工具箱中的“多边形工具”，单击选项栏中的图标，在弹出的面板中勾选“星形”复选框，将“边”更改为5像素，“颜色”更改为黄色（R：244，G：220，B：96），此时将生成一个“多边形1”图层，如图7.209所示。

图7.209 绘制图形

03 选中“多边形1”图层，按住Alt+Shift组合键向右侧拖动将图形复制4份，此时将生成“多边形1 拷贝”“多边形1 拷贝2”“多边形1 拷贝3”及“多边形1 拷贝4”图层，如图7.210所示。

图7.210 复制图形

04 选中“多边形 1 拷贝 4”图层，在选项栏中将“填充”更改为无，“描边”更改为灰色（R：150，G：150，B：150），“大小”更改为1像素，如图7.211所示。

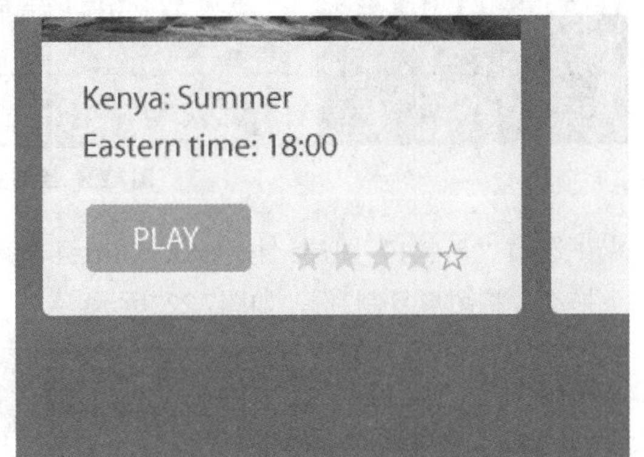

图7.211 设置形状

05 执行菜单栏中的“文件”|“打开”命令，打开“图像2.jpg”文件，将打开的素材拖入画布中并适当缩小，此时其图层名称将自动更改为“图层2”，如图7.212所示。

图7.212 添加素材

06 选中“图层2”图层，执行菜单栏中的“图层”|“创建剪贴蒙版”命令，为当前图层创建剪贴蒙版，将部分图像隐藏，如图7.213所示。

图7.213 创建剪贴蒙版

7.6.4 绘制按键图形

01 选择工具箱中的“矩形工具”，在选项栏中将“填充”更改为无，“描边”为灰色（R：247，G：247，B：247），“大小”更改为4像素，在界面左上角位置按住Shift键绘制一个矩形，此时将生成一个“矩形2”图层，如图7.214所示。

图7.214 绘制图形

02 选中“矩形 1”图层，按Ctrl+T组合键对其执行“自由变换”命令，当出现变形框以后，在选项栏中“旋转”后方的文本框中输入45度，完成之后按Enter键确认，如图7.215所示。

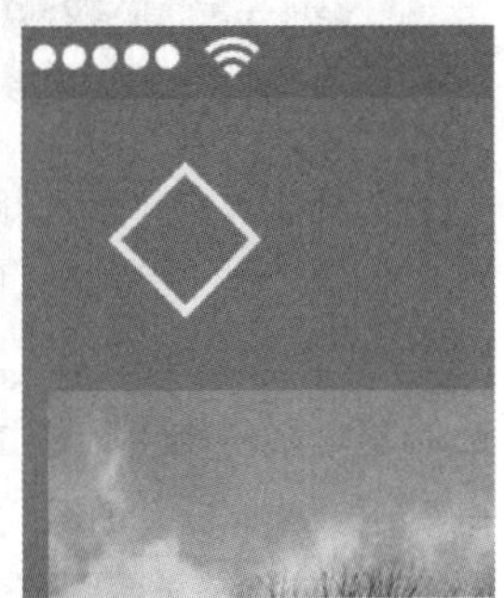

图7.215 变换图形

03 在“图层”面板中，选中“矩形 2”图层，单击面板底部的“添加图层蒙版”按钮，为其图层添加图层蒙版，如图7.216所示。

图7.216 添加图层蒙版

04 选择工具箱中的“矩形选框工具”，在矩形右侧部分图形上绘制一个矩形选区，如图7.217所示。

图7.217 绘制选区

05 将选区填充为黑色，将部分图形隐藏，完成之后按Ctrl+D组合键将选区取消，如图7.218所示。

06 选择工具箱中的“横排文字工具” T，添加文字，如图7.219所示。

图7.21 隐藏图形

图7.219 添加文字

07 选择工具箱中的“矩形工具”，在选项栏中将“填充”更改为深蓝色（R：30，G：40，B：53），“描边”为无，在画布中绘制一个矩形，此时将生成一个“矩形 3”图层，将图层“不透明度”更改为40%，如图7.220所示。

图7.220 绘制图形并降低图层不透明度

08 选择工具箱中的“直线工具”，在选项栏中将“填充”更改为灰色（R：103，G：100，B：120），“描边”为无，“粗细”更改为2像素，按住Shift键绘制一条水平线段，此时将生成一个“形状1”图层，如图7.221所示。

图7.221 绘制图形

09 选中“形状1”图层，按住Alt+Shift组合键向下拖动，将图形复制2份，如图7.222所示。

图7.222 复制图形

10 执行菜单栏中的“文件”|“打开”命令，打开“图标2.psd”文件，将打开的素材拖入画布中，如图7.223所示。

11 在“图层”面板中，选中“图标2”图层，将其拖至面板底部的“创建新图层”按钮上，复制1个“图标2 拷贝”图层，如图7.224所示。

图7.223 添加素材

图7.224 复制图层

12 选中“图标2 拷贝”图层，按住Shift键将图形向下移动，选中“图标2”图层，将其图层“不透明度”更改为30%，如图7.225所示。

图7.225 移动图形并更改不透明度

7.6.5 添加文字及素材

01 选择工具箱中的“横排文字工具” T，在刚才添加的图标右侧位置添加文字，如图7.226所示。

02 在“图层”面板中，选中“**** **** **** ****”图层，将其拖至面板底部的“创建新图层”按钮上，复制1个“**** **** **** **** 拷贝”图层，如图7.227所示。

图7.226 添加文字

图7.227 复制图层

03 选中“**** **** **** **** 拷贝”图层，按住Shift键将图形向上移动，将图层“不透明度”更改为30%，如图7.228所示。

图7.228 更改图层不透明度

04 选择工具箱中的“横排文字工具” T，在刚才添加的图标位置再次添加文字，并更改部分文字不透明度，如图7.229所示。

图7.229 添加文字并更改部分文字不透明度

05 选择工具箱中的“直线工具”，在选项栏中将“填充”更改为无，“描边”为白色，“大小”更改为2像素，“粗细”更改为2像素，在画布左下角位置按住Shift键绘制一条垂直线段，此时将生成一个“形状2”图层，将“形状2”图层“不透明度”更改为30%，选中“形状2”图层，将其拖至面板底部的“创建新图层”按钮上，复制1个“形状2 拷贝”图层，如图7.230所示。

图7.230 绘制图形更改不透明度并复制图层

06 选中“形状 2 拷贝”图层，按Ctrl+T组合键对其执行“自由变换”命令，单击鼠标右键，从弹出的快捷菜单中选择“旋转90度（顺时针）”命令，完成之后按Enter键确认，如图7.231所示。

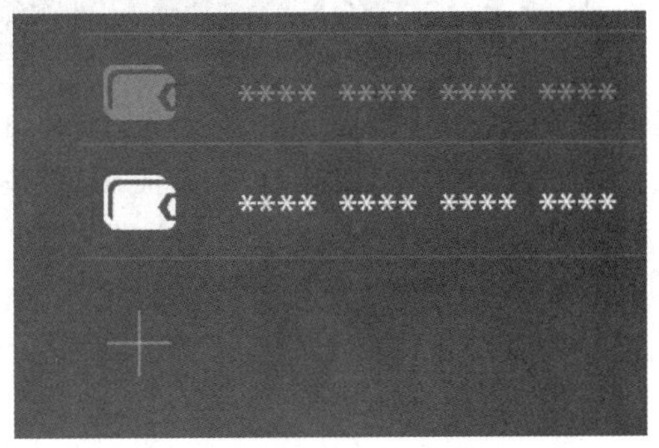

图7.231 变换图形

07 选择工具箱中的“圆角矩形工具”，在选项栏中将“填充”更改为无，“描边”为白色，“大小”更改为1像素，“半径”为8像素，绘制一个圆角矩形，此时将生成一个“圆角矩形 3”图层，如图7.232所示。

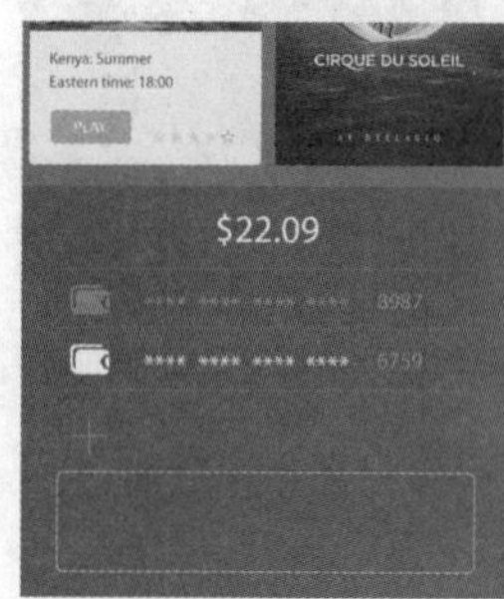

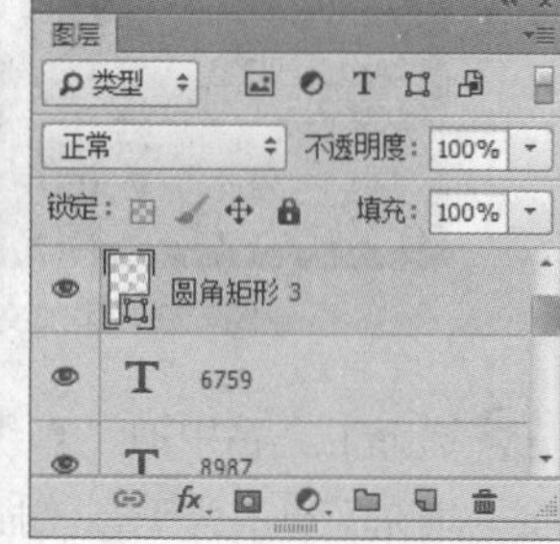

图7.232 绘制图形

08 选择工具箱中的“横排文字工具”，在界面底部位置添加文字，这样就完成了效果制作，最终效果如图7.233所示。

图7.233 添加文字及最终效果

7.7 本章小结

本章通过5个实战案例，详细向读者介绍了不同界面的设计过程，让读者了解界面设计的技巧。同时，在设计制作中，还要注意前期与客户的沟通，找准定位，如了解设计风格、企业文化及产品特点等，这样才能更好地设计出理想的界面。

7.8 课后习题

创意是所有优秀设计的源泉，当然在前期临摹是最好的学习手段，也是最快速收获成效的方式。本章安排了3个课后习题供读者练习，读者可以进行临摹制作，以增强自己的设计水平。

7.8.1 课后习题1——经典音乐播放器界面

素材位置	素材文件\第7章\经典音乐播放器界面
案例位置	案例文件\第7章\经典音乐播放器界面.psd
视频位置	多媒体教学\7.8.1 课后习题1——经典音乐播放器界面.avi
难易指数	★★☆☆☆

本例主要讲解经典音乐播放器效果的制作，一般经典类界面、图标在制作的过程中不会采用过于华丽的色彩，一般以实用、美观为主。所以本例的制作比较简单，只需要注意背景色及主界面色彩搭配，即可绘制出漂亮的播放器界面。最终效果如图7.234所示。

扫码看视频

图7.234 最终效果

步骤分解如图7.235所示。

图7.235 步骤分解图

7.8.2 课后习题2——下载数据界面

素材位置 素材文件\第7章\下载数据界面设计
案例位置 案例文件\第7章\下载数据界面设计.psd
视频位置 多媒体教学\7.8.2 课后习题2——下载数据界面.avi
难易指数 ★★☆☆☆

本例主要讲解下载数据界面的制作，整个界面主要以文字为主要表现力，通过醒目的字体及环形进度条，向用户展示这样一款经典下载数据界面。最终效果如图7.236所示。

扫码看视频

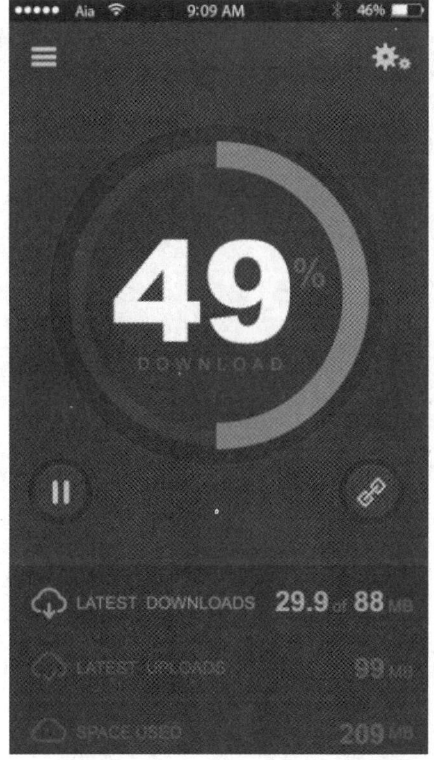

图7.236 最终效果

步骤分解如图7.237所示。

图7.237 步骤分解图

图7.237 步骤分解图（续）

7.8.3 课后习题3——APP游戏个人界面

素材位置 素材文件\第7章\APP游戏个人界面
案例位置 案例文件\第7章\APP游戏个人界面.psd
视频位置 多媒体教学\7.8.3 课后习题3——APP游戏个人界面.avi
难易指数 ★★★☆☆

本例讲解APP游戏个人界面的制作，本例制作的是APP游戏个人界面的个人主面效果，通过简洁明了的信息及合理的功能布局，给人一种十分舒适的使用体验。最终效果如图7.238所示。

扫码看视频

图7.238 最终效果

步骤分解如图7.239所示。

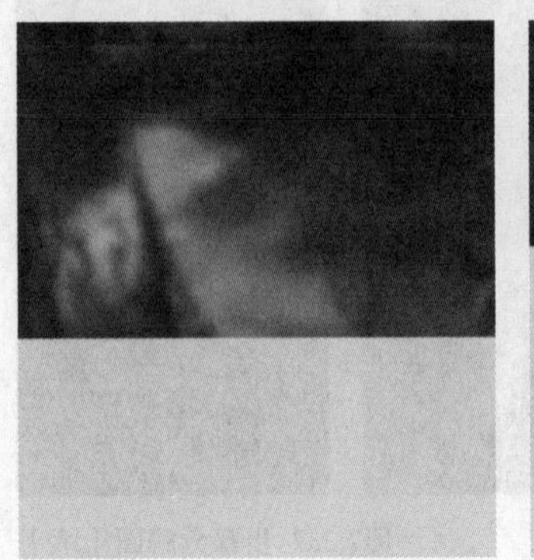

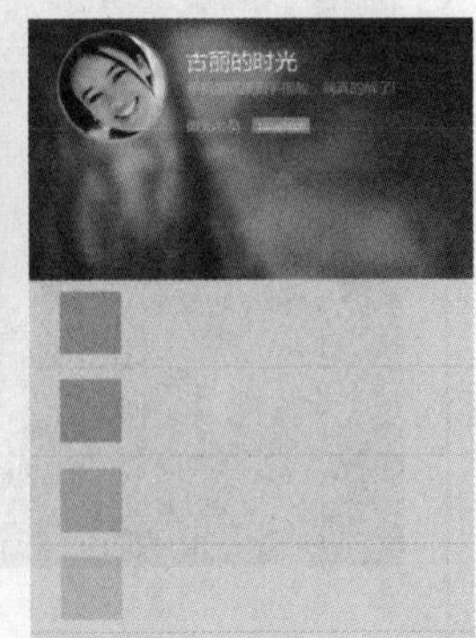

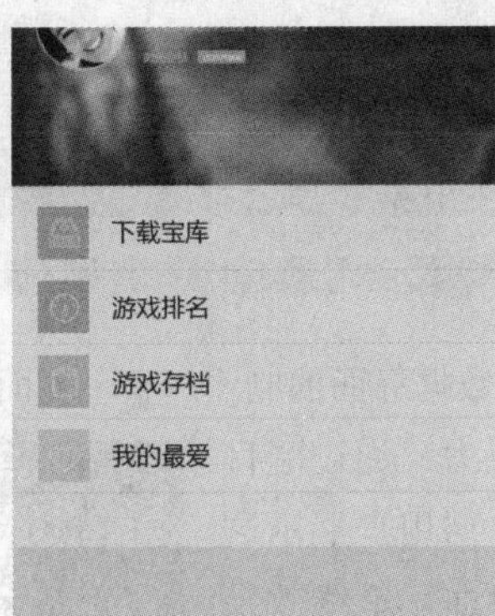

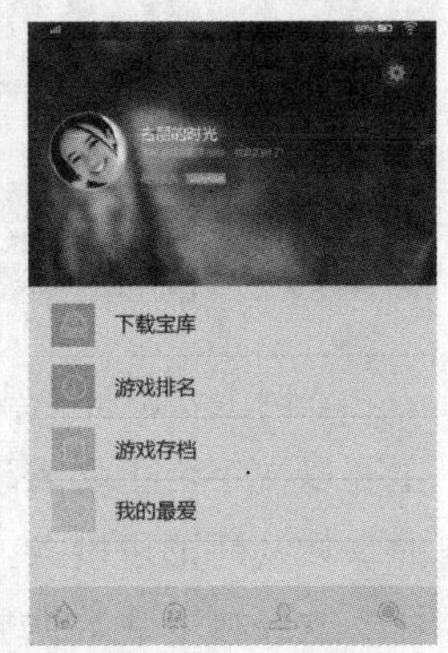

图7.239 步骤分解图

第8章

综合设计实战

内容摘要

本章主要详解综合设计实战，经过前几章的设计训练，相信大家已经加强了自己的设计水平，本章安排了多个综合性的案例设计供读者深入学习。掌握基础的UI设计是远远不够的，想要进入这个设计领域必须在商业实战上下功夫，经过综合实战案例的演练，才能够彻底掌握整个UI设计体系，为真正的设计铺垫基石。

课堂学习目标

- 学习精致CD控件的制作
- 学习信息接收控件的制作
- 掌握APP游戏下载及安装页的设计技巧

8.1 课堂案例——信息接收控件

素材位置 素材文件\第8章\信息接收控件
案例位置 案例文件\第8章\信息接收控件.psd
视频位置 多媒体教学\8.1课堂案例——信息接收控件.avi
难易指数 ★★☆☆☆

本例主要讲解信息接收控件的制作，在本书中讲到过不少类似控件类的图形设计，控件类图形是整个视觉设计中最为常见的设计图形。本例讲解的是一款相对简单的控件图形制作，在设计中注意将主题信息表达出即可。最终效果如图8.1所示。

扫码看视频

图8.1 最终效果

8.1.1 制作背景并绘制图形

01 执行菜单栏中的“文件”|“新建”命令，在弹出的对话框中设置“宽度”为600像素，“高度”为450像素，“分辨率”为72像素/英寸，新建一个空白画布。

02 选择工具箱中的“渐变工具”，在选项栏中单击“点按可编辑渐变”按钮，在弹出的对话框中将渐变颜色更改为深青色（R：102，G：127，B：126）到浅青色（R：168，G：192，B：190），设置完成之后单击“确定”按钮，再单击选项栏中的“径向渐变”按钮，从左上角向右下角方向拖动，为画布填充渐变，如图8.2所示。

图8.2 新建画布并填充颜色

03 选择工具箱中的“圆角矩形工具”，在选项栏中将“填充”更改为白色，“描边”为无，“半径”为80像素，在画布中绘制一个圆角矩形，此时将生成一个“圆角矩形 1”图层，选中“圆角矩形 1”图层，将其拖至面板底部的“创建新图层”按钮上，复制1个“圆角矩形 1拷贝”图层，如图8.3所示。

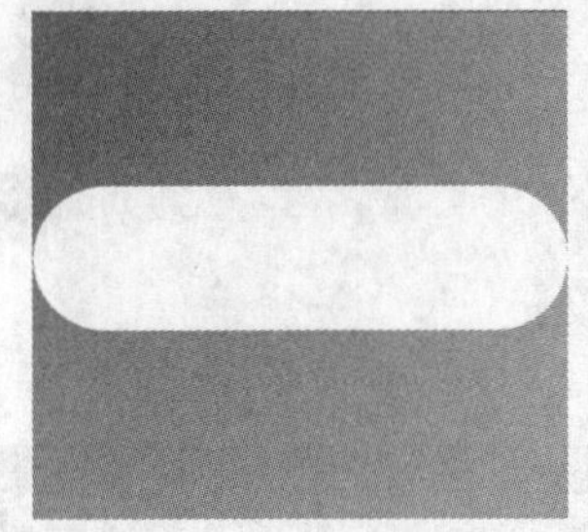

图8.3 绘制图形并复制图层

04 选中“圆角矩形 1”图层，单击面板底部的“添加图层样式”按钮，在菜单中选择“渐变叠加”命令，在弹出的对话框中将“渐变”更改为浅青色（R：220，G：236，B：235）到浅青色（R：236，G：245，B：244），如图8.4所示。

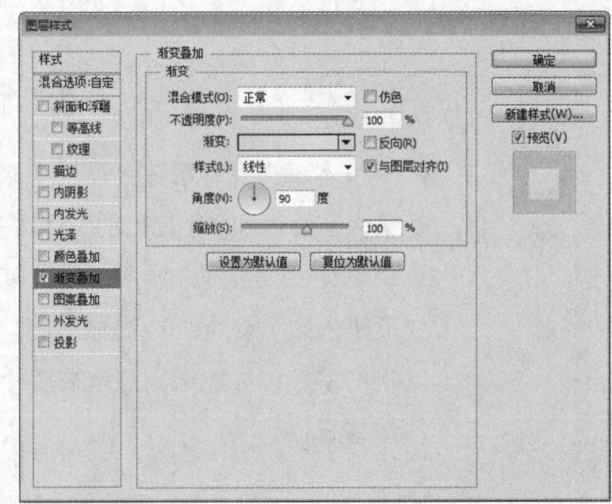

图8.4 设置渐变叠加

05 勾选“投影”复选框，将“颜色”更改为深青色（R：82，G：104，B：102），“不透明度”更改为100%，取消“使用全局光”复选框，将“角度”更改为90度，“距离”更改为1像素，“大小”更改为3像素，完成之后单击“确定”按钮，如图8.5所示。

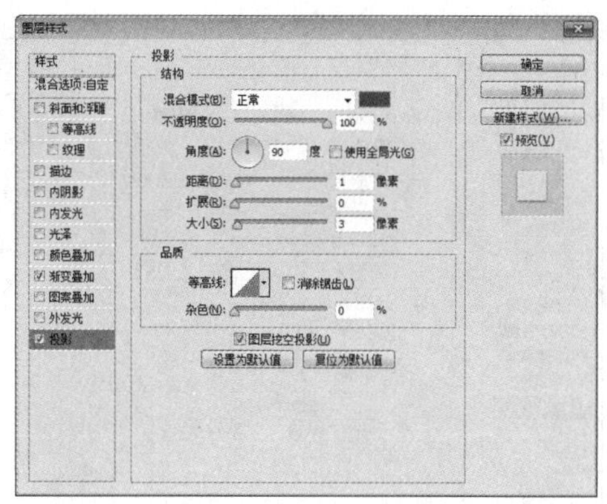

图8.5 设置投影

06 在“图层”面板中，选中“圆角矩形 1”图层，将其图层“填充”更改为0%，如图8.6所示。

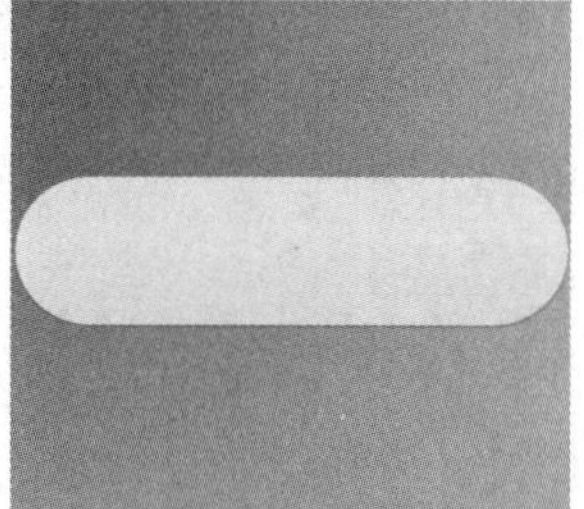

图8.6 更改填充

07 在“图层”面板中，选中“圆角矩形 1拷贝”图层，单击面板底部的“添加图层样式” fx 按钮，在菜单中选择“斜面和浮雕”命令，在弹出的对话框中将“大小”更改为1像素，“软化”更改为4像素，取消“使用全局光”复选框，“角度”更改为90度，“高光模式”更改为正常，“不透明度”更改为100%，“阴影模式”更改为正常，将“不透明度”更改为40%，“颜色”为深青色（R：82，G：104，B：102），如图8.7所示。

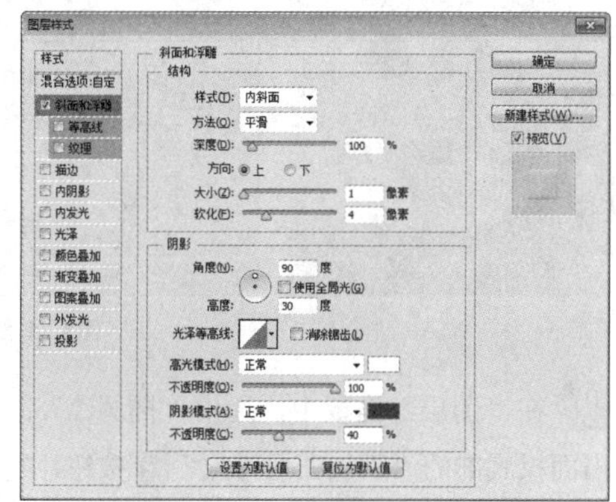

图8.7 设置斜面和浮雕

08 勾选“投影”复选框，将“颜色”更改为深青色（R：82，G：104，B：102），“不透明度”更改为40%，取消“使用全局光”复选框，将“角度”更改为90度，“距离”更改为10像素，“大小”更改为14像素，完成之后单击“确定”按钮，如图8.8所示。

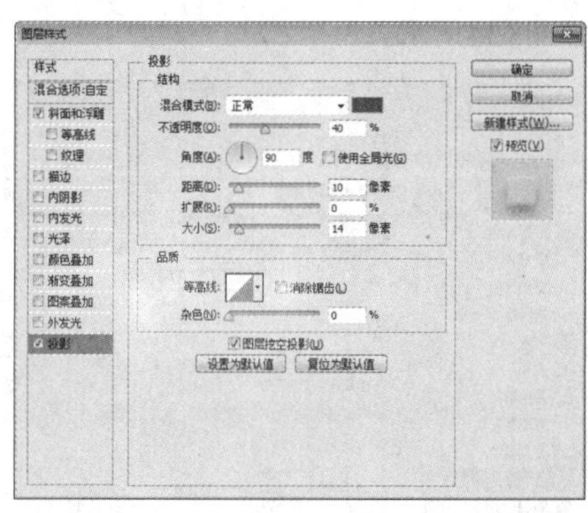

图8.8 设置投影

09 在“图层”面板中，选中“圆角矩形 1 拷贝”图层，将其图层“填充”更改为0%，如图8.9所示。

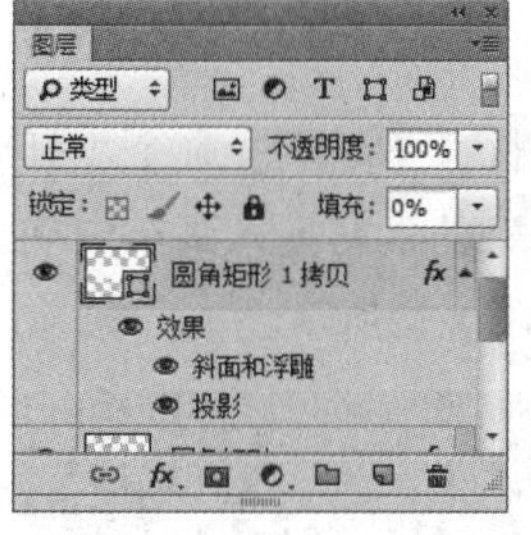

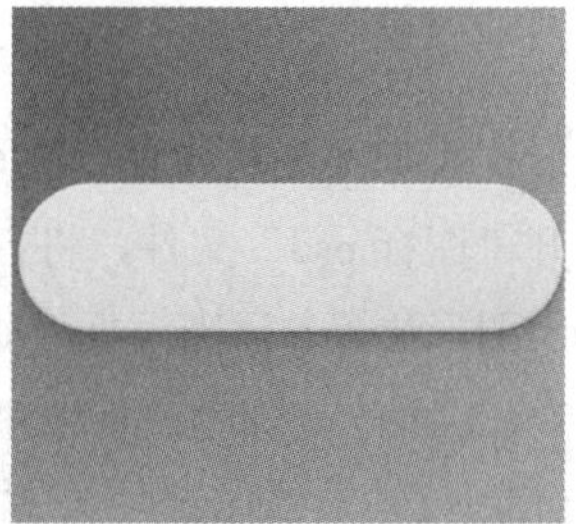

图8.9 更改填充

8.1.2 制作控件元素

01 选择工具箱中的“椭圆工具”，在选项栏中将“填充”更改为橙色（R：237，G：110，B：60），“描边”为无，在圆角矩形靠左侧位置按住Shift键绘制一个圆形，此时将生成一个“椭圆 1”图层，如图8.10所示。

图8.10 绘制图形

02 在“图层”面板中，选中“椭圆 1”图层，单击面板底部的“添加图层样式”fx按钮，在菜单中选择“外发光”命令，在弹出的对话框中将“不透明度”更改为50%，“颜色”更改为白色，“大小”更改为6像素，完成之后单击“确定”按钮，如图8.11所示。

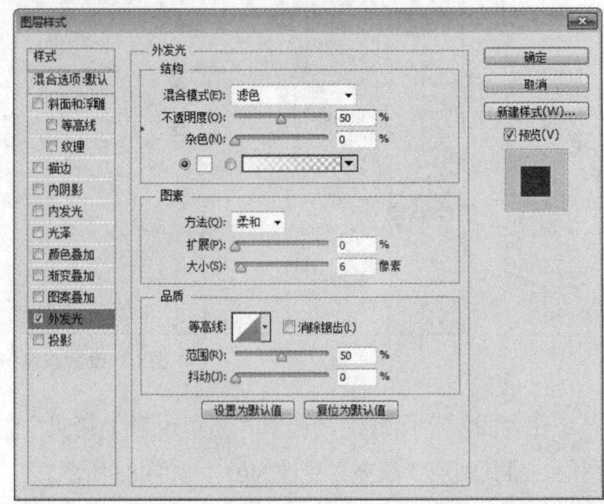

图8.11 设置外发光

03 执行菜单栏中的“文件”|“打开”命令，打开“图标.psd”文件，将打开的素材拖入画布中椭圆图形位置并适当缩小，如图8.12所示。

图8.12 添加素材

04 在“图层”面板中，选中“图标”图层，单击面板底部的“添加图层样式”fx按钮，在菜单中选择“投影”命令，在弹出的对话框中将“不透明度”更改为30%，“距离”更改为2像素，“大小”更改为3像素，完成之后单击“确定”按钮，如图8.13所示。

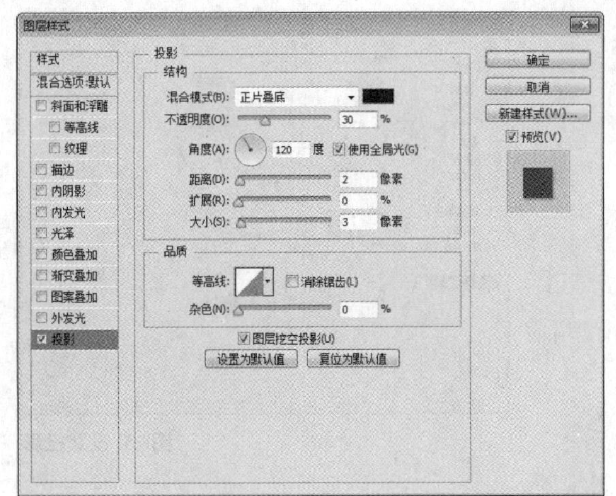

图8.13 设置投影

05 在“图层”面板中，选中“图标”图层，将其图层“填充”更改为70%，如图8.14所示。

图8.14 更改填充

06 选择工具箱中的“椭圆工具”，在选项栏中将“填充”更改为深灰色（R：67，G：60，B：68），“描边”为无，在图标右上角位置按住Shift键绘制一个圆形，此时将生成一个“椭圆 2”图层，如图8.15所示。

图8.15 绘制图形

07 在“图层”面板中，选中“椭圆 2”图层，单击面板底部的“添加图层样式”fx按钮，在菜单中选择“描边”命令，在弹出的对话框中将“大小”

更改为2像素，“填充类型”更改为渐变，“渐变”更改为深灰色（R：50，G：45，B：50）到灰色（R：110，G：110，B：110），如图8.16所示。

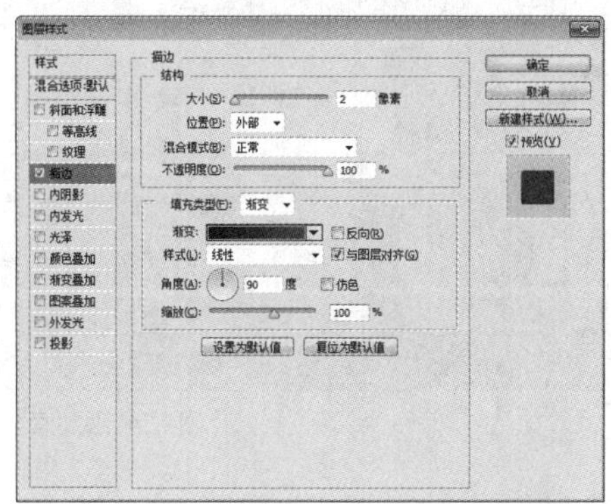

图8.16 设置描边

08 勾选“内阴影”复选框，将“混合模式”更改为正常，“颜色”更改为白色，“不透明度”更改为30%，“距离”更改为2像素，完成之后单击“确定”按钮，如图8.17所示。

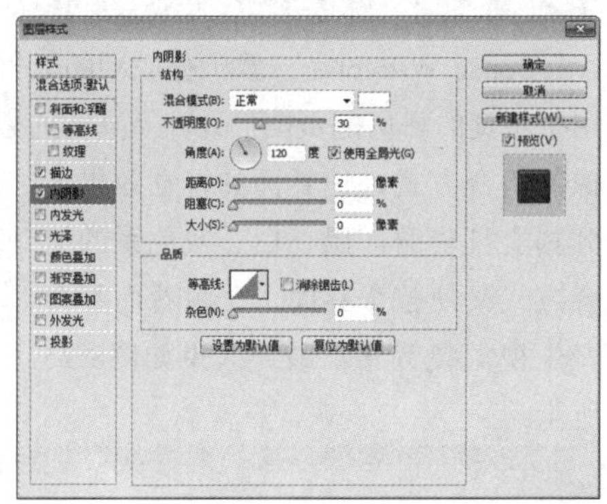

图8.17 设置内阴影

8.1.3 添加文字

01 选择工具箱中的“横排文字工具” T，在界面适当位置添加文字，如图8.18所示。

图8.18 添加文字

02 在“图层”面板中，选中“This is time story”图层，单击面板底部的“添加图层样式” fx 按钮，在菜单中选择“投影”命令，在弹出的对话框中将“颜色”更改为白色，“距离”更改为2像素，完成之后单击“确定”按钮，如图8.19所示。

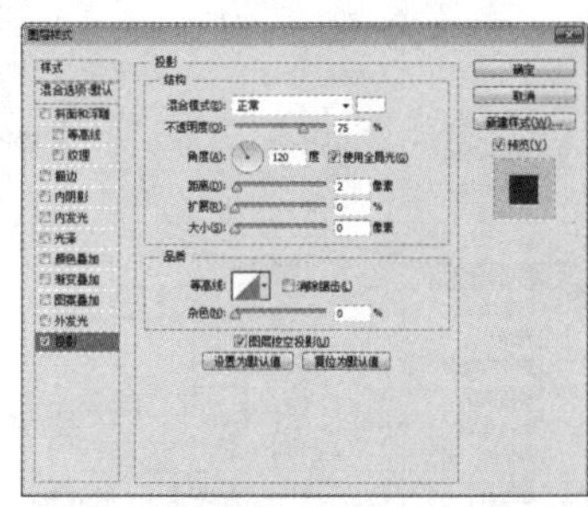

图8.19 设置投影

03 在“This is time story”图层上单击鼠标右键，从弹出的快捷菜单中选择“拷贝图层样式”命令，在“Thursday, 21:09 PM”图层上单击鼠标右键，从弹出的快捷菜单中选择“粘贴图层样式”命令，如图8.20所示。

图8.20 拷贝并粘贴图层样式

04 选择工具箱中的“椭圆工具”，在选项栏中将“填充”更改为淡青色（R：207，G：225，B：228），“描边”为无，在界面右侧位置按住Shift键绘制一个圆形，此时将生成一个“椭圆 3”图层，如图8.21所示。

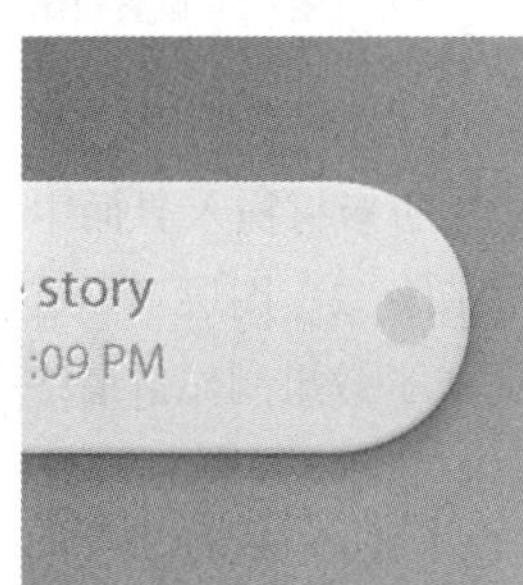

图8.21 绘制图形

05 在“图层”面板中，选中“椭圆 3”图层，单击面板底部的“添加图层样式” fx 按钮，在菜单中选择“内阴影”命令，在弹出的对话框中将“不透明度”更改为15%，“距离”更改为2像素，“大小”更改为2像素，如图8.22所示。

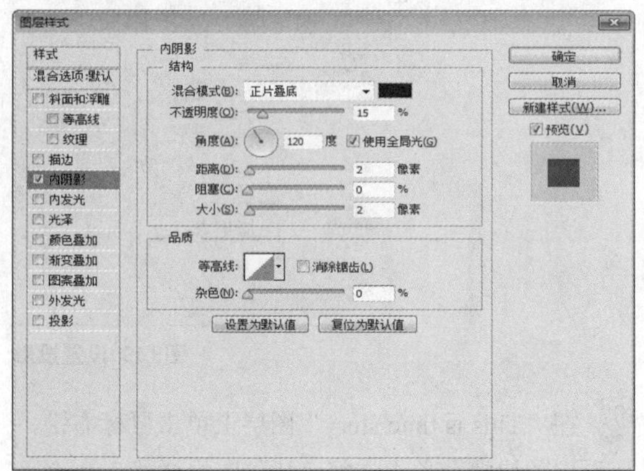

图8.22 设置内阴影

06 勾选“投影”复选框，将“颜色”更改为白色，“不透明度”更改为30%，“距离”更改为1像素，“扩展”更改为100%，“大小”更改为1像素，完成之后单击“确定”按钮，如图8.23所示。

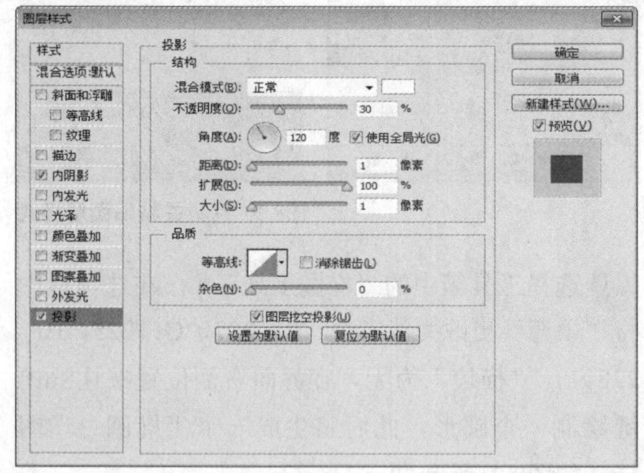

图8.23 设置投影

07 执行菜单栏中的“文件”|“打开”命令，打开“图标2.psd”文件，将打开的素材拖入界面中刚才绘制的椭圆图形上，将“图标 2”图层“不透明度”更改为80%，这样就完成了效果制作，最终效果如图8.24所示。

图8.24 添加素材及最终效果

8.2 课堂案例——Sense Widget

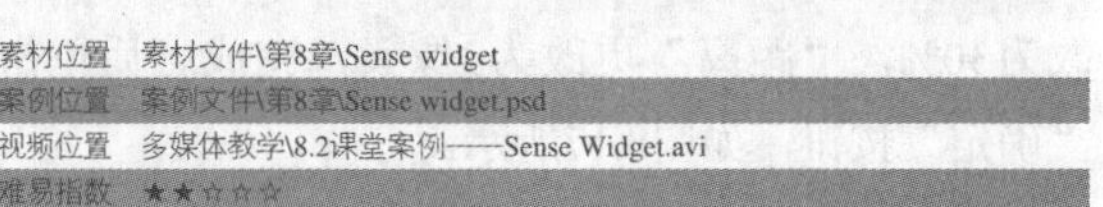

素材位置	素材文件\第8章\Sense widget
案例位置	案例文件\第8章\Sense widget.psd
视频位置	多媒体教学\8.2课堂案例——Sense Widget.avi
难易指数	★★☆☆☆

Sense Widget是一款十分成功的天气插件，采用了仿真的日历翻页图形设计及真实的素材天气图像的组合方式，使界面的视觉效果十分真实且华丽，黑、白、灰色系的组合方式又使整个界面十分耐看而不会产生视觉疲劳感。最终效果如图8.25所示。

扫码看视频

图8.25 最终效果

8.2.1 制作背景并绘制界面图形

01 执行菜单栏中的“文件”|“新建”命令，在弹出的对话框中设置“宽度”为900像素，“高度”为600像素，“分辨率”为72像素/英寸，“颜色模式”

为RGB颜色，新建一个空白画布。

02 选择工具箱中的“渐变工具”，在选项栏中单击“点按可编辑渐变”按钮，在弹出的对话框中将渐变颜色更改为灰色（R：187，G：190，B：197）到浅红色（R：207，G：180，B：175）再到紫色（R：150，G：125，B：180），设置完成之后单击“确定”按钮，再单击选项栏中的“线性渐变”按钮。

03 从左下角向右上角方向拖动，为背景填充渐变效果，如图8.26所示。

图8.26 填充渐变

04 选择工具箱中的“圆角矩形工具”，在选项栏中将“填充”更改为黑色，“描边”为无，“半径”为35像素，绘制一个比画布稍小的圆角矩形，此时将生成一个“圆角矩形1”图层，然后将“圆角矩形1”图层复制一份，如图8.27所示。

图8.27 绘制图形

05 在“图层”面板中，选中“圆角矩形1”图层，单击面板底部的“添加图层样式”按钮，选择“斜面和浮雕”命令，在弹出的对话框中将“大小”更改为4像素，取消“使用全局光”复选框，“角度”更改为90度，“阴影模式”中的“不透明度”更改为0%，完成之后单击“确定”按钮，如图8.28所示。

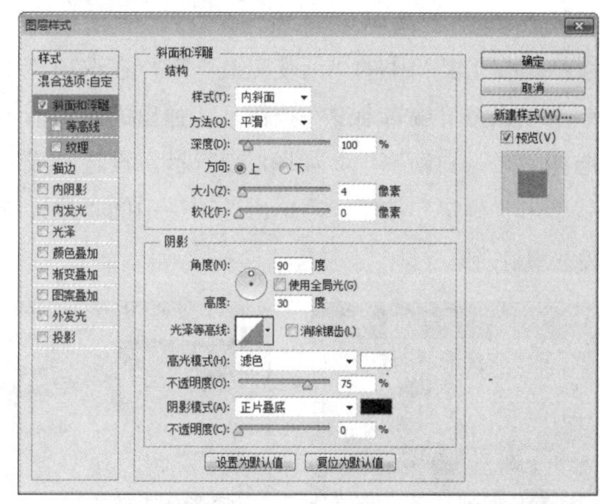

图8.28 设置斜面和浮雕

06 在“图层”面板中，选中“圆角矩形1”图层，将图层“填充”更改为50%，如图8.29所示。

图8.29 更改填充

07 选中“圆角矩形 1 拷贝”图层，按Ctrl+T组合键对其执行“自由变换”命令，将图形高度缩小，完成之后按Enter键确认，将填充颜色更改为白色，如图8.30所示。

图8.30 变换图形

08 选中“圆角矩形 1 拷贝”图层，单击面板底部的“添加图层蒙版”按钮，为其图层添加图层蒙版，如图8.31所示。

09 选择工具箱中的“渐变工具”，在选项栏中单击“点按可编辑渐变”按钮，在弹出的对话框中选择“黑，白渐变”，如图8.32所示，设置完成之后单击“确定”按钮，再单击选项栏中的“线性渐变”按钮。

图8.31 添加图层蒙版

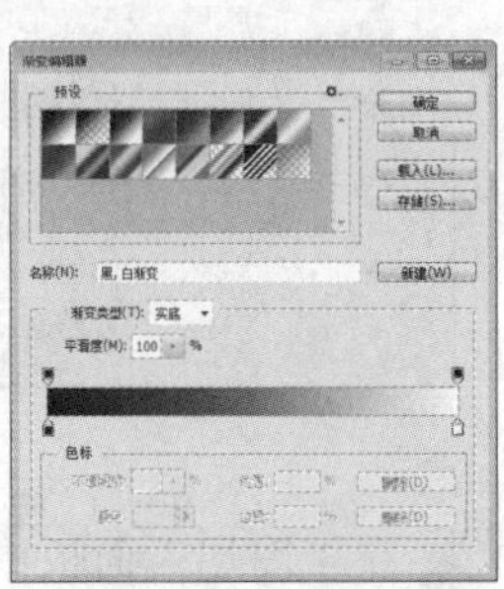

图8.32 设置渐变

10 单击“圆角矩形 1 拷贝”图层蒙版缩览图，在图形上按住Shift键从下至上拖动，将部分图形颜色减淡，如图8.33所示。

图8.33 减淡图形颜色

11 选中“圆角矩形 1 拷贝”图层，执行菜单栏中的“图层”|“创建剪贴蒙版”命令，为当前图层创建剪贴蒙版，将部分图形隐藏，如图8.34所示。

图8.34 创建剪贴蒙版隐藏图形

12 选择工具箱中的“椭圆工具”，在选项栏中将“填充”更改为浅红色（R：226，G：215，B：214），“描边”为无，在下方位置绘制一个椭圆图形，此时将生成一个“椭圆1”图层，如图8.35所示。

图8.35 绘制图形

13 在“图层”面板中，选中“椭圆1”图层，单击面板底部的“添加图层样式”按钮，在菜单中选择“内发光”命令，将“不透明度”更改为20%，“颜色”更改为白色，“大小”更改为250像素，完成之后单击“确定”按钮，如图8.36所示。将其图层“填充”更改为0%。

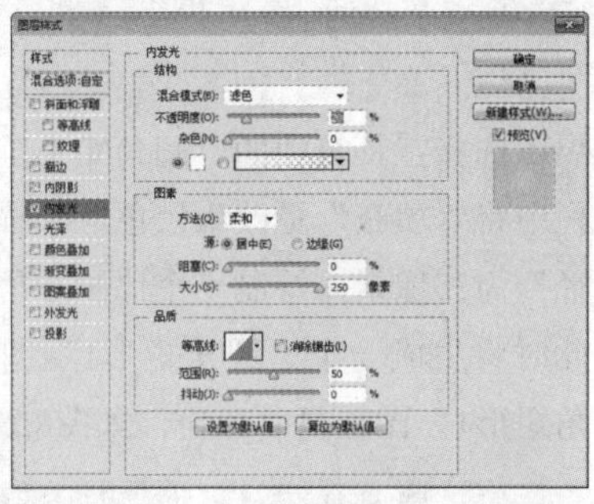

图8.36 设置内发光

14 选择工具箱中的“圆角矩形工具”，在选项栏中将“填充”更改为白色，“描边”为无，“半径”为30像素，在左上角位置绘制一个圆角矩形，此时将生成一个“圆角矩形2”图层，如图8.37所示。

图8.37 绘制图形

15 选中“圆角矩形 2”图层，单击面板底部的“添加图层样式” fx 按钮，在菜单中选择“投影”命令，在弹出的对话框中取消“使用全局光”复选框，将“角度”更改为90度，“距离”更改为4像素，“大小”更改为15像素，完成之后单击“确定”按钮，如图8.38所示。

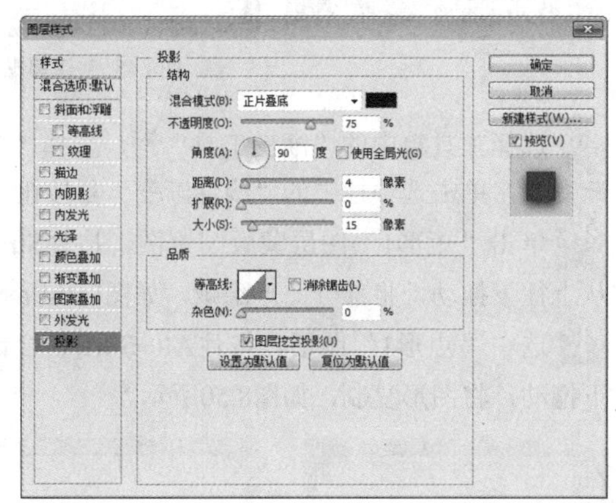

图8.38 设置投影

16 选中“圆角矩形 2”图层，将其拖至面板底部的“创建新图层”按钮上，复制一个“圆角矩形 2 拷贝”图层，如图8.39所示。

17 选中“圆角矩形 2 拷贝”图层，将其填充颜色改为灰色（R：235，G：235，B：235），按Ctrl+T组合，按住Alt+Shift组合键将图形等比缩小，完成之后按Enter键确认，如图8.40所示。

图8.39 复制图层

图8.40 变换图形

18 在“图层”面板中，双击“圆角矩形2 拷贝”图层样式名称，在弹出的对话框中取消“投影”复选框，选择“内阴影”复选框，将“不透明度”更改为50%，取消“使用全局光”复选框，“角度”更改为90度，“大小”更改为3像素，完成之后单击“确定”按钮，如图8.41所示。

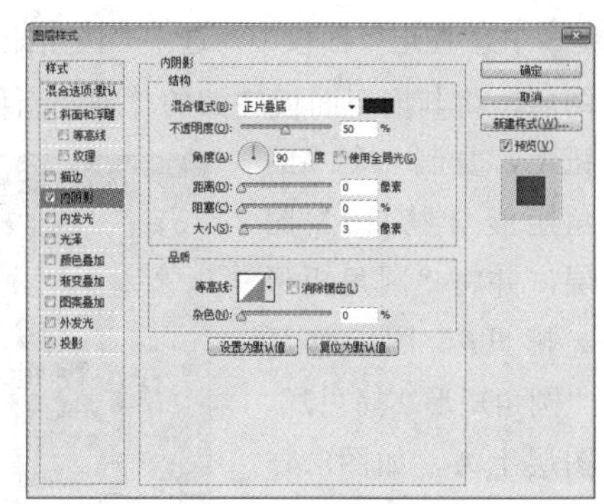

图8.41 设置内阴影

19 在“图层”面板中，选中“圆角矩形 2拷贝”图层，将其拖至面板底部的“创建新图层”按钮上，复制一个“圆角矩形2拷贝2”图层，如图8.42所示。

20 选中“圆角矩形 2 拷贝2”图层，将其填充颜色改为白色，按Ctrl+T组合键对其执行“自由变换”，按住Alt键向下拖动，将图形高度缩小，完成之后按Enter键确认，如图8.43所示。

图8.42 复制图层

图8.43 变换图形

21 在“图层”面板中，双击“圆角矩形 2 拷贝2”图层样式名称，在弹出的对话框中取消“内阴影”复选框，勾选“投影”复选框，将“不透明度”更改为50%，取消“使用全局光”复选框，“角度”更改为90度，“大小”更改为1像素，完成之后单击“确定”按钮，如图8.44所示。

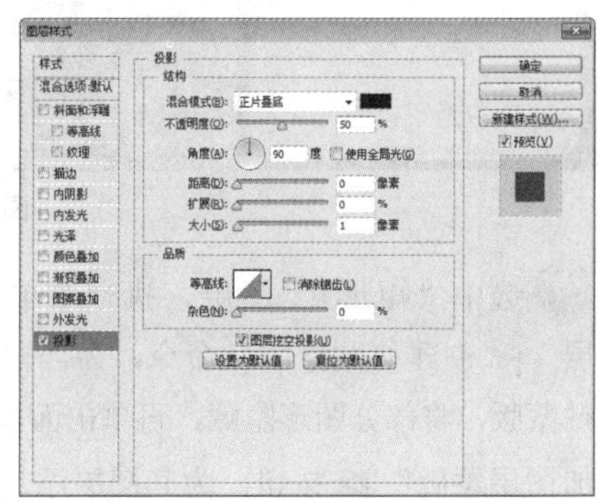

图8.44 设置投影

㉒ 在“图层”面板中，选中“圆角矩形 2 拷贝”图层，将其拖至面板底部的“创建新图层”按钮上，复制一个“圆角矩形 2 拷贝3”图层，并将“圆角矩形 2 拷贝3”图层移至“圆角矩形 2 拷贝2”图层上方，如图8.45所示。

图8.45 复制图层

㉓ 选中“圆角矩形 2 拷贝3”图层，按Ctrl+T组合键对其执行“自由变换”，按住Alt键向下拖动，将图形高度缩小，完成之后按Enter键确认，再将其图形颜色更改为白色，如图8.46所示。

图8.46 变换图形

㉔ 选择工具箱中的“矩形工具”，在选项栏中将“填充”更改为灰色（R：225，G：225，B：225），“描边”为无，在刚才绘制的圆角矩形图形上绘制一个矩形，此时将生成一个“矩形1”图层，如图8.47所示。

图8.47 绘制图形

㉕ 选中“矩形1”图层，执行菜单栏中的“图层”|“创建剪贴蒙版”命令，为当前图层创建剪贴蒙版，将部分图形隐藏，再单击面板底部的“添加图层蒙版”按钮，为其图层添加图层蒙版，如图8.48所示。

图8.48 创建剪贴蒙版

㉖ 选择工具箱中的“渐变工具”，选择“黑白渐变”，单击选项栏中的“线性渐变”按钮。

㉗ 单击“矩形1”图层蒙版缩览图，按住Shift键从上往下拖动，将部分图形隐藏，如图8.49所示。

㉘ 选中“矩形1”图层，按住Alt+Shift组合键向下拖动，将图形复制，如图8.50所示。

图8.49 隐藏图形

图8.50 复制图形

㉙ 选择工具箱中的“矩形工具”，在2个图形之间绘制一个矩形，此时将生成一个“矩形2”图层，如图8.51所示。

图8.51 绘制图形

㉚ 在“图层”面板中，选中“矩形2”图层，单击面板底部的“添加图层样式”fx按钮，在菜单中选择“渐变叠加”命令，在弹出的对话框中将“渐变”更改为灰色（R：216，G：216，B：216）到灰色（R：240，G：240，B：240），完成

之后单击“确定”按钮，如图8.52所示。

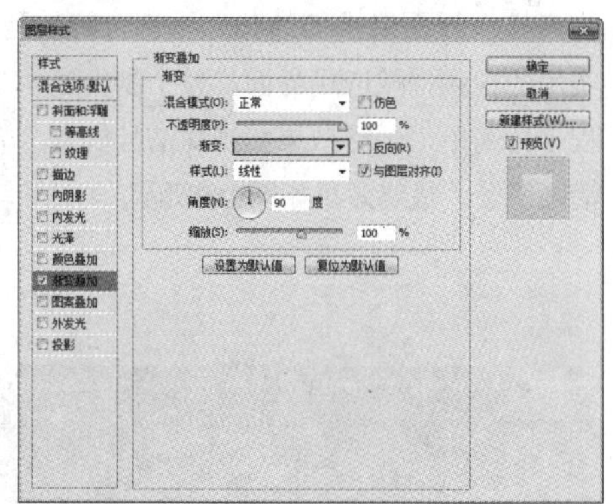

图8.52 设置渐变叠加

31 在“图层”面板中，同时选中除“椭圆1”“圆角矩形 1”“圆角矩形 1 拷贝”及“背景”以外的图层，按Ctrl+G组合键将图层快速编组，将生成的组名称更改为“日历”。

32 选中“日历”组，按住Alt+Shift组合键向右侧拖动，将图形复制，此时将生成一个“日历 拷贝”组，如图8.53所示。

图8.53 复制图形

8.2.2 添加文字信息及素材

01 选择工具箱中的“横排文字工具” T，在适当位置添加文字，如图8.54所示。

图8.54 添加文字

02 在“图层”面板中，选中文字图层，单击面板底部的“添加图层样式” fx 按钮，在菜单中选择“渐变叠加”命令，在弹出的对话框中将“混合模式”更改为正常，“渐变”更改为黑色到灰色（R：32，G：32，B：32）到灰色（R：160，G：160，B：160）到黑色到灰色（R：32，G：32，B：32）再到灰色（R：160，G：160，B：160），完成之后单击“确定”按钮，如图8.55所示。

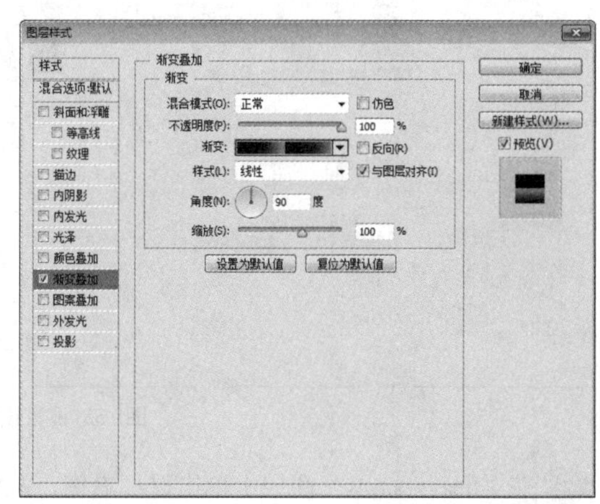

图8.55 设置渐变叠加

技巧与提示

渐变颜色的色标设置如图8.56所示。

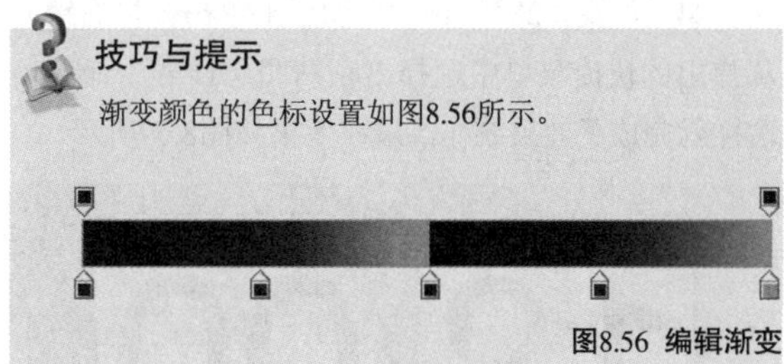

图8.56 编辑渐变

03 执行菜单栏中的“文件”|“打开”命令，打开“图标.psd”文件，将打开的素材拖到日历图形下方位置并适当缩小，选择工具箱中的“横排文字工具” T，适当位置添加文字，如图8.57所示。

图8.57 添加素材并输入文字

04 在“图层”面板中，选中“heavy snow”图层，单击面板底部的“添加图层样式” fx 按钮，在菜单中选择“投影”命令，在弹出的对话框中将“距离”更改为2像素，“大小”更改为2像素，如图8.58所示。

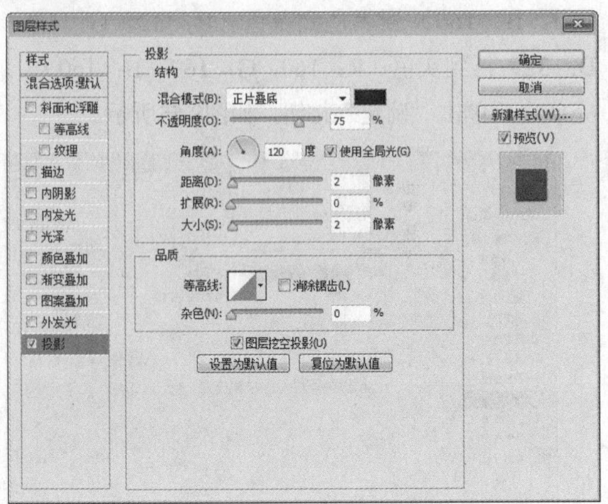

图8.58 设置投影

05 在“heavy snow”图层上单击鼠标右键，从弹出的快捷菜单中选择“拷贝图层样式”命令，分别在“24°”及“28°~16°”图层上单击鼠标右键，从弹出的快捷菜单中选择“粘贴图层样式”命令，这样就完成了效果制作，最终效果如图8.59所示。

图8.59 拷贝并粘贴图层样式及最终效果

8.3 课堂案例——简洁视频播放界面

素材位置 素材文件\第8章\简洁视频播放界面
案例位置 案例文件\第8章\简洁视频播放界面.psd
视频位置 多媒体教学\8.3课堂案例——简洁视频播放界面.avi
难易指数 ★★★☆☆

本例讲解简洁视频播放界面，如今越来越多的影音娱乐界面追求简洁化，本例讲解的是一款十分实用的视频播放应用界面，整个制作过程十分简单，最终效果相当简洁且信息清晰明了，最终效果如图8.60所示。

扫码看视频

图8.60 最终效果

8.3.1 制作主题背景

01 执行菜单栏中的“文件”|“新建”命令，在弹出的对话框中设置“宽度”为800像素，“高度”为600像素，“分辨率”为72像素/英寸，新建一个空白画布，将其填充为浅蓝色（R：195，G：205，B：207）。

02 选择工具箱中的“横排文字工具” T ，在画布适当位置添加文字，如图8.61所示。

图8.61 添加文字

03 在“图层”面板中，选中“Multi-Media”图层，将其图层混合模式设置为“叠加”，“不透明度”更改为20%，如图8.62所示。

图8.62 设置图层混合模式

04 选择工具箱中的“圆角矩形工具”，在选项栏中将“填充”更改为白色，“描边”为无，“半径”为3像素，在画布中绘制一个圆角矩形，此时将生成一个“圆角矩形 1”图层，如图8.63所示。

图8.63 绘制图形

技巧与提示

为了方便对图像创建剪贴蒙版进行效果观察，可以先将“圆角矩形 1 拷贝”图层暂时隐藏。

05 执行菜单栏中的“文件”|“打开”命令，打开“大片.jpg”文件，将打开的素材拖入画布中并适当缩小，其图层名称将更改为“图层1”，如图8.64所示。

图8.64 添加素材

06 选中“图层 1”图层，执行菜单栏中的“图层”|“创建剪贴蒙版”命令，为当前图层创建剪贴蒙版，将部分图像隐藏，再将图像适当缩小，如图8.65所示。

图8.65 创建剪贴蒙版

07 在“图层”面板中，选中“圆角矩形 1”图层，将其拖至面板底部的“创建新图层”按钮上，复制1个“圆角矩形 1 拷贝”图层，将其移至“图层1”上方，如图8.66所示。

08 选中“圆角矩形 1 拷贝”图层，按Ctrl+T组合键对其执行“自由变换”命令，拖动变形框顶部控制点将图形高度缩小，完成之后按Enter键确认，如图8.67所示。

图8.66 复制图层　　图8.67 变换图形

09 选择工具箱中的“直接选择工具”，选中圆角矩形左上角锚点按Delete键将其删除，以同样的方法选中右上角锚点将其删除，如图8.68所示。

图8.68 删除锚点

⑩ 在“图层”面板中，选中“圆角矩形 1 拷贝”图层，单击面板底部的“添加图层样式”fx按钮，在菜单中选择“内阴影”命令，在弹出的对话框中将“混合模式”更改为叠加，“颜色”更改为白色，取消“使用全局光”复选框，将“角度”更改为90度，“距离”更改为1像素，“阻塞”更改为50%，如图8.69所示。

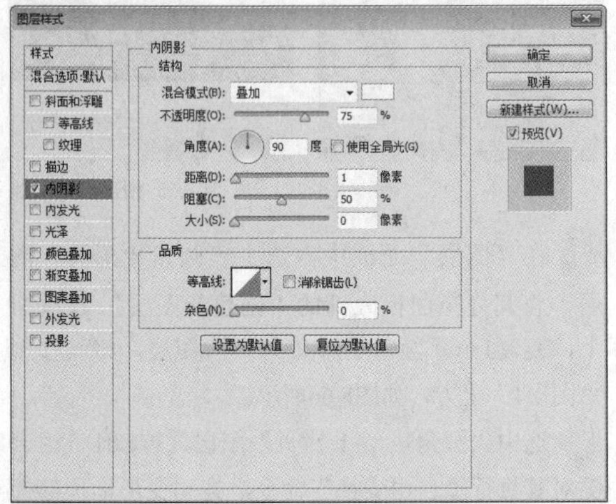

图8.69 设置内阴影

⑪ 勾选“渐变叠加”复选框，将“渐变”更改为深灰色（R：32，G：33，B：35）到深灰色（R：45，G：46，B：48），完成之后单击“确定”按钮，如图8.70所示。

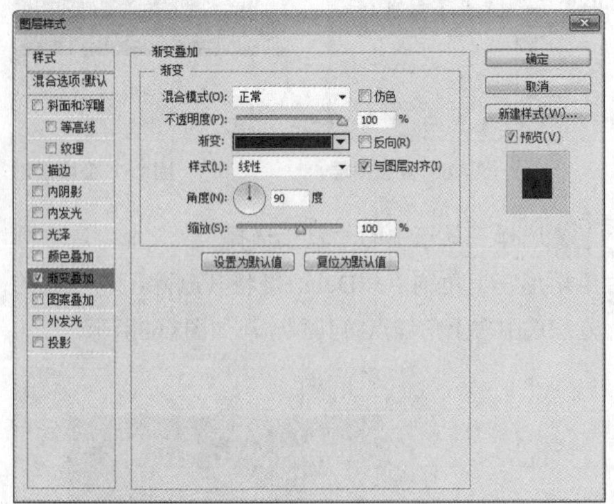

图8.70 设置渐变叠加

⑫ 选择工具箱中的“矩形工具”▭，在选项栏中将“填充”更改为黑色，“描边”为无，在图像底部边缘绘制一个矩形，此时将生成一个“矩形 1”图层，如图8.71所示。

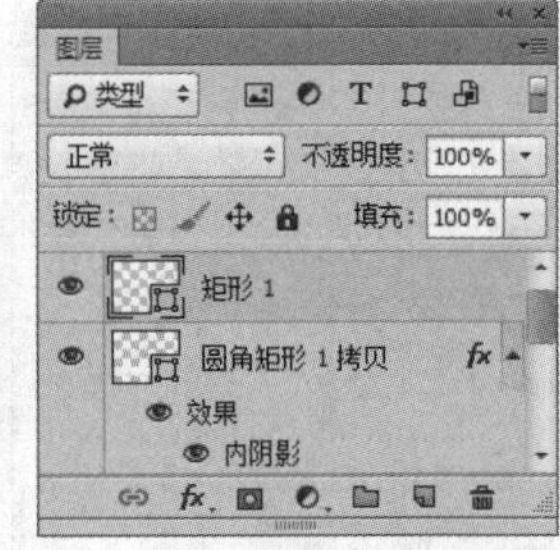

图8.71 绘制图形

⑬ 在“图层”面板中，选中“矩形 1”图层，将其拖至面板底部的“创建新图层”按钮上，复制1个“矩形 1 拷贝”图层，更改其填充颜色为青色（R：38，G：155，B：229），如图8.72所示。

⑭ 选中“矩形 1 拷贝”图层，按Ctrl+T组合键对其执行“自由变换”命令，将图形宽度缩小，完成之后按Enter键确认，如图8.73所示。

图8.72 复制图层

图8.73 变换图形

⑮ 在“图层”面板中，选中“图层 1”图层，单击面板底部的“添加图层样式”fx按钮，在菜单中选择“渐变叠加”命令，在弹出的对话框中将“混合模式”更改为柔光，“不透明度”更改为50%，“渐变”更改为黑色到白色，完成之后单击“确定”按钮，如图8.74所示。

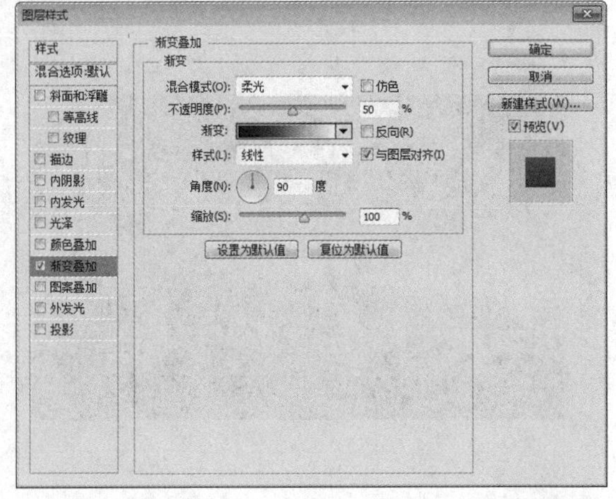

图8.74 设置渐变叠加

16 选择工具箱中的“直线工具”，在选项栏中将“填充”更改为深灰色（R：63，G：65，B：70），“描边”为无，“粗细”更改为2像素，在界面左下角位置按住Shift键绘制一条垂直线段，此时将生成一个“形状1”图层，如图8.75所示。

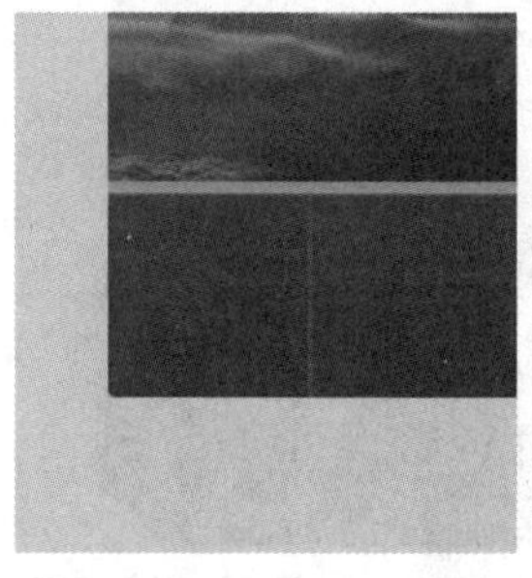

图8.75 绘制图形

17 在“图层”面板中，选中“形状 1”图层，单击面板底部的“添加图层蒙版”按钮，为其添加图层蒙版，如图8.76所示。

18 选择工具箱中的“渐变工具”，编辑黑色到白色的渐变，单击选项栏中的“线性渐变”按钮，在图形上拖动将部分图形隐藏，如图8.77所示。

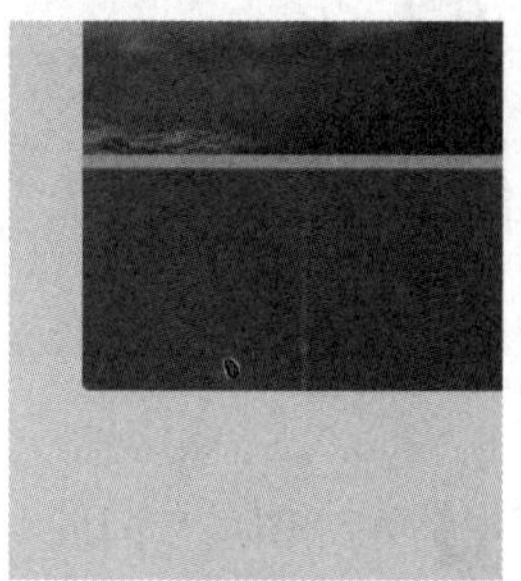

图8.76 添加图层蒙版　图8.77 设置渐变并隐藏图形

19 在“图层”面板中，选中“形状1”图层，将其拖至面板底部的“创建新图层”按钮上，复制1个“形状1拷贝”图层，选中“形状1拷贝”图层，在画布中按住Shift键向右侧平移至相对位置，如图8.78所示。

图8.78 复制图层并移动图形

8.3.2 添加控件素材

01 执行菜单栏中的“文件”|“打开”命令，打开“图标.psd”文件，将打开的素材拖入画布中界面适当位置并缩小，如图8.79所示。

图8.79 添加素材

02 在“图层”面板中，选中“图标”图层，单击面板底部的“添加图层样式”按钮，在菜单中选择“渐变叠加”命令，在弹出的对话框中将“渐变”更改为灰色（R：207，G：207，B：207）到灰色（R：240，G：240，B：237），如图8.80所示。

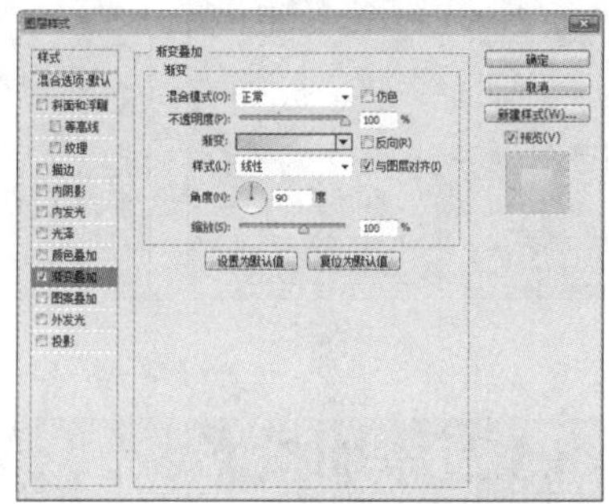

图8.80 设置渐变叠加

03 勾选“投影”复选框，将“不透明度”更改为50%，取消“使用全局光”复选框，将“角度”更改为90度，“距离”更改为2像素，“大小”更改为2像素，完成之后单击“确定”按钮，如图8.81所示。

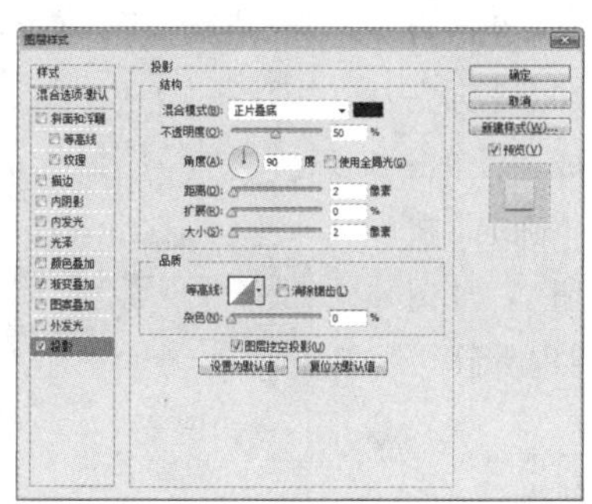

图8.81 设置投影

04 在“图标”图层名称上单击鼠标右键，从弹出的快捷菜单中选择“拷贝图层样式”命令，同时选中其他几个图标相关的图层，在其图层名称上单击鼠标右键，从弹出的快捷菜单中选择“粘贴图层样式”命令，如图8.82所示。

图8.82 拷贝并粘贴图层样式

05 同时选中除“背景”及“Multi-Media”之外所有图层，按Ctrl+G组合键将其编组，将生成的组名称更改为界面，如图8.83所示。

图8.83 将图层编组

8.3.3 添加投影

01 在“图层”面板中，选中“界面”图层，单击面板底部的“添加图层样式”按钮，在菜单中选择“投影”命令，在弹出的对话框中将“不透明度”更改为50%，取消“使用全局光”复选框，将“角度”更改为90度，“距离”更改为5像素，“大小”更改为10像素，完成之后单击“确定”按钮，如图8.84所示。

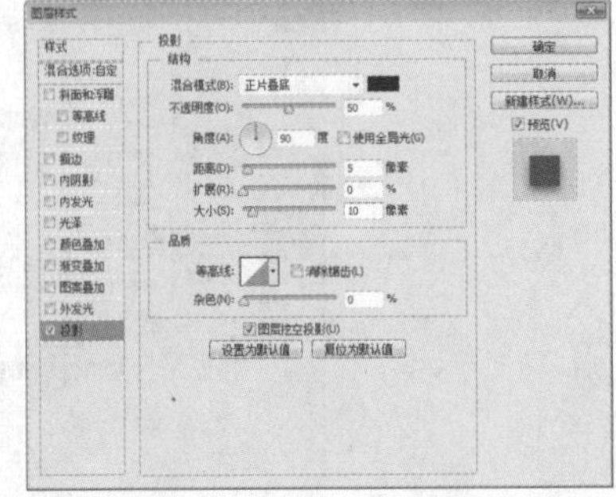

图8.84 设置投影

02 选择工具箱中的“钢笔工具”，在选项栏中单击“选择工具模式”按钮，在弹出的选项中选择“形状”，将“填充”更改为黑色，“描边”更改为无，在界面左下角位置绘制1个不规则图形，此时将生成一个“形状2”图层，将其移至“背景”图层上方，如图8.85所示。

图8.85 绘制图形

03 选中“形状2”图层，执行菜单栏中的“滤镜”|“模糊”|“高斯模糊”命令，在弹出的对话框中将“半径”更改为2像素，完成之后单击“确定”按钮，如图8.86所示。

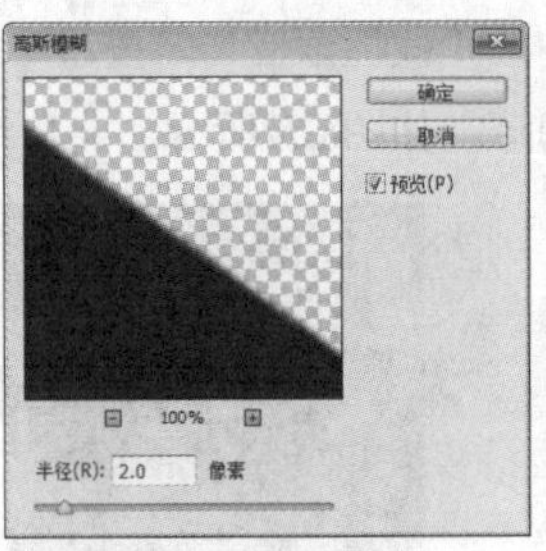

图8.86 设置高斯模糊

04 在“图层”面板中，选中“形状 2”图层，单击面板底部的“添加图层蒙版”按钮，为其图层添加图层蒙版，如图8.87所示。

05 选择工具箱中的“画笔工具”，在画布中单击鼠标右键，在弹出的面板中选择一种圆角笔触，将“大小”更改为300像素，“硬度”更改为0%，如图8.88所示。

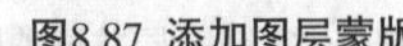

图8.87 添加图层蒙版

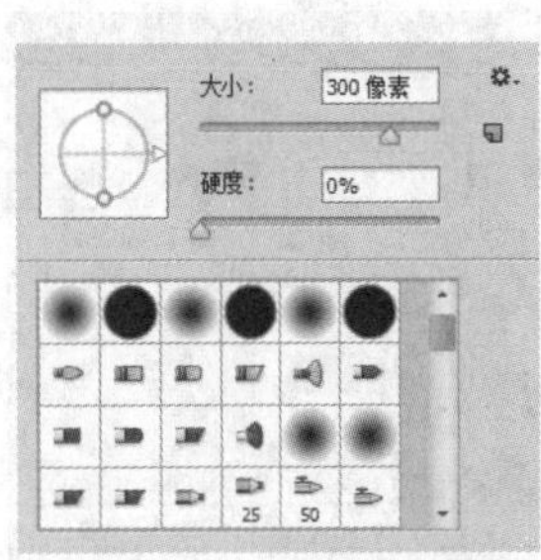

图8.88 设置笔触

06 将前景色更改为黑色，在其图像上部分区域涂抹将其隐藏，如图8.89所示。

图8.89 隐藏图像

07 选中“形状 2”图层，将其图层“不透明度”更改为20%，这样就完成了效果制作，最终效果如图8.90所示。

图8.90 最终效果

8.4 课堂案例——怡人秋景主题天气界面

素材位置	素材文件\第8章\怡人秋景主题天气界面
案例位置	案例文件\第8章\怡人秋景主题天气界面.psd
视频位置	多媒体教学\8.4课堂案例——怡人秋景主题天气界面.avi
难易指数	★★★★☆

本例主要讲解的是天气图标的制作，在制作之初从定位点出发，选用了一幅与主题相符合的背景图像，并添加滤镜效果虚化背景以衬托图标。在制作的过程中利用简单图形为主要元素，突出了图标简洁、大方、美观等特点。最终效果如图8. 91所示。

扫码看视频

图8.91 最终效果

8.4.1 制作背景

01 执行菜单栏中的“文件”|“新建”命令，在弹出的对话框中设置“宽度”为900像素，“高度”为550像素，“分辨率”为72像素/英寸，“颜色模式”为RGB颜色，新建一个空白画布，如图8.92所示。

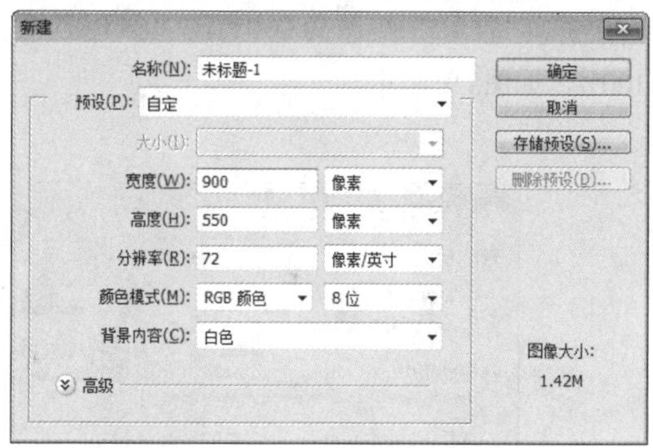

图8.92 新建画布

02 执行菜单栏中的“文件”|“打开”命令，打开“秋景.jpg”文件，将打开的素材图像拖入画布中，此时其图层名称将自动更改为“图层1”，如图8.93所示。

图8.93 打开素材

03 选中“图层1”图层，执行菜单栏中的“图像”|“调整”|“可选颜色”命令，在弹出的对话框中选择“颜色”为“青色”，将“青色”更改为100%，“黑色”更改为100%，如图8.94所示。

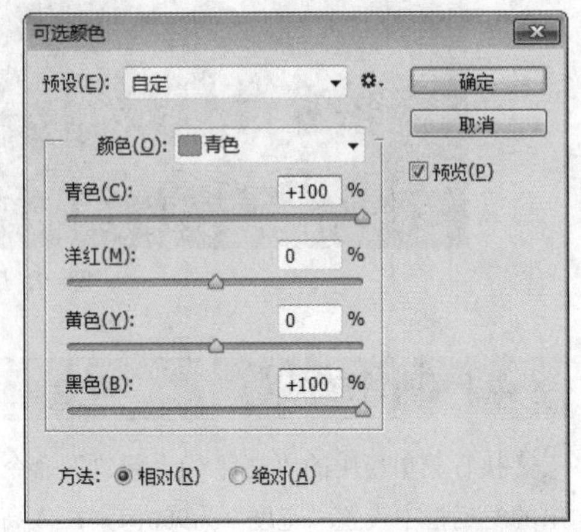

图8.94 调整青色

04 选择“颜色”为蓝色，将“青色”更改为100%，“洋红”更改为100%，“黑色”更改为100%，如图8.95所示。

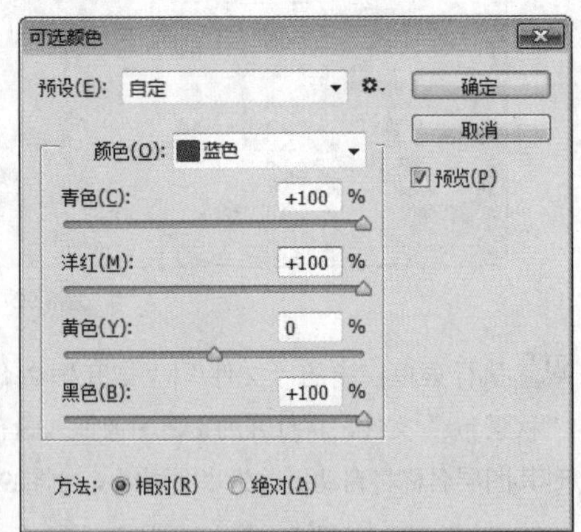

图8.95 调整蓝色

05 选择“颜色”为“白色”，将“黄色”更改为100%，“黑色”更改为30%，如图8.96所示。

06 选择“颜色”为“黑色”，将“青色”更改为-20%，“黄色”更改为20%，“黑色”更改为-20%，完成之后单击“确定”按钮，如图8.97所示。

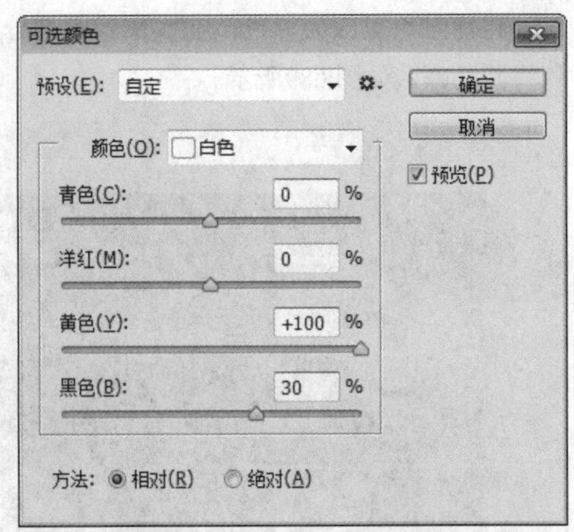

图8.96 调整白色

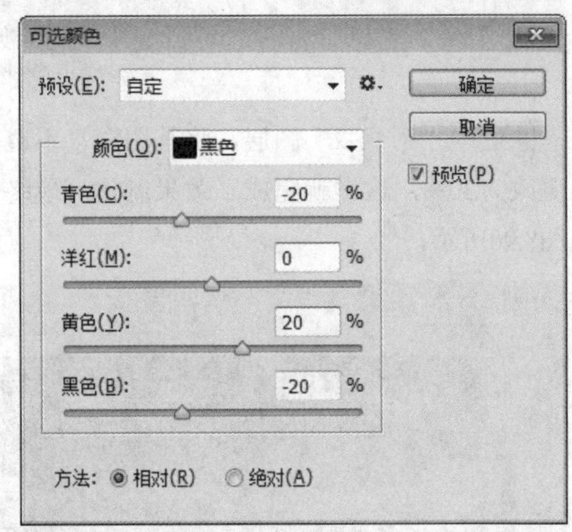

图8.97 调整黑色

07 选中“图层1”图层，执行菜单栏中的“图像”|“调整”|“色相/饱和度”命令，在弹出的对话框中将“饱和度”更改为10，如图8.98所示。

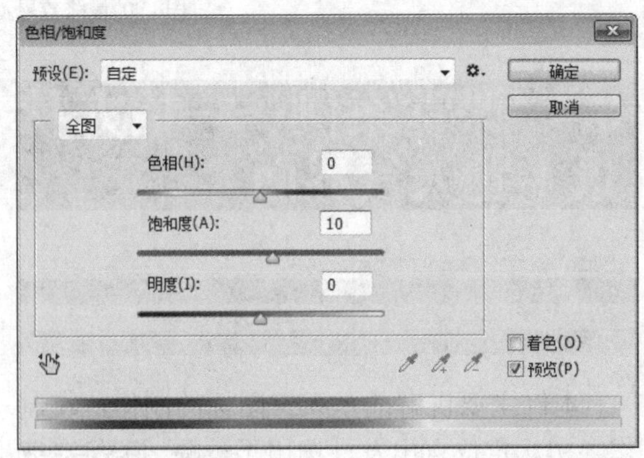

图8.98 调整全图

08 单击左上角“全图”后方的按钮，在弹出的下拉列表中选择“蓝色”，将“色相”更改为-15，完成之后单击“确定”按钮，如图8.99所示。

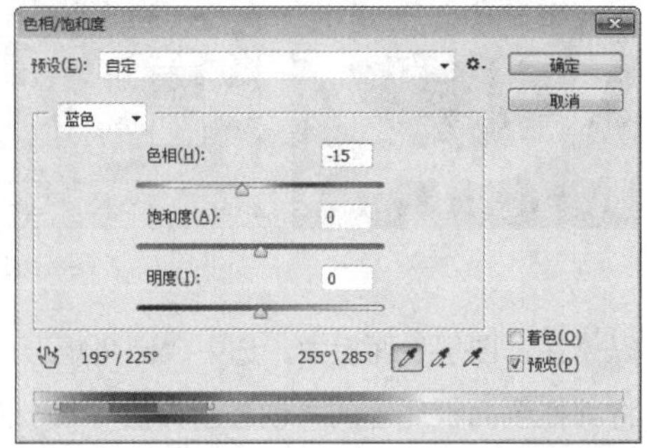

图8.99 调整蓝色

09 选中“图层1”图层，执行菜单栏中的“图像”|“调整”|“色彩平衡”命令，在弹出的对话框中将“色阶”更改为（5，4，35），完成之后单击“确定”按钮，如图8.100所示。

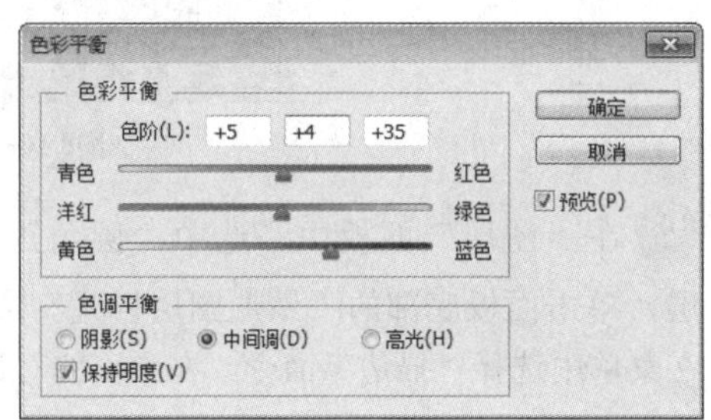

图8.100 调整色彩平衡

10 选中“图层1”图层，执行菜单栏中的“图像”|“调整”|“曲线”命令，在弹出的对话框中将其曲线向右下角方向拖动，降低图像亮度，完成之后单击“确定”按钮，如图8.101所示。

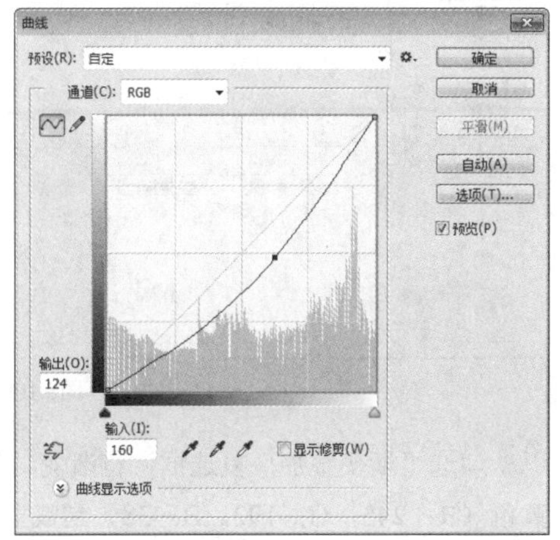

图8.101 调整曲线

11 选中“图层1”图层，执行菜单栏中的“图像”|“调整”|“亮度/对比度”命令，在弹出的对话框中将“亮度”更改为-10，“对比度”更改为-13，完成之后单击“确定”按钮，如图8.102所示。

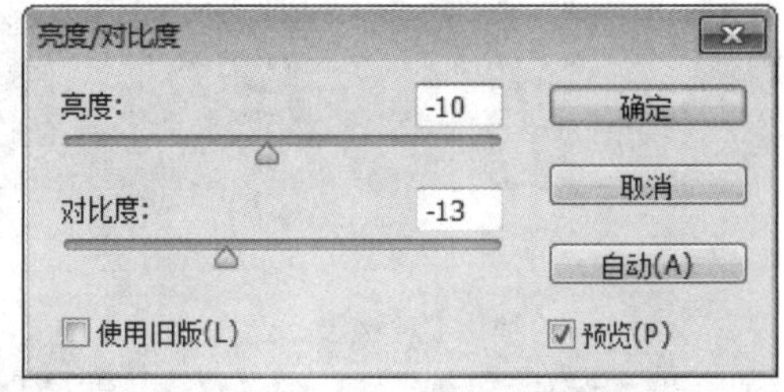

图8.102 调整亮度/对比度

12 选择工具箱中的“仿制图章工具”，在画布中单击鼠标右键，在弹出的面板中，选择一种圆角笔触，将“大小”更改为80像素，“硬度”更改为0%，如图8.103所示。

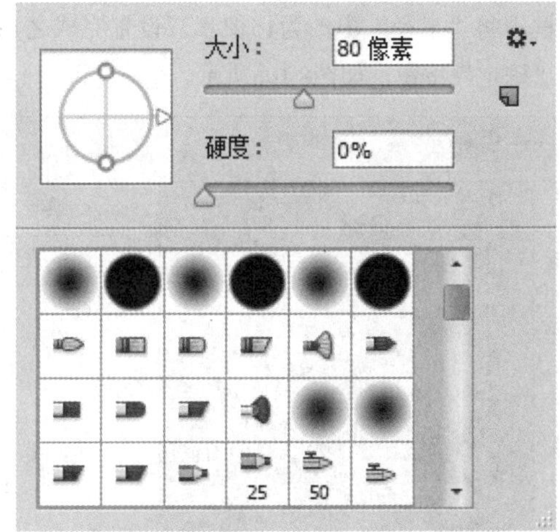

图8.103 设置笔触

13 选中“图层1”图层，在画布中靠左下角的小树图像旁边的油菜花位置按住Alt键单击以取样，然后在小树图像上单击将其隐藏，如图8.104所示。

图8.104 取样并隐藏部分图像

14 以同样的方法将小树旁边其他部分图像隐藏使小树附近的图像整体视觉更加整洁不杂乱，如图8.105所示。

图8.105 隐藏图像

15 选中“图层1”图层，执行菜单栏中的“滤镜”|“模糊”|“高斯模糊”命令，在弹出的对话框中将“半径”更改为15像素，设置完成之后单击“确定”按钮，如图8.106所示。

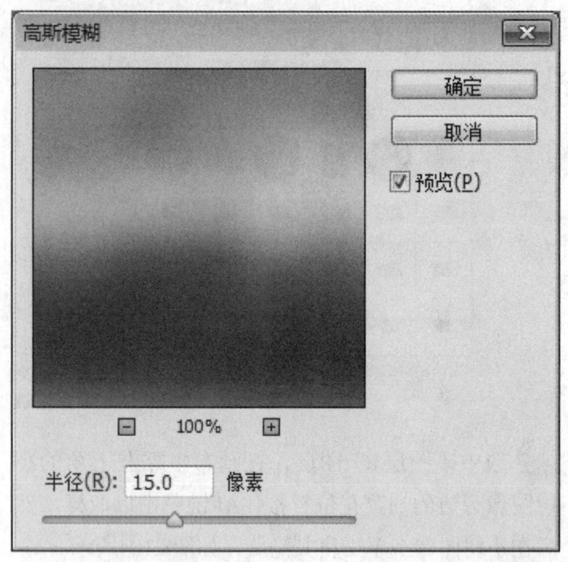

图8.106 设置高斯模糊

8.4.2 绘制界面

01 选择工具箱中的“圆角矩形工具”，在选项栏中将“填充”更改为无，“描边”为白色，“大小”为30像素，“半径”为145像素，在画布中按住Shift键绘制一个圆角矩形，此时将生成一个“圆角矩形1”图层，如图8.107所示。

图8.107 绘制图形

02 在“图层”面板中，选中“圆角矩形1”图层，将其拖至面板底部的“创建新图层”按钮上，复制出“圆角矩形1拷贝”及“圆角矩形1拷贝2”图层，如图8.108所示。

图8.108 复制图层

03 在“图层”面板中，选中“圆角矩形1”图层，单击面板底部的“添加图层样式”按钮，在菜单中选择“描边”命令，在弹出的对话框中将“大小”更改为2像素，“颜色”更改为黄色（R：255，G：220，B：42），如图8.109所示。

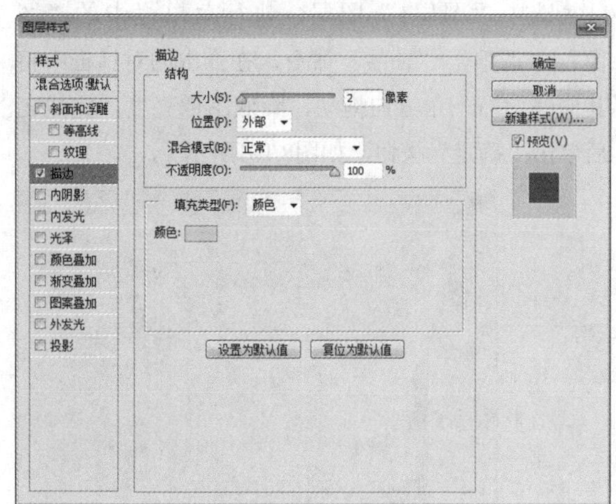

图8.109 设置描边

04 勾选“渐变叠加”复选框，将渐变颜色更改为黄色（R：245，G：192，B：38）到浅黄色（R：255，G：232，B：160）再到黄色（R：245，G：

192，B：38），“样式”为径向，“角度”更改为90度，完成之后单击“确定”按钮，如图8.110所示。

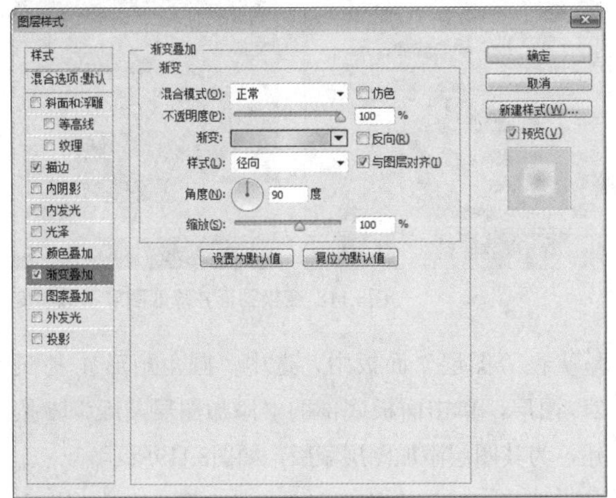

图8.110 设置渐变叠加

技巧与提示

在为“圆角矩形 1”添加图层样式的时候，可以先将“圆角矩形 1 拷贝”及“圆角矩形 1 拷贝 2”图层暂时隐藏，以方便观察添加的图层样式效果。

05 在“图层”面板中，选中“圆角矩形1”图层，在其图层名称上单击鼠标右键，从弹出的快捷菜单中选择“栅格化图层样式”名称，如图8.111所示。

06 在“图层”面板中，选中“圆角矩形 1”图层，将其拖至面板底部的“创建新图层”按钮上，复制一个“圆角矩形 1 拷贝3”图层，如图8.112所示。

图8.111 栅格化图层样式　　图8.112 复制图层

07 在“图层”面板中，选中“圆角矩形 1”图层，单击面板上方的“锁定透明像素”按钮，将当前图层中的透明像素锁定，在画布中将图层填充为黑色，填充完成之后再次单击此按钮将其解除锁定，如图8.113所示。

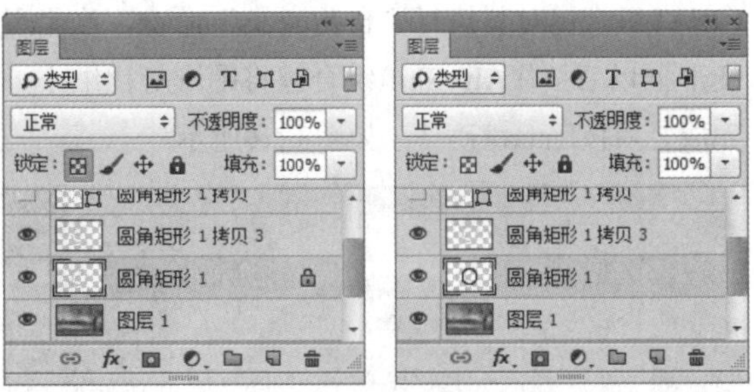

图8.113 锁定透明像素并填充颜色

08 选中“圆角矩形 1”图层，执行菜单栏中的“滤镜”|“模糊”|“高斯模糊”命令，在弹出的对话框中将“半径”更改为1像素，设置完成之后单击“确定”按钮，如图8.114所示。

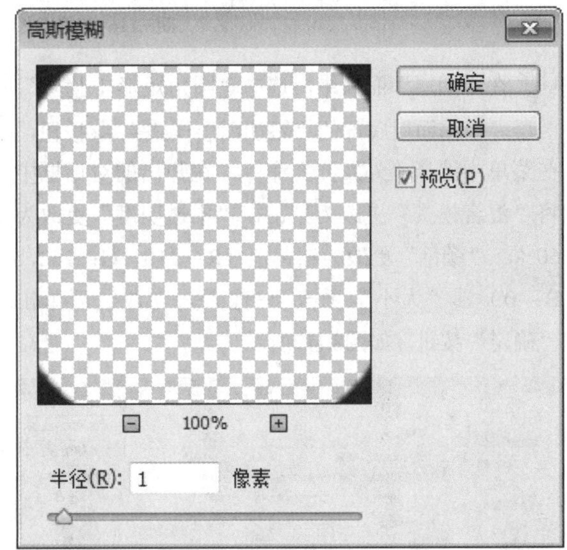

图8.114 设置高斯模糊

09 选中“圆角矩形 1”图层，将其图层“不透明度”更改为20%，如图8.115所示。

图8.115 更改图层不透明度

⑩ 选中“圆角矩形 1 拷贝”图层，在选项栏中将其“描边”大小更改为7像素，然后在画布中按Ctrl+T组合键对其执行“自由变换”命令，当出现变形框以后按住Alt+Shift组合键将图形等比缩小，完成之后按Enter键确认，如图8.116所示。

图8.116 变换图形

⑪ 在“图层”面板中，选中“圆角矩形 1 拷贝”图层，单击面板底部的“添加图层样式”fx按钮，在菜单中选择“外发光”命令，在弹出的对话框中将“混合模式”更改为正常，“不透明度”更改为60%，“颜色”更改为深黄色（R：210，G：162，B：0），“大小”更改为3像素，完成之后单击“确定”按钮，如图8.117所示。

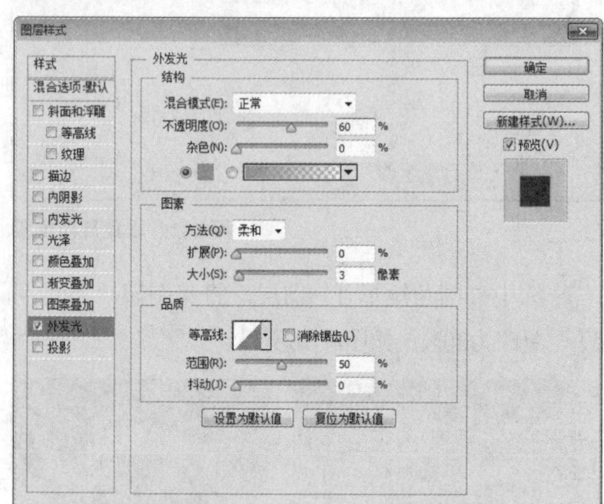

图8.117 设置外发光

⑫ 选中“圆角矩形 1 拷贝 2”图层，在选项栏中将其“填充”更改为白色，“描边”为无，在画布中按Ctrl+T组合键对其执行“自由变换”命令，当出现变形框以后按住Alt+Shift组合键将图形等比缩小，完成之后按Enter键确认，在“图层”面板中，将其“不透明度”更改为30%，如图8.118所示。

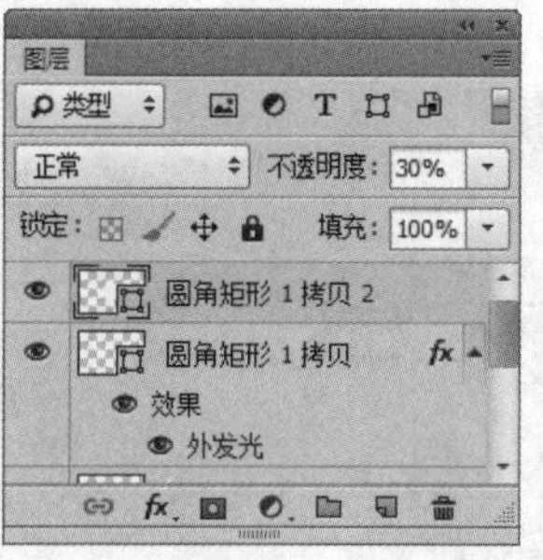

图8.118 变换图形并降低图层不透明度

⑬ 在“图层”面板中，选中“圆角矩形 1 拷贝 2”图层，单击面板底部的“添加图层蒙版”按钮，为其图层添加图层蒙版，如图8.119所示。

⑭ 选择工具箱中的“渐变工具”，在选项栏中单击“点按可编辑渐变”按钮，在弹出的对话框中选择“黑白渐变”，设置完成之后单击“确定”按钮，再单击选项栏中的“线性渐变”按钮，如图8.120所示。

图8.119 添加图层蒙版

图8.120 设置渐变

⑮ 单击“圆角矩形 1 拷贝 2”图层蒙版缩览图，在画布中的图形上按住Shift键从下往上拖动，将部分图形隐藏，如图8.121所示。

图8.121 隐藏图形

16 选择工具箱中的“钢笔工具”，在画布中沿刚才绘制的图形边缘位置绘制一个不规则封闭路径，如图8.122所示。

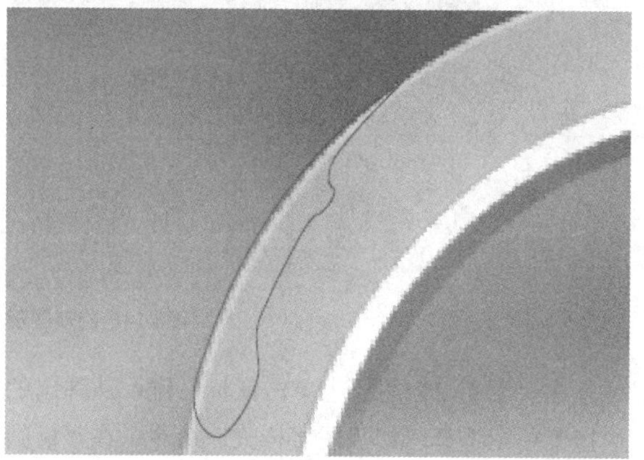

图8.122 绘制路径

17 在画布中按Ctrl+Enter组合键将刚才所绘制的封闭路径转换成选区，如图8.123所示。

18 单击面板底部的“创建新图层”按钮，新建一个“图层2”图层，如图8.124所示。

图8.123 转换选区

图8.124 新建图层

19 选中“图层2”图层，在画布中将选区填充为白色，填充完成之后按Ctrl+D组合键将选区取消，如图8.125所示。

图8.125 填充颜色

20 在“图层”面板中，选中“图层2”图层，单击面板底部的“添加图层样式”按钮，在菜单中选择“内发光”命令，在弹出的对话框中将“不透明度”更改为55%，“颜色”更改为黄色（R：249，G：247，B：190），“大小”更改为5像素，如图8.126所示。

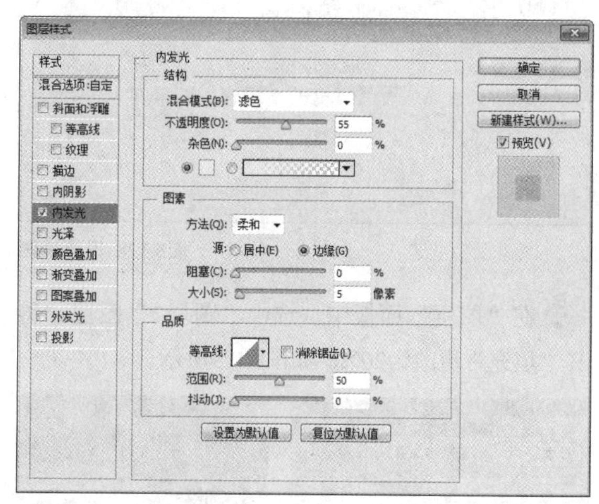

图8.126 设置内发光

21 勾选“渐变叠加”复选框，将“不透明度”更改为30%，渐变颜色更改为透明到白色，“角度”更改为35度，如图8.127所示。

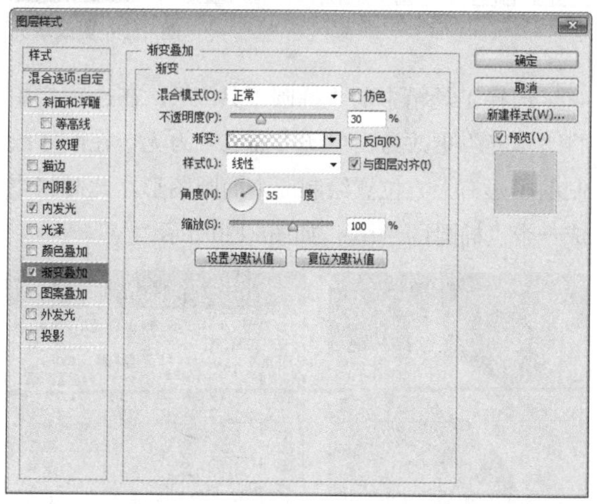

图8.127 设置渐变叠加

22 勾选“投影”复选框，将“颜色”更改为黄色（R：245，G：192，B：40），“不透明度”更改为30%，“距离”更改为2像素，“大小”更改为3像素，完成之后单击“确定”按钮，如图8.128所示。

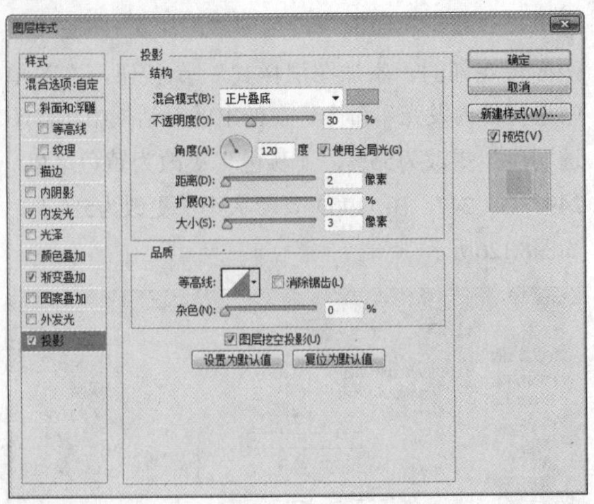

图8.128 设置投影

23 在“图层”面板中，选中“图层2”图层，将其“填充”更改为20%，如图8.129所示。

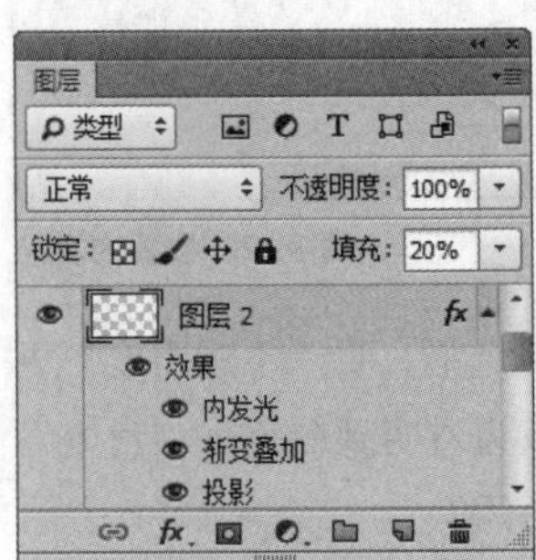

图8.129 更改填充

24 选择工具箱中的“椭圆工具”，在选项栏中将“填充”更改为白色，“描边”为无，在刚才绘制的图形右上方位置绘制一个椭圆图形，此时将生成一个“椭圆1”图层，如图8.130所示。

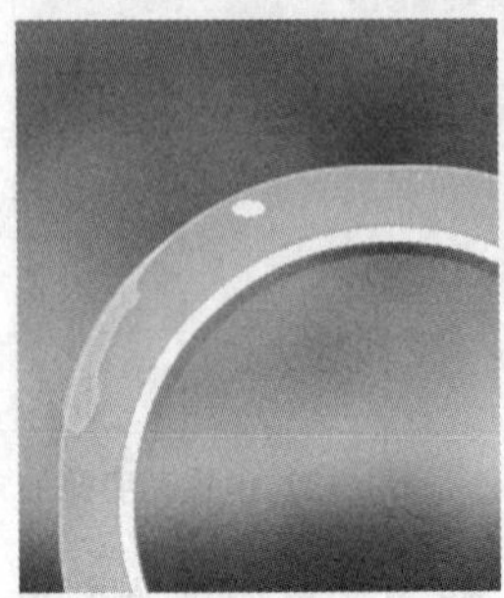

图8.130 绘制图形

25 选中“椭圆1”图层，在画布中按Ctrl+T组合键对其执行“自由变换”命令，当出现变形框以后将图形适当旋转，完成之后按Enter键确认，如图8.131所示。

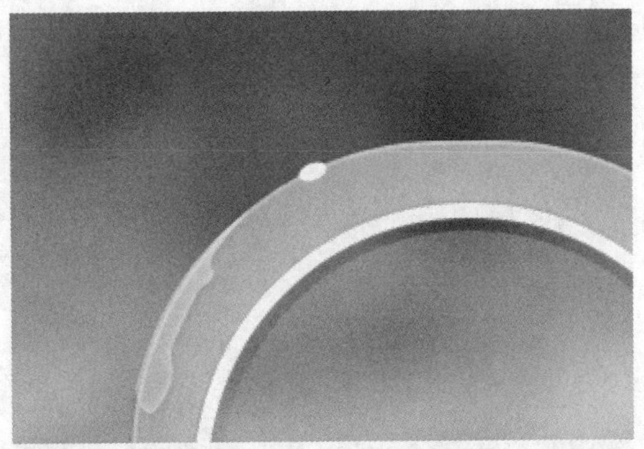

图8.131 旋转图形

26 在“图层 2”图层上单击鼠标右键，从弹出的快捷菜单中选择“拷贝图层样式”命令，在“椭圆1”图层上单击鼠标右键，从弹出的快捷菜单中选择“粘贴图层样式”命令，如图8.132所示。

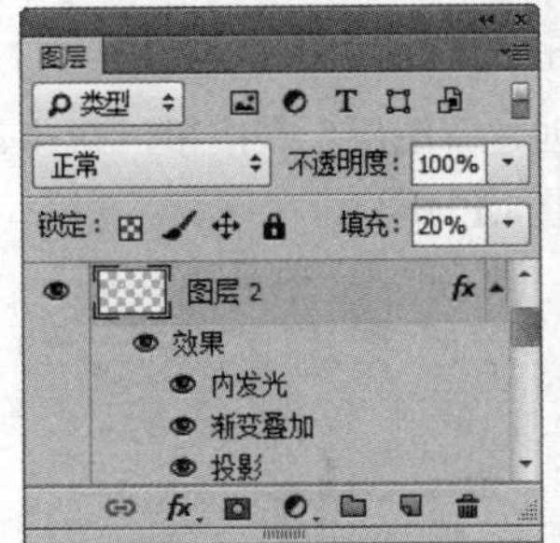

图8.132 拷贝并粘贴图层样式

27 在“图层”面板中，双击“椭圆1”图层样式名称，在弹出的对话框选中“投影”复选框，将“距离”更改为1像素，“大小”更改为2像素，完成之后单击“确定”按钮，如图8.133所示。

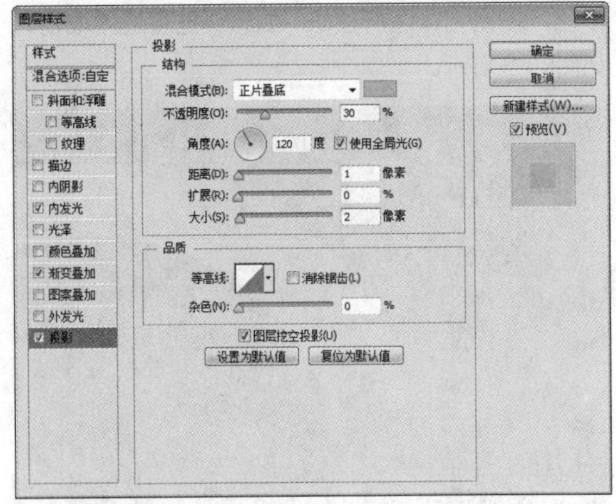

图8.133 设置投影

28 选择工具箱中的“钢笔工具”，在画布中圆角矩形底部绘制一个不规则封闭路径，如图8.134所示。

图8.134 绘制路径

29 在画布中按Ctrl+Enter组合键将刚才所绘制的封闭路径转换成选区，如图8.135所示。

30 单击面板底部的“创建新图层”按钮，新建一个“图层3”图层，如图8.136所示。

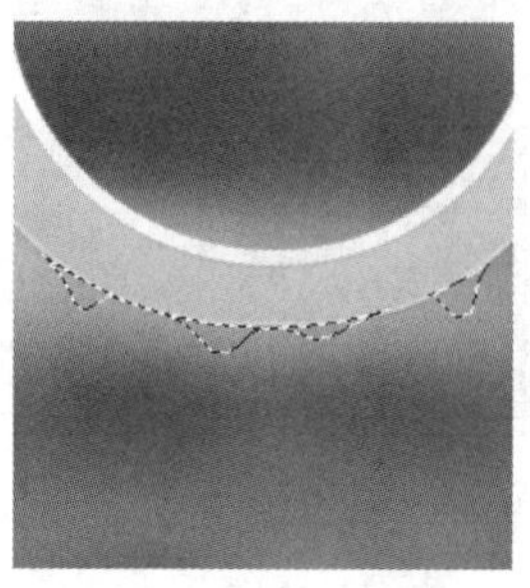

图8.135 转换选区

图8.136 新建图层

31 选中“图层3”图层，在画布中将选区填充为白色，填充完成之后按Ctrl+D组合键将选区取消，如图8.137所示。

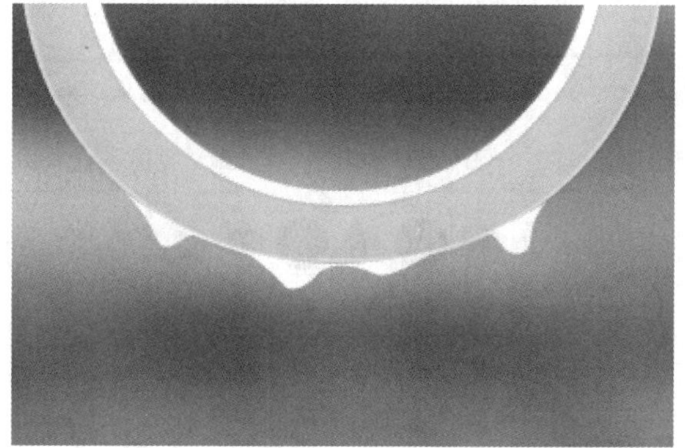

图8.137 填充颜色

32 在“图层 2”图层上单击鼠标右键，从弹出的快捷菜单中选择“拷贝图层样式”命令，在“图层3”图层上单击鼠标右键，从弹出的快捷菜单中选择“粘贴图层样式”命令，如图8.138所示。

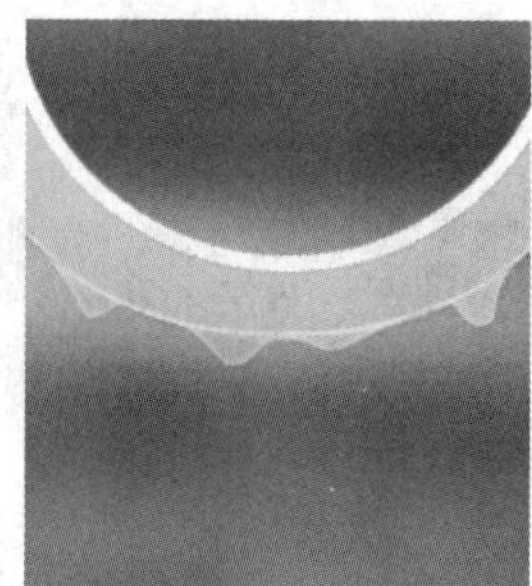

图8.138 拷贝并粘贴图层样式

33 选择菜单栏中的“窗口”|“路径”命令，在弹出的面板中选中“路径2”路径，如图8.139所示。

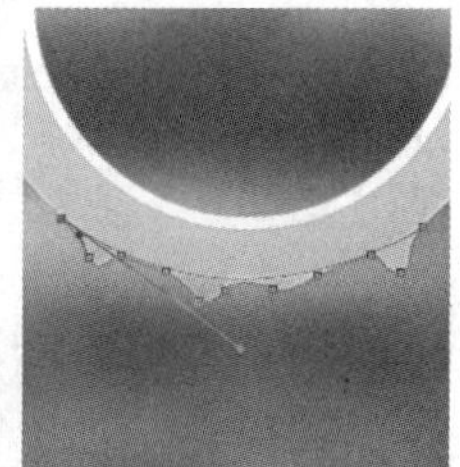

图8.139 选中路径

34 选择工具箱中的“直接选择工具”，在画布中的路径右上角锚点上单击将其选中，再按住Shift键在路径左上角锚点上单击将其加选，如图8.140所示。

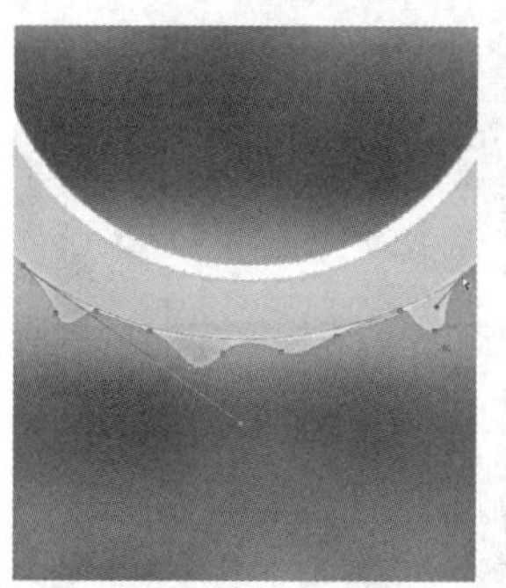

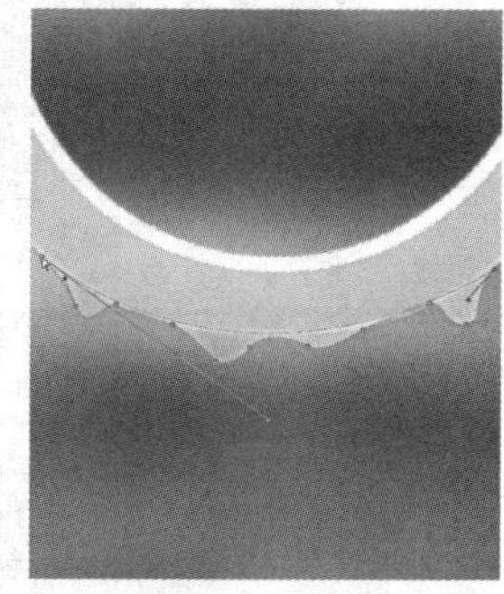

图8.140 选中锚点并加选锚点

35 在画布中直接按Delete键将刚才选中的两个锚点删除，此时上半部分路径将消失，如图8.141所示。

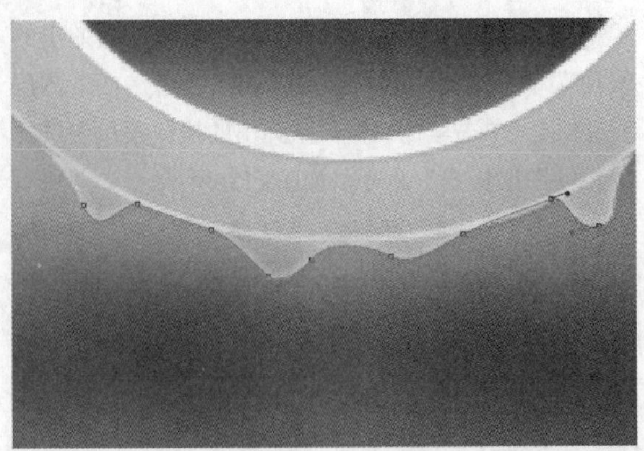

图8.141 删除部分路径

36 选择工具箱中的“钢笔工具”，在画布中路径左侧端点单击，再沿着图形边缘绘制路径，将路径延长，如图8.142所示。

图8.142 延长路径

37 以刚才同样的方法将路径右侧适当延长，如图8.143所示。

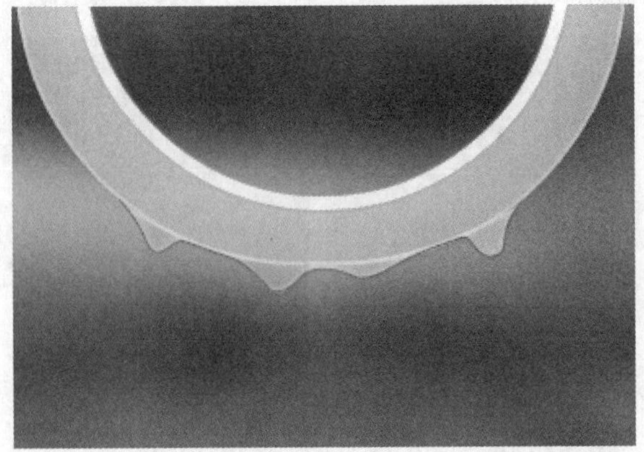

图8.143 延长路径

38 在“图层”面板中，双击“图层3”图层样式名称，在弹出的对话框中选中“内发光”复选框，将“大小”更改为3像素，完成之后单击“确定”按钮，如图8.144所示。

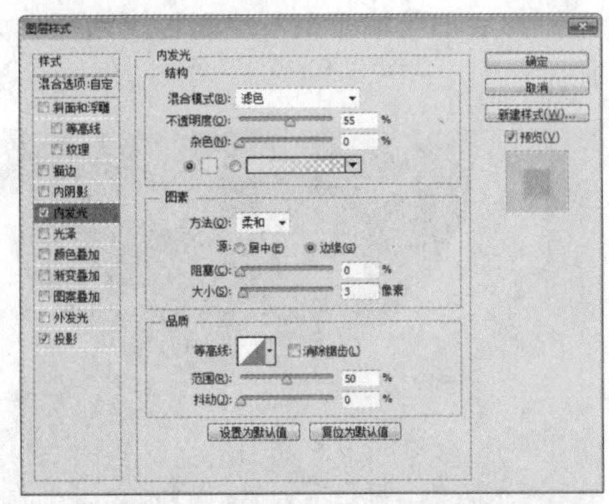

图8.144 设置内发光

39 在“图层”面板中，选中“图层3”图层，将图层样式中的“渐变叠加”拖至面板底部的“删除图层”按钮上将其删除，如图8.145所示。

40 单击面板底部的“创建新图层”按钮，新建一个“图层4”图层，如图8.146所示。

图8.145 删除部分图层样式　　图8.146 新建图层

41 选择工具箱中的“画笔工具”，在画布中单击鼠标右键，在弹出的面板中，选择一种圆角笔触，将“大小”更改为2像素，“硬度”更改为100%，如图8.147所示。

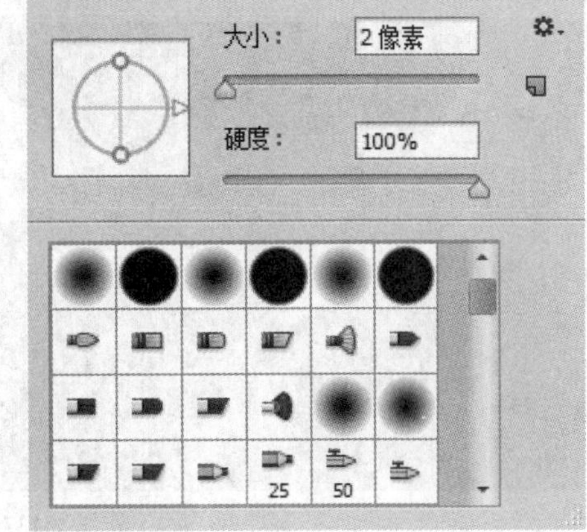

图8.147 设置笔触

42 选中“图层4”图层，将前景色更改为白色，执行菜单栏中的“窗口”|“路径”命令，在弹出的面板中选中“路径2”路径，在其路径名称上单击鼠标右键，从弹出的快捷菜单中选择“描边路径”命令，在弹出的对话框中选择“工具”为画笔，勾选“模拟压力”复选框，完成之后单击“确定”按钮，如图8.148所示。

图8.148 描边路径

43 在“图层”面板中，选中“图层3”图层，将其“填充”更改为10%，如图8.149所示。

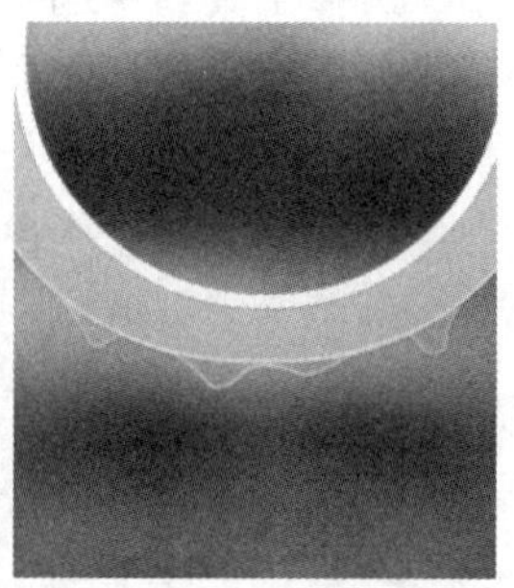

图8.149 更改填充

44 以刚才同样的方法在画布中绘制数个相似的水珠样式图形，如图8.150所示。

图8.150 绘制图形

45 选择工具箱中的“钢笔工具”，在画布中沿刚才绘制的图形边缘位置绘制一个不规则封闭路径，如图8.151所示。

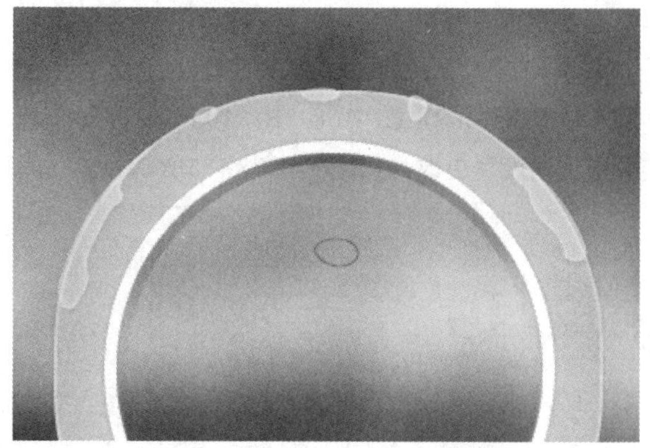

图8.151 绘制路径

46 在画布中按Ctrl+Enter组合键将刚才所绘制的封闭路径转换成选区，如图8.152所示。

47 单击面板底部的“创建新图层”按钮，新建一个“图层8”图层，如图8.153所示。

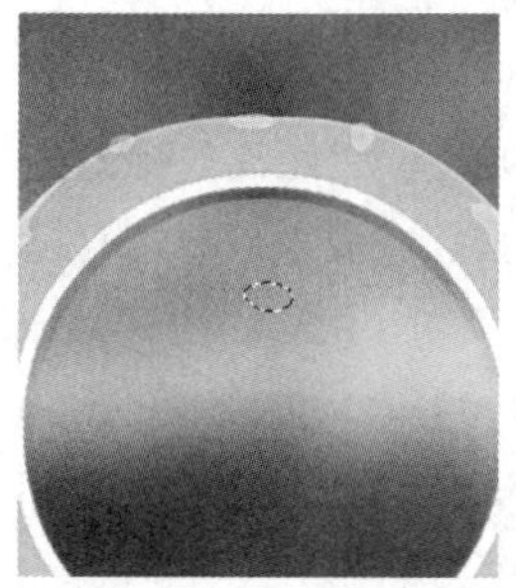

图8.152 转换选区

图8.153 新建图层

48 选中“图层8”图层，在画布中将选区填充为白色，填充完成之后按Ctrl+D组合键将选区取消，如图8.154所示。

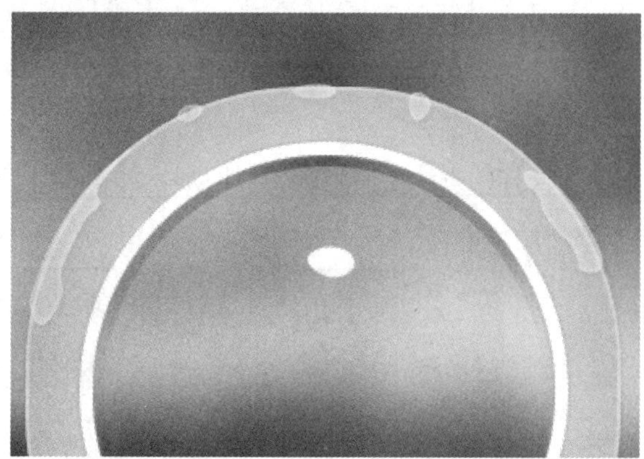

图8.154 填充颜色

49 在“图层”面板中，选中“图层8”图层，单击面板底部的“添加图层样式”按钮，在菜单中选择“渐变叠加”命令，在弹出的对话框中将“不透明度”更改为40%，渐变颜色更改为白色到灰色（R：108，G：108，B：108），并将灰色“不透明度”更改为10%，如图8.155所示。

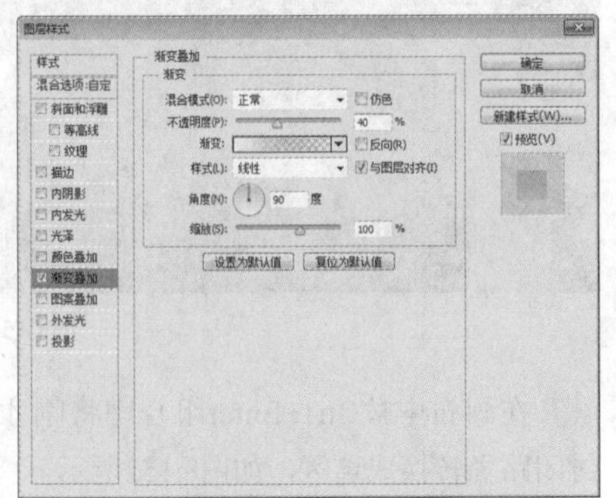

图8.155 设置渐变叠加

50 选中“投影”复选框，将“颜色”更改为灰色（R：184，G：184，B：184），“不透明度”更改为50%，“角度”更改为90度，“距离”更改为1像素，“大小”更改为2像素，完成之后单击“确定”按钮，如图8.156所示。

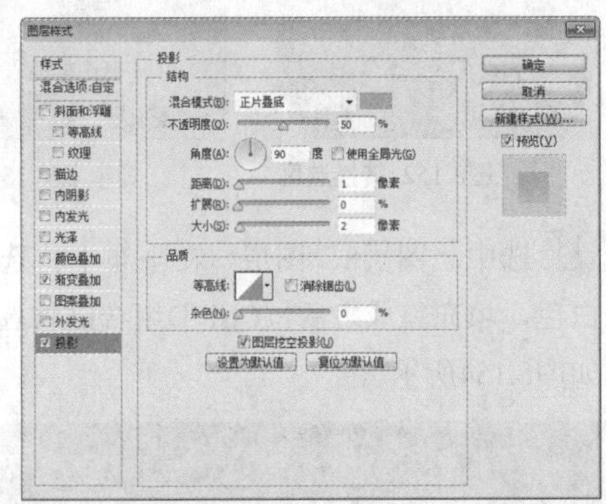

图8.156 设置投影

51 以同样的方法绘制多个相似图形，如图8.157所示。

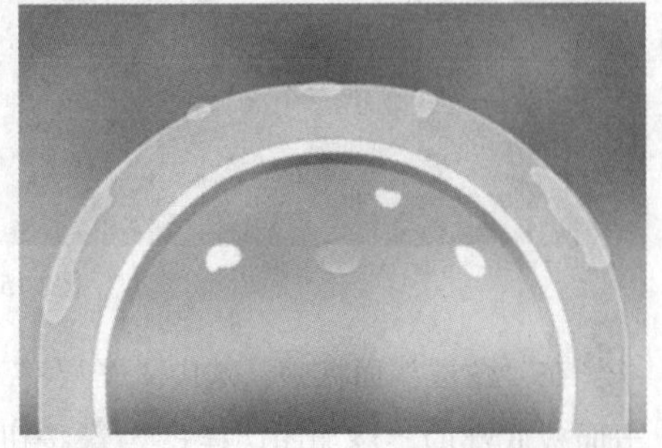

图8.157 绘制图形

52 在“图层 8”图层上单击鼠标右键，从弹出的快捷菜单中选择“拷贝图层样式”命令，分别在刚才所绘制的图形所在的图层上单击鼠标右键，从弹出的快捷菜单中选择“粘贴图层样式”命令，如图8.158所示。

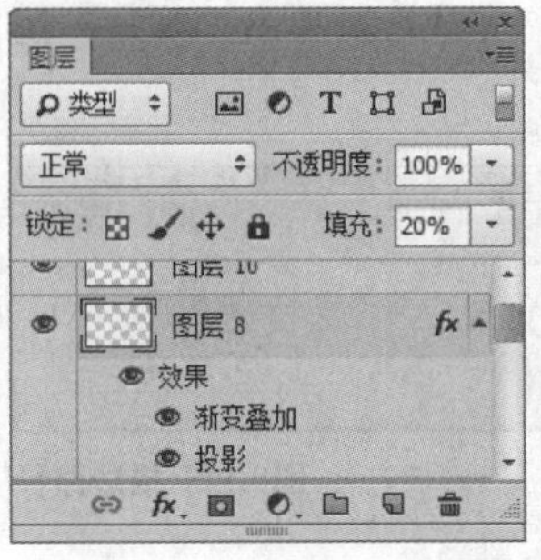

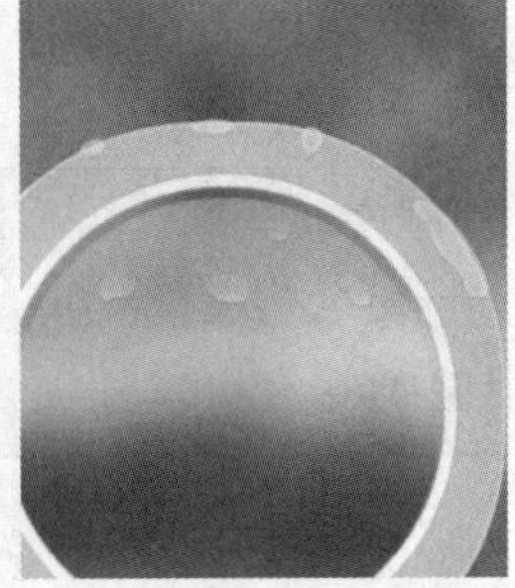

图8.158 拷贝并粘贴图层样式

53 选择工具箱中的“钢笔工具”，在画布中适当位置绘制一个云朵形状封闭路径，如图8.159所示。

图8.159 绘制路径

54 在画布中按Ctrl+Enter组合键将刚才所绘制的封闭路径转换成选区，如图8.160所示。

55 单击面板底部的“创建新图层”按钮，新建一个“图层12”图层，如图8.161所示。

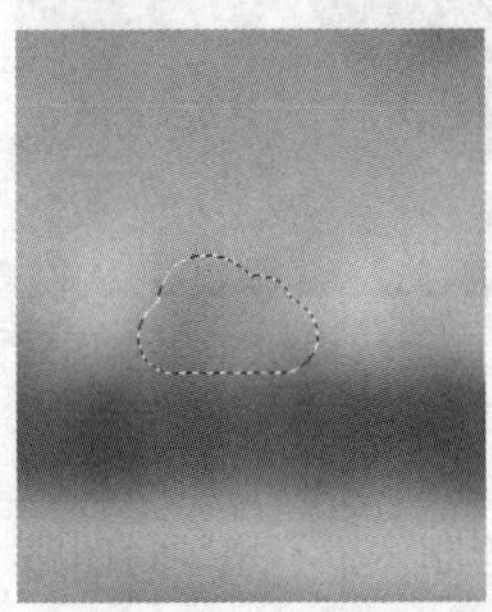

图8.160 转换选区

图8.161 新建图层

56 选中“图层12”图层，在画布中将选区填充为白色，填充完成之后按Ctrl+D组合键将选区取消，如图8.162所示。

图8.162 填充颜色

57 在“图层”面板中，选中“图层5”图层，单击面板底部的“添加图层样式”fx按钮，在菜单中选择“斜面和浮雕”命令，在弹出的对话框中将“深度”更改为50%，“大小”更改为57像素，“软化”更改为1像素，将高光模式中的“不透明度”更改为15%，阴影模式中的“不透明度”更改为30%，颜色都设置为灰色（R:204，G:204，B:204），如图8.163所示。

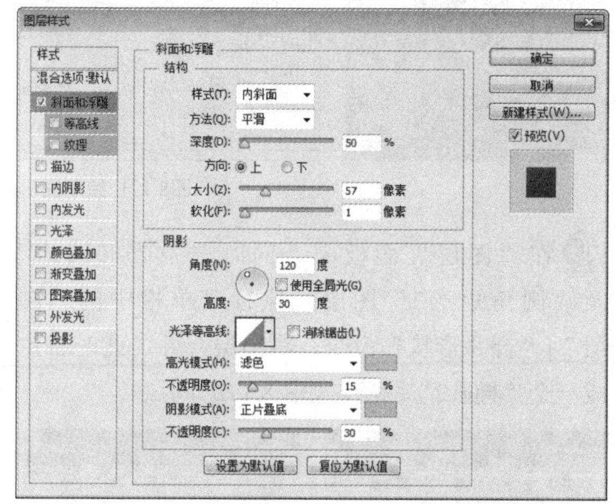

图8.163 设置斜面和浮雕

58 勾选“颜色叠加”复选框，将“混合模式”更改为正片叠底，“颜色”更改为灰色（R：228，G：228，B：228），“不透明度”更改为25%，如图8.164所示。

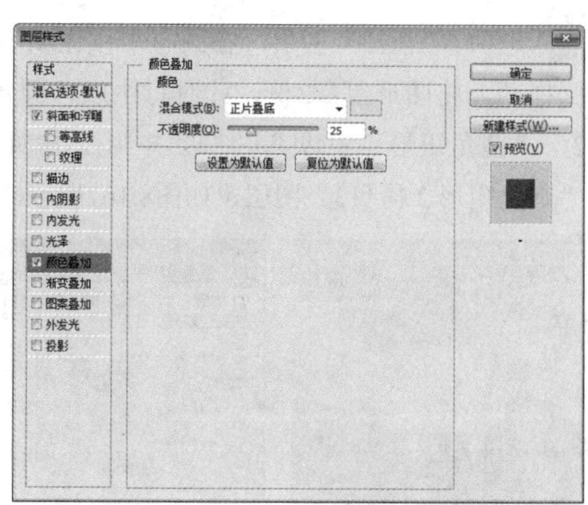

图8.164 设置颜色叠加

59 勾选“投影”复选框，将“不透明度”更改为10%，取消“使用全局光”复选框，“角度”更改为90度，“距离”更改为3像素，“大小”更改为5像素，完成之后单击“确定”按钮，如图8.165所示。

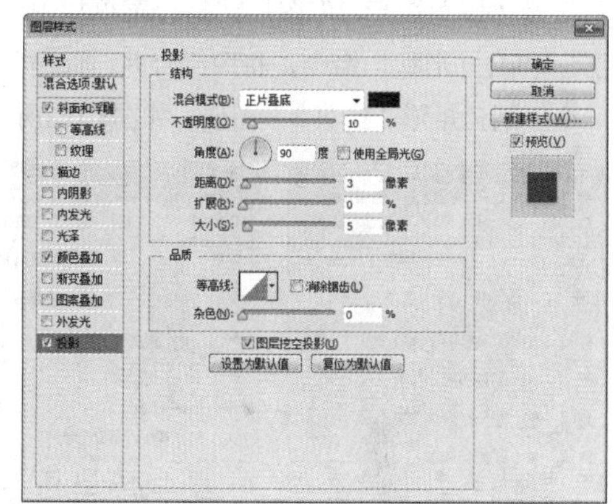

图8.165 设置投影

60 选择工具箱中的“圆角矩形工具”，在选项栏中将“填充”更改为灰色（R：240，G：240，B：240），“描边”为无，“半径”为5像素，在刚才绘制的图形下方绘制一个圆角矩形，此时将生成一个“圆角矩形2”图层，如图8.166所示。

图8.166 绘制图形

61 选中“图层2”图层，在画布中按住Alt键向右侧拖动，将图形复制3份，此时将生成“圆角矩形2”“圆角矩形 2 拷贝”“圆角矩形 2 拷贝2”及“圆角矩形 2 拷贝3”图层，如图8.167所示。

图8.167 复制图形

62 在“图层”面板中，同时选中“圆角矩形 2 拷贝 3”“圆角矩形 2 拷贝2”“圆角矩形2 拷贝”及“圆角矩形 2”图层，执行菜单栏中的“图层”|“合并形状”命令，将图层合并，此时将生成一个“圆角矩形 2 拷贝 3”图层，如图8.168所示。

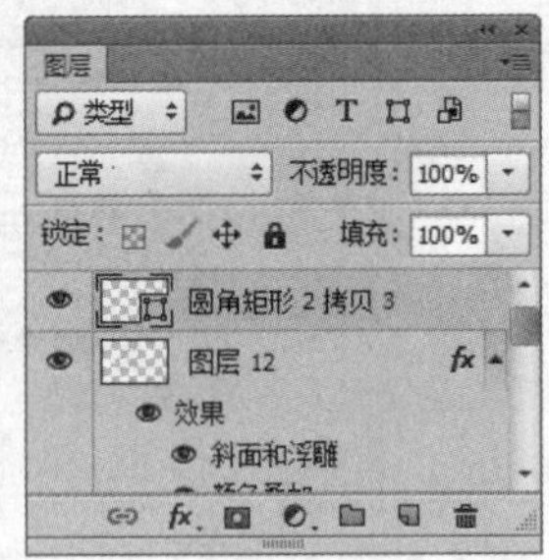

图8.168 合并图层

63 在“图层 12”图层上单击鼠标右键，从弹出的快捷菜单中选择“拷贝图层样式”命令，在“圆角矩形 2 拷贝 3”图层上单击鼠标右键，从弹出的快捷菜单中选择“粘贴图层样式”命令，如图8.169所示。

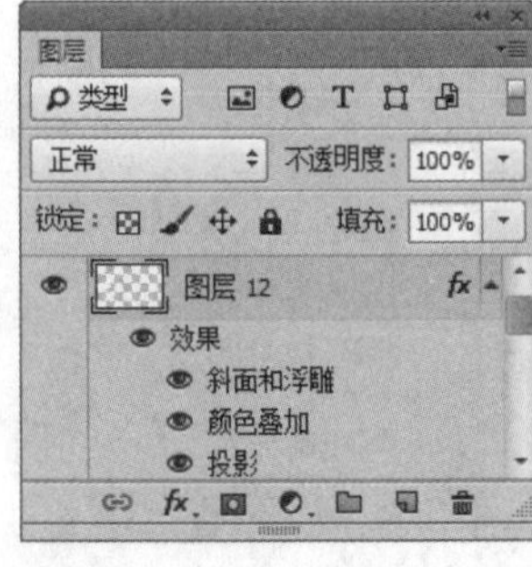

图8.169 拷贝并粘贴图层样式

64 选择工具箱中的“圆角矩形工具”，在选项栏中将“填充”更改为无，“描边”为白色，“大小”为3像素，“半径”为10像素，在画布靠右侧位置绘制一个圆角矩形，此时将生成一个“圆角矩形2”图层，如图8.170所示。

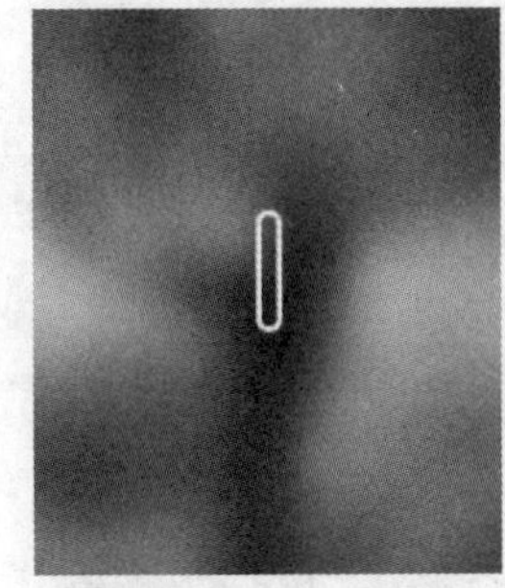

图8.170 绘制图形

65 选择工具箱中的“椭圆工具”，在选项栏中将“填充”更改为无，“描边”为白色，“大小”为3像素，在刚才绘制的圆角矩形靠底部位置绘制一个椭圆图形，此时将生成一个“椭圆2”图层，如图8.171所示。

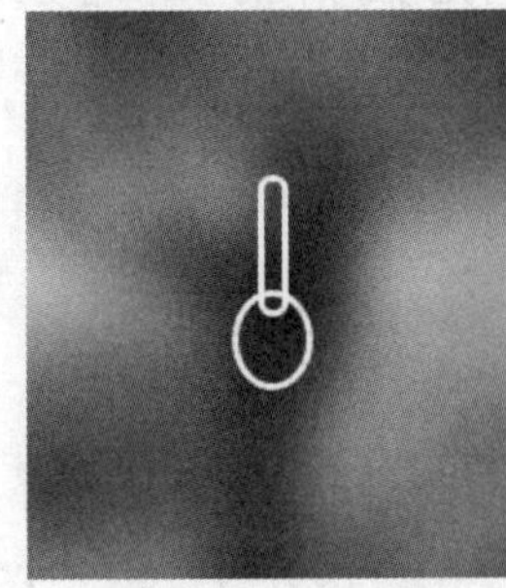

图8.171 绘制图形

66 在“图层”面板中，同时选中“椭圆2”及“圆角矩形2”图层，执行菜单栏中的“图层”|“合并形状”命令，将图层合并，此时将生成一个“椭圆2”图层，如图8.172所示。

图8.172 合并图层

67 选择工具箱中的“直线工具”，在选项栏中将“填充”更改为白色，“描边”为无，“粗细”为3像素，在刚才绘制的图形左侧按住Shift键绘制一条水平线段，此时将生成一个“形状1”图层，如图8.173所示。

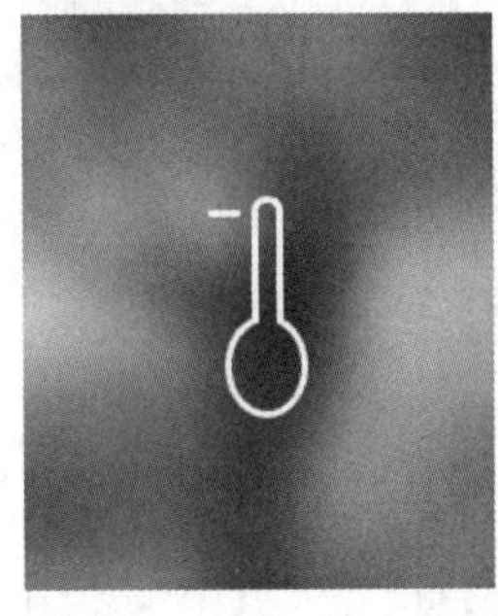

图8.173 绘制图形

68 选中“形状1”图层，在画布中按住Alt+Shift组合键向下拖动，将图形复制，此时将生成一个“形状1 拷贝”图层，如图8.174所示。

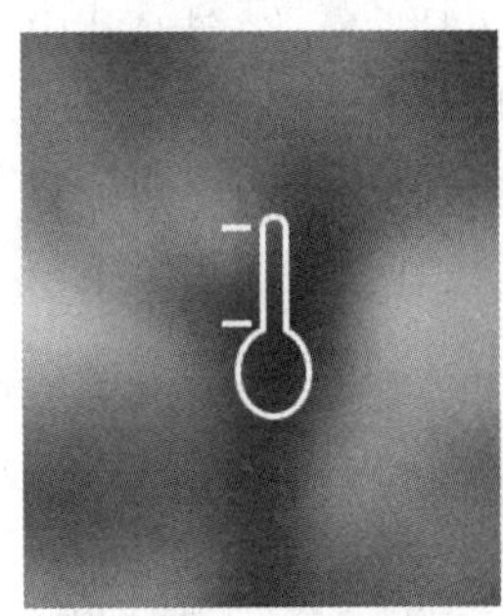

图8.174 复制图形

69 选中“形状1”图层，在画布中以刚才同样的方法再次按住Alt+Shift组合键向下拖动，此时将生成一个“形状1 拷贝2”图层，如图8.175所示。

图8.175 复制图形

70 选择工具箱中的“直接选择工具”，在画布中选中“形状 1 拷贝 2”图层中的图形左侧两个锚点向右侧平移将线段长度减小，如图8.176所示。

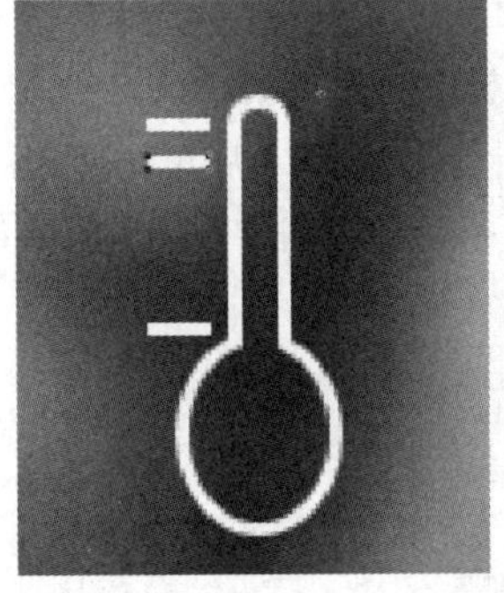
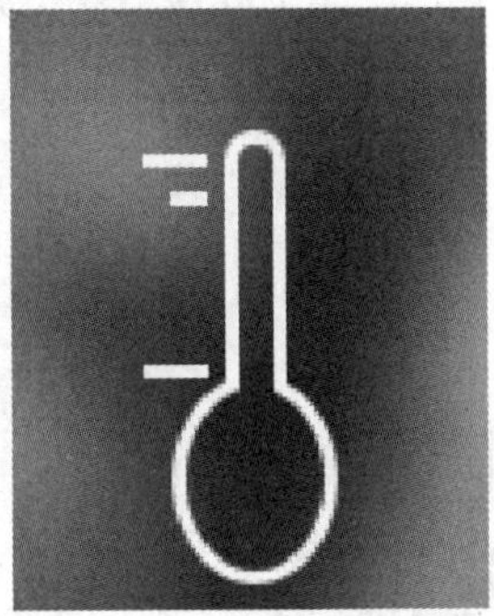

图8.176 变换图形

71 选中“形状 1 拷贝 2”图层，在画布中按住Alt+Shift键向下拖动，将图形复制数份并保持间距相同，如图8.177所示。

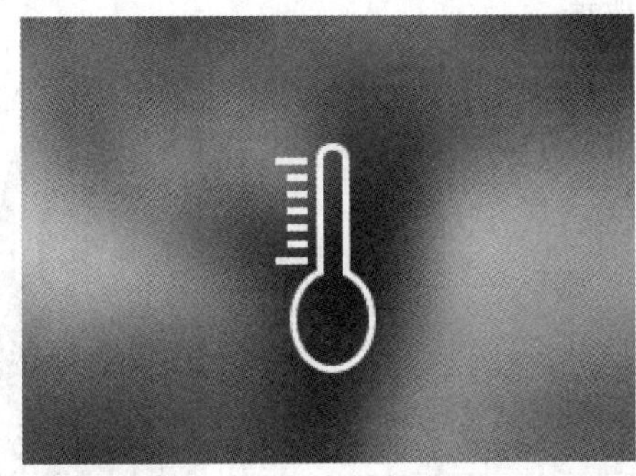

图8.177 复制图形

技巧与提示

想保持图形距离的时候，可以将画布放大看到像素，这样就可以通过计算相互间距来将图形保持相同间距，而对于较大的图形可以利用选项栏中的对齐功能将图形对齐。

72 选择工具箱中的“矩形工具”，在选项栏中将“填充”更改为白色，“描边”为无，在画布中“椭圆1”图层中的图形上绘制一个矩形，此时将生成一个“矩形1”图层，如图8.178所示。

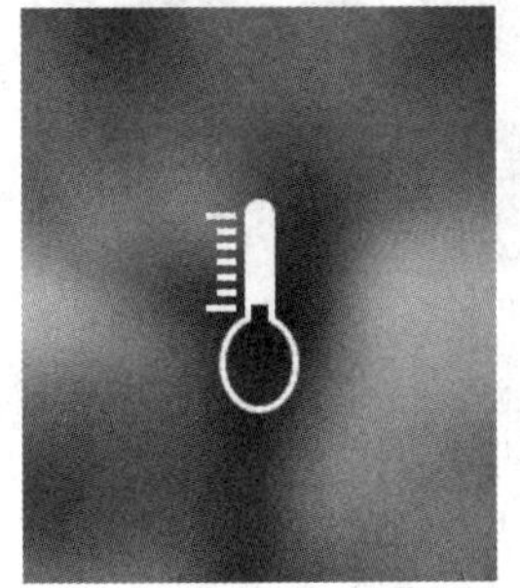

图8.178 绘制图形

73 同时选中与温度计所有相关的图形所在的图层，执行菜单栏中的“图层”|“新建”|“从图层建立组”，在弹出的对话框中在弹出的对话框中将“名称”更改为“温度计”，完成之后单击“确定”按钮，此时将生成一个“温度计”组，如图8.179所示。

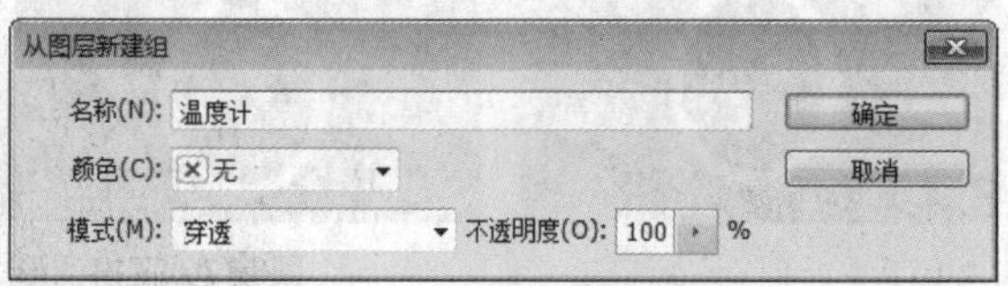

图8.179 从图层新建组

74 在“温度计”组上单击鼠标右键，从弹出的快捷菜单中选择“粘贴图层样式”命令，如图8.180所示。

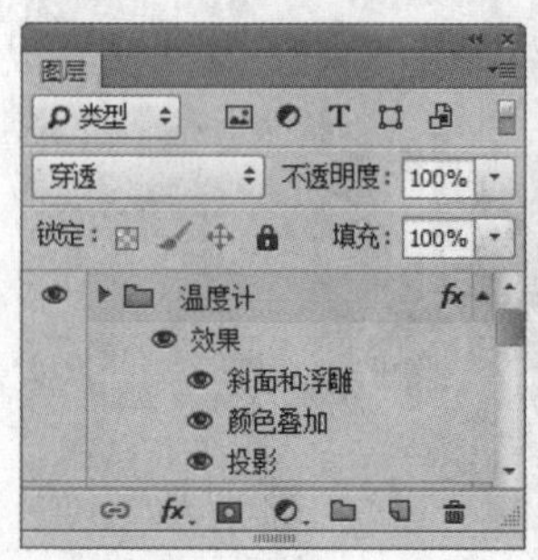

图8.180 粘贴图层样式

8.4.3 添加文字

01 选择工具箱中的“横排文字工具” T，在画布中适当位置添加文字，如图8.181所示。

图8.181 添加文字

02 在“图层”面板中，选中“Light rain”图层，单击面板底部的“添加图层样式” fx 按钮，在菜单中选择“投影”命令，在弹出的对话框中将“不透明度”更改为30%，取消“使用全局光”复选框，“角度”更改为30%，“距离”更改为1像素，“大小”更改为1像素，完成之后单击“确定”按钮，如图8.182所示。

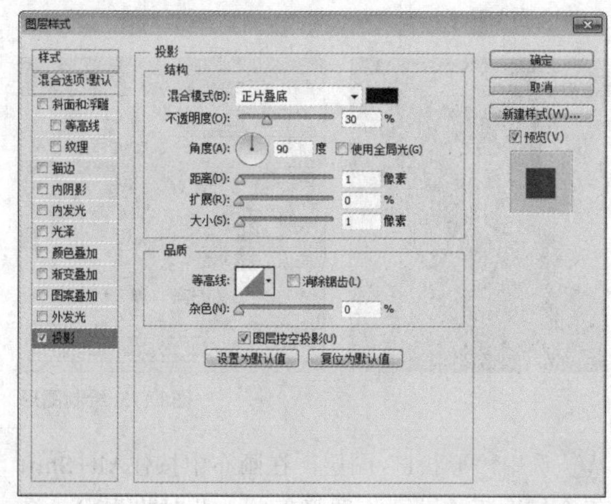

图8.182 设置投影

03 选择工具箱中的“椭圆工具”，在选项栏中将“填充”更改为无，“描边”为白色，“大小”为2像素，在刚才添加的“12C”文字右上角位置按住Shift键绘制一个圆形，这样就完成了效果制作，最终效果如图8.183所示。

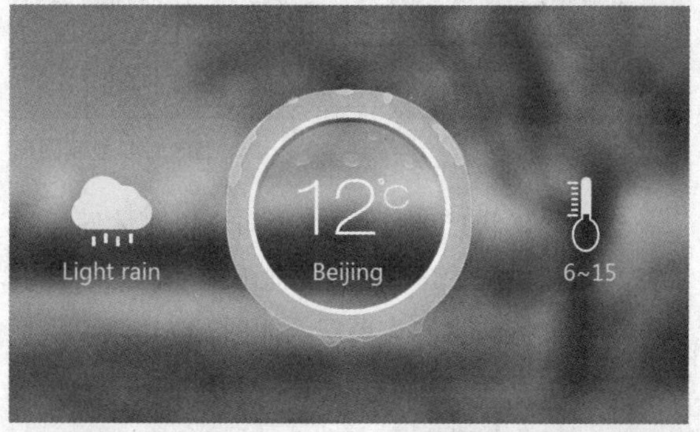

图8.183 绘制图形及最终效果

8.5 课堂案例——概念手机界面

素材位置	素材文件\第8章\概念手机界面
案例位置	案例文件\第8章\概念手机界面.psd
视频位置	多媒体教学\8.5课堂案例——概念手机界面.avi
难易指数	★★★★☆

本例主要讲解的是概念手机界面制作，本例的制作过程看似简单，却需要一定的思考能力。由于

是概念类手机界面，在绘制的过程中就要强调它的特性，如绘制的界面需要适应更窄的手机边框、神秘紫色系的颜色搭配等都能很好地表达这款界面的定位。最终效果如图8.184所示。

扫码看视频

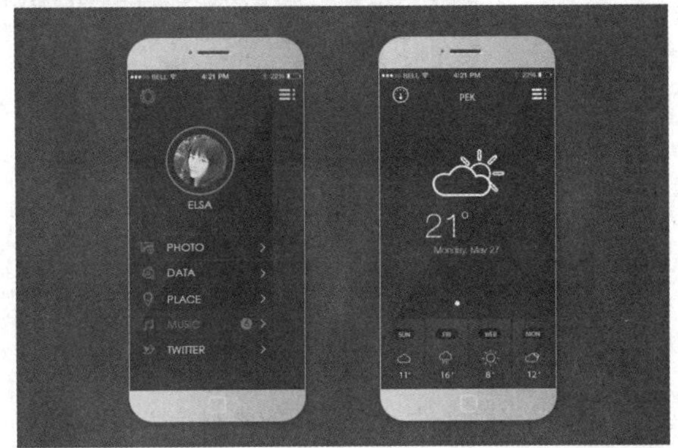

图8.184 最终效果

8.5.1 制作背景及绘制图形

01 执行菜单栏中的"文件"|"新建"命令，在弹出的对话框中，设置"宽度"为640像素，"高度"为1136像素，"分辨率"为72像素/英寸，新建一个空白画布。

02 将画布填充为深蓝色（R：66，G：70，B：85），如图8.185所示。

图8.185 填充颜色

03 选择工具箱中的"圆角矩形工具"▢，在选项栏中将"填充"更改为红色（R：255，G：40，B：149），"描边"为无，"半径"为30像素，靠左侧位置绘制一个圆角矩形，此时将生成一个"圆角矩形1"图层，如图8.186所示。

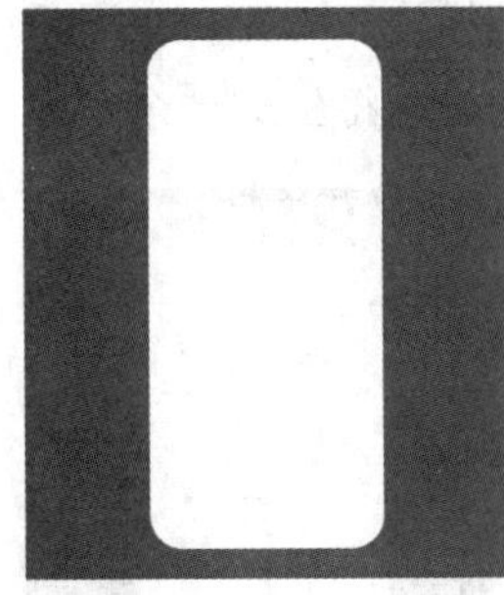

图8.186 绘制图形

04 在"图层"面板中，选中"圆角矩形1"图层，单击面板底部的"添加图层样式" fx 按钮，在菜单中选择"渐变叠加"命令，在弹出的对话框中，将"渐变"更改为灰色（R：220，G：224，B：232）到灰色（R：180，G：184，B：198），"角度"更改为0度，如图8.187所示。

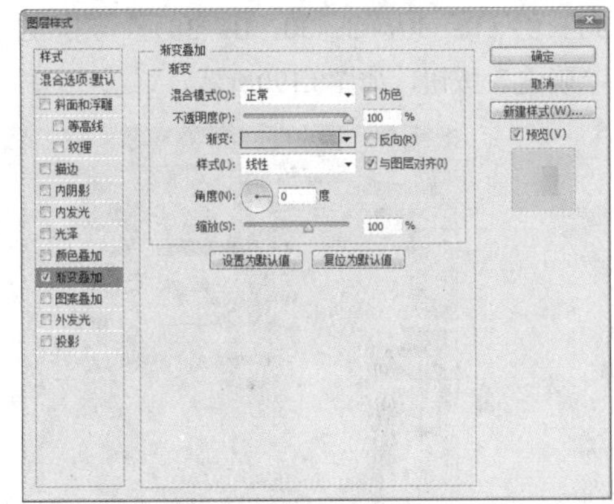

图8.187 设置渐变叠加

05 勾选"投影"复选框，将"不透明度"更改为40%，"距离"更改为3像素，"大小"更改为8像素，完成之后单击"确定"按钮，如图8.188所示。

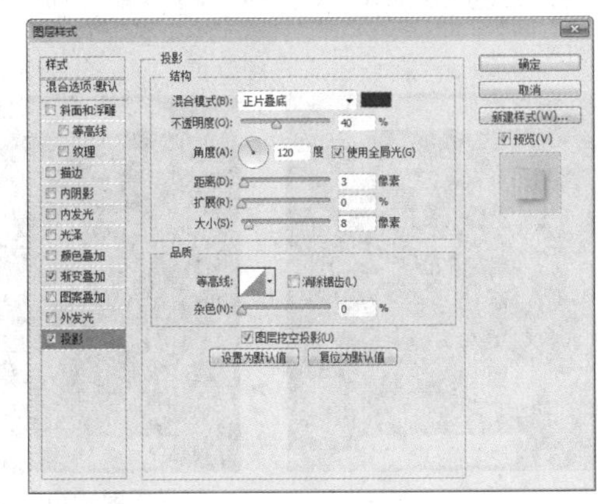

图8.188 设置投影

06 选择工具箱中的“矩形工具”，在选项栏中将“填充”更改为白色，“描边”为无，在圆角矩形图形上绘制一个矩形，此时将生成一个“矩形1”图层，选中“矩形1”图层，将其拖至面板底部的“创建新图层”按钮上，复制一个“矩形1 拷贝”图层，如图8.189所示。

图8.189 绘制图形

07 在“图层”面板中，选中“矩形1”图层，单击面板底部的“添加图层样式”按钮，在菜单中选择“渐变叠加”命令，在弹出的对话框中，将“渐变”更改为深蓝色（R：45，G：47，B：60）到灰色（R：30，G：30，B：38），完成之后单击“确定”按钮，如图8.190所示。

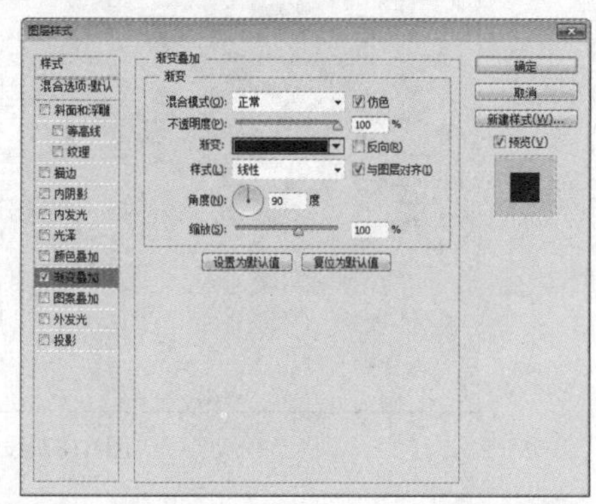

图8.190 设置渐变叠加

08 选中“矩形 1 拷贝”图层，将其图形颜色更改为紫色（R：90，G：17，B：77），如图8.191所示。

图8.191 变换图形

09 在界面顶部状态栏位置绘制手机状态图标，如图8.192所示。

图8.192 绘制状态栏

8.5.2 添加素材

01 执行菜单栏中的“文件”|“打开”命令，打开“齿轮.psd”文件，将打开的素材拖入画布中并适当缩小，在选项栏中将其“填充”更改为无，“描边”更改为深绿色（R：42，G：140，B：133），如图8.193所示。

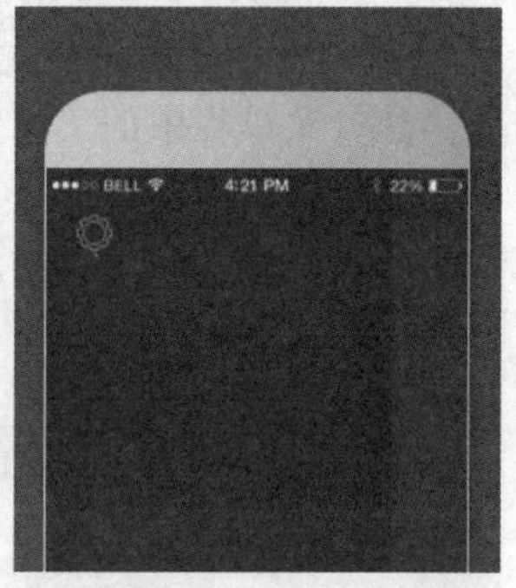

图8.193 添加素材图形

02 选择工具箱中的“椭圆工具”，在选项栏中将“填充”更改为无，“描边”为深绿色（R：42，G：140，B：133），在刚才添加的素材图形下方位置按住Shift键绘制一个圆形，此时将生成一个“椭圆1”图层，如图8.194所示。

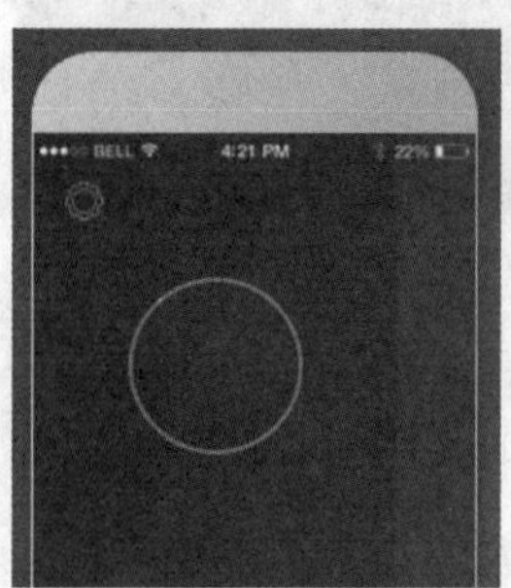

图8.194 绘制图形

03 选中“椭圆1 拷贝”图层，将“填充”更改为白色，“描边”更改为无，再按Ctrl+T组合键对其执行“自由变换”命令，按住Alt+Shift组合键将图形等比缩小，完成之后按Enter键确认，如图8.195所示。

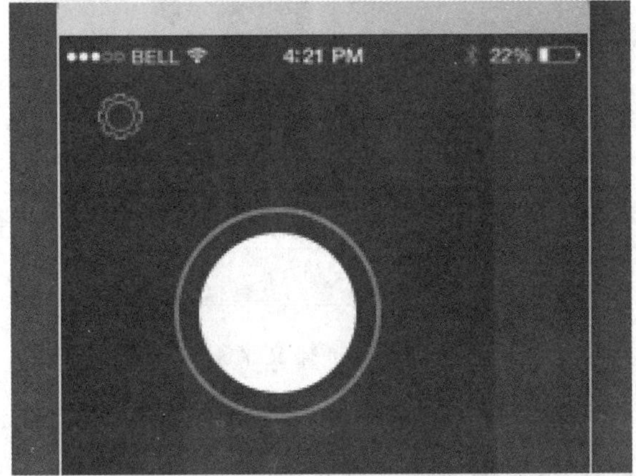

图8.195 变换图形

04 执行菜单栏中的“文件”|“打开”命令，打开“头像.jpg”文件，将打开的素材拖入画布中，此时其图层名称将自动更改为“图层1”，如图8.196所示。

图8.196 添加素材

05 选中“图层1”图层，执行菜单栏中的“图层”|“创建剪贴蒙版”命令，为当前图层创建剪贴蒙版，再按Ctrl+T组合键对其执行“自由变换”命令，按住Alt+Shift组合键将图形等比缩小，完成之后按Enter键确认，如图8.197所示。

图8.197 创建剪贴蒙版

06 选择工具箱中的“横排文字工具”T，在添加的素材图像下方添加文字，如图8.198所示。

图8.198 添加文字

07 选择工具箱中的“直线工具”，在选项栏中将“填充”更改为深灰色（R：47，G：50，B：60），“描边”为无，“粗细”更改为1像素，在添加的文字下方位置按住Shift键绘制一条水平线段，此时将生成一个“形状1”图层，如图8.199所示。

图8.199 绘制图形

08 选中“形状1”图层，按住Alt+Shift组合键向下拖动，将图形复制多份，如图8.200所示。

09 执行菜单栏中的“文件”|“打开”命令，打开“图标.psd”文件，将打开的素材拖入界面中并适当缩小，如图8.201所示。

图8.200 复制图形　　图8.201 添加素材

⑩ 选中“图标”组中的“图标1”图层，在选项栏中将其“填充”更改为无，“描边”更改为深绿色（R：42，G：140，B：133），“大小”更改为1像素，以同样的方法分别选中“图标2”“图标3”“图标4”及“图标5”图层，更改其填充及描边，如图8.202所示。

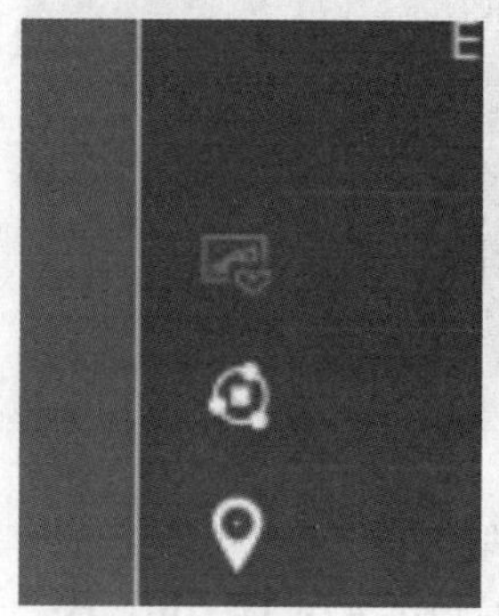

图8.202 更改图形颜色

⑪ 选择工具箱中的“矩形工具”，在选项栏中将“填充”更改为深灰色（R：47，G：50，B：60），“描边”为无，在图标4图形位置绘制一个矩形，此时将生成一个“矩形2”图层，如图8.203所示。

图8.203 绘制图形

⑫ 选中“矩形2”图层，将其图层“不透明度”更改为60%，再将其移至“图标4”图层下方，如图8.204所示。

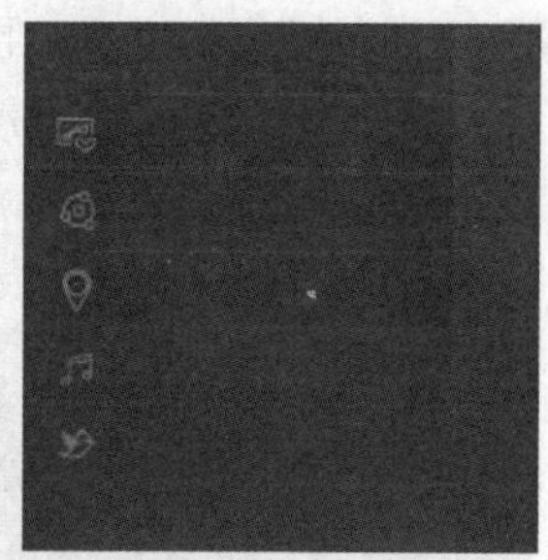

图8.204 更改图层不透明度及图层顺序

8.5.3 添加文字

01 选择工具箱中的“横排文字工具”，在图标后方位置添加文字，如图8.205所示。

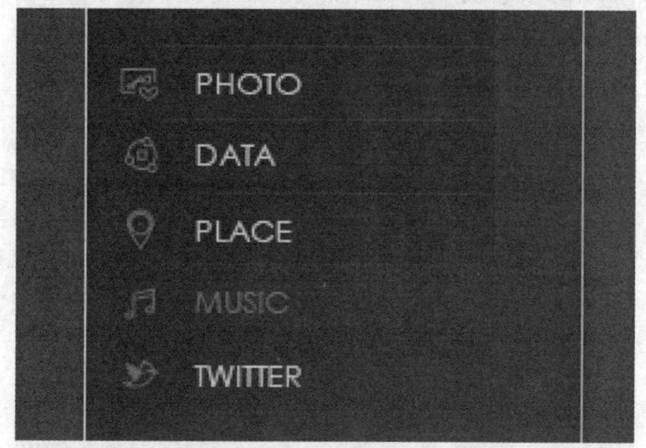

图8.205 添加文字

02 选择工具箱中的“椭圆工具”，在选项栏中将“填充”更改为深绿色（R：42，G：140，B：133），“描边”为无，在音乐图标的左侧位置按住Shift键绘制一个圆形，此时将生成一个“椭圆2”图层，如图8.206所示。

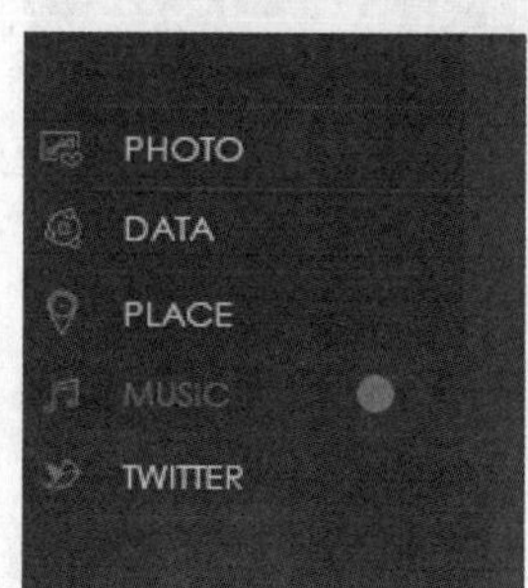

图8.206 绘制图形

03 选择工具箱中的“横排文字工具”，在绘制的椭圆图形上添加文字，如图8.207所示。

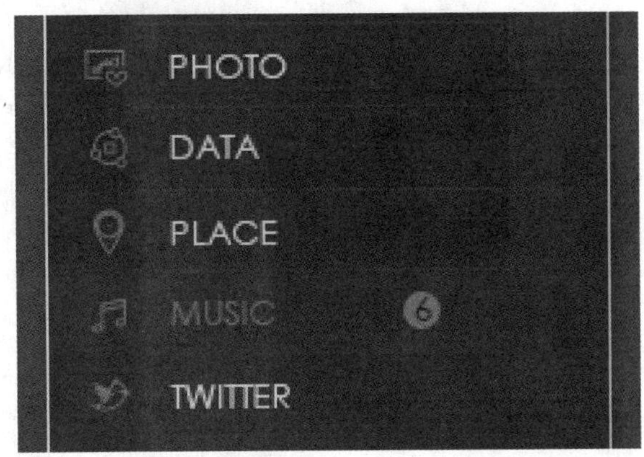

图8.207 添加文字

04 选择工具箱中的“矩形工具”，在选项栏中将“填充”更改为无，“描边”为深灰色（R：223，G：223，B：223），“大小”为1像素，在添加的文字后方位置按住Shift键绘制一个矩形，此时将生成一个“矩形3”图层，如图8.208所示。

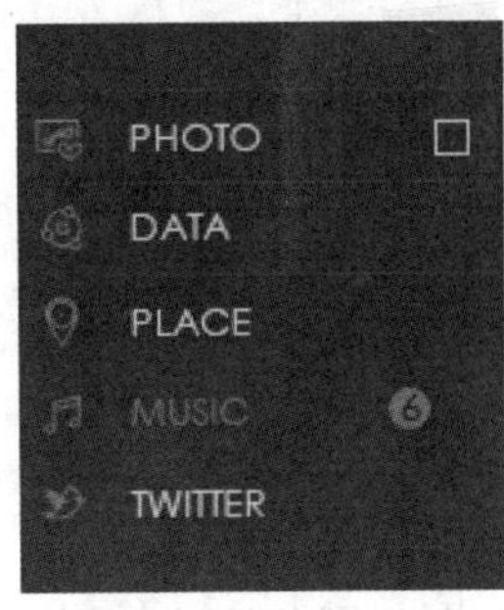

图8.208 绘制图形

05 选中“矩形3”图层，按Ctrl+T组合键对其执行“自由变换”命令，在选项栏中“旋转”文本框中输入45度，完成之后按Enter键确认，如图8.209所示。

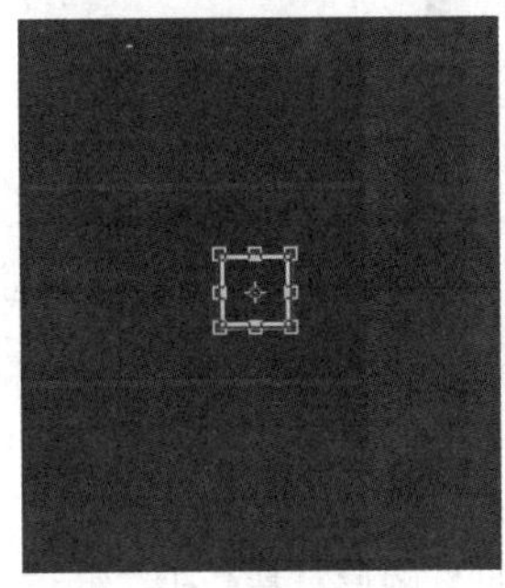

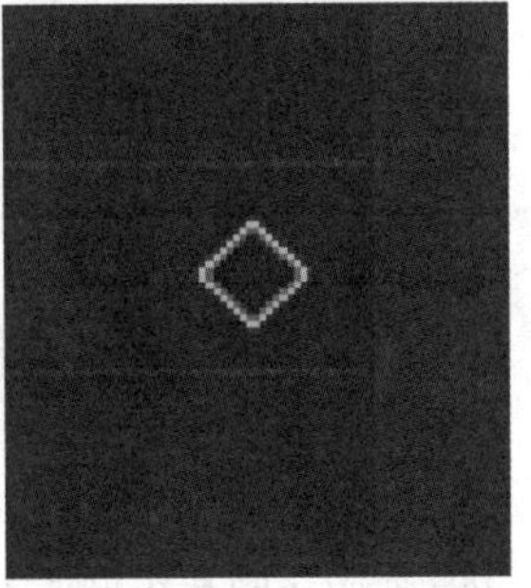

图8.209 旋转图形

06 在“图层”面板中，选中“矩形3”图层，单击面板底部的“添加图层蒙版”按钮，为其图层添加图层蒙版，如图8.210所示。

07 选择工具箱中的“矩形选框工具”，在矩形3图形上靠左侧位置绘制一个矩形选区，如图8.211所示。

图8.210 添加图层蒙版

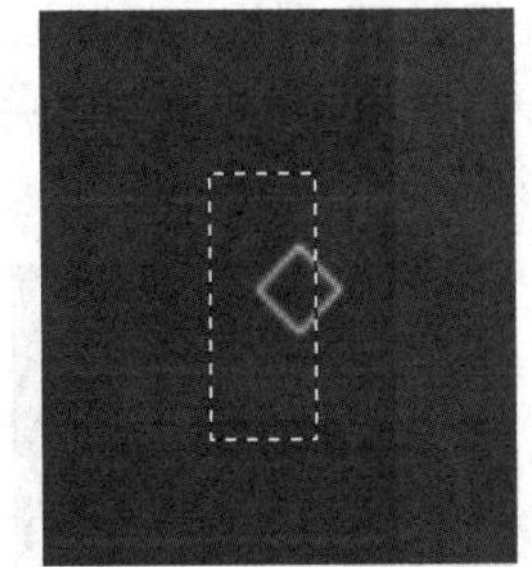

图8.211 绘制选区

08 单击“矩形3”图层，将选区填充为黑色，将部分图形隐藏，完成之后按Ctrl+D组合键将选区取消，如图8.212所示。

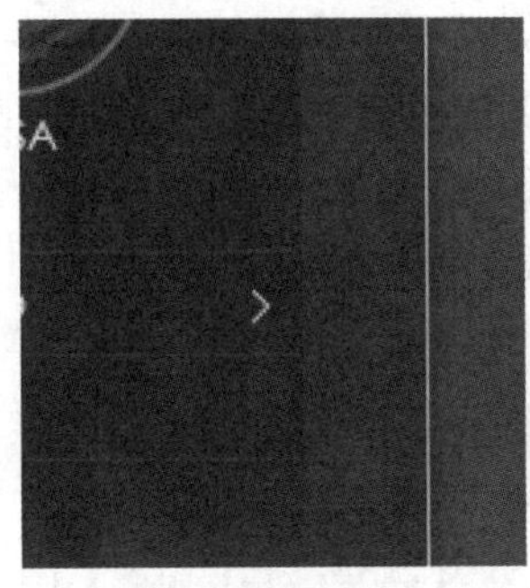

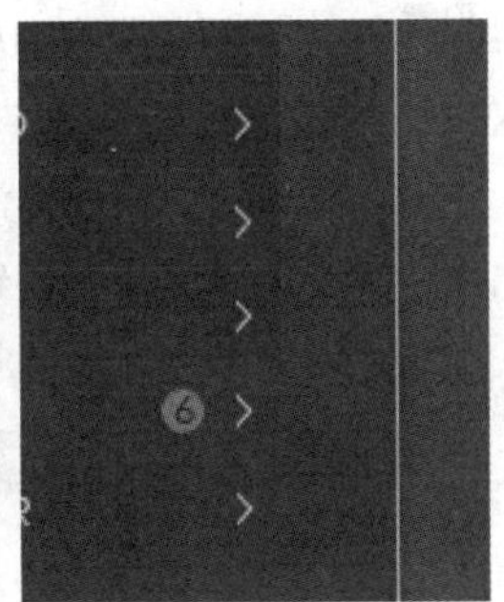

图8.212 复制图形

09 在界面右上角位置绘制功能图形，如图8.213所示。

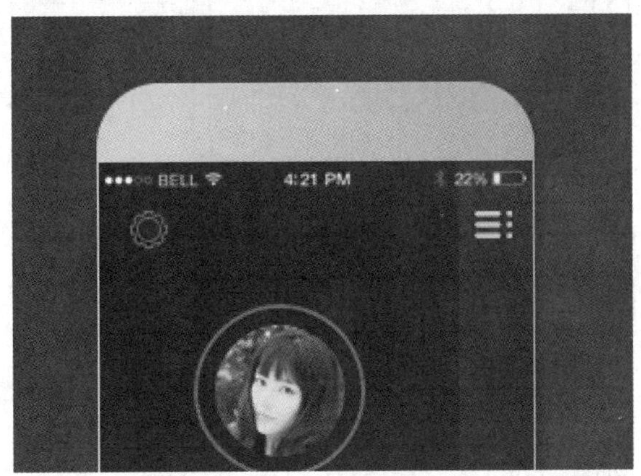

图8.213 绘制功能图标

8.5.4 绘制手机元素图形

01 选择工具箱中的“圆角矩形工具”，在选项栏中将“填充”更改为白色，“描边”为无，“半径”为10像素，在手机顶部绘制一个圆角矩形，此时将生成一个“圆角矩形2”图层，选中“圆角矩形2”图层，将其拖至面板底部的“创建新图层”按钮上，复制一个“圆角矩形2 拷贝”图层，如图8.214所示。

图8.214 绘制图形

02 在“图层”面板中，选中“圆角矩形 2”图层，单击面板底部的“添加图层样式”按钮，在菜单中选择“斜面和浮雕”命令，在弹出的对话框中，单击“光泽等高线”后方的按钮，在弹出的面板中调整曲线，如图8.215所示。

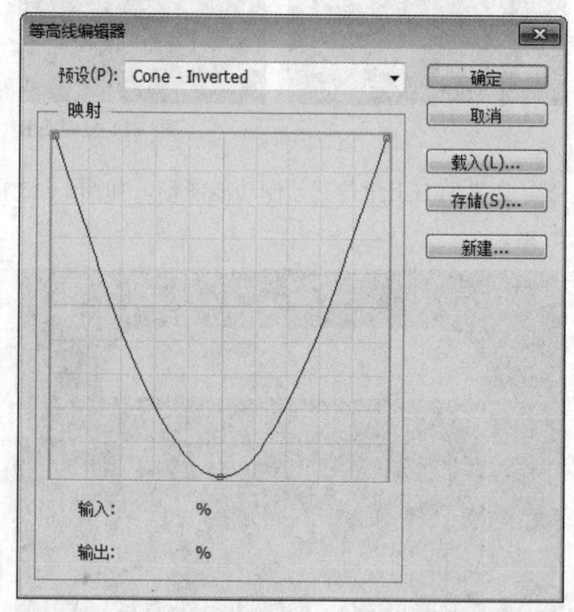

图8.215 调整光泽等高线

03 将“方法”更改为雕刻清晰，“深度”更改为140%，“大小”更改为7像素，“软化”更改为2像素，“高光模式”更改为颜色减淡，“不透明度”更改为20%，“阴影模式”中的“不透明度”更改为0%，如图8.216所示。

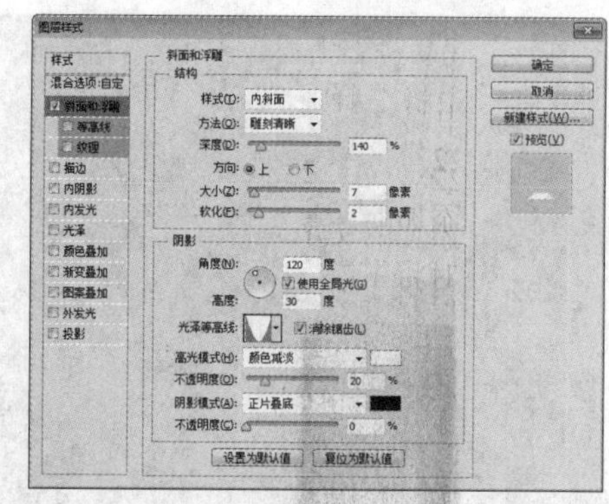

图8.216 设置斜面和浮雕

04 勾选“渐变叠加”复选框，将“不透明度”更改为10%，“颜色”更改为透明到黑色，完成之后单击“确定”按钮，如图8.217所示。

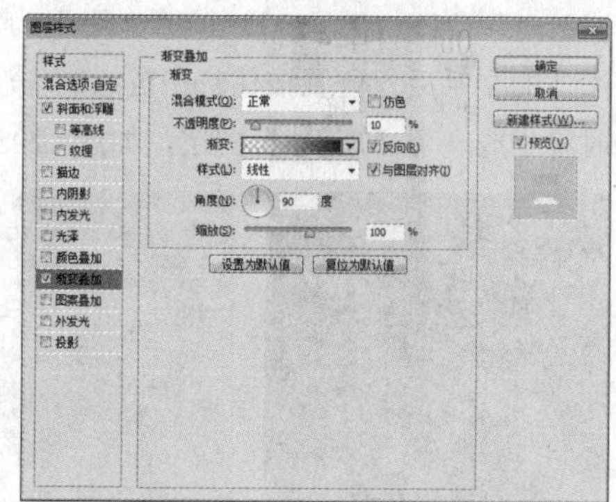

图8.217 设置渐变叠加

05 在“图层”面板中，选中“圆角矩形2”图层，将其图层混合模式设置为“柔光”，“不透明度”更改为0%，如图8.218所示。

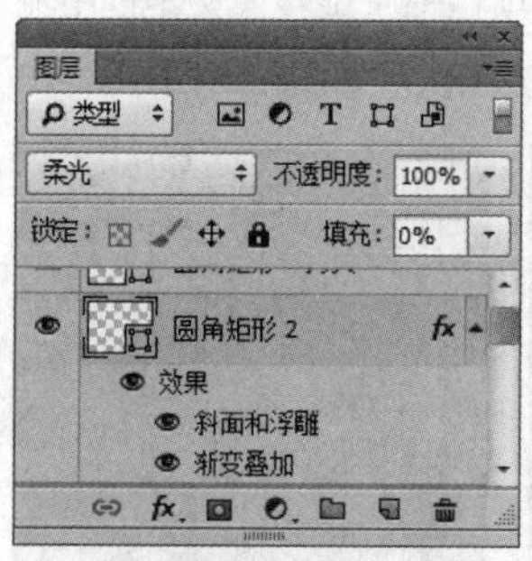
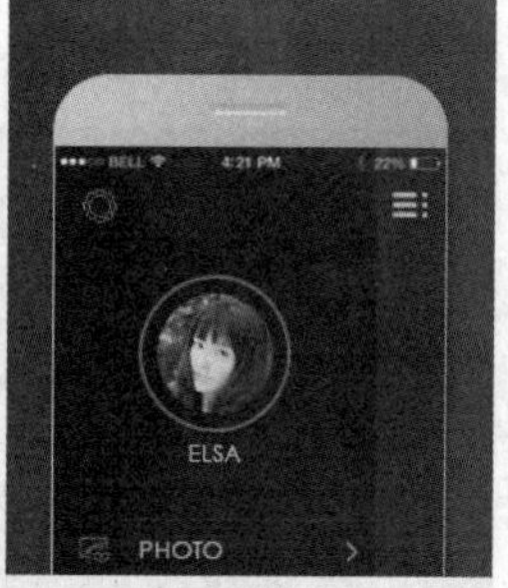

图8.218 设置图层混合模式

06 选中“圆角矩形 2 拷贝”图层，按Ctrl+T组合键对其执行“自由变换”命令，按住Alt+Shift组合键将图形等比缩小，完成之后按Enter键确认，再将其图形颜色更改为深灰色（R：47，G：47，B：47），如图8.219所示。

图8.219 变换图形

07 选择工具箱中的“椭圆工具”，在选项栏中将“填充”更改为白色，“描边”为无，在刚才绘制的圆角矩形左侧位置按住Shift键绘制一个圆形，此时将生成一个“椭圆3”图层，选中“椭圆3”图层，将其拖至面板底部的“创建新图层”按钮上，复制一个“椭圆3 拷贝”图层，如图8.220所示。

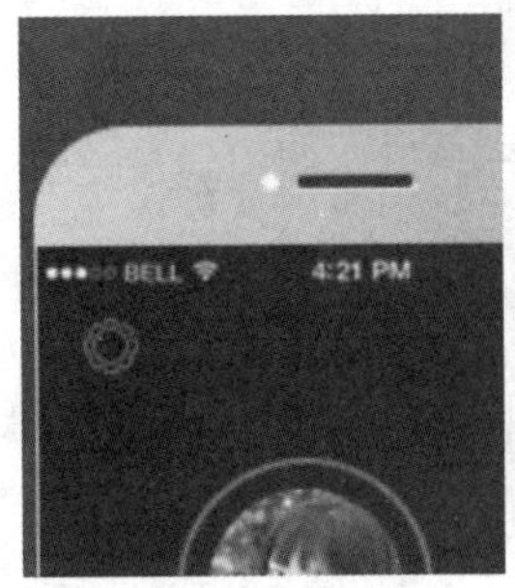

图8.220 绘制图形

08 选中“椭圆3”图层，将其图形颜色更改为深灰色（R：103，G：103，B：103），再按Ctrl+T组合键对其执行“自由变换”命令，按住Alt+Shift组合键将图形等比缩小，完成之后按Enter键确认，如图8.221所示。

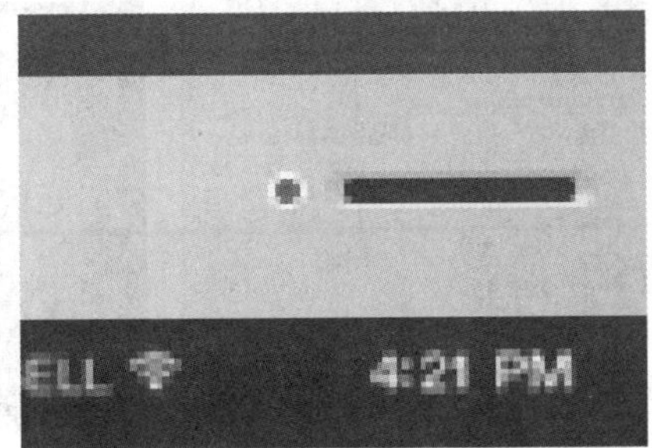

图8.221 变换图形

09 在“圆角矩形 2”图层上单击鼠标右键，从弹出的快捷菜单中选择“拷贝图层样式”命令，在“椭圆3”图层上单击鼠标右键，从弹出的快捷菜单中，选择“粘贴图层样式”命令，如图8.222所示。

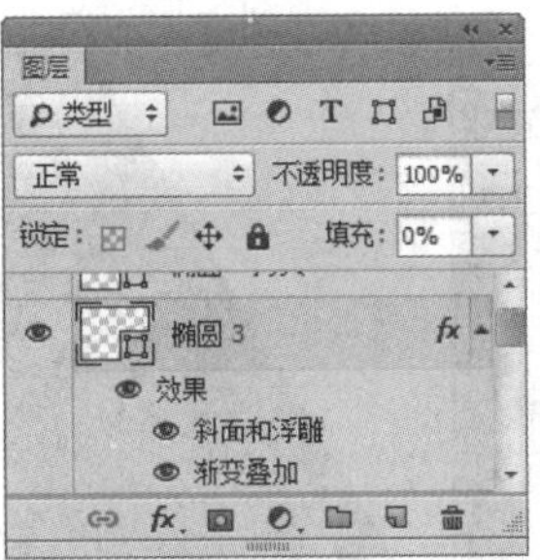

图8.222 拷贝并粘贴图层样式

10 选择工具箱中的“圆角矩形工具”，在选项栏中将“填充”更改为无，“描边”为灰色（R：222，G：224，B：230），“大小”为2像素，“半径”为5像素，在手机底部位置按住Shift键绘制一个圆角矩形，此时将生成一个“圆角矩形3”图层，如图8.223所示。

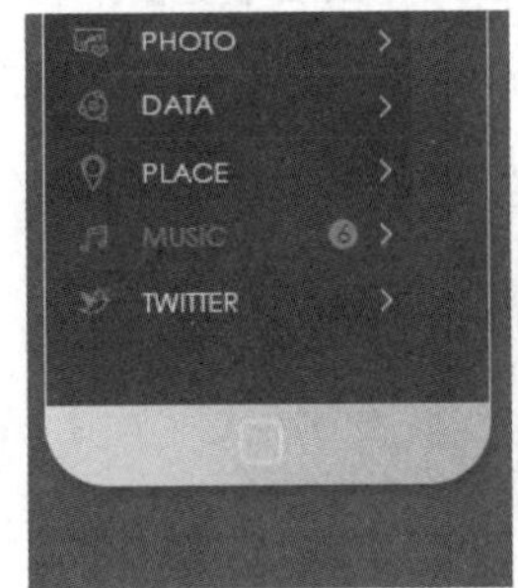

图8.223 绘制图形

11 选择工具箱中的“矩形工具”，在选项栏中将“填充”更改为白色，“描边”为无，在手机图形位置绘制一个矩形，此时将生成一个“矩形4”图层，如图8.224所示。

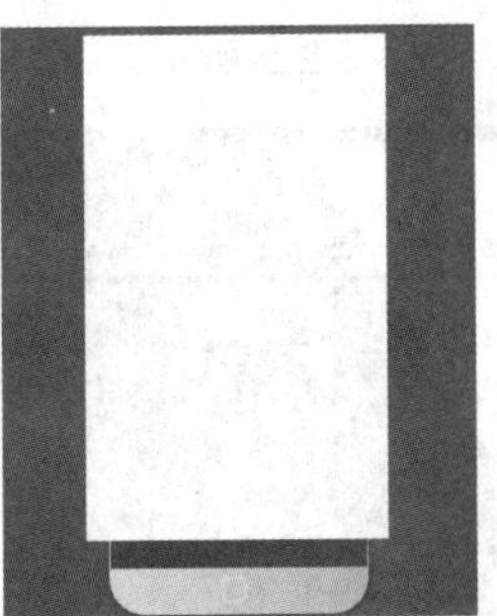

图8.224 绘制图形

12 选择工具箱中的“直接选择工具”，选中刚才绘制的图形右下角锚点按Delete键将其删除，如图8.225所示。

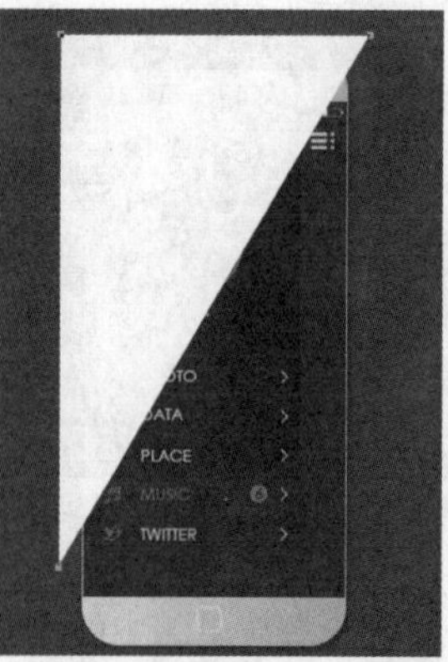

图8.225 删除锚点

⑬ 在“图层”面板中，选中“矩形4”图层，单击面板底部的“添加图层蒙版” 按钮，为其图层添加图层蒙版，如图8.226所示。

⑭ 按住Ctrl键单击“圆角矩形1”图层缩览图，将其载入选区，如图8.227所示。

图8.226 添加图层蒙版

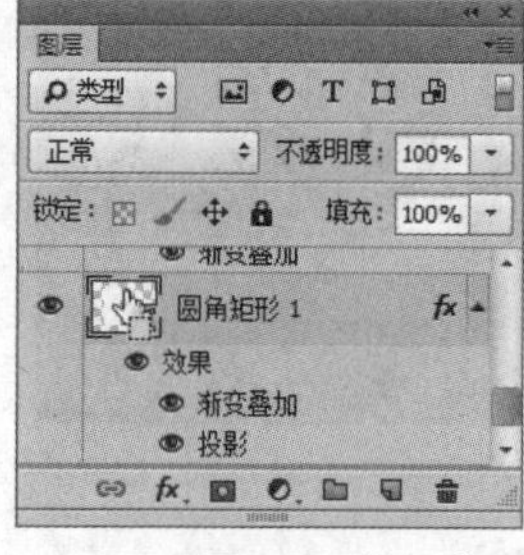

图8.227 载入选区

⑮ 执行菜单栏中的“选择”|“反向”命令，将选区反向，单击“矩形4”图层蒙版缩览图，将选区填充为黑色，将多余的部分图形隐藏，完成之后按Ctrl+D组合键将选区取消，如图8.228所示。

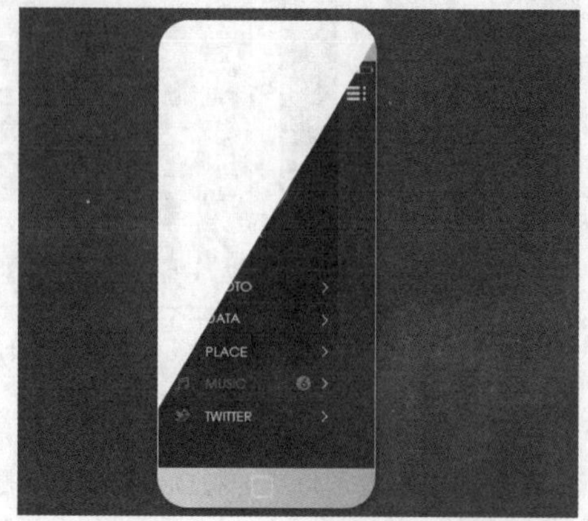

图8.228 隐藏图形

⑯ 选中“矩形 4”图层，将其图层“不透明度”更改为6%，如图8.229所示。

图8.229 更改图层不透明度

⑰ 同时选中除“背景”图层之外的所有图层，按Ctrl+G组合键，执行快速编组命令，将图层编组，此时将生成一个“主页”组，如图8.230所示。

图8.230 快速编组

⑱ 在“图层”面板中，选中“主页”组，将其拖至面板底部的“创建新图层” 按钮上，复制一个组，再将组名称更改为“天气”，并将其移动位置，如图8.231所示。

图8.231 复制组并移动图形

⑲ 展开“天气”组，保留手机、听筒等图形，将界面上部分图形删除，如图8.232所示。

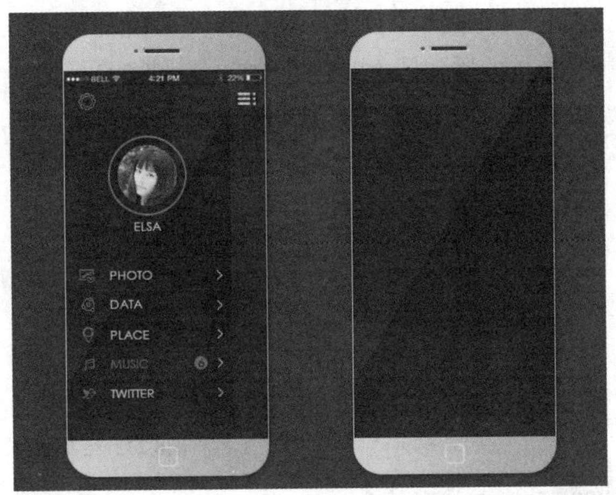

图8.232 删除部分图形

20 在“天气”组中，双击“矩形1”图层样式名称，在弹出的对话框中，将其“渐变”更改为紫色（R：107，G：27，B：92）到紫色（R：82，G：12，B：70），完成之后单击“确定”按钮，如图8.233所示。

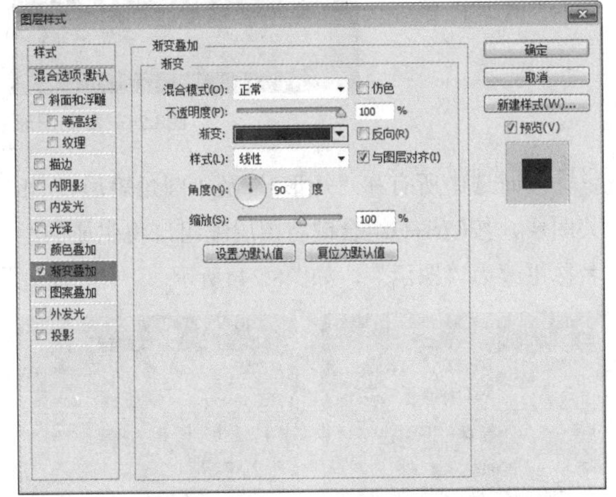

图8.233 设置渐变叠加

21 在“主页”组中，选中“状态栏”图层，按住Alt+Shift组合键将图形拖至“天气”组中的界面上方，如图8.234所示。

22 执行菜单栏中的“文件”|“打开”命令，打开“图标2.psd”文件，将打开的素材拖入界面中并适当缩小，如图8.235所示。

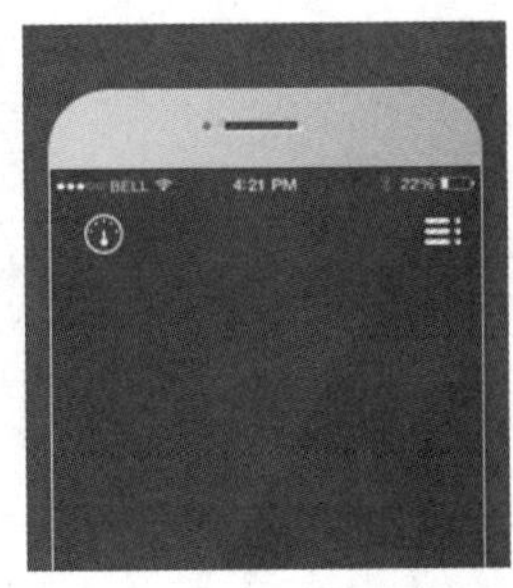

图8.234 复制图形　　　　图8.235 添加素材

23 执行菜单栏中的“文件”|“打开”命令，打开“天气.psd”文件，将打开的素材拖入界面中并适当缩小，如图8.236所示。

24 选择工具箱中的“横排文字工具”T，在添加的素材图形左下方位置添加文字，如图8.237所示。

图8.236 添加素材　　　　图8.237 添加文字

25 选择工具箱中的“矩形工具”▭，在选项栏中将“填充”更改为白色，“描边”为无，在界面左下角绘制一个矩形，此时将生成一个“矩形5”图层，如图8.238所示。

图8.238 绘制图形

26 在“图层”面板中，选中“矩形 5”图层，单击面板底部的“添加图层蒙版”◘按钮，为其图层添加图层蒙版，如图8.239所示。

图8.239 添加图层蒙版

27 选择工具箱中的“渐变工具”，在选项栏中单击“点按可编辑渐变”按钮，在弹出的对话框中，选择“黑白渐变”，设置完成之后单击“确定”按钮，再单击选项栏中的“线性渐变”按钮，如图8.240所示。

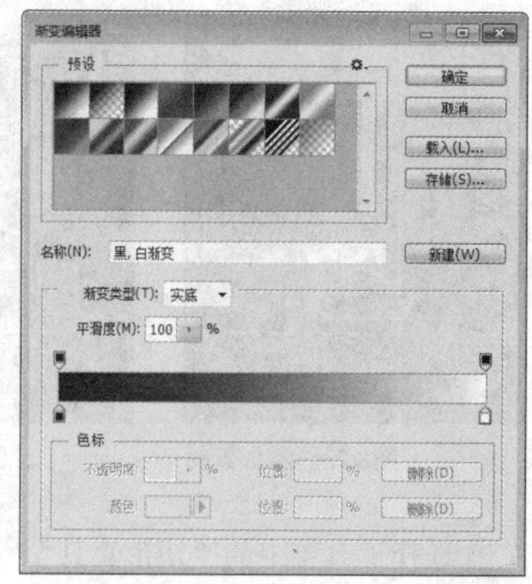

图8.240 设置渐变

28 单击“矩形5”图层蒙版缩览图，在图形上按住Shift键从下往上拖动，将部分图形隐藏，如图8.241所示。

图8.241 隐藏图形

29 选择工具箱中的“圆角矩形工具”，在选项栏中将“填充”更改为紫色（R：76，G：7，B：63），“描边”为无，“半径”为10像素，在刚才绘制的矩形图形靠上方位置绘制一个圆角矩形，此时将生成一个“圆角矩形4”图层，如图8.242所示。

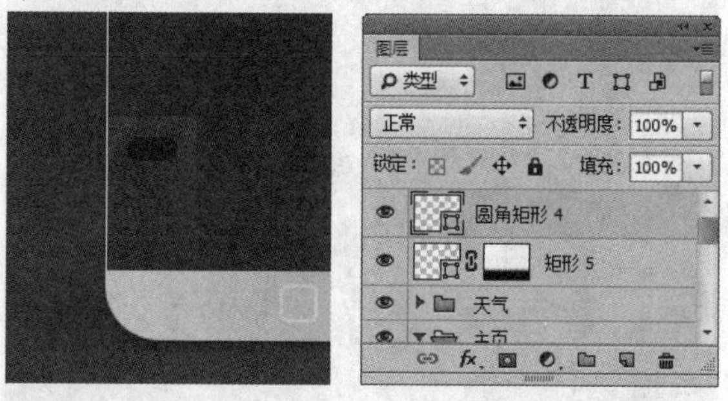

图8.242 绘制图形

30 同时选中“矩形5”及“圆角矩形4”图层，按住Alt+Shift组合键向右侧拖动，将图形复制3份，如图8.243所示。

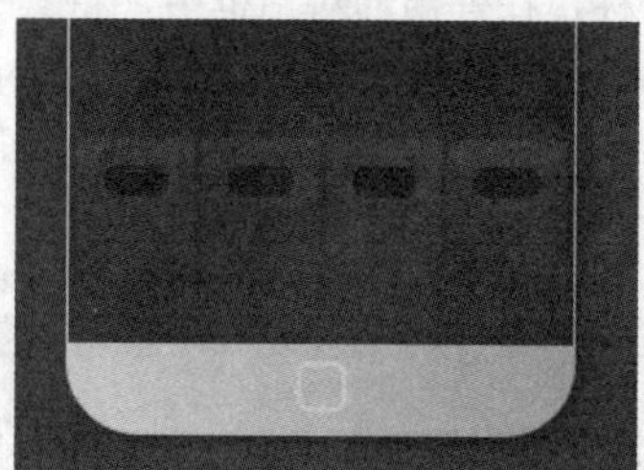

图8.243 复制图形

31 同时选中所有和“矩形5”及“圆角矩形4”相关图层，按Ctrl+G组合键将图层编组，将生成的组名称更改为“图示”，如图8.244所示。

图8.244 将图层编组

32 选中“图示”组，按Ctrl+E组合键将组合并，此时将生成一个“图示”图层，如图8.245所示。

图8.245 合并图层

33 在“图层”面板中，选中“图示”图层，单击面板底部的“添加图层蒙版” 按钮，为其图层添加图层蒙版，如图8.246所示。

图8.246 添加图层蒙版

34 选择工具箱中的“渐变工具” ，在选项栏中单击“点按可编辑渐变”按钮，在弹出的对话框中，将渐变更改为黑色到白色到白色再到黑色，设置完成之后单击“确定”按钮，再单击选项栏中的“线性渐变” 按钮，如图8.247所示。

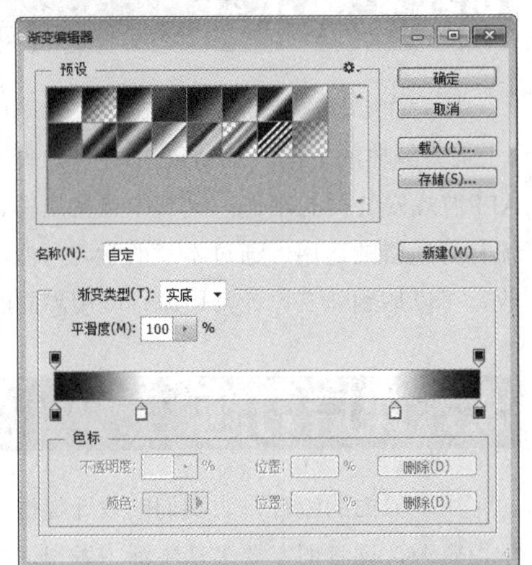

图8.247 设置渐变

35 单击“图示”图层蒙版缩览图，在图形上按住Shift键从左向右拖动，将部分图形隐藏，如图8.248所示。

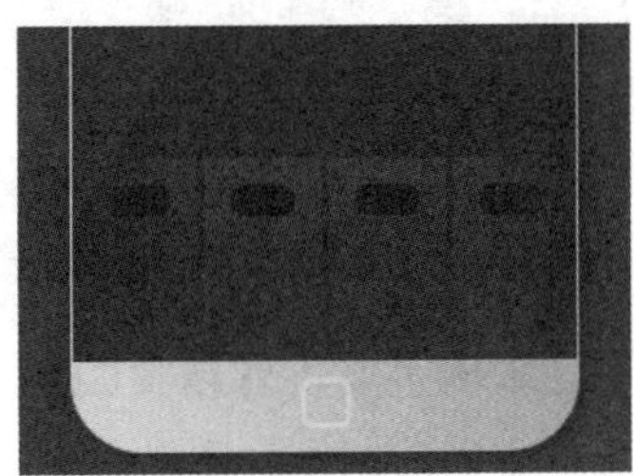

图8.248 隐藏图形

36 执行菜单栏中的“文件”|“打开”命令，打开“图标3.psd”文件，将打开的素材拖入画布中靠底部位置，如图8.249所示。

图8.249 添加素材

37 选择工具箱中的“横排文字工具” T，在添加的素材图标下方位置添加文字，如图8.250所示。

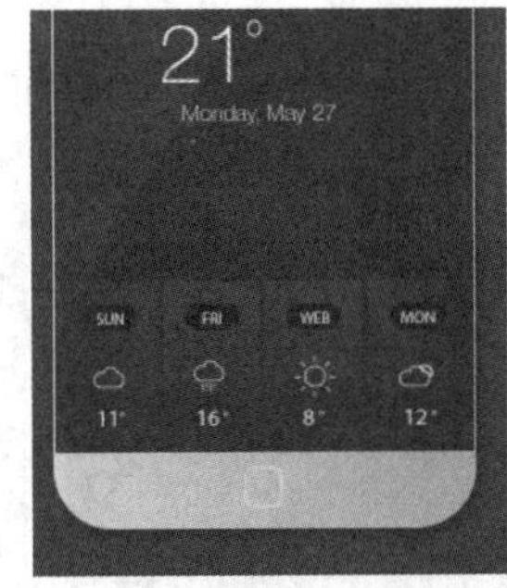

图8.250 添加文字

38 在“图层”面板中，选中“8°”图层，单击面板底部的“添加图层样式” fx 按钮，在菜单中选择“投影”命令，在弹出的对话框中，将“距离”更改为1像素，“大小”更改为1像素，完成之后单击“确定”按钮，如图8.251所示。

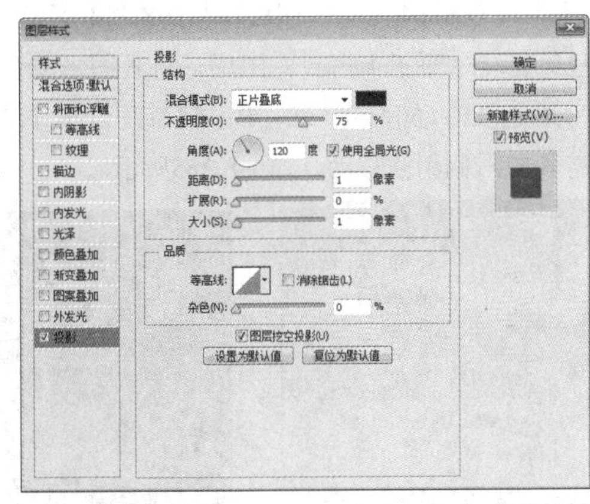

图8.251 设置投影

39 在“8 °”图层上单击鼠标右键，从弹出的快捷菜单中选择“拷贝图层样式”命令，分别在“12 °”“16°”“11°”图层上单击鼠标右键，从弹出的快捷菜单中，选择“粘贴图层样式”命令，如图8.252所示。

图8.252 拷贝并粘贴图层样式

40 选择工具箱中的“椭圆工具”，在选项栏中将“填充”更改为白色，“描边”为无，在刚才添加的文字上方位置按住Shift键绘制一个圆形，此时将生成一个“椭圆4”图层，如图8.253所示。

图8.253 绘制图形

41 在“图层”面板中，选中“椭圆4”图层，将其拖至面板底部的“创建新图层”按钮上，复制一个“椭圆4 拷贝”图层，如图8.254所示。

42 选中“椭圆4 拷贝”图层，将其图形颜色更改为紫色（R：60，G：20，B：52），再按住Shift键将其向右侧稍微移动，如图8.255所示。

图8.254 复制图层

图8.255 移动图形

43 选中“椭圆 4 拷贝”图层，按住Alt+Shift组合键向右侧拖动，将图形复制，这样就完成了效果制作，最终效果如图8.256所示。

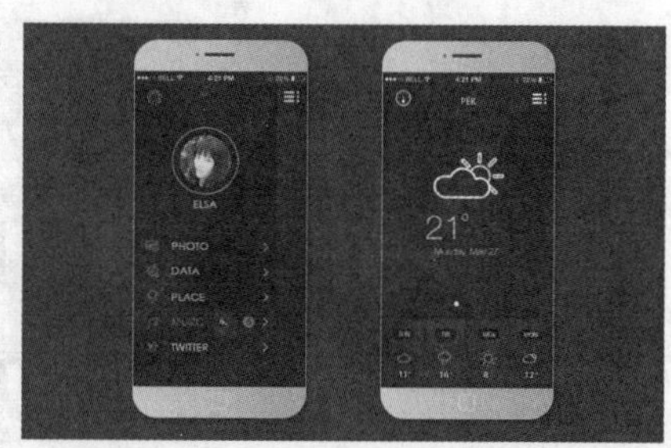

图8.256 复制图形及最终效果

技巧与提示

当复制“椭圆 4 拷贝”图层中的图形之后，再同时选中这3个椭圆图形，将其与手机界面对齐，使整体更加美观。

8.6 本章小结

本章主要详解综合设计实战，在本章中讲解了5个最为经典的案例，从精致CD控件的设计制作到APP游戏安装页的制作，这其中包括质感、扁平、流行等风格的运用，通过本章的学习与深层次的吸收，可以达到独立设计常用流行应用界面的目的。

8.7 课后习题

用户界面的流行，为我们的设计提供了很多的学习资源，读者朋友要多从生活中发现，并勤于学习，才能快速提高设计能力。在本章的最后，安排了2个综合性的实例供读者参考学习。

8.7.1 课后习题1——精致CD控件

素材位置	素材文件\第8章\精致CD控件
案例位置	案例文件\第8章\精致CD控件.psd
视频位置	多媒体教学\8.7.1 课后习题1——精致CD控件.avi
难易指数	★★☆☆☆

本例主要讲解精致CD控件的制作，本例的制作着重强调精致、质感的表现力，从整个界面的辅助配色，

扫码看视频

到经典的图标信息元素添加，以及最后的文字信息，处处体现了精致2字的含义。最终效果如图8.257所示。

图8.257　最终效果

步骤分解如图8.258所示。

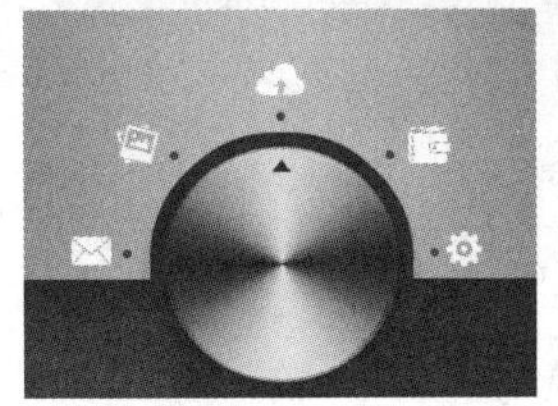

图8.258　步骤分解图

8.7.2　课后习题2——APP游戏安装页

素材位置	素材文件\第8章\APP游戏安装页
案例位置	案例文件\第8章\APP游戏安装页.psd
视频位置	多媒体教学\8.7.2 课后习题2——APP游戏安装页.avi
难易指数	★★★☆☆

本例讲解APP游戏安装页的制作，此款页面在制作过程中以详细的图形图像结合为原则，通过明了的文字信息的加入，给人一种强烈的视觉对比效果。最终效果如图8.259所示。

扫码看视频

图8.259　最终效果

步骤分解如图8.260所示。

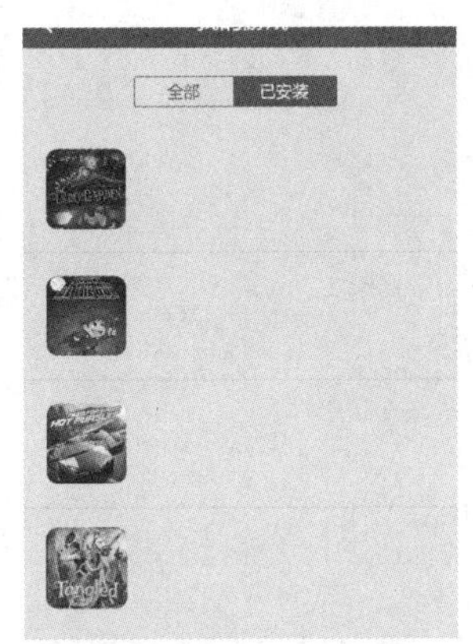

图8.260　步骤分解图